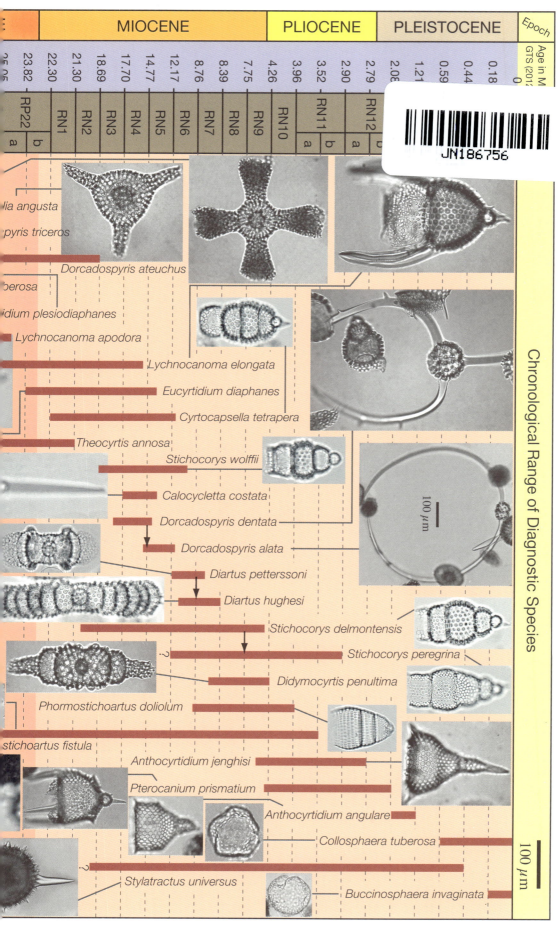

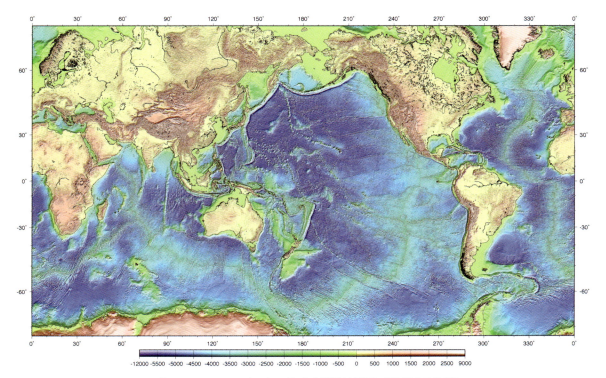

口絵1：ETOPO2データに基づく世界地形図（沖野郷子作製）

地形は種々の地質過程を知るための最も基本的な情報である．船舶調査により詳細な海底地形図が作成されている海域はごく限られている．ここに示した地形のうち，海域データのほとんどは人工衛星を用いて得られる重力異常分布から推定された水深で，解像度は低いものの地球全体をカバーしている

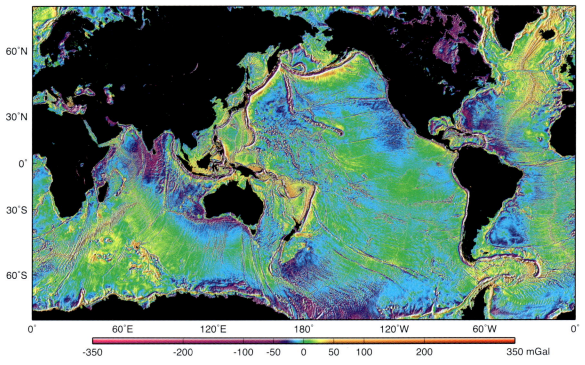

口絵2：衛星高度計の海面高測定から得られた海洋のフリーエア重力異常
（Sandwell *et al*．（2014）によるデータに基づき富士原敏也作製）

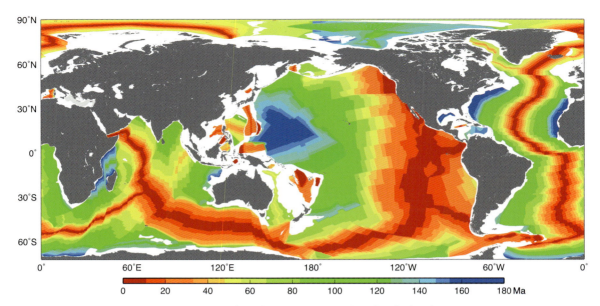

口絵3：地磁気異常から求められた海洋底の年代分布
(Müller et al. (2008) によるデータに基づき富士原敏也作製)

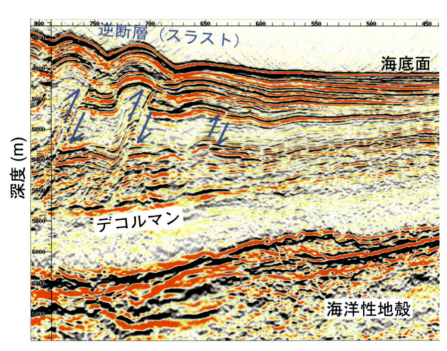

口絵4：反射法地震波探査によって明らかになった南海トラフ付加体中に発達する逆断層とデコルマン
(朴進午作製)

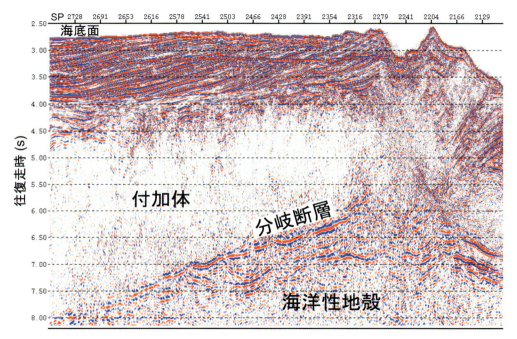

口絵5：海洋性地殻の最上面（プレート境界断層）より上方へ分岐する分岐断層
反射極性は，海底反射面に比べ反転していることに注意（Park *et al*., 2002を修正）

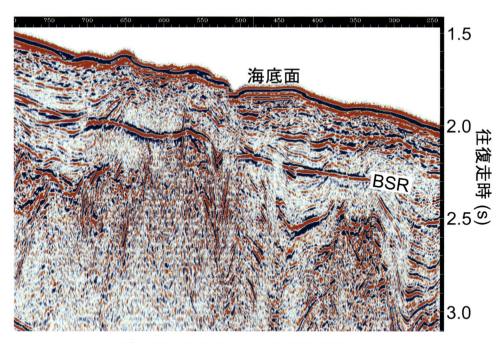

口絵6：メタンハイドレート分布の下限を示すと考えられる海底擬似反射面（Bottom Simulating Reflector：BSR）
BSRの下位ではメタンハイドレートは安定して存在できず，水と遊離メタンの混合物が堆積物の間隙を満たしており，P波速度は減少する．したがって，海底反射面と比較するとBSRの反射極性（青－赤－青）は反転している（朴進午作製）

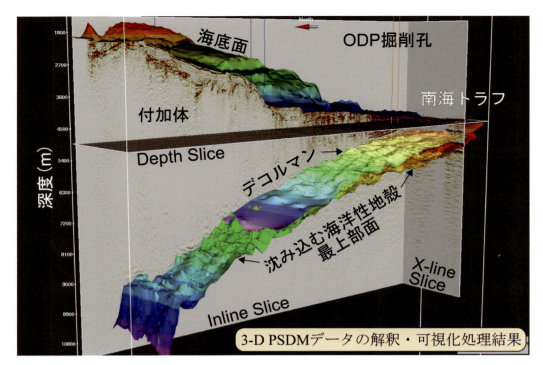

口絵7：四国室戸岬沖南海トラフ沈み込み帯における3次元重合前深度マイグレーション（3D PSDM）データの構造解釈・可視化処理の結果（朴進午作製）

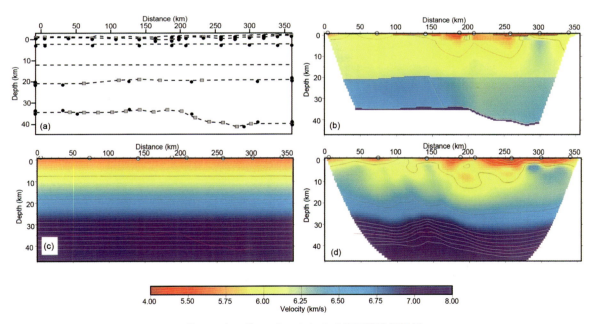

口絵8：インヴァージョンによる地下構造解析例

(a)層構造モデルを用いた構造モデル表現．四角が層境界，丸が速度を与えた点を示す．(b)(a)のモデル化によって得られた地震波伝播速度構造例．(c)グリッドモデルを用いたインヴァージョン解析の初期モデル．この例では水平方向1km，深さ方向1kmでグリッド化している．(d)(c)のモデル化によって得られた地震波伝播速度構造例．使用したデータの(b)を求めた際の屈折波走時と同様．(b)〜(d)で白線は7.0〜7.6km/秒の等速度線を各々0.5km/秒ごと，0.1km/秒ごとを表示している（Zelt et al., 2003を修正）

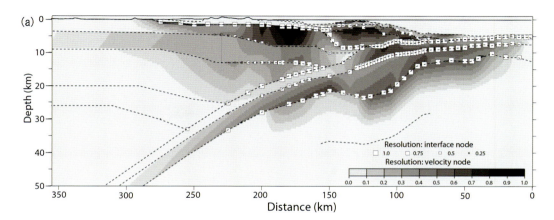

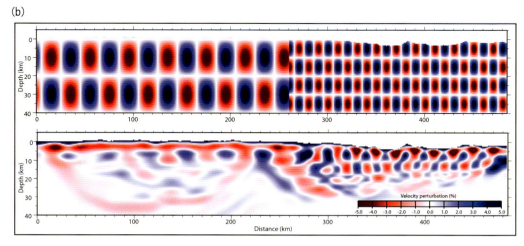

口絵9：屈折法地震波探査の分解能評価

(a)層構造モデルによるインヴァージョンの分解能評価．モデルを作成する際与えた点の速度，境界面深度が，他の点の値に影響されずどれだけ独立に決定されているかを示す．0から1の間の値をとり，1に近いほど分解能がよい．四角は境界面深度の分解能，グレースケール表示は速度の分解能を示す（Kodaira et al., 2002）．白四角は境界面をモデルとする際に深度を与えた点（Interface node）を示す．同様に，地震波速度は各層の上面・下面の点（velocity node）に与える．図ではそれらvelocity nodeの値を補間し，グレースケールで表現している．(b)グリッドモデルによるインヴァージョンの分解能評価．（上図）模擬データを作成したチェッカーボード・パターン．この例では右半分に10×10km，左半分に20×20kmのチェッカーボード・パターンを設定し，±5％の速度異常をインヴァージョンの初期モデルに与えた．（下図）チェッカーボード・テストの結果．図の右半分のチェッカーボード・パターンがよく戻っていることがわかる．この領域では観測点・ショット点が高密度で展開されている（Kodaira et al., 2005を修正）

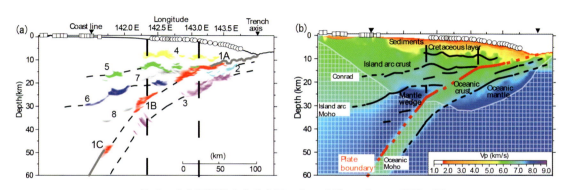

口絵10：広角反射波の走時を用いたマイグレーション解析の例

(a)読み取った広角反射波の走時から得られた反射面イメージ．(b)(a)の解析に用いた屈折波データのインヴァージョン解析によって得られた地震波伝播速度構造モデル（Ito et al., 2005を修正）

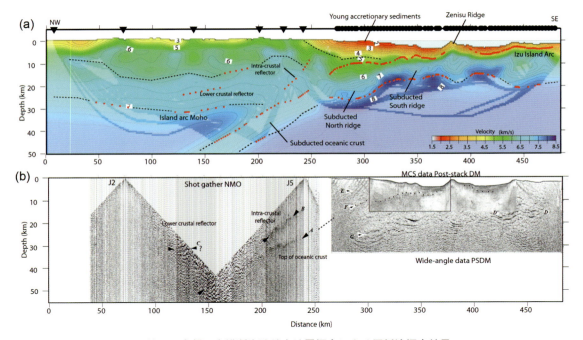

口絵11：中部日本横断海陸統合地震探査による屈折法探査結果

(a)地震波伝播速度構造モデル．赤点は広角反射波走時から求められた反射点を示す．淡白で網掛けの部分は地震波が通過せず分解できていない領域を示す．(b)同一測線の反射波イメージ．海域部（図右半分）深部は広角反射波データの深度マイグレーションによって得られた．沈み込む海洋地殻の底に相当する反射面が確認できる．陸域（図左半分）は陸域発破による記録のノーマル・ムーブ・アウト処理による結果．沈み込む海洋地殻が深さ40 km以上まで確認できる（Kodaira *et al*., 2004）

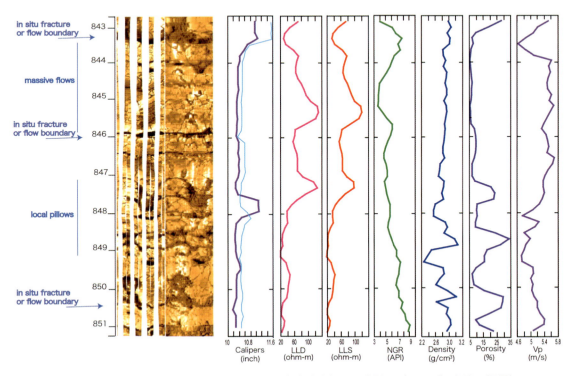

口絵12：ODP/IODP 1256D 孔における海洋底玄武岩類の孔内計測データ（冨永雅子提供）

左から Formation Micro Scanner（FMS），Ultrasonic Borehole Imager（UBI），測径器（caliper），LateroLog Deep penetration（LLD），LateroLog Shallow penetration（LLS），自然ガンマ線（Natural Gamma Ray：NGR），密度（Density），間隙率（Porosity）および P 波速度（Vp）のデータ取得例を示す．縦軸は海底下の深度（meter below sea floor：mbsf）

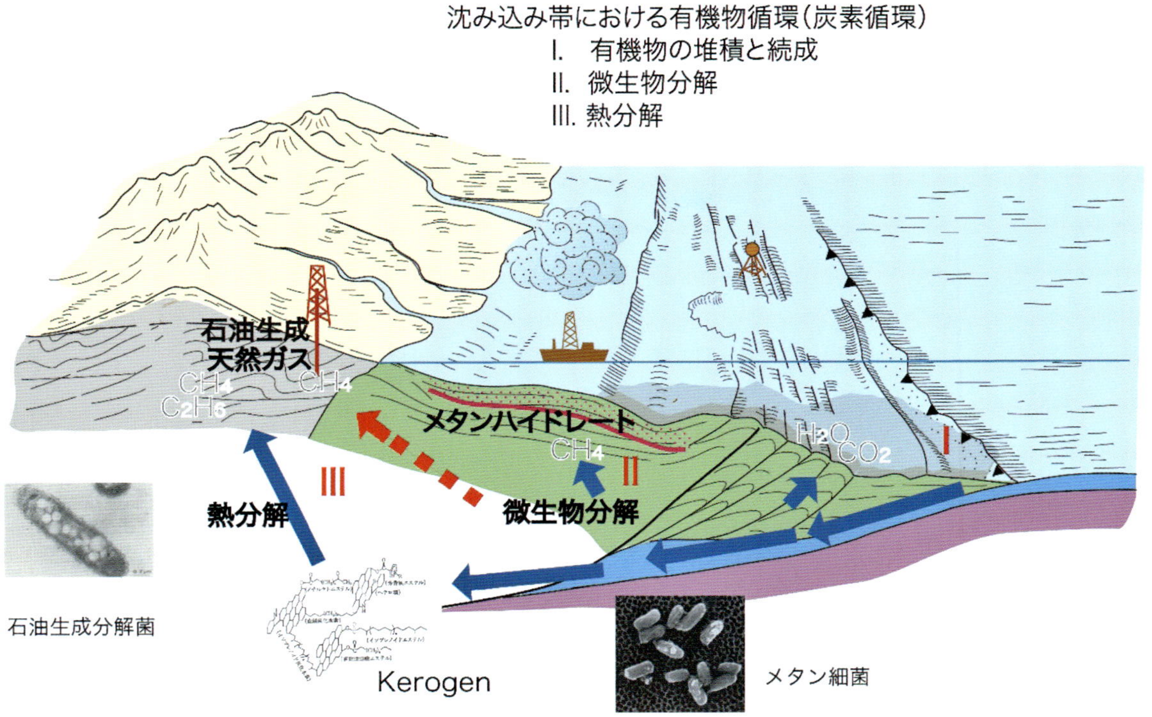

沈み込み帯における有機物循環（炭素循環）
 I. 有機物の堆積と続成
 II. 微生物分解
 III. 熱分解

口絵13：沈み込み帯における有機物循環の模式図
メタン細菌は1個体の長径が1〜2μm，石油生成分解菌は長径が1.5μm程度である．

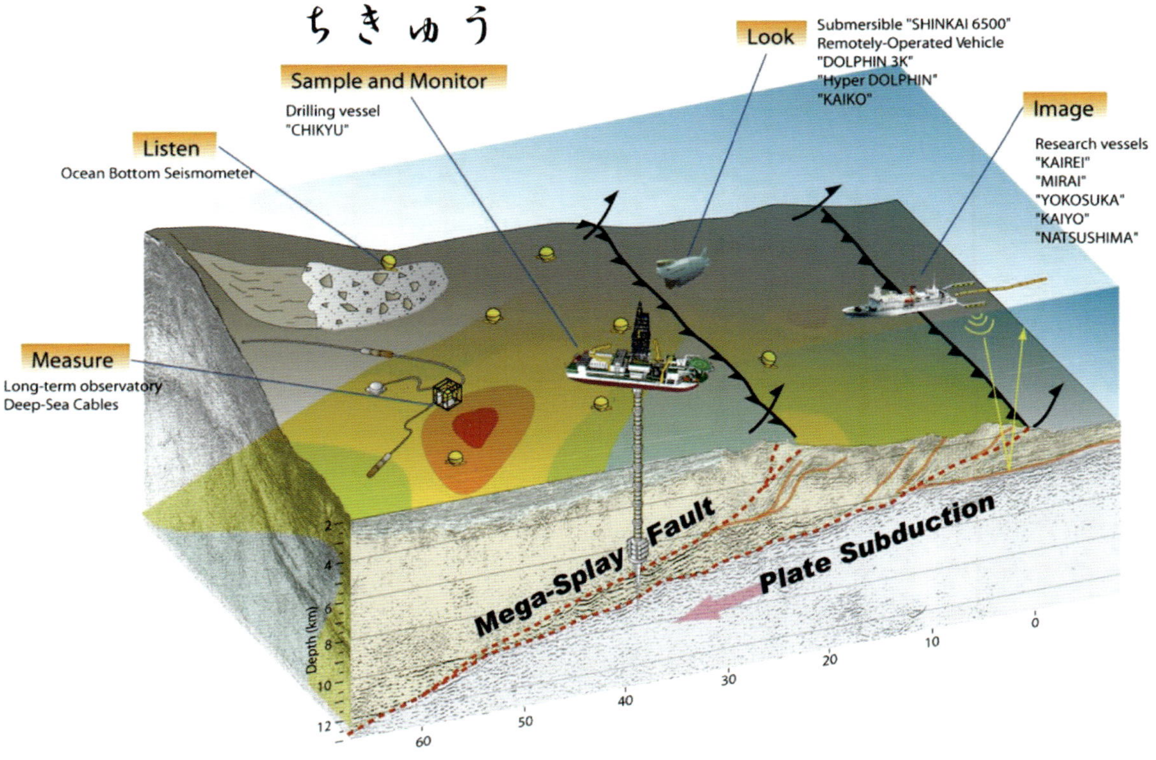

口絵14：掘削とともに総合観測をほどこす南海トラフ震源断層掘削計画（坂口有人原図）

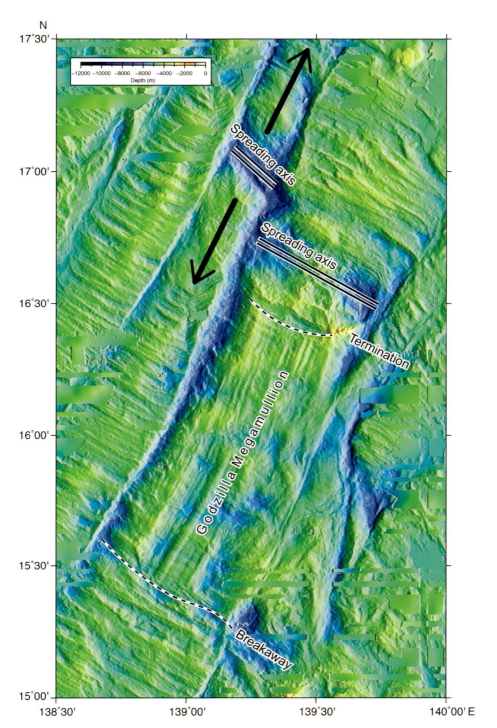

口絵15：世界最大の海洋コアコンプレックスであるゴジラメガムリオン（Godzilla Megamullion の海底地形
（Ohara *et al*., 2001 を改変）

ゴジラメガムリオン上では，海底拡大方向に平行なコルゲーションが顕著に発達している．Breakaway はデタッチメント断層が発生した箇所，Termination はデタッチメント断層が終了した箇所である

海洋底科学の基礎

日本地質学会「海洋底科学の基礎」編集委員会 編

共立出版

海洋底探査：人類最後のフロンティアへの挑戦

　私たちは，地球という星の上で発展し，文明を発達させ，また，これからもその営みを持続しようとしている．もちろん，宇宙空間に居住を求めることもありうるが，人類の未来は地球とともにあることは論を待たない．したがって，地球を知ることは，人類にとって最も基本的な知見であったし，これからもそうで有り続けるだろう．

　それでは，私たちは地球をどれほどに知っているのだろうか．たとえば，地球の地形を検索するための，非常に有効なツールにGoogle Earthがある．Google Earthで，自分の住んでいる所など陸上の情報は，実に詳しく調べることができる．ストリートビューで，今，起っていることを知ることもできる．一方，Google Earth上でタヒチを中心にして見ると，地球の半球はほとんどが海洋底に覆われているのがわかる．その大部分には精密な地形図も存在していない．海洋底の全体像が俯瞰できるようになったのは，1990年代に人工衛星による高度計測を用いて全海底地形図を作成したSandwell and Smithによるデータベースが作成されてからである．しかし，詳しい地形図はまだまだ作成されていないのが現実である．Google Earthで世界最新部のチャレンジャー海淵を見てみよう．500km上空からは，海洋底の断層などがよくわかる．しかし，50km上空にズームアップすると，ほとんど何も見えなくなる．実際，チャレンジャー海淵の詳しい地形図（たとえば数m精度）は存在せず，また，全世界でも6,000mより深い海底の精密地形図もほとんど作られたことがない．一方，Google Earthで火星を見てみよう．火星最大の峡谷であるバレス・マリネリスは，上空500kmからも，また，50kmからも実に詳細な地形の様子が捉えられている．地球の大部分は火星よりわかっていない！もちろん，その最大の理由は水，海洋の存在である．

　本書は，海底と海底から下の世界の科学探査の手法と研究課題についてまとめたものである．広く地質学，地球物理学，地球化学，地球生物学，海洋工学の分野に渡り，第一線の研究者・技術者が執筆している．その中心をなすものは，地球深部探査船「ちきゅう」による海底掘削科学に関してのさまざまな技術や科学手法である．このように，海底探査の基礎から，海底掘削科学の最前線，そして，科学課題の全体像をまとめた本書は，世界にも類を見ない実践的，かつ，学術的にも深い内容を備えたものとなっている．

それでは，海洋底を知ることは，人類の知の地平を広げ，知的好奇心の希求にだけ基礎を置いているのであろうか．そうではない．そこには人類の未来を切り開いていくべき重要な今日的な課題が含まれている．2011年3月11日の東北地方太平洋沖地震では，7,000mの深さの海溝で断層が50mも動き，巨大な津波が発生した．人類未知の超深海での自然現象が，人間社会に深刻な影響を与えたのである．プレート境界の地震・津波観測とリアルタイム警報の高度化は，社会の安全・安心のための喫緊の課題である．インド洋には，ヒマラヤ山脈から流れでた土砂が，3,000kmも流れ巨大海底扇状地を作っている．しかし，その詳細についてはほとんどわかっていない．地球温暖化による海面上昇と巨大ハリケーンによって，ガンジス川三角州が今後どうなっていくのか，それを知る手がかりが巨大扇状地に記録されている．熱水活動が引き起こすさまざまな現象，特に有用鉱物の生成を，どのようにイノベーションに生かしていくのか，さまざまなアイデアが提案されているが，熱水活動を制御し，活用する技術の発展には，さらなる探査が必須である．そして，海洋底の下，地層・地殻からマントルは，人類に残された最後のフロンティアである．そこには，未知の微生物の生息が予測され，その生態の理解と利用は，まさにこれからの課題である．さらに，海底下の広大な地下空間は，人間に残された最大の未利用倉庫であり，反応炉でもある．私たちは，海洋を理解し，海洋を利用し，そして保全することによってのみ，人類の未来を切り開くことができる．

　本書は，その基礎となるべき格好の著作であり，学生諸君，専門家，企業の方々，そして好学の士にも広く利用されることを願う．

2016年8月

国立研究開発法人・海洋研究開発機構
理事長　平　朝彦

もくじ

1 はじめに 1
1.1 海洋底調査の歴史とプレートテクトニクス 1
1.2 ライザー掘削船「ちきゅう」とIODPの未来 5
1.3 海洋底調査の計画と進め方 7
1.4 調査研究航海の実際 8
1.5 海洋底研究のサポート体制 8

2 海底地形 10
2.1 海底地形探査 10
  2.1.1 海底地形調査の重要性 10
  2.1.2 測深技術概論 10
  2.1.3 マルチビーム音響測深機 11
  2.1.4 音速度補正 14
  2.1.5 深海探査機による調査 14
  2.1.6 調査計画の立案 15
  2.1.7 サイドスキャンソナー画像 16
2.2 データプロセッシング 16
2.3 既存データの利用 17
トピック 位置測定・測地系 19

3 地球物理学探査で地層と海洋地殻を理解する 22
3.1 反射法地震探査 22
  3.1.1 反射法地震探査とは 22
  3.1.2 データ取得技術 22
  3.1.3 データ処理の概要 25
  3.1.4 反射法地震探査データの解釈 26
3.2 屈折法・広角反射法地震波探査 28
  3.2.1 屈折法・広角反射法地震波探査の原理 28
  3.2.2 データ取得 29
  3.2.3 データ処理・解析 30
  3.2.4 地殻・最上部マントル構造 32
3.3 重力探査 32
  3.3.1 海上重力測定 32
  3.3.2 海上測定重力データの処理 33
  3.3.3 衛星高度計による重力測定 33
  3.3.4 フリーエア重力異常 34
  3.3.5 ブーゲー重力異常 34
  3.3.6 残差重力異常 35
  3.3.7 中央海嶺の重力異常と海洋地殻構造 35
  3.3.8 深海重力測定 36
3.4 地磁気探査 36
  3.4.1 海上地磁気測定 36
  3.4.2 船上3成分磁力計 36
  3.4.3 海上測定地磁気データの処理 37
  3.4.4 地磁気縞状異常 38
  3.4.5 海洋地殻の磁化構造 39
  3.4.6 深海地磁気測定 40

4 海洋底試料の採取 43
4.1 潜航調査と試料採取 43
  4.1.1 潜水調査船のシステム構成 43
  4.1.2 潜水調査の計画 44
  4.1.3 潜水調査船のオペレーション 45
  4.1.4 採取試料の処理 46
4.2 海底表層堆積物の採取とその処理 46
  4.2.1 採泥器の種類 46
  4.2.2 ピストンコアラーの構造とオペレーション 48
  4.2.3 船上採泥作業の実際 51
  4.2.4 採泥器の揚収・解体と試料処理 52
4.3 ドレッジによる海底表層の岩石試料採取 53
  4.3.1 システム構成 53
  4.3.2 採取点の選定 55
  4.3.3 ドレッジのオペレーション 55
  4.3.4 採取試料の記載方法について 56
  4.3.5 試料採取位置の不確定性について 56
4.4 海底掘削 56
  4.4.1 コアサンプリングシステム 57
  4.4.2 泥水を用いた掘削手法 61
トピック 科学掘削における泥水検層の利用 65

5 船上での記載と計測の流れ　67

- 5.1 コア試料の回収とコア番号の付け方　67
- 5.2 船上コアフロー　68
- 5.3 キャットウォークで　68
  - 5.3.1 ロータリーコアバレル試料の取出しと一般的な注意　69
  - 5.3.2 ピストンコア試料の取出しと一般的な注意　69
- 5.4 実験室で　69
  - 5.4.1 コアの半割　70
  - 5.4.2 コア記載と試料採取の流れ　70
  - 5.4.3 船上コア記載の実際　71
  - 5.4.4 コアの擾乱　72
- 5.5 IODP 標準計測　73
- 5.6 船上における掘削コアの対比：合成記録の作成　74
- 5.7 肉眼記載情報の統合と解釈　74
- 5.8 コア・孔内計測・地震波情報統合　76
- トピック　掘削情報科学　77

6 海底堆積物・堆積岩の記載　79

- 6.1 海底堆積作用と海底堆積物・堆積岩　79
- 6.2 海底堆積物試料の肉眼記載　79
- 6.3 海底堆積物・堆積岩の基本的分類　80
- 6.4 粒状堆積物の分類と命名法　82
- 6.5 珪質砕屑性堆積物　83
  - 6.5.1 基本名の命名　83
  - 6.5.2 珪質砕屑性堆積物の特徴を表す修飾語　85
  - 6.5.3 堆積構造　87
- 6.6 テフラと火砕岩　89
  - 6.6.1 火砕物の分類と記載　90
  - 6.6.2 火砕堆積物の分類と記載　91
  - 6.6.3 火砕物と外来砕屑物の混合堆積物　92
  - 6.6.4 火砕堆積物の構造と変質作用　92
- 6.7 遠洋性堆積物・堆積岩　92
  - 6.7.1 遠洋性堆積物・堆積岩の分類・命名　95
  - 6.7.2 遠洋性堆積物の記載にあたっての注意点　96
- 6.8 浅海性炭酸塩堆積物・堆積岩　97
  - 6.8.1 炭酸塩堆積物・堆積岩の分類　97
  - 6.8.2 浅海性炭酸塩堆積物・堆積岩の分類　98
  - 6.8.3 浅海性炭酸塩堆積物・堆積岩の修飾語　99
  - 6.8.4 浅海性炭酸塩堆積物コア観察の注意点　101
  - 6.8.5 浅海性炭酸塩堆積物のコア観察と記載　102
  - 6.8.6 記載シートへの記入　103
- 6.9 化学的堆積物　104
  - 6.9.1 炭素質堆積物　104
  - 6.9.2 蒸発岩　105
  - 6.9.3 珪酸塩岩　105
  - 6.9.4 結晶質炭酸塩岩　106
  - 6.9.5 燐灰土　107
  - 6.9.6 重金属堆積物　107
- 6.10 スミアスライドの記載　107
  - 6.10.1 スミアスライド用試料の採取方法　108
  - 6.10.2 スミアスライドの作り方　108
  - 6.10.3 スミアスライドの観察　108
- トピック　ガスハイドレート　116
- トピック　含水泥質堆積物の包埋法と薄片・走査電子顕微鏡試料作成　122

7 海洋底火成岩の記載　125

- 7.1 海洋底火成岩の分類と岩体区分　125
- 7.2 海底火山岩　125
  - 7.2.1 海底火山岩の産状　125
  - 7.2.2 海底火山岩の肉眼観察　127
  - 7.2.3 海底火山岩の薄片記載　130
- 7.3 海底深成岩類　133
  - 7.3.1 海底深成岩の分類と命名　134
  - 7.3.2 海底深成岩の肉眼観察記載　134
  - 7.3.3 海底深成岩の薄片記載　138
- 7.4 超苦鉄質岩　142
  - 7.4.1 超苦鉄質岩の分類　143
  - 7.4.2 超苦鉄質岩の肉眼観察　144
  - 7.4.3 超苦鉄質岩の薄片記載　144
  - 7.4.4 超苦鉄質岩の組織　145
  - 7.4.5 脱蛇紋岩化かんらん岩　145
- 7.5 海洋底変成作用　146
  - 7.5.1 海洋底変成作用の肉眼観察　147
  - 7.5.2 海洋底変成作用の薄片観察　147
- 7.6 海洋性島弧の変成岩　149
  - 7.6.1 はじめに　149
  - 7.6.2 肉眼観察　149
  - 7.6.3 鏡下観察　149
  - 7.6.4 変成岩類の産状　154

8 海洋底試料の構造記載　160

- 8.1 構造記載と方位データの取扱い　160
- 8.2 海洋底火成岩の構造　161
  - 8.2.1 火山岩の初生構造の肉眼観察記載と用語　162
  - 8.2.2 貫入岩の境界　164

8.2.3 深成岩・半深成岩の内部構造と結晶塑性変形　166
8.2.4 海洋底火成岩類に発達する2次的構造の肉眼観察記載と用語　169
8.2.5 薄片観察記載　172
8.2.6 構造記載の整理とまとめ　172
8.3 かんらん岩の構造の記載　174
　8.3.1 かんらん岩の面構造と線構造　174
　8.3.2 かんらん岩の組織の特徴　174
　8.3.3 かんらん岩の組織の分類　175
　8.3.4 かんらん岩の塑性流動特性と組織　179
8.4 活動的縁辺部で見られる堆積物の変形構造　179
　8.4.1 皿状構造・ピラー構造　180
　8.4.2 砕屑岩脈と砕屑性シル　182
　8.4.3 断層　182
　8.4.4 褶曲　182
　8.4.5 メソスコピック覆瓦状構造・デュープレックス構造　182
　8.4.6 鱗片状ファブリック　183
　8.4.7 変形バンド　183
　8.4.8 くもの巣状構造　184
　8.4.9 脈状構造　184
　8.4.10 フィシィリティ　184
　8.4.11 スペースト面構造　185
　8.4.12 圧力溶解劈開　185
　8.4.13 ちりめんじわ劈開　185
　8.4.14 キンクバンド　185
　8.4.15 ブーディナージ・膨縮構造　185
8.5 断層岩の観察と記載　186
　8.5.1 試料の準備　186
　8.5.2 断層岩類の分類　187
　8.5.3 複合型断層岩類　190
　8.5.4 原岩の違いによるマイロナイトの特徴　191

9 非破壊計測　196
9.1 非破壊計測について　196
9.2 画像撮影・計測　197
9.3 X-CTによる内部構造解析　199
9.4 自然ガンマ線強度とガンマ線透密度　201
　9.4.1 自然ガンマ線強度　202
　9.4.2 ガンマ線透過密度　204
9.5 帯磁率と残留磁化　206
　9.5.1 磁化率　206
　9.5.2 残留磁化　207
　9.5.3 データの品質　207
　9.5.4 コアの定方位　207

　9.5.5 層序の確立　207
9.6 弾性波速度　207
9.7 熱伝導率　209
　9.7.1 測定原理（定常法と非定常法）　209
　9.7.2 非定常法による地質試料の熱伝導率測定の誤差要因　210
　9.7.3 熱伝導率測定の結果の実例　210
9.8 電気比抵抗　211
　9.8.1 電気比抵抗と電気伝導度　211
　9.8.2 原理　211
　9.8.3 比抵抗測定の実際　211
9.9 分光反射率測定　213
　9.9.1 原理　214
　9.9.2 測定結果（色）の表現　214
　9.9.3 測器の較正と実際の測定における注意事項　215
　9.9.4 分光反射率測定による表色系と画像撮影によるRGBとの相互変換　217
9.10 非破壊蛍光X線スキャン　218
　9.10.1 蛍光X線分析の原理　218
　9.10.2 非破壊蛍光X線コアスキャナー　219
　9.10.3 非破壊蛍光X線コアロガーの定量精度　219

10 個別計測　223
10.1 個別計測について　223
10.2 有機地球化学分析　223
　10.2.1 掘削安全モニタリング　224
　10.2.2 クーロメーター分析：炭酸塩含有量　226
　10.2.3 元素分析：有機炭素量　227
　10.2.4 ロックエバル分析：有機物熟成度評価　227
　10.2.5 抽出性有機化合物分析　228
　10.2.6 バイオマーカー分析　229
10.3 微生物研究法　229
　10.3.1 微生物試料の取扱い方法　229
　10.3.2 微生物細胞観察と計数　231
　10.3.3 試料の保存　231
　10.3.4 掘削水による汚染の評価　232
10.4 間隙水の採取と分析　233
　10.4.1 コア試料の採取　233
　10.4.2 間隙水の抽出　233
　10.4.3 間隙水の化学分析　234
　10.4.4 おわりに　241
10.5 間隙率・含水比・密度　241
　10.5.1 測定方法　242

10.5.2 試料採取と測定の留意点　243
10.5.3 ガスピクノメータによる体積測定について　243
10.6 粒度と間隙径　245
10.6.1 粒度分析　245
10.6.2 間隙径の測定　247
10.7 微化石分析　248
10.7.1 生層序と微化石年代学　248
10.7.2 誤差要因　253
10.7.3 品質保証・品質管理　254
10.8 古地磁気と岩石磁気　255
10.8.1 個別試料の採取　256
10.8.2 古地磁気・岩石磁気の各種分析　257
10.8.3 データ解析　259
10.8.4 帯磁率異方性　260
10.8.5 環境岩石磁気指標　261
10.9 無機化学分析　261
10.9.1 全岩化学組成分析　262
10.9.2 局所化学組成分析　263
10.9.3 海洋底試料を扱ううえでの注意点　265
10.10 海底試料のアルゴン–アルゴン（^{40}Ar–^{39}Ar）年代測定　267
10.10.1 ^{40}Ar–^{39}Ar 年代測定の原理　267
10.10.2 海底試料への応用　268
10.11 圧密・強度・浸透率　271
10.11.1 K_0 圧密と静止土圧係数　271
10.11.2 堆積物の圧密試験　272
10.11.3 強度　274
10.11.4 浸透率　275
10.12 高圧下での物性　276
10.13 ビトリナイト反射率による堆積岩被熱温度の推定　278
トピック　微古生物標本・資料センター　287
トピック　ビトリナイト反射率測定装置の制作　289
トピック　海洋地殻斑れい岩の形成年代を決定する　293

11 孔内計測　298

11.1 はじめに　298
11.2 孔径測定　299
11.3 孔壁イメージング　300
11.4 磁気検層　302
11.5 密度・間隙率検層　304
11.6 弾性波速度（音波検層）　306
11.7 比抵抗検層　307
11.8 地球化学検層　308
11.9 孔井内温度　309
トピック　原位置応力計測　310

12 過去の気候変動を明らかにする　317

12.1 はじめに　317
12.2 IODP の初期科学目標　317
12.3 海洋研究における過去の気候変動に関する研究の動向　317
12.3.1 急激な気候変動　318
12.3.2 極限気候の解明　320
12.4 我が国が対象となる地域および研究課題　323
12.4.1 モンスーン変動　324
12.4.2 黒潮変動　325
12.4.3 北太平洋の古海洋と地球寒冷化　325
12.4.4 白亜紀海台・海山と温室地球　326
トピック　古地磁気強度変動を用いた高解像度年代層序　331

13 地下生物圏と地殻内物質循環　334

13.1 地下に拡がる生物圏　334
13.2 地下生物圏の住人　334
13.3 地下生物圏研究　335
13.3.1 地下のどこに，何が，どれくらい，いるのか？　335
13.3.2 何をしているのか？　336
13.3.3 地下における動態は？　336
13.3.4 物質循環と地下生物圏　336
13.3.5 地下生物圏研究と地質学　337
13.4 2007年以降の地下圏生物研究の進歩と今後の見通し　337

14 付加体と地震発生帯掘削　340

14.1 はじめに　340
14.2 付加体・沈み込み帯をめぐる基本的未解決問題　341
14.2.1 沈み込み帯のダイナミクスと付加体研究　341
14.2.2 沈み込み帯における物質エネルギーフラックスと付加体研究　342
14.2.3 海に記録されたグローバルイベント　342
14.3 おわりに—歴史を踏み越えて　342
トピック　地震発生帯掘削の成果　344

15　海嶺と大洋底　348

15.1　はじめに　348
15.2　海嶺のさまざまな特徴の拡大速度依存性　348
　15.2.1　高速拡大海嶺　348
　15.2.2　低速拡大海嶺　350
　15.2.3　超低速拡大海嶺　350
15.3　海嶺における火成活動　350
15.4　海洋底かんらん岩と海洋コアコンプレックス　351
15.5　海底熱水系　352
15.6　海洋地殻深度掘削とモホール計画　353

16　固体地球のサイクルと表層との相互作用　357

16.1　マグマ活動の地球進化における役割　357
16.2　海洋島弧における大陸地殻の形成　357
　16.2.1　大陸地殻の特徴　357
　16.2.2　大陸地殻成因論におけるジレンマ　358
　16.2.3　大陸は海で誕生した？　358
　16.2.4　大陸地殻形成過程の解明に向けて　358
16.3　巨大マントル上昇流と地球システム変動　359
　16.3.1　白亜紀パルス　359
　16.3.2　巨大火成岩岩石区　359
　16.3.3　グローバルイベントの伝搬　360
トピック　プチスポット　361

索　引　365

執筆者一覧　386

あとがき　388

1　はじめに

1.1　海洋底調査の歴史とプレートテクトニクス

　地球表面の72%を占めている海洋は，地球が太陽から受け取るエネルギーを赤道域から極地方に運び，陸地の気候をも支配している．とおくバイキングの時代から，あるいは15世紀の大航海時代の幕開けと地理学上の発見とともに海洋表層部についての理解も拡がっていったが，それらはごく断片的なものでしかなかった．遙かなる未知の大陸にあこがれた探検者たちにとって，大洋はあくまで到達を阻む障害物でしかなかったのである．黒潮や湾流の存在は航海者や捕鯨者たちには知られていたが，湾流を地図上に示すまでには1770年代のベンジャミン・フランクリン（Benjamin Franklin）を待たなければならなかった．

　16世紀以降，沿岸の海底地形は測深鉛（sounding lead）による測深と三角測量によって把握されるようになり，測深鉛に埋め込んだ獣脂に付着する底質も調べられ，海図に水深と底質が書き込まれるようになったが，大洋底の水深を測定することはまだ困難であった．海洋の組織的観測は19世紀の初頭に始まっており，ロシアやフランスは19世紀前半には世界周航や南極調査の航路で大洋底の水深測定を行った．英国では1795年に海軍省に水路掛（Hydrographer）が設けられ，1814年から測量艦を配備，世界各地の水路の測量にあたって海図を作成した．当時の測深は主に錘りをつけた測深索（sounding bit）によるもので，ロープの重量や水との摩擦に打ち勝って測深索を引き上げるのには多大な労力をともない，また多大な労力をかけても測深索が届かないこともあり，大洋底までの水深が測れることは稀であった（図1.1）．また，測深索による測深は潮流の影響を受けやすく誤差が大きかった．当時の限られたデータに基づいて大西洋の海底地形図を最初に編集したのは米国のマシュー・モーリー（Matthew Maury）で，1854年に出版された．アイルランドとニューファウンドランドを結ぶ北大西洋横断海底ケーブル（submarine cable）敷設が着工されたのは1857年で，ケーブル敷設に先立って行われた1856年の英米の海底調査では，大西洋中央部に比較的浅い水深をもつ海域が存在することが示された（図1.2）が，この地形の詳細の解明には20世紀を待たなければならなかった．なお，ケーブルの切断損傷にともなう調査は，海底面が予想以上に動的であることを明らかにした．後年になって海底地すべりや混濁流の存在を示唆したのも，海底ケーブルの切断事故である．

　海底ケーブル敷設などの技術的な挑戦にともなって，海洋観測機器も開発されていった．ワイヤー技術の向上により，1870年代には麻縄に代わって金属製のワイヤーが深海調査にも使用されるようになった．深海から生物や底質を採取するドレッジ（dredge）の開発は18世紀後半から始まっており，19世紀後半には現在のドレッジ機材（第4章参照）の原型はほぼ完成して

図1.1　測深鉛による測深の風景
（https://en.wikipedia.org/wiki/Depth_sounding）

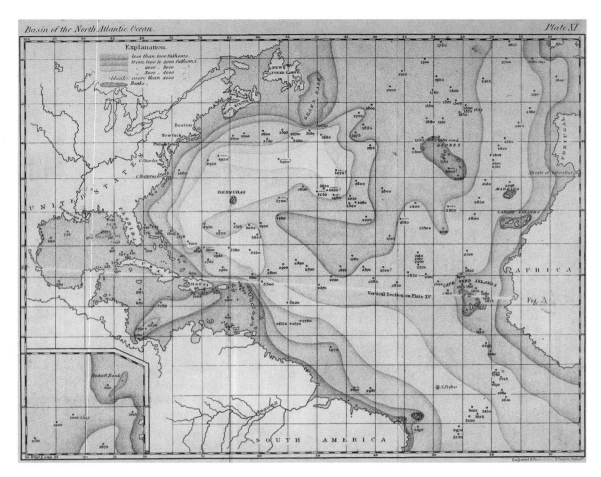

図1.2 マシュー・モーリーによって1857年に描かれた大西洋の海底地形
(画像提供：David Rumsey Map Collection, Cartography Associates, http://www.davidrumsey.com/)

いたようである．また，1818年に北西航路を探検中のジョン・ロス（John Ross）は，塩分濃度の分布から航路が海につながっているかを推定するため，採水器（water sampler）の原型を作っている．ワイヤーと組み合わせた水深測定器や採水・ドレッジ技術の開発により，海洋観測の道具立ては向上した．しかしながら，正確で連続的な水深測定が行われるようになったのは，第1次世界大戦中に開発された音響測深機（acoustic bothymeter）の登場以降である．

1831〜1836年にかけて沿岸測量を目的に実施されたビーグル号（HMS Beagle）航海に参加したチャールズ・ダーウィン（Charles Darwin）の地質学・進化学上の仮説は，水深が大きくなるほど生物の多様性が減少することを見いだしたエドワード・フォーブス（Edward Forbes）や，それまで化石種と考えられたウミユリ（crinoid）を深海底に発見したミカエル・サルス（Michael Sars）らの業績，チャールズ・ライエル（Charles Lyell）の斉一説（uniformitarianism）を海洋底まで敷衍しようとするトーマス・ハクスリー（Thomas Huxley）やエルンスト・ヘッケル（Ernst Haeckel）の熱意に後押しされ，19世紀後半になると科学目的の深海底調査への気運が高まった．ウィリアム・カーペンター（William Carpenter）とワイヴィル・トムソン（Wyville Thomson）の指導の元に1868〜1870年にかけて北海および地中海で行われた英国海軍ライトニング号（HMS Lightning）およびポーキュパイン号（HMS Porcupine）の航海では，ドレッジやビームトロール（beam trawl）によって深海底生物を採取し，深海の水温が一様でないことを明らかにした．これらの航海の成功に引き続き，19世紀の科学探検の金字塔ともいうべきチャレンジャー号（HMS Challenger）探検が実施されることになる．チャレンジャ

一号探検は1872〜1876年にかけて行われ，この間三大洋を横断し，総延長68,890海里（1海里（nautical mile）は海面を地球中心から見た1分角にあたり1,852 m）の航海中に362地点で観測・ドレッジまたはビームトロールを行い，13,000種を超える動植物標本，海水標本1,441本，底質標本数100点以上を採取した．試料は英国のみならず世界各地の研究者に配布されトムソンとジョン・マレー（John Murray）主導のもとに1880〜1895年にかけて50巻の報告書としてまとめられた．採取した深海試料を人類の共通財産としてとらえ，一国の体面に拘泥することなく科学的成果を追い求める姿勢は，当時の社会にあってはより困難であっただろう．現代の海洋研究の伝統に脈々とつながる良いお手本を提示している．また，この航海では開発直後の転倒式水温計（reversing thermometer）なども使用され，信頼できる深海での水温測定を行っている．

19世紀末には，1879年に北東航路を切り開いたアドルフ・ノルデンショルド（Adorf Nordenskiold）に続いて北欧の探検家たちによる北極海の科学的探検が相次いだ．シベリア沖で遭難した船の漂流物がグリーンランドで発見されたことから，北極点を通る海流の存在を予想したフリッチョフ・ナンセン（Fridtjof Nansen）は，1893〜1896年にかけて行われた耐氷船フラム号（Fram）の探検で，周到な用意のうえに北極点到達を目指すとともに，北極海の水深・水温・塩分濃度分布など多くの科学的成果を残した．北極点到達という目的は達成されなかったものの，氷で覆われた北極海の海流を実証したフラム号探検は，データの集積と深い思考に基づく仮説検証型探検の好例である．

20世紀に入ると，急速な地球物理学的な進展がみられた．1909年にはモホロヴィチッチ（Andrija Mohorovičić）により地下50 km程度の深さに地震波速度（seismic velocity）が顕著に異なる境界面が発見された．その後の研究により地殻とマントルを分ける境界面とされ，モホロビチッチ不連続面（モホ面：MOHO discontinuity）と名付けられた．現在までに世界各地で同様な観測が行われ，海洋性地殻ではモホ面深度は5〜10 kmであることが知られている．第1次世界大戦中に開発された音響測深技術（第2章参照）は，ドイツのメテオール号探検（Meteor Expedition，1925〜1927年：重い賠償金にあえぐ敗戦直後のドイツは海水から金を採取することを企図したのである）以降使用されるようになり，大西洋やインド洋の膨大な測深データを残した．現在，中央海嶺と知られている地形的高まりの概略はこれらの調査で明らかになったが，この地形の意味するところを理解するまでにはさらに年月を要した．

一方，1912〜1929年にかけて発表されたウェゲナー（Alfred Wegener）の「大陸と海洋の起源」によって提示された大陸移動説は，地殻の水平運動を唱えてその後の地球科学全般の進展に大きな影響を及ぼした．しかし，それが一般に広く支持されるようになったのは，第2次世界大戦後，海洋底の地形や地質そのものについての興味や理解が急速に拡がり，海洋底拡大説の進展と相まってプレートテクトニクス（plate tectonics）の理論が確立されてからのことである．大陸移動説とプレートテクトニクスの確立には，海洋底を支配している造構過程（tectonic process）の理解がどうしても必要だったのである．

第2次世界大戦後は音響探査をはじめとする海洋底調査をアメリカ合衆国が主導した．結局，海洋底拡大説への扉は，1947年以来大西洋中央海嶺の海底地形を研究していた，そして海底地震や海底ケーブル切断事故が海嶺中央部に集中していることを見いだしたコロンビア大学ラモント地質学研究所のブルース・ヒーゼン（Bruce Heezen）によって開かれた．ヒーゼンと共同研究者のサープ（Mary Tharp）は1957年に出版した精緻な（想像力たくましい）北大西洋海底図（図1.3）によって海洋底拡大の様相を説得力のある形で示した．これは，サイドスキャンソナー（side-scan sonar：1958年に開発）やマルチビーム音響測深機（multi-beam echo sounder：アメリカ海軍海洋研究局により1960年代に開発，第2章参照）が実用化される以前の業績である．はじめて海底拡大（Sea-floor spreading）という言葉を導入したのはディーツ（Robert Sinclair Dietz）で1961年のことである．ヘス（Harry Hammond Hess）は，当時明らかにされつつあった中央海嶺（mid-ocean ridge）での高い熱流量，浅発地震活動，地震波速度の遅い海洋地殻第3層（第8，第15章参照）および最上部マントルなどに着目し，マントル対流を原動力とする海洋底の生成・移動と大陸分裂を説明した（1962年）．

1950年代半ばに観測船から曳航するプロトン磁力計（proton magnetometer）が開発されると，いち早くカリフォルニア大学スクリップス研究所（Scripps Institute）のグループにより北東太平洋で地磁気縞（geomagnetic stripes，3.4節参照）が発見された．ヴァイン（Frederick Vine），マシューズ（Drummond Matthews）とモーレイ（Lawrence Morley）は，地磁気が逆転を繰り返す中で海洋底が拡大すれば，海嶺で生じたマグマが冷却にともなって熱残留磁化（第3章参照）を獲得し，海底拡大にともなって移動するプレートは正負に磁化され縞状の地磁気異常，すなわち地磁気縞が生じると考えた（1963年）．これは，テープレ

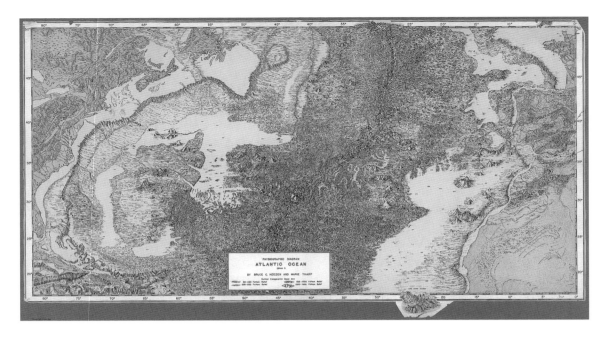

図1.3　ヒーゼンとサープ（1957）による北大西洋の海底地形図　（画像提供：David Rumsey Map Collection）

コーダー・モデルと呼ばれている．この縞は海嶺で海洋地殻が成長した年代に対応するので，海洋底の年代を知るうえで重要な情報源となっている．

1965年になると，ウィルソン（Tuzo Wilson）により2つの重要な仮説，ホットスポット（hot spot）仮説とトランスフォーム断層（transform fault）の概念が提示された．ホットスポット仮説は，ハワイのような海洋火山島を形成したマグマは，プレートの運動に追従しないマントル深部に固定されたマグマ源から上昇し，地表に噴出するというものである．この仮説に基づいたプレートの絶対運動を求める試みと，その検証が数多くなされている．トランスフォーム断層モデルでは，地磁気縞を数10 kmもずらせている断裂帯（fracture zone）は，海洋地殻構造の見かけどおりの横ずれ相対運動によるものではなく，見かけとは逆方向の横ずれ方向をもち，海底拡大と直接関連した断層であることを示した．このモデルは後に，トランスフォーム断層で生じる地震の発震機構（focal mechanism）を解析することにより検証された．このようにして，海洋底で生じているプロセスについて仮説が提示され，検証され，そして細部が補強されていった．海洋底プロセスが理解されるにしたがって，地球科学は当時の新しいパラダイム（paradigm），プレートテクトニクスの確立に向けて大きく舵を切ったのである．これら以降の内外の研究は，枚挙にいとまがないほどである．

一方，海洋底そのものの観察・試料採取を行い，海洋底プロセスを理解しようとする試みもほぼ同時期に始まっている．アメリカではウィリアム・ビービ（William Beebe）が1930年に潜水球（bathysphere）で900 mまで潜水しているが，1960年にはジャック・ピカール（Jacques Piccard）とドン・ウォルシュ（Don Walsh）を乗せたトリエステ号（Bathyscaphe Trieste）がマリアナ海溝で10,900 mまで潜水した．2012年にジェームズ・キャメロン（James Cameron）のディープシーチャレンジャー（Deepsea Challenger）が10,898.4 mの水深に達したが，この最深記録は未だに破られていない．さまざまな測地学的・地球物理学的成果によって海洋底地形が理解され始めると，海洋底（特に拡大軸）で生じているプロセスを理解したいという欲求とともに，より可動性が良く，より深くまで潜れる調査潜水船の開発への要求が高まり，フランスのアルシメード号（Archimede：1961～1974年）・シアナ号（Cyana：1969～2003年）・ノチール号（Nautile：1984年～），米国のパイシーズⅡ～Ⅴ号（Pisces：1号機は1960年代末にカナダで設計，ⅣとⅤが現在も稼働中）・アルビン号（DSV Alvin：1964年～），ロシアのミールⅠ・Ⅱ号（Mir：1987年～）などの有人潜水船や遠隔操作による無人潜水艇（ROV：4.1節参照）が開発されていった．日本でも海洋科学技術センター（現：海洋研究開発機構）によって運行される「しんかい2000」（1982年就航・2002年引退）や「しん

かい6500」（1990年完成）が開発され，日本近海および世界各地の海でそれぞれ1,000回以上の潜航調査を行ってきた．これらの優秀な有人潜水船は2,000 mあるいは6,000 mを超える深海底まで研究者を乗せての往復を繰り返し，海底面に沿って観察・試料採取を行うとともに，海洋底で生じつつあるプロセスの躍動的な映像をもたらした．この間に，海嶺軸や海洋性島弧における火山活動やブラックスモーカー（black smoker）と熱水からの栄養に依存する熱水生物群集の発見，背弧海盆におけるホワイトスモーカー（white smoker）の発見，プレート沈み込み帯における冷湧水と独立栄養素生物群集の発見，泥火山やメタンハイドレート（methane hydrate）存在の確認，多様な新種の深海生物の発見など，大きな成果を上げている．特に，海底面近くに生息する深海生物の多様性の発見とその詳細な研究については，潜水船調査の可動性などの利点が十分に生かされている．

海洋底のより深い部分から試料を採取するため，海洋掘削も行われた．組織的な海洋科学掘削は，海洋地殻下位の比較的浅いモホ面への到達を目指して米国の主導のもとに1961〜1966年にかけて実施されたモホール計画（Project Mohole）に始まる．ヘスとムンク（Walter Heinrich Munk）によって提案されたモホール計画は掘削船カス（CUSS）1を使用してメキシコ領ガダループ島（Guadalupe）沖合で試験的な掘削を行い，およそ180 mまで掘り進み海洋玄武岩に到達したが，当時の技術的限界と宇宙開発が優先されたことによる資金難から破棄された．その一方では，宇宙開発，特に衛星技術の発達によって全地球にわたる重力異常（3.3節参照）や海洋底地形を理解する道具を得た．

海洋玄武岩上の堆積物を系統的に採取することを目標として1968〜1983年にかけて行われた深海掘削計画（Deep Sea Drilling Project：DSDP）は，1975年の日本の参加によって国際共同深海掘削計画（International Phase of Ocean Drilling：IPOD）に移行した．DSDP時代にはグローマー・チャレンジャー号（Glomar Challenger）を用いて，堆積物ー玄武岩境界では海嶺から遠ざかるほど古い堆積物が分布していることを突き止め，プレートテクトニクス仮説の根底をなす海洋拡大説を実証するなどの大きな成果をあげた．海洋底でも侵食が生じており，予想以上に動的な堆積作用が生じていることも理解されたが，陸上堆積物よりも圧倒的に連続性がよい海洋底堆積物の連続柱状試料採取により，地球環境変遷や古地磁気変動に関する多くの成果があげられている．1985年からは国際深海掘削計画（Ocean Drilling Program：ODP）が始まり，ジョ

イデス・レゾリューション（JOIDES Resolution）号の就航にともなって，より深い領域に掘削目標が移っていった．海洋地殻構造や地球環境変遷の理解に関する大きな成果を残してODPは2003年に終了したが，新たな深海底への挑戦は統合国際深海掘削計画（Integrated Ocean Drilling Program：IODP）に引き継がれた．IODPはその科学目標として，①地下生物圏（deep subterranean biosphere）と海底下に拡がる「海」に関する研究，②地球環境変動とその生命圏への影響に関する研究，③固体地球における物質循環とそのダイナミクスに関する研究などを掲げた．2005年のジョイデス・レゾリューション号の航海では，通常の海洋地殻（intact oceanic crust）の上部を貫通して海洋地殻第3層を構成すると考えられる斑れい岩（gabbro）を採取することに成功した．これらの成果は，次世代のモホール計画としてさらに発展していくであろう．

2007年からは海洋研究開発機構（Japan Agency for Marine-Earth Science and Technology：JAMSTEC）によって運用される地球深部探査船「ちきゅう」が研究航海に就航し，2008年には米国運用のジョイデス・レゾリューション号とヨーロッパ連合運用の特定任務掘削船（Mission Specific Platform：MSP）を合わせた3船体制が実現した．ライザー掘削（後述）を実現できる「ちきゅう」によって，我々はついにモホ面にも到達することができる道具を手に入れたのである．地球科学者の深海底への挑戦は，これまで以上の道具を与えられ，より深い領域へ向かい，より広範にわたる，より包括的な地球の理解を目指してさらに続くであろう．

1.2 ライザー掘削船「ちきゅう」とIODPの未来

地球深部探査船「ちきゅう」の特徴はライザー掘削（riser drilling）を行えることである（図1.4）．ジョイデス・レゾリューション号などで行われる通常の深海掘削では，掘削櫓（derrick）から吊したドリルパイプ（drilling pipe）を海中に入れ，海底面から掘削を開始する．そのため，ドリルパイプと掘削抗（borehole）は常に海水の水圧を受けている．海水と接している掘削抗の先端にかかる水圧（hydraulic pressure：σ_w）は先端の深さ（海底面の水深 h_w＋掘削抗の深さ h_{sed}）をhとすると，

$$\sigma_w = \rho_w gh = \rho_w gh_w + \rho_w gh_{sed} \quad (1.1)$$

である．ここで，gは重力定数で，ρ_wは海水の比重

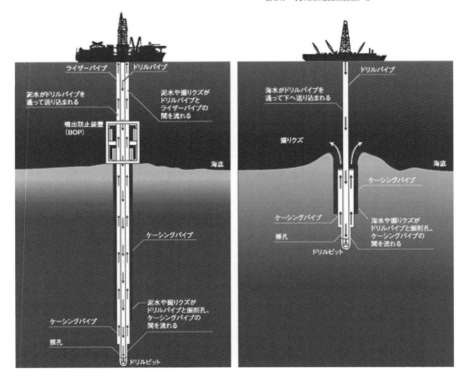

図1.4 地球深部探査船「ちきゅう」とライザー掘削（図提供：JAMSTEC）

(density）である．これに対して掘削抗先端部周囲の堆積物あるいは岩盤にかかる土圧（earth pressure：σ_{sed}）は，これらの比重をρ_{sed}とすると，

$$\sigma_{sed} = \rho_w g h_w + \rho_{sed} g h_{sed} \tag{1.2}$$

となる．堆積物の比重は常に海水の比重よりも大きい（$\rho_w < \rho_{sed}$）ため，掘削抗が深くなるほど掘削孔内の水圧と周囲の土圧の差は大きくなり，ある深度まで掘り進むと掘削抗は土圧によってつぶれてしまうことになる．これを防ぐため，また掘削を効率よく孔外に運搬するために掘削泥水を使用しても，従来型の掘削ではその効果は限定的である．

ライザー掘削はこれを防ぐ技術である．具体的にはライザーパイプ（riser pipe）と呼ばれる中空のパイプで掘削船と海底を連結し，周囲の海水から遮断された空間をつくる．ライザーパイプの先端は，防噴装置（blowout preventer：BOP）を介して海底に固定される．ライザーパイプの中の圧力は，海水より比重の重い泥水を入れることによって掘削深度に応じて調整する．このライザーパイプの中にドリルパイプを通して掘削すれば，土圧に均衡する孔内圧を保持することができるので，掘削抗は閉塞することなく，より深い掘削が可能になる．通常の掘削に比較してライザー掘削は装置も大がかりになり，オペレーションの手間も増大するが，想定掘削深度が5,000 m程度のモホ面掘削や，造構応力（tectonic stress）を受けている地域での震源断層掘削（seismogenic fault drilling）などには欠かせない手法である．

「ちきゅう」が就航してから南海トラフ付加体（accretionary prism）における地震発生帯の研究は長足の進歩を遂げた（第14章参照）．黒潮（Kuroshio）の只中での掘削（数十日間にわたる掘削期間中，掘削船は海流に逆らって，定点保持をしなければならない．この定点保持の技術はdynamic positioning system（DPS）と呼ばれ，深海掘削に欠かせない基幹技術である）という困難な条件の中で，掘削時検層（logging while drilling：LWD）を実施して掘削研究の効率化を図りながら，いくつかの地点で震源断層に到達し，断

層試料の回収に成功した．また，この南海トラフ震源断層掘削計画（NanTroSEIZE）の実現に到る過程で実施された3次元反射法地震波探査（3-dimensional seismic reflection survey）をとおして，震源断層の不均質性を定量的に評価する技術を発達させたことも大きな成果である．地震波探査や掘削をとおして海底地すべり堆積物（submarine landslide deposits）の分布や様相が明らかになり，検層や非弾性歪回復測定法（anelastic strain recovery measurement）などの手法を用いて南海トラフ付加体にかかる応力が定量的に評価されるようになった．これらの結果，南海トラフ付加体は世界で最もよく研究された海域になった．

この間，2011年の東北地方太平洋沖地震によって史上最大規模の津波が発生し，東北地方太平洋沿岸部は大きな被害を受けた．当時八戸港に接岸していた「ちきゅう」も津波に巻き込まれてスラスター（thruster）を損傷する被害を受けたが，港湾にいた人々を保護し，多くの人命を救った．そして，その直後には Japan Trench Fast Drilling Project（JFAST）をとおして水深7,000 m の日本海溝最深域で津波発生帯の掘削を行い，震源断層運動と津波発生のメカニズム（mechanism）の理解に大きな進展をもたらした．これらの地震発生帯掘削オペレーションは「ちきゅう」でなければなしえないものであり，影響力の大きな科学成果をもたらして国際的に高い評価を受けている．

2013年から IODP は運営体制を一新し，International Ocean Discovery Program と改称した．2013〜2023年までの科学計画として，①気候と大洋の変動—過去の記録を読み取り未来を予測する，②生命圏フロンティア（frontier）—深部生命圏，生命多様性そしてエコシステム（ecosystem）への環境の影響，③地球深部過程と表層への影響，④変動する地球—人間の時間尺度のプロセスと災害，といった基軸が掲げられた．この科学計画期間を超えて，「ちきゅう」には島弧地殻形成過程やさらなる震源断層過程の解明，そして1960年以来の海洋科学の到達目標ともいえるモホ面，そしてマントル掘削の実現が期待されている．

1.3　海洋底調査の計画と進め方

海洋底調査は一般に，①研究目的と調査海域の設定，②研究組織の構築，③既存の文献・データなどの事前調査（プレクルーズ研究），④研究計画書の申請・審査・受理，⑤調査許可の取得，⑥調査船による観測や研究（乗船研究），⑦採取した資料・データを対象に研究室で行う研究（ポストクルーズ研究），という流れで行われる（②から⑤は順不同）．

IODP や JAMSTEC で実施される大規模な海洋底調査研究は，研究者がアイディアを持ち寄ることによって成立している．海洋における地質調査は，陸上における地質調査と異なり，露頭を自ら踏査したりすることができないので，調査船（research vessel：R/V）を使用した調査航海（research cruise, expedition などと呼ばれる）を行う．船舶を使った調査は，通常，研究者が個人レベルでは遂行できないような大規模な予算と研究組織が必要となる．したがって，研究目的と調査海域を設定した後の海洋調査は，JAMSTEC など船舶を保有する組織，あるいは IODP のように船舶の運用を行う組織に科学研究提案書（research proposal）を行うことから始まる．具体的には研究計画書を対応する組織に提出して審査を受け，船舶・観測設備の使用が許可されて調査は初めて成立する．応募資格や応募様式は組織ごとに異なるので，ホームページなどで確認するとよい．申請書の様式はさまざまであるが，研究の背景，研究目的，具体的な研究実施計画，研究組織，調査海域の事前調査状況などは必須の記載事項である．調査実施項目は研究目的によってさまざまであるが，海底地形探査，反射法または屈折法地震波探査，重力および地磁気探査などの地球物理的探査，表層堆積物，柱状コア試料採取，ドレッジによる岩石採取や掘削による地質学的調査などである．調査航海で使用される船舶（プラットフォーム；platform）は，調査の規模や目的によってさまざまなものを申請することができる．

科学研究提案が審査される内容は，科学目的が組織全体の科学目標に合致しているか，あるいは目標を超えた新しい科学を創出するものであるか，計画から期待できる成果，事前調査の実施状況，観測や掘削を行った場合の環境への影響と航海の安全性などである．IODP の場合は国際パネル委員で組織される科学諮問組織（Science Advisory Structure：SAS）による透明性の高い審査を経て，実現可能で重要度が高いと思われる航海から実施されていく．

海洋研究を計画するにあたって，調査を実施できる海域には制限があることに留意する必要がある．日本の領海以外で調査を計画する場合，特に，他国の領海や200海里内の排他的経済水域（exclusive economic zone：EEZ）内で行う調査を計画する場合には，国連海洋法条約（United Nations Convention on the Law of the Sea）にもとづいて6カ月以上前に外務省を通して許可申請をし，該当国から許可を得なければならない．許可が得られない場合は，調査航海そのものが成立しない．これらの許認可は，通常船舶を運用する組織が代行してくれるが，国際的な係争海域（disputed water) での調査は許認可の取得が困難で，実際には係争状況が改善されないかぎり実施は不可能である．海賊出没海域など潜在的な危険が予想される海域では，いかに内容が優れたものであっても，状況が改善されるまでは調査は実施されない．また，利用する船舶の能力を超えた海況が予想される海域ではどのような調査も不可能である．

1.4　調査研究航海の実際

　調査航海は，複数の研究者からなる研究組織(scientific party)を組織し，調査船に乗船して研究を行う．通常，研究組織には，首席研究者，乗船研究者，陸上研究者などがある．国内の調査航海の場合には，計画書の提出段階で課題提案者の責任の範囲で，研究組織の編成を行う場合が多い．IODPの場合は，掘削航海日程がある程度予定化されると，実施組織の統轄の下で，各国からノミネートされた研究者の中から，共同首席研究者が2名決定され，この首席研究者のもとで，乗船研究者が公募・決定される．調査船には研究者のほかに，船長，航海士，船員，研究観測支援員などが乗船する．研究者組織と船の運航組織は別系統であり，研究者がかかわるのは研究組織の部分のみであるが，乗船研究は両者が協力し合って初めて成り立つので，いかなる場合でもお互いの意思を尊重しあう姿勢が大切である．

　首席研究者は，調査航海の円滑な遂行を統括する．首席研究者の任務と権限としては，①航海前の実施要領書の作成，全体研究計画の作成，研究組織の編成，使用研究機材の準備，作業日程案の作成，研究船の運航担当者との調整などがある．②航海中には，航海中の乗船研究を統括する．具体的には，乗船研究者と運航部門ならびに観測技術員との連絡調整，調査日程調整，乗船研究者および観測技術員への指示，乗船共同研究者へのデータや試料の分配，関係者への日報の発信，船上クルーズレポートの作成，事故，トラブル発生時の研究続行にかかわる判断や調整，などを行う．③航海後は，必要な時期にクルーズレポートを作成・提出する．乗船研究者／陸上研究者とともに航海後の研究，試料分析などを進行し，学会誌などへの成果発表を勧奨する．首席研究者は，データやサンプルリクエストの調整を行うとともに，研究者間におけるデータ，試料，成果の取扱いに関して，諸規定がある場合はそれを遵守し，あるいは必要なルールをつくり，衝突（コンフリクト）やハラスメントが発生しないように調整・マネジメントすることも必要である．調査航海全体の目標の達成に責任をもち，すべての乗船研究者・陸上研究者とともに，最大限の研究成果をあげることが最も重要な責務である．特定の研究者の利益を優先したり，成果を独り占めするようなことをせず，公平な立場で航海全体の成果を見渡す態度が必要である．

　乗船研究者は，乗船して調査に従事するとともに自己の研究の進行に必要なサンプルリクエストを提出する．船上もしくは下船後に開催されるサンプリングパーティで試料を採取し，分析を行う．航海終了直後から始まるモラトリアム期間は（通常，1年半），乗船研究者とあらかじめ登録した陸上研究者以外はサンプルリクエストすることができず，乗船研究者は優先的に分析などを行うことができる．モラトリアム期間が終了すると，乗船研究者・登録した陸上研究者以外もサンプルリクエストを行うことが許可され，もはや乗船研究者の優先権は保証されない．

　コア試料をはじめとする海洋底試料は次世代に引き継ぐべき貴重な財産である．次世代に開発されるであろうテクノロジーを待ち，より精度の良い計測を行うために，半割されたコアの一方はアーカイブハーフとして保管されるのが普通である．IODPで採取されたアーカイブコアの保管はドイツのブレーメン大学，アメリカのテキサスA&M大学，高知大学と海洋研究開発機構が共同で運行している高知コアセンターの3つの機関で行っている．高知コアセンターでは西太平洋とインド洋のコア試料を保管している．モラトリアム期間終了後は，サンプルリクエストを提出することによって世界中の研究者が試料を入手することができる．

1.5　海洋底研究のサポート体制

　IODPプロポーザルの提出や航海計画の実施を支援するために，国内大学・研究機関の会員から構成される日本地球掘削コンソーシアム（Japan Drilling Earth Science Consortium：J-DESC）が編成されており，随時質問や要望に対応している．IODPのデータベースを用いて申請に必要な海域調査データを閲覧することができる．海洋底掘削のための新規の事前調査データの取得（地震波探査の実施）については，JAMSTEC地球深部探査センター（CDEX）が対応しているが，大規模な調査であり別途申請が必要である．公募制の全国共同利用施設である高知大学海洋コア総合研究センターが乗船後の陸上研究へのサポートを提供しているので，自前の機材をもたなくても海洋底調査研究の企画申請と遂行は可能である．また，J-DESCは乗船研究に必要な技術と知識を提供するために，各種のコ

アスクールを毎年開催している．海洋研究を志すときは，これらの機会を利用してスキルアップに努めるとよい．

参考図書

西村三郎（1992）チャレンジャー号探検．中公新書，264p.

Edmonds, J.（1999）Philip's Atlas of exploration（2nd Ed）. George Philip Limited, 256p.

IODP（2011）Illuminating Earth's Past, Present, and Future. Science plan for 2013-2023. IODP Management International, Washington DC, 84p.

NHK「海」プロジェクト（1998）海—知られざる世界，1．日本放送出版協会，135p.

2　海底地形

2.1　海底地形探査

2.1.1　海底地形調査の重要性

　海底地形は水に覆われていて簡単に見ることはできないが，実際にはきわめて起伏に富んでいる（口絵1）．地震や火山をはじめとする地学現象の多くはプレート境界（plate boundary）で起こり，そのプレート境界の大半は深海底に位置する．新しいプレートが生まれる中央海嶺は地球をぐるりと取り巻く大火山山脈をなし，中央海嶺軸のずれから伸びる断裂帯（fracture zone）は時に数千 km に及ぶ崖となる．プレートは地球表面を移動し，やがて深い海溝でマントルに沈み込み地球深部に帰っていくが，その海溝に沿うようにして島弧火成活動による海底火山が並ぶ．ホットスポット（hot spot）や LIPs（large igneous provinces, 巨大火成岩岩石区）などの地球深部起源と考えられる新旧の火成活動の姿も海底地形から読み取ることができる．また，これら火山活動や造構運動の結果だけではなく，大陸縁辺では陸上起源物質の供給や移動，海底生物活動によっても特徴的な海底地形が形成されている．

　海底では陸上のように風化・侵食が進まないため，地形はその形成過程をそのまま反映していることが多い．海底地形は海底で起こるさまざまな地学現象の機構，海底下の構造，地球の進化を直接記録している最も基本的なデータであり，海底地形を知ることは，すなわちその海域の成り立ちと構造を知ることである．さらに，海底地形の内包する情報の重要性に加え，海底地形はそのほかの調査研究の準備計画において必須のデータでもある．海底堆積物や岩石の採取をどこで行うか，海底設置機器はどこに置くか，これらはいずれも精密な海底地形データなしには決めることができない．この章では，海底地形を計測する原理と現状，地形データの処理，そして既存の海底地形データとその入手法について概説する．

2.1.2　測深技術概論

　海底地形を測ることはたやすいことではない．可視光は海中のごく浅いところに届くのみであり，陸上調査のように空中写真や衛星画像を用いて観察することはできない．惑星探査では種々の波長の電磁波が探査に利用されているが，これらの大半は周波数が高く海水中ではすぐに減衰してしまうため，海底地形調査に利用することは難しい．そのため，現在に至っても，全地球規模の海底地形は火星表面の地形ほどにもわかっていない．口絵1にある海底地形図は人工衛星の探査で得られた重力異常を元に「推定した」地形（水平分解能はおよそ3.6 km）であり，世界中の海底の水深を測定して得られたものではない．船舶などを利用して得られる精密な海底地形図のある海域はきわめて限られているのである．

　海底地形を知る，すなわち水深を測ることは，古くは錘りをつけた紐（測深索）を垂らして，その長さを測ることで求めた．現在では主に音波（超音波）を利用して測深が行われている．一般に音波を利用した探査装置をソナー（sonar）と呼び，機器自体は音波を発せずに対象物が発信する音波を検知するのみの受動的ソナーと，自ら発した音波が対象に当たって返ってくる波を検知する能動的ソナーに大別される．海底地形調査に用いられている測深機は後者のタイプで，音波を海底に向かって送信し，それが海底面で反射・散乱した波を受信する．この送受信の時間差を計測し，時間差の1/2に海水中での音波の伝播速度（以下，音速度：sonic velocity）をかけることにより，水深値を得るのである．

　実際の測深機では，用途に応じてさまざまな周波数の音波が利用されている．一般に波を利用して物体を

識別する場合，波長の短い（＝周波数の高い）波ほど小さなものを識別できる．すなわち地形調査の分解能を上げるためには，高い周波数の波を使うほうがよい．一方，周波数が高いほど水中での減衰が激しく，水深が深い場合は海底からの信号が途中で減衰し検知できなくなってしまう．そのため，水深数百mまでの浅海用の測深機や深海探査機などに装着する型の測深機（深海であっても測深機を海底近くまで持ち込むので音波の伝播距離は短い）では数百kHzの波を，数千mまでの中深海用では20～50kHzの波を，1万mを超える海溝域まで含めた深海用には12kHzの波が利用されることが多い．

2.1.3 マルチビーム音響測深機

音波を用いた測深機（音響測深機：echo sounder）の初期のものは，船からただ音波を発信して最初に波が返ってくるまでの時間を計るのみであった（図2.1a）．この場合，2つの大きな問題が生じる．1つの問題点は，1回の発信からは1つの水深値しか得られず，船の直下の地形しかわからないという点である．地形図を作成するためには細かい測線間隔で船が往復を繰り返す必要があり，広い範囲を調査するためにはたいへんな時間と労力がかかる．もう1つは，船の直下の水深を測っていると仮定しているものの，実際に波がどこではね返ったものかわからないという点である．音波は水中を球面状に伝播する．海底面が平坦であれば，最初に返ってくる波は船の直下で反射した波であり，送受信の時間差の1/2に音速度をかけたものは船の直下の水深となる．しかし，仮にやや離れたところに高まりがあった場合，受信機は直下からの反射より

も先に側方からの反射（散乱）を検知することになる．測深機はどちらの方向から返ってきた波かを判別していないので，誤って直下の水深が浅いとしてしまう．

このような不都合を解消するために開発されたのが，現在の海底地形調査の主流であるマルチビーム音響測深機（multibeam echo sounder，マルチナロービーム（multi narrow beam）音響測深機と呼ぶこともある）である（図2.1b）．指向性を絞った音響ビームを複数合成することにより，広範囲にわたる多数のデータを一度に得ることができる．

マルチビーム音響測深機では，送受波ビームの組合せで海底の限定された地点の水深を計測することが可能である．まず，送波器を複数並べることにより指向性のある音響ビームを発信する．1つの音源から発信された波は等方的に広がってしまうが，図2.2(a)に示すように音源が2つになると，それぞれの音源から出た波はお互いに干渉し，2つの音源までの距離の差が発信した波の波長の整数倍になる点で振幅が強くなる．一般の海底調査では海底は音源から十分離れたところにあるので，2つの音源から出た波が干渉した結果の振幅の分布は，波長と音源の間隔が固定されると音源の並んだ方向に対する角度の関数となる（図2.2(b)）．仮に音源の間隔が使用している波の波長の1/2だとすると，音源の並んだ線を垂直2等分する方向で振幅が最も強く，音源の並んだ線の延長上では常に波の山と谷が干渉しあって振幅がゼロになる．図2.2(c)は，音源並びに対する方位（現実には3次元的な方位）に対する振幅分布を示しており，これを音響ビームのパターンと呼ぶ．音響ビームパターン（sonic beam pattern）は音源の数や間隔によって複雑なもの

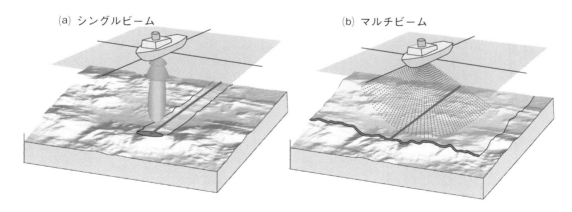

図2.1 音響測深の概念図
(a) シングルビーム測深．1回の送波に対して1つの水深しか得られず，またビームが広がっているため正確に海底のどの地点から返ってきた波を最初に受信しているかがわからない．(b) マルチビーム測深．指向性に優れた狭い音響ビームを数十～数百使うことにより，1回の送波に対して複数の水深が得られ，船の移動により面的な調査ができる（東京大学出版会，「海洋底地球科学」，2015）

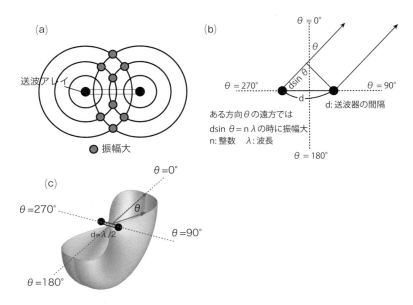

図2.2 送波ビーム合成の原理
(a) 送信器を2つ並べた場合の概念図．2つの送信器から出た波は干渉しあい，2つの送信器からの距離の差と使用する波の波長に応じて振幅の増大する場所と減少する場所ができる．(b) 十分遠方の海底を考えた場合，振幅は送信器列からの方位に依存する．(c) 2つの送信器が波長の1/2の間隔を置いて並んでいる場合の振幅の方位依存性（ビームパターン）を3次元および2次元断面で模式的に示した図．極座標表示で，方位は送信器アレイに対する方位を，半径方向に振幅をプロットしてある．矢印の長さ（アレイの中心から影をつけてある面までの距離）がその方位の延長にある海底での振幅に比例すると考えればよい．3次元的に見ると，送信器アレイ方向の幅が狭いビームが合成されることがわかる．深海調査用に日本で多く用いられているSeaBeam2112測深機では10〜14個の送波器を並べ，より狭いビームを実現している（東京大学出版会，「海洋底地球科学」，2015）

となるが，数多くの送波器を船首 − 船尾方向に1直線状に並べる（送波アレイ（send array）をつくる）ことにより，アレイに直交する方向の幅を狭く絞った扇形のビームを合成することができる．アレイが大きくなるほど指向性に優れた幅の狭いビームができるが，そのためには大型船舶の船底に装備しなければならない．小型のアレイであれば，調査の都度，船の舷側に固定する可搬型の測深機も可能となる．

一方，受信する際にも複数の受波器を並べて（受波アレイ）特定の角度からきた波のみを受信するしくみを採用する．図2.3(a)に示すように受波アレイ（receive array）に対して直角に入射してくる波の場合，それぞれの受波器の信号を足しあわせると，海底面からの反射信号が強めあって検知できる．一方，受波アレイに対してある角度をもって入射してきた波（図2.3(b)）は，単に信号を足しあわせると反射信号がずれるので強い信号にはならず，各受波器にある特定の時間差を与えて足しあわせた時に反射信号が強めあう．逆にいえば，この時間差を変化させることによって，任意の角度から入射した波だけを強めあわせ検知できる．このようにある角度範囲からくる波のみを検知することを「受波ビームを合成する」という．実際のマルチビーム音響測深機では，送波アレイに直交する方向に受波アレイを固定し，信号処理の段階で複数の時間差に対応した足しあわせを行う．その結果，送波と受波のビームの重なった狭い範囲の海底と測深機との距離を測ることが可能になり（図2.4），反射点の位置とその場所の水深が得られる．また，1回の発信に対して複数の水深値を得ることができるため，海底地形を面的に調査することが可能となり調査効率が飛躍的に向上する．船の進行に従って帯状にデータがとれることから，このような測深をスワス測深（swath：芝刈り）と呼び，実際にデータが得られる幅をスワス幅（swath width）と呼ぶ．スワス幅は通常は図2.4に示す角度 θ で表し，実際に測深できる幅（距離）は水深に依存する．送波ビームと受波ビームが重なった部分（図2.4暗色部）はフットプリント（foot print）と呼ばれ，これが1本のビームに対する海底での照射面にあたる．初期のマルチビーム測深機では，上述したような指向特性のみからビームを形成する方式（ミルズ・クロス法（Mills closs method））が使われていたが，近年ではさらにビーム間の干渉の度合いを解析

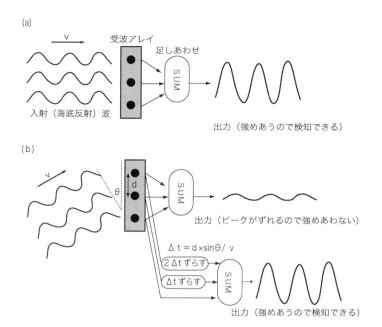

図2.3 受波ビーム合成の原理
（a）受波アレイに対して垂直に入射してくる波は，各受波器がとらえた信号を足しあわせることにより強調される．（b）受波アレイに対して斜めに入射してくる波は，単なる足しあわせでは位相がそろわず強調されない．受波器間の距離と入射角から決まる時間差をつけて信号の足しあわせを行うと，その入射角に対応した波のみが強めあい，その方向の受波ビームを合成したことになる．この図では3つの受波器しか描いていないが，実際には数十の受波器が並んだアレイが使われる（東京大学出版会，「海洋底地球科学」，2015）

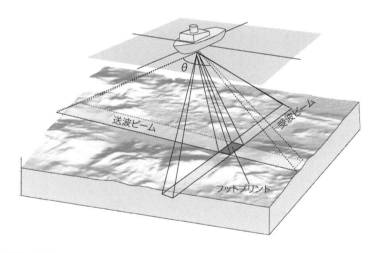

図2.4 ミルズ・クロス法の概念
船の進行方向に直交する方向に扇形に広がる送波ビームに対し，船の進行方向に平行な受波ビームを組み合わせることにより，海底の狭い範囲からの反射のみを検知する．送受波が重なる部分（図中黒色）をフットプリントと呼び，マルチビーム測深において1つのビームが照らす海底の範囲を表す

することにより精密に海底からの信号がくる方向を計測する方式（インターフェロメトリ法（interferometry method））が組み合わされ，特に傾斜角の大きな外側のビームの測深精度が向上している．

マルチビーム音響測深機は，スワス幅を広げてより広域の調査が可能なように，そしてビーム幅を狭めビーム数を増大してより高分解能となるように進化してきた．現在の中深海・深海用の測深機では，スワス幅

は120°から150°，受波ビームの間隔は1°，フットプリントが2°×2°～1°×1°のものが主流である．浅海用ではさらにフットプリントが小さいものが広く利用されている．日本の調査船・研究船では，Wärtsilä ELAC Nautik 社（SeaBeam），TELEDYNE RESON 社（SEABAT）の製品が多く装備されているが，この2社に加えて KONGSBERG Maritime 社（EM）や Atlas ELEKTRONIK 社（Hydrosweep）の製品も広く使われている．

ビーム幅を狭くするほど海底地形の詳細な姿が得られることが期待されるが，一方で船が動揺した場合にはビーム幅が狭いほど大きな影響を受ける．したがって，単に指向性を向上させるだけではなく，船の動揺の情報を正確に計測し，かつリアルタイムで信号処理に取り入れることが高精度のデータを得るために必要である．研究船に装備されたマルチビーム音響測深機の多くは，船の運航用の GPS（global positioning system）とは独立した専用 GPS システムを同時に備えている．これは，複数の GPS アンテナを用いて，船の位置だけでなく動揺を計測するためである．

2.1.4 音速度補正

正確な水深を得るためのもう1つの重要な情報は，正確な音速度を利用することである．初期のマルチビーム音響測深機では，当時の計算機の性能制限もあり，海水の平均的な音速度を求め，音波は平均音速層を直線で進むと仮定して計算を行っていた．実際の海水中の音速は深さに応じて変化し，音線は屈折しながら伝播する．現在では，あらかじめ計測した深さごとの音速度を測深機に入力することにより，より正確な音速度補正（sonic velocity correction）をリアルタイムで行っている．音速度は，深さ（圧力）と温度，塩分の関数であることが経験的に知られており，温度変化の影響が最も大きい．一般に使われている音速度を求める経験式はいくつかあるが，その1つ Wilson の式を以下に示す．

$$\begin{aligned}
V_w &= 1449.22 + V_t + V_{pr} + V_{sal} + V_{t,pr,sal} \\
V_t &= 4.6233T_w - 5.4585 \times 10^{-2}T_w^2 \\
&\quad + 2.822 \times 10^{-4}T_w^3 - 5.07 \times 10^{-7}T_w^4 \\
V_{pr} &= 1.60518 \times 10^{-1}P_w + 1.0279 \times 10^{-5}P_w^2 \\
&\quad + 3.451 \times 10^{-9}P_w^3 - 3.503 \times 10^{-12}P_w^4 \\
V_{sal} &= 1.391(S_w - 35) - 7.8 \times 10^{-2}(S_w - 35)^2 \\
V_{t,pr,sal} &= (S_w - 35)(-1.197 \times 10^{-2}T_w + 2.61 \\
&\quad \times 10^{-4}P_w - 1.96 \times 10^{-7}P_w^2 - 2.09 \\
&\quad \times 10^{-6}PT_w) + P_w(-2.796 \times 10^{-4}T_w + 1.3302 \\
&\quad \times 10^{-5}T_w^2 - 6.644 \times 10^{-8}T_w^3) \\
&\quad + P_w^2(-2.391 \times 10^{-7}T_w + 9.286 \\
&\quad \times 10^{-10}T_w^2) - 1.745 \times 10^{-10}P_w^3 T_w
\end{aligned}$$

V_w：海水を伝わる音速[m/s]，T_w：水温[℃]，S_w：塩分濃度[‰]，P_w：水圧[kg/cm²]，V_t, V_{pr}, V_{sal}：音速の水温，水圧，塩分濃度補正項

海水温は地域や季節・深度によってもちろん異なるが，海面付近で天候や時刻により非常に大きく変化する．このため，測深機の一部として表層海水を連続的に採取して音速度を計測し，そのデータを取り入れている測深機も多い．深層の水温・塩分はそれほど激しく変化しないと考えられるので，調査時に適切な間隔で XBT（eXpendable BathyThermograp：投棄型センサーで水温の鉛直分布を計測する）や XCTD（eXpendable Conductivity Temperature Depth meter：水温のほか電気伝導度（electronic conductivity＝塩分（salinity）に換算）も計測する）観測を行い，測深機に入力する．これらの投棄型センサーは簡便であるが，最大測定深度が2,000 m程度のため，さらに深層については CTD 観測や過去の統計値などを利用することになる．正確な音速度補正が行われていない場合は人工的な地形が表れることがあるので注意が必要である．

2.1.5 深海探査機による調査

通常の海洋調査・研究船によるマルチビーム測深で得られる海底地形の水平分解能は，前述のとおり水深によるが数10 mである．最近では，有人・無人の深海探査機や深海曳航機器にマルチビーム測深機を取りつけることで，深海での高分解能探査が可能となった．たとえば，自律型深海探査機（AUV：autonomous underwater vehicle）に数100 kHz の測深機を取りつけ，海底から高度100 mで航行した場合，水平分解能1 m程度のきわめて詳細な地形データを得ることができる．しかしながら，これらの深海探査機や深海曳航機器の場合，ソナーの位置を精度良く求めることが大きな問題である．現在，船舶では DGPS（differential global positioning system）などを利用して位置を正確に知ることができ，研究者側がデータ取得位置について思い悩むことはほとんどない．一方，深海にソナーを持ち込んだ場合，GPS は利用できないので，音響測位か慣性航法を利用することになる．音響測位の方法は複数あるが，最もよく使われているのは，母船と探査

機の間を音響で結合するSSBL（super short base line）と呼ばれる方法で，母船からどの方角のどれ位の距離に探査機がいるかを求めるものである．一般的にこの方法で決めた位置の精度は距離の0.5%といわれ，詳細な地形測量には不十分な精度といわざるをえない．慣性航法（inertial navigation）とは，調査開始時に初期情報としてGPSで決めた位置を与え，その後は時々刻々の探査機の速度情報を元に位置を追跡していく方法である．慣性航法では，位置の変化をより細かく追うことができる一方，誤差が累積するので，時間が立つと系統的に真の位置からずれていることがよくある．どちらの方法も改良が進んでいるが，現時点では観測ごとにデータの特性を見極め，2種類の位置情報を選択もしくは統合するか，または隣り合う測線で共通の地形が重なるように位置を修正するなどの作業が必要である．

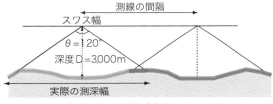

図2.5 測線間隔
測線計画を立てる場合は，測深機のスワス幅（θ）と平均的な水深（D）および重複をどれくらいとるかを考慮し，測線間隔を決定する

2.1.6 調査計画の立案

新たな地形調査の計画を立てる場合，1）既存のデータなどから対象海域のおよその地形をつかみ，2）利用する測深機の特性に基づいて測線を設計する，のステップを踏む．最低限必要な情報は，地形の概略と対象海域の平均的な水深，利用する測深機のスワス幅である．この情報を元に測線の間隔や方向を決定する．図2.5の例では，水深D=3,000mのところをスワス幅θ=120°の測深機で調査するので，1本の測線で幅10.4kmの海底をカバーできる．隣接する測線との間隔を10.4km以下にすれば，観測海域全体を100%カバーすることができる．一般に外側のビームは海況により受信できないこともあるので，完全にカバーしたい場合は隣接測線間である程度の重複があるように測線間隔を設計する．ただし，測線上に海山などがあると，その場所だけ実際にカバーできる範囲は狭くなる（図2.6）．また，時間的制約もあるので，概査の場合は意図的に測線間隔を広くし，隙間はあくが広範囲の概略を知るという計画もありえる．測線方向の設定は目的と他の調査との兼ね合いによって決定する．地形測量のみであれば，地形の延びる方向に平行にとるほうが効率がよい．なぜなら，この場合は進行方向には水深変化が少なく，浅いところほど測線間隔を狭くしていくことが可能だからである．しかし，地形調査は地磁気や重力の観測と同時に行うことが非常に多く，これらの観測においては構造に直交する方向に測線をとることが基本である．この場合は総合的に考えて測線の方向を決定する必要がある．

測線に直交する方向のデータ間隔は，測深機のビー

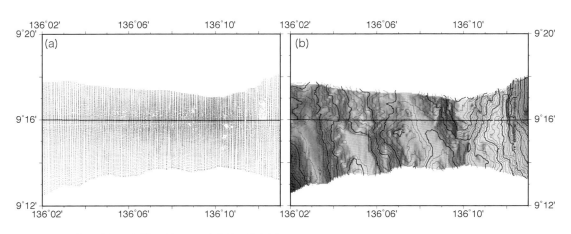

図2.6 マルチビーム測深1測線で得られる水深値の分布例
(a) データの存在点のプロット，および (b) データから描いた地形図．9°16'N付近に東西に延びる線は船の航跡を示す．航跡近く（船の直下付近）から外側に向かってデータ密度が減っていくこと，水深の浅いところではカバーできる幅が狭くなることなどがわかる

ム幅と水深で決まってしまう．船の直下ではデータは密に，外側に離れるほどデータ間隔は粗くなる（**図2.6**）．ただし，最近のマルチビーム測深機（特に浅海用）では，ビームを等角度で合成するのではなく，測深点が等距離間隔になる方式（equi-distance mode）を選択することができるものが増えている．一方，測線方向のデータ間隔は発信間隔に依存する．多くのマルチビーム音響測深機では，発信間隔は前の送受波が終了した時点で測深機が自動的に決めるため，深海域では発信間隔が長くなりデータ間隔は粗くなる．この場合は船の速度を落とすことでデータ間隔を密にすることが可能であるが，これもやはり観測時間との兼ね合いで決める必要がある．

2.1.7 サイドスキャンソナー画像

最近のマルチビーム音響測深機では，水深のほかに海底からの信号強度（正確には後方散乱強度）が収録されるものが多い．強度データは，受波ビームごとの信号強度を収録している場合（この場合は水深値と同じ数の値が得られビーム強度と呼ばれる）と，受波ビーム合成プロセスとは別に，より高解像度のサンプリングを行った音響画像データを収録する場合がある．後者は，いわゆるサイドスキャンソナー（side-scan sonor）と同じ原理に基づいている．音響画像は，いわば音響で海底の写真をとっているようなもので，水深値は表さないものの通常のマルチビーム音響測深機の水深データよりさらに細かい地形の変化や底質（たとえば，泥か砂か溶岩か）がわかるため，海底地形と並んで海底の情報を知るための重要なデータである（**図2.7**）．現時点では，マルチビーム音響測深機で得られる音響画像データは，音響画像探査に特化したサイドスキャンソナーに比べると質が劣るが，1回の調査で2種類のデータが得られる点で優れている．また，最近では，サイドスキャンソナーに測深機能が付加されることも多く，マルチセンサー化が進んでいる．

2.2 データプロセッシング

マルチビーム音響測深機で得られるデータの書式は測深機によって大きく異なるが，多くは1回の送波に対して時刻と船の位置と動揺情報，各受波ビームの水深と船に対する相対位置の情報が1レコードとなっている．これに前節で触れた反射強度などのデータや使用している音速度情報が付加されていることも多い．データ処理の流れとしては，測深機で収録される生データから不良データを除去し，各水深値に対して緯度・経度を算出し，グリッド化する．地形図などを作成する図化や解析においては，グリッドデータを利用する．

グリッドデータを作成する場合は，実際に水深値がどのように分布しているかを検討し（**図2.6**），目的に応じて最適のグリッドサイズを決定する．測深機の性質上，船の直下ではデータ間隔が密で外側にいくほど粗くなり，データは不均質に分布する．また，観測海域内で水深が変化すればデータ分布はやはり変化する．データ分布が密なところを基準にグリッドサイズを設定して一部は内挿補間などを行うことにするか，データ分布が粗いところを基準にとってデータの平均化をはかり信頼性の向上を狙うかは，データ処理をどのような思想で行うかによる．

処理および図化については，測深機メーカーが独自のソフトウェアを併せて販売している場合もあり，また CARIS，HYPACK など複数の測深機フォーマットに対応しているソフトウェアも市販されている．港湾や沿岸部の商業的調査においてはこれらの商業ソフトウェアが多く使用されており，研究機関における利用も多い．一方，世界の多くの大学・研究機関で使われているフリーのソフトウェアとして，GMT（Generic Mapping Tool）および MB-System がある．

GMT は1988年に開発された地図作成のための汎用ソフトウェアセットで，NSF の資金と多くのボランティアの支援を得て改良が加えられ，現在では地球科学の広い範囲で利用されている（Wessel and Smith, 1998）．離散データのグリッド化，各種の地形図（等値線図，陰影図，3次元図，断面図）作成，ヒストグラム（histogram）などのグラフ作成，フィルタリングなどの解析機能に対応した約60のコマンドを組み合

図2.7 サイドスキャンソナー画像の例

図2.8(a) の黒枠で囲んだ範囲を深海曳航サイドスキャンソナーで調査した結果．図2.8からは，枠内の北部でわずかに等深線がゆらいでいることしかわからないが，ソナー画像では海底のでこぼこした様子（おそらく北方の海山からの崩壊物）を読み取ることができる

わせることにより，多彩な図を作成することができる．

GMTはその名の示すとおり汎用ソフトウェアであり，各種マルチビーム測深機の生データをそのまま読み込むことはできない．MB-Systemは，GMTのコマンド群を核として1993年に開発されたマルチビームデータの処理に特化されたソフトウェアセットである（MBはMultiBeam, Caress and Chayes, 1996）．その後も測深機メーカーとの協力を得てさらに改良が進められ，現在使用されているマルチビーム音響測深機の各機種ほとんどすべての生データフォーマットに対応している．データの前処理として重要なエラーデータ（error data）の除去をビジュアルに行うコマンドや，音速や船の動揺値などをデータ取得後に修正するコマンド，2.1.5項で取り上げた音響画像生成コマンドなど，生データの取扱いから図化まで一貫して行うことのできるパッケージとなっている．

GMT, MB-SystemともUNIX環境で書かれたC言語プログラム群であり，GNU-GPLライセンス（著作物の利用・複写・翻案・再配布などを制限せず，かつ改変したもの＝2次著作物の利用・複写・翻案・再配布を制限してはならないとするソフトウェアライセンスの代表的な形）のもとで配布されている．ソースコードをウェブサイトからダウンロードし，利用者がそれぞれのコンピュータで実行形式化することで利用環境が整う．現在では，Linuxを含む各種UNIX, Mac OS Xなどのほか，Windows環境でもCygwin（Windows上で動作するUNIX的な環境，無償で入手・使用できる）を導入することにより利用可能である．利用環境が整っていれば，作図などの作業は高度な計算機の知識・経験がなくとも簡単に行うことができる．利用環境の導入にはある程度の計算機管理およびプログラミングの知識が必要であるが，現在ではほとんど導入作業の必要がない実行形式のファイルも流通しており，導入も比較的容易になっている．

2.3 既存データの利用

海底地形データは，他の海洋観測データに比べると非常に公開度が高い．これは，海底地形データが他の調査の計画などに必須の最も基本的なデータであるということと，船舶固定の測深機の場合は機器の購入・保守・運用が研究者個人・グループではなく船の運航母体によって行われていることが多いからである．データ公開の形式はさまざまであるが，調査海域を知るためにはまずその場所の既存のデータを収集することから始めなければならない．

現在利用可能な主なデータセットの一覧を章末にあげる．無償の全地球規模のデータセットとしては，人工衛星搭載高度計データから得られた重力異常分布を元に推定された地形グリッド（Smith and Sandwel, 1997）が最も有名である．このデータはインターネットで自由にダウンロードでき，ほぼ緯度・経度1分

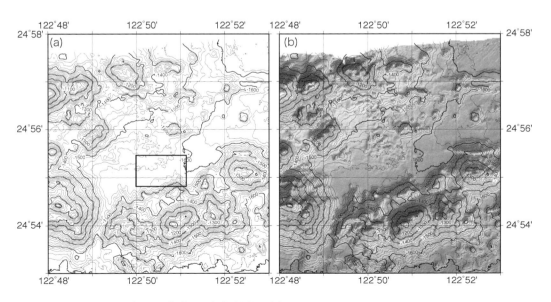

図2.8 MB-System, GMTを利用して作成した海底地形図の例

(a) 等深線図，(b) 陰影図に等深線を重ねた図．ある方向から光を当てた場合にできる影を計算して色調に対応させることにより，3次元的な効果が出る

（約1.8 km）間隔のグリッドデータである．必要な海域だけを緯度・経度・水深の並びとしてダウンロードすることもできる．ただし，これはあくまでも推定水深であり，実際の地形と異なることもある．また，72°N以北72°S以南のデータはない．船舶によるさまざまな調査結果や極域のデータを衛星重力から得た推定水深で補間し，全球規模で調整された地形グリッドデータセットとしては，ETOPO 1（NGDC：National Geophysical Data Center）およびGEBCO bathymetry grid（IHO：International Hydrographic Organization）がある．どちらも1分間隔のデータで，現時点で最も標準として使いやすく信頼できるデータである．両者ともCDで販売されているが，比較的安価で個人での購入も可能である．

一方，日本近海や北西太平洋については，日本海洋データセンター作成の無償のJ-EGG500（日本近海500 m間隔グリッド）が利用可能である．J-EGG500は船舶データのみを利用している．また，日本水路協会海洋情報研究センターが，JTOPO30（日本近海のみ，30秒間隔グリッド）とJTOPO 1（北西太平洋全体をカバーする1分間隔グリッド）を販売している．これらは品質管理のなされた船舶データと衛星重力による推定水深を編集したもので，信頼性の高いデータセットである．

上記のような比較的広域の均質なデータセットに対し，各船舶が実施した地形調査のデータも一部は入手可能である．一般に，研究船を運航している機関では，調査後一定の猶予期間（調査を行った研究者の優先利用が認められる期間，1～数年）を経たデータは非営利目的であれば公開の原則をとっていることが多い．データがインターネットで自由にダウンロードできる場合と，所定の利用申請手続きを行う必要がある場合がある．また，最近では，各種プロジェクトで得られたデータをグリッド化してウェブ上で公開していることも多い．これらのデータはインターネット上に情報が散在しているため，一括して検索することが難しい．大型国際プロジェクト間では，統合データベースの構築やデータ交換基準が検討されてはいるが，より詳しい情報は個々のデータベースや論文などを手がかりに探すしかない．

なお，陸上地形や岸線をあわせて図化したい場合には，それぞれさまざまな精度のデータが有償・無償で入手可能である．大地形を対象とするのであれば，上述のETOPO 1に陸上標高データが含まれている．また，GMTパッケージには粗さの異なるいくつかの岸線データが含まれている．日本沿岸部などを対象にした調査で詳細な陸上地形を同時に扱いたい場合は，国土地理院が数値地図の名称で整備したデータセット（最も詳細なものは50 mグリッド）が日本地図センターから販売されている．これらのデジタルデータを組み合わせて作図を行った場合に，地形・標高グリッドデータから描いた水深・標高ゼロメートルの等高（深）線が，岸線データと合わないこともあるが，これは利用しているグリッドデータの解像度と岸線データ（通常ベクトルデータ）の解像度の不一致によることが多い．

これらの既存データ（特にグリッド化されたもの）を利用する際には，元のデータがどのような手法でいつごろ得られたものかを知り，データの本来の分解能や精度を理解したうえで使わなければならない．また，無償・有償いずれの形で入手したにせよ，論文などに利用する場合の引用方法については必ずそのデータセット付属の指示に従うことが必要である．

利用しやすいソフトウェアとデータ（いずれも時代とともに改良されていくのでデータ分解能などは2015年時点での値）

無償のソフトウェア
- GMT（Generic Mapping Tool）　汎用図化＋解析プログラム群
- MB-System　マルチビーム測深データ処理プログラム群

広域地形グリッドデータ
- ETOPO 1 Global Relief Model　NOAA管理の1-arcmin間隔地形データ
- GEBCO 08 Global Relief Grid（大洋水深総図）国際水路機関作成の30-arcsec間隔データ
- IBCAO ver3　北極域（氷に覆われているので通常の調査ができない）の500 m間隔データ
- J-EGG500　海上保安庁海洋情報部作成の日本近海・船舶データのみの500 m間隔データ
- JTOPO1／JTOP30　日本水路協会が製作販売している北西太平洋および日本周辺域の海底地形の1-arcmin，30-arcsec間隔データ

データポータルサイト
- DARWIN　JAMSTEC所属の船舶・探査機で得られた各種データを検索可能．航海によっては地形データも含まれる．
- GMRT/MGDS　米国による世界のマルチビーム測深データ管理システム

引用文献

Caress, D.W. and Chayes, D.N.（1996）Improved processing of Hydrosweep DS multibeam data on the R/V Maurice Ewing. *Marine Geophysical Researches*, **18**, 631-650.

Smith, W. H. F. and Sandwell, D. T.（1997）Global seafloor topography from satellite altimetry and ship depth soundings. *Science*, **277**, 1957-196.

Wessel, P. and Smith, W. H. F.（1998）New, improved version of the Generic Mapping Tools released. *EOS Trans. AGU*, **79**, 579

参考図書

海洋調査技術学会編集委員会（1993）海洋調査フロンティア 海を計測する．海洋調査技術学会，304p.

海洋調査技術学会編集委員会（2004）海洋調査フロンティア 海を計測する —増補版—．海洋調査技術学会，249p.

中西正男，沖野郷子（2016）海洋底地球科学．東京大学出版会，324p.

トピック　位置測定・測地系

　本書に紹介されている海底地形図，重力異常図，地磁気異常図などは，すべて地球上のある座標系表記に基づき，その座標点における水深値，重力・地磁気異常値などを表したものである．地球上の位置を緯度，経度，標高／水深で表すには，最初に基準面を決めなければならない．この決められた基準面の上で，地球上の位置は表現される．ここでは，目標物のない海上で，船位をどのように求めるか，座標系，測地系，必要な地図情報について，初めて海域調査を行う人向けに簡単に紹介する．より詳細なデータ，数値情報については，参考文献や参考ウェブサイトを参照してほしい．

地球上の位置表示

・基準面

　ある地球上の位置とは，決められた基準面上での緯度／経度／標高／水深といった数値情報によって表現できる．その基準面は，山，谷，海といった起伏に富んだ実際の地形では，複雑すぎて地球の形のモデルとしては不適である．一方，起伏の多い地表面に対して，海面は凹凸の少ない面を形作っており，地球の平均的な形状に近いと考えられる．実際の海面は，海流，潮汐，気象などの影響を受けて絶えず変化しているが，平均海面は滑らかな面となる．この仮想的な静止した平均海面をジオイド（geoid）と呼び，標高や水深を定義する際の基準面とされる．一方，後述するGPSなどの宇宙測地技術を用いて，ある点の3次元位置を表現する際は，地球重力場の等ポテンシャル面の1つであるジオイドを近似する回転楕円体である地球楕円体を定義し，その楕円体からの鉛直距離を楕円体高として用いることが多い．

・緯度

　ある点の地理緯度（測地緯度）は，その点における地球楕円体面の法線が赤道面となす角度で表される．赤道から北を北緯何度，南を南緯何度（単位は，度，分，秒，あるいはデシマル（decimal）の度単位など）とそれぞれ90度まで数える．

・経度

　ある点の地理経度は，その点を通る子午線が，英国グリニッジを通る子午線となす角度で表される．グリニッジ子午線を基準にして東側に東経何度，西側に西経何度とそれぞれ180度まで数える．

日本測地系と世界測地系

　このように，地球上の位置を緯度／経度／高さの座標で表すとき，前提とする条件のことを測地系（datum）という．測量の前提であり，広域の地図を作成する際には一貫性が求められるが，世界各国で数多く独自の測地系が存在している．通常，各国では，GPS（＝global positioning system：汎地球測位システム）の測地座標系であるWGS84（World Geodetic System 1984）と自国の測地座標系とを幾何学的に関係

づけている．

　日本では，1841年に１度あたりの距離の緯度変化から求められた地球楕円体の１つ，「ベッセル標準楕円体」に基づく日本測地系（TokyoDatum）が長く用いられてきたが，楕円体パラメータの値が局所的なジオイドの凹凸の影響を受けていることから，2002年４月１日に測量法が改正され，地球の重心に原点をおいた世界測地系（JGD2000/WGS84）に切り替えられた．これは，同じ経緯度枠で見て，地図の内容が北西に400〜500 m 移動することに相当する．また，日本測地系に基づく基準点網は古い測量法の三角網によって設定されているため，測地系以外の要因による地図のゆがみが５〜10 m 程度存在した．これらのずれやゆがみは，日本国内向けに広く用いられている１：25,000の地形図においてはあまり大きな障害とはならなかったが，海図の国際利用や精密な位置情報が必要な GIS データ整備などでは，問題となっていた．

　そこで，測量法の改正により2002年４月１日より，国際機関で定められ，陸地の測量に用いる国が多く，GPS で使用される米国の測地系（WGS84）との座標ずれが少ない測地系である ITRF（国際地球基準座標系）に準拠した世界測地系を用いることとなった．東京付近では，おおむね，日本測地系の数値から，北緯に12秒（約400 m）加え，東経に12秒減ずると，世界測地系の数値が得られる．世界測地系の準拠楕円体はGRS80楕円体，測地座標系は地球重心を原点とする ITRF94座標系，標高の基準となるジオイド面は東京湾平均海面である．WGS84は準拠楕円体が世界測地系と異なるが，2004年現在のWGS84の準拠楕円体は，GRS80と短半径（およそ6,356 km）が0.1 mm 異なるだけである．

GPS 測量と座標系

　緯度／経度の原点の位置は，VLBI（＝very long baseline interferometry：超長基線電波干渉法），GPS（汎地球測位システム）など宇宙測地技術によって構築された世界測地系に従って地球上のどの位置にあるか決められている．ここでは，位置情報を求める最新の測量法として GPS 測量を紹介する．GPS 測量は，1980年代に米国国防省が開発した人工衛星を利用して地球上の位置を求める測位システムで，もともとは軍事目的である．測点に据え付けた受信機で上空からの電波を受信するため天候に関係なく作業でき，測定技術に熟練を要さず測点間の見通しがなくとも測量でき，また，高速移動体でも利用できる，という利点がある．目標物のない海上での位置決めには最適である．

　GPS 測量は，３次元の高精度測量が可能となり，測量作業も軽減化・効率化が図れるため，今後ますます普及して測地測量の主流になると考えられる．すでにカーナビでおなじみであり，GPS チップセットが組み込まれた携帯電話では，ボタンを押せば自分の位置が瞬時に地図上に表示され，通信機能と複合させた安全監視システムなど，今や国内一千万台以上の市場規模となっている．

　利用市場の拡大により，さらに高い測位精度や信頼性が要求されることになる．GPS 測量で算出される座標値は，一般的に WGS84座標系で表されている．測位方法は，単独（観測用の受信機が１台）と相対測位（複数台）に分けられる．単独測位の精度は，2000年の SA（Selective Availability：選択利用性）解除後は数 m 程度である．相対測位では，受信機を複数台使用して同一時間帯で観測し，電波信号の処理を行う「differential GPS，差動 GPS」と干渉測位法がある．前者では，１m 程度の誤差範囲で位置決定ができる．干渉測位法では，搬送波位相を主な測位用データとして用い数 cm の精度が出されている．「DGPS」の高精度版では，全世界どこでも10 cm のオーダーで位置決定する「グローバル DGPS」測量法も出ている．

参考文献

地図と測量の Q&A（改訂版）財団法人　日本地図センター
物理探査ハンドブック（1998），物理探査学会，903-944．

日本の測地系（国土地理院のサイト）：
http://www.gsi.go.jp/sokuchikijun/datum-main.html

有用プログラム
座標変換プログラム
緯度・経度を世界測地系に変換するためのソフトウェア：
http://vldb.gsi.go.jp/sokuchi/tky2jgd/about.html

経緯度数値変換プログラム（海上保安庁海洋情報課提供）：
http://www1.kaiho.mlit.go.jp/KOHO/eisei/sokuchi/html/henkan.html
http://www1.kaiho.mlit.go.jp/KOHO/eisei/sokuchi/html/henkan_chu.html

一般的に，
陸域：国土地理院のサイトへ
海域：海上保安庁のサイトを参照のこと．

国土地理院の便利なプログラム・データサイト：
http://vldb.gsi.go.jp/sokuchi/program.html
測量計算，ジオイド高を求める，緯度・経度を世界測地系に変換する，座標変換するソフトウェアなどが紹介されている．

測量計算：緯度経度 XY 座標の換算，および 2 点間の距離と方位を求める：
http://vldb.gsi.go.jp/sokuchi/surveycalc/main.html
重力推定値の算出：緯度，経度，標高から重力を求める：
http://vldb.gsi.go.jp/sokuchi/gravity/calc/gravity.pl

地磁気値：緯度，経度から地磁気を求める：
http://vldb.gsi.go.jp/sokuchi/geomag/index.html

ジオイド高：緯度，経度からジオイド高を求める：
http://vldb.gsi.go.jp/sokuchi/surveycalc/geoid/calcgh/calcframe.html

産業技術総合研究所の重力データベース：
https://gbank.gsj.jp/gravdb/

データサイト
日本海洋データセンター：http://www.jodc.go.jp/jodcweb/index_j.html

海洋研究開発機構のデータベース：http://www.jamstec.go.jp/j/database/

JAMSTEC 航海・潜航データ検索システム：http://www.godac.jamstec.go.jp/darwin/j

3 地球物理学探査で地層と海洋地殻を理解する

3.1 反射法地震探査

3.1.1 反射法地震探査とは

人工的に地震波を発生させて地下構造を知ろうとする反射法地震探査（reflection seismic exploration）は，20世紀に入って，アメリカを中心として主に石油・天然ガスの資源探査の目的で技術開発が進められてきた．最近は，学術分野でも地球内部構造を知る有効な地球物理学探査手法の1つとして幅広く用いられている．反射法地震探査は，陸上探査と海上探査に大別できるが，本章では，海上で実施する反射法地震探査について概説する．

弾性波は，音響インピーダンス（acoustic impedance，密度と弾性波速度の積）の異なる地層の境界面で反射・屈折する（**図3.1**）．反射波は同じ速度の層を伝播するので，入射角 θ_1 と反射角 θ_1' は等しい．屈折波は速度の異なる層の境界で，スネルの法則（Snell's law）に従い屈折して伝播する．

$$\sin\theta_1/V_1 = \sin\theta_2/V_2 \tag{3.1}$$

（θ_1：入射角，θ_2：屈折角，V_1：上部層の速度，V_2：下部層の速度）

また，地層の境界面で反射する弾性波（elastic wave）の振幅（反射係数）は，下記のように表される．

$$R = (\rho_2 V_2 - \rho_1 V_1)/(\rho_2 V_2 + \rho_1 V_1) \tag{3.2}$$

（R：反射係数，ρ_1：上部層の密度，ρ_2：下部層の密度）

海上探査では，海面付近で人工的震源を用いて弾性波を下方へ伝搬させ，音響インピーダンスの異なる地層境界からの反射波を海面付近の受振器で連続的に記録することで，海底下構造を調べる．通常，反射法地震探査で用いられる弾性波は，伝播速度のもっとも速い縦波（P波）である．

3.1.2 データ取得技術

データ取得には，震源，受振器および記録器が必要であり，また，共通反射点重合法（common depth point（CDP）stacking）などの探査技術が必要である．参考までに，海洋研究開発機構が運用しているマルチチャンネル反射法地震探査システムの概要を**表3.1**に示す．

A. 震源

理想的な海上震源は，S/N比（signal/noise ratio）およびエネルギー出力が高く，安定した周波数出力をもち，分解能が高く，波形が単純で（最小位相特性），再現性の高い型のものが望ましい．海上反射法地震探査で用いる主要な震源の種類，発震原理，基本周波数帯域，海底下対象深度を**表3.2**にまとめてある．対象深度が数千mの深部地殻構造のイメージングが目的

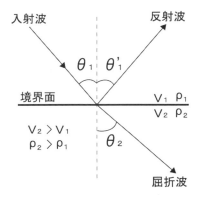

図3.1 異なる地震波速度と密度をもつ地層の境界で，入射波から生じる反射波と屈折波

θ_1：入射角，θ_1'：反射角，θ_2：屈折角，V_1：上部層の速度，V_2：下部層の速度，ρ_1：上部層の密度，ρ_2：下部層の密度

表3.1 海洋研究開発機構の運用しているマルチチャンネル反射法地震探査システムの概要

搭載船舶	深海調査研究船「かいれい」
総トン数	4,628トン
竣工	1997年5月
全長	104.9 m
震源部(大容量エアガン)	
エアガン	BOLT Technology 社 1500LL air gun
総容量（最大）	12,000 cu.in.（約200 liter）
圧力	2,000 psi（約13.79 MPa）
発震間隔（標準）	50 m
曳航深度（標準）	10 m
震源部（Gガン）	
エアガン	Secel 社 G-gun 150
総容量（最大）	600 cu.in.（約9.8 liter）
圧力	2,000 psi（約13.79 MPa）
受振部	
受振ケーブル	Sercel 社 SYNTRAK RDA Streamer System
受振点間隔	25 m
チャンネル数（最大）	204 ch
深度調整装置	I/O 社 Digi Course System3
ドライラボ関係機器	
中央制御・記録装置	Sercel 社 Syntrak960-24 Multiple Streamer Telemetry
エアガン制御装置	Sercel 社 GCS90 Gun Controller
測位制御装置	Concept System 社 SPECTRA
船上データ処理装置	Landmark 社 ProMAX2D

表3.2 海上反射法地震探査で用いる主要な震源の概要

音源	発震原理	基本周波数帯域
エアガン	圧縮空気の放出	5～300 Hz
ウォーターガン	高圧水の放出(キャビティー)	5～125 Hz
スパーカー	高電圧水中放電	100～3,000 Hz
ブーマー	電歪振動子	50～2,000 Hz
ユニブーム	電歪振動子	400～8,000 Hz
サブボトムプロファイラー	電歪振動子	1～10 kHz 3.5 kHz(深海用)
測深機	電歪振動子	10～1,000 kHz 12 kHz(深海用)

の場合は，より深部まで透過する低周波数成分をもつエアガン，またはウォーターガンの震源が有効である．一方，浅部堆積層の高分解能イメージングが目的なら，高周波数成分をもつスパーカーやサブボトムプロファイラー（sub-bottom profiler）などの震源を選ぶ必要がある．また，海底地形の把握など測深の目的なら，数 kHz 以上のマルチナロービーム（MNB, multi-narrow beam）が必要である（第2章）．浅部堆積層の高分解能探査を除いて，震源深度は水深5～8 mに設定することが一般的である．

（1）エアガン

エアガン（air gun）は高圧の圧縮空気を急激に放出することで，水中に弾性波を発生させる震源である．エアガンの発震エネルギーは圧力とチェンバー容量の関数として表現されるが，通常，圧縮空気は2,000 psi（約140気圧）の圧力で発震し，チェンバー容量は10～1,500 cubic inch である．震源波形を評価する重要な指標は，震源から直接到達する1次震動と海水面から反射して到達するゴースト反射波の震動から計算できる振幅強度（peak-to-peak：PTP），1次震動に対するバブル震動振幅比（peak-bubble ratio：P/B 比）および有効周波数帯域である．

エアガンの発震記録では，バブル（気泡）の抑制が大きな課題とされる．このバブルの拡大および収縮は数回繰り返され，2次震源によるバブルノイズとして地震探査記録上に現れる．このバブルノイズを制御する手法として，同調配列構成（tuned array）の使用があげられる．P/B 比が高く，より大きな出力エネルギーのエアガン震源を得るには，容量の異なる複数のエアガンを同時発震させる必要がある．このように容量の異なる複数のエアガンによる同調配列を用いることで，バブルノイズが抑制できる．通常は，総容量1,450～9,000 cubic inch，圧力2,000 psiで15～100個のエアガンによって同調配列が構成される．

GI ガン（SSI社）は，ジェネレータとインジェクタの2つのポートをもち，ジェネレータから放出された圧縮空気のバブル容積が最大となったときに，インジェクタから圧縮空気を放出させ，相互干渉によってバブルノイズが抑制できる．この抑制効果を最大にするには，ジェネレータとインジェクタの容量比を1：2.3とすることが望ましいとされる．

（2）ウォーターガン

ウォーターガン（water gun）では圧縮空気によって水が高速放出され，空洞が形成される．この空洞の急速な収縮によって生ずる引きの波が震源波形となる．このウォーターガンは，分解能向上に必要な高周波数成分を含み，エアガンのようなバブル振動を生じない特徴をもつ．しかし，震源波形は前動的な波が含まれるため波形が単純ではなく，低周波数成分の減衰およびピーク振幅が水深値に大きく依存するなどの問題がある．

（3）その他の震源

エアガンやウォーターガン以外に，主に浅部堆積層の高分解能探査に用いる震源として，高電圧放電エネ

ルギーを利用するスパーカーやブーマー，真空圧を利用するフレクシショック，高温水蒸気を噴出するベーパーショック，プロパンと酸素の混合気体を爆発させるアクアパルス，少量の火薬を爆発させるマクシパルスなどがあげられる．

B. 受振器

海上反射法地震探査で用いる受振器は，通常，ハイドロホンと呼ばれる感圧型の圧電素子を並列または直列に結合させたものであり，圧電素子に対する外部圧力による誘導電圧を利用する．海上探査では，ストリーマーケーブルの曳航および潮流の存在によって，ハイドロホンは加速度の影響を常時受けている．最近では，加速度消去型のハイドロホン素子を塩化ビニル，ポリウレタンなどのチューブに入れたストリーマーケーブルを用いる．ストリーマーケーブルは，合成樹脂チューブに収められた複数のハイドロホンからなる受振点（チャンネル）を連結したものである．通常，ストリーマーケーブルは，船上ウィンチとケーブルをつなぐリードインケーブル，チャンネルがあるアクティブセクション，曳航ノイズなどを吸収するストレッチセクション，深度を調整する深度コントローラ，直接波を検知するウォータブレークセンサー，およびケーブルの方向を検知する磁気コンパスなどで構成される．ケーブルは水深8～15mの一定深度で曳航することが一般的である．

シングルチャンネルシステムを用いる探査では，通常，長さ数10mのケーブル1本を使用するので，船上作業が比較的に単純である．また，そのケーブルを約7～8ノットの船速で曳航しながらデータを取得するので，低コストかつ短時間で多くの測線を探査する場合に有利である．しかし，シングルチャンネルデータでは速度解析ができず，相対的に品質の低い記録断面が得られる．一方，マルチチャンネルシステムを用いる探査では，チャンネル数は数個から数百個，ケーブル長は数100m～数km以上のものを使用する場合が多く，約4ノットの船速で曳航しながら探査するこ

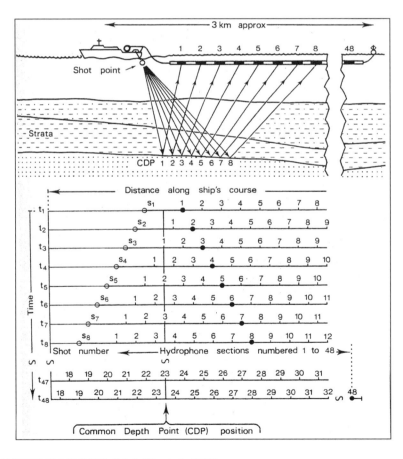

図3.2　共通反射点（CDP）重合法の概念（McQuillin *et al*., 1979）

とになる．また，チャンネル間隔は，6.25 m, 12.5 m, 25 m, 50 m に設定することが一般的である．マルチチャンネルデータの場合，速度解析が可能であり，深部地殻構造のイメージングに有利で，相対的により高い品質の記録断面が得られる．マルチチャンネルシステムの場合は，ケーブル内に A/D 変換器を内蔵したデジタルストリーマーケーブルの使用が標準となっている．

C. 記録器

従来，アナログ式ストリーマーケーブルでとらえられた弾性波動に対応した電気信号は，探査船に設置されている記録器により，デジタル値に変換され，定められたフォーマットで磁気テープに記録された．最近のマルチチャンネルシステムでは，デジタルストリーマーケーブルを使用する，テレメトリ方式の記録器が一般的となっている．

D. 海上 3 次元地震探査

測線に沿って受振器と震源を展開する 2 次元探査では，測線直下の地下構造を調べることが目的とされているため，側方からの反射波も同じく地下の情報を有しているにもかかわらず，記録上ではノイズとして扱わざるをえない．この解決策が 3 次元探査であり，3 次元探査は，通常，複数のストリーマーケーブルや震源を使用し，調査海域を面的にカバーする．したがって，反射点（**図3.2**）を面的に分布させ，またあらゆる方面からの反射波を取り扱うことによって，より正確な 3 次元地下構造の把握が可能となる．

3 次元探査のポイントは，音源位置と偏角をもって曳航されるストリーマーケーブル内の各チャンネルの位置を精密に求めて，発震ごとの各チャンネルに対応する反射点の正確な位置を求めることである．このために，精密な船位測量とケーブル最後尾のブイの船に対する相対位置算出を船上で行うと同時に，ストリーマーケーブル中に適当な間隔で装着された磁気コンパスによりケーブルの曲がり具合を測定し，受振器の各チャンネルの位置を求める．これらの結果を利用して，反射点群の位置が求められる．

3.1.3 データ処理の概要

A. 2 次元通常データ処理

通常の 2 次元データ処理の主要項目は，前処理，振幅補正，周波数・位相の補正，走時の補正，共通反射点（common depth point：CDP）重合，およびマイグレーションである（**図3.3**）．データ処理の詳細については，Yilmaz（2001）もしくは物理探査学会（1998）を参照されたい．

フォーマット変換，CDP 編集，ウェーブレット変

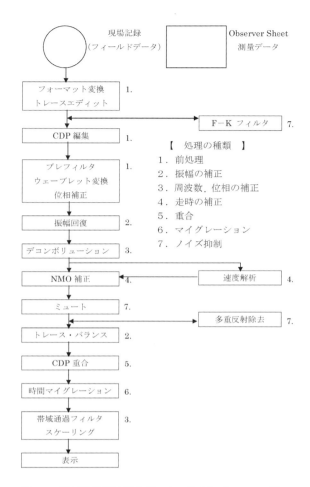

図3.3 反射法地震波探査データの基本処理フロー（物理探査ハンドブック（1998）に加筆・修正）

換などの前処理を行った後，反射係数に比例した反射波振幅を得るために，球面発散効果を補正する振幅回復処理を行う．この後，水中残響音，バブルなどの影響を取り除くためにデコンボリューション処理を行う．

次に，共通反射点をもつトレース間の走時の差を使って地下の速度構造を求めるために，速度解析を行う．この結果求められた速度データを利用して，各トレースに対して，見かけ上反射波の伝播経路が鉛直方向のトレースになるように NMO 補正（normal move out correction：3.1.3-B. 参照）を加えて，共通の反射点をもつすべてのトレースを足し合わせる（共通反射点重合）．この結果，ノイズおよび多重反射は，位相が異なって足し合わされるので振幅が弱められる．

この後，速度解析の結果を使用して，海底地形の起伏によって生ずる回折波を除去し，傾斜などの影響によって真の反射点とずれる見かけ上の反射点の位置を

真の位置に移動させる2次元時間マイグレーション処理を行う．

B. 共通反射点（CDP）重合法の原理

海底下の地層が水平多層構造の場合，発震点と受振点の中間点の直下で弾性波は反射する（図3.2）．発震点と受振点間のオフセット距離が異なっていても，その中点を同一とする反射記録の組は，反射面上の同じ点（共通反射点）からの反射波で構成される．オフセット距離の違いによる反射波の走時の差異を補正して（NMO補正）足し合わせることで，フィールドで取得された反射波データの振幅を強調する処理が，共通反射点重合法である．20世紀中頃に導入され，現在に至るまで反射法地震探査の中核的な技術とされているこの共通反射点重合法は，実際，水平多層構造のみならず，地層の起伏，層厚変化，断層の地層構造に対しても，広範な条件のもとで十分な効果が得られている．

C. 重合前マイグレーション処理

反射法地震探査の基本的な処理技術を適用する際にはいくつかの仮定ないし前提条件がある．通常の場合はこれらの仮定がほぼ妥当である．しかし，扱う地質構造や地下速度構造が複雑な場合はこれらの仮定があてはまらないことがある．たとえば，複雑な地質構造をより精密に表現したり，反射面の傾斜による影響のない真の速度構造を求めたりするには，共通反射点重合法の前提となる水平構造の前提を再検討し，傾斜構造に対する正しい補正が必要となってくる．

通常，データ処理では，重合後マイグレーション処理によって，反射点の位置を真の位置に移動させることを行う．さらに厳密な処理方法として，重合前に反射点を水平方向のあるべき位置に移動させて重合する，重合前時間マイグレーション処理でより正確な地質構造のイメージングが可能である．この重合前時間マイグレーション処理には，厳密なRMS（root mean square）速度構造が必要である．

重合前時間マイグレーション処理に用いる近似は，速度変化の緩やかな場合にのみあてはまる．媒質の伝播速度の変化が大きい場合は，より複雑な近似波動方程式を解かなければならない．そして，この大きな速度変化の影響を克服するには，深度領域でのマイグレーション，すなわち，重合前深度マイグレーション処理が必要である．重合前深度マイグレーション処理には正確な区間速度構造が不可欠であり，地質構造の妥当な解釈が重要である．

D. 3次元データ処理

3次元反射法地震探査データの処理は，データ量が多いことと，最終段階の表示出力方法を除けば，基本的な原理として2次元反射法地震探査データの処理とは大きく変わることはない．

まず，2次元のCDP編集に相当するビニング処理が重要である．これは，調査域を反射点の間隔および測線間隔に応じた長方形の区画（ビン）に分け，各ビンに反射点のあるトレースを集めてトレースギャザーを作ることである．このようなビニングの結果，震源の発震方向に沿ったインラインと，それに交差するクロスラインが設定される．通常，このインラインやクロスラインのある間隔で速度解析を行い，NMO補正を行う．その後，3次元重合処理や重合後時間マイグレーション処理を行うことで，立体的な3次元海底地殻構造が得られる．速度変化の大きい地質構造の場合，3次元重合前時間または深度マイグレーション処理を行う．特に，3次元データ処理の究極的な目標である3次元重合前深度マイグレーション処理には膨大な計算時間を要するため，多数のCPUや大容量のメモリ，ハードディスクで構成される高性能計算機システムが必要不可欠である．

3.1.4 反射法地震探査データの解釈

地震探査データの解釈とは，地震探査データを用いて地質構造を解釈することである．2次元地震探査データに比べ，3次元地震探査データ上では立体的かつ3次元的に連続した情報が得られるので，3次元的な地質構造の拡がりを追跡できる利点がある．最近は，解釈手段としてワークステーションを用いることが一般化している．

A. 2次元地震探査データの解釈

2次元地震探査データ解釈では，主に，ホライゾン（horizon，反射法地震学的地層面）を追跡することで，全体的な地質構造を把握する場合が多い．解釈ホライゾンの設定には，広域に追いかけられるマーカーホライゾン（marker horizon）を加えておくことが望ましい．また，解釈にあたり，層厚変化を考慮すれば，解釈精度が向上すると期待できるので，対象ホライゾンのみならず，上下の数本のホライゾンを同時に追跡することが望ましい．

通常，解釈ホライゾンは孔井対比を元にして決めるが，広域における孔井対比は微化石層序学的検討に基づいて行われ，その対比の基準面は同時間面である．ある解釈ホライゾンを地震探査断面図上で連続的に追跡する際に，設定するホライゾンの波形の極性（polarity：式（3.2）の反射係数の正負号であり，地震波データ上では位相の逆転によって表される）を正しく認識することは重要である．また，ホライゾン解釈は，複数のホライゾンを同時に解釈し，上下の層の関係や

層厚の変化を考慮して行う必要がある．

ワークステーションではさまざまな処理を施した記録断面を同時に利用することができるので，これらを有効利用して解釈精度を向上させることが可能である．たとえば，トレースアトリビュート（trace attribute）の1つである瞬間位相記録（instantaneous phase）では振幅情報が消され，位相の情報のみが表されるのでホライゾン連続性の追跡には有効な手段の1つである．複数の調査測線がある海域では，解釈ホライゾンの整合性を維持することが重要となる．すなわち，各測線の交点で解釈ホライゾンは同じ位置（時間もしくは深度）になければならないという基準がある．以下，地震探査データの構造解釈の例を示す．

（1） 断層（fault）

地震探査記録断面上での断層解釈は，1つのホライゾンが途切れることにより認識される．途切れたホライゾンの断層による変位をもって正断層，逆断層，横ずれ断層が認定される．断層を1つ解釈すると，解釈ホライゾンはその場所で不連続となるから，その断層を超えて対比しなければならない．そのホライゾンの対比は，反射強度や反射イベントの集まりからなる反射パターンに注目して行う．断層の解釈には，対象地域の構造地質学的検討や知識が必要である．図3.4は海底面から付加体最上部までの前弧海盆堆積層を切っている正断層の例である．堆積層内部のホライゾンや海底面からの反射面が正断層によって不連続となっている．

付加体に見られる代表的構造として，口絵4に付加体海側先端部で発達する衝上断層（スラスト，thrust）の例を示す．褶曲をともなうスラストでホライゾンが不連続となり，100 m以上の変位が生じている．これらのスラストはデコルマン（décollement）で停止している．デコルマンは，海洋地殻上位の堆積物中に発達する低角のプレート境界断層（plate boundary fault）であり，海洋地殻の沈み込みによる変位の大部分を解消しているものと考えられる．口絵4のデコルマンは，海底反射面に比べ，反射極性の反転を示す．デコルマンの上部層は衝上断層による変形を受けているが，下部層には目立った構造が見られない．極性反転の特徴から，デコルマンの形成に流体の関与が示唆される．

口絵5には，海洋性地殻の最上面（プレート境界断層）より上方へ分岐する分岐断層（splay fault）のイメージを示す．この分岐断層は上部プレート（ここでは主に付加体）を切断し，海底面付近まで発達している．分岐断層の反射極性は，海底反射面に比べ反転しており，この分岐断層の挙動には流体の関与が示唆される（Park et al., 2002）．このような分岐断層は，口絵4に見られるような付加体先端部で発達した構造を切断して発達する，out-of-sequence thrust（OOSTまたはOST）と解釈することができる．

（2） 海底擬似反射面（BSR）とメタンハイドレート（methane hydrate）

口絵6に，海底と平行して現れる海底擬似反射面（Bottom Simulating Reflector：BSR）の例を示す．BSRは，周辺の順序よく重なった地層層理面記録とは関係なく延びる反射面で，海底反射面に平行して発達し，海底反射面に比べて反射極性の反転を示す．図3.4にも地層の重なり方とはほぼ無関係に，海底と平行する極性反転のBSRが存在する．通常，BSRは天然メタンハイドレート層の最下部を示すものと考えられている．

（3） 不整合面と埋没谷

図3.5に典型的な不整合（unconformity）構造を示す．堆積層の地質時代ギャップを示す不整合面は，通常，強振幅をもつ反射面で，不整合面の上部と下部で堆積層内部のホライゾンの傾斜が明らかに異なる場合が多い．堆積間隙をもつ不整合面の一例として，図3.6に中新世時代の埋没谷（buried valley）の例を示す．埋没谷の基底反射面は，緩やかな谷地形を示し，新しい地層がオンラップ（onlap）しながら堆積している．

B．3次元地震探査データの解釈

2次元データ解釈と，3次元地震探査データの解釈方法に大きな差異はない．3次元で地質構造の整合性が検証できるので，解釈精度の向上が期待できる．また，さまざまな角度からデータセットを見ることができるので，地質構造イメージを作り上げるにも有利である．ホライゾン解釈の前に，さまざまな方向から記録断面を眺めることは，妥当な地質構造解釈に重要なので，さまざまな角度でのインライン，クロスライン，タイムスライス断面（time slice section）の作成が必要である．参考のため，口絵7に四国室戸岬沖南海トラフ沈み込み帯における3次元重合前深度マイグレー

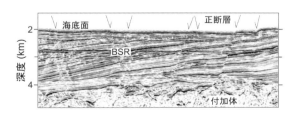

図3.4 前弧海盆の堆積層中に発達する正断層群（Park et al., 2002を修正）

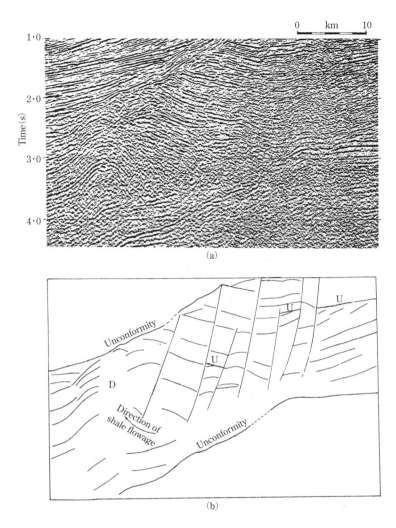

図3.5 地震波探査によって得られた不整合の（a）イメージ（Sheriff and Geldart, 1995）と（b）反射波断面の構造解釈

ション（3D PSDM）データの構造解釈・可視化処理の結果を示す．

3.2 屈折法・広角反射法地震波探査

3.2.1 屈折法・広角反射法地震波探査の原理

屈折法・広角反射法地震波探査（以下，屈折法探査，reflection seismic exploration）は，反射法地震波探査と同様，人工的に地震波を発生させて地下構造を知る手法である．反射法探査に比べ，より深部までの構造が明らかにできる利点があるが，浅部構造の分解能は反射法に比べ劣るとされている．そのような特徴から，反射法探査が資源探査を中心に使われてきたのに対し，

屈折法・広角反射法探査は地殻深部から最上部マントルを対象とした科学目的に使われてきた．また，反射法地震探査が主として地下の反射面形状を明らかにするのに対し，屈折法・広角反射法は主として地下の地震波伝播速度構造を明らかにする．近年の科学目的の地下構造調査では両方の探査方法の特徴を生かすため，両者データを同一測線で取る調査が進められている．

屈折法探査の基本的な原理は地下を屈折し伝播してきた地震波の到達時間（走時と呼ぶ）から地下を構成する媒質の地震波伝播速度を推定する方法である．また，同時に観測される反射波（特に，境界面で全反射した振幅の大きい反射波：広角反射波）を使って，地下の反射面形状の推定も行う．地殻とマントルからなる単純な二層構造を考えた場合の屈折波，広角反射波

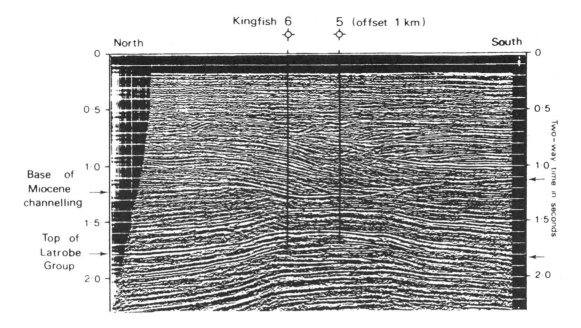

図3.6 反射法地震波探査によって得られた埋没谷のイメージ (Sheriff and Geldart, 1995)

の伝播の仕方と観測される走時の距離に対する変化（走時曲線と呼ぶ）を図3.7に示す．ここで，Pgおよび Pn がそれぞれ地殻，マントルからの屈折波を示す．その走時曲線の傾きからそれぞれの層の地震波伝播速度が求められる．また，Pn 走時曲線を x = 0 まで延長し，その時間（t_0）から地殻の厚さが決定される．これは，屈折法探査の基本的な原理を示すための古典的な例であり，現在のデータ解析においては後述するような複雑な地下構造に対応する方法が主流となっている．

3.2.2 データ取得

図3.7からもわかるように，屈折波は一般的に伝播距離が長いほど地下のより深部の情報をもっている．そのため，地殻から最上部マントルまでの構造を目的とする調査では一般に200〜500 km の長さの測線を設定する．その測線上で制御震源（人工震源）により人工的に地震波を生成し測線上に設置された観測装置でそこからの地震波を観測する．

海域の調査では震源としては反射法地震探査同様エアガンを用いるのが現在の主流である（3.1節参照）．ただし，地殻深部から最上部マントルまでが対象領域となるため，より大容量エアガンを用いるのが普通である．また，深部構造を明らかにするため，ダイナマイトなどを用いる場合もある．

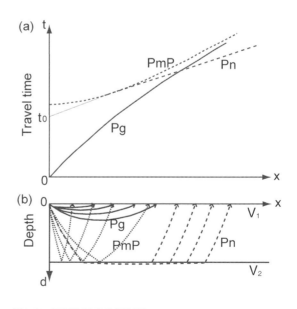

図3.7 屈折法探査の概念図

(a) 地震波の到達時間を示す走時曲線．(b) 地殻・マントルの水平二層構造を仮定した場合の，地震波の伝わり方を示す概念図．Pg, Pn はそれぞれ地殻，マントル内を伝播する屈折波，PmP は地殻・マントル境界での反射波を示す．走時曲線 Pg, Pn の傾きとして各層の地震波伝播速度，V_1, V_2が求められる

3.2 屈折法・広角反射法地震波探査 29

海域調査での観測装置は海底地震計（Ocean Bottom Seismometer：OBS）を用いる．海底地震計は海域での地震観測にも使われており，海洋研究開発機構が用いている海底地震計の例では，水深約6,000 mまでの水圧に耐える耐圧のガラス容器のなかに，3成分（上下動と直交する水平動2成分）地震計，記録装置，時計，バッテリーが納められている．海底地震計は海面から自由落下で水中を降下させ海底に設置する．回収時には観測船から音響信号を送信し，電蝕により錘りと地震計本体を切り離す．この回収作業のため，音響信号で送受信する音響トランスポンダー（acoustic transponder），および海面まで浮上した際にその位置を知らせるためのラジオ・ビーコンとフラッシュ・ライトが耐圧ガラス球の外側に取り付けられている（図3.8）．海洋研究開発機構が実施している最近の調査では，海底地震計を1〜5 km間隔で測線上に設置するようになり，詳細な地下構造が得られるようになった．

3.2.3　データ処理・解析

A.　前処理

得られたデータは解析に用いる前に，時刻の校正，設置位置の決定を行う．上で述べたように屈折法・広角反射法では地震波の伝播時間が重要なデータとなる．地震波の発信時間は観測船上のエアガン制御装置によってGPS時計と同期した正確な時刻として得ることができる．しかしながら，海底地震計内の時計は海底に設置中はGPS時計と同期を取ることができない．そのため，設置前・後にGPS時計と海底地震計内の時計のずれを測定し，設置期間中の時刻の校正を行う．これによって，GPS時計と同期した地震波の発信時，到着時を知ることができ，正確な地震波伝播時間を測定できる．

さらに，図3.7で示した走時曲線をより正確に作成するためには，震源から観測点までの正確な距離を知る必要がある．しかしながら，海底地震計は観測船から投入され海底まで自由落下させるため，海流の強い場所などでは投入位置と海底での設置位置が大きく異なることがある．そこで，エアガンから海水中を通って直接地震計に到達する波を使って地震計の位置を再決定する．これに加え，海洋研究開発機構の観測船を用いた観測の場合は潜水調査船などの位置を決定する音響航法装置がついているため，それらを用いて海底地震計の音響トランスポンダーと通信することによって海底での地震計の位置決定も行っている．

このようにして時刻，位置を補正したデータを地震計から発振点までの距離を横軸にとってプロットし，

図3.8　海洋研究開発機構所有の海底地震計
中央の容器内に耐圧ガラス球があり，その中に地震計，レコーダー，時計，バッテリーなどが入っている

図3.7の走時曲線を得るためのデータを表示する．表示の際は反射法地震探査同様，各種フィルターや振幅補正をして信号を強調する処理を行うのが一般的である．観測記録の一例を図3.9に示す．

B.　地震波速度構造解析

図3.9のような距離―時間ダイアグラムから地震波の到達時間を読み取り，それらをデータとして地下の地震波伝播速度構造を求める．古典的には地下を水平もしくは傾斜した層構造で仮定して，走時曲線の傾きと原点走時（図3.7のt_0）から各層の速度と厚さを求めていた（たとえば，Jones, 1999）．しかしながら，現在ではより詳細な地下構造を明らかにするため，地下構造を複雑な数値モデルとして表現し，観測データを満たす構造を決定する方法が用いられている．それらは大きく分けて，観測データを満たすように地下構造モデルを試行錯誤的に修正する方法（フォワードモデリング；forward modeling）と，より多くの観測値を用いた逆問題を解くことによって地下構造を推定する方法（インヴァージョン；inversion）の2つに大別できる．大量の海底地震計を用いることが可能になってからは，より客観的に解析が進められるインヴァージョンによる構造決定が主流となっている（たとえば，Zelt and Barton, 1998）．

フォワードモデリングによる地下構造の決定では，地下構造を水平方向に不均質を含んだ層構造モデルで表現し，各層内の任意の点に与えた速度と層境界の深度を試行錯誤的に変化させて観測値とモデルから計算される走時が十分あうようにモデルを順次変更させる．その際，観測走時のみならず観測振幅も満たすようなモデルを作成する．この方法による地下構造決定は複雑な構造の場合は多大な時間を要する．

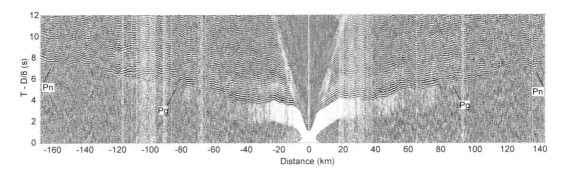

図3.9　海底地震計で得られた屈折法探査記録例
横軸は海底地震計からの距離を表し，縦軸の走時はT-D/8として表されている．ここで，Tは観測走時，Dは観測点からショット点までの距離を示す．この時間表示によって，地下を8km/sで伝播した波の走時が水平に表示される．Pg，Pnはそれぞれ地殻・マントル内と伝播して屈折波を示す

インヴァージョンによる地下構造決定はモデルの表現の仕方によって大きく2つに分けられる．1つはフォワードモデリングと同様にモデルを表現し，モデルを構成する速度や層境界深度の値を推定するものである．もう1つは，地下構造を細かいグリッドに切ってそのグリッド内の地震波伝播速度（propagation velocity of seismic wave）を推定する方法である（口絵8）．両者はそれぞれ長所・短所があり求めたい構造やデータの密度によって適宜使い分けられている（たとえば，Zelt *et al.*, 2003）．前者は屈折波のみならず反射波など後続波もデータとして用いることができる利点があるが，フォワードモデリング同様，観測記録のどの部分が地下のどの層を通過してきた波か解析者の解釈を与える必要がある．一方，後者は観測記録の解釈は必要とせずより客観的に地下構造を推定できる．また，3次元探査への拡張も容易である．しかしながら，反射波などの後続波の情報を利用することができない．最近ではその欠点を克服した，グリッドモデルの中に複数の反射面を置き，屈折波と反射波を同時に使った方法も提案されている（たとえば，Hobro *et al.*, 2003）．ただし，この方法でも解析者が反射波の解釈を加えなければならないという問題は残されている．

C. 分解能評価

フォワードモデリング，インヴァージョンによる解析双方とも，得られた地震波速度構造の絶対値としての誤差を見積もることはできない．しかしながら，インヴァージョンによる結果はモデルの信頼性を示す1つの指標である空間的分解能を示すことが可能である．その表現の仕方は構造のモデル化によって異なる．層構造モデルによるインヴァージョンの場合は，速度・境界面深度を与えた点に対する分解能を計算できる（Zelt and Smith, 1992）．これは，それぞれの点の値が，他の点の影響を受けずどれだけ独立に決定されているかを示す量であり，0から1の間の値を取る．1に近いほど分解能がよい（すなわち独立に決定されている）ことを示す．一般に0.5以上の値をとる点の速度・深度は信頼できるとされている（口絵9a）．

一方，グリッドモデルを使用したインヴァージョンの場合は，チェッカーボード・テスト（checker board test）と呼ばれる方法で得られたモデルの分解能を評価する．この方法では得られたモデル（もしくは初期モデル）に±数%の速度変化をある一定の大きさの領域に交互に加えモデル（チェッカーボード・モデル）を作成し，そのモデルから観測と同じ観測点配置を想定し，模擬的な走時データを作成する．次に，その模擬データを用いて観測データの解析と同様な手法でインヴァージョンを行う．この結果得られた速度変化パターンと模擬データ作成時に使用した速度モデルを比較し，チェッカーボードの再現性により分解能を評価する（口絵9b）．

これら，分解能評価は実際の観測前に観測仕様決定にも利用される．その際は，対象領域に想定されるおおよその構造を用いて模擬データを作成し，上述の方法でモデルの分解能を評価する．この結果により，対象とする領域の構造が十分に分解能よく求められるよう，測線長，観測点配置・分布などを決定する．

D. 広角反射波解析

上記では地下の地震波伝播速度構造を求める解析について述べたが，それらの方法では地下に局所的に存在する反射面（たとえば，断層面など）はモデル化することが困難であった．そのため，最近では反射法地震探査の手法を屈折法・広角反射法探査データに応用して地下の反射面分布を求める試みがなされており，観測データの高精度化により一般的に適用されつつあ

る．屈折法・広角反射法地震探査データでは3.2.3-B．に記述した方法により地下の地震波伝播速度構造を精度よく求めることができる．そこで，反射面イメージングには反射法地震探査で使われる重合前深度マイグレーションを広角反射データに応用する方法が取られている（Zelt et al., 1998）．この方法の利点は反射法地震探査データと同様な処理を行うため，同一測線で反射法地震探査と屈折法・広角反射法データが得られている場合は両者のデータを統合して浅部堆積層から地殻深部までの反射イメージが得られる点である．一方で広角反射波のマイグレーションではさまざまな多重反射や変換波，あるいは屈折波がノイズとして混入してしまうことが多い．その問題を克服するために反射波走時を読み取り，それを用いてマイグレーションを行う手法も開発されている（Fujie et al., 2006）．この手法では，観測した反射波走時を満たす反射点すべてを3.2.3-B．で得られた地震波速度構造の上に投影する．こうすることによって，実際の反射面がある部分は反射点の重ね合わせとして強調され，反射面のイメージが得られる（口絵10）．

3.2.4 地殻・最上部マントル構造

屈折法・広角反射法探査は複雑な地下構造が予想されるプレート境界などを中心に多くの研究に用いられている．ここでは，その成果の一例として南海トラフ東海沖から中部日本を横断して行われた海陸統合地震探査の結果を示す（口絵11）．口絵11aは地下の地震波伝播速度構造を示す（この結果の分解能が口絵9のチェッカーボード・テストとして示されている）．東海地方に沈み込んでいる海洋性地殻（oceanic crust）は地震波の伝播速度が5 km/s以上の領域として陸側の付加体の下に確認できるが，非常に特異な構造をもって沈み込んでいるのがわかる．すなわち，沈み込む海洋性地殻に着目してみると，深さ45 kmまでいくつかの領域で海洋性地殻が通常の海洋性地殻より厚くなっている部分が確認できる．海域測線部では横軸300 km（ここではNorth ridgeと呼ぶ）と350 km（ここではSouth ridgeと呼ぶ）の部分で地殻の厚さがそれぞれ20 km，12 kmとなっており，典型的な海洋性地殻より2〜3倍の厚さを示している．一方，沈み込む前の海洋プレート側には北東—南西の走向をもったいくつもの海嶺が等間隔で存在していることが知られている．このことから，地下構造探査の測線で見つかった海洋地殻の厚い部分はすでに沈み込んでしまった海嶺に対応しており，それらが繰り返し沈み込んでいることを示していると考えられる．また，North ridgeは日本側の上部地殻を形成している地殻の下まで沈み

こんでいることがわかる．この領域は1944年の東南海地震破壊域の東縁に位置しており，海嶺の沈み込みにともなうプレート間固着力が局所的に強くなり，東南海地震が東海沖まで及ばなかったと考えられる．

さらに，広角反射波を用いた反射イメージ（口絵11b）から，深さ25〜45 kmのプレート境界に非常に強い反射面を確認できる．これはプレート境界付近に高間隙水圧帯が存在することを示唆しており，東海地方で進行したスロースリップ（slow slip）の原因となる構造要因である可能性が指摘されている．このように，屈折法・広角反射法探査の結果はプレート境界などの複雑な地下構造が予想される領域の地殻全体および最上部マントルまでの構造が明らかにできるため，プレート境界で進行するさまざまな地殻活動と関連した研究が進められている．

3.3 重力探査

3.3.1 海上重力測定

海上重力測定は，船上重力計（shipboard gravity meter）を用いて，観測船が航走しながら行う（図3.10）．船上重力計は，重力（加速度）センサー，鉛直を保持する水平安定台（鉛直ジャイロスコープ），動揺の補正などのデータ処理部（計算機）から基本構成されている．重力計は船の中でなるべく動揺の少ない場所に設置される．

重力センサー部は，ばね・錘り系のスプリング式のものが広く用いられている．重力が増減すれば，それに応じてばねが伸縮する．原理的にはこの時の錘りの変位を検出することによって，重力変化が測られる．重力センサーには他にも，弦振動重力計，サーボ型加速度計がある．重力は鉛直方向の加速度であるから，船が揺れても重力センサーを鉛直に保たなければならない．そのために重力センサーを水平安定台に載せるか，あるいは重力センサーを載せた台が，鉛直ジャイロスコープを追尾する方法を用いる．船の動揺による鉛直加速度の影響は，数分程度のローパスフィルターにより除去する．船の動揺加速度の卓越周期は5〜10秒である．一方，海底下の構造変化による重力の変化は，時間に換算すると数分以上に長いと考えてよい．海上において検出できる重力の空間変化は，水深（海面と海底間の距離）に依存していて，水深よりも長い波長が観測される．典型的な深度4 kmの海洋底を，船速10ノット（1ノット=1.85 km/h）で観測する場合なら，それは10分以上の時間変動になる．

船上重力計としてさまざまな工夫を用いても，船の

図3.10 船上重力計
海洋研究開発機構調査船「かいれい」に搭載されている Bodenseewerk KSS31. 右側が重力センサー部，左側はデータ処理部

加速度運動は重力測定値に影響するので，よい測定データを得るためには，なるべく定速で航行し，変針を少なくすることが望ましい．また，航走観測全般にいえることであるが，測定誤差の評価のためにできるだけ測線の交点を多く設けることが必要である．

3.3.2 海上測定重力データの処理

船上重力計が測定するのは相対重力変化である．絶対重力値を知るためには，寄港地において絶対重力値のわかっている重力基準点との比較測定を行い，重力結合（gravity tie）を行う必要がある．調査航海前と後に重力結合を行うことは，後述するドリフト補正のために必要である．

地球の標準的な重力値は，正規重力式（normal gravity formula）で与えられる．正規重力式は，国際測地学協会（International Association of Geodesy：IAG）で決められる地球楕円体（Earth ellipsoid）上での重力であり，測地緯度の関数になっている．最新の測地基準系（geodetic reference system）1980による地球の重力は，赤道で978.032677 Gal（1 Gal＝1 cm/sec^2），極で983.218637 Gal で，緯度で約 5 Gal の変化がある．

得られた重力測定値と測定点緯度での標準重力値との差を取ることにより，空間的な重力の変化が計算される．これを重力異常（gravity anomaly）という．

重力は，引力と地球自転の遠心力の合力である．遠心力は，観測船の速度（東西方向成分）が地球の自転速度に加減されることで変化する（図3.11）．それにより重力測定値が変化することを，エトベス効果（Eötvös effect）といい，この効果に対する補正をエトベス補正という．エトベス効果は，船速の東西成分と緯度の余弦に比例する．同じ速度なら赤道で最大になる．赤道上を船が東に10ノットで走れば，エトベス補正量は75 mGal になる．海上重力の測定精度は，重力計の精度よりも測位精度に依存している．1 mGalの測定精度を得るためには，船の（対地）速度を0.1ノットよりよい精度で測定しなければならない．GPS測位が安定した1990年代以降は，高い精度でエトベス補正ができるようになっている．

重力センサー特性が永年変化や状態変化などするために，重力測定値が長周期変化することをドリフトという．寄港地での重力結合や，測線の交点における誤差（crossover error）の評価などでドリフト量を見積もり，補正を行う．ドリフト量は一般的に数 mGal/月である．

3.3.3 衛星高度計による重力測定

観測船による海上重力測定は決して能率的ではないし，海況の悪い高緯度地域などではデータ取得が困難であるため，海洋の重力分布は一部の海域を除き，長い間ほとんど明らかではなかった．全世界的な海洋の重力分布は，衛星高度計（satellite altimeter）によって明らかにされた．衛星高度計は，マイクロ波レーダー高度計（microwave radar altimeter）を用いて人工衛星から海面までの距離を測定する．衛星軌道が正確にわかっているとすると，地球楕円体から海面までの距離として，海面高が得られる（図3.11）．

波や潮汐，海流などの運動がなく静止している（仮想的）海面は，重力の等ポテンシャル面であるジオイド（geoid）の形状を与えることになる．このような海面を求めるために，波，潮汐の影響は時間平均で取り除ける．問題は，海流がコリオリ力と釣り合って流れるための海面の起伏（力学的海面高度：sea surface dynamic topography）の影響である．黒潮などの強い海流では1 m 程度の起伏ができる．しかしその起伏は，地球上のジオイド高の振幅（±100 m）の1％程度であるため，近似的にジオイド高を測定していると考えてよい．ジオイド高が得られれば，それより重力

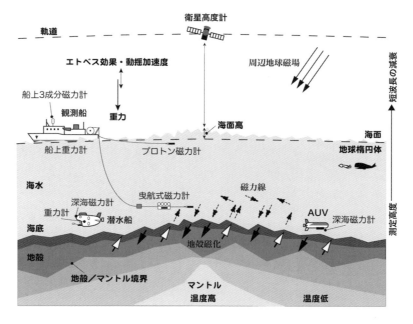

図3.11 海洋における重力・地磁気測定

異常を計算することができる．このようにして，高密度で均質なデータ分布の，全世界的な海洋の重力異常が明らかになった（たとえば，Sandwell *et al*., 2014，口絵2）．

3.3.4 フリーエア重力異常

一定高度面での重力異常を，フリーエア重力異常（free-air gravity anomaly）という．観測船により海上で観測された，あるいは衛星高度計の海面高によって得られた重力異常は，海面という一定高度面での重力異常なので，そのままフリーエア重力異常になる．フリーエア重力異常は，地球中心から地球表面（海面）までの質量分布をすべて積分した効果を，地球表面において観測したものであり，海面より下の地球内部の質量分布の情報が反映されている．

フリーエア重力異常は，海溝や海山で大きな振幅値を取り，0.3 Gal（±300 mGal）程度に達するが，大部分の海洋域の重力異常は±100 mGal以下である（口絵2）．地球は，長い時間スケールでは粘性の大きな流体として振る舞う．したがって，地球の構造は，規模の小さな構造を除けば，重力とほぼ釣り合った構造になっているからである．このことをアイソスタシー（isostacy）という．波長数100 km以上の規模の広範囲にわたるフリーエア重力異常は，アイソスタシーの異常と考えることができる．広域的に負の異常をもつ場合，この地域において質量が不足していることを示す．また，地下のある深さの面上で圧力が違っていることを示す．広い範囲にわたって負の時には，浮力に逆らって質量を下に引っぱる力を考えなければならない．広範囲にわたってフリーエア重力異常が正である場所には，余剰質量を支えている力を考えることが必要である．このように，フリーエア重力異常は地殻下に働く力と結びついている．

フリーエア重力異常の短波長の成分は，海底地形の起伏と強い相関がある（口絵1，2参照）．海底は，海面から最も近く，海水（1,030 kg/m³）と岩石（～2,700 kg/m³）との大きな密度境界であるからである．規模の小さな地形は，アイソスタシーが成り立っているとしても，深い場所にある補償面のフリーエア重力異常に対する寄与は小さい．

3.3.5 ブーゲー重力異常

海底下の構造を調べるためには，ブーゲー重力異常（Bouguer gravity anomaly）がよく用いられる．ブーゲー重力異常は，海底付近での地殻の密度を仮定して海底地形の起伏による重力効果を求め，フリーエア重力異常から差し引くことによって求められる．仮定密度（assumed density）は，海域では2,670～2,800 kg/m³の範囲の値が用いられる．

ブーゲー重力異常は，海底下の密度異常の影響をす

べて加え合わせたものであるが，一般的に地殻/マントル境界（マントルの密度は〜3,300 kg/m³）が，海底下では最も大きい密度境界面である．したがってブーゲー重力異常は，地殻/マントル境界の起伏（地殻厚とその空間変化）を，面的に広範囲にわたり求めることによく用いられている．地殻が厚い（地殻/マントル境界が深い）大陸や島弧，海山や海台などでは，ブーゲー重力異常値は小さくなり，地殻が薄い（地殻/マントル境界が浅い）海洋底では，ブーゲー重力異常は相対的に大きい値になる（図3.12）．

3.3.6 残差重力異常

既知あるいは仮定した密度構造による重力効果を取り除いた，残余の重力異常一般を，残差重力異常（residual gravity anomaly）という．

地震探査により地殻の速度構造が求められている場合，速度構造から密度構造を推定し，その密度構造による重力効果を差し引くことにより残差重力異常を計算すれば，地殻内の密度構造の不均質に乱されることなく，地殻の厚さをより正確に推定できる．モホ面（〜地殻/マントル境界）までの地殻構造が地震探査により求められ，求められた地殻構造が重力異常を満足しないとすると，異常の原因をさらにその下の部分に求めなければならない．この場合は，モホ面より下の上部マントルの構造を推定できる．このように重力異常は構造探査の結果と合わせて解釈することにより，より深い場所の構造を決めることができる．

上部マントル内に起因する重力異常として，プレートが年代とともに冷却して密度を増す過程は，長波長の重力異常になる．中央海嶺では，海嶺軸から離れるにつれてブーゲー重力異常が大きくなる．沈み込み帯では，沈み込む海洋プレートによる影響がある．海溝の海側でブーゲー重力異常が高く，陸側では海洋プレートの深度に応じて重力異常が小さくなる．マントルの温度構造や沈み込む海洋プレートの形状を仮定し，それらの重力異常の傾向を除いて残差重力異常を求めると，地域的なマントル密度異常を議論することができる．

3.3.7 中央海嶺の重力異常と海洋地殻構造

1990年代に入りマルチビーム音響測深機（2章参照）が普及するとともに，国際的な共同研究の基で，世界中の中央海嶺の精密な海底地形と重力異常，そして地磁気異常の観測が進められ研究がなされた．その結果，海洋地殻の構造，形成に関しての理解が大きく深まった．

中央海嶺の研究ではブーゲー重力異常を計算する際

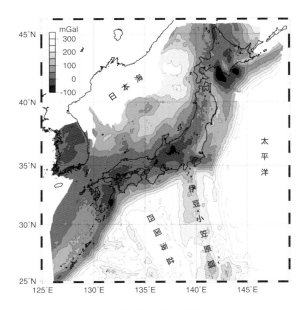

図3.12 日本周辺のブーゲー重力異常

仮定密度は2,670 kg/m³．地殻の厚い日本列島，伊豆・小笠原島弧はブーゲー重力異常の値が小さい．太平洋，四国海盆の海洋地殻である場所はブーゲー重力異常値が大きい．日本海や沖縄トラフはその中間の値の異常になる．沈み込む太平洋プレートの影響により，太平洋側で重力異常が大きい傾向がある（データは産業技術総合研究所（2000）．陸上重力測定データと合わせて編集）

に，海底地形による重力効果に加えて，均質な地殻厚（〜6 km）を仮定した地殻/マントル境界面の重力効果も同時に差し引かれた重力異常がよく用いられる．この重力異常は，マントルブーゲー重力異常（mantle Bouguer anomaly）といわれる．マントルブーゲー重力異常には，特に拡大速度の遅い海嶺（両側拡大速度〜3 cm/年以下）では顕著に，海嶺地形に対応した特徴が見られた．精密な海底地形調査から，海嶺軸はトランスフォーム断層以外でも，数10 kmの長さ間隔で海嶺軸地形が水平にずれることがわかった（non-transform discontinuity）．海嶺軸がずれて水深が深くなっている場所付近では，高い重力異常が観測される．海嶺軸のずれ同士の中間の海嶺地形が高いところでは，低重力異常になることがわかった．これにより，海嶺軸に沿った方向に海洋地殻の厚さ・密度変化があることが推定された（たとえば，Lin et al., 1990, 図3.13）．

マントルから海嶺へのマグマの供給は偏在的で，マグマ供給の総量が少ない低速拡大海嶺では，不均質な海洋地殻が形成されるようである．マグマ上昇流の直下は，マグマが最大に供給される場所であり，地殻は厚くなり，顕著なブーゲー重力負異常が観測される．一方，マグマ上昇流中心から遠いと地殻が薄く，マン

トル岩が海底にそのまま露出する場所もある（図3.13）．プレート冷却による重力効果を補正して，残差マントルブーゲー重力異常を計算すると，海嶺軸から離れる方向へ，過去の海嶺活動がわかる．広範囲で構造を推定できることが重力異常の利点である．それによると，海嶺での海洋地殻形成，マグマ活動は，時間・空間的に変動していることがわかった．

3.3.8 深海重力測定

水深の浅い海域では，ローパスフィルターによって船の動揺を除去してしまうと同時に，地下構造による短波長の重力変化も除去してしまうおそれがある．高い分解能の測定値を得るために，水深の浅い湾内や内海で行われている重力測定では，陸上用の重力計を耐圧容器に入れた海底重力計が用いられる．重力計を観測船から降ろし，着底させて測定する（たとえば，上嶋ほか，2006）．測定点ごとに海底重力計の投入揚収を繰り返す．

深海では，衝撃に弱い重力計の投入揚収作業は非常に困難である．深海における重力測定では，陸上用の重力計を潜水船内に持ち込んで，測定する方法が多く行われている（たとえば，松本，2000，図3.11）．この方法だと1回の測定に際して，潜水船が海底に着底し，静定した後に重力測定，測定した後に離底という作業に時間がかかる．1回の潜航調査について2～3点の測定が限度である．調査航海における潜水船の潜航回数，場所も限られるので，広範囲あるいは長距離の測線を得ることは難しい．

しかしながら，海底の近くで重力を測定することによって，海底から数km離れた海上の観測では得られなかった，より短波長で，高振幅，したがって高分解能な重力異常を得ることができる．短波長の重力異常は，地下の浅い場所の構造に起因する．海底の地質によりよく対応した，海洋地殻内の詳細な密度構造の不均質，たとえば下部地殻・マントル岩の貫入・隆起構造，海嶺軸下のマグマ溜まりの存在の推定などの調査が行われている（たとえば，Ballu et al., 1998）．海上の重力異常と組み合わせることにより，深い場所の構造もより正確に推定できる．将来は，自律型無人潜水機（AUV）に重力計を搭載し，海底近くの海中を移動しながらの重力測定が実用化され，より効率的に高分解能な重力異常を得ることができると期待される．

3.4 地磁気探査

3.4.1 海上地磁気測定

海上での地磁気測定は，海上曳航式プロトン磁力計（proton precession magnetometer）による全磁力（磁場の強さ）測定が最も広く行われている．海上曳航式プロトン磁力計は，磁力計センサーと曳航ケーブル，磁力計本体より構成される（図3.14）．測定時には，磁力計センサーを観測船から数百m離して曳航する（図3.11）．センサーを十分に離せば船体磁気の影響を受けず，温度やセンサーの動揺なども測定値に影響しないため観測精度がよい．

センサーは液体が入った容器をコイルで巻いたものである．容器中の液体（水，アルコール，ケロシンなど）に含まれる水素原子核（プロトン）は，磁気モーメントをもっている．プロトンのスピン軸は，周辺磁場の方向にそろう性質がある．コイルに励磁電流を流し容器内に強い磁場を作ると，プロトンのスピン軸はコイルによって作られた強磁場の方向にそろう．電流を急に遮断し，コイルによって作られた磁場を消すと，プロトンは，今度は地球磁場方向にそろおうとする．この時に地球磁場方向を軸とした歳差運動を起こす．その歳差運動の周波数は，地球磁場の強さに正確に比例することを利用して測定する．

3.4.2 船上3成分磁力計

地磁気は本来，ベクトル量であるので，地磁気3成分が測定できれば情報量が向上する．1980年代に日本のグループにより，3軸フラックスゲート磁力計と水

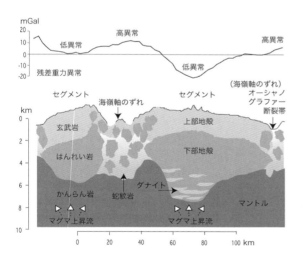

図3.13 大西洋中央海嶺オーシャノグラファー断裂帯付近（35°N）の海嶺軸に沿う方向の地殻構造と重力異常

残差ブーゲー重力異常は，構造探査で得られた上部地殻構造を用いて求めている（Canales et al. (2000) を基に作成）

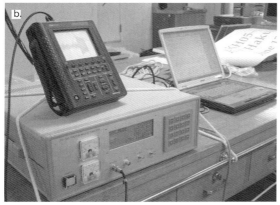

図3.14 プロトン磁力計
a. 地磁気センサー（左側の円筒のもの）と曳航ケーブル，b. 磁力計本体（左側の装置）．海洋研究開発機構調査船「白鳳丸」で使用されている川崎地質 PR-745

平・鉛直ジャイロなどの姿勢計を組み合わせた，船上3成分磁力計（shipboard three-components magnetometer）が開発された（たとえば，Isezaki, 1986）．フラックスゲート磁力センサーは，高透磁率の磁性材料の周囲をコイルで巻いたものである．コイルの中の磁場が変化すると電場が生じる原理を応用し，磁場変動を検出する．指向性が強いので3本相互に直交させ組み合わせることにより，地磁気3成分を測定する．

船上3成分磁力計は，磁気センサーを船の甲板上などに固定し，地磁気と同時に船の方位，動揺を記録することにより，座標変換して地磁気3成分（北，東，鉛直下向き）を求める（図3.11）．船体磁化の影響を見積もり補正するために，調査航海中，船を数字の8の字を描くように半径数百mで左右に1回りさせる．このとき周辺地球磁場は一定値であるが，船が動くため測定値が変動する．補正測定値が船の動きに無相関になるようにして，補正係数を決める．8の字中，全方位のデータが得られる水平2成分に比べて，横揺れ・縦揺れ角が小さいため，鉛直成分測定値が大きく変動しない．そのため，鉛直成分に関する補正係数が決まりにくい．この弱点を補うため，複数の地点で8の字航行を行う．各点は，できるだけ緯度差をつけて周辺地球磁場（鉛直成分）を変化させる．

動揺の計測精度や船体磁化の時空間変動などの原因により，船の動揺，船体磁化が完全に補正しきれないことが課題である．船上3成分地磁気測定には絶対値の精度に問題が残るため，相対変化値が利用されている．

3.4.3 海上測定地磁気データの処理

地磁気測定値には，地球内部に起源をもつ磁場成分と地球外部に起源をもつ磁場（変動）成分が含まれている．地球内部磁場のモデルとして，国際標準磁場（International Geomagnetic Reference Field：IGRF）がある．これは，地球内部磁場を球関数展開で表したものである．IGRF 球関数の展開係数は，ガウス係数（Gauss coefficient）という．ガウス係数は，国際地球電磁気学・超高層物理学協会（International Association of Geomagnetism and Aeronomy：IAGA）で決定される．ガウス係数には経年変化項が含まれており，将来予測値を含んでいるので，実際の地球磁場をよく表すように定期的に更新される．2000年以降のガウス係数は，13次まで決められている．その空間分解能は〜1,000〜2,000 km 程度で，このような長波長の磁場は，地球中心核の電磁流体運動に起源をもつ成分を表していると考えられている．地球磁場の強さ（全磁力）は，赤道地域で小さく極地域で大きい．IGRF（12th generation）で表される現在（2015年）は，最小で〜23,000 nT（$nT = 10^{-9}$ T）（南米ブラジル辺り），最大で〜67,000 nT 程度（オーストラリア南の南極沖域）である（図3.15）．

得られた磁場測定値と IGRF との差を地磁気異常（geomagnetic anomaly）という．地磁気異常は，地殻および最上部マントルの磁化に起源をもつ磁場成分であると考えることができる．キュリー温度（Curie temperature）を超える温度（＞〜200〜600℃）の地殻およびマントルは定常的な磁化を保持しないので，地磁気異常の源にはならない．したがって，地磁気異常は重力異常と異なり，あまり地下深くの情報はもたない．

測定精度を高めるためには，地磁気日変化や磁気嵐など，地球外部に起因する磁場の時間変化の影響を取り除くことが必要である．地球外部磁場の原因のほとんどが太陽活動によるものである．地磁気日変化は，

地球磁気圏と大気圏の間の電離層への太陽放射の影響を示す．地球の自転に応じて1日周期の変化として観測される．磁気嵐は，フレアーなどの太陽表面の爆発現象が地球の磁気嵐の発端となる．磁気嵐が激しいときの測定値は使用しないこともある．地磁気日変化補正は，最寄りの地磁気観測所での定点観測値を参照して，外部磁場変動分を地磁気測定値から差し引く．ただし，大洋の真ん中の調査などでは最寄りに参照値が得られないので，海上地磁気測定では日変化補正は行われないことも多い．そのような場合は，測線の交点誤差を評価する必要がある．

3.4.4 地磁気縞状異常

プロトン磁力計の原理は1954年に発明され，1960〜70年代には世界中の海域で，精力的な海上地磁気観測が行われた．その結果，陸域では見られない特徴的な地磁気異常が明らかになった．中央海嶺軸に平行して，波長10〜数10 km，振幅が数100〜1,000 nTの，縞模様状に正負を繰り返して分布する地磁気異常があることである．

海洋の地磁気異常がこのような縞模様をもつ仕組みは，プレートテクトニクスと密接に関係している．中央海嶺で形成される海洋地殻が，冷却してキュリー温度を下回るとき，熱残留磁化（thermoremanent magnetization：TRM）を獲得し，その時その場所の地球磁場方向に磁化する．地球磁場は地質時代を通じて逆転を繰り返しているので，地球磁場の逆転の歴史が，拡大を続けている海洋地殻に記録されていくからである（たとえば，Vine and Matthews, 1963）．陸上の溶岩の研究からわかってきた地磁気逆転史から，期待される地磁気異常を計算し，その結果が観測とよく合うことが示され，1970年代の深海掘削計画により，基盤岩直上の堆積物の年代決定と一致することがわかった．そして地磁気縞状異常が海洋底拡大説の証明として認知されるとともに，20世紀最大の科学成果の1つともいわれる，プレートテクトニクス理論の基礎を築き上げることになった．また，同時に地磁気逆転の真実性も立証され，地磁気縞状異常から，過去約2億年までさかのぼった地磁気逆転史も明らかにされた（たとえば，Cande and Kent, 1992）．

海洋底の地磁気異常の研究では，まず地磁気縞状異常の有無が調べられる．その有無によって，海洋地殻が形成されているか否かが議論される．そして，海洋地殻形成があるとすると，地磁気縞状異常の解析により，海洋底の年代が推定できる．現在では，世界のおもな海洋底年代の推定がなされている（たとえば，Müller et al., 2008，口絵3）．海底年代がわかれば，地磁気異常の縞模様の走向と合わせて，プレート運動の速度ベクトル（拡大方向と速さ）が求められる．地磁気縞状異常の形は，周辺磁場の方向，海洋地殻の磁

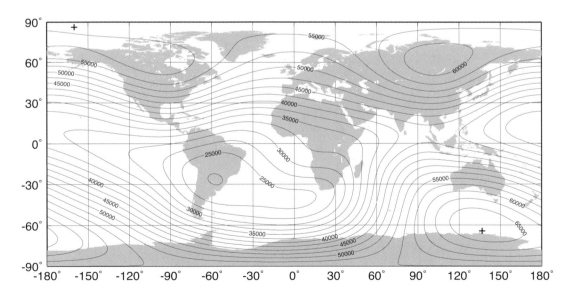

図3.15　IGRF-12に基づく2015年の地磁気全磁力

等値線間隔は2500 nT．＋印は磁極（magnetic pole）を示す．地球磁場，磁極は地磁気永年変化により変動するが，地質学的な時間スケールを扱う古地磁気学（第5章参照）では，地理極を極とする双極子磁場，磁極は地理極の近くにあると考えてよい

化方向，縞模様の走向で決まる．周辺磁場方向，縞模様の走向は既知なので，海洋地殻の磁化方向が推定できる．それから，海洋地殻が形成された場所，過去におけるプレートの位置（緯度）を推定できる．これらの情報から，プレート運動の復元・プレートテクトニクスが議論される．

縁海・背弧海盆では，大陸地殻あるいは島弧地殻の分裂・引き伸ばしから，リフティング，やがて海洋底拡大へと至る進化の過程が，地磁気異常によって調べられる．大陸・島弧が引き伸ばされた海底には，地磁気縞状異常は見られない．リフティングの火成活動により，線状の地磁気異常が観測されることがあるが，地磁気逆転パターンにはならない．海洋地殻が形成された海底では，縞状異常が観測される．それにより，背弧海盆が海洋底拡大した時期，または背弧海盆の拡大が停止した時期が推定できる．日本海では，日本海盆には地磁気縞状異常が確認されている（図3.16）．一方，大和海盆，対馬海盆には縞状異常は見られない．地震波による地殻構造探査の結果も合わせると，日本海盆では背弧海盆の海底拡大が起こったが，大和海盆，対馬海盆では大陸地殻が引き伸ばされて地殻は薄化したが，海洋地殻の形成はなかったと考えられる．

3.4.5 海洋地殻の磁化構造

精密な海底地形と重力異常（3.3.7項参照）とともに，中央海嶺における海洋地殻の構造，形成の理解のため，地磁気異常の観測研究が行われた．

観測された地磁気異常から，磁化強度分布を求めることができる（たとえば，Parker and Huestis, 1974）．計算の際には，地殻の磁化方向，周辺地球磁場方向，磁化層の形状，そして磁化層厚を仮定することが必要である．地殻の磁化方向に関しては，中央海嶺付近であれば現在の位置で磁化したと考えてよいので，その場所（緯度）の地心双極子（geocentric dipole）の方向を与える．正帯磁（現在の地球磁場と同方向の帯磁）と逆帯磁は，得られた磁化構造で磁化強度の符号の違いで表される．周辺地球磁場方向は，IGRFを参照する．海嶺軸付近の場合，堆積層の被覆がほとんどないので，磁化層の形状として海底地形の起伏を与えることができる．上部地殻が地磁気異常を担うとして，磁化層厚を500〜1,000 mとすることが一般的である．磁化層厚は実際は未知量である．しかし，磁化の強度と磁化層の厚さを別々に求めることはできない．これらの量の積が地磁気異常の振幅を決めるので，一方を大きく取れば，他方は小さくなるという関係があるからである．結果の考察の際には，他の地球物理・地質情報も加味して行う必要がある．磁化強度分布から，

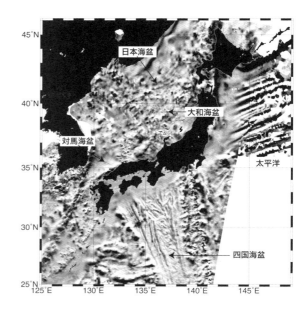

図3.16 日本周辺の地磁気全磁力異常

黒く陰のついている場所は，地磁気正異常を表す．北西太平洋には，西南西〜東北東に延びるJapanese Lineation Setという地磁気縞状異常が見られる．海底年代は，三陸沖で〜130 Maである（口絵3参照）．背弧海盆である四国海盆にも，南北と北西〜南東の地磁気縞状異常が見られる．日本海については本文を参照（データは産業技術総合研究所（1996）とNational Geophysical Data Center（NGDC）より）

海底付近の地殻を構成する岩石を推定することができる．海洋地殻の中では，噴出玄武岩層（Layer 2A）が強い熱残留磁化をもっている．また年代の情報をもっている．玄武岩質深成岩（斑れい岩）は，噴出玄武岩に比べると磁化が弱い．かんらん岩は，ほとんど磁化をもたないが，蛇紋岩化すると磁化をもつ．

海嶺軸あるいは同磁極期の縞模様に沿って，磁化強度は一様ではなく変化していることがわかった．海嶺軸のずれで分断される海嶺の1単位をセグメント（segment）という（図3.13参照）．海嶺セグメント端の場所では高い磁化を示す（図3.17）．海嶺セグメント端ではマグマ供給量が低いので，磁性鉱物を多く含んだ玄武岩が噴出するためと考えられている．噴出玄武岩の被覆が薄く，かんらん岩や斑れい岩が海底に露出しているような場所では，磁化強度が小さく求められる（たとえば，Fujiwara et al., 2003）．海嶺軸から遠ざかるに従い，セグメント境界での磁化は，正帯磁側にシフトしていく傾向がある．セグメント境界では，マントル岩の蛇紋岩化が進行し（図3.13参照），それが誘導磁化（induced magnetization）を帯びるためと解釈されている（たとえば，Tivey and Tucholke,

1998).誘導磁化は,現在の地球磁場と同方向に帯磁するため正帯磁になる.海底岩石採集や海底地質観察は,限定された場所でのみ行われるが,地磁気異常はそれを補い,面的に広い範囲の海洋地殻の構成,地殻構造を推定することができる.

地磁気縞状異常から海底拡大活動を詳細に調べてみると,プレートの拡大方向や速度の変動にともなって,セグメント単位で拡大速度を変動させる,非対称な拡大をするなど,対応していることがわかった.

3.4.6 深海地磁気測定

海底の近くで測定するほど,海上からの観測では減衰して検出できない高振幅,短波長成分の地磁気異常が得られる.短波長成分には,海洋地殻,古地磁気に関する,高空間・時間分解能の情報が含まれている.

深海の地磁気測定は,磁力計を深海曳航したり,または潜水船,無人探査機(ROV),AUV,サイドスキャンソナーなどの曳航体に磁力計を取り付けて行う(富士原,2009,図3.11).プロトン磁力計を利用すれば,センサー部を探査機本体から離さないといけないので,絶対値の精度がよい反面,オペレーションが困難である.フラックスゲート磁力計を用いれば,センサーを潜水船・探査機本体に取り付けることができる.単独曳航式の測定だと,曳航体の磁化の影響は最小限に押さえられる.潜水船など探査機に取り付ける方式では,探査機の磁化の影響が大きい.しかし,その潜水船などによって得られる観測情報も同時に入手できる利点がある.逆に,潜水船やROVの地質調査のとき,露頭が堆積物に覆われていて基盤岩が観察できない場合でも,地磁気異常からそれを推定できる利点もある.深海の調査は時間がかかるので,数多くの,また長距離の測線を取ることが困難である.限定された観測の中で地磁気データの情報量を増やすため,船上3成分磁力計と同じ方式で地磁気3成分を計測する努力もされている.

深海で得られた地磁気異常からは,海底の地質によりよく対応した,詳細な海洋地殻の磁化強度分布を得ることができる.それは,岩石採取や海底測器の設置,深海掘削地点の事前調査としても有効である.海底に近づいた深海地磁気異常には,海底地形など磁化層上面の凸凹に対応した,波長の短い成分を含んでいる.また,測定点と磁化層上面深度までの距離の近さに比べて,磁化層の下面深度は相対的に非常に遠くなるため,下面深度(〜磁化層厚)は,地磁気異常の振幅に大きな影響を与えない.したがって,深海地磁気異常からは磁化強度の絶対値を推定することができるという利点がある.

中央海嶺のトランスフォーム断層崖などでは,深さ方向の海洋地殻磁化構造を観測することができ,海上の地磁気観測とは違った視点も得ることができる.

中央海嶺から得られた深海地磁気異常と,磁化プロセスが異なる堆積物の磁化から得られた古地磁気強度変動(たとえば,Guyodo and Valet, 1999)と比較すると,よい対応関係が見られる(たとえば,Yamamoto et al., 2005).このことは,高時間分解能で海底の年代決定ができる可能性を示している.これまでに比べて詳細な海洋底拡大速度ベクトルの変化がわかり,詳細なプレートテクトニクスの研究ができることになる.海洋底のダイナミクスや,中央海嶺における海洋地殻形成研究の進展が期待される.

海洋地殻は,過去2億年の地球磁場の唯一の連続記録媒体である.汎世界的に数多くの海域から深海地磁気異常の記録が得られたなら,グローバルな変動成分を取り出すことにより,期間の短い逆転やエクスカーション(geomagnetic excursion)の歴史,古地磁気強

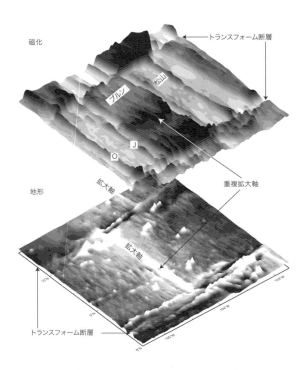

図3.17 東太平洋海嶺9°N付近の海底地形(下)と磁化構造(上)

磁化は濃い色が正帯磁を表す(データはCarbotte et al. (2004) より).磁化構造にはプレート拡大方向に海底年代を示す正・逆帯磁が見られる他に,海嶺軸に沿った方向に強度変動があり,トランスフォーム断層や重複拡大軸などのセグメント境界で磁化が強くなっている.ブルン,松山,J(ハラミロ),O(オルドバイ)は磁極期を表す

度変動の情報を引き出すことが可能となるかもしれない．白亜紀スーパークロン（Cretaceous superchron）における地磁気変動の研究の進展も期待できる．しかしながら，深海地磁気測定は設備がいること，観測の非効率さから，ほとんど行われていないのが現状である．AUVを活用できれば，今後はより効率的に地磁気測定をすることができ，深海地磁気異常データの蓄積が進むかもしれない．

引用文献

Ballu, V., Dubois, J., Deplus, C., Diament, M. and Bonvalot, S.（1998）Crustal structure of the Mid-Atlantic Ridge south of the Kane Fracture Zone from seafloor and sea surface gravity data. *J. Geophys. Res*., **103**, 2615-2631.

Canales, J. P., Detrick, R. S., Lin, J. and Collins, J.A.（2000）Crustal and upper mantle seismic structure beneath the rift mountains and across a nontransform offset at the Mid-Atlantic Ridge（35°N）. *J. Geophys. Res*., **105**, 2699-2719.

Cande, S. C. and Kent, D. V.（1992）A new geomagnetic polarity time scale. *J. Geophys. Res*., **97**, 13917-13951.

Carbotte, S. M., Arko, R., Chayes, D. H., Haxby, W., Lehnert, K., O'Hara, S., Ryan, W. B. F., Weissel, R. A., Shipley, T., Gahagan, L., Johnson, K. and Shank, T.（2004）New integrated data management system for Ridge2000 and MARGINS research. *Eos*, **85**（51）.

Fujie, G., Ito, A., Kodaira, S., Takahashi, N. and Kaneda, Y.（2006）Cofirmation sharp bending of the Pacific plate in the northern Japan trench subduction zone by applying a traveltime mapping method. *Phys. Earth Planet. Inter*., **157**, 72-85.

Fujiwara, T., Lin, J., Matsumoto, T., Kelemen, P. B. Tucholke, B. E. and Casey, J. F.（2003）Crustal evolution of the Mid-Atlantic Ridge near the Fifteen-Twenty Fracture Zone in the last 5 Ma. *Geochem. Geophys. Geosyst*., **4**（3）, 10.1029/2002GC000364.

富士原敏也（2009）しんかいで地磁気を測る．*JAMSTEC-R IFREE Special Issue*, 111-122.

Guyodo, Y. and Valet, J. P.（1999）Global changes in intensity of the Earth's magnetic field during the past 800 kyr. *Nature*, **399**, 249-252.

Hobro, J. W. D., Singh, S. C. and Minshull T. A.（2003）Three-dimensional tomographic inversion of combined reflection and refraction seismic traveltime data. *Geophys. Jour. Int*., **152**, 79-93.

Ito A., Fujie, G., Miura, S., Kodaira, S., Kaneda, Y. and Hino, R.（2005）Bending of the subducting oceanic plate and its implication for rupture propagation of large interplate earthquakes off Miyagi, Japan, in the Japan Trench subduction zone. *Geophys. Res. Lett*., **32**, L05310, doi: 10.1029/2004GL022307.

Isezaki, N.（1986）A new shipboard three component magnetometer. *Geophysics*, **51**, 1992-1998.

Jones, E. J. W.（1999）Marine geophysics. John Wiley & Sons Ltd, 466p.

上嶋正人・石原丈実・小泉金一郎・島伸和・押田淳・藤本博巳・金澤敏彦（2006）瀬戸内海播磨灘での海底重力測定．海洋調査技術，**18**, 1-27.

Kodaira, S., Kurashimo, E., Park, J. -O., Takahashi, N., Nakanishi, A., Miura, S., Iwasaki, T., Hirata, N., Ito, K. and Kaneda, Y.（2002）Structural factors controlling the rupture process of a megathrust earthquake at the Nankai trough seismogenic zone. *Geophys. J. Int*., **149**, 815-835.

Kodaira, S., Iidaka, T., Kato, A., Park, J. -O., Iwasaki, T. and Kaneda, Y.（2004）High pore fluid pressure may cause silent slip in the Nankai Trough. *Science*, **304**, 1295-1298.

Kodaira, S., Iidaka, T., Nakanishi, A., Park, J. -O., Iwasaki, T. and Kaneda, Y.（2005）Onshore-offshore seismic transect from the eastern Nankai Trough to central Japan crossing a zone of the Tokai slow slip event. *Earth Planets and Space*, **57**, 943-959.

松本剛（2000）深海潜水船による海底重力測定．測地学会誌，**46**, 89-108.

Lin, J., Purdy, G. M., Schouten, H., Sempere, J. -C. and Zervas, C.（1990）Evidence from gravity data for focused magmatic accretion along the Mid-Atlantic Ridge. *Nature*, **344**, 627-632.

McQuillin, R., Bacon, M. and Barclay, W.（1979）An introduction to seismic interpretation. Graham & Trotman Limited, 199p.

Müller, R. D., Sdrolias, M., Gaina, C. and Roest, W. R.（2008）, Age, spreading rates and spreading symmetry of the world's ocean crust. *Geochem. Geophys. Geosyst*., **9**, Q04006, doi:10.1029/2007GC001743.

Park, J.-O., Tsuru, T., Kodaira, S., Cummins, P. R. and Kaneda, Y.（2002）Splay fault branching along the

Nankai subduction zone. *Science*, **297**, 1157-1160.
Parker, R. L. and Huestis, S. P.（1974）The inversion of magnetic anomalies in the presence of topography. *J. Geophys. Res*., **79**, 1587-1593.
Sandwell, D. T., Müller, R. D., Smith, W. H. F., Garcia, E. and Francis, R.（2014）New global marine gravity model from CryoSat-2 and Jason-1 reveals buried tectonic structure. *Science*, **346**, 65-67.
Sheriff, R. E. and Geldart, L. P.（1995）Exploration seismology (2nd edition). Cambridge Univ. Press, 592p.
Tivey, M. A. and Tucholke, B. E.（1998）Magnetization of 0-29 Ma ocean crust on the Mid-Atlantic Ridge, 25°30' to 27°10'N. *J. Geophys. Res*., **103**, 17807-17826.
Vine, F. J. and Matthews, D. H.（1963）Magnetic anomalies over oceanic ridges. *Nature*, **199**, 947-949.
Yamamoto, M., Seama, N. and Isezaki, N.（2005）Geomagnetic paleointensity over 1.2 Ma from deep-tow vector magnetic data across the East Pacific Rise. *Earth Planets Space*, **57**, 465-470.
Yilmaz, O.（2001）Seismic data analysis: Investigations in geophysics No.10, Society of Exploration Geophysics, 2027p.
Zelt, B. C., Talwani, M. and Zelt, C. A.（1998）Prestack depth migration of dense wide-angle seismic data. *Tectonophysics*, **286**, 193-208.
Zelt, C. A. and Smith, R. B.（1992）Seismic traveltime inversion for 2-D crustal velocity structure. *Geophys. J. Int*., **108**, 16-34.
Zelt, C. A. and Barton, P. J.（1998）3D seismic refraction tomography: A comparison of two methods applied to data from the Faeroe Basin. *J. Geophys. Res*., **103**, 7187-7210.
Zelt, C. A., Sain, K. Naumenko, J. V. and Sawyer, D. S.（2003）Assessment of crustal velocity models using seismic refraction and reflection tomography. *Geophys. J. Int*., **153**, 609-626.

参考図書

物理探査学会（1989）図解物理探査．239p.
物理探査学会（1998）物理探査ハンドブック．1336p.
藤本博巳，友田好文（2000）重力からみる地球．東京大学出版会，172p.
海洋調査技術学会（1993）海洋調査フロンティア―海を計測する―．304p.
上田誠也（1996）プレート・テクトニクス．岩波書店，268p.

4　海洋底試料の採取

4.1　潜航調査と試料採取

　海洋底の地質を理解しようとするときもっとも直接的方法は，海洋底まで潜り自分の目で観察すること，そして海洋底から試料を採取することである．潜水船は，海洋底地質の肉眼観察と試料採取を同時に可能にする唯一かつ強力なツールである．数1,000 mを超える深海底まで潜航することができる自走式の有人潜水調査船（manned submersible）や，遠隔操作式無人探査機（remotely operated vehicle：ROV）の実用化により，海洋底で生じている諸現象の理解は飛躍的に高まった．ROVは母船とケーブルで接続されているが，最近では自律型無人探査機（autonomous underwater vehicle：AUV）の開発も進んでおり，画像やセンサー（sensor）を使ったデータの取得はより簡便になりつつある．AUVは人命へのリスクが小さいため，技術的な冒険も可能で今後の発展が見込まれている．一方，潜水調査船やROVには露頭観察を行いながら試料を採取できる利便性がある．地質試料採取機能をもつAUVや高精度の水中ビデオ画像の転送技術は開発途上であるので，試料採取をともなう調査には潜水調査船やROVが主に用いられている．2015年現在，運航されている有人潜水調査船には米国のAlvin号，フランスのNautile号，ロシアのMir号，海洋研究開発機構の「しんかい6500」などがある．さまざまな機種のROVも開発されているが，ケーブルを通して送られてくる画像を見ながら，オペレーター（operator）が船上から操作して試料採取などの各種作業を行う点が異なるのみであるので，ここでは「しんかい6500」による海底調査と試料採取を例にとって説明する．

4.1.1　潜水調査船のシステム構成

　「しんかい6500」はパイロット（pilot）2名と研究者1名を乗せて水深6,500 mまで潜航する能力をもつ，世界でも有数の有人潜水調査船である（図4.1）．支援母船「よこすか」と合わせて開発されており，母船からの支援・オペレーション上の安全確保などの対策も世界でトップレベルにある．

　「しんかい6500」は径2 mのチタン合金製の耐圧殻をもち，これに3名の乗船者が乗り組む．通常は，船体前方側に操縦士が，右側に副操縦士，左側に研究者が位置を占め，それぞれの位置に設置された小窓と，前方・側方を照射する固定式・可動式のサーチライト（searchlight）によって見張り・観察を行う．その他に全方位型のソナー（sonar）を備えており，視野外にある露頭や急崖・障害物などの位置を知ることもできる．前方に固定式のビデオカメラ，研究者側にサーチライトと連動する可動式ビデオカメラとスチルカメラ（still camera）が備え付けられており，潜航中には常にビデオ画像を記録し続ける．スチルカメラは随時高解像度の写真撮影をするのに用いられる．画像には時間，ビデオカメラの角度，水深，船首方位，海底からの高度などの情報が写し込まれており，採取試料や地質構造の方位を映像から推定することも可能である（図4.2）．

　「しんかい6500」などの潜水調査船は，採取機器や試料保存箱などのペイロード（payload）を設置しておくバスケット（basket）と，試料を採取するため一対のマニピュレータ（manipulator）を装備している（図4.3）．バスケットに装着できる大きさであれば，さまざまな仕様の試料採取装置が装着でき，マニピュレータを操作して試料採取を行うので自由度が高い．表層の堆積物を採取するプッシュコア（push corer），地下圏微生物や細菌を採取するための無菌採泥器，表層の大型生物を採取するための熊手やスコップ，表層堆積物や遊泳生物試料を吸い込み採取するスラープガン（slurp gun）など，さまざまな目的に応じた試料

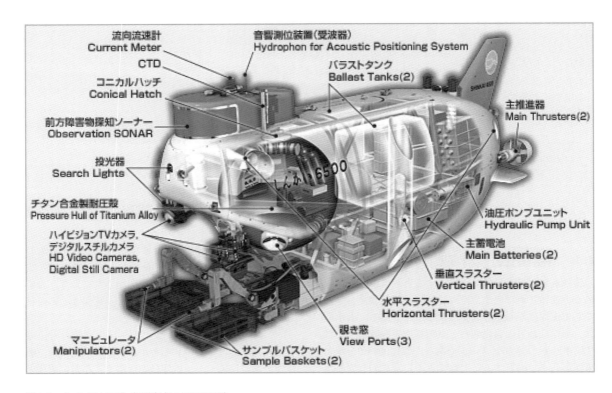

図4.1 しんかい6500（画像提供：JAMSTEC）

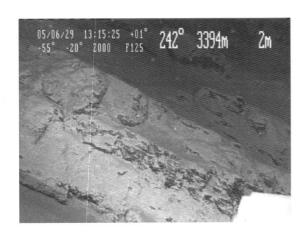

図4.2 しんかい6500のビデオ画像

図4.3 マニピュレータの作動状況

採取装置が開発されており威力を発揮している．

　深海を移動中の潜水船の位置は，GPSによって測位された母船の位置と，潜水船に設置された音響測位装置により決められる母船と潜水艇との相対位置関係によって決定される．母船と潜水船の相対位置は10m程度の誤差で，即時に決定することができる．また，音響によって母船「よこすか」と通話することが

可能である．

4.1.2　潜水調査の計画

　潜航地点の選定は研究目的によるが，通常は海底地形図をもとに大まかな計画が立てられる．潜航調査の直前に，母船に搭載しているシービーム（SeaBeam）やサイドスキャンソナー（side-scan sonar）を用いて

潜航予定海域の入念な事前調査が行われる．シービームによる詳細な海底地形図からは地形の急峻な場所などが読みとれるため，具体的な潜航ルートや試料採取予定地点などを計画するときに有用である．また，最近の堆積作用によって調査対象物が覆われていては，潜航観察に支障がある．このため，サイドスキャンソナーの反射強度から，硬い露頭の分布している地域を推定する．反射強度は船の進行方向には強く反射されるので解釈には注意を要するが，平坦な海洋底で若い火山を特定する際などに大きな成果を上げている．

通常の場合，潜航開始から浮上するまでの「しんかい6500」の潜航時間は8時間である．潜航と浮上は，バラストタンク（ballast tank）への注水・排水と，ウエイト（weight）の切りはなしによって駆動される．潜水船を母船から着水させるときにバラストタンクは空気で満たされている．タンクに注水すると，船底に抱え込んだウエイトの重量により潜水を開始する．ウエイトは2段階で切り離しができるようになっており，予定調査深度で1段階目が切り離されたときに中性浮力が得られるように計算されている．2段目のウエイトが切り離されると，潜水船の浮力のために浮上する仕組みである．毎分約45 mで下降・上昇することができるので，水深6,500 mの海底にはおよそ2時間半で到達することができる．したがって，この水深では実際に海底で調査ができるのは3時間程度である．水深が浅ければ，より長い時間海底で行動することができる．

海底では蓄電池によりスラスター（thruster）を回転することによって，最大2.5ノット（knot = 1 nautical mile/時）程度の速度で移動することができる．蓄電池が放電するまでに，6時間程度の行動が可能である．連続露頭で地質観察しながら試料採取も行うと，2,000～4,000 mの水深では一日で通常1～3マイル（nautical mile = 1,852 m）の距離を調査することができる．調査距離は水深や露頭の分布状況などによって異なるが，調査計画を立てる際の目安として経験的な値をあげておく．

4.1.3 潜水調査船のオペレーション

水面から数10 mも潜れば，そこは波の影響が届かない，静寂・無音の世界である．しかし，波が高かったり気象条件が厳しい場合には潜水船の着水時の動揺が激しく，母船との衝突などの危険や，切り離し作業の困難が生じる．このため，波高が3 mを超えるような場合は潜水調査は行われない．特に海流が強い海域では風向の変化によって海面に動揺が生じやすいため，潜航時の条件は良くても揚収が困難になることが見込まれる場合がある．このような場合にも潜航調査が中止されたり，あるいは潜航は実施されても天候の変化にともなって調査が短縮される場合もある．研究者にとってはフラストレーションが溜まる場面ではあるが，運航側の判断に全幅の信頼を置かなければならない．

海底で行動中は，研究者は窓から観察を行いながら進行方向や試料採取目標を指示したり，観察の記録をメモに取ったり，ビデオカメラの操作を行う必要がある．特に重要と思われる事物を見いだした場合には，ビデオカメラと連動したスチルカメラで撮影を行う．スチルカメラは，一定間隔で自動撮影を行うように設定することもできる．繁雑な作業を集中的に行わなければならないうえに，研究の進んでいない深海底のことで，思いがけなく新しい発見につながるような事象に出くわす機会もある．このため，事前にカメラの操作に習熟したり，作業の優先順位などを確認しておくことを奨める．

サーチライトの光の届く範囲しか見えない海底のどの方角に行くかは，研究者が指示しなければならない．大まかな方位は海底地形図によるが，潜水船に備え付けてあるソナーによって障害物の位置などを参考にしながら行動する．海底での観察には制約も多いので，さまざまな現象から総合的な判断を下すことも必要である．たとえば，潜水船による凹地形の近接目視観察は困難であるため，侵食が進んでガリー状になっている断層帯の観察や認定は陸上調査の場合よりも難しい．このような場合，断層に沿って染み出してくる湧水からエネルギーを得ているシロウリガイなどの分布を調べることで活断層の位置を推定することも考えられる．

試料採取に際して，対象物は研究者が指示するが，マニピュレータの動作はパイロットが行う．試料を採取する場合，潜水艇を着底させたり，海底に押しつけて固定する必要がある．海底での海流（時として1ノットを超える流れも観測される）によって必ずしもうまく固定できないと試料採取が困難になり，時間が余計にかかるうえに試料が採取できないこともある．このような場合は1カ所に執着せず，新しい場所を探したほうが良い結果に結びつくようである．

試料採取から浮上するまでに，採取した試料は常に海水と接して洗われ続けることになる．特に揚収時は動揺が激しく，泡立つ波に洗われるため，軟弱な試料は採取時と形状が異なってしまうこともあれば，破壊されてばらばらになってしまうこともある．また，重要な試料が海面で流出してしまうリスクすらある．海面での試料の流出を避けるために，試料は蓋付きのバスケットに入れ，マニピュレータで蓋を押さえるなど

の対策を行う．

4.1.4 採取試料の処理

　潜水船での試料採取の最大の利点は，目視しながらの採取であるため試料の方位を大まかに復元できることである．ビデオ映像には時間，船首方位，カメラの向き，水深などの情報が移し込まれているので，これらの情報から採取試料の方位を復元することができる．特に向きを判断できる特徴や形態をもった試料が採取された場合，試料採取時のビデオ映像と見比べながら，船上で大まかな方位付けを行うことを推奨する．そのほかの処理については，4.4節を参照するとよい．

4.2 海底表層堆積物の採取とその処理

　海底の堆積物や岩石を用いた研究では，当然のことながら，海底から試料を採取することが必要である．しかし，深海域の調査においては，調査船と海底との間には数 km の海水が存在するため，潜水調査船のような特殊な船・装置を使わない限り，陸上の地質調査と同様にルートを切って調査をし，より研究に適切な試料を採取することは困難である．このため一般には，海上の調査船から伸びるワイヤーの先端に試料採取器具（採泥器）をつけ，それを海底まで上げ下げして，いわば目隠しの状態で海底の堆積物や岩石を採ってくることになる．ここでは，このような海底表層堆積物の採取方法とその船上処理について記述する．

　表層堆積物の採取といっても，その研究目的によって使用する採泥器の種類を選択しなければならない．たとえば，海水-海底境界の詳細な研究を行いたければ，この境界をできる限り乱すことなく採取・回収が可能な採泥器（たとえば，マルチプルコアラー）が選択される．一方，海底堆積物に残された海洋環境変化をできる限り長い期間に渡って復元したいときには，長いパイプをもったピストンコアラーが使われる．どのような採泥器が選択できるかは，研究目的だけでなく，使用できる船舶の大きさやウィンチなど調査に使用する船舶の搭載装置・設備の能力，現場作業者の数や経験などによっても変わるので，事前に十分な検討が必要である．また，研究対象が非常に限られた場所にしか露出していなかったり，ある特定の堆積作用下での堆積物であるような場合には，調査予定地点周辺のマルチビーム音響測深機（multi beam echo sounder）による海底地形や数 kHz の音を使った地層探査器（サブボトムプロファイラー：sub-bottom profiler）による堆積層の堆積状況を確認してから，最終的な採泥点を決めることが通常行われている．

4.2.1 採泥器の種類

　採泥器にはさまざまな様式のものがある．大きくは，海底面に沿って採泥器をある区間に渡って移動させ，この区間の底質をかき採ってくるドレッジ（dredge），海底面上の1地点を中心としてその周辺の底質をつかみ採ってくるグラブ採泥器（grab bottom sampler），海底面上の1地点にパイプを突き刺して底質を柱状に抜き採ってくる柱状採泥器（corer）に分けられる．採泥器の種類とその特徴については，日本鉱業会編（1975）に詳しいほか，的場（1978），片山（2001）や池原（2004）でも解説されている．

A．ドレッジ

　もっとも簡単な海底表面の底質採取方法はドレッジによるものである．これはワイヤーあるいはロープの先端に箱状あるいはかご状の容器を取り付け，これを海底で引きずって海底表面の底質を採取するものである．実際のやり方については，4.3節を参照されたい．ドレッジは海底に露出する岩石を採取する方法と思われがちだが，小型のドレッジ（図4.4）は簡便な海底表層堆積物採取方法でもある．ドレッジでは，海底のある区間を引きずって試料採取するため，試料の採取地点の正確な位置が特定しにくいことと試料の乱れが著しいことが大きな欠点である．

B．グラブ採泥器

　次に簡便なのがグラブ採泥器である．グラブ採泥器（図4.5）はそのジョーの閉鎖（作動）機構により，①自重型，②レバーアーム型，③スプリング型，④コード型に分類されている（日本鉱業会編，1975）．採泥器が海底に着いた時のウィンチワイヤーの張力の減少や着底によってトリガーをかけることで作動させるのが普通であるが，着底後にワイヤーに沿わせてメッ

図4.4 堆積物用小型ドレッジ（ソリネット）
琉球大学の調査船上で撮影．ドレッジを船尾から降ろし，着底させて引きずることで，後ろの白い網部分に試料が入る

図4.5 スミス−マッキンタイヤ式グラブ採泥器
地質調査所（現：産業技術総合研究所）のGH83-2航海時に撮影．海底面に着底板があたることで採泥器は作動する．この採泥器には，深海カメラシステムと採水器が付加されている

センジャーを投下して作動させるものとがある．よく使われるスミス−マッキンタイヤ式グラブ採泥器（図4.5）はスプリング型で，エクマンバージ採泥器はメッセンジャー式の例である．たとえば，スミス−マッキンタイヤ式グラブ採泥器では，採泥器の下面の着底板が海底にあたって押し上げられることでトリガーがかかり，バネの力も使ってジョーを閉鎖する．オケアングラブ採泥器（図4.6）は採泥器本体に先行する錘りが海底に着き，下方へ引っ張る力を失うことで，採泥器本体が天秤から切り離されて落下・着底する．両者とも，作動後，ウィンチワイヤーを巻き込むことでジョーを完全に閉鎖した後，引っ張り上げられて離底し，船上へ回収される．グラブ採泥器の小型のものは船上から人力で上げ下ろしできるので，浅海域であれば小型船舶でも使用可能という利点がある．一方，深海域では採泥器が海流で流されたり，繰り出しワイヤーの自重が大きくなって採泥器が着底してもワイヤーの張力変化が小さくなるために張力計記録から着底を認定することが困難になるので，大型の採泥器を用いたり，錘りを追加して採泥器自体を重くするなどの工夫が必要である．張力計のみから判断できないような場合には，ピンガーと呼ばれる音響発信器を採泥器上の30〜50 m程度に取り付け，海底との距離を把握しながら作業することもある．また，深海域での使用では，離底から船上への回収までの海水中を長い距離移動してこなければならない．着底までの巻き下げ時には蓋が開いた抵抗の少ない状態で，離底以降の巻き上げ時には蓋がきちんと閉まった堆積物表面を水流で乱さないような工夫が必要である．蓋を密着させるために板ゴムを貼り付けたり，ゴムチューブで蓋を内側に引っ張って開かないようにしたりする場合もある．未固結堆積物の場合，泥質な底質では砂礫質な底質に比べて，採泥器離底時の張力の増加は大きいのが一般的であり，張力変化パターンから底質をある程度予想で

図4.6 オケアングラブ採泥器
海洋研究開発機構のKR99-10航海で撮影．写真右下の錘りが海底に着き，天秤が作動することによって採泥器本体が切り離され，底質をつかみ取る

きる．また，グラブの作動機構によっては，経験を積むことにより，礫質な底質で作動時にジョーが礫を噛む状況などグラブ作動時の小さな衝撃をワイヤーを通じて感じることができ，底質判定ができ船上回収作業に役立つ場合もある．

C．コアラー

コアラーは柱状採泥器とも呼ばれ，堆積物の柱状断面が得られる採泥器である．しかし，小型のコアラーを除けば，底質試料の採取でもっとも経験と技術を要する採泥方法である．コアラーは，①押し込み型，②重力型，③振動型，④衝撃型，⑤差圧型，⑥回転型，⑦噴射型に分類されている（日本鉱業会編，1975）．押し込み型は，ごく浅い水深域においてボートや橋上などから人力によってパイプを押し込むものである．ボートからの場合，押し込み時の反作用でボート自体が動いてしまうので，長いコアの採取は一般に困難である．重力型は加重用の錘りの先にパイプを取り付けたもので，錘りの自重と落下時のエネルギーでパイプを貫入させるものである．振動型はバイブロコアラー（図4.7）と呼ばれ，パイプの上部に起震機をもち，その振動により採泥管に接する底質を液状化させ，摩擦抵抗を減少させながらパイプを貫入させるものである．特に，ダイラタンシーにより重力型ではパイプの貫入が困難な砂質堆積物で効果的である．日本ではま

 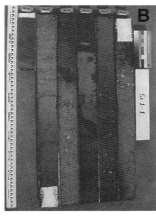

図4.7 バイブロコアラーと採取された砂質堆積物の例

A：バイブロコアラー全景．採泥管上部に振動を与えるユニットがある．B：バイブロコアラーで採取されたコア試料の例．九州北方沖，水深58 mの地点の試料（川崎地質株式会社提供）

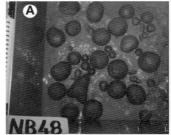 

図4.8 採取されたボックスコアラーとマルチプルコアラー試料

A：ボックスコアラーの表面にはマンガンノジュールが見られる．B：マルチプルコアラーの海水―堆積物境界が乱れていないことに注意

だなじみの薄いコアラーであるが，ボーリングなどを除けば，浅海域の砂質堆積物を柱状に採取できる貴重なコアラーであり，今後より広く使われることが期待される．衝撃型は重力型の貫入に加えて，その後に錘りの落下などによる打ち込みにより，さらに貫入長を大きくするものである．差圧型は採泥器の一部に取り付けたチャンバ内と周囲の海底の水圧差を利用してパイプを押し込むもの，回転型はコアチューブを回転させて貫入させるもの，噴射型はコアラーの先端から水ジェットを噴出させて不要堆積層を吹き飛ばしたり，貫入抵抗を軽減させるものである．このほかに，極表層の未固結堆積物をできるだけ不擾乱で採取するためのコアラー（重力型の1つ）として，ボックスコアラーやマルチプルコアラーが使われている．ボックスコアラーは，表層数10 cm～1 m程度を角柱状に採取してくるものであり，表層の乱れは少ない（図4.8）．マルチプルコアラーは，採泥管ユニットを支えるパイプの中の水を，その小さな穴から排出することで落下・貫入速度を制御し，採泥管をゆっくりと堆積物中に押し込むものである．このため，海水―堆積物境界の乱れの少ない試料が採取できる．

通常のコアラーの多くは重力型に属する．通常使われる重力型のコアラーには，パイプ中にピストンが入ったピストンコアラーと，入っていないグラビティコアラーがある（図4.9）．また，ウィンチワイヤーの先端にコアラーを直接取り付け，ウィンチの繰り出し速度で貫入させるタイプと天秤を用いて海底上の決まった高さから自由落下させるタイプとがある．

図4.9 ピストンコアラーとグラビティコアラー

A：ピストンコアラー，海洋研究開発機構のKR98-01航海で撮影．B：グラビティコアラー，産業技術総合研究所のGH02航海で撮影．この例の両者では，天秤の形やワイヤーへの取り付け方法が異なる．Bのグラビティコアラーには熱流量計が搭載されており，パイプにセンサーへの配線が沿わされている

4.2.2 ピストンコアラーの構造とオペレーション

ピストンコアラーでは，中のピストンの下面が理想的には海底面に位置して固定され，ピストンの外側のパイプが錘りの自重で堆積物中に貫入する（図4.10）．ピストンが固定されているので，パイプの貫入時の内部摩擦抵抗が減少するため，パイプの長い貫入が可能になるとともに，採取された試料の乱れを減らす効果がある．日本では通常，口径7～8 cm程度で，長さ数m～20 m程度のコアラーが使われるが，フランス

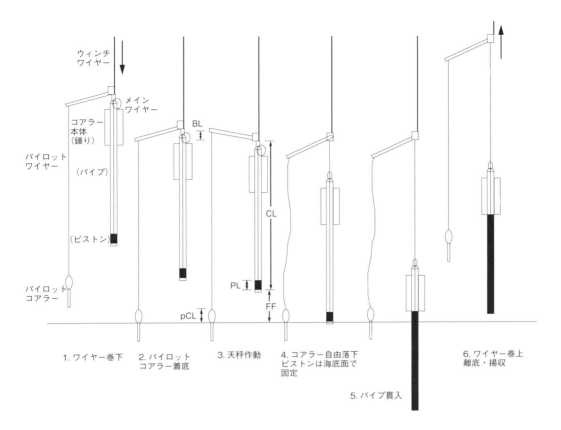

図4.10 ピストンコアラーの作動の様子の模式図
メインワイヤーの長さ＝コアラーの長さ（CL）＋自由落下距離（FF）−ピストンの長さ（PL）．パイロットワイヤーの長さ＝メインワイヤーの長さ＋天秤跳ね上がり距離（BL）−パイロットコアラーの天秤作動時の海底からの高さ（pCL）

の調査船 Marion Defresne では，口径12 cmで長さ60 mのコアラーが，国際的な古海洋研究計画であるIMAGESなどのために使われている．コアラーの長さは，使用する船舶の大きさ，ウィンチ能力や投入・揚収装置やフレームの大きさ，ウィンチワイヤーあるいはロープの破断強度と重量などによって規制されるが，その条件中で予想される底質などを考慮して決める．ピストン（**図4.11**）にはさまざまなタイプがあり，皮パッキンやOリングでパイプ内面と密着させて気密を保っている．ピストンの密封度は，ピストンコアラーによるサンプリングの重要な技術要素の1つである．ピストンが緩ければ密封度がなくなり，摩擦抵抗の減少に貢献しない．一方，ピストンがきつすぎると砂層や火山灰層で粗粒粒子を嚙んで止まったり，ピストンの円滑な運動を阻害する場合がある．既製品のインナーチューブの内径には一定範囲のばらつきが容認されているので，ピストンの効き方は毎回現物を合わせて調整する．Oリング式のピストンでは，普通グリスをつけて滑りを円滑にする．特殊な分析が予定されて

いる場合には，グリスの材質などの打ち合わせが必要である．また，Oリングは堆積物やインナーチューブとのすれで傷むことがあるので，必ず毎回チェックし必要に応じて交換する．船上からのコアラー投入時にはパイプ先端にあるピストンは海水中に没する．錘りは一般に空中にあるので，ピストンより上のパイプ内には空気が充填されている．このまま長いパイプを海水中に入れると水圧差でピストンが上に移動してしまうことがある．これを防ぐために，ピストンを細い針金やタコ糸で固定したり，投入作業中のパイプが海水に没する前にパイプに海水を入れるなどの作業が行われる．

ピストンコアラーの場合には，天秤式で自由落下させてコアラーを海底に突き刺す（**図4.10**）．コアラー本体に先行するパイロットコアラー（あるいは錘り）が着底し引っ張る力を失うことで，天秤は支点を中心に回転し，コアラー本体が天秤から切り離される．グラビティコアラーでは，天秤を使う場合と使わない場合がある．天秤を使うか使わないかは，使用するグラ

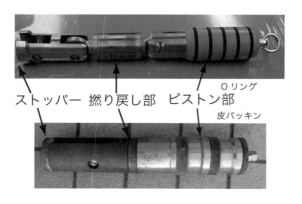

図4.11 ピストンコアラー用ピストンのいろいろ
上：塩ビ製Oリングタイプ（東大海洋研型ピストンコアラーで使用），下：真鍮製皮パッキンタイプ（地調型ピストンコアラーで使用）．いずれもストッパー部，撚り戻し部，ピストン部から構成されている

ビティコアラー自体の特性や大きさ・重量，使用する船舶の大きさや設備などによって決める．自由落下の高さを大きくすれば，貫入速度は大きくなるが，速度の増加率は高さの増加率に比べて徐々に小さくなる (Kullenberg, 1955, ただし日本鉱業会編, 1975による; Yamazaki et al., 1995) ので，必要以上に高さを大きくしてもその効果は大きくならない．むしろ，高さの増加はコアラーにかかる抵抗や流れの作用時間を大きくするので，落下時の姿勢を悪くし，コアラーが海底に垂直に突き刺さるのを妨げる．長く，良質な試料は，コアラーの円滑な貫入によってもたらされるので，使用するコアラーに応じた適切な自由落下距離に設定することが重要である．天秤式の場合，天秤からピストンまでのワイヤー（メインワイヤーとも呼ばれる）の長さと天秤の先に取り付けるパイロットコアラー（あるいは錘り）をつなぐワイヤー（あるいはロープ：パイロットワイヤーあるいはロープとも呼ばれる）の長さは，自由落下の高さとコアラーの錘りの長さとパイプの長さ，ピストンの長さ，パイロットコアラーの長さ，天秤のトリガーが外れるまでの振れ幅によって決まる（**図4.10**）．

実際には，パイロットコアラーが着底してどこで止まるか，天秤がどの振れ幅で作動するか，調査船の上下動（海面の波の大きさ），トリガーが外れて重いコアラーが解放された後のウィンチワイヤーの伸張の変動などがあるため，計算から求められる理想的な状況でコアラーが作動する場合はまずない．現場でのコアラーの設定は経験をもとにして，2つのワイヤー長を設定し，採取試料長などを考慮して，必要に応じて現場で調整していくことが行われている．なお，計算や

コアラーの採寸が困難であれば，事前あるいは現場において，現物合わせでワイヤー長を設定することも可能である．この場合にも，それぞれの長さがどのような意味をもっているかは理解していることが必要である．グラビティコアラーの場合にも基本的には似た計算で，2つのワイヤー長は計算できる．いずれの場合にもメインワイヤーは自由落下の高さ分程度長いので，ほつれたり採泥器などに絡まないようにコイルして，錘りの上部などに固定する（**図4.9**）．メインワイヤーは離底時のコアラーを支える重要な命綱である．巻き下げ・巻き上げ時にコアラーが回転したり，天秤から離れた直後のコイル状メインワイヤーに不均等な力がかかったり，メインワイヤーがコアラーのどこかに絡まったりすることなどにより，メインワイヤーがキンクする場合もあるので，揚収ごとにワイヤーの状態をチェックし，必要に応じて交換することが重要である．

より長い試料を乱れ少なく採取するためには，コアラーのさまざまなバランスが重要である．パイプの真ん中を中心としたコアラーの重量のバランスは自由落下時のみならず，巻き下げ・巻き上げ時のコアラーの姿勢に影響を与える．吊り下げたときにパイプの先端がまっすぐ下を向き，そのまま海底に突き刺さるようなバランスのよい重量配分と自由落下時の姿勢制御が必要である．パイプ先端のビットの角度やビット部分とパイプ部分の内径の比などのバランスは堆積物試料の入りやすさを規制する．グラビティコアラーでは，貫入時のパイプからの排水速度と貫入速度のバランスが重要である．排水が十分に行われないとパイプは貫入しても，コア詰まりを起こして試料の回収率は悪くなる．天秤まわりのモーメントのバランス（パイロットコアラーの重さと支点からパイロットコアラー用ワイヤー取り付け位置までの距離の積と本体コアラーの重さと支点からコアラーフックの吊り下げ点までの距離の積の比）は安全な採泥作業の実施のためにも重要である．軽いパイロットコアラーは少しの衝撃で天秤を作動させることになるので注意が必要であるが，重すぎるパイロットコアラーは吊り下げ時の天秤の角度を変え，コアラー本体の吊り下げリングの天秤フックへのかかり具合を変える可能性がある．これはパイロットコアラー着底から天秤の作動までのタイミングを変える恐れがある．また，パイロットコアラーの重さと形状によって，コアラー巻き下げ時の水の抵抗の大きさに大きな違いが生ずる．特に海況が悪く波による船の上下動が大きい場合には，巻き下げ速度を落とすなど，状況に応じた対応が安全で確実な調査作業のために重要である．ウィンチワイヤーとメインワイヤー

の固さのバランスは特に巻き上げ時のコアラーの回転に影響を及ぼし，コアラー揚収時にメインワイヤーの張力がなくなったときのワイヤーのよりの原因の1つとなる．ワイヤーを挟み込んで取り付け・固定するタイプの天秤では，ワイヤーの固さによって吊り下げ時の天秤のバランス（天秤のアームの角度）が変化する（軟らかいワイヤーだと角度が大きくなる）ので注意する．なお，ピストンコアラーではウィンチワイヤー（あるいはロープ）の伸び縮みによりピストンの移動が一定でなくなったり，試料のオーバーサンプリングや乱れが起こることがある（Skinner and McCave, 2003；Szeremeta *et al*., 2004；Hayashida *et al*., 2007）．

一方，グラビティコアラーでは内部摩擦抵抗により試料の短縮が起こる場合があることが知られている（Skinner and McCave, 2003）．実際に一連のインナーチューブがピストンによる吸引によって途中で変形する場合があり，ピストンが必ずしも一定に移動しているのではないことが予想される．ただし，ピストンコアラーでもグラビティコアラーでもそれぞれの設計の違いに基づくコアラーごとのバランスの違いのため，オーバーサンプリングや短縮，変形などの割合は異なると考えられる．経験的には，錘りやパイプなどは同じでも，使用するインナーチューブの材質やピストンの形状，ピストンの効き方，インナーチューブのつなぎ方などによっても変化する．また，当然底質の状況や海況によっても異なると考えられるので，これら採泥時の試料の変形や乱れの定量的評価は簡単ではない．ピストンコアラーの試料の乱れは，特にコア上部で多いとされる（Skinner and McCave, 2003）．このため，この部分をグラビティコアラーで補い，さらにコアラー回収時に乱れが生ずる最表層部分をマルチプルコアラーやパイロットコアラーで採取するなど，研究目的によって，1地点ごとの採泥計画も考えておく必要がある．

4.2.3 船上採泥作業の実際

特に深海域の採泥作業では，採泥器の着底・離底や作動状況はウィンチワイヤーの張力変化から推定されている．したがって，使用するウィンチに張力計が備わっていることが必要である．また，オペレーション上は線長計も必要である．ウィンチ自体に張力計・線長計が備わっていない場合には，可搬式のものを持ち込み設置する．採泥器投入後は一定の速度（採泥器やウィンチの能力，海況などによって異なるが，一般に50～80 m/分程度）でワイヤーを繰り出す．繰り出したワイヤーの自重分だけ，ワイヤーの張力は増加していく．着底前に海底上50～100 m程度で一旦ワイヤー繰り出しを停止し，海中の採泥器を安定させるとともに，ワイヤーが着底時にできるだけ鉛直になるように操船などを調整する．特に流れの速い海域では，採泥器が流されるので，調整が必要である．ワイヤーの傾角がついた状況は，特に離底時に採泥器を斜めに引き上げることになるので，ドレッジを除けば，一般に好ましくない．安定状態になった採泥器は，ゆっくりと海底に降ろして着底させる．このときのワイヤー繰り出し速度は採泥器の種類によって異なるが，10～30 m/分程度である．採泥器が着底すると，採泥器分の荷重が除去されるので，ワイヤー張力は減少する（図4.12）．これを張力計により監視して確認する．通常の採泥では，着底確認とともにワイヤーの繰り出しを停止する．ただし，採泥器の作動機構によっては，ワイヤーを着底後も多少繰り出すことを行う．また，海底に着底させたままの状態で放置して各種測定を行う場合には，船が動揺したり海面上を流されたりして，ワイヤーを引っ張らないように，多少ワイヤーを繰り出しておく必要がある．その後，ゆっくりとワイヤーを巻き上げて採泥器を離底させる．巻き取り開始からしばらくするとワイヤー張力は増加してくる．そして，最大となった後，急激に減少する．ここが離底である（図4.12）．

張力のかかり方や最大張力の値などは底質によって異なる．離底を確認後，ゆっくりと巻き上げ速度を加速するが，離底と考えられたとき以降に張力がかかる場合もあるので，状況によっては加速開始を遅らせることも必要である．予定水深よりも，繰り出したワイヤー長が長い場合や，斜面域や谷底など地形が複雑な場合などは，ワイヤー巻き上げ速度の調整を考える必

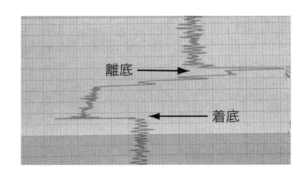

図4.12　着底・離底時の張力計の記録例
パイロットコアラーが着底し，天秤が作動してコアラー本体が切り離されると，ウィンチワイヤーの張力が急減する．ワイヤーの巻き取りにしたがって張力がゆっくりかかりだし，ワイヤーが張ってから，コアラー引き抜きのための力がかかる．コアラーが引き抜かれる瞬間にワイヤー張力は最大となり，離底すると張力は急減する

要がある．また，設備が整っていれば，採泥器の上30～50 m程度の位置にピンガーを取り付け，そこから発射された音と採泥器および海底から反射してきた音を受信機で拾ってその到達時間差から採泥器および海底までの距離をモニターして，オペレーションすることもある．ピンガーを使った天秤式のコアラーの場合，作動していればピンガーと採泥器との距離は，巻き下げ時（着底前）と巻き上げ時（離底後）で変化するので，ピンガーの記録から作動確認ができる．

すべての採泥作業において，採泥器の着底ならびに離底時，揚収時にはウィンチワイヤーの張力が大きく変化する．また，船の上下動が大きい場合にもそれに応じた張力の変化が起こる．極端な場合には，船の上下動にともなう張力の大きな変化によって採泥器や天秤のトリガーが作動してしまう場合もある．このような場合には，船上のワイヤーも急激に大きく動くので注意が必要である．採泥作業時に最大張力がかかる採泥器離底時にはウィンチワイヤーのそばを離れることが安全上重要である．動いているワイヤーの下をくぐるのも危険なので，可能な限り避けるべきである．

前述のように，深海域での採泥作業はウィンチワイヤーの巻き下げ／巻き上げ速度は50～80 m/分程度が一般的である．毎分60 mの速度とすると，水深3,000 mでは往復で100分かかることになる．効率的な調査を行うために，さまざまな測器が採泥器につけられることがある（図4.5，4.9B）．熱流量計や水深（水圧）・水温計，濁度計などのほか，投入から揚収までの採泥器の状況をモニターするための傾斜計・加速度計などが取り付けられるようになってきた．また，海面上の調査船の真下に採泥器があるとは限らないので，正確な採泥位置を決めたり，水中での採泥器の位置を把握し，船を移動させて目的地に誘導するためにトランスポンダーが取り付けられることもある．ROVを用いて海底をリアルタイムで観察しながら，目的の場所で試料を採取するようなシステム（自航式サンプル採取システム NSS；芦・徳山，2005やバイブロコアシステム；Paull et al., 2001など）も開発されており，調査現場で使用されてきている．

4.2.4 採泥器の揚収・解体と試料処理

回収された採泥器で採取された試料は，船上の安全な場所に移動・固定してから試料の回収を行う．試料の分取の前に，採泥器の固定や解体が必要な場合もあるので，必要な道具はあらかじめ用意しておく．コアラーの解体前には，コアラーの貫入長を付着している泥の状況などから確認し記録しておく．底質や海況の状況と比較して貫入長が少ない場合や，貫入長に対して採取された試料長が短い場合などはコアラーの設定が適切であるかを検討する．

一方，回収された試料について，何のためのどのような試料を，どこから，どの順番で，どのように採るかは，研究者の希望を総合して研究者間であらかじめ決めておく．必要に応じて，試料採取前にさまざまな測定を行うこともある（図4.13）ので，これも考慮して手順を決める．試料の分取にあたっては，思ったような試料が採れなかったり，思いがけない試料が採れる場合もあるので，それぞれの希望を十分に理解した責任者が，その場の状況に応じて指示することも必要である．このため，指示なく試料分取を始めることは慎むべきである．手順を間違えると試料に取り返しのつかない破壊をもたらす場合もある．試料の汚染などにも十分気をつけ，必要に応じて専用の器具を使って試料分取を行う．試料は"生もの"であり，回収後迅速な処理が研究上でも必要であるが，限られたシップタイムの中では，迅速な作業は研究を支援してくれる人たちの労働時間の短縮にもつながる．効率的な作業手順をあらかじめ考えておきたい．また，ガス成分を多く含むことが予想される地点で採取したコアラーの解体作業時には，減圧や昇温によるガスの膨張で堆積物試料が噴出したり，ビスを外した先端ビットが飛んでいったりすることがある．ガス成分の有無にかかわらず，コアラーの先端から覗き込んだり，解体時にコアラー先端前方にいたりしないことが安全上重要である．このように，安全上の問題も考慮し，採泥器の回収から解体・試料処理，そして次回の採泥準備までを可能な限り効率的に実施できるよう作業手順を考えねばならない．

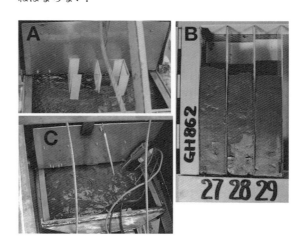

図4.13 グラブ採泥器からのサブコアの採取と各種測定
A：グラブ試料表面へのサブコアの挿入，B：サブコアの断面写真例，C：揚収後の温度・酸化還元電位・pHの測定

グラブ試料やボックスコアラー試料では，採泥器回収時には堆積物上を海水が覆っていることが普通である．この海水は一般には海底直上水ではなく，採泥器巻き上げ時に少しずつ海水が交換したものである．堆積物試料採取前には，この海水をできるだけ表層を乱さないようにしながら，ポンプで吸い出す必要がある．海水を排除した後に角柱あるいは円柱状のサブコアを表面から垂直に刺して採取し，これを半割することで堆積物断面を観察することができる（図4.7）．コアラーの試料は一般に1～1.5 mの長さに分断され，半割して，その後の観察・試料採取作業に供される．このとき，試料を十分に確認し，セクション番号や試料の上下や半割の右・左（片側をそのまま保存する場合は，ワーキングハーフとアーカイブハーフ）が間違っていないことを確認する．インナーチューブ式コアラーの場合，コアラー組立時に航海番号，採泥点番号，セクション番号，ワーキングハーフ／アーカイブハーフの別，コアの上下などをあらかじめ書き込んでおき，解体時の混乱が生じないようにするのが普通である．これらが書かれていない場合，あるいは消えてしまっている場合には，解体後速やかに書くことが大事である．コア試料の取扱いについては，池原（2001）も参照されたい．また，一般に表層試料は含水率が高く流動変形しやすいし，大きな深度の試料では圧力解放のため，コア伸びが起きることがあるので注意が必要である．さらに，特に還元環境下で堆積した堆積物では半割後，大気中の酸素と触れることで色の変化や構成鉱物の変化が起こることが知られているので，分析項目によっては，迅速な試料処理と適切な試料保管が必要となる．試料採取から回収，分取，船上での1次処理まで，作業手順を事前に決めておくことが重要である．そのうえで，処理時に認識できた試料の状況変化などについてはこまめに記録を取っておくことが，後の試料処理や分析データの解釈に役立つ場合もある．

4.3 ドレッジによる海底表層の岩石試料採取

ドレッジによる岩石採取は，角形あるいは円筒型などの金属製のドレッジャーで海底面を曳航し，海底面に露出する岩石を採取するものである（図4.14）．ドレッジのシステムの選択や曳航方法は，採取目的や海底の状況，調査船からの要請などによってさまざまなものが採用される．採取試料の性格づけ，オペレーション上での安全などを考慮すると，以下に述べるようなオペレーションを行えば成果をあげられることが多い．

図4.14 ドレッジシステムの写真

A) 投入前のドレッジシステム．銀色の大きな円筒部とチェーン（袋になっている）で構成されるドレッジャー本体や，小型円筒ドレッジ，錘りが見える．B) ドレッジシステムがワイヤーに吊り下げられ，投入される様子．C) ドレッジ終了後岩石試料が入った状態で揚収されるドレッジ

4.3.1 システム構成

通常，ドレッジシステムは調査船のウィンチにまかれたメインワイヤーに取り付けられる．一般にシステムは，①錘り，②小型円筒ドレッジ，③ドレッジャー本体，④これらを取り付けるチェーン，⑤各部を接続するシャックル，スイベルなどからなる（図4.15）．

錘りは，システムを安定して海底に接地させる役割や，露頭の一部を破壊して岩石試料の採取を容易にするなどの役割を担う．通常システムの一番上部に取り付けられる．重量は200 kg程度から1 tに及ぶものまでさまざまで，形態も俵型，角形からアンカーチェーンを巻いたものなどがある．曳航時システムの中で最前面に位置することになるので，あまり海底の突起物などにひっかかりやすい形状のものは避けたほうがよい．

小型円筒ドレッジは，ドレッジャー本体で採取され

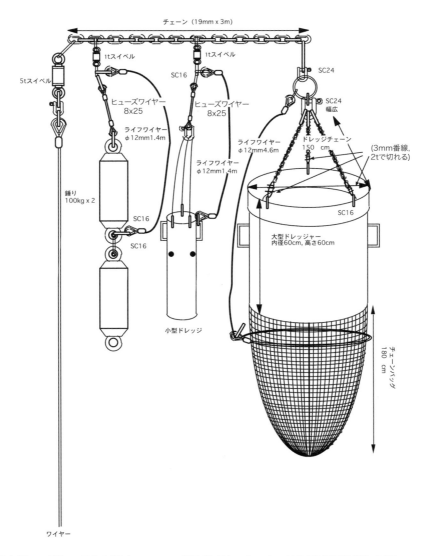

図4.15 代表的なドレッジシステムの例（JAMSTEC調査船「かいれい」KR0401航海で使用した例）

ない（試料収納部がチェーンで製作されている場合）細粒の物質（主に堆積物）の採取，ドレッジャー本体が失われた場合のバックアップなどの役割を果たす．

　ドレッジャー本体は通常はシステムの一番末端部に取り付けられる．チェーンとドレッジャーの間にはスイベルを入れることが多い．スイベルは胴体部が回転し，両端がシャックルなどで接続できるようになっており，システムのねじれを解消する役割を果たす．ドレッジャーには通常，海底面で突起などに引っかかって引き上げられない状態に陥ったときのための備えとして，電気回路におけるヒューズの役割を果たすものを組み込む．日本の調査船で実施する場合，ドレッジシステムを取り付けている船のワイヤーよりも，細く破断強度の小さいワイヤーロープ（ヒューズワイヤーと呼ばれる）や針金をドレッジャーの吊り下げ部に組み込む方法である．これをつけることにより，理想的にはある一定以上の張力がかかった場合，ヒューズワイヤーが破断し，曳航方向が変わることによりドレッジャーが引っかかった物体から外れることが期待される．実際には簡単に外れない場合も多い．ヒューズワイヤーが破断してもドレッジャー本体を回収できるように，ドレッジャーの胴体部分を絞るように引き上げるための命綱（ライフワイヤー）と呼ばれるワイヤーを取り付けておくのが一般的である．このライフワイヤーは，ヒューズワイヤーより破断強度が大きく，メインワイヤーよりも破断強度を小さくしておく必要が

ある．

　上記以外にドレッジを行う際に取り付けられる装置としてピンガーと呼ばれる音響装置がある．これは，ドレッジシステムの上方100〜200m程度の位置のワイヤーに取り付けられる．これにより，ピンガー（すなわちワイヤーの特定の位置）と海底の距離がわかり，ワイヤーおよびドレッジャーと海底との位置関係をより正確に把握できるようになる．

　さらに近年では，メインワイヤーにトランスポンダーを取り付けることにより，母船からの相対的な位置を正確に把握しながらオペレーションを行うことも行われている．

　これらの手法は高額な水中および船上装置が必要となるが，比較的安価にドレッジャーの位置を見積もる手段として，ドレッジャーに小型の深度センサーを取り付けることも可能である．これによりドレッジャーの位置していた深度を記録しておくことで，採取された岩石の分布域の特定に役立てることができる．

4.3.2　採取点の選定

　ドレッジにより目的の岩石試料を採取するためには，慎重な採取点の選定が必要である．基本的にドレッジの成否はここにかかっているといってよい．いくら立派なシステムを用意し，あるいは卓越したオペレーションを行っても，岩石が露出，分布していなければ意味がない．以下に一般にサイト選定において考慮される要件を列挙する．なお，これらはねらっている地質体のどこをやるべきか，という判断基準である．

① ドレッジによる岩石採取では，岩石が海底面上に露出あるいは分布（崩壊堆積物や転石など）している必要がある．平坦な地形の場所では，一般に表層に堆積物が堆積しており，岩石の露出は期待しにくい．このため，より傾斜がきつい斜面や，崖などが採取点として選ばれる．

② ①で述べたように急斜面，崖は岩石が露出している可能性が高い．しかし，露頭の場合，露頭から岩石をはがして採取するのは容易ではない．斜面，崖のどの位置から試料が由来しているか必ずしも問わない場合には，崩壊して堆積している岩塊を採取できるので，崖の下の傾斜がゆるくなる地域で採取を試みるほうがよい場合もある．

③ 近年多くの調査船で海底の反射強度のデータがとれるようになった．岩石が露出している部分は反射強度が強いので，反射強度が強い部分を選定するとよい．しかし，反射強度が強い部分は必ずしも岩石が露出している部分だけではないことに留意する必要がある（たとえば，マンガン酸化物のクラストに覆われて

いるなど）．

④ 表層の堆積物の分布を知るうえでサブボトムプロファイラー（3.5〜4kHz程度の周波数の音響装置）の記録が参考になる場合がある．しかし，急傾斜地では記録がよくない難点がある．

4.3.3　ドレッジのオペレーション

　ドレッジャーをどのように曳航するかは，基本的には研究者の判断に基づく．個々の試料採取目的に照らして，曳航方法は自ずと決まってくる．しかし，風向，風速，潮の流向，流速などの海況を考慮しなければオペレーションはできないので，最終的には船側と協議のうえ，最善の曳航方法を選択することになる．

A．曳航ルート

　急斜面，崖などを選択している場合には，正面から登るように曳航するのが一般的である．風向きや潮の向きによっては希望の向きの斜面で曳航できない場合もあるので，可能であれば向きの異なる複数の斜面を選定しておくとよい．

B．オペレーション

　オペレーションのスタイルは，調査目的，研究者の考え，調査船，海況によって変わってくる．以下に一例を示す．

① ドレッジャー着底予定地点付近において，通常50〜80m/分の巻き出し速度でドレッジシステムを降下させる．速度をあげれば短時間で着底できるが，早すぎるとワイヤーのほうがドレッジャーより早く降下してからんだりすることがある．

② 着底前になったら，巻き出し速度を落とす．

③ 着底確認後，10〜30m程度ワイヤーを余分に出し，その後，船を前進させてドレッジシステムを曳航する（1〜1.5ノット程度）．着底確認はワイヤーの張力計（テンションメーター）をみて行う（着底時に張力が落ちる）．この際，不必要にワイヤーを巻き出しすぎないようにすべきである．ワイヤーを巻き出しすぎると，a）ワイヤーに張力がかかり始める，すなわち，ドレッジャーが海底を移動し始めるまで時間がかかる，b）張力の変化がわかりにくくなる，c）ワイヤーがたるんだときに海底に接し，突起物などに引っかかる危険が増大するなどのデメリットがある．

④ 張力計でみて，何度か張力がかかって，ドレッジャーに岩石などがあたったと思われる現象（あたり）があれば，停船してもらう．まったくあたりがない場合でも，水深に比べてワイヤーの長さが長すぎるようになってきたら，停船してワイヤーを巻き取る必要がある．

⑤ 停船後10〜15 m/分程度の巻き上げ速度でワイヤーを巻き込む．この段階でもあたりが期待される．大きな張力がかかったら巻き上げ速度をゆるめる．

⑥ あたりがなくなれば，徐々に巻き上げ速度をあげ，ドレッジャーの離底を確認する．離底確認後，巻き上げ速度を加速して揚収する．

思うようなあたりがない場合には，上記の③〜⑤を行ったあと，③に戻って再び船を前進させてドレッジを試みてもよい．

ドレッジのオペレーションで，困難な状況は海底にドレッジャーがかかって離れない場合である．一般にはこのような場合，船を曳航してきたルートに沿って後進してもらいながらワイヤーを巻き取り，ひっかかりが外れるのを待つことになる．また，張力をかけた状態から急速に巻き出し，その後巻き取ってみるということも有効である．ドレッジはその性格上海底に引っかかるのはやむをえないことである．その結果ドレッジャーを失うこともある．しかし，これは想定される範囲内の状況であり，覚悟しておく必要がある．

4.3.4 採取試料の記載方法について

岩石試料の記載については，通常の岩石記載と変わるところはない．しかしながらドレッジ試料特有の問題もある．ドレッジで採取された試料については，現地性でない（異地性）試料が含まれる可能性が指摘されている．採取される可能性のある異地性の試料として，①氷期に氷山や氷床によって遠方より運ばれ，海底に堆積した岩石（アイスラフト），②船舶のバラストや漁具の錘りとして使用されていて投棄，落下した岩石，③陸上の河川の延長部や海底谷，扇状地に堆積した岩石などがある．

上記のような可能性を踏まえ，採取試料がその場に分布していたものであり（現地性），他所から長距離移動してきたものでないことを示すことが必要と考えられる．このため個々の試料の岩石学的記載に加えて，以下のような項目に関する記載が，ドレッジ試料の現地性試料としての信頼性を高めるために役立つ．

（1） 採取された岩石の総量，および複数の岩石種が含まれている場合，各岩石種の割合

同一種の岩石が，大量に採取されている場合には，その岩石が現地性で大規模に露出，分布している可能性が高くなる．また，複数の岩石種が採取されている場合には，その地域の地質，地史を検討するうえで重要な資料となる．

（2） 各試料のサイズおよび形状

大型の試料が多いことや，角ばった試料が多いことは試料が現地性であることの証明に有効である．特に急冷組織などの表面形態が保存されているような試料についての記載は重要である．逆に試料が円磨されたものが多く，量がきわめて少量であったり，岩石種がまちまちである場合には，現地性かどうか疑わしいと判断される．

（3） ドレッジャー内での試料の配置

ドレッジャーを水揚げし，試料を取り出す前にドレッジャー内での岩石種の分布を観察する．複数の岩石種が存在する場合，ある岩石は下部に，ある岩石種は上部に存在するという場合がある．これは，ドレッジコースにおける岩石の分布に関しての情報を提供する．

（4） オペレーション中のテンションメータ，ワイヤー長などの記録

テンションメータの記録は，岩石採取地点のある程度の目安になる場合がある．ワイヤー長の記録は，その時点での船の位置，水深の記録と併せて，ドレッジャーが最大到達しうる範囲を推定するのに使用できる．試料の採取地点および現地性について，疑義が生じた時に検討材料として使用できる．

4.3.5 試料採取位置の不確定性について

ドレッジでは，試料の採取位置について，どのくらいの不確定性が生じうるのか以下の簡単な式により見積もってみた（図4.16）．

$$\text{船位とドレッジャー間の最大水平距離} = \sqrt{\text{ワイヤー最大長}^2 - \text{水深}^2}$$

通常，浅くなる方向に向かって曳航することから，ドレッジャーが着底している限り，ここで見積もられている水平距離より，ドレッジャーが船より離れたところにいる可能性はない．結果を図4.16に示す．これをみると，ワイヤーを水深に比べて過剰に出さないオペレーションを行えば，船位とドレッジャーの位置の誤差を水深の3分の1程度に押さえることができる．また，近年小型の深度センサーが開発されているが，ドレッジに深度センサーを装着することによって，ドレッジの着底，離底深度を比較的小さな誤差で見積もることができる．

4.4 海底掘削

地球科学を行ううえで，海洋底より柱状試料を採取することは重要なことであり，現在さまざまな手法で行われている．この節では，その中でも掘削による柱状試料（以下，コアと呼ぶ）の採取法について述べる．

国際深海科学掘削計画（IODP：International Ocean

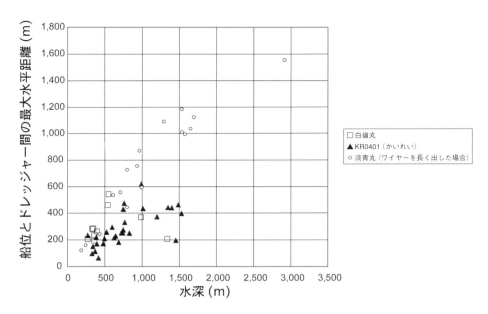

図4.16 ドレッジの位置の不確定性に関する見積もり
ワイヤーを長く巻き出すオペレーションが行われた航海のデータと，短く保つオペレーションが行われた航海のデータが比較してある．巻き出すワイヤーの長さを必要最小限にとどめることの重要性がわかる

Discovery Program）では，ライザーレスやライザー方式または MSP（Mission Specific Platform）など掘削船（掘削装置）の型を問わず，科学者の要望に応じたコアリングが実施される．特に，地球深部探査船「ちきゅう」では泥水循環掘削方式を用いて今まで到達できなかった海底下のより深い地層からのコアサンプリングや，ガス，油を含む危険地層を貫通してのコアサンプリングを可能とするため，今まで入手が難しかったサンプルが入手可能になった．

4.4.1 コアサンプリングシステム
A. ワイヤーライン方式
コアサンプリングシステムは，コアを回収するコアバレル（インナーバレル），地層を掘削するためのコアビット，インナーバレルを納めるアウターバレルの主に3つから構成される．ODP（Ocean Drilling Program：国際深海掘削計画）で使用されてきたワイヤーライン方式は，インナーバレルのみが船上に回収され，ドリルパイプをリエントリーすることなく連続コアサンプリングが可能である．回収されるコア径が制限される問題はあるものの，短時間でのサンプリングが可能であり，シップタイムが1航海2カ月間と限られているODPではこの方式が用いられた．また，科学掘削としては連続コアサンプリングを基本としており，IODPにおいてもこのワイヤーライン方式でコアを採取する．

B. ライザー掘削による違い
ODPとIODPでの大きな違いは，ライザーの有無にある．ODPから運用されているライザーレス掘削船ジョイデス・レゾリューション号では泥水循環による掘削ができないため，孔内を安定な状態に保つことが難しく，最大海底下掘削深度も約2,000 m強が限界であった．また，BOP（防噴装置）がないため，石油や天然ガスが賦存するような地層を掘ることができなかった．

一方，IODPで運用されるようになったライザー掘削船「ちきゅう」ではベントナイト（粘土）やバライト（加重剤），ポリマー（増粘剤），塩化カリウム（安定剤）などで構成された泥水を循環させて掘削するため，不安定な地層に対しても掘削できるというメリットがある．もっとも，科学的な観点からは泥水によるコアへの影響を避けることが難しいのが難点ではある．

C. コアの採取方法（各種コアバレルについて）
コアを採取するコアバレルには大きく3種類の方法がある．軟堆積層からのコアを採取するための APC（advanced piston corer），「ちきゅう」においては HPCS（hydraulic piston core system）と，APC，HPCSでは採取できないくらい硬くなった堆積層，あるいは軟硬互層などに用いられる XCB（extended core barrel），「ちきゅう」においては ESCS（extended shoe coring

system),そして岩石層など非常に硬い層のコアの採取には,RCB（rotary core barrel）と呼ばれる方法がある.

ここでは,これらの代表的なコア採取法と少し特殊なもの,たとえばコア採取位置での圧力を保持したままコアを採取するコア採取法についても述べる.

（1） APC

APCはインナーバレルの一部を水圧で駆動させるピストンにより主コアビットから打ち出し地層に貫入させる.つまり,インナーバレルは回転しないでコアを採取する.したがって,海底の非常に軟らかい堆積物からやや硬い堆積層のコアを連続的に比較的乱さないで採取することが可能である.軟弱な地層では,ドリルストリングを回転させて行うロータリーコアリングでは地層を乱してしまいコアの回収率,品質ともによい結果が得られない.APCの開発により回収率はほぼ100％に近くなり,不攪乱な状態で回収できるようになった.

APCによるコアサンプリングは,通常,海底下約250 mの深度まで連続で行われる.それ以深では,次の2つの理由のうちいずれかにより不可能になる：

① 堆積物の硬さが徐々に増して,貫入抵抗が大きくなり貫入しなくなるため

② 堆積物の粘着力が大きく,伸ばされたインナーコアバレルを抜き取れなくなるため

（2） XCB

XCBは,APCでのコアの採取が困難な層,つまりやや硬い堆積層から硬い堆積層のコアの採取に適しているシステムである.海底下掘削深度が深くなった場合や,硬軟互層で用いられるこのシステムは,APCと違いドリルストリングを回転させ,その回転をインナーバレルに伝えコアをカットするロータリーコアリング方式であるが,カッティングシュー（刃先）の突出長が地層の硬さによりバネの力で約150～350 mmの範囲で変わるのが特徴である.これにより,カッティングシュー内のコアは,外側のビットの先端から噴出する掘削流体（海水）から保護される.なお,カッティングシューからも掘削流体が少量吹き出し,カッ

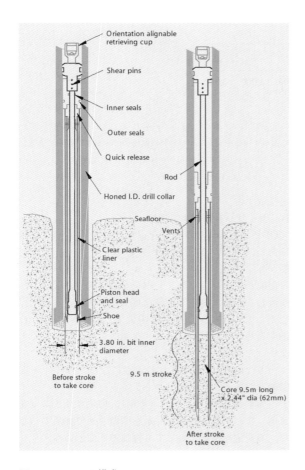

図4.17 APCの構成

主な特徴
・打ち込み圧力—約13 t
・コア長—9.5 m
・コア径—62 mm
・回収率—ほぼ100％
・乱れの少ないコアの採取が可能
・コア採取時の方位,偏角,仰角などの計測が可能
・in situ のヒートフローの計測が可能
・in situ の採水が可能
・XCB, MDCB, PCSコアリングシステムと互換性がある

図4.18 APCコアビットとカッティングシュー

ティングシューの冷却や掘屑の除去を行う．XCB のアウターバレルは APC 用のものと共通であり，ドリルパイプの揚降管をすることなく，APC から XCB への変更が可能である．

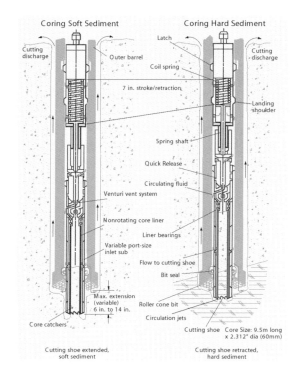

図4.19　XCB の構成

主な特徴
・刃先の出具合─150〜350mm
・コア長─最大9.8 m
・コア径─60 mm
・ドリルストリングスを回転させてコアを採取するロータリーコアリング方式

図4.20　XCB コアビットおよびカッティングシュー

（3）　MDCB（motor driven core barrel）

伸縮式コアバレルを使用しているときに，インナーバレルに対するトルクが強まりコア採取が困難になった場合，その代わりとして使用することを目的とする．

MDCB は，主コアビットより前で掘進する．このコアサンプリングシステムの利点は，薄いカーフ内部のコアビットを低荷重，高速回転で使用することにある．コアビットの回転は，RCB や XCB とは違い，掘削流体によるダウンホールモーターによって発生させているため，ドリルパイプと独立しており，適切な掘削パラメータを選択することが可能である．これに対し，通常のコアサンプリングでは，船上のトップドライブでドリルパイプを回転させ，回転力を孔底まで伝達するため高速回転は望めなかった．また，カッティ

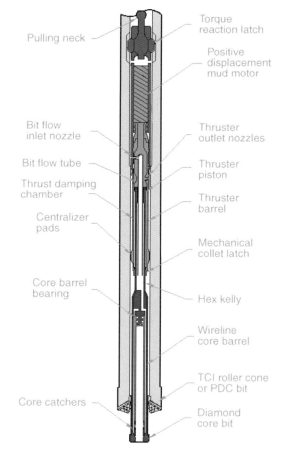

図4.21　MDCB の構成

主な特徴
・コアはカッティングシューのみで削り出される
・コア長─最大4.5 m
・コア径─約57 mm
・ダウンホールモーターの回転数は410 rpm まで上げられる

ングシューにダイヤモンドビットを利用できるので，硬質，破砕性結晶質岩石，礁状複合体などのコア採取に有効である．

なお，このシステムはAPC/XCBとの互換性がある．

（4） RCB

最も一般的で頑強なコアバレルで，石油業界でも使用されているシステムである．伸縮式コアバレル（XCB）の限界深度以深での堆積物，中質から硬質の堆積層や火成岩類基盤のコアリングに適している．RCBは，ロータリーコアリング方式でドリルストリングを回転させ，先端の主コアビットによりコアを採取する．したがって，割れ目が発達したような結晶岩質地層におけるコア回収率は低くなる．

（5） ADCB（advanced diamond core barrel）

ADCBは，硬質の堆積層や火成岩類基盤のコアリングにおいてXCBやRCBではコアの採取が困難な場合に用いられる．ADCBは，ロータリーコアリング方式であるが，RCBの主コアビットと違い，鉱山で使用するダイヤモンドを埋め込んだ，切り刃の薄いタイプのビットを使用するため，ビット荷重や回転トルクを微調整する必要がある．

（6） PCS（pressure core sampler）

このコアサンプリングシステムは，採取したコアを原位置（in situ）の地層圧に近い状態で回収するように開発されたシステムである．連続コアリングには不向きだが，APC/XCBシステムとの互換性がある．ODPでは海底からメタンハイドレートを回収することに成功している．船上では，サンプリングマニフォールドを用いて，研究者がガスサンプルを直接採取したり，チャンバー内の圧力をモニターすることができる．

しかし，問題点としてはカッティングシューが厚く，良質なコアを採取できていない．また，採取できるコアも外径42 mm，長さ0.86 mと非常に小さいことがあげられる．また，チャンバー内からコアを回収する際，大気圧に戻す必要があるほか，温度の制御はできないといった問題点もある．さらにコアバレルを回収する際，先端のボールバルブが閉まりきらず，圧力を保持できないケースもある．

D. まとめ

これらコアの採取方法は，地層の状態，特殊なコアサンプルの採取などにより使い分けられるが，採取されたコアの状態は，コアの計測・分析にとって重要な要因であり，科学成果の根底を支えるものである．

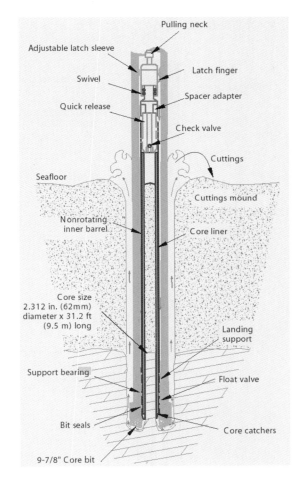

図4.22 RCBの構成

主な特徴
・コアはコアビットで削り出される
・コア長―最大9.5 m
・コア径―約59 mm
・回収率―地質によりかなり異なるが基本的に低い
・他のコアリングシステムとの互換性がない
・コアビットの寿命が短い（約50時間の掘削時間）

図4.23 典型的なRCBコアビット

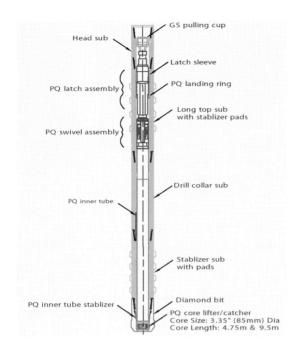

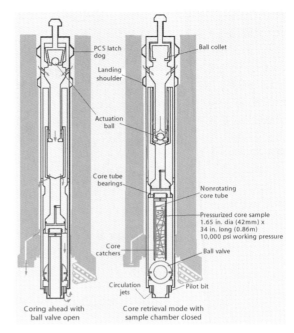

図4.24 ADCB の構成

主な特徴
・コアはコアビットで削り出される
・コア長—最大9.5 m,通常4.75 m
・コア径—約83 mm
・他のコアリングシステムとの互換性がない
・ビット加重や回転トルクのコントロールが難しい

図4.25 PCS の構成

主な特徴
・コアはカッティングシューで削り出される
・コア長—最大0.86 m
・コア径—約42 mm
・圧力保持—約890気圧（厳密には掘削時の循環流体の水頭圧を保持）
・このシステムは APC/XCB との互換性がある

「ちきゅう」は，ジョイデス・レゾリューション号に比べ船体が安定しているうえに最新の掘削機器を使用することにより，コア品質などの向上が期待でき，それにともない計測・分析精度の向上も期待できる．より良いコアを採取し，IODP の科学目標が達成できるように，コアリングシステムの改良・開発は継続的に行われている．

4.4.2 泥水を用いた掘削手法

A. 泥水循環の歴史

ドリルパイプ（drill strings）の先端にビットを取り付け，ドリルパイプを回転させ掘削するロータリー式掘削が始まった当初は，孔底から掘屑を運び出すために掘削流体（drilling mud, drilling fluid）として泥水ではなく水が用いられていた．しかし，深く掘り進むにつれ，孔内が崩壊，ドリルパイプが抑留されるようになり，思うように掘削深度を伸ばすことができなかった．水に粘土分を混ぜることにより，孔内の崩壊が抑えられ，今まで掘れなかった脆弱な地層も掘れるようになった．ライザー掘削では，掘削流体にさまざま

図4.26 典型的な PCS コアシュー

な成分を加え孔内を安定させる泥水循環システム（mud circulation system）が用いられている．

B. 泥水循環システムの仕組みとその役割

泥水循環システムは，図4.27に示すような構成をしている．泥水は，マッドタンクからマッドポンプと呼ばれる大型のポンプによって吸い上げられ，ドリル

4.4 海底掘削

パイプを介して孔底まで到達する．泥水はドリルパイプの先端に取り付けられているビットのノズルからジェットのように噴出し，孔底の掘屑を運び出し，ドリルパイプと孔壁およびライザーパイプの間を船上（地上）に向けて上昇する．船上で回収された泥水（掘屑が混ざっている）は，後述するソリッドコントロール関連機器に導かれ掘屑が除去される．泥水は徐々に劣化するため，新しい泥水と入れ替えたり，さまざまな調泥剤（ベントナイトや化学薬品）を添加するなどして，再び孔内へと送られていくことになる．

泥水には掘屑を船上へ運搬する以外にも次のような重要な役割をもつ．

- ビットを冷却する．
- ドリルパイプと孔壁との摩擦を減らす．
- 孔内の圧力を制御し，孔壁破壊を防止するとともに，地下に存在する油や水，ガスなどの地層流体の噴出を防止する（ウェルコントロール）．
- 薄くて強靱な泥壁を生成し，孔壁を保護して，その崩壊を防ぐ．
- 孔内の状況を地上に伝える（マッドロギング）．

特に，ウェルコントロールや孔内の崩壊防止は，大深度掘削を可能とするための要の技術であり，今後も技術開発が進められていくであろう．また，logging while drilling（LWD）や坑底から泥水を通して伝えられるマッドパルスを用いたmeasuring while drilling（MWD）の進歩により，リアルタイムで孔内の状況がわかるようになりつつあるものの，依然として孔内の状況を知るための手段としてマッドロギングでの掘屑の分析は重要な手法の1つでもあり，今後とも活用されていくであろう．

C. 泥水の種類

泥水は，その母体（ベース）となる液体成分が何かで次の3種類に分けられる．石油などの掘削では，オイルベースマッドやシンセティックベースマッドが使われるケースが多いが，科学的な掘削では採取する試料（コア）の汚染に問題があるため，主にウォーターベースマッドが用いられる．

（1）ウォーターベースマッド（WBM）

ウォーターベースマッドとは，清水もしくは塩水（海水）を主成分とした泥水のことであり，粘土—水懸濁液を主体とした親水コロイド液である．通常，コロイドはベントナイトを主体とした粘土類である．海上掘削の場合には，マグネシウムやカルシウムなどの溶存イオンを除去した海水を用いる．これらの陽イオンは，添加剤中に含まれる陰イオンと反応して沈殿し，泥水の性状を損ねることがあるためである．ウォーターベースマッドの利点としては，原料が安価であること，洗浄などが比較的楽で，環境への影響も少なく，取り扱いやすいことなどがあげられる．そのため，最も多く使われる泥水であり，掘削関連だけでなく，トンネル工事などの土木工事関連などにも利用されている．

（2）オイルベースマッド（OBM）

オイルベースマッドとは，軽油（65〜98%）を主成分とした泥水のことであり，乳化剤，有機粘土類，塩類および水（2〜35%）を加えて作成される．オイルベースマッドは，泥岩の水和を防ぐ機能が著しく大きいので，水に鋭敏で膨潤しやすい泥岩層や油層の掘削に適している．加えて孔内安定性が優れているため，掘進率を大きく稼ぐことができる．そのほかに熱安定性が大きく高温地層の掘削に適していたり，電気伝導性が低いため硫化水素や炭酸ガスなどによる腐食がほとんど起きない．また，潤滑性が優れており，抑留の防止や抑留されたパイプ類の採揚に効果的であるため，パッカーやコア掘りに効果的である．

しかし，カッティングス類の洗浄，廃棄，飛散泥水の処理，余剰泥水の処理，多量の油の貯蔵など取扱い上数多くの問題があるため，環境への影響が大きいオイルベースマッドの使用は大変難しくなっている．加えて，カッティングスに付着したマッドの除去はWBMに比べて困難なため，分析に影響を及ぼすことも考えられ，科学掘削には適さないといえる．

（3）シンセティックベースマッド（SBM）

シンセティックベースマッドは，軽油やミネラルオ

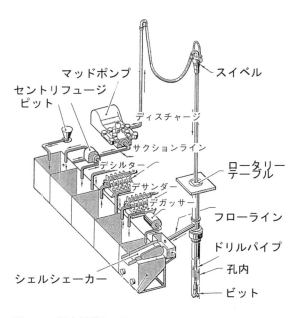

図4.27　泥水循環システム

イルのような，毒性の強い芳香族を含まない人工合成油（パーム油のエステル化物など）をベースとした微毒性のオイルベースマッドであり，生物反応により物質が分解されやすいため，海中投棄しても環境に与える影響が小さい．そのような特性のため，オイルベースマッドに代わってシンセティックベースマッドが用いられるようになった．しかし，他のベースマッドと比べ非常に高価であり，オイルベースマッドと同様に，泥岩など孔内状況が悪化しやすい場合にのみ使用される傾向にある．

D. 泥水の性質

泥水は，通常の清水や油のように剪断速度が異なっても粘性が一定であるニュートン流体ではなく，剪断速度によって大きく粘性が異なる非ニュートン流体（チクソトロピック流体）である．

したがって，泥水の基本的な流動特性は一般に，剪断速度が大きいところでは粘性が小さく，小さいところでは粘性が大きくなる．これにより，ビット先端にあるノズル周辺では粘性が低くなり孔底のカッティングスを吹き飛ばし除去しやすくなる．一方，泥水が戻ってくるタンク内やその経路では粘性が大きくなり，カッティングスが不用意に沈殿することがなくなる．

泥水の特徴としてもう1点あげるとすれば，泥壁形成性がある．これは，孔内の壁面などに泥水が付着すると，泥水に含まれるベントナイトや調泥剤が一種のコーティング剤の役目を果たし，泥壁（マッドケーキ）を形成するものである．その際，泥水中の水分だけが地層中に浸透し薄い膜を作る．なるべく薄くて強靭で摩擦抵抗の小さい泥壁を形成し，かつ，脱水量の小さい泥水ほど良好な泥水とされる．薄くて強靭な泥壁を形成できれば，孔内の崩壊や孔内での径づまり，ドリルパイプなどの抑留など孔内での障害を減らすことが可能となる．また，脱水量が小さければ，水分を吸収すると脆くなる泥岩などの掘削には非常に有利となる．

E. ソリッドコントロール（solids control）

回収された泥水はソリッドコントロールと呼ばれる処理が行われる．ソリッドとは泥水中に含まれる固形分のことで，泥水に必要な粘土（ベントナイト）や加重剤（比重を上げるための鉱石）と，掘屑が主原因となって生成される不要なソリッドに大別される．したがって，ソリッドは掘屑のような数cmにも及ぶものから，数μmといった超微細な粒子までさまざまな大きさのものが存在する．ソリッドコントロールというのは，泥水中から不要なソリッドを除去し，必要なソリッドを追加する作業を示す．泥水中に不要なソリッドが多く含まれるようになると，掘削にさまざまな悪影響を及ぼす．

・掘進速度の低下（掘進率の低下）
・泥水性質（レオロジー）の悪化
・泥壁が厚くなり，孔内トラブルが増大する
・ポンプやバルブなどの摩耗が大きくなる
・さまざまな機器にソリッドが張りつく

泥水関連の作業の基本は，常に行われるこのソリッドコントロールにあるといってよい．

ソリッドコントロールは大別して3つの方法がある．

（1）網（スクリーン）などの機械的方法で除去する

機械的な方法としては，比較的大きなソリッドを取り除くスクリーンを用いた方法，比較的細かなソリッドを取り除くサイクロンセパレータを用いた方法，遠心分離器を使って細かなソリッドを取り除く方法の3種類が代表的な方式である．それぞれに対応する機器は，前者からシェルシェーカー，マッドクリーナー，セントリフュージと呼ばれ，ソリッドを調整する機器として，どの掘削リグにも設置されている．

分析するカッティングスが採取されるのは，分析可能な比較的大きなソリッドを除去し，かつ，ソリッドコントロールとして最初の機器となるシェルシェーカーとなる．

（2）泥水に新泥水を適量ずつ均一に混ぜる

最も単純な方法が新泥水を追加して劣化した泥水を改善する方法である．増えた泥水は，新泥水を追加するのと合わせて取り除かれる．より多くの調泥剤が必要となる深い掘削深度になると，結果的に使用可能な調泥剤を捨てる必要があるため，経済的ではないという問題点がある．しかしながら，上述のソリッドコントロール機器を使用して除去できないソリッド（主にコロイド分）が存在する場合には，広く使用されている手法である．

（3）薬品を添加し不要なものを凝集・沈殿させる

機械的な方法でも除去することが困難な微細なソリッドを除去する方法として化学的処理法がある．一般的に凝集剤を添加する方法が用いられる．調泥剤の1つであるポリマー類が用いられる．ただし，泥水性質に悪影響を与える場合があることから，事前に試験する必要がある．

F. 泥水の材料（調泥剤）

（1）粘土類

ウォーターベースマッドの基本となる成分で，泥水に粘性や泥壁形成性などの基本性能を与えるものである．珪素とアルミニウムを主体としており，マグネシウムや鉄を含んだ含水珪酸塩鉱物である．代表的な粘土類は，Na-モンモリロナイトを主体としたベントナイトである．

（2）加重剤

　加重剤とは，泥水に必要な比重を与えるために使われるもので，最も一般的なものがバライト（重晶石）の粉末である．主成分は硫酸バリウムである．泥水比重を適切な範囲内に調整することは，高圧の地層流体が孔内に浸入（キック）したり，逆に泥水が大量に地層内へ流出（逸泥）したりしないために必要なことであり，どのベースマッドにも使用される．

（3）分散解こう剤

　分散解こう剤とは，粒子負電荷を大きくし粒子間の反発力を高め，主に粘性や脱水性を下げる役割をもつ薬剤である．代表的なものとしては，複合リン酸塩類，フミン酸誘導体，リグニンスルホン酸誘導体がある．

　この分散解こう剤とベントナイト，苛性ソーダでpH値をアルカリに調整したものを特にリグネート泥水と呼んでいる．この泥水は，比重の調整が容易であり，作泥や調泥がしやすいウォーターベースマッドとして広く使われている．なお，pH値を調整することにより，泥水にバクテリアが繁殖するのを防いだり，アニオン系ポリマーを機能させたり，掘削機器を防錆したりする効果がある．

（4）ポリマー類

　ポリマー類は非常に多岐にわたっており，その目的もさまざまである．粘性を高めるポリマーや泥壁形成性を改良するポリマーなどがある．近年の泥水技術の発展は，このポリマー類に負うところが大きい．凝集剤もポリマーの1つである．

（5）潤滑剤，界面活性剤

　孔内でのドリルパイプの抑留や摩擦係数を下げるために用いられる．

（6）KCl泥水

　上述のリグネード泥水は取扱いが容易なものの，混合層粘土の多い泥岩層に対しては，水和性や膨潤抑止能力に劣るため，それに代わる泥水として開発されたものがKCl泥水である．これは，無機塩であるKイオンが水和性や膨潤抑止能力に優れているため，そのイオン源としてKClを使用するものである．

（7）逸泥防止剤

　逸泥は，泥水圧力が地層圧よりも高かったり，何らかの原因で孔壁に割れ目（クラック）が生じたりした場合に発生する．これらは，事象としては珍しくないが，大規模な逸泥により泥水循環が損なわれると致命的な孔内障害に発展することとなる．その解決策の1つが逸泥防止剤（LCM：lost circulation materials）を使用する方法である．逸泥防止剤とは，逸泥している場所（孔壁の割れ目）を閉塞させるために使用する

物質で，血液でいえば血小板にあたる．クルミ殻のような粒状のもの，雲母片のようなフレーク状のもの，ファイバーやパルプなどの繊維状のものの3種類がある．

引用文献

芦寿一郎・徳山英一（2005）自航式深海底サンプル採取システム NSS．日本造船学会誌, **883**, 29-33.

Hayashida, A., Hattori, S. and Oda, H. (2007) Diagenetic modification of magnetic properties observed in a piston core (MD01-2407) from the Oki Ridge, Japan Sea. *Palaeogeography, Palaeoclimatology, Palaeoecology*, **247**, 65-73. doi: 10.1016/j.palaeo.2006.11.022

池原　研（2001）堆積物コアの見方―堆積物記載入門―．地質ニュース, **557**, 14-25.

池原　研（2004）底質採取．海洋調査, **70**, 14-23.

片山　肇（2001）海底試料採取．地質学ハンドブック, 朝倉書店, 590-594.

Kullengberg, B. (1955) Deep-sea coring. *Rep. Swed. Deep-Sea Exped.*, **4**, 37-96.

的場保望（1978）試料採集．II．海底の試料．高柳洋吉（編）「微化石研究マニュアル」, 朝倉書店, 12-32.

日本鉱業会編（1975）海底サンプリングハンドブック．ラテイス, 309p.

Paull, C., Stratton, S., Conway, M., Brekke, K., Dawe, T. C., Maher, N. and Ussler, W. (2001) Deep sea vibracoring system improves ROV sampling capability. *EOS*, **82**, 325-326.

Skinner, L. C. and McCave, I. N. (2003) Analysis and modelling of gravity- and piston coring based on soil mechanics. *Marine Geology*, **199**, 181-204.

Szeremeta, N., Bassinot, F., Balut, Y., Labeyrie, L. and Pagel, M. (2004) Oversampling of sedimentary series collected by giant piston corer: Evidence and corrections based on 3.5-kHz chirp profiles. *Paleoceanography*, **19**, PA1005, doi: 10.1029/2002PA000795.

Yamazaki, T., Ezawa, T., Maeda, K., Yoshida, T. and Tsurusaki, K. (1995) Model test of gravity coring. *Proc. 5th Intern. Offshore and Polar Eng. Conf.*, 310-314.

トピック　科学掘削における泥水検層の利用

　掘削にはライザーレス掘削とライザー掘削の2種類がある．ライザーレス掘削では，ドリルパイプの中を通った掘削流体（通常は海水）はビットを冷却し，掘屑（カッティングス）を運び上げた後，孔壁とパイプの間を通って海底に排出される．これに対して，ライザー掘削では，ドリルパイプの外側にライザー管と呼ばれる別の管があり，その中で泥水を循環させる．この方法は，石油掘削などでは一般的であり，掘削流体として比重や粘性を調整された泥水（マッド）を掘削孔内に送り込むことによって，掘削先端部に生じるカッティングスを除去するといった役割を果たすとともに孔内の圧力を制御し，孔壁の崩壊や高圧流体の噴出を防いだり，ビットや掘削パイプの冷却といった目的がある．このカッティングスは，石油掘削のようにほとんどコアリングを行わない場合には，掘削されている地層や岩石の物質としての情報をもたらす唯一のものといってよい．このような掘削泥水からさまざまな情報を取り出して，地層や岩石の性質を知る手法を総称して，泥水検層（マッドロギング）と呼んでいる．ライザー掘削の利点は，この泥水検層が可能になるということである．従来のライザーレス掘削では，掘削流体を循環させないため，それに含まれていた情報は海底に「捨てられていた」のが大きな違いである．

　泥水検層では，泥水に含まれるさまざまな情報を取り出し，掘削作業や科学的な分析に役立てている．代表的な項目としては（詳細な調査項目については村山・石原，2007など参照），カッティングスを用いた微化石層序や岩石学・鉱物学的分析，掘削泥水に溶け込んだ気体成分（マッドガス）の地球化学的分析，掘削泥水の循環時間から孔内状態の推定などが行われている．これらの調査項目は，孔壁を安定な状態に保ったり，掘削孔内の圧力バランスを制御したり，ガスや石油の噴出の予兆を確認するために，坑井地質技師（wellsite geologist）によって行われている．調査項目ごとに，一定間隔で試料を採取・調査したり，ガスなどの分析では分析装置へラインをつなぎ連続的に分析している．したがって，これらのデータは掘削作業の必要性から計測されているのであり，科学研究に用いる場合は，wellsite geologistの調査項目（サンプリング間隔・処理法）をそのままで用いることができるのか，それとも別途調査項目を設定するのか，研究目的に応じて研究者が検討する必要がある．

　泥水検層のデータを科学的研究に用いる際に考慮すべきことは多い．代表的なものとしては，試料の深度代表性と試料の不均質さがある．

　まず考慮すべき点は，泥水（とそれに含まれているカッティングス，マッドガス）の深度である．泥水はパイプの中を流れるので，ある時点でリグに上昇してきた泥水は，当然であるがその時点での掘削深度よりも浅い部分に由来する．この遅延時間（lag time）は孔径や泥水の注入速度によって計算される．この時間はあくまで計算上のものであるので，実際の掘削現場では，経験に基づいてできるだけ正確なラグタイムを見積もる努力がされているが，この段階で泥水の深度には誤差が入り込む．トレーサーを混入して補正を行うこともある．さらに，カッティングスが泥水とともに上昇する間に，上下の岩相に由来するカッティングスと交じり合ったり，孔壁からはがれた大きな塊（崩壊ザク）が入り込んだりということが生じうる．また，泥水は調泥後再循環されるので，除去されなかった微細なカッティングスが入り込むことも考えられる（栗田，2007など参照）．したがって，地下のどの岩相に由来するものなのかを厳密に決定することは困難であり，経験的に数mから十数mの誤差が含まれることを認識しておく必要がある．このため，ある層準の始まりと終わりを厳密に決定することは難しいが，一般に，ある層準の上限（掘削によって掘り下げていったとすれば，最初に現れる深度．生層序であれば，あるレンジのlast occurrence）は把握しやすい（栗田，2007）ので，その程度の精度で十分な場合には有効に活用できる．

　次に試料の不均質さも考慮しなくてはならない．特に火成岩試料を対象とする場合は注意が必要である．カッティングスはビットで削られた岩屑である．リグへの上昇までの間に，ある比重の泥水の中で比重の差や粒径，形状によって上昇速度に差が生じ，分離されることも考えられる．実際，雲仙火道掘削では，露頭から入手した試料を砕いた擬似カッティングス試料とカッティングス試料の全岩化学組成を比較し，特定の鉱物が除去されたり，付加されたような差が得られている（中田ほか，2007）．このような差は，たとえば，鱗片状の黒雲母のような鉱物が掘削泥水中で比較的運ばれやすい，といった特性によって生じた可能性が指摘されている（中田ほか，2007）．試料を入手できるといっても，そのままの形で入手できるわけではないので，どのような岩相であれば，どのような変化が生じるのか，という点について，掘削前に十分検討する

必要がある．もっとも，雲仙火道掘削の場合，カッティングス試料と同源と考えられる溶岩流などと全岩化学組成を比較すると，通常の岩石学的研究には差し支えないほどの違いしかないことが明らかになっており，深度代表性と同様，必要とする精度によっては十分に有効活用が可能である．

そのほかにも，泥水から試料への混入も問題となる場合がある．泥水を調合する際に加えられる物質には，原料が泥炭や亜炭のものもあり，有機質化石をほとんど生の状態で含んでいることもある（栗田，2007）．このような物質は，有機地球化学的な分析の際には考慮する必要があり，泥水を調合する物質を，あらかじめ分析するなどの事前調査も必要となる．

石油掘削の現場では，泥水検層によってある程度必要な科学的な情報を入手している．多くの研究者にとって，泥水検層を利用した科学研究は未知の分野であるが，上記のような問題点や精度を把握し，研究目的に合致した情報を用いるようにすれば，コアリング以外の手法でも十分な研究成果をあげられると期待される．実際，ドイツで行われた超深度大陸地殻掘削（KTB）では，最初に4,000 mのパイロット孔をフルコアリングで掘削し，コアとカッティングス，検層データの関係を詳細に検討した．その後掘削された本孔では，平均10%程度のコアリングにとどめ，残りの区間では泥水検層と物理検層によって岩相把握を行い，掘削にかかる時間とコストを削減した結果，9,101 mという超深度掘削が可能となった（Emmermann & Lauterjung, 1997）．泥水検層の掘削科学への応用は，ようやく取り組みが始まった段階であり，今後，研究者側もその技術について，理解するよう努める必要がある．

引用文献

Emmermann, R. and Lauterjung, J.（1997）The German Continental Deep Drilling Program KTB: Overview and major results. *Jour. Geoph. Res*., **102**, B8, 18,179-18,201.

村山達矢・石原浩（2007）泥水検層についての基礎知識．月刊地球，**29**，3，151-158．

栗田裕司（2007）ロータリー式掘削井におけるカッティングス試料の特性．月刊地球，**29**，3，168-175．

中田節也ほか（2007）雲仙火道掘削におけるカッティングス調査の有効性．月刊地球，**29**，3，176-183．

5　船上での記載と計測の流れ

　海洋底試料には，ドレッジ（dredge）や潜航調査によって得られる不連続で無方向の試料と，ピストンコアリング（piston coring）や掘削によって得られる連続的で，深さ方向の次元が規制されている試料に分けることができる．第5章から第8章では，主に掘削コア試料を想定して解説を行うが，記載の手法はすべての試料に共通している．海洋底の研究では，ドレッジや，柱状コアで得られる直径わずか10 cm程度の試料を対象として記載や分類を行うため，陸上とは異なり面的踏査から空間的分布を把握したり，露頭で産状を観察することが難しい．得られた情報は採取点のもののみであり，空間的な地層の広がりを把握するためには，潜水艇などを用いた面的な観察や，複数の掘削孔からのコアの比較，音響探査断面の検討を行うことが必要である．コア試料を扱う場合，地層の上位から順次に揚がるコアを記載することになるため，掘削孔ごとの地層の積み重なりの全体像を把握できるのは掘削終了時である．このような特殊性から，海洋底堆積物・岩石試料の分類・命名には形成過程を勘案した成因的な分類・命名法を用いず，粒子組成，組織などの記載的な内容から岩石名を決めることが要求される．

　近年の航海調査・海洋底掘削調査の現場では，肉眼観察による記載のみならず，デジタルイメージング（digital imaging）や色調による可視情報，X線断層撮影（X-CT）による内部構造イメージング，そのほかの非破壊物性計測から算出される密度や孔隙率などの連続データも肉眼記載とともに用いられ，統合された記載データとして使用されている（地球深部探査船「ちきゅう」におけるJ-CORESシステムなど）．肉眼コア記載（visual core description）は単なる肉眼観察にとどまらず，最新のテクノロジーを駆使したIntegrated Core Descriptionへと変貌しつつある．本書では，これらを一括して「船上記載」と呼び，掘削された海洋底試料について船上で行われる肉眼記載（第6章〜第8章）と非破壊計測（第9章）について解説する．また，分取した試料を陸上実験室に持ち帰って行う個別計測（第10章）や掘削孔を用いて行われる孔内計測（第11章）など，船上で記載や試料採取を行ううえで理解しておくべき知識についても解説する．

5.1　コア試料の回収とコア番号の付け方

　科学掘削では全層にわたるコアの回収が究極の目標であり，短時間に効率よくコア試料を回収するためにワイヤーライン（wire-line）式が採用されている．これは，ロータリーコアバレル（rotary core barrel：RCB）や水圧式ピストンコアリング（hydraulic piston core system：HPCSまたはadvanced piston corer：APC）のように掘進するアウターコアバレル（outer core barrel）の内側に，ドリルパイプ（drill pipe）を通して長さ9 m，径がほぼ60 mmのインナーコアバレル（inner core barrel）を送り込み，インナーコアバレルの長さを掘進するつど，ワイヤーラインでインナーコアバレルのみを引っかけて試料を回収する方式である．これによってドリルパイプ全体を引き上げなくても連続的なコア試料の回収が可能である．海底面からの掘削孔深度（meter below sea floor：mbsf）は，水深とドリルストリングス（drill strings）の長さ（すなわち掘削甲板面からのドリルパイプ＋アウターコアバレルの長さ）をもって計測される．ただし，海水面自体が潮汐や海流の影響で上下するので，船の上下動を正確に見積もって補正していなければ，この計算値は必ずしも真の値を示さない．また，孔井が鉛直でない場合なども真値を示さないが，一般にはドリルストリングスの長さを基準にする．1つの掘削孔のコアの番号は，インナーバレルが回収されるごとに，上から順に1から番号を振っていく．1本のコアを分割したセクションも上から順番に番号を振っていく．セクシ

```
コアバレル（9.5 m）
     │
     ▼
・安全モニタリング・ガス分析用サンプルの採取
・微化石年代決定用サンプルの採取
・間隙水用ホールラウンドコアの採取
     │
     ▼
コアのセクションへの分割（9.5 m→1.5 m）
     │
     ▼
・コアの非破壊計測
・X線CTによる3次元イメージング
・非破壊物性計測コアロガー
     │
     ▼
コアの半割
     │
     ▼
・コア記載
・各種物性測定（拡散分光反射，蛍光X線
  コアロガーなど）
・各種分析用サンプルの採取
     │
     ▼
コアの梱包・輸送
```

図5.1 堆積物コア試料についての一般的な船上コアフロー

ョンごとに航海番号—掘削孔番号—コア番号—セクション番号（Exp. xxx-Hole yyy- Core zz-Section 00）を記録する．

5.2 船上コアフロー

掘削された堆積物や岩石のコア試料は，船上において一定の手順で解体・記載・分析される．この手順を船上コアフロー（core flow）またはコアハンドリング（core handling）と呼ぶ．掘削の目的や日程によってコアフローにおける諸計測の順番や計測項目は異なるが，堆積物についての一般的なコアフローについて図5.1に示す．

研究目的や海況，移動距離や掘削の進行状況により，コアの採取頻度や一航海で採取するコア試料の総延長は大きく異なる．古環境変動の解明などを目的とする航海では軟弱な堆積物コアを多数採取する必要がある．一般に水深が浅いほど，コア試料は頻繁にあがってくるので，このような条件が重なった場合，60日間の航海で8 kmに及ぶコア試料を採取した例もある．このような場合，船上では非常に多くのコアを処理する必要が生まれる．したがって，コアの回収頻度に応じた一定のコアフローに従って，コアを潤滑に測定・記載・処理していくことが重要になる．この管理（management）は，統括研究者（chief scientist）およびスタッフサイエンティスト（staff scientist）と呼ばれる船上スタッフの役割である．乗船研究者や技術者は，統括研究者およびスタッフサイエンティストの指示に従い，それぞれの役割を果たしながら協力して船上調査を進めることが重要である．

5.3 キャットウォークで

船上での海洋底試料観察は試料が船上にあがってきた直後から始まる．掘削フロア（drilling floor）にコアがあがると，船内に"Core on deck！"と連絡が入る．キャットウォーク（cat walk）と呼ばれる船外回廊（図5.2）などでインナーコアバレルからコア試料を取り出すが，このときに試料の順番や上下方向の取り違いなどが生じないように細心の注意を払う必要がある．このため，取り出し作業はキュレーター（curator）と呼ばれる，コアの保存・管理の責任者が行うのが普通である．

図5.2 「ちきゅう」のコアカッティングエリア

5.3.1 ロータリーコアバレル試料の取出しと一般的な注意

　ロータリーコアバレルを使って採取される岩石試料の場合，インナーコアバレルから取り出した時点で割れていることが多い．また，試料がコアバレルの中で回転して角が取れていることが普通である（図5.3）．コアバレルの直径よりも長い試料については，コアバレルから取り出した時点での上下方向を保存するために，コア試料下面にマーカーで印をつけておく．コアバレルの径よりも小さい試料は，角も取れて上下関係は不明になる．また，回転しているうちに破片の上下関係が入れ替わる可能性もあるので細心の注意を要する．コアピース破断面の接合部やコア外周の構造の観察によって，上下方向が明らかになることもあるので，このような兆候を見いだしたら直ちに上下方向を復元する．この時点で正確な上下方向をつけておかないと，特に，その後の構造記載には意味をなさなくなるので注意する．上下方向に注意しながらそれらを1.5m長の作業用容器に並べていく．これを1つのセクション（section）として上から順番に1から番号を振っていく．

　ロータリーコアバレルで採取される試料は，回収率（recovery）が100％に達することは稀である．9m掘進しても1m以下のコア試料しか得られないことも稀ではない．このような場合でも試料は回収された順番に上から並べていき，順番にピース番号（piece number）を割り振り，インターバル（interval）を記載する．図5.3のようにピースごとにスペーサー（spacer）で仕切っており隙間も見られるが，隙間も含めてコアホルダー上で計測したスペーサーの位置が，試料のインターバルとして採用される．

5.3.2 ピストンコア試料の取出しと一般的な注意

　堆積物の場合はコアライナー（core liner）と呼ばれるプラスチックのチューブ（plastic tube）がインナーコアバレルの内側に装着されており，試料はコアライナーに入った状態でコアバレルから取り出される．取り出されたインナーコア（inner core）は，キャットウォークあるいはコアカッティングエリアでコアライナーごと長さ1.5mのセクションに分割される．堆積物中にガスや油徴（oil show）が見られる場合には有毒なガスを含む可能性もあるため，コアを分割する前に安全モニタリングと組成分析用にヘッドスペース（head space）からガス試料を採取する．さらに，間隙水分析などが予定されている場合には円柱状のホールラウンドコア（whole-rounded core）試料が採取される．また，コアキャッチャー（core catcher：CC）と呼ばれるコアの最下部部分から，微化石層序決定用の試料が採取され，堆積年代を船上で推定するために微化石研究者に渡される．堆積物の場合，一般にコアの回収率は岩石掘削よりもはるかに良好で，100％の回収率を上げることも稀ではない．

5.4 実験室で

　長さ1.5mごとのセクションに分割されたコアは，船内研究区画に運搬される．海洋底試料は船上に引き上げられた時点で，大水深圧からの解放・乾燥・空気

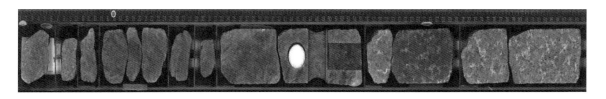

図5.3 ディスキングを受け，さらにロータリーコアバレルの回転によって角が摩耗された火成岩試料の典型的な例がセクション全体にわたってみられる（Expedition 309/312 Scientists, 2006）

との接触といった急激な環境の変化によって，膨張・収縮割れ目が発達したり，色が変化するなどの経時変化を示すことがある．このような経時変化があらかじめ予想される場合には，記載困難に陥ることが予想される項目については可能な限り速やかに記載するように記載順序を決定しておくとよい．船上に引き上げられた試料は，同一条件で写真を撮影することで，経時変化がわかるように記録しておくことが望ましい．IODPの掘削試料では，目的によってはX線CT（X-ray computer tomography）画像を取得することが一般的に行われるようになった．また，マルチセンサーコアロガー（multi-sensor core logger：MSCL）などを用いて可能な限りの非破壊計測を行うことが普通に行われている（非破壊計測参照）．硬岩の場合は，ホールラウンドコアを回転させながらセクション全体の連続写真を撮影することもある．

堆積物の場合，通常半日〜1日，そのままコアラック（core rack）などに定置し，コアの温度が室温状態になるまで放置する．これは物性計測や熱伝導度計測に温度依存性があるので，温度条件を一定にするためである．コアセクションは，ホールラウンドコアの状態のまま（堆積物の場合はコアライナーに入った状態で），非破壊計測（non-destructive measurement）が行われる．研究目的と掘削船の装備により異なるが，透過X線（transmission X-ray）による内部構造イメージング，熱伝導度（thermal conductivity）計測，MSCLによる物性計測を行う．MSCLは各種のセンサーを組み合わせたもので，通常，P波伝搬速度（P-wave velocity），帯磁率（magnetic susceptibility），ガンマ線吸収密度（gamma-ray absorption density），自然ガンマ線強度（natural gamma-ray intensity）などを計測する．

5.4.1 コアの半割

ホールラウンドコアでのデジタルイメージングや非破壊計測を行ったあと，コアは鉛直方向に半割（splitting）され，さらに非破壊計測と肉眼観察によるコア記載が行われる．コアの半割は，軟弱な堆積物の場合はアクリルカッター（acryl cutter）でコアライナー部分を切り，堆積物そのものはワイヤー（wire）で半割する．岩石（堆積岩，火成岩）は，ダイヤモンドブレードカッター（diamond blade cutter）を用いて（ライナーに入っている場合はライナーごと）半割される．

半割面は，地層面や流理構造など地層や岩石ができたときに形成される1次構造（primary structure）の傾斜方向に平行にするとよい．IODPでは半割した一方は船上コア記載をしたうえでアーカイブハーフ（archive half）としてコア保管庫に保存し，もう一方はワーキングハーフ（working half）として試料採取などに用いる．半割面を決定したら，アーカイブハーフを左側にするなど，一定の取り決めにしたがって半裁する線をコアに沿って引く．短いコアでは，観察後に試料を戻すときに上下方向を取り違えやすいが，このようなマーキングは取り違えを防ぐのにも役立つ．

バレル径よりも径が小さく角のとれた等方状のコア試料（図5.3）を半割するときには，特徴的な構造の観察が可能で，それらがアーカイブハーフにもワーキングハーフにも均等に含まれるように半割することが望ましい．

5.4.2 コア記載と試料採取の流れ

いかなる連続的デジタルデータが得られようと，人間の目による記載情報は，それらを意味づけするときに最も重要であり，現在でもその重要性は薄れていない．肉眼記載による情報量は，乗船研究者のセンス，経験，知識などに大きく依存することを前提に考えなければいけないが，計測機器が発達した現在でも肉眼記載が重視されることはいうまでもない．

肉眼コア記載（visual core description：VCD）はコア記載テーブル上でアーカイブハーフの半割面を用いて行うのが一般的である．堆積物コア試料の場合，観察の前にスクレーパーやスライドガラスを用いて半割面を掃除する．このとき，上下の層準と混じり合わないように，またコア外周部分を避けて，コアの水平方向のみにスクレーパーを動かすように注意する．地層の境界や構造の位置は，半割面上で観察された構造上端と下端の位置を，航海番号-コア番号-セクション番号-インターバル情報（セクション上面からの深さ；cm）もしくは構造が観察されたピース番号として記載する．煩雑であるが，コア試料を再確認する場合などに，これらの情報は非常に役立つ．肉眼コア記載のほかに，半割面上で色計測（可視領域拡散分光反射率特性：color reflectance），MSCL計測などを行う．目的によっては非破壊蛍光X線コアロガーによる元素分布計測も行うこともある．

アーカイブハーフコアは記載終了後，コア保管専用チューブ（D-tube）に入れて船内冷蔵庫に保管される．陸上コア貯蔵施設に送られた後も，閲覧などのための半永久的保存用として取り扱われる．コアフローの中で，アーカイブハーフコア試料の肉眼記載は，記載テーブルにコアがあがっている間だけに限られることが多い．記載が終わったコアは，箱詰めされ，陸上コア貯蔵施設（core repository）に行くまでは観察することは難しいので，船上で各種の非破壊コア物性計測デ

ータと比較検討しておくことは，その後のコア研究を促進するうえで非常に重要である．

一方，ワーキングハーフは，半割後，サンプリングテーブル（sampling table）に運ばれ，船上分析のための分割試料や，乗船研究者のリクエストに応じた分割試料を採取するサンプリング用コアとして取り扱われる．

5.4.3 船上コア記載の実際

IODP 時代における現代的な「コア記載」は，肉眼だけでコアの特徴を記載するだけではなく，X 線 CT 断層写真撮影による内部構造イメージや，半割コアの各種の非破壊物性測定データなど，計測機器の目を駆使した記載である．船上コアフローの中で刻々と蓄積される各種イメージやデータをマルチブラウズ（multi-browse）し，現実のコア試料と対応させながら記載していくのである．船上データベースシステム（database system：たとえば，「ちきゅう」の J-CORES）やマルチデータブラウジングシステム（multi-data browsing system：J-CORES の Composite log viewer や USIO の Corelyzer など）は，このようなコア記載を実現可能にする重要な支援環境である（図5.4）．液晶モニター2〜4台を記載テーブルに設置し，記載しているコアのX線CT画像や，各種ホールラウンドコアのMSCL測定データを，自在にリアルタイム（real time）で取り出し，複合的に表示できるようになっている．

船上における記載プロセスは，以下のような(1)〜(4)の4段階にわけることができる．

(1) セクションスケール（1.5 m 長さのコア）の肉眼による記載．記載内容は，バレルシート（barrel sheet）にボールペンなどで記入する．「ちきゅう」では，デジタルペンタブレット（digital pen tablet）を使ったデジタルバレルシート（J-CORES-VCD）も利用可能である（図5.5）．記載・入力内容は以下のような情報である．

①コア情報（Expedition, Site, Hole, Core, Type, Section, Observer）
②コアリング過程で断片化したコアピース（core piece）の情報
③岩相境界や特徴的な構造などの描画記載（graphic representation）
④コアリングにともなうコアの破壊・擾乱の程度（drilling disturbance，5.4.4項参照）
⑤コアの構造（structures），単層の上下の境界，堆積物コアについては生痕化石の有無・生物擾乱の

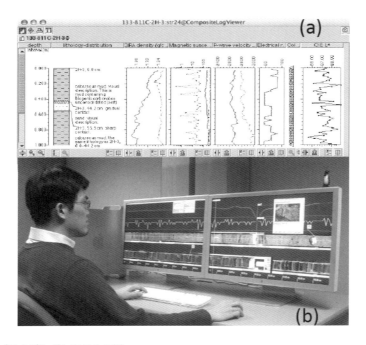

図5.4　マルチデータブラウジングシステムの例
(a)「ちきゅう」上の J-CORES の Composite log viewer ソフトウェア．(b) 米国で開発された Corelyzer システム（http://www.corewall.org）

図5.5 「ちきゅう」におけるデジタルバレルシート
(a～b)「ちきゅう」船上でのスタイラスペンタブレットパソコンを使ったデジタル記載の例（CK06006 航海），(c) スタイラスペンタブレットパソコン上で稼働する J-CORES-VCD システム

程度，火山灰の存在など
⑥サンプル（samples）をとった層準．この段階では，スミアスライド（smear slide：SS）あるいは薄片（thin section：TS），whole round sampling（WR），堆積物コアについては間隙水（interstitial water：IW），古生物（paleontology：PAL），など
⑦色．堆積物についてはマンセルカラーチャート（Munsell color chart）を使った表色値
⑧岩相の記載情報（section description）．セクションスケールでの主要岩相（major lithology），副次的岩相（minor lithology）を，岩相の分布する深度とともにできるだけ詳細に記載する．具体的な記載法は，第6章と第7章で解説する．
⑨その他，詳細なスケッチなど．
(2) 薄片やスミアスライドを使って，顕微鏡下で厳密に岩相名を決定し，手書きのバレルシートを補完・修正する．この際，構成粒子の組成，粒度の組成などを決定する
(3) セクションの記載シートをもとに，コアスケール（9.5 m長）のコアサマリー（core summary）を作成する．手書き情報をすべて入力することはできないので，入力する研究者によって，要約の度合い，記載用語や英語の使い方（例：grey と gray）などにムラが

発生する．これらは航海レポートを編集するときに修正していく．
(4) コアスケール（9.5 m 長）のコアサマリーをもとに，サイトサマリー（site summary）を作成する．掘削点（site また hole）スケールの統合化された情報を要約する．単層（bed）・地層単元（unit）などさまざまなスケールで岩相が急変する層準もしくは侵食面を境界と認定し，それぞれのユニットごとに岩石名を決める．認定されたユニットを岩相層序ユニット（lithostratigraphic unit）という．岩石名は採用した記載体系（description scheme）に基づいて決定するが，岩石名だけではなく文章でより詳しい記載を与える．

5.4.4 コアの擾乱

コア採取時の擾乱によってコアの肉眼記載は制限を受ける．火成岩や固結した堆積岩の掘削では，コアビット（core bit）の回転による応力により，試料に割れ目が発生し，破壊にいたる．このような破断は，ディスキング（disking）と呼ばれ，コア軸に直交し，下あるいは上に凸な形状をもつのが特徴である（図5.3）．ディスキングを起こし，さらにコアバレルの回転によって摩耗された試料では，上下すら認定できないことが普通であるので，構造の姿勢を記載することはできない．したがって，1次記載では姿勢以外の構造的特徴のみを記載する．掘削時に発生するこれらの破断面の頻度なども記載することが望ましいが（図5.6），コアフローを阻害する場合には割愛する．

固結度の低い試料や剥がれやすい試料は，コアビットやバレルの回転により分離・摩耗して流されてしまう．特に構造記載者にとって興味のある断層岩は，密着性（coherent）のものでないかぎり回収は難しい．したがって，コア回収率が悪い場合には，連続性のよい試料のみならず，断片化した試料を注意深く観察して，欠損する部分に何があったのかを推定する必要がある．ライザー掘削では，泥水とともに回収される掘屑（cuttings）を調べることによって，コア試料欠損部の情報を補完することができる．また，コア回収率の良し悪しは，構造地質学的要因にもよる（たとえば，割れ目などの脆弱面の頻度など）ので，回収率自体も重要な情報をはらんでいる．

未固結あるいは半固結の軟堆積物は，水圧ピストンコア（hydraulic piston core；HPC）やアドバンスド・ピストンコア（advanced piston core；APC）などを用いて試料が採取されるが，この際，コアバレルと試料の境界で軟堆積物の流動化が生じて注入する，フローイン（flow in）と呼ばれる擾乱が試料中に生じることがある（図5.7）．より締まった堆積物に対して

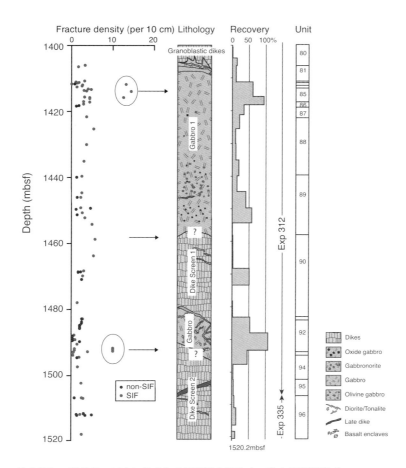

図5.6 IODP 1256D 孔の斑れい岩柱状コア中に見られた不規則な面をもつ準水平破断面 (subhorizontal Irregular fracture (SIF)) の分布と岩相分布，コアの回収率．SIF は本文中のディスキングにより発生したと考えられる．丸で囲ったデータは，狭い範囲で試料が破片化した区間があったために突出している．この区間を除くと，準水平破断面の頻度はコアの回収率との相関を示している（Expedition 335 Scientists, 2012）

延伸コアバレル（extended core barrel）を使用した場合，ビスケット（biscuit）と呼ばれるディスキングに対応するようなコアの破断が生じることもある（図5.8）．ガスを含む試料では，急激な減圧によって試料が膨張し，チューブを破ったりすることがある．このような場合には，本来の堆積構造を記載することは困難である．掘削あるいは採取時の試料の擾乱が認められたときには，無理な記載はしないことが肝要である．

5.5 IODP 標準計測

3つのプラットフォーム（platform）を運用するIODP では，共通して船上で行うべき掘削コアの計測項目として，①最低限計測（minimum measurement），②標準計測（standard measurement），③補足計測（supplementary measurement），④安全計測（safety measurement）の4つの概念での計測項目を提言している．

最低限計測項目は，3つのプラットフォームの船上あるいは陸上研究施設において，IODPで採取されたすべてのコアと掘削孔で実施されるべき計測項目である．堆積物の場合には，微古生物層序，肉眼コア記載，スミアスライド・薄片観察，半割コアデジタル写真撮影，コア非破壊計測（自然ガンマ線強度，ガンマ線吸収，帯磁率），コア温度，含水率・密度・孔隙率測定，孔内計測（自然ガンマ線強度，ガンマ線スペクトル，密度，孔隙率，電気伝導度，音響速度，孔内画像）である．

標準計測項目は，3つのプラットフォームの船上あるいは陸上研究施設においていつでも実行可能で，それぞれに適切なやり方で実施できるようにするべき標準的計測項目である．補足計測項目は，航海の目的を達成するために必要な場合に，これらに追加して行う

図5.7 ピストンコアで試料を採取した際に堆積物が流動化したフローイン構造

この直下・直上では層理面はほぼ水平である（写真提供：山本由弦）

図5.8 ビスケット化

写真の層準は，コアに対して斜行した層理面が見られるが，リング剪断を受けてコアが厚さ1～2 cmに切られ，それぞれ回転しているために，まるでキンクのように見える．層理面の姿勢が急変しているところに剪断面が見られる（写真提供：山本由弦）

計測項目である．プラットフォームごとに用意された計測機器やサードパーティツール（3rd party tools），単一航海で必要とされるリース製品などがこれにあたる．安全計測項目は，航海ごとにIODP科学アドバイス組織（Science Advisory System：SAS）の環境保全安全パネルからの提言に基づいて，航海実施組織が行う計測項目である．

5.6 船上における掘削コアの対比：合成記録（composite record）の作成

小規模の採泥調査や10～20 mの堆積物柱状コアラーによる採泥では，飛ばされやすい海底表層付近の堆積物がコア上部に回収されたか確かめることは重要である．

大規模な掘削調査では，約9 m長のインナーコアバレルを連続的に使用し数百m～千mに及ぶ掘削を行うが，9 mごとに回収されるコアの間には，掘削間隙（coring gap）が生じることがある．掘削間隙は，船の揺れやコアリング技術などさまざまな理由で発生するが，数cm程度の場合もあれば，数mに及ぶ場合もある．この問題を回避するために，通常1つの掘削地点（site）で複数の掘削孔（hole）での掘削を行い，これらを比較統合して完全なコアセクションを回収する．船上における肉眼記載や非破壊計測データをもとにコアの比較を行い，同層準を比較・統合する作業（splicing）が行われる（図5.9）．完成された完全コアセクションは合成コアセクション（composite core section）と呼ぶ．船上においては，層序対比専門の乗船者（stratigraphic correlator）がこの作業を行うが，コア記載を行う研究者も重要な役割を果たす．完全セクションを回収するための船上での掘削計画（次の掘削孔の深度決定など）にも深くかかわる重要な作業であり，船上でリアルタイムで行われる．複数の掘削孔のコア深度は，リグフロアから降ろされたドリルパイプの長さまたはワイヤー長を用いて計測されたmbsfであるが，コンポジットセクションにおいては，mcd（meter composite depth）と呼ばれる補正深度が使用されるので注意が必要である．

5.7 肉眼記載情報の統合と解釈

掘削コア試料の肉眼記載は，船上にコアが上がってきた順番に行われる．このため，1つの掘削航海で得られたコアの全体像が描けるのは，航海が終わった時点である．このために通常の露頭観察以上に細やかな，より記載的で一貫性のある記載が求められる．最初は裁断されたコアセクションごとに1枚の記載シートを使用して記載を行い，必要に応じてさまざまな縮尺の総合柱状図を作成する．最終的には航海全体で得られたコアの肉眼記載情報を俯瞰して，掘削孔ごと，掘削地点ごとに総合し，時間的および空間的な堆積環境の変遷などの統合的な情報を得る．

付加体の掘削を例に取ってみよう．海嶺で形成された海洋底が連続的な堆積作用を受けながら，プレート

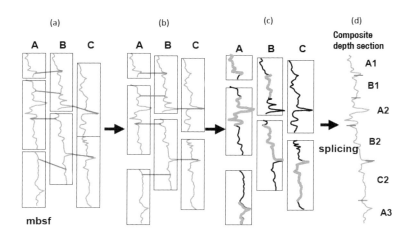

図5.9 複数孔で掘削された非破壊物性計測データの比較によるコンポジットセクションの作成手順の概念図
(a) 同じ掘削地点の3つの掘削孔でのオリジナルな深度でのコア単位の非破壊計測データ、(b) 同じ層準のデータを比較し、深度を同じに合わせる、(c) 複数の掘削孔のデータのうち、深度方向にもっとも適切なデータを選び、統合する、(d) 統合して完成した合成コアセクション、各掘削孔の深度は、補正される

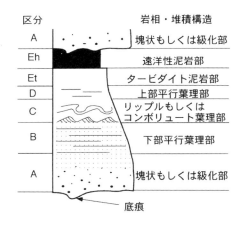

図5.10 混濁流堆積物に見られる Bouma シーケンス (保柳ほか, 2004)

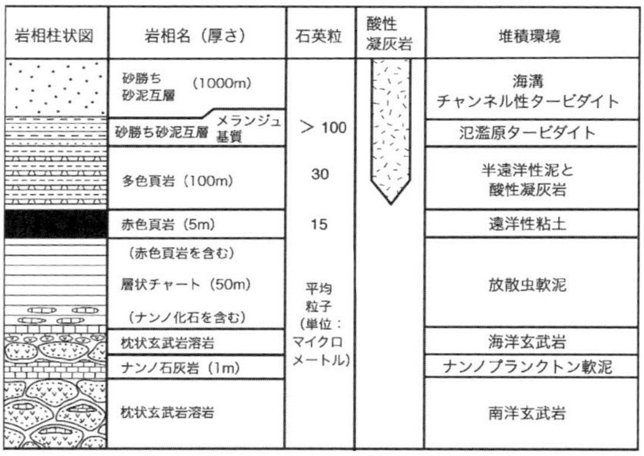

図5.11 海洋プレート層序の模式図の例 (提供：氏家恒太郎)

テクトニクスによって沈み込み帯近傍まで移動し、やがて島弧・大陸地殻の下にもぐり込むときに、海洋プレート層序の付加作用が生じる。海洋プレート層序の堆積物は、プレートが移動するにしたがい海嶺近傍の大洋的な環境から、島弧・大陸地殻縁辺部で混濁流によって陸源性の珪質砕屑性粒子や火山砕屑性粒子が堆積するような環境へ移行したはずである。このとき、海洋プレート層序の堆積物はこのような堆積環境の違いを反映して、下から順に遠洋性粒子や細粒珪質砕屑性粒子からなる遠洋性堆積物 (pelagic deposit) から、大陸斜面 (continental slope) や陸地に近い深海底で堆積し、陸源性・火山砕屑性粒子や大洋性の粒子な

どの要素が混じり合った半遠洋性堆積物 (hemipelagic deposit)、海岸から大陸棚 (continental shelf) 外縁部の浅い海で堆積し、主に浅海・礁性生物の遺骸である生物起源の浅海性粒子、粗粒の珪質砕屑性粒子や火山砕屑性粒子からなる浅海堆積物 (shallow marine deposit) の順番に堆積していくであろう。

珪質砕屑性粒子や陸上火山からもたらされる火山砕屑性粒子は陸地から供給されるので、堆積盆 (sedimentary basin) の陸地からの距離によって、海底堆積物の粒度 (grain size) は変化する。一般に、陸源性堆積粒子の供給源から遠ざかる大洋底 (ocean floor) では粒径がより細かくなる。また、大陸棚斜面

5.7 記載情報の統合と解釈　75

からもたらされる混濁流堆積物（turbidite deposit, 図5.10）は，供給源から遠いディスタル・タービダイト（distal turbidite）から，給源に近いプロキシマル・タービダイト（proximal turbidite）にかわっていくであろう（図5.11）．付加作用によってこの海洋プレート層序の一部は繰り返しているかもしれない．

このような状況下では，1枚1枚の記載シートから粒度組成情報を見直し，掘削孔全体にわたる粒度分布や地層の厚さの変化を俯瞰することによって，初めて海洋プレート層序や，同じ層序の積み重なりが繰り返す覆瓦構造（imbricate structure）といった全体像が得られるのである．

5.8 コア・孔内計測・地震波情報統合 （Core-log-seismic integration）

海洋底の地層の空間的な広がりを把握するためには，複数の掘削孔からの情報と比較しながら，コア記載データ・孔内計測データ・音響探査断面を統合することが必要である．上述のように，連続的に採取するコア試料においても掘削間隙は頻繁に生じる．コア試料で欠損するデータを補うために，孔内計測（logging）は強力な手法である．

口絵12にODP/IODP 1256D孔における海洋底玄武岩類の孔内計測データの例を示す（Expedition 309/312 Scientists, 2006）．Formation Micro Scanner（FMS）では，塊状溶岩（843-847，849-951 mbsf）と局部的に発達した枕状構造（847-849 mbsf）を識別することができる．ultrasonic borehole imager（UBI）はFMSよりも解像度が粗くやや不鮮明であるが，欠落のない連続的な画像を得ることができる．孔内計測の最大の利点の1つは，ジャイロ・コンパスを用いることによって，方位のついたデータを取得できることである．FMSやUBIなどの孔壁イメージングでは，傾斜した構造は正弦曲線（sine curve）を描くように現れる（たとえば，848 mbsfの枕状溶岩下端）ので，これを利用して構造の姿勢を求めることもできる．枕状溶岩のように不均質あるいは脆弱な岩相では測径器（caliper）による孔径は不規則に拡がっている．FMSやDual LateroLogs（DDL：口絵12のLLD＋LLS）などの比抵抗測定で検知できる基本パラメータは地層の陽イオン交換能であり，これは地層に含まれる鉱物や多孔質層の含水率に依存する．したがって，玄武岩のセクションでは，比抵抗データは破断面の位置，破断の分布や間隙率の違いによって規制される流体の局在状況を調べるのに適している．自然ガンマ線強度（natural gamma ray：NGR）は，カリウム（K：英語ではpotassium），ウラニウム（U），トリウム（Th）などを反映する．孔内計測で得られる密度（density）や間隙率（porosity）は，検層計測器（logging tool）の感度に依存する相対的な値であり，絶対値ではない．一般にP波速度（Vp）には，間隙率と負の，密度と正の相関が認められる．

口絵12に示したセクションを含む前後19 mの区間（1256D-88Rおよび89R）では，断片化されたコアがcurator lengthで，わずか2.6 m回収されたにすぎない．一方，孔内計測データは孔内環境に品質が左右されるものの，連続的に得られる．掘削間隙がある以上，コア試料が分布していた深度を正確に見積もることは困難であるが，孔内計測データからは，正確な深度方向の分布を求めることができる．

このようにしてコア試料と孔内計測から得られたデータを，反射法地震探査などによって得られた音響反射面と対比することによって，層序や構造の3次元的な拡がりを認識することができる．

ただし，最初に述べたように掘削孔の深さはドリリング・ストリングスの長さ，あるいはワイヤーラインの長さで決められている．コアの深度と孔内計測の深度，あるいは数度に分けて行われる孔内計測の深度は海面の潮汐の影響などを受けるため完全には一致しないことがあるので注意を要する．

引用文献

Expedition 309/312 Scientists (2006) Site 1256. *In* Teagle, D.A.H., Alt, J.C., Umino, S., Miyashita, S., Banerjee, N.R., Wilson, D.S. and the Expedition 309/312 Scientists. Proc. IODP, 309/312：Washington, DC (Integrated Ocean Drilling Program Management International, Inc.). doi：10.2204/iodp. proc. 309312.103.2006.

Expedition 335 Scientists (2012) Site 1256. *In* Teagle, D.A.H., Ildefonse, B., Blum, P. and the Expedition 335 Scientists, Proc. IODP, 335：Tokyo (Integrated Ocean Drilling Program Management International, Inc.).doi：10.2204/iodp.proc. 335. 103. 2012.

トピック　掘削情報科学

　地下を探るための手法には，物理探査・掘削・（掘削によって得られた）地下試料の分析という3つがある．このうち，掘削は具体的かつ直接的に何がどのような状態で地下に存在しているのか確認するための方法と位置付けられ，ある場所の狙った深度から物質・情報を実際にこの方法で取得してきた．実は掘削によって得ることができるデータは非常に多種多様かつ大量であるが，これまでほとんどのデータは取得すらなされていない．掘削によって取得するデータ量を増大させ，そのデータから有用情報を抽出し，さらには物理探査や地下物質の分析によって得られた情報と統合させることによって「地球現象の科学的な理解」を別次元のものへと進化させるために不可欠なアプローチ，それが掘削情報科学（Borehole informatics）である．

　掘削情報科学は創成期の段階にあるため，具体的な手法やその応用方法を確立すべく試行が続けられている．手法開発として，掘削データから地質・地球物理情報を抽出する方法（以下，掘削データ利用手法）の開発と，物理探査―掘削―分析データの統合手法（以下，多種データ統合手法）の開発が行われている．

　先に述べたように，掘削データはこれまでほとんど利用されていなかったが，掘削作業を「掘削ビット（drilling bit）を使用した原位置での岩石剪断破壊（摩擦）試験」とみなすことによって，ビットなどの坑内掘削装置の挙動をデータ化し，掘削データから地質・地球物理に関する有用情報を抽出することが可能となる．これを「掘削データ利用手法」の開発と呼ぶ．2015年秋に「ちきゅう」の掘削データ取得システムが更新されたことによって多種類のデータが取得・利用できるようになったことや，それ以外の方法で取得できるデータ量を巨大化させる技術開発が継続されていることから，掘削データは今後飛躍的に利用が進むものと期待される．

　「多種データ統合」には，「物理探査―掘削データの統合」と「掘削―分析データの統合」の2つのアプローチがあるが，中核となるデータは掘削データである．なぜなら，掘削によって得られるデータには，上記したビット挙動に関するデータと坑内物理検層や泥水検層などの検層データが含まれることから，非常に多種多様・多スケール（multi scale）・多量であり，探査データや分析データと親和性の高いデータが含まれることが理由である．多種データ統合を実施する際には，各データがどのように取得されて，それぞれどのような仮定・条件や適用範囲をもつのか，データ取得手法に関して深く理解することが大前提である（Yamada *et al.*, 2011参照）．そのうえで，それぞれのデータの適応範囲や精度が重複する部分を増大させることを目的として，各データからこれまで以上に多くの情報を高精度に取得（高度化）する必要がある．このような努力のうえに，初めてデータ統合が可能となる．

　掘削情報科学の手段として新たに開発された手法の有効性を確立するためには，各手法を野外で実際に使って，改良・改善される段階を経る必要がある．野外での有効性検討の際に考察すべきことは地域性である．現場で取得されたデータはその地域特有の特徴をもっており，それを規定する要素は「物質」と「場」である．これらの要素はともに現地がこれまでに経験してきた履歴と現環境の両方によって規定されることから，現地で掘削情報科学の有効性を検討するためには，現地の履歴と現環境を詳細に調査・理解することが必須である．

　掘削情報科学で具体的に何が見えてくるのだろうか．「掘削データ利用手法」を使う例として，全地殻の物性プロファイルがあげられる．掘削データ利用によって，浅部海底地盤から深部地震発生帯，さらにはモホ面・マントル内部に至る詳細な地殻強度構造を把握できるだろう．これによって，地域によって異なる地震破壊域の規模や破壊時間間隔，全地殻透水構造などが明らかになると期待される．また，ある地域において時系列で取得された地下データを「多種データ統合手法」で有機的に統合することによって，地下環境の動的変動過程を実計測データに基づいて詳細に理解することが可能となる．これは，沈み込み帯での断層活動と地震発生機構に関する新知見につながるだろう．地震断層面の活動性については，断層上に作用する剪断力と摩擦力の比によって評価可能と考えられているが，実際に掘削した際に取得した「場」と「物質」に関する各種の高精度データと，事前・事後に実施した探査データを比較・統合することによって，掘削地点周辺での時空間変動を正確に理解し，新しい地震発生物理を構築できる．これは沈み込み帯における防災・減災に直接貢献する成果になるだろう．

　今後，私たちが理解すべき科学目標は地球進化である．マントルや地震断層などの超深度対象に向かって

科学掘削計画を進め，そこで起きている時空間変動過程を正確に理解するためには，掘削によって得られる膨大なデータが語る真実を聞き取る必要があり，そのためには掘削情報科学が不可欠である．

Yamada, Y., McNeill, L., Moore, J. C., Nakamura, Y.（2011）Structural styles across the Nankai accretionary prism revealed from LWD borehole images and their correlation with seismic profile and core data: Results from NanTroSEIZE Stage 1 expeditions. *Geochem. Geophys. Geosyst.*, 12, Q0AD15, doi: 10.1029/2010GC003365.

6　海底堆積物・堆積岩の記載

6.1　海底堆積作用と海底堆積物・堆積岩

　海底堆積作用は，①海洋表層において繁殖した微生物が生化学的に合成した殻や有機物が海底に沈積する現象，②陸上の岩石が物理的・化学的風化を受けて侵食された後，風や河川，海流により運搬され，最終的に海底に沈積する現象，③陸上や海底での火山噴火により噴出した粒子が沈積する現象，④化学的あるいは自生的な過程や，生物を介した有機的過程により，その場で鉱物が生成する現象などの総称である．一度海底に堆積した堆積物が海底地滑りなどによって2次的移動を生じ再堆積する過程も海底堆積作用の一部である．堆積初期の軟弱な堆積物は徐々に固結し，岩石化して堆積岩へと変化していく．この過程は続成作用と呼ばれ，広義の海底堆積作用の一部である．海底には，陸上で堆積した地層，たとえば粗粒の砕屑性堆積物を主体とする河川堆積物や火砕岩，湖沼で堆積する炭質堆積物や，閉水域が干上がることによって発達する蒸発岩が分布することもある．本章では海底での分布が知られているこれらの堆積物も含めて解説する．

　堆積物の固結（consolidation）とは，荷重（loading, overburden pressure）などによって間隙が徐々に失われ密度が増加する現象を指す．未固結堆積物が埋没によって機械的に圧縮され体積が減少する圧密（compaction）や，堆積粒子間隙に流体から鉱物が沈殿し固結を進行させる膠結作用（cementation, ただし，これは圧密の進行の妨げになる場合もある），さらには圧力溶解（pressure solution）や再結晶作用（recrystallization）など，堆積物の固結にかかわる過程はいくつかある．深海掘削の現場では固結の度合いを表すために，未固結（unconsolidated），半固結（semi-consoli-dated），固結（consolidated）といった用語が主に使われる．未固結は，まったくもしくはほとんど固結が進んでいない状態を指し，深海掘削の場合，水圧式ピストンコアリングシステム（hydraulic piston core system：HPCS）によって採取できる程度の柱状コア試料に対して用いられる．半固結あるいは中固結（medium consolidated）は中程度に固結した状態で，拡張式コアリングシステム（extended shoe coring system：ESCS あるいは extended core barrel：XCB）によって採取される程度に締まった柱状コア試料に対して用いられる．固結は，粒子がばらばらにならない完全に固結した状態を表し，一般的にはロータリー式コアリングシステム（rotary core barrel：RCB）で採取される柱状コア試料に対して用いられる．

6.2　海底堆積物試料の肉眼記載（visual core description）

　海底堆積物・堆積岩の記載は，単層（bed, stratum）の認定と記載を基本とする．単層とは，一連の物理的条件の下で形成された堆積物・堆積岩の最小単位であり，岩相（粒度などの岩質，堆積構造，色，堆積岩の形状などの諸特性）が均質である，あるいは連続的に変化する，一定の厚さをもった地層の基本単位である．通常は 1 cm 以上の厚みをもつものを単層とする場合が多い．単層よりも薄いものは葉理（lamina）として便宜的に区分する．単層の境界は堆積の休止によって形成される層理面（bedding plane）によって認定される．層理面は最小単位の岩質境界（lithologic boundary）である．岩相は局所的に変化することがある．単層の岩相の全般的特徴を記載する際は，肉眼で判断してその単層の代表的な性質を示している部分について行い，局所的な特徴については別途記載する．記載の際には，①単層の特徴，②堆積物名・岩石名（lithologic name または単に lithology），③上下の他の単層との境界の特徴を記載することが必要である．

単層の特徴の記載は，肉眼的に認識できる層厚（thickness），色（color），粒度組成（grain size distribution, textural component），粒子組成（composition, component），堆積構造（sedimentary structure），固結度（consolidation）などを記載する．必要があればスミアスライド（smear slide：6.9節参照）や薄片を作成して観察し情報を補完する．

　層厚は，単層が連続的なコアセクション（core section）の中のどの位置に分布するか，という点が重要であるので，セクション上部端からの単層の上端，下端の位置（interval）を記載することによって層厚を記録することが多い．

　色は，マンセルカラーチャート（Munsell color chart）を使って肉眼的に比較し，記載するのが普通である．拡散分光反射率測定装置（色測色差系）を使ってコア表面の色調データを連続的・定量的に測定することも多い（9.9節参照）．

　粒度組成は，肉眼観察と顕微鏡観察によって半定量的に決める（6.10節参照）．粒子径が砂サイズ以上の場合には，ファブリック（fabric），円磨度（roundness）の記載も重要である．堆積物は一般に均一粒径の粒子で構成されているわけではない．粒子サイズの分布の幅を表す淘汰度（sorting）も重要な堆積物の性質の1つであり，肉眼および顕微鏡観察によって記載する必要がある．また，堆積構造（sedimentary structure）が認められる場合はそれも記載する（6.5.3項参照）．

　単層の境界は，上下の岩相が異なる単層と接する層理面または侵食面などである．境界の特徴として，鮮明な（sharp），漸移的な（gradual），侵食面で接した（erosional），生物擾乱された（bioturbated），断層で接した（faulted），水平な（horizontal），傾斜した（inclined），平面的な（planar），不規則な（irregular）などの特徴を記載する．

　異なる単層に明瞭な境界は認められないものの，色，粒度，粒子組成などに変化が認められる場合は，無理に境界を認定することはせず，2つの岩相の漸移層（gradation）とする場合もある．異なる単層の繰返しが認められる場合は，2つ以上の単層の互層（alternating beds）と記載する場合もある．砂層などでは2つ以上の単層が癒合（amalgamation）して，境界が不明瞭になることもある．

　連続試料の中で複数の単層が連続的に積み重なり，これらを1つの地層として取り扱いたい場合には，岩相ユニット（lithological unit）やシークエンス（sequence）として定義し記載する．海洋底堆積物では掘削孔データや音響反射面によって区切られるひとまとまりの層序区分として岩相層序ユニット（lithostratigraphic unit）を定義することが多い．必要に応じてサブユニットを定義することもある．これらは複数孔の岩相の対比をする際に最も有効である．岩相ユニットの岩石名は単層・ユニットの記載に基づくが，岩石名と修飾語の羅列だけではなく，より詳しく特徴を記載しておくと，複数の掘削孔データの対比に便利である．陸上地質でよく使用される地層名（formation），地層群名（group）などの用語は海洋底地質ではほとんど使用されないが，岩相ユニットはこれらに相当する概念である．

　堆積物名・岩石名をつけるためには，粒子組成（component）を把握することが重要である．厳密には，スミアスライドや薄片を作成し，粒子組成を決定する（6.9節参照）．粒子組成を元にして，一定の記載体系（description scheme）を使って堆積物名・岩石名が決定される．これらの詳細については，6.3節以降を参照されたい．

6.3　海底堆積物・堆積岩の基本的分類

　海底堆積物・堆積岩は，形成過程，粒子組成，粒径，組織，あるいはこれらの組合せによって分類される．深海掘削計画（Ocean Drilling Program：ODP）ではMazzullo et al.（1988）によって提案された海底堆積物の用語・記載方法をガイドライン（guideline）として採用した．近年では地球深部探査船「ちきゅう」による地震発生帯や地殻深部掘削を想定し，火山砕屑性堆積物，断層岩など，必要な部分を改訂したコア試料記載体系（classification scheme）のガイドラインが整備されている（Sakamoto et al., 2010）．また，特殊任務掘削船（Mission Specific Platform：MSP）では，航海の目的に沿った分類体系が用いられることも多い．

　海底堆積物は，大きく①海水中を粒子として運搬され堆積した粒状堆積物（granular sediment）と粒状堆積物が固結した堆積岩，②固着性生物の遺骸が原地性，あるいはわずかに移動して堆積した原地性生物源堆積物（autochthonous biogenic sediment）とそれらが固結した堆積岩，③海水から化学的に沈殿・晶出した化学的堆積物（chemical sediment）・堆積岩に分けることができる（図6.1）．

　粒状堆積物は，さまざまな起源をもつ粒子状物質によって構成される堆積物である．粒子には，石英粒（quartz grains），岩片（rock fragment），火山灰（volcanic ash）のような無機物起源（inorganic）のもののみならず，有孔虫殻（foraminiferal test），貝殻（mollusc shell），サンゴ片（coral fragment）のような生物

Pettijohn（1975）による分類		Mazzullo et al.（1988：一部修正）による分類	
砕屑性堆積物	砕屑性堆積物 （礫岩・砂岩・頁岩） 火砕性堆積物 （凝灰岩） 破砕性堆積物 （氷河堆積物）	粒状堆積物 （砕屑性堆積 物および生物 源体積物）	珪質砕屑性堆積物 （シルト質粘土など） 火山砕屑性堆積物 （火山礫凝灰岩など） 遠洋性堆積物 （珪質軟泥など） 浅海性堆積物 （グレインストーンなど） 混合堆積物
混成堆積物			
化学的・ 生物化学的	沈殿堆積物 生物化学的沈殿 （石灰岩・ドロマイト・ チャート・燐酸塩堆積物） 蒸発岩 （岩塩・石膏） 有機質残留堆積物 （石炭）	化学的堆積物	炭素質堆積物 蒸発岩 結晶質珪酸塩岩 結晶質炭酸塩岩 燐灰土 重金属堆積物 ハイドレート

図6.1　伝統的な分類体系（Pettijohn, 1975）と深海掘削計画での分類体系（Mazzullo et al., 1988）の比較

起源（biogenic あるいは有機物起源（organic））のものがあり，これらの粒子が運搬などの物理的過程により集積したものである．粒状堆積物の例として，有孔虫軟泥（foraminiferal ooze），石英砂岩（quartz sandstone），ガラス質火山灰（vitric ash），魚卵石グレインストーン（oolitic grainstone）などがある．

原地性生物源堆積物は，造礁サンゴ（hermatypic coral），石灰藻（calcareous algae）やコケムシ（bryozoan）などの石灰質骨格をもつ生物がその場で形成・成長して堆積物・堆積岩となったものや，湿地性植物が埋積されて形成された有機質堆積物・堆積岩からなる．原地性生物源堆積物の例として，サンゴバウンドストーン（coral boundstone）などの礁成石灰岩（reefal limestone）や石炭（coal）などがあげられる．

化学的堆積物は，溶液やコロイド状浮遊物（colloidal suspension）からの沈殿，不溶性物質の析出と沈積，再結晶化などの無機的作用によって形成された鉱物からなり，一般に結晶質で，堆積時の組織を保存しない．化学的堆積物の例として，岩塩（halite）や石膏（gypsum）・硬石膏（anhydrite）などの蒸発岩（evaporite），重晶石（barite）やマンガンノジュール（manganese nodule）などの自生堆積物（authigenic sediment），燐灰土（phosphorite）などがあげられる．

本章の構成の基礎となっている Mazzullo et al.（1988）による堆積物の分類法は，深海掘削の対象が深海底から大陸縁辺部や島弧，縁海に拡がってきたのに対応して，大洋性堆積物（pelagic sediment）を対象にした分類法を，粗粒の炭酸塩堆積岩や火砕岩，混合堆積物まで拡張したものである．伝統的な分類体系が砕屑性堆積物と化学的・生物化学的堆積物を区分するのに対して，Mazzullo et al.（1988）は化学的堆積物を区分したうえで，砕屑性堆積物と生物源堆積物をひとまとめにして粒状堆積物とし，異なる堆積環境をもつさまざまな海盆に分布する堆積物の記載に対応できるようにした（図6.1）．そのため，原地性生物源堆積物のバウンドストーンが，Mazzullo et al.（1988）では粒状堆積物に分類されている．本来，原地性生物源堆積物として解説されるべきバウンドストーンと石炭は，浅海性炭酸塩堆積物（6.8節）および化学的堆積物（6.9節）において解説されている．この点について留意されたい．また，炭酸塩堆積物は，遠洋性堆積物，浅海性炭酸塩堆積物および化学的堆積物に分けて解説されている．炭酸塩堆積物を研究目的とする読者は，まず炭酸塩堆積物全般にかかわる記載法を含む，浅海性炭酸塩堆積物の節を読むとよい．

炭酸塩堆積岩や火砕岩の掘削を主体とする研究航海など，研究目的によって伝統的な分類体系（図6.1）をもとに記載を行うこともある．また，新たな研究対象を掘削する場合には新たに記載体系を策定することもある（たとえば，微生物岩（microbialite））．

記載や分類は研究目的に沿って行われる必要があり，何に着眼するかによって記載体系を使い分ける場合もあるので注意が必要である．複数の研究者の共同作業を必要とする乗船研究においては，それぞれの航海の

目的や海域の特徴によって，これまでに公表されている記載体系の中から最適なものを選択する，あるいは新たに記載体系を確定し，使用した記載体系について航海報告書（cruise report）に記載する．

6.4 粒状堆積物の分類と命名法

海洋底の粒状堆積物を構成する粒子は，大きく無機物起源粒子と生物起源粒子に区分され，無機物起源粒子は砕屑性粒子である珪質砕屑性粒子（siliciclastic grain）と火山砕屑性粒子（volcaniclastic grain）とに，生物起源粒子は遠洋性粒子（pelagic grain）と浅海性粒子（neritic grain）に分けられる（図6.2）．なお，ここでの「遠洋性」「浅海性」の表現は粒子の生成された場を指し，堆積した場ではないことに留意されたい．珪質砕屑粒子は，深成岩，堆積岩，変成岩の岩片（rock fragment）と，これらの岩石を起源とする鉱物粒子（石英・長石・粘土鉱物などの珪酸塩鉱物粒子）からなる．珪質砕屑性粒子は，伝統的に用いられる陸源性砕屑粒子に対応する．火山砕屑性粒子は，火山活動によってもたらされる火山ガラス（volcanic glass），鉱物結晶，火山岩片などの火山性の破片である（Fisher, 1961; Fisher and Smith, 1991）．一方，生物起源粒子の遠洋性粒子は，外洋に棲む珪質あるいは石灰質の殻をもつ微生物の遺骸（放散虫（radiolarian），珪藻（diatom），有孔虫，ナンノ・プランクトン（nanno-plankton）などの殻）からなる．浅海性粒子は主に海浜から大陸棚，海山・海洋島の浅海域からもたらされた石灰質の生物骨格（貝殻，サンゴ骨格など）とその破片，魚卵石（ウーイド（ooid））やペロイド（peloid）など浅海で形成される粒子，ミクライト（micrite）などの遠洋性起源でない細粒粒子からなる（Mazzullo et al., 1988; Rothwell, 1989）．

粒状堆積物の基本名（principal name）を決定するには，堆積物に含まれる珪質砕屑性粒子，火山砕屑性粒子，遠洋性粒子，浅海性粒子の存在比を求めることが必要である．存在比は，細粒の粒状堆積物の場合はスメアスライドを作成して鏡下で，粗粒粒状堆積物の場合は肉眼観察で半定量的に見積もることが多いが，コアフローを阻害しないかぎり計数器を用いてより定量的に見積もることが望ましい．

これらの4つのタイプの粒子の存在比によって，粒状堆積物は，珪質砕屑性堆積物（siliciclastic sediment），火山砕屑性堆積物（volcaniclastic sediment），遠洋性堆積物（pelagic sediment），浅海性堆積物（neritic sediment），そしてそれらの混合堆積物（mixed sediment）の5つの分類クラス（sediment

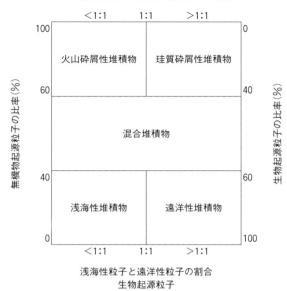

図6.2 粒状堆積物の分類（Mazzullo et al. 1988を一部修正）

class）に分けられる（図6.2：Mazzullo et al., 1988）．堆積物を構成する粒子のうち，60％以上が無機物起源の砕屑性粒子からなり，火山砕屑性粒子よりも珪質砕屑性粒子が卓越しているものは珪質砕屑性堆積物，火山砕屑性粒子が卓越しているものは火山砕屑性堆積物に分類する．一方，60％以上が生物起源粒子からなり，浅海性粒子よりも遠洋性粒子が卓越しているものは遠洋性堆積物，浅海性粒子が卓越しているものは浅海性堆積物に分類する．すなわち，珪質砕屑性粒子，火山砕屑性粒子，遠洋性粒子，浅海性粒子のうちの1つの分類群に属する粒子が全体の30％以上を占める場合，そのなかでもっとも量比の多い粒子の組成をもって，粒状堆積物の分類クラスが決まる．生物起源粒子と無機物起源砕屑性粒子がそれぞれ40～60％を占めるような堆積物は混合堆積物に分類する．

こうして粒状堆積物の分類クラスが決まれば，珪質砕屑性堆積物については6.5節で説明する珪質砕屑性堆積物・堆積岩の基本名（principal name）から，火山砕屑性堆積物については6.6節「テフラと火砕岩」で説明する岩石の基本名から，遠洋性堆積物については6.7節，浅海性堆積物については6.8節「浅海性炭酸塩堆積物・堆積岩」で説明する堆積物・岩石の基本名から，もっとも適当な基本名を選択する．分類クラスごとの基本名の代表的なものを図6.3に示す．混合堆積物の基本名は，混合堆積物（mixed sediment）のみ

堆積物クラス	主要修飾語	基本名	副次修飾語
珪質砕屑性堆積物 (siliciclastic sediment)	1. 25%以上含まれる粒子の組成 2. ファブリック（礫の場合） 3. 粒子・形状（選択） 4. 色（選択）	1. 礫 (gravel) 2. 砂 (sand) 3. シルト (silt) 4. 泥 (clay) など	1. 25〜10%含まれる粒子の組成 2. 基質珪質砕屑粒子の組織と組成（粗粒堆積物の場合）
火山砕屑性堆積物 (volcaniclastic sediment)	1. 25%以上含まれる火山砕屑粒子の組成 2. 25%以上含まれる遠洋性・浅海性粒子の組成 3. 25%以上含まれる砕屑粒子の組織	1. 火山角礫岩 (breccia) 2. ラピリストーン (lapillistone) 3. 凝灰岩 (tuff) など	1. 25〜10%含まれる火山砕屑粒子の組成 2. 25〜10%含まれる浅海性・遠洋性粒子の組成 3. 25〜10%含まれる砕屑粒子の組織
遠洋性堆積物 (pelagic sediment)	1. 25%以上含まれる遠洋性・浅海性粒子の組成 2. 25%以上含まれる砕屑粒子の組織	1. 軟泥 (ooze) 2. チョーク (chalk) 3. （遠洋性）石灰岩 ((pelagic) limestone) 4. 放散虫岩 (radiolariate) 5. 珪藻岩 (diatomite) 6. 骨針岩 (spiculite) 7. チャート (chert) など	1. 25〜10%含まれる遠洋性・浅海性粒子の組成 2. 25〜10%含まれる砕屑粒子の組織
浅海性堆積物 (neritic sediment)	1. 25%以上含まれる浅海性・遠洋性粒子の組成 2. 25%以上含まれる砕屑粒子の組織	1. グレインストーン (grainstone) 2. パックストーン (packstone) 3. ワッケストーン (wackestone) 4. マッドストーン (lime-mudstone) 5. フロートストーン (floatstone) 6. ラドストーン (rudstone) など	1. 25〜10%含まれる浅海性・遠洋性粒子の組成 2. 25〜10%含まれる砕屑粒子の組織
混合堆積物 (mixed sediments)	1. 25%以上含まれる浅海性・遠洋性粒子の組成 2. 25%以上含まれる砕屑粒子の組織	1. 混合堆積物 (mixed sediments)	1. 25〜10%含まれる浅海性・遠洋性粒子の組成 2. 25〜10%含まれる砕屑粒子の組織

図6.3 粒状堆積物の分類方法の概要（Mazzullo et al., 1988を一部修正）

である．固結したものは混合堆積岩（mixed sedimentary rock）である．

粒状堆積物をさらに詳しく記載するために，粒子の組成および組織を示す修飾語（modifiers）を接頭語と接尾語としてつける．このとき，量の多い（major：25%以上）要素を主要修飾語（major modifier）として基本名の前に置く．一方，量の少ない（minor：25〜10%）要素は，副次修飾語（minor modifier）とし，基本名のあとに 'with' とともにつける．すなわち，

　　主要修飾語 ＋ 基本名 with 副次修飾語

となる．粒子の組成・組織・粒子の形態・堆積物の色など，その堆積物を特徴づける重要かつ特徴的な岩相を主要修飾語で表す．主要・副次修飾語を使って，組成ならびに組織の特徴をできるだけ詳しく表すようにする（図6.3）．

6.5 珪質砕屑性堆積物

主に珪質砕屑性粒子からなる珪質性砕屑性堆積物・堆積岩では，構成粒子の粒度によって基本名が決まり，その他の粒子の特徴を修飾語としてつける．以下に，基本名，修飾語について順に解説する．

6.5.1 基本名の命名

珪質砕屑性堆積物・堆積岩では，基本名が堆積物の粒度を表しており，そのグループ分けは一般に Udden-Wentworth の粒径区分に従う．粒径の範囲によって礫（gravel），砂（sand），シルト（silt），粘土（clay）の基本名が与えられ，さらにその中に小グループ（細粒砂（fine sand），粗粒シルト（coarse silt）など）を定義することができる（Wentworth, 1922；図6.4）．礫については巨礫（boulder），大礫（cobble），

粒径 mm	φ	粒度区分	堆積物・堆積岩	
256	-8	巨礫（boulder）	礫（gravel）	
64	-6	大礫（cobble）		
4	-2	中礫（pebble）	礫岩（conglomerate）	
2	-1	細礫（granule）		
1	0	極粗粒砂（very coarse sand）	砂（sand）	
0.5	1	粗粒砂（coarse sand）		
0.25	2	中粒砂（medium sand）	砂岩（sandstone）	
0.125	3	細粒砂（fine sand）		
0.063	4	極細粒砂（very fine sand）		
0.032	5	粗粒シルト（coarse silt）	シルト（silt）	泥（mud）
0.016	6	中粒シルト（medium silt）	シルト岩（siltstone）	泥岩（mudstone）
0.008	7	細粒シルト（fine silt）		
0.004	8	極細粒シルト（very fine silt）		
		粘土（clay）	粘土（clay） 粘土岩（claystone）	

図6.4 Udden-Wentworth の粒径区分に基づく珪質砕屑性堆積物の分類（保柳ほか，2004）

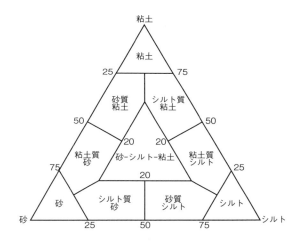

図6.5 珪質砕屑性堆積物の基本名に関する三角ダイアグラム（Shepard, 1954）

中礫（pebble），細礫（granule）という名称と区分を用いることもある．

粒度組成は粒径分布を正確に，測定できる最小粒径まで測定することが望ましい（10.6.1項参照）が，通常は肉眼観察や顕微鏡観察を通して見積もる．堆積物構成粒子の粒径が複数の粒径グループにわたる場合には，基本名の中で後に出てくるほど存在比が大きくなるように並べる（Shepard，1954；図6.5）．たとえば，砂サイズの粒子が70%，残り30%がシルトサイズである場合には，シルト質砂（silty sand）となる．

堆積物の輸送過程を推定するうえで，シルトサイズあるいは粘土サイズの粒子を区別することは重要である．したがって，シルトと粘土が混合した堆積物に対しては泥（mud）および泥岩（mudstone）という名称は使わずに，これら2つの粒径グループの相対的な存在比をできる限り評価して記載すべきである．

堆積物が固結している場合は，砂，シルト，粘土などの基本名の後に～岩（-stone）という接尾語をつける．シルト岩（siltstone）や粘土岩（claystone）が固結して劈開が見られるような場合には頁岩（shale）と呼ぶ．また，礫が円礫である場合または角礫である場合は，それぞれ礫岩（conglomerate），角礫岩（breccia）を基本名として用いる．

粒径変化が連続的ではなく，粒径が2項分布を示すような場合，砕屑粒子（clast）と基質（matrix）に分けることができる．粘土質砂岩などでは，粗粒粒子と基質の量比に基づいてアレナイト（arenite：基質＜15%）およびワッケ（wacke：基質＞15%）といった分類も日本ではよく使われている（図6.6）が，一般的な海洋底調査では，より記載的なShepardの分類法を推奨する．

岩石化した堆積物は続成作用により，炭酸塩鉱物などの自生鉱物（authigenic minerals）によって間隙が埋められていることがある．このような自生鉱物は，膠結物質（cement）と呼ばれ，堆積作用時の粒子組成とは関連していないので注意を要する．膠結物質としては方解石（calcite）のほかに，結晶質珪酸のカル

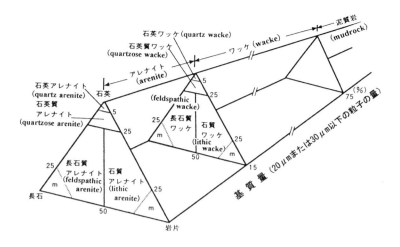

図6.6 砂岩の組成に基づく従来の分類方法の一例（保柳ほか，2004）

セドニー（calcedony）や石英（quartz）がよく観察される．

6.5.2 珪質砕屑性堆積物の特徴を表す修飾語

珪質砕屑性粒子の特徴は，主要修飾語で粒子の組成や形状，ファブリック，色などを表す．また，主要修飾語だけで足りない場合，副次修飾語で粒子の組成や基質の組織・組成を記載する．

A. 粒子組成

堆積物・堆積岩を構成する粒子の組成（grain component）は，偏光顕微鏡もしくは肉眼による観察に基づいて決定し（詳しくは6.9節を参照），一般には修飾語として付加する．50％以上を占める粒子の組成は第1主要修飾語，25％以上を占める粒子の組成は第2主要修飾語とすることが普通である．さらに10％以上を占める粒子組成は副次修飾語として表現することができる．たとえば，石英60％，長石30％，雲母10％からなる細粒砂岩の場合は，「雲母を含む（含雲母）石英長石質細粒砂岩」となる．修飾語の順番は英語表記と日本語表記で異なるので注意する．英語の場合は，含有量の多いもののほうが主要修飾語で後に配置される，すなわち，上の組成の場合は "feldspar quartz fine sandstone with mica" となる．珪質砕屑性粒子の組成を表す修飾語としては，石英（quartz），長石（feldspar），海緑石（glauconite），雲母（mica），カオリナイト（kaolinite），沸石質（zeolitic），石灰質（calcareous），石膏質（gypsiferous），腐泥質（sapropelic），複数の鉱物からなる岩片に対しては石質（lithic）などがよく使われる．また，岩片（特に礫，礫岩，角礫岩の場合）の起源あるいは後背地（provenance）を記載するために火山砕屑性（volcaniclastic），堆積岩片質（sed-lithic），変成岩片質（meta-lithic），片麻岩質（gneissic），玄武岩質（basaltic）などの修飾語が使われる．

B. ファブリック

ファブリック（fabric）とは，堆積物を構成する粒子の姿勢に関する傾向や，粒子の重なり方の様式（packing）のことを示す用語である．

礫質堆積物はたいていの場合，粗粒砕屑物粒子と基質を埋める細粒粒子からなる．大部分もしくはすべてが粗粒砕屑物粒子からなり，粒子同士がお互いに接触している堆積物を粒子支持（grain-supported），大部分がシルトや砂のような細粒堆積物で粗粒砕屑物粒子同士がお互いに接触していない堆積物を基質支持（matrix-supported）と呼ぶ．粒子支持の場合は通常40％以上が粗粒砕屑性粒子であり，基質支持の場合は粗粒粒子が20～30％以下であることが多い．基質が泥からなる堆積物は泥支持（mud-supported）と呼ぶ．瓦のように板状の粒子がお互いに一定の方向性をもって重なるような組織は覆瓦構造（imbricated）と呼ばれる．覆瓦構造を示す堆積物粒子は，一般に堆積物を運搬した流れの方向と平行もしくは直交方向に長軸を向けて堆積していることが多い．このような粒子の長軸の方向が特定の方向に偏っている傾向を選択的配向（preferred orientation）と呼ぶ．

一般的に，ファブリックは礫質堆積物に対してよく用いられる用語である．砂サイズの粒子であっても，顕微鏡スケールで観察を行えば選択的配向や覆瓦構造はごく普遍的にみられる．ファブリックはそれらの堆積物の運搬履歴の復元に有用な情報を与える．しかし

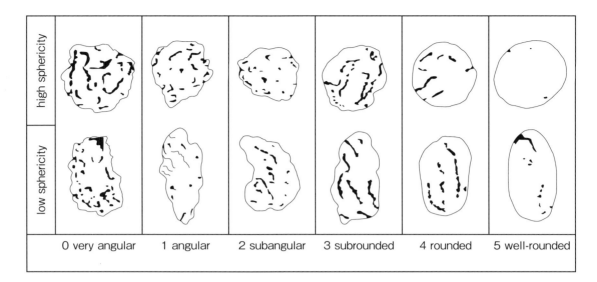

図6.7 円磨度の分類（Hallsworth and Knox, 1999）

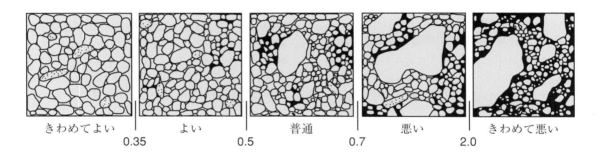

図6.8 堆積物の淘汰度印象図（公文・立石，1998）

ながら，ファブリックを記載する際には，コア試料を採取する時の掘削および流体の作用が堆積物のファブリックを変えてしまった可能性にきわめて注意しなくてはならない．

C. 粒子形状

粒子形状（grain shape）を表す修飾語として，円磨度（図6.7）が使われる．一般的に，堆積物の円磨度の記載は砂および礫サイズの粒子に対して用いられる．円磨度は堆積物の運搬履歴に対して有用な情報を与え，堆積物を特徴づけるのに役立つ．

このほかに，粒子形状を表す指標として「球形度（sphericity）」がある．球形度は，粒子の形がどの程度真球に近いかを表す．球形度は長径の2乗と中径と短径の積との比の3乗根で表したり，球形度のイメージ図との比較から求められることが多い（Rittenhouse, 1943）．球形度は通常，堆積物の命名には使われないが，堆積物の起源などを考えるうえで重要な記載・観察事項の1つである．

D. 淘汰度

淘汰度（sorting）とは堆積物の粒度分布の状態を表すための指標である．粒状堆積物は通常さまざまなサイズの粒子が集まって構成されているが，その粒子の大きさがどれほどばらついているかはこの淘汰度によって記述される（図6.8）．卓越した粒径がまったく認識できないほど粒径がばらついている状態をきわめて淘汰が悪い（extremely poorly sorted），広い粒度分布範囲をもつ堆積物を淘汰が悪い（poorly sorted），粒度分布範囲が小さい堆積物を淘汰が良い（well sorted），ほとんど単一粒径の粒子からなる堆積物はきわめて淘汰が良い（extremely well sorted）などと表現する．

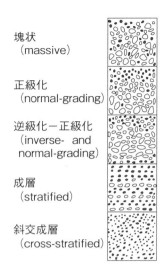

図6.9 堆積物の初生構造（公文・立石，1998）

図6.10 平行葉理（中央部）とクライミングリップル斜交葉理（上部）（提供：成瀬 元）

6.5.3 堆積構造

堆積構造（sedimentary structure）とは，砕屑性粒子などの構造要素の空間的な配置によって定義され，肉眼で観察できる，堆積物中に発達する組織の総称である．堆積プロセスを反映する特徴的な構造が堆積層内部に発達する．堆積時に形成される構造は初生的堆積構造（primary sedimentary structure），堆積後に形成される堆積構造は2次的堆積構造（secondary sedimentary structure）と呼ばれる．以下に，堆積構造を記載するために必要な基本的な用語を紹介する．

A. 初生構造

層理面（bedding plane）によって規定される単層中の粒径変化に基づく構造として，1枚の層の中で徐々に上方へ向かって構成粒子のサイズが減少する級化（normal grading）構造，逆に上方へ構成粒子サイズが増加する逆級化（inverse grading）構造がある（図6.9）．単一あるいは一連の地層のなかで徐々に上方へ向かって構成粒子のサイズが増加することを上方粗粒化（coarsening upward），逆に上方へ向かって構成粒子のサイズが減少することを上方細粒化（fining upward）と呼ぶ．また，はっきりとした色の違いを示すが，岩質組成には変化が見られない薄い層状構造の連なりを色帯構造（color banding）と呼ぶ．この色帯構造は，多くの場合は水平に分布する．一方，内部に層理面などの認識可能な物理的なパターンもしくは組織をもたず，細粒および粗粒粒子の混合物で構成された状態は，塊状構造（massive structure）もしくは無構造（structureless）と呼ばれる．周囲と異なるサイズ・岩質の粒子が，基質支持の状態で，葉理・層理などの組織を形成せず無秩序な状態で堆積岩に含まれている状態を表すときに，散乱／散乱状構造（scattered/scattering）という用語が使われることもある．

単層中に発達する葉理構造（lamination）は，厚さ10 mm以下の薄い板状構造（葉理：lamina）が集まったものであり，断面では縞状の模様に見える．粒度がシルトサイズの堆積物で構成されたシルト質葉理（silt lamina / silty lamination），砂サイズの砂質葉理（sand lamina / sandy lamination），細礫サイズの細礫葉理（granule lamina / granule lamination）のように粒径によって呼び分けられる．

平行層理（planar bedding）は，厚さ10 mm以上で層の基底面および上面に対してほぼ平行かつ平板な層状構造の集まりを指す（図6.10）．厚さが10 mm以下のものは，平行葉理（planar lamination）と呼ばれる．一般的には，この構造はプレーンベッド（plane bed）状態の砂床が累重することによって形成される．一方，層理面に対して傾斜した層状構造の集まりを斜交葉理（cross lamination）もしくは斜交層理（cross stratification）と呼ぶ．斜交葉理はそれぞれの層状構造の厚さが10 mm未満，斜交層理は10 mm以上のものを指す．この構造は，たとえば一方向流によってできるカレントリップル（current ripple）や，波浪によってできるウェーブリップル（wave ripple）などさまざまなベッドフォーム（bedform）が移動しつつ累重することによって形成される．

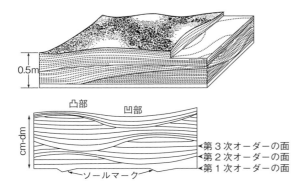

図6.11 ハンモック状斜交層理（公文・立石，1998）

斜交葉理あるいは層理には以下のような種類が知られている．トラフ型斜交葉理（trough cross-lamination）は，トラフ状（花飾り状）の形態をした斜交葉理を指す．この構造は頂部（crest）が上から見て湾曲したカレントリップルもしくはデューン（dune）の移動・累重によって形成され，堆積岩の切断方向に応じて見かけの形態を変化させる．クライミングリップル斜交葉理（climbing ripple cross-lamination）は，お互いに重なり合いつつ移動するリップルによって生じた一連の斜交葉理である（図6.10）．この斜交葉理中では，垂直的に重なり合う葉理の峰が斜面の上のほうへ向かって進んでいるかのように見える．複合流リップル斜交葉理（combined-flow ripple cross-lamination）は，複合流リップルによって生じた斜交葉理を指す．高角平板状斜交層理（high-angle tabular cross-stratification）は，安息角と等しいもしくはより高角な傾斜を示す斜交層理で，それぞれの斜交層理面はほぼ平行な平板状の面で構成されており，全体として板状の形態を示す．一方，安息角よりも低角な傾斜をもつものを，低角平板状斜交層理（low-angle tabular cross-stratification）と呼ぶ．ハンモック状斜交層理（hummocky cross-stratification）は，緩やかに波打った侵食面とほぼ平行に重なる波状の斜交層理を指す．侵食面の凹部（スウェール（swale）部）では層理が比較的厚く，凸部（ハンモック部）に向かって徐々に薄くなる傾向がある（図6.11）．層理の最大傾斜角は水平面に対しておおよそ10°程度である．レンズ状層理・フレーザー状層理（lenticular bedding；flaser bedding）とは泥とリップル斜交層理を示す斜交層理の互層の一形態で，砂層が垂直方向だけではなく水平方向にも不連続でレンズ状の形態を示すものをレンズ状層理，泥が不連続なものをフレーザー状層理と呼ぶ．波状平行層理（wavy parallel bedding）は，

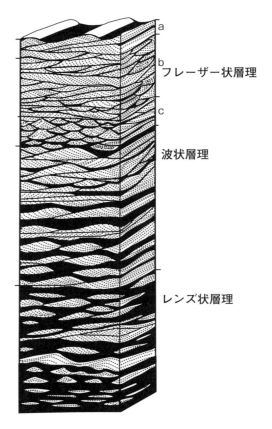

図6.12 レンズ状層理とフレーザー状層理面（公文・立石，1998）

波打った平行の境界面で特徴づけられるような層理を指す（図6.12）．

B．2次的構造

堆積直後に形成される2次的構造としては，以下のようなものがあげられる．荷重痕（load structure）は，砂もしくはその他の粗粒砕屑物で構成された突起が，より細粒で軟らかく，初生的には流動可能な素材で構成される下位層へ突き出して形成される底痕（sole mark）である．突起の形態はわずかな垂れ下がり，浅いもしくは深い袋状構造，きわめて不規則な隆起，球根状，乳頭状などである．フレーム構造（flame structure）は，波状もしくは炎状の突起で構成される堆積構造を指す．突起は一般的に細粒で，軟らかく，初生的には流動可能な素材，たとえば粘土，泥，泥炭で構成され，それらが上部層へ向かって不規則に絞りだされることでフレーム構造が形成される．皿状構造（dish structure）は，一般的には砂岩の中に見られる小型（長さ4〜50 cmで厚さ1〜3 cm）のレンズ状（皿状）構造を指す．平面的には楕円形であり，層理

面に対して平行に位置し，わずかに細粒で下に凸な底面をもつ．それぞれの底面は下位の皿状構造を侵食する．皿状構造は時折層理面に対して垂直もしくは斜めの柱状構造であるピラー（pillar structure）をともなう．ピラーは塊状もしくは渦巻状にかき混ぜられた砂よりなり，葉理もしくはそのほかの初生構造を切って発達する．これらのように，堆積後に堆積層から流体が抜け出すことによって形成される堆積構造の総称として，流体脱出痕（fluid escape structure）という言葉が使われることもある．コンボルート層理（convolute bedding）は液状化した堆積層が剪断されて作られる構造であり，不規則に波打つもしくは褶曲した層理構造で，分布が単一の堆積層に限られるものを指す．

このほかに，乾裂（mud cracks）のような粘土・シルト・もしくは泥の縮小によって形成される不規則な多角形の割れ目も2次的構造であるが，干潟のようなごく浅い環境のみに発達する．

6.6 テフラと火砕岩

火砕物（火山砕屑物：pyroclastic material あるいは pyroclast）は，火口から放出された固体・液体の破片状物質の総称であり（Fisher and Schmincke, 1984），テフラ（tephra）や火山放出物（volcanic ejecta）とほぼ同義に用いられる．これらが堆積したものを火砕堆積物（pyroclastic deposit）と呼ぶ．お互いに膠着しあったものは火砕岩（火山砕屑岩：pyroclastic rock）である．火砕岩あるいはテフラは，火砕作用起源（pyroclastic origin）である，すなわち爆発的な火山噴火（explosive volcanic eruption）による破砕作用（fragmentation）の結果として形成された，と判断される場合に限って用いる（Le Maitre, 2002）．火砕岩は溶岩（lava）や火山ガス（volcanic gas）とともに火山噴出物（volcanic products）の構成要素であり，火山砕屑性粒子（volcaniclastic grain：6.4節 粒状堆積物参照）の主要な供給源である．

海洋底で火砕堆積物が堆積する原因は多様であるが，主に島弧や大陸棚縁辺，海洋島や海山の周辺に多く産出する．陸上火山の爆発的な噴火活動によって生じた噴煙柱が重力によって崩れ，噴煙に含まれる大小の火砕物が一気に流下する火砕流（pyroclastic flow）や，噴煙から大気中に拡散され淘汰を受けながら堆積する降下火山灰（fallout ash）が，直接海底に堆積することもある．火砕流が海中になだれ込み，海底堆積物を巻き込みながら海底土石流（debris flow）となって噴火口から数百kmも運搬されたり（Carey and Sigurdsson, 1980），海底噴火によって生じた水中火砕流によって運搬され，海底火砕堆積物が形成されることもある．火砕物はマグマと海水との接触による大規模なマグマ―水蒸気爆発（phreato-magmatic explosion）によって大量にもたらされることがある．このような火砕物は地質学的時間からすると瞬間的に形成され，その一部である降下火山灰は広範囲に降灰をもたらすため，しばしば鍵層（key bed）として用いられる．海洋島の火山噴火によってもたらされた火砕物から，過去の火山噴火の歴史や噴火様式，その波及効果などを解き明かしていくことも，海洋底掘削の重要な目的の1つである．火砕物の組成や堆積過程は火山活動の性質を推定するための手がかりとなるため，火砕物の特徴を海洋コアから記載することはきわめて重要な船上作業である．

本節では国際地質科学連合（International Union of Geological Science）の推奨する火砕岩の分類と用語法（Le Maitre, 2002；Gillespie and Styles, 1999）に準拠した記載体系を紹介する．ここで用いられる分類と用語法は純粋に記載的であり，専門家でなくても容易に適用できるはずである．火砕物をより広い意味で使えば，本節で述べる火砕物の分類は降下火砕物（air fall），火砕流堆積物（pyroclastic flow deposit あるいは ignimbrite），サージ堆積物（surge deposit）のみならず，火山泥流（lahar）や火道角礫岩（vent breccia）などの火道堆積物（vent deposit）にも適用することができる．

このほかに英語圏で標準的に使用されている火砕岩の教科書として Fisher and Schmincke（1984）や Cas and Wright（1988）があり，産状についての詳細な記述がある．火山岩や堆積岩を扱った日本語の教科書や解説（久野，1976；水谷ほか，1987；久城ほか，1989；山岸，1994；火山岩の産状編集委員会，2000；黒川，2005；保柳ほか，2006）の中でも，火砕岩の分類について述べられているので参照するとよい．火砕岩の用語法については教科書によって細部が異なることが多いので，船上で共同作業をするときには共通認識をもっているか，たえず確認することが重要である．実際の研究航海では，産出しうる地層の特質を推測・検討したうえで，記載者が相談しながら記載体系を選定する．

なお，溶岩流の冷却と流動中の摩擦によって発達する自破砕岩（autobreccia），水中での溶岩噴火によって生じる枕状溶岩（pillow lava）が自破砕したピローブレッチャ（pillow breccia）やハイアロクラスタイト（hyaloclastite：水冷破砕溶岩）は，溶岩の流動や水冷破砕などにともなう産物であるので，破片状ではあるが溶岩の一部として扱い，本節では詳しく述べない．

平均粒径 (mm)	火砕物 (pyroclast)	火砕堆積物 (pyroclastic deposit)	
		テフラ（主として未固結） (mainly unconsolidated: tephra)	火砕岩（主として固結） (mainly consolidated: pyroclastic rock)
64 mm	火山弾・火山岩塊 (bomb, block)	集塊岩, 火山岩塊（火山弾）層 (agglomerate, bed of blocks or bombs, block tephra)	集塊岩, 火山角礫岩 (agglomerate, pyroclastic breccia)
2 mm	火山礫 (lapillus)	火山礫層 (bed of lapilli or lapilli tephra)	ラピリストーン (lapillistone)
1/16 mm	粗粒火山灰粒子 (coarse ash grain)	粗粒火山灰 (coarse ash)	粗粒凝灰岩 (coarse tuff)
	細粒火山灰粒子 (fine ash grain, dust grain)	細粒火山灰 (fine ash, dust)	細粒凝灰岩 (fine tuff)

図6.13　火砕物および淘汰のよい火砕堆積物の粒径に基づく分類と用語（Le Maitre, 2002）

これらの産状や分類については，「7.2節　海底火山岩」に記述しているので参照するとよい．

6.6.1　火砕物の分類と記載

火山から供給される火砕物は，結晶粒子（crystal grain）やガラス質破片（glass shards），岩片（rock fragment あるいは lithic fragment）などを含む多様な粒子種によって構成される．火砕物粒子の形態は破砕過程あるいは1次堆積場（primary deposit）まで運搬される過程で獲得されるものであり，その後の再堆積作用によって初生的な獲得形態が失われていないことが，火砕物の判断基準である．再堆積作用によって初生的な形態が破壊されている場合には，再堆積した火砕物（reworked pyroclasts），火砕物起源であったかすらわからない場合には外来砕屑物（epiclasts）と呼ばれる．このような火砕物の堆積プロセスについては，粒子の組成，円磨度，堆積構造，そして上下左右に接する堆積相との関係から導かれる堆積相解析によって判定する．たとえば，火砕物は噴火時の破砕によって生成されるので，通常の侵食・堆積過程を経た堆積粒子（外来砕屑物や再堆積した火砕物粒子）と比べて構成粒子の外形が角ばっているのが普通である．

火砕物は多様であるが，主にその粒径によって基本名が決まり分類される（図6.13）．それらはさらに，特定の形態を有するか，有さないかによって細分することができる．火山弾（volcanic bomb）は64 mm以上の平均径をもち，内部が発泡し，表皮殻（crust）が緻密であるという特有の構造を有する．投射されたときに流動性を保持していた結果，飛行中に紡錘形などの特定の形態や表面構造（パン皮状（bread-crust surface）など）を獲得したと考えられるものである．着地（水）後に内部の発泡が進んで表面の急冷固化した脆性表皮殻に引張割れ目を生じたものをパン皮状（bread-crust）と呼ぶ．平均径が64 mm以上で，角礫状あるいは亜角礫状の形態をもつものを火山岩塊（blocks）と呼ぶ．平均径が64 mm未満2 mm以上のものは形態にかかわらず火山礫（lapilli）と呼ばれる．平均径が2 mm未満のものは火山灰（ash）と呼ばれる．火山灰粒子は平均径1/16 mmを境にして粗粒（coarse）と細粒（fine）に分けることができる．なお，粒径に基づく火砕物の分類では，1粒子の場合は平均径，火砕堆積物の場合は中央粒径などをもって代表するが，粒径分布を別途記載する必要がある．

火砕物の起源はさまざまであるが，もし上昇してきたマグマに由来する放出物であることがわかっている場合には本質（essential または juvenile），同じ火山体の一部を形成していた火山岩が噴火によって破砕されて生じた岩片は類質（accessory または cognate），火山の基盤を構成する岩石の破片である場合には異質（accidental）といった形容詞をつけることもある（久野，1989；Gillespie and Styles, 1999）．類質の火山岩片と異質岩片は異地性火砕物（alloclast）と呼ばれることもある．発泡して多孔質となった粒子で，明色に近いものを軽石（pumice），暗色なものはスコリア（岩滓，scoria）と呼ばれる．軽石のほうがより多孔質で密度も小さいことが多い（Fisher and Schmincke, 1984；久城，1989）．暗色で泡状（frothy）のスレッドレース状スコリア（thread-lace scoria あるいは reticulite）も知られているが，海洋底での産出は限られる．

また，火山豆石（accretionary lapilli）と呼ばれる直径1～20 mm程度の球状粒子が知られている．陸上の水蒸気噴火に起因する堆積物に多く見られるが，水中堆積物中の産状も報告されている（加藤，1986）．これらは内部に同心円状の構造をもっており，噴煙柱の中で成長すると考えられている．噴火口からの距離や噴火様式の指標として重要である．本質あるいは類質の火砕物粒子の岩石学的な記載については，「7.2節

平均粒径 (mm)	火砕岩 (pyroclastic rock)		タファイト (tuffites)	外来砕屑岩 (epiclastic rock)
64 mm	集塊岩，火山角礫岩 (agglomerate, pyroclastic breccia)		凝灰質礫岩・凝灰質角礫岩 (tuffaceous conglomerate, tuffaceous breccia)	礫岩・角礫岩 (conglomerate, breccia)
2 mm	ラピリストーン (lapillistone)			
1/16 mm	凝灰岩 (tuff)	粗粒 (coarse)	凝灰質砂岩 (tuffaceous sandstone)	砂岩 (sandstone)
1/256 mm		細粒 (fine)	凝灰質シルト岩 (tuffaceous siltstone)	シルト岩 (siltstone)
			凝灰質泥岩・凝灰質頁岩 (tuffaceous mudstone, shale)	泥岩・頁岩 (mudstone, shale)
火砕物の量比	100%〜75%		75%〜25%	25%〜0%

図6.14 火砕物と外来砕屑物の混合堆積物に使用される用語 (Le Maitre, 2002)

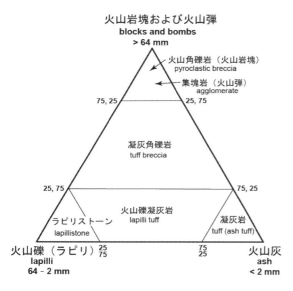

図6.15 火山岩塊および火山弾，火山礫，火山灰の量比に基づく火砕岩の分類 (Le Maitre, 2002)

海底火山岩」に従う．

6.6.2 火砕堆積物の分類と記載

火砕物を主体とする火砕堆積物（pyroclastic deposit）は未固結（unconsolidated）のあるいは固結（consolidated）した火砕物の集合体と定義することができる．火砕物の量が75%を超えるときに限って火砕堆積物という語を用いる（図6.14）．残りの25%は一般に外来砕屑物，有機堆積物，化学的堆積物，自生鉱物などを起源とする粒子によって占められる．大部分が未固結である場合にはテフラ，大部分が固結している場合には火砕岩と呼ばれる（図6.13）．

図6.13にはテフラと淘汰のよい火砕岩に対する用語法をあげているが，大多数の火砕岩は入り混じった粒径（polymodal grain size）をもっており，粒径の異なる火砕物の体積比によって分類される（図6.15）．火山弾が全体の75%以上を占める火砕岩を集塊岩（agglomerate），火山岩塊が全体の75%以上を占める火砕岩を火山角礫岩（pyroclastic breccia）と呼ぶ．火山弾・火山岩塊が25〜75%の体積比を占める火砕岩は凝灰角礫岩（tuff breccia）と呼ばれる．火山礫凝灰岩（lapilli tuff）は火山礫と火山灰粒子を75%以上含む火砕岩である．火山礫を75%以上含む火砕岩は火山礫岩あるいはラピリストーン（lapillistone）と呼ばれる．平均径2 mm以下の火山灰粒子を75%以上含み，固結していないものを火山灰（ash）と呼び，固結しているものを凝灰岩（tuff）と呼ぶ．船上での記載においては，この3成分の混合体積比による分類は目視による判断に基づくことが多い．

凝灰岩は粒径によってさらに細分することができる．1/16 mmを境にして，それよりも粗粒なものは粗粒凝灰岩（coarse tuff），細粒なものは細粒凝灰岩（fine tuffまたはdust tuffとも呼ばれる）と呼ぶ．凝灰岩や火山灰は破片の組成によって，岩片を多く含む石質凝灰岩（lithic tuff），軽石やガラスの破片を多量に含むガラス質凝灰岩（vitric tuff），結晶片を多量に含む結晶凝灰岩（crystal tuff）などと呼ばれる．

凝灰岩の組成を詳細に記載することによって，噴火の様式が推定できる場合がある．たとえば，マグマと水の相互作用によるマグマ水蒸気性噴火（phreatomagmatic eruption）は，爆発的噴火によって破砕された本質的なガラス片と類質岩片・異質の外来砕屑物からなる．一方，水蒸気爆発（phreatic eruption）に

よる破砕の場合は本質の火山ガラスを含まない．

上述の火砕物の記載用語（基本名）は，組成（玄武岩質（basaltic）や流紋岩質（rhyolitic））などの適当な接頭詞をつけることによってより詳細に記述することができる．火砕物には特有の組織が見られることがあり，それらも火砕物の生成過程を強く反映している．火砕物はさまざまな様式の多孔性（vesicularity）をもつことがあるので，それを反映させてスコリア質（scoriaceous），軽石質（pumiceous）といった接頭詞を火砕堆積物につけることがある．火砕物が堆積当時高温を保っていた場合，軽石やスコリアの塊が圧密を受け扁平化して緻密なレンズ状あるいは層状のガラスを形成するなど特有の組織が火砕物中に形成されることがある．このような組織を示す堆積物の状態を溶結（welded）と呼ぶ．水底火砕岩においても溶結は普遍的にみられる現象で，島弧でも海嶺系でも出現しうる，火口近傍での堆積を示す重要な特徴である．ただし，変質した水底火砕岩では，軽石や火山ガラスが粘土鉱物化して圧密によってつぶれ，類似した構造を示す火山礫凝灰岩などになっていることもあるので注意を要する．

また，火砕物の基本名は成因が明らかであれば，より成因的な記載であるハイアロクラスタイトやハイドロクラスタイト（hydroclastite：噴火時に水と接して粒状化した火山ガラスを含む堆積物，Fisher and Schmincke, 1994）などの用語に置き換えることも可能である（Mazzullo *et al*., 1988）．

6.6.3 火砕物と外来砕屑物の混合堆積物

75〜25%の火砕物を含む岩石については，タファイト（tuffites）という一般名を使用することが国際地質科学連合によって推奨されている．残りの25〜75%を占める外来砕屑物粒子は珪質砕屑性粒子であることが多いので，粒度に基づく珪質砕屑性堆積岩の基本名（礫岩・砂岩・泥岩など）に，"凝灰質（tuffaceous）"という接頭語をつけることで，タファイトはさらに分類することができる（図6.14）．

25%以下の火砕物を含む岩石は，外来砕屑岩（epiclastic rock）である．外来砕屑岩の基本名は，珪質砕屑性堆積岩の基本名と同じである（図6.14）が，火山砕屑粒子を含むことを表すために火山砕屑性（volcaniclastic）という接頭語をつけることが多い．

Volcaniclasticという用語は，その成因や運搬機構，堆積環境を問わず，また，どのような割合でほかの粒子と混合しているかを問わず，すべての火山砕屑性物質について用いることができる（Fisher, 1961）．本書では，Le Maitre（2002）およびFisher and Schmincke（1994）にしたがって火砕性（pyroclastic）と火山砕屑性（volcaniclastic）を区別して記載したが，両者を同義に使用している教科書も多い．火砕物そのものを研究対象としない航海では，火山角礫岩（volcanic breccia）を「成因が明確でない破砕粒子化した火山岩の集合物」として定義して使用することもある（7.2節）ので注意を要する．

6.6.4 火砕堆積物の構造と変質作用

海底で堆積した火砕物には珪質砕屑性堆積物と共通する堆積構造が見られることが多い．たとえば，級化構造（grading），平行葉理（parallel lamination），斜交葉理（cross lamination）などは海底火砕物中にごく普通に見られる堆積構造である．それらの堆積構造は珪質砕屑性堆積物と同じ用語を使って記載される（6.5.3項を参照のこと）．また，火砕堆積物の境界の形状や様式（侵食的・漸移的）は堆積過程の重要な手がかりとなる．

熱水活動が盛んな場所で堆積した火山砕屑物はしばしば高温の流体によって熱水変質（hydrothermal alteration）を受け，変色や自生鉱物の生成などの痕跡が残ることがある．このような証拠が認められた場合には，"熱水変質を受けた（hydrothermally altered-）"のように記載する．海洋底での変質作用の詳細については，7.5節を参照するとよい．

6.7 遠洋性堆積物・堆積岩

遠洋性堆積物は大量の生物源物質が堆積した結果である．複雑な堆積構造は認められないことが多い．したがって，遠洋性堆積物・堆積岩の命名は生物源粒子の判別が基礎となる．遠洋性堆積粒子は，粒子・構成物が肉眼やルーペで判断できないほど細粒の場合がほとんどなので，スミアスライドや薄片の観察によって的確に構成粒子を把握することが重要である．生物源粒子はきわめて多様な大きさと形態があるので，自分で判断できる知識を得るには，（個々の種名はわからなくても）どの生物群に属するのかを専門家に聞きながら，経験を積むのがよい．スミアスライドの偏光顕微鏡観察で認められる，典型的な遠洋性生物源粒子を図6.16〜6.20に示す（いずれも左側が解放ニコル，右側が直交ニコル）．

図6.21と6.22に，未固結の珪藻軟泥，有孔虫軟泥のスミアスライドの偏光顕微鏡写真を示す（いずれも左側が開放ニコル，右側が直交ニコル）．

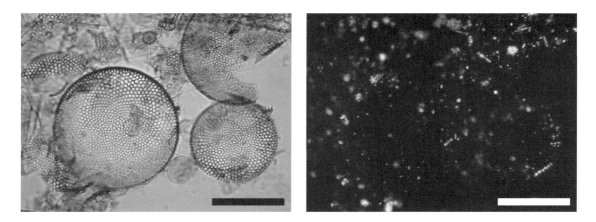

図6.16 珪藻（オホーツク海・中心部．200倍．スケールは横100μm，坂本ほか，2006）

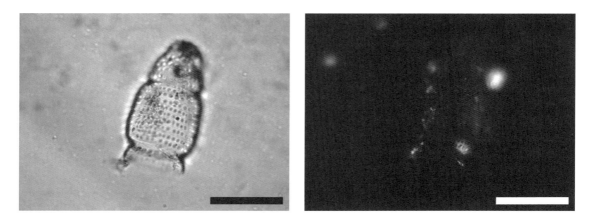

図6.17 放散虫（赤道太平洋・メキシコ沖．400倍．スケールは横50μm，坂本ほか，2006）

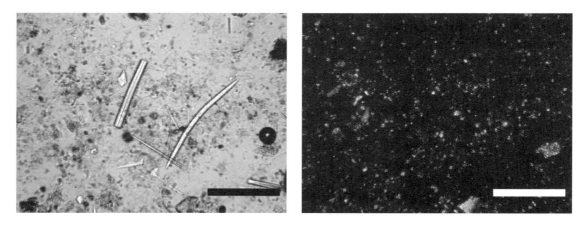

図6.18 珪質海綿骨針（Siliceous sponge spicule，相模湾．200倍．スケールは横100μm，坂本ほか，2006）

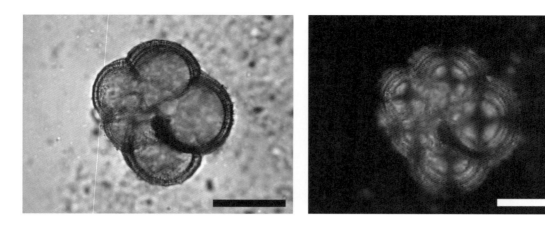

図6.19 有孔虫(太平洋・熊野トラフ.400倍.スケールは横50μm,坂本ほか,2006)

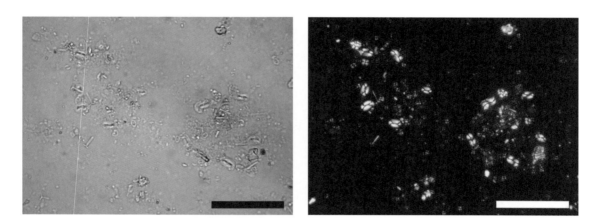

図6.20 ナノ化石(東地中海・キプロス沖.400倍.スケールは横50μm,坂本ほか,2006)

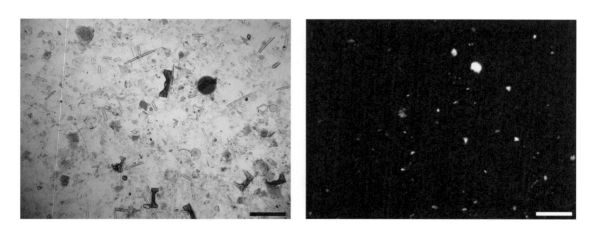

図6.21 珪藻軟泥(南極海・ロス海.100倍.スケールは横100μm,坂本ほか,2006)

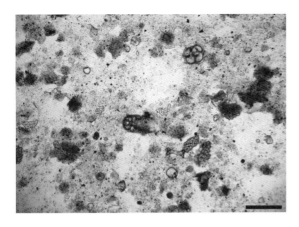
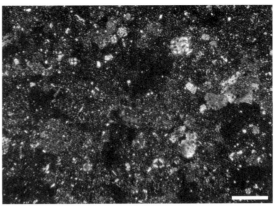

図6.22 有孔虫軟泥（インド洋・ベンガル湾．100倍．スケールは横100 μm，坂本ほか，2006）

6.7.1 遠洋性堆積物・堆積岩の分類・命名

遠洋性堆積物・堆積岩では，粒子組成および固結度を基に基本名を決定する（基本名に関しては6.4節を参照のこと）．基本名として使用するのは以下の用語である．

軟泥（ooze）：未固結の珪質ならびに石灰質の遠洋性堆積物

チョーク（chalk）：主として石灰質の浮遊性生物遺骸からなる微細な孔隙に富む固結した遠洋性堆積物

遠洋性石灰岩（pelagic limestone）：主として石灰質の浮遊性生物遺骸からなる堅固な遠洋性堆積物

放散虫岩，珪藻土，骨針岩（radiolarite, diatomite, spiculite）：やや硬めの（firm, medium consolidated）遠洋性堆積物で，主な構成物がそれぞれ放散虫，珪藻，海綿骨針であるもの

チャート（chert）：硬く固結した（hard）主に珪質の遠洋性粒子からなる堆積岩

遠洋性粒子の記載に使われる修飾語は以下のとおりである．これらによって，組成とその起源を示す．通常，珪質と石灰質という用語は，珪質あるいは石灰質だがその起源がよくわからない遠洋性の粒子に対して用いている．

珪質（siliceous）
　珪藻（質）（diatom (diatomaceous)）
　放散虫（radiolarian）
　骨針（質）（spicules (spicular)）
石灰質（calcareous）
　ナンノ化石質（nannofossil）
　有孔虫（質）（foraminifer (foraminiferal)）

粒子組成の中で25％を超える要素（major）は主要修飾語で表され，10～25％の要素は副次修飾語で表現される．25％を超える主要構成物が2つ以上ある場合は，それらのうちで量の多いものから量の少なくなる順に並べて表現する．英語表記と日本語表記では順序が逆になるので注意する．たとえば，未固結堆積物で構成物が60％有孔虫，40％ナンノ化石であれば，有孔虫ナンノ化石軟泥（nannofossil foraminifer ooze）である．主要構成物が生物源でなくても，主要修飾語として使用することができる．たとえば，やや硬めの堆積物で45％珪藻，30％粘土，25％有孔虫であれば，粘土質有孔虫質珪藻土（foraminifer clayey diatomite）である．

遠洋性炭酸塩堆積物は，構成物の60％以上が石灰質殻をもつ浮遊性生物（たとえば，浮遊性有孔虫，円石藻（ココリス），翼足類など）からなる堆積物である．陸源物質の供給に乏しく水深100 m以深の底生生物群集の棲息が限定されている陸棚外帯・大陸斜面・大洋底でも炭酸塩補償深度（carbonate compensation depth：CCD）以浅の海底や沈水サンゴ礁・海山上には，浮遊性有孔虫やココリスなどの石灰質殻をもつ浮遊性生物からなる遠洋性石灰質堆積物が広く堆積している（**図6.23**）．遠洋性炭酸塩堆積物は，その固結度により，未固結の石灰質軟泥，固結したチョーク，堅固な遠洋性石灰岩に分類される．このうち軟泥では，主たる構成浮遊性生物種名を修飾語として頭に付す．代表的なものとしては，nannofossil, foraminifer (-al), petropodなどがある．構成浮遊性生物種が特定できない場合には，通常，石灰質軟泥とする．

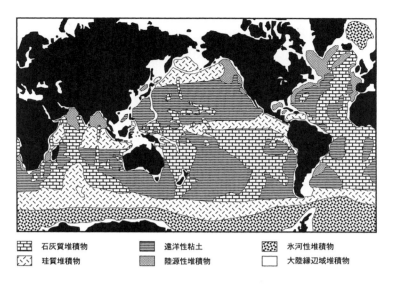

図6.23 現世遠洋性堆積物の分布（保柳ほか，2004）

6.7.2 遠洋性堆積物の記載にあたっての注意点

　どのような試料についてもいえることであるが，特に未固結堆積物のコア試料の場合は容易に汚染（contamination）されやすく，記載する試料に本質的な表面が現れていないと，重要な情報を拾い損ねたり誤った記載をしたりすることになる．スミアスライドの作成を行う場合にも同様の恐れがある．したがって，カッターの刃やスクレーパー（scraper）などで表面をきれいにしてから観察・試料採取を行うことが重要である．

　遠洋性堆積物・堆積岩の記載では層厚・岩相名・色・堆積構造は必須の記述事項である．遠洋性堆積物に複雑な堆積構造はあまり認められないが，生物擾乱の様子と度合いは重要な情報であるので，よく観察してスケッチと記述をする．無構造であってもそれが1つの特徴であるから，塊状（massive），均質（homegenous）などの用語で，必ず記述する．岩相は層状ではなく，時には斑状に分布していたり，異なる岩相と互層を形成していたりすることもある．堆積構造にもかかわることであるが，その産状と大きさ（あるいは細かい層・葉理）についての記述をする．上下の層との境界も漸移であるのか明瞭であるのか，後者の場合どのような構造で接触しているのかを記述する．周囲よりも珪質物あるいは炭酸塩を多く含み，25%もしくはそれ以上の珪質物あるいは炭酸塩鉱物で構成される孤立した層状構造を，珪質薄層（thin siliceous layer）あるいは炭酸塩薄層（thin calcareous layer）と記載することもある．

　色については，たとえば珪藻軟泥であればオリーブ色，有孔虫軟泥であれば明るいクリーム色というように，堆積物によって特徴的な色を示すことが多く，色の情報も不可欠である．局所的な点やパッチ状，シミ状に表れる堆積物の色の変化は斑化あるいは斑状構造（mottled/mottling）と呼ばれる．

　遠洋性の炭酸塩・珪質堆積物は，石灰質・珪質の殻をもった浮遊性生物の遺骸が沈積したものであり，その構成生物種は古海洋環境解析や年代決定において重要である．したがって，必ずスミアスライド（作成法については，6.10節を参照のこと）を用いて生物種の特定を行わなければならない．

　一様に見える遠洋性堆積物を丹念に観察すると，含まれる浮遊性生物種の殻サイズが級化している場合がある．特に浮遊性有孔虫ではしばしば見られる構造であるが，この構造が見られる堆積物は重力流や底層流などによって再堆積したものである可能性が高く，そのため慎重なコア観察が必要である．

　堆積速度が遅い遠洋性堆積物には，レス（loess）のような風成塵（eolian dust）や宇宙塵（cosmic dust）起源の粒子が検出されることがあるので，生物起源以外の粒子の組成にも注意を払うべきである．一般に細粒な遠洋性堆積物で特に目立つ特異な成分として，氷山に捕獲され遠洋まで運ばれた氷河堆積物が，氷山の融解にともなって深海底に堆積した氷漂流運搬堆積物（ice-rafted debris：IRD あるいは drop stone）がある．氷漂流運搬堆積物にはさまざまな粒径の砕屑

粒子が含まれているので，深海底においても粗粒堆積物が産出することもある．氷漂流運搬堆積物は基本的に陸源性（terrigenous particles）であり，珪質砕屑性堆積物の記載法に従う．成因は不明確であるが，周辺を取り囲む堆積物と比較して極端に大きな砕屑粒子は特大砕屑粒（outsized clast）と記載するとよい．周囲と異なる岩質で構成された堆積物や堆積岩の小さく孤立した小片を，従属的岩質小片（patch of minor lithology）として記載することもある．

深海底表層部では大型生物遺骸やそれを取り囲んで成長するマンガン団塊（manganese nodule），化学的沈殿あるいは微生物が介在して形成されたと考えられる桑実状黄鉄鉱（framboidal pyrite：微小な黄鉄鉱粒子が形成する球状体）などが見られることもあるが，これらについては6.9節で述べる．

6.8 浅海性炭酸塩堆積物・堆積岩

粒状堆積物の分類では，堆積物構成粒子の60％以上が生物源粒子（遠洋性粒子と浅海性粒子）からなり，遠洋性粒子よりも浅海性粒子が卓越しているものを浅海性堆積物と定義した（Mazzullo et al., 1988, Sakamoto et al., 2010）．浅海性粒状堆積物は，主に海浜から大陸棚に生息する石灰質の骨格をもつ生物の破片（たとえば，貝殻など）や骨格以外の粒子（たとえば，魚卵石（ウーイド（ooid））やペロイド（peloid）），および遠洋性起源でない細粒石灰質粒子からなる堆積物を指す（Mazzullo et al., 1988; Rothwell, 1989）．本節では，浅海性粒子からなる主要な堆積物である浅海性炭酸塩堆積物について詳述するが，陸域から供給された，より古い固結した石灰岩あるいは苦灰岩に由来する砕屑性の炭酸塩岩片（lithoclast）も主要な構成粒子である．また，造礁サンゴなどの造礁生物が，その場で形成・成長した原地性生物源堆積物も重要な構成物であるので，それらを含め炭酸塩堆積物一般に適用できるよう解説する．

一般に炭酸塩堆積物，ならびにそれが固結した炭酸塩岩は，構成鉱物の50％以上が炭酸塩鉱物からなる堆積物・堆積岩と定義される．堆積岩全体の1/5以上を占め，長い地球史を通じ堆積し，世界各地に分布している．炭酸塩岩の中で最も代表的な岩石が石灰岩である．炭酸塩堆積物と砕屑性堆積物の形成過程が大きく異なる点は，炭酸塩堆積物が一般に堆積物の生産場と堆積場とが同一の堆積盆内であること，および堆積物の大部分が生化学的過程によって形成されていることにある．そのため，炭酸塩堆積物の特徴は，①大部分が海棲生物起源であること，②原地性ないしは準原地性であること，③限られた構成鉱物種からなること，④構成鉱物の特性により顕著な続成作用を受けること，などがあげられる．炭酸塩堆積物は，主として水温・塩分・水深・エネルギー条件などの堆積環境に鋭敏な生物の遺骸により構成されているために，過去の堆積環境の推定に役立っている．

大陸棚や島弧周辺には造礁サンゴ（hermatypic coralまたはreef-building coral）などを主体とする浅海性炭酸塩堆積物が分布する．これらの浅海性炭酸塩堆積物は，過去の地球史，特に古海洋・古気候環境の変遷史の復元に欠かせない多くの情報を記録しているため，これまで世界中の古海洋学者，古生物学者，堆積学者などの多様な研究者により幅広く研究されてきた．

海域における炭酸塩堆積物の研究において，海底から得られるコアはきわめて貴重かつ重要な試料である．これらコア試料中の炭酸塩堆積物の分類や記載にあっては，世界共通の記載法が存在するのがベストであり，同一の構成物・組織からなる堆積物・堆積岩に対し，複数の名称が存在することは避けるべきことである．しかし現実には，航海あるいは研究者の研究目的によって，同一堆積物・堆積岩の名称が異なることはしばしばみられる．また同一航海においても，浅海性炭酸塩堆積物と遠洋性炭酸塩堆積物に対して，異なる分類法を用いている場合も存在する（ODP Leg 182など）．また，新たな研究対象に対し，新規に分類体系を作成しなければならないこともある（微生物岩, microbialite；IODP Exp 310）．ここでは，従来から炭酸塩堆積物に用いられてきた分類と記載の方法について記述する．

6.8.1 炭酸塩堆積物・堆積岩の分類

炭酸塩堆積物・堆積岩は，通常，鉱物組成あるいは化学組成によって大きく分類される．方解石アラゴナイト（calcite-aragonaite, $CaCO_3$）とドロマイト（dolomite, $CaMg(CO_3)_2$）とを端成分として，石灰岩（limestone），ドロマイト質石灰岩（dolomitic limestone），石灰質（方解石質）苦灰岩（calcareous dolostone），苦灰岩（dolostone）に分類する（図6.24）．また，非炭酸塩陸源性砕屑物と石灰質堆積物の混合堆積物の場合には，砂質岩では石灰岩・砂質石灰岩（sandy limestoneあるいはarenaceous limestone）・石灰質砂岩（calcareous sandstone）・砂岩，泥質岩では石灰岩，泥質石灰岩（muddy limestoneあるいはargillaceous limestone），石灰質泥岩（calcareous mudstone），泥岩に分類する（図6.25）．35〜65％の泥質分を含む石灰岩を泥灰岩（marl/marlstone）と呼ぶこともある．ここで述べた炭酸塩堆積物・堆積岩の分類は浅海性炭

酸塩堆積物のみならず遠洋性炭酸塩堆積物（6.7節），ならびに結晶質炭酸塩岩（6.9.4項）にも適用できる．

6.8.2 浅海性炭酸塩堆積物・堆積岩の分類

陸上に分布する浅海性炭酸塩堆積物・堆積岩の分類では，現在，Embry and Klovan（1972）によって修正されたDunham（1962）の分類が一般的に使われてきており，これまでのODP・IODPにおける浅海性炭酸塩堆積物・堆積岩を対象とした航海（たとえば，ODP Leg 166，Leg 182，Leg 194；IODP Exp 310など）においても，この分類法が用いられている．

Dunham（1962）の分類は，堆積組織，特に粒子の支持形態，石灰泥の量ならびに含まれる生物の原地性・異地性の違いに重点をおいた分類である．Embry and Klovan（1972）は，この分類をさらに粗粒な堆積物にまで拡張すると同時に，原地性礁性堆積物を細分したものである（図6.26）．この分類では，まず堆積時の構造が保存されているか否か，さらに堆積時の構造が保存されている場合には，その形成時に構成物が生物により結合されているか否かによって，大きく3つに分けられる．

ア）堆積時の構造が保存されていない場合
　結晶質炭酸塩岩（crystalline carbonate）：再結晶化作用などにより，堆積時の構造が保存されずに透晶質の粗粒結晶の集合体からなる炭酸塩岩（6.9.4項参照）．

イ）堆積時の構造が保存され，構成物が造礁生物により堆積時に結合されている場合（原地性堆積物からなる場合）

造礁生物による堆積物の結合様式によって，以下の3つに細分される．

　フレームストーン（framestone）：塊状造礁サンゴなどが，生息場で波浪などに対して強い抵

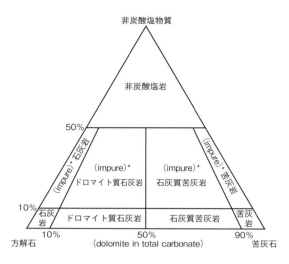

図6.24　炭酸塩堆積物・堆積岩の分類
（Leighton and Pendexter, 1962）

抗力をもった堅固な枠組みを構成するもの

　バインドストーン（bindstone）：石灰藻やバクテリアなどの被覆性生物によって，堆積物が固定され，層状となったもの

　バッフルストーン（bafflestone）：サンゴや石灰質海綿などの枝状の造礁生物が密集して，それらの造礁生物の間隙には石灰砂や石灰泥が捕捉・固定されているもの

上記の3つの岩型に区分ができない場合，あるいは混合している場合には，バウンドストーン（boundstone）を用いる．

ウ）堆積時の構造が保存され，構成物が造礁生物により堆積時に結合されていない場合（異地性〜準原地性粒子からなる場合）

まず粒径2mm以上の粗粒粒子が10％以上含まれる

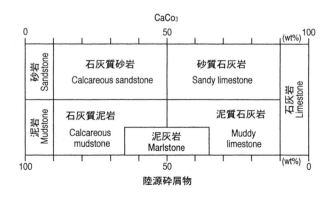

図6.25　陸源性砕屑物と石灰質堆積物の混合堆積物の分類（保柳ほか，2004）

か否かによって区分する．
　a）粒径2mm以上の粗粒粒子が10％以上含まれる礫質炭酸塩堆積物
　　ラドストーン（rudstone）：粒径2mm以上の粗粒粒子によって支持されるもの
　　フロートストーン（floatstone）：粒径2mm以下の細粒粒子からなる基質に支持されるもの
　b）粒径2mm以上の粗粒粒子が10％以下の砂質・泥質炭酸塩堆積物
　　グレインストーン（grainstone）：砂サイズ粒子によって支持され，粒子間に基質の石灰泥を欠くもの
　　パックストーン（packstone）：砂サイズ粒子によって支持され，粒子間に基質の石灰泥をともなうもの
　　ワッケストーン（wackestone）：泥サイズ粒子からなる基質により支持され，砂サイズ粒子が10％以上含まれるもの
　　（ライム）マッドストーン（(lime) mudstone）：泥サイズ粒子からなる基質により支持され，砂サイズ粒子が10％以下のもの

　また，ドロマイト化作用（dolomitization）によりドロマイトが含まれる場合でも，堆積時の構造が保存されている場合にはDunhamの分類を用いるのが望ましい．90％以上ドロマイトからなる炭酸塩堆積物（広義の苦灰岩）には，Dunhamの分類の岩石名の前にdolo-の接頭語を付す（たとえば，dolo-wackestone）．さらにドロマイト含有量が10〜50 wt％の場合は，Dunhamの分類の岩石名の前にdolomiticの修飾語（たとえば，dolomitic wackestone）を，ドロマイト含有量が50〜90 wt％の場合は，dolo-の接頭語を付されたDunhamの分類の岩石名の前にcalcareousの修飾語（たとえば，calcareous dolo-wackestone）を付す．

6.8.3　浅海性炭酸塩堆積物・堆積岩の修飾語

　上記により決定された堆積物の基本名に加え，i) 主要構成物，ii) 粒径，iii) 固結度を用いて，堆積物の特徴がより詳細に記載されるようにする．

A. 構成物

　堆積物名には，主たる構成物（基質を除く粒子あるいは現地性生物）の名称を修飾語として堆積物名の前につける．主な構成物を，よく使用される岩相・岩型のシンボルとともに図6.27に示す．構成物の25％以上を占めるものを主修飾語として堆積物名の直前に，さらに10〜25％含まれるものを副修飾語として添える．たとえば，構成粒子の25％以上が魚卵石からなり，15％程度をペロイド粒子が占めるグレインストーンの場合，peloidal oolitic grainstoneとなる．種々の生物骨格遺骸片を主たる粒子として，特に特徴的に含まれる生物種がない場合には，生砕性（bioclastic）という修飾語を用いる．また，ラドストーンやフロートストーンのような礫質岩の場合には，主として含まれる礫サイズの構成粒子の名称を修飾語としてつけ，基質の部分については，その粒子組成と組織によって独立して堆積物名を付すのが望ましい（たとえば，coral floatstone with bioclastic packstone matrix）．さらに研究目的によっては，個々の生物種の群体形などを修飾語として付す場合もある（たとえば，robust-branching bryozoan floatstoneなど）．図6.28に生物骨格の代表的な粒子径を示す．

B. 石化度

　砕屑性堆積物・岩に使用される固結度に加えて，炭

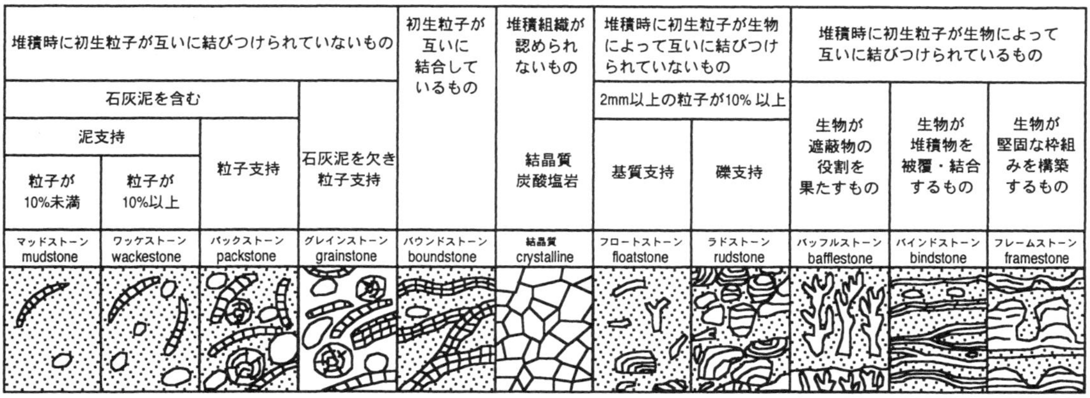

図6.26　Embry and Klovan（1972）による浅海性炭酸塩堆積物・堆積岩の分類（保柳ほか，2004）

酸塩岩に対しては Gealy *et al.*, (1971) によって定義された堅さ (firmness) に関する用語が使われることもある．次の3段階に区分し，堆積物名の前に修飾語として付す．

　未石化 (unlithified)：軟らかく，爪やスパチラーの柄で容易に変形する程度の堅さしか有さない堆積物 (unlithified grainstone など)

　半石化 (partially lithified)：少し固結しているものの壊れやすく，爪やスパチラーの柄で傷つく堆積物 (partialliy lithified packstone など)

　石化 (lithified)：硬く壊れにくく，爪やスパチラーの柄で傷つけることが困難または不可能な堆積物 (lithified wackestone など)

C．粒径

　浅海性粒状堆積物においても，珪質砕屑性堆積物と同様に Udden-Wentworth の粒径区分 (**図6.4**) に基づいた修飾語を付す場合がある．礫質浅海性炭酸塩堆積物であるラドストーンとフロートストーンに対しては，巨礫 (boulder-sized：>256 mm)，大礫 (cobble-sized：256〜64 mm)，小礫 (pebble-sized：64〜4 mm)，細礫 (granule-sized：4〜2 mm) を用い，pebble-sized coral rudstone などと使用する．

　また，砂質・泥質浅海性粒状堆積物であるグレインストーン，パックストーン，ワッケストーン，マッドストーンに対しては，極粗粒砂 (very coarse sand-sized：2〜1 mm)，粗粒砂 (coarse sand-sized：1〜1/2 (0.50) mm)，中粒砂 (medium sand-sized：1/2〜1/4 (0.25) mm)，細粒砂 (fine sand-sized：1/4〜1/8 (0.125) mm)，極細粒砂 (very fine sand-sized：1/8〜1/16 (0.063) mm)，粗粒シルト (coarse silt-sized：1/16〜1/32 (0.032) mm) を用い，medium sand-sized oolitic grainstone などと使用することができる．

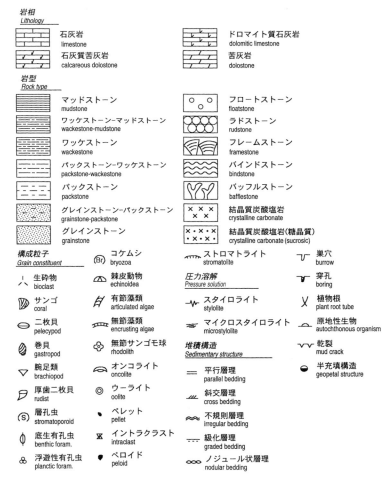

図6.27　柱状図に使われる代表的な凡例と構成粒子 (保柳ほか，2004)

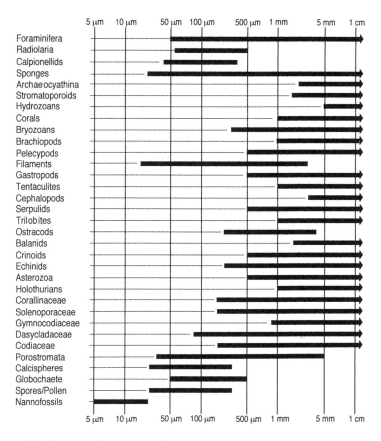

図6.28 生物骨格粒子の代表的な大きさ（Flügel, 2004）
本図は浅海性炭酸塩堆積物と遠洋性炭酸塩堆積物に適用される

6.8.4 浅海性炭酸塩堆積物コア観察の注意点

炭酸塩堆積物からなるコアの観察と記載は，基本的には砕屑性堆積物からなるコアや露頭における観察・記載と同じである．深度方向には連続的に観察できる反面，側方方向の情報は自ずと限定されたものとなる．特に，原地性の造礁生物を主体とする浅海性炭酸塩堆積物の場合には，個々の造礁生物や堆積物の重なり方と相互関係が重要であり，その場合には鉛直方向での種々の生物や堆積物の重なり方を慎重に観察・記載し，それらが側方方向に広がった時にどのような堆積体を構成し，そのどの部分を観察しているのか，判断する必要がある．近年では，Formation Micro Scanner（FMS：第11章参照）などの電気検層により造礁生物の形態・産状が3次元的に把握できるようになってきているので，場合によってはそれらを参考にする場合もある．

通常，海底から採取されたコアは1～2m程度に裁断され，記載台の上に並べられる（通常のODP/IODP航海では1.5mと規定されている）．このため，しばしば大きな原地性造礁生物は，一群体の途中で裁断されることになり，その結果，誤った岩相記載を行うことがある．したがってコア観察では，まずコア全体を十分に観察したうえで記載するよう心掛けなければならない．古気候・古海洋研究用の長尺サンゴ骨格試料の採取が目的の航海では，大型の塊状サンゴ群体が途中で裁断されることを避けるため，裁断前に研究者とキュレーターとが協議して，裁断位置を決定するとよい．

記載では，得られたコアからより多くの情報を抽出するため，通常の露頭観察よりも詳細な記載を行う．通常，裁断されたコア（以下，セクションと呼ぶ）ごとに1枚の記載シートを使用して1/5～1/10の縮尺で記載を行う．基本的には，なるべく詳細な記載を行い，必要に応じて1/50や1/100などの柱状図を作成する．始めに大雑把な記載を行うと，後に詳細な柱状図を作

成することは困難であり，コア記載を基礎として多くの研究者が多岐にわたる研究を行う航海の場合には，後の研究に大きな支障をきたすことになる．

6.8.5 浅海性炭酸塩堆積物のコア観察と記載

浅海性炭酸塩堆積物は遠洋性炭酸塩堆積物や砕屑性堆積物と大きく異なり，その多くは原地性ないしは準原地性であり，堆積時の微地形に応じて，堆積物が側方に急激かつ頻繁に変化する．また，粒子の多くは運搬などによる淘汰を受けていないため，構成生物の種類に応じてさまざまな粒径の粒子が混在している（図6.27）．そのため，コア観察や記載では，以下の点に留意して観察・記載を進めなければならない．

A．原地性・異地性の判定

浅海性炭酸塩堆積物の場合には，含まれる造礁生物化石が原地性であるのか，異地性であるのかが，その後の環境解析にとって重要である．そのためには，個々の生物の骨格の成長方向，群体形，あるいは生態を考慮して，造礁生物化石が原地性か異地性かを判断しなければならない．また，成長方向が判定できる場合には，スケッチ上に成長方向を矢印などで記すのが望ましい．

B．生物相互の関係

原地性造礁生物からなる場合には，堆積物を構成する造礁生物群が相互にどのような関係にあるのか，詳細に記載する必要がある．また分類にあたっては，個々の造礁生物が堆積物形成にあたって果たしている役割によって岩石名が異なる．したがって，原地性造礁生物が含まれる場合，個々の造礁生物の群体形や群体相互の累重様式や空間配置について記載し，正確なスケッチを描くとともに，可能な限り属・種を判定するのが望ましい．

C．同一層準に異なる岩相の存在

浅海性炭酸塩堆積物では，堆積物が側方に急激かつ頻繁に変化するため，コア径程度の範囲であっても，同一層準に異なる岩相が分布する場合がある．たとえば，コアの左半分を被覆型造礁生物によるバインドストーンが占めるのに対し，右半分はパックストーンが占めるなどということはしばしば見られる．したがって，記載ではコアの部分部分を丹念に観察し，同一層準でも異なる岩相が見られる場合には，分けて記載する必要がある．

D．異なる粒径における構成粒子組成の違い

前述のように浅海性炭酸塩堆積物の多くは原地性〜準原地性であり，運搬などによる淘汰を受けていないため，礫サイズからμmサイズの粒子まで混在している場合が多い．原地性造礁生物や礫サイズ粒子を構成する生物種など，目立つ生物種のみを記載することにならないように留意する必要がある．したがって，記載にあたっては，原地性造礁生物・礫サイズ粒子・砂サイズ粒子・泥サイズ粒子について，系統的に記載するよう心がけたい．また記載に際しては肉眼・ルーペだけでなく，少なくとも各セクションで1枚はスミアスライドを作成するようにする．

E．続成作用の有無とその種類

炭酸塩岩の大きな特徴の1つとして，顕著な続成作用を受けることがあげられる．炭酸塩続成作用は，溶解作用，置換・交代作用，自生作用，膠結作用，新生作用（neomorphism），圧密作用，再結晶化作用など多岐にわたり，ドロマイト化作用も置換・交代作用の1つである．特に浅海域で堆積した炭酸塩堆積物の場合には，海水準の変動にともなって頻繁に地表露出と沈水を繰り返した可能性が高く，それにともなう近地表環境下で進行する種々の続成作用を受けたものと考えられる．したがって，浅海性炭酸塩堆積物のコア観察・記載にあたっては，初生堆積物のみならず続成作用の観察・記載を怠ってはならない．

浅海性炭酸塩堆積物で観察・記載されるべき続成作用は，以下のものがあげられる．

ア）溶解作用

溶解作用の有無とそれにより形成された2次孔隙の種類（モールド孔隙やバグ孔隙など）を記載する（図6.29）．

イ）置換・交代作用

造礁サンゴなどのあられ石（aragonite）からなる生物骨格は，淡水性続成作用により方解石に置換している場合がある．ルーペなどを用いて初生構造の保存状況や方解石結晶の有無などを確認する．

ウ）自生作用

細粒の基質中にしばしば自生のドロマイト結晶などが生成されている場合がある．スミアスライドなどで自生結晶の有無を確認する．

エ）膠結作用

孔隙中に発達する膠結物質（cement）の有無と膠結物質が存在する場合には，結晶形・産状などを記載する．また，稀に鍾乳石化した孔隙の壁面が見られることがある．陸化を示す重要な情報であるので，それらの組織についても必ず記載する．

オ）圧密作用

スタイロライト（stylorite）や粒子破壊などの圧密作用にともなう堆積構造の有無を記載する．スタイロライトは，のこぎり刃状のお互いにかみ合う不規則な形態で特徴付けられる接合面である．通常は均質な炭酸塩岩に見られ，砂岩や石英岩にも稀に見

カ）ドロマイト化作用

　浅海性炭酸塩堆積物ならびに遠洋性炭酸塩堆積物では，しばしばドロマイト化作用を受けていることがある．肉眼ではなかなか識別しにくいが，希塩酸に対する方解石・アラレ石とドロマイトの発泡性の違い，船上でのXRD分析結果やスミアスライドの観察などでドロマイト結晶の有無を確認する必要がある．ただし，XRD分析でドロマイトの存在が確認できるのは，通常2～3％以上の含有量がある場合である．したがって，XRD分析で検出できなくても，ドロマイトが形成されている場合があることに留意する．

F. 炭酸塩堆積物特有の組織と構造

　浅海性炭酸塩堆積物には，砕屑性堆積物や遠洋性堆積物には見られない特有の組織や構造がある．これらは初生堆積時と続成過程で形成されるものの双方が存在する．

　炭酸塩堆積物では溶解作用にともなって種々の2次孔隙が形成されることは先にも述べたが，初生孔隙でも砕屑性堆積物では見られない粒子内孔隙やシェルター孔隙などが存在する（**図6.29**）．また，フェネストラル（fenestral）構造，鳥の目構造（bird-eye structure），ティーピー構造（teepee structure）など炭酸塩堆積物特有の堆積構造も存在する．さらに浅海性炭酸塩堆積物では，頻繁に繰り返される地表露出にともない，古土壌（paleosol）が発達することがある．ここでは，陸上の地表近くにおいて，土壌中でカルシウム炭酸塩に飽和した地下水から沈殿した，主としてカルシウム炭酸塩よりなるカルクリートあるいはカリーチ（calcrete, caliche），植物の根の周辺に中空のノジュール状の塊として形成される植物根跡（rhizocretion），角礫化などの種々の堆積構造が観察され，また蒸発環境では乾裂（desiccation crack）や蒸発鉱物の仮像（pseudomorph）などが観察される場合もある．特に植物痕跡などは，微細な構造であるので注意深い観察が必要である．また，陸上に露出した炭酸塩岩体が受ける風化作用として，降水による炭酸塩の溶解と沈殿によって形成されるカルスト地形（karstic topography）もあるので注意しよう．

6.8.6 記載シートへの記入

　記載シートは，研究航海あるいはプロジェクトによって定まった様式のものがある場合が多い．しかし，研究対象・目的によって，観察項目などが異なり，記載しにくいことがある．その場合には，適宜，航海内で検討し，最も研究目的に合致した航海共通の様式に変更することが望ましい．後述する岩相やその他の凡例にしても，必要に応じて変更あるいは新たな凡例を作成するようにする．以下に，一般的に記載すべき事項について記述する．また，前節で述べた留意事項を含む炭酸塩堆積物のコア観察において記載すべき項目を下に示す．

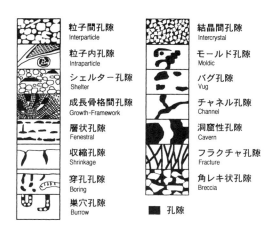

図6.29　炭酸塩堆積物中に見られる孔隙（保柳ほか，2004）

A. 岩相

　岩相のコラムには，通常，岩相ごとに決められた凡例を記入する．炭酸塩堆積物はレンガ様の模様によって示されることが一般的であり，ドロマイト質の堆積物の場合には，縦線を斜めにすることにより石灰質堆積物と区別されることが多い．より詳細に炭酸塩堆積物を分類して表すときには，種々の凡例を用いる．代表的な柱状図の凡例を示す（**図6.27**）．また，砕屑性堆積物の柱状図では，しばしば粒径を柱状図の横幅で表現することがあるが，炭酸塩堆積物の場合にも，Dunhamの分類を用いて，同様に表現する場合がある．

B. 色調

　色調は重要な堆積物の特徴である．構成物の種類や粒径，続成作用などにより色調は変化する．したがって記載では，ロックカラーチャート（rock color chart）などを用いて客観性のある色調の記載を行う．近年では，コア写真を基に色調を決定する場合もある（9.9節参照）．

C. スケッチ

　スケッチは，炭酸塩堆積物のコア記載では最も重要なものの1つである．頻繁に変化する岩相や種々の造礁生物の相互関係，あるいは層理面・不整合面の形態や層位関係を明快に示すべきものであり，肉眼レベルで観察されるものについては可能な限り詳細に記述す

る．実際にコアを観察できない共同研究者にとっては，たとえコア写真が取られていても，コアの詳細はスケッチとコア記載が最も重要である．したがってコア記載に対応したスケッチが求められる．

D. 堆積構造・含有化石
専用の記載欄がある場合には記載欄内に，ない場合にはスケッチ上などに，堆積構造や含有化石を記入する．このとき，観察される，あるいは産出する層準を矢印などでその範囲を示す．

E. 岩相記載
コア観察を基に，層準ごとに堆積物名を記載する．このとき，肉眼・ルーペ・スミアスライドなどで判明した構成物，ならびに船上でXRD分析が行われている時には鉱物組成も参考に，修飾語を用いて適切な堆積物名を決定する．また，粒径ごとの主たる構成物の種類と量比，造礁生物の群体形，特徴的な組織・構造，続成作用の有無と種類，孔隙のタイプなどについても記載する．英語での表記で，特に記載が長くなる場合には，適宜，研究者内で統一した省略形を用いる．

F. 試料採取位置
スミアスライドならびに薄片製作のために試料採取した位置を記載する．この時に層準を示すだけでいい場合もあるが，複雑に岩相が分布している場合には，どの部分から採取したのか，スケッチ上に正確な位置を記録するのが望ましい．また，微化石用・微生物用・コア分析用などのために全コア採取されていてコアが存在しない層準は明記する．

G. 掘削時のコアの擾乱
コアに見られる擾乱が初生のものであるか，掘削時のものか，またその程度はどうかについて記載する．掘削直後でなければわからないことが多いので，速やかに記載する．特に破断などは初生のものであるか，掘削時のものか，あるいは保存時のものか，は重要である．

6.9 化学的堆積物

この節では，炭素質堆積物（carbonaceous sediments），蒸発岩（evaporites），結晶質珪酸塩岩（crystalline silicates），結晶質炭酸塩岩（crystalline carbonates），燐灰土（phosphorite），重金属堆積物（metalliferous sediments）について説明する．これらの堆積物の名称は，個々の分類法によって命名される．なお，ガスハイドレート（gas hydrate）についてはトピックで紹介する．

これらのほかにも，海洋底の表層部ではさまざまな組成をもつノジュール（nodule/concretion）が無機的な過程によって形成されている．ノジュールは一般に小型で，不規則ではあるが丸い結節・塊・もしくはこぶ状の，結晶もしくは結晶の集積体である．通常はイボもしくは突起を表面にもち，内部構造は存在しないことが多い．多くの場合，周囲の堆積物とはまったく異なる組成をもつ．ノジュールを構成する元素あるいは鉱物によって，マンガンを多く含むマンガンノジュール（maganese nodule あるいは manganese concretion），鉄を多く含む鉄質ノジュール（ferruginous concretion），黄鉄鉱（FeS）からなる黄鉄鉱ノジュール（pyrite nodule），リン酸塩（PO_4^{3-}）を含む鉱物で構成されたリン酸塩ノジュール（phosphate nodule）などが知られている．

方解石（$CaCO_3$），苦灰石（$MgCO_3$），シデライト（$FeCO_3$）などの炭酸塩鉱物で構成される炭酸塩ノジュール（carbonate nodule）も広く知られており，それぞれ方解石ノジュール（calcite nodule），苦灰石ノジュール（dolomite nodule），シデライトノジュール（siderite nodule）と呼ばれる．

6.9.1 炭素質堆積物

炭素質堆積物は，主として植物や藻類などの有機物の遺体が50％以上を占める堆積物であり，それらが炭化作用（carbonization），瀝青化作用（butuminization）などにより変化した堆積物・堆積岩を指す．なお，油母頁岩（オイルシェール：oil shale）やアスファルトサンド（asphalt sand）・タールサンド（tar sand）は，珪質砕屑性堆積物に分類され，油やアスファルト・タールは粒子間を埋める膠結物質として扱われる．

A. 基本名
炭素質堆積物の基本名は，大きく泥炭—石炭系列と腐泥（サプロペル：sapropel）のグループとに2分される．

i) 泥炭—石炭系列

泥炭—石炭の系列では，炭素質堆積物の熟成度（石炭化度）によって4つの段階に区分され，通常，以下の基本名が使用される．

- 泥炭（peat）：植物遺骸片の形態が残っている軟らかい土壌性の有機物の集合体
- 褐炭（brown coal）：石炭化度の最も低い石炭であり，褐色を呈し，輝きは鈍く，軟質である．稀に植物遺骸片が認められる
- 瀝青炭（bituminous coal）：光沢のある黒色を呈し，硬い．炭理（cleat）に沿って，立方体状に割れる
- 無煙炭（anthracite coal）：石炭化度の最も高い石

炭であり，輝きのある光沢を放つ．貝殻状断口を呈する

ii）腐泥

腐泥は，主として藻類の有機物が嫌気性の環境で堆積したゼリー状の軟泥あるいは汚泥からなる．腐泥質の堆積物に対しては，一般化された分類・命名法はないが，通常，その固結度に応じて，腐泥と腐泥炭（saproperic coal）が用いられる．

B. 修飾語

炭素質堆積物の修飾語には，石炭・腐泥ともに，通常，珪酸塩砕屑性堆積物などの非炭素質堆積物に用いられる修飾語が使用される（たとえば，泥質泥炭（muddy peat），粘土質腐泥（clayey sapropel））．

6.9.2 蒸発岩

蒸発岩は，主として海水や湖水に溶存した塩分が，蒸発作用により高塩分になった溶液から無機的に沈殿した鉱物により構成される．

A. 基本名

蒸発岩の基本名は，構成する鉱物の種類によって命名される．代表的な蒸発岩として，岩塩あるいはハライト（rock salt, halite；NaCl），カリ岩塩あるいはシルバイト（sylvite；KCl），石膏（gypsum；$CaSO_4 \cdot 2H_2O$），硬石膏（anhydrite；$CaSO_4$）などがある．

B. 修飾語

蒸発岩の修飾語は，主として堆積構造や組織を記載する用語が用いられる．

　塊状（massive）：葉理や級化，逆級化などの堆積構造が観察されない均質塊状な組織

　ノジュール状（nodular）：蒸発岩がレンズ状に水平的に連なり，かつまた垂直的に積み重なり，層状に膨縮する蒸発岩が積重なった産状をもつ．石膏（$CaSO_4 - 2H_2O$）や重晶石（$BaSO_4$）で構成されるノジュールが知られている

　チキンワイヤ（亀甲金網）状（chicken-wire）：炭酸塩鉱物や粘土の薄層により限られた，硬石膏（あるいは石膏の仮象）からなる直径1～5cm程度の不規則多角形のノジュールが集まって形成される組織

　底面成長型（bottom-growth）：底面から垂直に透明な石膏（透石膏；selenite）の結晶が成長することによって形成される構造．通常，結晶面は湾曲しており，プリズム状の単結晶，燕尾状の双晶，あるいは手のひら状に扇型に発達するものまでさまざまな産状が観察される

　葉理状（laminated）：方解石や有機物と硬石膏（あるいは石膏）がmmオーダーで細互層を示し，全体として数百mにも及ぶシーケンスを構成する．またハライト中での硬石膏の葉理もしばしば観察される

6.9.3 珪酸塩岩

珪酸塩岩は非粒状で，見かけ上生物遺骸の痕跡など堆積時の組織・構造を有しない珪酸塩鉱物からなる結晶質の岩石を指す．代表する構成珪酸塩鉱物として，石英，クリストバル石（cristobalite），鱗珪石（tridymite），沸石族などがあげられる．また，非晶質シリカ（amorphous silica）からなる珪酸塩岩も見られる．珪酸塩岩の成因には，海水・熱水，あるいは地下水などからの直接沈殿や，初生珪質堆積物（siliceous sediments）の続成作用や熱水変質作用，変成作用などにともなう再結晶化作用による粗粒化などが含まれる．ここではシリカ鉱物（石英・クリストバル石・鱗珪石）からなる珪酸塩岩の分類・命名について記す．その他の珪酸塩鉱物からなる岩石の分類は，含まれる鉱物の種類に基づいて，適宜，適切な分類をすることが望ましい．なお，生物遺骸や堆積時の組織・構造が認識できる珪質堆積物は，粒状堆積物の「遠洋性堆積物」の分類に従う．

A. 基本名

シリカ鉱物からなる珪酸塩岩の基本名は，鉱物組成とその固結度に基づき命名される．

　チャート（chert）：SiO_2含有量が90 wt%以上で，緻密で硬く，光沢のある貝殻断口状の破断面をもつもの．シリカ鉱物は石英である．

　陶器岩（ポーセラナイト；porcellanite）：鈍い陶器状光沢をもつ細粒緻密な珪質岩で，チャートほど堅牢でないもの．構成シリカ鉱物の多くは，クリストバル石である．

B. 修飾語

SiO_2からなる珪酸塩岩では基本名に加え，i）結晶径とii）産状に関する修飾語を用いて，岩石の特徴がより詳細に記載されるようにする．

i）結晶径

チャートは，通常，細粒のカルセドニー質石英（chalcednic quartz）の集合体であるが，カルセドニー質ではなく等粒状の石英の場合もある．細粒石英の集合組織に対しては，その結晶径によって以下の修飾語が用いられる．

　結晶質（crystalline）：径が0.25 mm以上の結晶の集合体

　微晶質（microcrystalline）：径が0.25～0.01 mmの結晶の集合体

隠微晶質（cryptocrystalline）：径が0.01 mm以下の結晶の集合体
ii）産状
　産状に関する修飾語として，以下の修飾語が用いられる．
　　塊状（massive）：葉理や級化，逆級化などの堆積構造が観察されない均質塊状な組織
　　ノジュール状（nodular）：不規則にレンズ状に水平的，あるいは垂直的に積み重なり，層状に膨縮するチャートが積重なった産状をもつ．放射繊維状の結晶ケイ酸塩からなるカルセドニーあるいはチャートノジュール（chalcedonyあるいはchert nodule）が知られている．
　　層状（bedded）：厚さ数cmのチャート層と数mmの泥質層が，規則的に交互に繰り返す産状
　　縞状（varved）：チャートの単層内部に発達するmmオーダーの薄葉理の細互層．チャート中に含まれる微量の粘土質物質が層理面に平行に配列して形成される

6.9.4 結晶質炭酸塩岩

　結晶質炭酸塩岩は，非粒状で見かけ上生物遺骸の痕跡など堆積時の組織・構造を有しない炭酸塩鉱物からなる結晶質の岩石を指す．これらの成因としては，海水や高塩水，あるいは熱水などから直接沈殿したものや，続成作用や変成作用によって初生炭酸塩堆積物や堆積岩が再結晶化作用を受け粗粒化したものまで多岐にわたる．ここでは記載分類学的立場からの分類を記す．なお，生物遺骸や堆積時の組織・構造が認識できる場合には，「6.8　浅海性炭酸塩堆積物・堆積岩」または「6.7　遠洋性堆積物・堆積岩」の分類に従う．

A. 基本名

　結晶質炭酸塩岩の基本名は，鉱物組成あるいは化学組成に基づいて命名される（図6.23）．

　　結晶質石灰岩（crystalline limestone）：方解石が90 wt%以上を占めるもの
　　結晶質ドロマイト質石灰岩（crystalline dolomitic

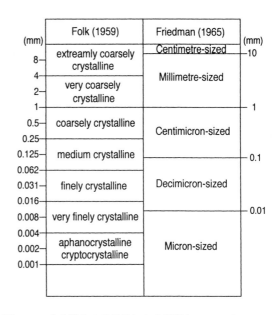

図6.30　自生鉱物の結晶径による分類（Folk, 1959；Friedman, 1965；保柳ほか，2004）

　　limestone）：方解石が50〜90 wt%，ドロマイトが10〜50 wt%を占めるもの
　　結晶質石灰質苦灰岩（crystalline calcareous dolostone）：方解石が10〜50 wt%，ドロマイトが50〜90 wt%を占めるもの
　　結晶質苦灰岩（crystalline dolostone）：ドロマイトが90 wt%以上を占めるもの

B. 修飾語

　上記により決定された結晶質炭酸塩岩の基本名に加え，i）結晶径とii）組織に関する修飾語を用いて，岩石の特徴がより詳細に記載されるようにする．

i）結晶径

　結晶質炭酸塩岩を構成する結晶には，基質を構成する石灰泥に対して，透晶質方解石（sparry calcite）の名称が用いられ，結晶径4〜10 μmのものに対しマイクロスパー（microspar），10 μm以上のものに対しス

図6.31　組織による結晶質炭酸塩岩の分類（公文・立石，1998）

パー（spar）がしばしば用いられる（Bathurst, 1975）．また砕屑岩と同様に，結晶径に応じて，極細粒，細粒，中粒，粗粒，極粗粒という粒径を表す接頭語がしばしば付される（Folk, 1959；図6.30）．

ii）組織

結晶質炭酸塩岩では，通常，多数の結晶によりモザイク状（mozaic）の組織が観察されるが，結晶径分布，個々の結晶の自形性，ならびに結晶の相互関係によって組織が異なる（図6.29）．これらに基づき結晶質炭酸塩岩の組織は，以下のように分類される．

ア）等粒状（equigranular）モザイク組織

単一結晶径の結晶からなるモザイク組織．結晶の自形性により，

xenotopic：大多数の結晶が他形（anhedral）を示すモザイク組織

hypidiotopic：大多数の結晶が半自形（subhedral）を示すモザイク組織

idiotopic：大多数の結晶が自形（euhedral）を示すモザイク組織

に分類される．

イ）不等粒状（inequigranular）モザイク組織

さまざまな結晶径の結晶からなるモザイク組織．結晶の自形性により，等粒状モザイク組織と同様に xenotopic，hypidiotopic ならびに idiotopic に分類される．

ウ）ポーフィロトピック（porphyrotopic）モザイク組織

より粗粒な結晶が，細粒モザイク組織中に含まれる組織

エ）ポイキロトピック（poikilotopic）モザイク組織

より細粒な結晶が，粗粒な結晶に包含されている組織

結晶質炭酸塩岩のコア観察・記載では，鉱物組成と組織が重要である．船上でXRD分析が実施できる場合でも，希塩酸による発泡の度合いや染色法（Tucker, 1991）により石灰岩か苦灰岩であるかの確認が大切である．また，ルーペによる組織の観察と必要に応じて薄片を作成して記載する必要がある．続成作用によって苦灰石化された結晶質炭酸塩岩の場合には，しばしば造礁化石が仮像として残っていることがあるため，特に注意して観察を行う．

6.9.5 燐灰土

燐灰土（phosphorite）は，堆積性のリン酸塩堆積物からなるものであり，通常の堆積岩よりも多くの燐を含む．その境界は研究者によって異なるが，おおむね P_2O_5 を15〜20％以上含むものを指す．代表的なリン酸塩鉱物である燐灰石（apatite；$[Ca_5(PO_4, CO_3)_3]_3(F, OH, Cl)$）は，火成岩中では主としてフッ素燐灰石（flourapatite；$Ca_5(PO_4)_3F$）であるが，燐灰土中の燐灰石は，通常，リン酸塩の一部が炭酸塩に置換され，またカルシウムの一部がナトリウム，マグネシウム，ストロンチウム，ウラニウムや希土類元素によって置換されており，そのため多くの燐灰土は，炭酸塩フッ素燐灰石（carbonate fluorapatite；francolite）あるいは炭酸塩水酸燐灰石（carbonate hydroxyl apatite；dahllite）により構成されている．

燐灰土は，主として層状，ノジュール状，ペレット状，魚卵状の産状を示すが，サンゴ片や貝殻などを交代したものも見られる．また，海鳥の排泄物が堆積・固化したグアノ（guano）も燐灰土の1種である．

燐灰土は，組織から判断される集積過程に基づき次の3つに分類される（Föllmi, 1996；Glenn *et al.*, 1994）．

初生（pristine）：再堆積した痕跡が認めらない燐酸塩堆積物を指し，原地性の燐酸塩岩や燐酸塩化（phosphatization）したストロマトライト・燐酸塩ハードグラウンドなどの燐酸塩がより濃集したものも含む

凝縮性（condensed）：洗い出しや吹掃されることにより濃集された燐酸塩粒子や，その集合体である葉理・単層

異地性（allochthonous）：混濁流などの堆積物重力流によって運搬され，再堆積した燐酸塩粒子

異地性の燐灰土は粒状堆積物の副次構成粒子として扱うことができる．堆積構造や産状に応じて，適宜，修飾語を用いて記載する．

6.9.6 重金属堆積物

重金属堆積物（metalliferous sediments）とは，黄鉄鉱（pyrite；FeS_2），針鉄鉱（goethite；$a\text{-}Fe^{3+}(OH)$），マンガン鉱物，シャモサイト（chamosite；$(Fe_5Al)(Si_3Al)O_{10}(OH)_8$），海緑石（glauconite），あるいは含重金属鉱物などを通常の堆積物よりも多く含み，粒状組織を示さない非生物源堆積物からなる，きわめて広範にわたる堆積物の総称である．これらの堆積物の分類にあたっては含まれる鉱物の種類に基づいて，適宜，適切な分類をすることが望ましい．

6.10 スミアスライドの記載

「スミア」（smear）は「塗り付ける，こすりつける，（顕微鏡検査用に）塗沫標本にする」という意味であ

る．スミアスライド（smear slide）とは，少量の海底・湖底堆積物をガラススライドに塗り付けて封入し，偏光顕微鏡や生物顕微鏡などで観察するためのスライド試料である．堆積物コアから試料を少量とってスミアスライドを作成し，堆積物粒子を顕微鏡観察することによって，構成粒子の相対的な組成や粒子サイズの分布などを把握し，堆積物の粒子組成などを把握し，堆積物名を決定する基本データとする．

堆積物を構成する粒子の粒度組成や構成粒子組成は，一般に肉眼観察のみで決定づけることは大変難しい．コアを記載する初期の段階でよくわからない岩相が出てきた場合には必ずスミアスライドを作成し，顕微鏡観察をすることが望ましい．肉眼的に似たような堆積物がその後出てくれば，そのスミアスライド観察の情報を基にして類推することができる．

スミアスライドの観察は堆積物コア研究の初段階の記載で用いる手法であるが，各種機器分析（物性分析，化学分析，鉱物組成分析など）のデータの評価や意味づけの際にも有効である．スミアスライド観察のための試料はきわめて少なくてすみ（約 $1 \sim 2 \, mm^3$），貴重なコア試料にほとんど損傷を与えなくてすむ．国際深海掘削計画では，DSDP，ODPを通じて常時使われてきた手法である．IODPでも標準計測項目であるので，コア記載を担当する乗船研究者には必須の手法である．

スミアスライド観察法の利点と弱点を理解しておくことは必要である．スミアスライド観察法は，粒径として，粗い粘土（$2 \sim 4 \, \mu m$），シルト（$4 \sim 63 \, \mu m$），極細粒砂〜中粒砂（$63 \sim 500 \, \mu m$）の観察に適している．粗粒砂以上（$>500 \, \mu m$）のサイズの粒子はスライドに封入することが困難なため，実体顕微鏡で観察したほうがよい．また，$2 \, \mu m$ 以下の粘土サイズ粒子の観察は高倍率のレンズで行うこともできるが，さまざまな粒径を一緒に封入したスミアスライドでは，顕微鏡の焦点を合わせることが難しく，一般に観察が困難である．

6.10.1 スミアスライド用試料の採取方法

スミアスライド用試料を採取する際には，調査対象としている岩相ユニットを構成する「主要岩質（major lithology）」および「副次的岩質（minor lithology）」が何であるかを常に意識することが重要である．「主要岩質」とは，岩相ユニットの大部分を構成する典型的な岩質（lithology）である．試料採取の際には「均質性（homogeneity）」を意識し，なるべく典型的な部分から試料をとることが重要である．深度方向への構成粒子の組成変化を見る際には，「主要岩質」から一定間隔で試料を採集するとよい．「副次的岩質」は，主要構成堆積物の中にパッチ状に分布する色・粒子サイズの違う部分や，火山灰層などのようなイベント層などである．これらは副次的な堆積物として重要であり，やはりスミアスライド観察が必要である．

6.10.2 スミアスライドの作り方

スミアスライドは以下の手順で作成するとよい．①スミアスライド用の試料を取る層準を決めたら，ラベルをスライドグラス（slide glass）に貼り付け，コア名，セクション名，インターバルを記入する．②堆積物表面の汚れのない均質な部分から，爪楊枝，スパーテルなどを用いて，少量の試料（約 $1 \sim 2 \, mm^3$）を削り取る．試料は多すぎないことがポイントである．③削り取った試料を，スライドグラスの上に載せる．④スライドグラスの上の試料に蒸留水を1〜2滴加える．⑤爪楊枝などを用いて，試料と蒸留水をよく混合させてペースト状にし，スライドグラス上に広げて薄く塗り付ける．塗り付けて薄くならないほどに濃い場合は少量のペーストを吸い取るとよい．スライドグラス上の塗沫の一方の側は薄く，他方の側は厚くなるように塗り付ける．⑥スライドグラスをホットプレート（hot plate）上に静置し，ゆっくりと水分を蒸発させ，乾燥するまで放置する．ホットプレートは50℃程度でよく，熱くしすぎないこと．⑦乾燥したスライドグラスをホットプレートから降ろし，少し冷ます．熱すぎるままだと封入する際に気泡が発生する．⑧カバーガラス（cover glass）を用意し，封入剤（ここでは光硬化型接着剤を用いる）を1〜2滴，カバーガラス上に滴下する．これを逆にして一方の辺をスライドガラスに接してから，静かにカバーガラスを倒していく．一気に倒すと気泡が多量に入ってしまう．⑨接着剤が自然に広がるのを待って，爪楊枝などを用いて，カバーガラスを注意深く回すようにして押しながら，カバーガラスとスライドガラスの間に混入した気泡を押し出す．最後に指などでカバーガラス全体を注意深く押しつけ，過剰な接着剤を押し出す．⑩紫外線ボックスにスライドを静置し，紫外線で硬化させて，完成．⑪完成したスライドは，スライドトレイやスライドボックスに整理し，割れないように持ち運び，保管するとよい．

6.10.3 スミアスライドの観察

スミアスライドの観察では，①構成粒子の同定，②構成粒子の組成の推量，③構成粒子サイズの推量を行い，これらに基づいて堆積物の命名を行う．「スミアスライドの世界」（坂本ほか編，2006）では，一連の

手順と観察方法の詳細，代表的な構成粒子の写真，および海底堆積物の写真を掲載しているので参考にするとよい．

A. 構成粒子の同定 (identification)

その堆積物はどのような種類の物質＝構成粒子を含んでいるかを判別することが，最初に行うことである．物質の同定は，偏光顕微鏡下で各粒子のもつ光学的性質を用いて行う．

偏光顕微鏡による構成粒子同定シート（図6.32）は，同定を行うために必要かつ基本的な項目を書き留めておくためのものである．具体的な項目としては，開放ニコルにおける粒子の色・形状・多色性の有無と強弱・劈開の有無と強弱・屈折率の強弱，直交ニコルにおける光学的異方性の有無・消光角・干渉色の次数などである．さまざまな粒子の鑑定ポイントが記憶できるまで，自分で作成したこのシートを参照しながら観察するとよい．

光学的性質に基づく判別方法のガイドラインとして，図6.33を参考にされたい．スミアスライドを使った偏光顕微鏡による粒子の光学的性質などの詳細は，Rothwell (1989) を参照するとよい．「第四紀試料分析法」（東京大学出版会，1993）に掲載されている1次鉱物同定表も非常に有用である．各種偏光顕微鏡の教科書に記載されている情報も役立つ（たとえば，黒田・諏訪，1983）．

スミアスライドにおける鉱物粒子は，岩石薄片における同一鉱物と比べて干渉色の変動幅が広いことに注意する必要がある．これはスミアスライドに封入された各粒子の粒径がさまざまであるためで，たとえば石英でも，一般的な明灰色から2次の青色まで変化がある．また，スミアスライドでは，形状で一義的に同定できる粒子も多いので形状の観察も重要である．特に微化石類は形状だけで即座に判断できることが多い．

B. 構成粒子の組成の推量

スミアスライドに含まれていた構成粒子を同定できたら，各粒子の組成 (composition) を推量する．まず，構成粒子として何が存在するのかを列挙し，スミアスライド記載シート（図6.34）に記録する．このシートは実際のスライドを観察して記録するためのものである．最終的な堆積物の命名まで容易にたどりつけるよう，堆積物の基本タイプ，粒子のサイズ，粒子の組成リストで構成されている．組成リストは大分類を設け，その下にごく一般的な物質を列挙してあるが，もちろん堆積物を構成するすべての物質を網羅できな

Expedition:					Date:		Observer:			
Site:		Hole:		Core:		Sect:		Interval:		
開放ニコル						直交ニコル			その他の特徴	鉱物 粒子名
簡単なスケッチ	形態	色	多色性	劈開	屈折率	消光	消光角	干渉色		

図6.32 構成粒子同定シートの例

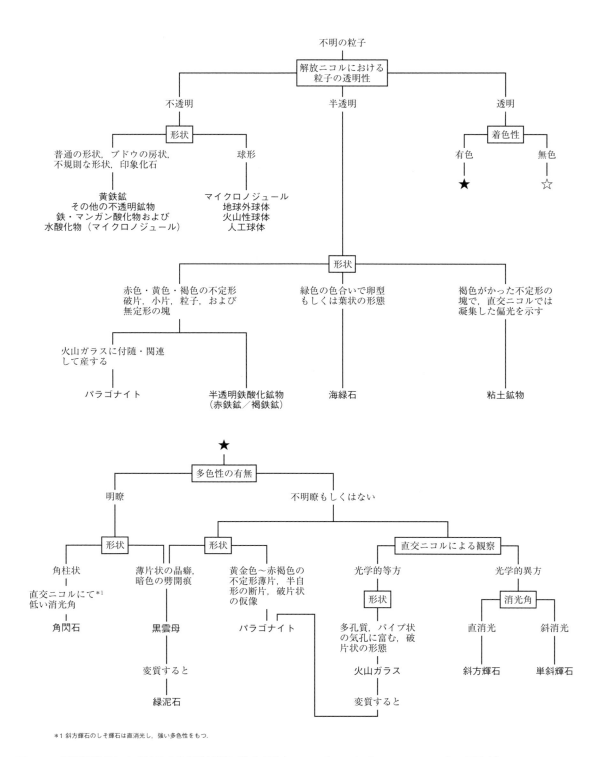

図6.33 偏光顕微鏡による粒子の光学的性質に基づく同定フローチャート（Rothwell, 1989を一部改変）

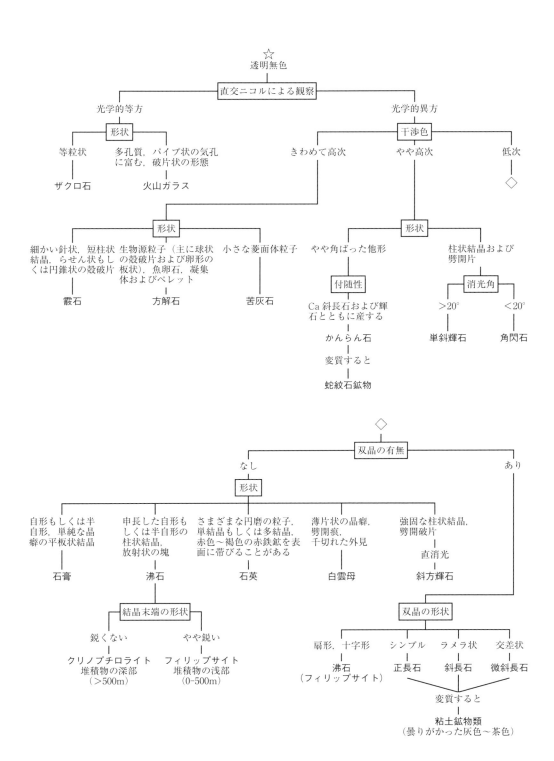

6.10 スミアスライドの記載 111

Sediment Smear Slide Description Sheet

Date _____

Expedition: _____   Observer _____

Site: _____ Hole: _____ Core: _____ Sect.: _____ Interval: _____

Sediment Name: _____

Refer to JOIDES Sediment Classification Scheme

Smear Slide	Thin Section	Coarse Fraction	Grain Mount

Select one and Check.

Granular Sediment		Chemical Sediment	
Siliciclastic	Volcaniclastic	Pelagic	Neritic

Select one and Check.

Percent Texture		
Sand	Silt	Clay

Fill percentage (Total must be 100).

Percent	Composition	Percent	Composition	Percent	Composition
	Siliciclastic Grain		Pelagic Grain		Others
	Minerals		Calcareous Grain		Gypsiferous Grain
	Quartz		Nannofossils		Calcareous Grain
	Feldspars		Foraminifers		Sapropelic Grain
	Micas		Siliceous Grain		Mn Nodules / Crusts
	Ferromagnesian Minerals		Diatom		Pyrite Grain
	Glauconite		Radiolarians		Opaque Grain
	Clay Minerals		Sillicoflagellates		
	Zeolites		Sponge Spicule		
	Heavy Minerals				
	Pyrite				
	Phospholite				
	Aragonite		Neritic Grain		
	Calcite		Ooid		
	Oolites		Spherical Particles		
	Lithic Grain		Elliptical Particles		
	Sedimentary Lithic Grain		Bioclast		
	Igneous Lithic Grain		Molluscan		
	Metamorphic Lithic Grain		Algal		
			Pellet		
			Molluscs		
			Echinoderms		
	Volcaniclastic Grain		Others		
	Scoria / Pumice		Intraclast		
	Scoria		Carbonate Rock Fragment		
	Pumice		Peloid		
	Volcanic Lithic Grain		Pisolite		
	Picritic Lithic Grain		Calcareous Grain		
	Basaltic Lithic Grain		Dolomitic Grain		
	Andesitic Lithic Grain		Aragonitic Grain		
	Dacitic Lithic Grain		Sideritic Grain		
	Rhyolitic Lithic Grain				
	Crystal Grain				
	Vitric Grain				

Fill percentage (Total must be 100).

Remarks:

Form revised after ODP, composition list revised after J-CORES. 20/Nov/200.

図6.34　スミアスライド記載シートの例

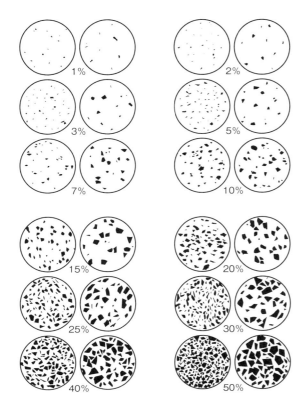

図6.35 視覚的組成推量用標準図（Standard Visual Composition Chart, Rothwell, 1989）

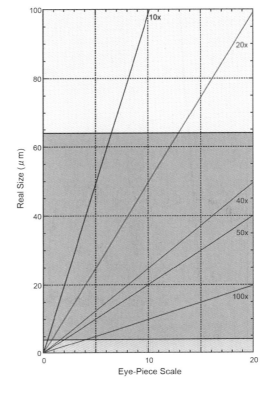

図6.36 対物マイクロメーターを使って作成した「接眼レンズの目盛り」（X軸）と「実際のサイズ」（Y軸）の例

いので，ここにあげられていない物質は空欄に書き込んで使用する．

次に各構成粒子の組成（存在度，%）を視覚的推量法（visual estimation method）で推量する．推量した%をスミアスライド記載シート（図6.34）の当該構成粒子の右側空欄に記入する．視覚的推量法は，視覚的組成推量用標準図（Standard Visual Composition Chart, 図6.35）を使って，構成粒子の組成を決める方法である．これは経験による部分が多く，また，個人差が大きい．複数の記載者が同時並行または交代でスミアスライド観察をする場合には，皆がスミアスライドを見始めた段階で，お互いの結果を実際のスライドと見比べて比較し，推量の加減をするとよい．

すべての粒子の推量が終わって，パーセントの合計が100にならない場合がよくある．これは主に，粒子%の推量がそもそも曖昧なことと，粒子の間の間隙を視覚的組成推量用標準図で加味しない（またはできない）ことによる．また，通常，粘土鉱物類はスミアスライドでは凝集した集合体であり，粒子のバックグラウンドに散在している．したがって，視覚推量法でパーセントを決めることは難しいが，岩片などと同じように，視覚的組成推量用標準図を使って，ある程度の集合（粒子群）として推量することになる．

最後に，すべての粒子の推量が終わったら，すべての和が100になるように計算し直す．この際，厳密な算数はあまり意味がないので，11.8%などの値が計算されたら，12%などとする．

このほか，より厳密に数値化するための方法として，ポイントカウンティング法（point-counting method）もある．一般的には，スライドの長さに垂直な方向に線上にずらしながら，顕微鏡の照準用十字線と交差したそれぞれの粒子をカウントする（ribbon methodとも呼ぶ）．50～200個に到達するまで粒子のカウントを行う．ポイントカウンティング法は視覚的推量法に比べて時間がかかるので，時間的な余裕がある場合および研究上必要がある時にのみ行う．

C. 構成粒子サイズの推量

次に，スミアスライド中の全粒子サイズの組成

（texture）を決定する．方法としては，B. と同様に視覚的推量法を用いる．粒子サイズは，標準的な粒度分類に基づく（図6.35）．一般に，スミアスライドでは，図6.35の視覚的組成推量用標準図を使って，63µm（砂／シルト境界），4µm（シルト／粘土境界）を境にして，砂，シルト，粘土の相対的な比率を推量する．

重要なことは，使用する偏光顕微鏡の接眼レンズの十字スケールを，各対物レンズについて検量しておくことである．このとき，0.01mm のスケールの入ったマイクロメーター（micrometer）を使用する．マイクロメーターを試料ステージに置き，対物レンズを交換して倍率を変更し，当該倍率における「接眼レンズの目盛り数」と「実際のサイズ」の図を作っておくと便利である（図6.36）．特に，粒子サイズを，砂，シルト，粘土を推量するため，63µm，4µm のスケールを把握しておく．通常は，％砂と％シルトを推量し，100 からそれらの合計を差し引いて，％粘土とする．

より厳密に推量を行いたい場合は，B. で述べたポイントカウンティング法を応用して計測を行うこともできる．接眼レンズのスケールを使って，個々の粒子の長軸の長さ（あるいはその他の次元）を測定し，統計を取ればよい．

引用文献

Carey S. N. and Sigurdsson, H. (1980) The Roseau Ash: Deep sea tephra deposit from a major eruption on Dominica, Lesser Antilles Arc. *Journal of Volcanology and Geothermal Research*, **7**, 67-86.

Cas, R. A. F. and Wright, J. V. (1988) Volcanic Successions-Modern and Ancient. Unwin & Hyman, London, 528p.

Dunham, R. (1962) Classification of carbonate rocks according to depositional texture. *In* Ham, W. E. (ed.), Classification of Carbonate Rocks. Tulsa. Amer. Assoc. Petrol. Geol., 108-121.

Embry, A. F. and Klovan, J. E. (1971) A late Devonian reef tract on northeastern Banks Island, Northeast Territories. *Bull. Can. Petrol. Geol.*, **19**, 730-781.

Expedition 310 Scientists (2006) Tahiti Sea Level: the last deglacial sea level rise in the South Pacific: offshore drilling in Tahiti (French Polynesia). IODP Prel. Rept., 310. doi:10.2204/iodp.pr.310.2006.

Expedition 340T Scientists (2012) Atlantis Massif Oceanic Core Complex: velocity, porosity, and impedance contrasts within the domal core of Atlantis Massif: faults and hydration of lithosphere during core complex evolution. *IODP Preliminary Rept.*, 340T. doi:10.2204/iodp.pr.340T.2012.

Fisher, R. V. (1961) Proposed classification of volcaniclastic sediments and rocks. *Geological Society of America Bulletin*, **72**, 1409-1414.

Fisher, R. V. and Schmincke, H.-U. (1984) Pyroclastic Rocks. Springer-Verlag, New York, 472p.

Fisher, R. V. and Smith, G. A. (1991) Volcanism, tectonics and sedimentation. *In* R. V. Fisher and G. A. Smith (eds.), Sedimentation in volcanic settings. Soc. Econ. Paleon. Miner., Spec. Publ. **45**, 1-5.

Flügel, E. (2004) Microfacies of Carbonate Rocks, Springer, 976p.

Folk, R. L. (1959) Practical petrographic classification of limestones. *Bull. Am. Ass. Petrol. Geol.*, **1**, 62-84.

Föllmi, K. B. (1996) The phosphorus cycle, phosphogenesis and marine phosphate-rich deposits. *Earth-Science Review*, **40**, 55-124.

Friedman, G. M. (1965) Terminology of crystallization textures and fabrics in sedimentary rocks. *J. Sedim. Petrol.*, **35**, 643-655.

Gealy, E. L., Winterer, E. L. and Moberly, R., Jr. (1971) Methods, conventions, and general observations. *In* Winterer, E. L., Riedel, W. R. et al., Init. Repts. DSDP, 7 (Pt. 1): Washington (U. S. Covt. Printing Office), 926p.

Glenn, C. R. et al. (1996) Phosphorus and phosphates: sedimentology and environments of formation. *Eclogae Geol. Helv.*, **87**, 747-788.

Hallworth, C. R. and Knox, R. W. O'B. (1999) Classification of sediments and sedimentary rocks. BGS Rock Classification Scheme, v. 3, British Geological Survey, RR 99-03, 44p.

保柳康一・松田博貴・山岸宏光（2006）シーケンス層序と水中火山岩類．共立出版，180p.

保柳康一・公文富士夫・松田博貴（2004）堆積物と堆積岩，共立出版，171p.

加藤祐三（1986）ひょう起源の火山豆石．地質学雑誌，**92**，429-437.

火山岩の産状編集委員会（2000）日本の新生代火山岩の分布と産状 ver.1.0，数値地質図 G-4，CD-ROM 版．地質調査所．

黒川勝己（2005）テフラ学入門．地学双書36，地学団

体研究会，205p.

公文富士夫・立石雅昭（1998）新版堆積物の研究法．地学双書29，地学団体研究会，399p.

久野久（1976）火山及び火山岩．岩波全書，283p.

久城育夫・荒牧重雄・青木謙一郎（1989）日本の火成岩．岩波書店，206p.

黒田吉益・諏訪兼位（1983）偏光顕微鏡と岩石鉱物，共立出版，390p.

Kushida, T., Iijima, H., Kushida, H. and Tsuruta, C. (1988) An emproved embedding method employing epoxy resin Quetol 651 for stereoscopic observation of thick sections under a 300 kv tranismission electron microscope. *Jour. Electron Microsc.*, **37**, 212-214.

Leighton, M. W. and Pendexter, C.(1962) Carbonate Rock Types. *In* Ham, W. E. (ed.), Classification of Carbonate Rocks—A Symposium. *American Association of Petroleum Geologists, Memoir I*, 33-61.

Le Maitre (ed.) (2002) Igneous rocks: A classification and glossary of terms (2nd edition). Recommendations of the International Union of Geological Sciences Subcommission on the Systematics of Igneous Rocks. Cambridge University Press, 236 p.

Mazzullo, J., Mayer, A., Kidd, R. (1988) Appendix I: New sediment classification scheme for the ocean drilling program. *In* Mazzullo, J. and Graham, A. G. (eds.), Handbook for Shipboard Scientists. Ocean Drilling Program Technical Note, No. 8, 44-63.

水谷伸治郎，斎藤靖二，勘米良亀齢（1987）日本の堆積岩．岩波書店，226p.

日本第四紀学会（編）（1993）第四紀試料分析法．東京大学出版会，664p.

Pettijohn, F. J. (1975) Sedimentary Rocks (3rd ed). Harper & Row, London, 628p.

Pettijohn F. J., Potter, P. E. and Siever, R. (1987) Sand and sandstone. Springer-Verlag, New York, 576p.

Rothwell, R. G. (1989) Minerals and Mineraloids in Marine Sediments: An Optical Identification Guide. Elsevier Applied Science, 279p.

坂本竜彦，飯島耕一，平野聡（編）（2006）スミアスライドの世界，コア解析スクールレクチャーノート．90p.

Sakamoto, T. *et al.* (2010) Guideline of Visual Core Description (VCD) Lithology Classification Scheme on the D/V Chikyu and related on-shore research. CDEX "Chikyu" VCD.

Shepard, F. (1954) Nomenclature based on sand-silt-clay ratios. *Jour. Sed. Petrology*, **24**, 151-158.

Shipboard Scientific Party (1997) EXPLANATORY NOTES. Proceedings of the Ocean Drilling Program, Initial Reports Volume 166.

Shipboard Scientific Party (2000) EXPLANATORY NOTES. Proceedings of the Ocean Drilling Program, Initial Reports Volume 182.

Shipboard Scientific Party (2002) EXPLANATORY NOTES. Proceedings of the Ocean Drilling Program, Initial Reports Volume 194.

滝沢茂・川田多加美・大野良樹（1995）含水未固結堆積物の固結および凍結乾燥法．地質学雑誌，**101**，941-944.

田中敬一（1992）医学・生物領域の走査電子顕微鏡技術．講談社，277p.

Tucker M. E. and Wright, V. P. (1990) Carbonate Sedimentology. Blackwell, 482p.

辻善弘（1990）炭酸塩岩の基礎と調査法，石油公団石油開発技術センター技術資料．49，145p.

山岸宏光（1994）水中火山岩―アトラスと用語解説―，北海道大学図書刊行会，195p.

Wentworth, C. R. (1922) A scale of grade and class terms for clastic sediments. *Jour. Geology*, **30**, 377-392.

―――――― トピック　ガスハイドレート ――――――

ガスハイドレートとその性質

　ガスハイドレート（gas hydrate）はクラスレート（clathrate）と呼ばれる水分子からなる籠（cage）構造の中に，ガス分子が取り込まれた構造（包摂構造）をもつ包摂水和物（clathrate hydrate）である．水分子の造る籠構造からⅠ型，Ⅱ型などいくつかの種類に分類され取り込まれるガス成分は，炭化水素としてはメタン（CH_4）のほか，エタン（C_2H_4）やプロパン（C_3H_8）など，そのほかには二酸化炭素（CO_2）や硫化水素（H_2S）などもハイドレートを形成することが知られている．

　自然界で堆積物中から見いだされるガスハイドレートとしては，ガス成分がメタンのメタンハイドレート（methane hydrate）が多いが，微量ながら他のガス成分もゲスト分子（guest molecule）として含まれる．メタンハイドレートは，メタンの分子が十分に小さいため，これを取り囲む籠のサイズも小さくてよく，ガスハイドレート構造はⅠ型となり，より大きな分子を包摂する場合は籠の構造が大きいⅡ型の構造を取る．メタンハイドレートが，すべての籠中にガス分子をもつ場合には $CH_4 \cdot 5.75H_2O$ であるが，結晶的に安定ならば籠中のガスがなく構造が空の場合があり，この比のようにはならない．つまり，ガスハイドレートは化学結合による化合物とは異なり，明瞭な化学量論性（stoichiometry）をもたない．

　海底の堆積物調査において有用なガスハイドレートの重要な性質は，メタンハイドレートにおける自己保存性（self preservation）である．メタンハイドレートの分解は吸熱反応であるため，分解中のメタンハイドレートの自己の温度低下をともない，表面を覆う分解水が凍る．ゲスト分子は表面を覆う氷膜を破らなければ放出されないが，ガスの放出＝分解は温度低下を促進するので表面での氷膜の成長につながり，結果として特定の温度域で分解速度が極端に遅くなる現象として説明される．ただし，自己保存効果は，ハイドレートの表面が自己の分解水で濡れていない場合，あるいは昇温させつつガスハイドレートを分解させる場合には十分に発揮されない．このような場合には表面に形成される氷が薄片状（flaky）で隙間をもち，ガスの放出＝分解を押さえられない．

ガスハイドレート賦存層の検知

　ガスハイドレートは低温高圧で安定であり，海底面の水深と温度からガスハイドレートが存在しえる水深か判断できる．たとえば，メタンハイドレートの場合，周囲の海水がメタンに満たされていても海底面付近の温度が4℃付近であれば4.7MPa程度の水圧がないとハイドレートの結晶は分解してしまうため，海底面付近にガスハイドレートが存在するためには500m弱の水深が必要となる．海底面下では水圧は増加するものの，深度が深くなるほど地温は高くなるため，ガスハイドレートはガスと水に分解してしまう．したがって，海洋において水深や海底面温度・地温勾配に支配されるガスハイドレート安定領域（gas hydrate stability zone：GHSZ）が存在する場合には，堆積物中にガスハイドレートが胚胎される可能性がある（図1）．

　このガスハイドレートの安定領域中では，層状や塊状ガスハイドレート結晶の集合体や，ガスハイドレートの微結晶が堆積物中に含有される．未固結な堆積物の孔隙中に固体の粒子であるガスハイドレート結晶が含有されると，間隙率が小さい堆積物と同様に強度が増加し，浸透率が低下するなど堆積物物性に変化が生じる．一方，埋没の過程でガスハイドレート安定領域下限（base of gas hydrate stability zone：BGHSZ）に堆積物が達すると，それまで固体であったガスハイドレートがガスと水に分解する．このため堆積物強度が低下するとともに，ガスハイドレートの安定領域下限を境に音響インピーダンス（acoustic impedance，弾性波速度と密度の積）の上下逆転が生じる．この安定領域下限深度は，先述のとおり海底面の温度と地温勾配で決定されるため，反射法地震探査では極性の反転をともなう海底と平行な反射面である海底擬似反射面（Bottom Simulating Reflector：BSR，3.1節参照）となって観測される．したがって，BSRの存在はBSR直上にハイドレートが含有されていることを示す．

　海底面から噴出するガスと海水が反応し生成したガスハイドレートがプルーム（plume あるいはガスフレア（gas flare）ともいう）として海中を立ち昇り，音響探査（計量魚探）によって観測される例もある（たとえば，青山，2009）．プルームだけでは何らかの流体の噴出であり，海底面下にガスハイドレートがある証拠ではないが，海底面近傍に多量のガスを供給するプルームがあり，堆積物中でガスハイドレートの安定条件が成立している場合には，ガスハイドレートが存在すると考えて作業を行う必要がある．調査によると，

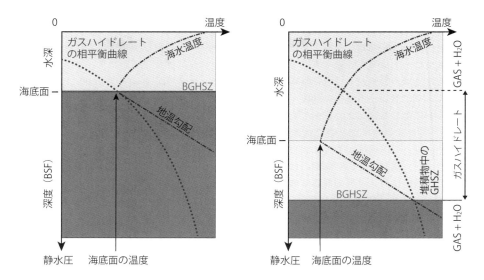

図1 深度と海底面温度，ガスハイドレートの安定領域の関係
海底面の温度／圧力条件がガスハイドレートの相平衡である場合，海水はメタンに飽和していないので海底面でのガスハイドレート層は成長しない（左）．より深い環境では，ガスハイドレートの安定領域が海中〜海底面〜堆積物中に存在し，堆積物中にガスハイドレートが蓄積される（ハイドレートは密度が海水より軽いため，海底面で生成したハイドレートは浮上し，周囲に堆積しない）

海底面にポックマーク（pockmark）やマウンド（mound）といった特徴的な海底地形が観察される地域では，層状・塊状のガスハイドレートが堆積物中に見いだされる（松本ほか，2009）．マウンド，ポックマークが分布する場合，音波探査や電磁気探査など堆積物物性に関連する調査等を実施し，ガスハイドレートの存在を確認するとよい．

ガスハイドレート含有堆積物の回収
・通常のコアリングツールでのコア採取

　ガスハイドレートが科学掘削の目的である場合は，コア回収時の圧力を保持する機構のついた圧力コアリングツール（pressure coring tool）を推奨するが，人員，経費，作業空間の点から運用が難しい場合もある．重力式ピストンコアラー（gravity piston corer）や通常のコアリングツール（HPCやESCS）でガスハイドレートを回収する際の注意点を以下に述べる．

　ガスハイドレートは常温常圧では不安定であるため，ガスハイドレートを含むコアはコア回収時に減圧され，揚収中に海水で温められ，ライナー（liner）中でガスハイドレートの分解が必ず起きる．したがって，分解し生成したガスがライナー内にトラップされ高圧で残っている場合があり，コアリングツールを回収し船上でコアライナーを取り出す過程で，可燃性ガスや有毒ガスが突出する危険，コアの飛散やライナーの破裂などの危険が常にある．危険を回避し安全に作業を行うため，作業現場ではPPE（personal protective equipment）着用は必須であるし，CH_4，H_2Sガス検知器も必要である．また，個人の注意以外に，作業チームで防爆，可燃性高圧ガスについて理解し，危険を確認するなど対策を考える必要がある．

　前述のとおり，コア回収時の減圧と温度上昇でガスハイドレートは分解するが，その程度は回収時の状態で異なる．ウインチ（winch）の巻上げ速度が十分にあり，甲板での機材分解作業が迅速であれば状況は改善されるが，分解ガス・水によるコア試料の損傷は避けられない．甲板でコアライナーを受け取ったならば，ライナー表面の水分や汚れを拭き取り，切断する位置ごとに目印線（marker line）を入れるとともに，サーモビュアー（thermoviewer）で表面温度を確認する．これによりライナー内のコアの状況がおおよそ判明し，特に温度低下が認められる部位では，分解中のガスハイドレートが含まれると考えてよい．ガスハイドレー

トを採取する場合，温度低下部の作業を優先して迅速に行わなければ，ガスハイドレートの分解によりコア試料は急速に劣化する．常温常圧の船上では，メタンハイドレートの自己保存効果では分解阻止はできないため，ガスハイドレートは時間経過するにつれ分解し，徐々に氷に変化する．ガスハイドレートが含まれることがわかったならば，含まれる場所に目印をつけて周知し，その部分をまず切り出し，液体窒素による冷凍処置などでガスハイドレート試料の回収・保管を行う．

そのほか，コアに生じる変化は，発生したガスによるコア試料の分断化と，生成した水による堆積物のスープ化（soupy）である．ライナー中でコアが分断化している場合は，空間部に被圧したガスがあることを想定するべきであり，コアの噴出やライナーの破裂に注意する必要がある．安全のためには圧力抜きの穴をライナーに開けるが，同時にその空間部にはガスハイドレートが分解したガスおよび堆積物からのガスが充満しているので，同時にガス試料の採取を考える必要がある．圧力開放のための穴を適当な間隔で穿つ前に，適当な場所を選びライナーにドリルや専用器具で穴を開け，止栓（cock）をつけた注射器（syringe）を差し込みガスの採取を行う．

ある程度時間が経過したコアでは，スープ状の堆積物が堆積物中に狭在する場合がある．液化した部分にはガスハイドレートがあった可能性が高いので，間隙水の塩素濃度を測定するなどして，ガスハイドレートの存在を検討する．ガスハイドレートが結晶成長する際には，ホスト（host）となる水分子がゲストのガス分子をクラスレート中に取り込むが，溶質は取り込まない．このため，地層中でガスハイドレートが分解した際には，ガスハイドレートがあった部分に残留した水は，間隙水とハイドレート分解水の真水が混合し周囲の間隙水が希釈される．したがって，塩素濃度が低いほどハイドレートが多く含まれていた可能性が高いが，ガスハイドレート分解前の堆積物中の間隙水の塩素濃度が海水より高い場合もある．水の採取方法と分析結果の解析では，何由来の水を分析しているのかに十分注意したい．

ガスハイドレート試料の記載

ガスハイドレートの試料の記載は，ガスハイドレート＋堆積物となるが，ここでは，以下のような分類を提案する．

堆積物中にガスハイドレートが含まれる場合は，堆積物種を岩相として記載のうえ，ガスハイドレートの産状を記載し，塊状（massive）や層状（layered）にガスハイドレートを産する区間が見いだされた場合は，岩相区分としてガスハイドレート層（gas hydrate layer）を用い，記載可能な厚さをもつ塊状のハイドレートとして定義する．

砂の間隙充填物質として存在するガスハイドレートは，孔隙充填型ガスハイドレート（pore filling gas hydrate），泥サイズである場合には散在型ガスハイドレート（disseminated gas hydrate）として，堆積物の構成要素として記載する．ただし，泥質堆積物に含まれるガスハイドレートの産状は，層状，塊状，ノジュール状（nodular），脈状（vein）など多岐にわたり，上記のガスハイドレート層との区別も難しい．通常コアリングで回収し半割した状態での観察では，すでに一部のガスハイドレートは分解を開始しており，厚さや形状などは地中と異なることも考えられる．記載では，明確な形状について記載するように心がけたい．地域によっては，肉眼観察あるいは触診で油（oil）を含む場合もあり，その場合は含油（oil-bearing）と併記する．油や炭酸塩ノジュール（carbonate nodule）が含まれている場合は，おおよその大きさを記載し採取する．

ガスハイドレートの存在によって堆積物が乱されている場合，掘削擾乱（drilling disturbance）として扱い，堆積物全体がスープ状になる場合は"ハイドレート分解によるスープ化"（soupy by gas-hydrate decomposition，もしくは dissociation），泡立っている場合はムース状組織（mousse-like texture），インナーチューブ（inner tube）を破ったりした場合には"破裂による擾乱"（disturbed by puncturing）などと記載する．

圧力コアリングツールでのコア採取

低温高圧の状態でのみ結晶構造が安定というガスハイドレートの採取のため，高圧状態を保持できるようにしてコアリングを行う機材が1990年代以降開発され，2016年現在ガスハイドレートの掘削で用いられている．コア回収を行う機材については圧力保持機構の動作やサイズの異なるいくつかの種類があるが，いずれ

も他の装置との接続部が，コア試料を圧力容器に移動するための装置 PCATS（pressure-core analyses and transfer system：英国 Geotek 社）に接続できるようになっている．圧力コアツールのうち，PCTB（pressure core tool with ball value）と呼ばれる機材は，IODP で使用している ESCS と互換性があるため，通常コアリングの合間に圧力コアによる試料採取が行えるなど柔軟な運用が可能である（図2）．ただし，圧力コアリングツールは，圧力保持機構が組み込まれるためコアの回収長は最大3.5mとなる（通常は3m以下で運用）．

圧力コアリングツール内でコア試料が被圧されていても，ガスハイドレートは高温になれば分解する．圧力コアリング装置には，温度計と圧力計が内蔵されているが，作業中に温度・圧力の確認はできない．櫓下やロータリーテーブル（rotary table）付近での温度変化によるガスハイドレート分解の危険を防ぐため，あらかじめ作業場所付近にツールを冷却するための氷浴槽（ice bath）などを準備するとともに，作業者と十分な打合せにより，分解の危険を低減する．なお，PCATS は圧力コア試料の温度を低温に保てるように冷蔵コンテナ（container）内に収められている．

PCATS は，コアの状態を確認するための X 線 CT スキャナー，圧力コアリングツールのオートクレーブ（autoclave）からコア試料を保管用の圧力容器に移送するためのマニピュレータ（manipulator），コア試料の P 波速度やガンマ線の透過量で嵩密度を計測するセンサー類，圧力コアを減圧し分解ガスの分析を行う配管などから構築されている（図3）．コアの状態やコア長の情報は PCATS に接続してスキャンしない限り不明であるので，外見から明らかに圧力保持に失敗したと判断できる場合を除き，PCATS を用いたコア試料の観察が行われる．X 線 CT スキャン（X-ray CT scan）は時間を要するため，この段階でのスキャンは X 線透過像を用いた簡易スキャンとすることが多いが，それでも1～2時間を要する．したがって，得られたコアの情報を反映させつつ掘削を進めることはかなり難しい．

圧力コアリングツールでガスハイドレート区間を連続掘削している期間は，コア試料は簡易スキャンを実施された後，一時保管用の圧力容器に収納される．簡易スキャンの結果，X 線透過像，P 波速度，嵩密度が得られたら，研究者はハイドレートの含有状況やコアの亀裂，堆積物種などを判定し，長期保管用の圧力容器の個数に応じたコア試料の選定を行う．つまり，研究者は X 線透過像，P 波速度，嵩密度の情報から最終的に圧力コアとして保管する層準を選択しなければならない．先述のとおり，ガスハイドレートが多く含まれる部位では P 波速度の増加が見られるので，P 波速度を参考としてコアの切断位置を検討する．ただし，炭酸塩の膠着によっても P 波速度は増加するため，嵩密度の変化なども参考にして，ガスハイドレートの含有部分を選択する．コア試料全体の品質の判断には，圧力コアリングツールの温度–圧力の記録から，

図2　PCTB のボールバルブ（左：閉止状態），投入中の様子（右）

回収中のガスハイドレート分解の有無あるいは多寡によって判断する．
　一連の掘削作業に区切りがつき時間に猶予ができると，ようやくコア試料の切断が開始される．一時保管容器内のコア試料は再び PCATS の圧力容器内に戻され，この戻される過程で X 線 CT 画像のスキャンがなされる．それから所定の位置でコアライナーとコア試料が切断され，長期保管用の圧力容器に納められる．長期保管用の圧力容器に納められた圧力コア以外の部分は PCATS 内で減圧され，最終的にガスハイドレートを含まない通常コア試料となる．これらの試料は，通常，コアリングツールで回収したコア試料を分析する通常手順から外れており，コア試料が実験室に搬入される時間の把握も難しい．PCATS オペレーターと実験室間でうまく連携し，分析上の取りこぼしがないようにしたい．

圧力コア試料の利点

　圧力コア試料は，ガスハイドレートの分解がなく，かつ堆積物も冷凍されないため，ガスハイドレートを含む状態での力学測定や浸透率測定など，原位置の物性にかかわる測定に有効である（たとえば，Konnno et al., 2015; Yoneda et al., 2015）．PCATS で計測される P 波速度や孔隙率などの測定値は，検層データを

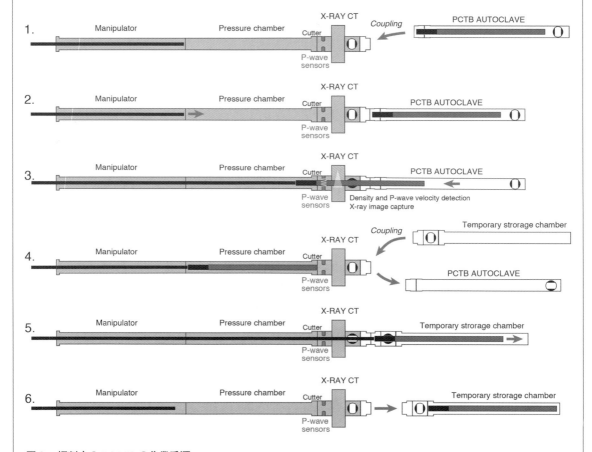

図 3　掘削中の PCATS の作業手順

1→2）PCTB のオートクレーブの接続，2→3）接続したオートクレーブからの試料の移動（搬送中に嵩密度と P 波速度を測定，X 線イメージを取得），3→4）オートクレーブの取り外しと一時保管用保圧容器の取り付け，4→5）一時保管用チャンバーへの試料の挿入，5→6）ボールバルブの閉止と保管用チャンバーの取り外し（掘削作業中は 1 に戻る）．実際の作業は，圧力配管を繋ぎ，リークチェック，均圧化の作業など手順が多数必要になる．掘削後の長期保管の場合には，4−5）の手順に試料の切断の工程が入り，切ったコアを長期保管容器に押し込むが，切断後は，PCATS 側に引き戻しできないので，複数の容器を付け替えつつ，目的の区間のみを保管する（http://www.geotek.co.uk/sites/default/files/Geotek_PCATS.pdf）．

較正する際に有用である（Suzuki *et al*., 2015）．圧力コアとして回収された後，ゆっくり減圧されたコアはガスハイドレート分解による撹乱が小さく，帯磁率異方性の測定などに向いている（Tamaki *et al*., 2015）．一方，圧力媒体の水がコア表面から浸入するため，間隙水分析などは注意を要する．研究上の要請に応じ，うまく利用したい．

参考文献

青山千春，鈴木麻希，松本　良（2009）メタンプルームの観測と解析．地学雑誌，**118**，1，口絵6，（https://www.jstage.jst.go.jp/article/jgeography/118/1/118_1_vi/_pdf）．

Konno, Y. Yoneda, J. Egawa, K. Ito, T. Jin, Y. Kida, M. Suzuki, K. Fujii, T. Nagao, J.（2015）Permeability of sediment cores from methane hydrate deposit in the Eastern Nankai Trough. *Marine and Petroleum Geology*, **66**, 487-495.

松本　良，奥田義久，蛭田明宏，戸丸　仁，竹内瑛一，山王梨紗，鈴木麻希，土永和博，石田泰士，石崎　理，武内　里香，小松原純子，Freire, A. F.，町山栄章，青山千春，上嶋正人，弘松峰男，Snyder, G.，沼波秀樹，佐藤幹夫，的場保望，中川　洋，角和善隆，荻原成騎，柳川勝則，砂村倫成，後藤忠則，盧　海龍，小林武志（2009）日本海東縁，上越海盆の高メタンフラックス域におけるメタンハイドレートの成長と崩壊．地学雑誌，**118**，1，43-71，（https://www.jstage.jst.go.jp/article/jgeography/118/1/118_1_43/_pdf）．

Suzuki, K. Takayama, T. Fujii, T.（2015）Density structure report from logging-while-drilling data and core data at the first offshore gas production test site on Daini-Atsumi Knoll around eastern Nankai Trough. *Marine and Petroleum Geology*, **66**, 388-395.

Tamaki, M. Suzuki, K. Fujii, T.（2015）Paleocurrent analysis of Pleistocene turbidite sediments in the forearc basin inferred from anisotropy of magnetic susceptibility and paleomagnetic data at the gas hydrate production test site in the eastern Nankai Trough. *Marine and Petroleum Geology*, **66**, 404-417.

Yoneda, J. Masui, A. Konno, Y. Jin,Y. Egawa, K. Kida, M. Ito, T. Nagao, J. Tenma, N.（2015）Mechanical properties of hydrate-bearing turbidite reservoir in the first gas production test site of the Eastern Nankai Trough. *Marine and Petroleum Geology*, **66**, 471-486.

トピック　含水泥質堆積物の包埋法と薄片・走査電子顕微鏡試料作成

　海底堆積物や陸上の未固結堆積物，断層ガウジなどの組織・粒子形状などは堆積物の圧密，剪断帯やガウジの形成環境などの情報を記録しており，その記録を解読するために試料の薄片化が必要不可欠となる．含水未固結試料を薄片化する際には水の除去が必要不可欠である．試料中の水を除去するとき自然乾燥や恒温槽で処理すると，水の表面張力（たとえば18℃，乾燥空気中で働く張力は約160 kg/cm^2，田中，1992）により原形組織が変形または破壊してしまう．試料の変形や破壊を生じさせることなく水を除去して切片の作成に関する研究として，医学・生物領域でさまざまな研究が報告されている．ここで紹介する含水堆積物（未固結・固結）の薄片作成法は，Kushida et al., (1988) が生物試料に用いた包埋法を滝沢ほか（1995）が含水未固結堆積物に応用したエポキシ樹脂（epoxy　resin）による包埋法である．試料の薄片化の作業過程で起きる問題と処理方法などを紹介する．

（1）　準備する薬品・器具

　包埋剤は下記のクエトール651セット（Quetol 651 set）を推奨する．

1．クエトール651セット（エポキシ樹脂クエトール651，硬化剤（MNA），加速剤（DMP-30）のセットで市販されている）．この樹脂は親水性であるため，含水鉱物を多量に含む試料にも適している．含水鉱物が少ない試料についてはクエトール812セット（エポキシ樹脂クエトール812，硬化剤（MNA），加速剤（DMP-30））でもよい．クエトール812は嫌水性の樹脂で，スメクタイト（smectite）類が多く含まれる試料には適さない．2．エタノール（ethanol），3．プロピレンオキシド（propylene　oxide），4．恒温器（60℃を要する），5．試料ホルダー（sample　holder：細穴あきの板，1 mm厚のアルミ板などで整形した円筒，角筒を使用），6．チャック付きポリエチレンビニール袋，7．アルミ箔，8．これらの他にマニキュア（manicure），レークサイドセメント（Lakeside cement），ラッカー（lacquer）用うすめ液（thinner）などが作業過程で必要になるケースがあるので用意しておくとよい．

（2）　試料中の水の置換

1）脆弱な試料や溶媒に浸すと土圧で崩れる試料の処理は，試料の大きさに合わせた容器（試料ホルダー）で切り出した後，その容器を付けたままで置換から固結まで行う．

　（注）切り出し用容器は底無し容器を作り，下側になる部分を布や紙などの膜で覆い溶媒の浸透性をよくする．

2）エタノール液に浸して水などを置換する．この置換の期間は試料の大きさや試料の構成鉱物種に依存する．これまでの経験では7～30日以上とばらつく．また期間中に3～5回程度，エタノール液を交換する．置換時間を短くする工夫として，エタノール液を30～40℃程度に暖めて対流をおこすと置換が早まる．容器はエタノールに溶解しない材質の物を使用する．

3）プロピレンオキシド液に浸してエタノールを置換する．

　（注）プロピレンオキシドは揮発性が高く，溶解性も強いので置換容器の材質に注意する必要がある．図に示したチャック付ポリエチレンビニール袋（2重ないし3重）に試料を入れて，さらに密封できるガラス容器の中に試料入りビニール袋を入れてガラス容器の蓋を閉じる．この置換中にプロピレンオキシドを蒸発させないことがポイントである．置換時間は数日～14日程度かけ，この置換期間に溶媒は2～3回交換する．

（3）　試料のプロピレンオキシドをクエトールに置換

　試料中に含水鉱物が多いときはクエトール651セット液を使用し，含水鉱物が少ないときはクエトール812セット液の使用も可能である．双方クエトールとも固結作業手順は同じで，以下のとおりである．

1）クエトール651（812）セット液を準備する．

　（注）セット液：クエトール651（812）と硬化剤（MNA）を4：6の割合で混合液を作り，この混合液に加速剤（DMP-30）を1から数滴加える（混合液の量で添加量を変える）．クエトールと硬化剤の混合比を変えることで固結樹脂の硬さを調節することができ，薄片作成には硬いほうがよい．しかし，ウルトラミクロトーム（ultra microtome）で切断する試料作成では硬さの調整は重要となる．

2）プロピレンオキシドとクエトールセット液を2：1の混合液に，2～7日間浸す．

3）プロピレンオキシドとクエトールセット液を1：2の混合液に，2～7日間浸す．

（注）2）と3）の期間中にプロピレンオキシドを蒸発させると置換処理が失敗するので，前述した水の置換工程の3）の（注）で示した用具・容器を使用するとよい．ビニール袋を使用するのは，試料の大きさに合わせるとともにクエトールセット液の節約も兼ねている．

4）100％のクエトールセット液に2〜7日間浸す．ここでは容器の口は開けたままで，試料中に含まれているプロピレンオキシドの蒸発を行う．

（4）加熱による固結

1）試料の形に合わせた容器（アルミホイル（aluminum foil）などで容器を作る）の中にクエトール置換工程の4）の状態（ビニール袋やその他の容器の口を開けた状態）で，40℃以下でセットした恒温器に入れて，1〜3日間加熱する．
（注）この加熱時の温度を40℃以上にすると，樹脂中に残っているプロピレンオキシドが発泡して組織を破壊するので，設定温度は注意を要する．

2）60℃程度で1〜3日間加熱する．
（注）この樹脂（クエトール651）は60℃，24時間で固結するが試料中の水置換が不完全だと，固結しなかったり固結するのに24時間以上を要したりする．

（5）薄片作成作業

ここで紹介した方法で固結させた試料の薄片作成は，作業工程でやむをえない場合を除いて水を使わないで作業することが，薄片作成を成功させる秘訣である．以下に著者の処理方法を紹介する．

1）水または油使用の切断機で試料を切断し，切断面が十分に固結しているかどうかを確かめる．洗剤交じりの水で試料を洗ったときに，切断面がざらついたりべとべとしないときは，固結が成功である．固結に成功した試料の薄片作成作業は水を使わないで油（著者は食用油を使用）を使って研磨作業を進める．なお，水の使用は試料の洗浄時に限る．

2）切断面を洗剤交じりの水で洗ったとき，切断面がざらついたりべとべとした状態では薄片作成作業はできないので，以下のような処理をする．試料を水で洗い乾燥させた後，クエトールセット液を研磨面に塗り，60℃にセットした恒温器に入れて24時間の加熱固化をする．クエトールセット液で固化できなかったときは，塗ったクエトールセット液を研磨して取り除いてから，研磨面の洗浄と乾燥を行い，マニキュア液（シンナーなどで薄めた液）を塗って固化させてから研磨を試みる．この作業で別の箇所がざらつくことがある．このときはマニキュア処理を繰り返して行い，研磨面全体がざらつきのない面に仕上げていく．ただし，水の置換があまりにも不十分のときは，切断面や研磨面の再固結作業をする．このような場合には，試料中の水の置換作業からやり直す勇気が必要である．

3）スライドガラスに試料を接着させて，切断—研磨を進める段階で，研磨剤の＃800を使用する段階ない

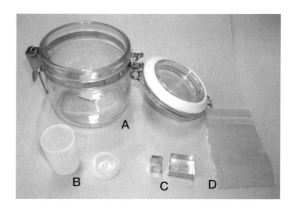

図　試料の切り出し枠，置換用ケースの例
A　密閉用ガラス容器，B　フィルムケース，C　アルミ板製試料切り出しケース，D　チャック付ポリエチレンビニール袋

し使用途中で研磨面上にクエトールセット液またはマニキュア液（シンナーなどで薄めた液）を塗り，試料内部への浸透と固化を行ってから試料の研磨作業を進めて薄くする．特に試料が薄くなると，急に試料が抜け落ちることがある．これを防ぐ方法は，研磨面のざらつきに注意しながら固定用の液（クエトールセット液またはマニキュア液で固結と研磨を繰り返して行う．

含水泥質物中の鉱物や物質を変形や破壊させることなく産状や性状を観察することの重要性は周知のとおりである．本稿で紹介した含水泥質物の薄片作成方法は，基本的作業手順と，その作業過程で特に処理に注意を要する点を失敗した経験を基に紹介した．特にスメクタイト類が多く含まれる試料では，スメクタイトの層間水をクエトールで置換することは基本的に無理である（クエトール分子が大きいため）．したがって，嫌水性樹脂での完全な置換と固結はかなり困難である．親水性樹脂（たとえばクエトール651）を使用しても完全な水の置換はむずかしく，水の置換に時間をかけるしかない．

今日の観察・解析機器の発展は目覚しく，光学顕微鏡でも数千倍での観察が可能になっている．電子顕微鏡を用いるとナノ次元の分解能で試料観察が可能になる．これらの高分解能機器を用いて水を含む泥質堆積物の組織，鉱物，粒子，物質の産状や形状を壊すことなく観察できると，組織の形成過程における時間・空間および環境変化の解明が期待される．

7　海洋底火成岩の記載

7.1　海洋底火成岩の分類と岩体区分

　海洋底の基盤は，主に海嶺で形成された苦鉄質火成岩類からなる海洋地殻である．典型的な海洋プレートの火成岩類は，上位から海底に噴出した枕状溶岩（pillow lava）を主体とする火山岩，マグマが上昇した火道であったと考えられるシート状岩脈群（sheeted dike complex），海嶺直下のマグマ溜まり（axial magma chamber：AMC）が固結したと考えられる苦鉄質深成岩の斑れい岩（gabbro），そしてその下位のマントルを構成する超苦鉄質岩類（ultramafic rocks）からなる．枕状溶岩とシート状岩脈群を構成する岩石は主に非晶質から穏微晶質の火山岩であるので，以下では海底火山岩としてまとめて説明する．なお，シート状岩脈群は垂直方向に貫入した岩脈であるが，これに似た単語でシート状溶岩（後述）がある．こちらは準水平に積み重なった溶岩であるので注意を要する．

7.2　海底火山岩

　火山岩（volcanic rock）は地下から上昇してきたマグマが地表または地表近くで固結したもの，またはその破砕物の集合体である．海洋底（sea floor）の基盤（basement）最上位を構成する火山岩は陸上に噴出して固結したものとは顕著に形態や構造（structure）が異なる．陸上に噴出した火山岩の産状（mode of occurrence）についてはさまざまな日本語の教科書で丁寧な解説がされている．しかし海洋底の火山岩についての説明は少ない．そこで以下では，まず海底を構成する火山岩の産状について記述する．より詳しい産状については，陸上に露出した水中火山岩についての教科書（山岸，1994；鹿野ほか，2000；保柳ほか，2006）も参照するとよい．

7.2.1　海底火山岩の産状

　海底の火山岩は産状の違いにより，溶岩流（lava flow），火砕岩（pyroclastic rock），貫入岩（intrusive rock）の3種類に区分される．溶岩流や火砕物は水中に噴出したものであるために基盤上部に産出する．一方，貫入岩はマグマが上昇中に固化したものであるために基盤中に見られることが多い．

　溶岩流はその形態の違いにより，枕状溶岩，シート状溶岩（sheet flow），塊状溶岩（massive flow）に分けられ，これはマグマの噴出率（eruption rate）や流下した海底面の傾斜の違いを反映している．パラフィンワックスを用いたアナログ実験によると，噴出率が低く，基盤の勾配が穏やかだと枕状溶岩となり，その逆はシート状溶岩になる（Gregg and Fink, 1995）．しかし実際の海底火山において，典型的な枕状溶岩は平均斜度が数度以上の斜面にのみ産出するので（Umino et al., 2002），産状をもとに基盤の斜度を推定するには注意を要する．

　枕状溶岩は径数 cm〜数 m の球状または円筒状の溶岩塊の集合からなる（図7.1）．溶岩塊の大きさはマグマの粘性に依存し，一般に玄武岩質（basaltic）のものは小さく，安山岩質（andesitic），デイサイト質（dacitic）になると大きくなる．陸上のパホイホイ溶岩ロープのように溶岩塊同士は細くくびれた接合部で互いに連続していることが多い．ハワイで陸上の溶岩流が海中に流れ込んだ映像を観察すると，円筒状の先端近くが破れ，中から一気に水中に噴出した溶岩が急冷され，新しい枕状の溶岩塊が形成されることを繰り返して成長することが確認できる．枕状の溶岩塊が厚く積み重なると，先端部では破砕を受けた溶岩塊の破片が崩れ落ちて崖錐堆積物（talus deposit）を形成する（図7.1）．崖錐堆積物中の溶岩破片量が多くなるとピローブレッチャ（pillow breccia）からハイアロク

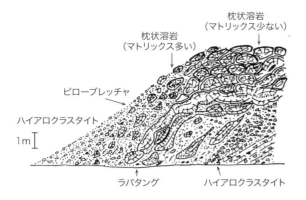

図7.1 水中溶岩流の模式図（荒牧, 1976）

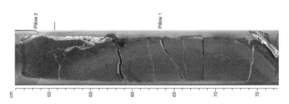

図7.2 枕状溶岩
（ODP Leg192 Hole 1187A Core 11R-1 Interval 46-77 cm）

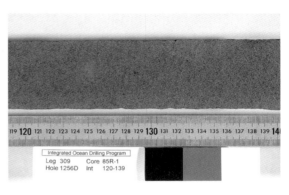

図7.3 塊状溶岩
（IODP Exp.309 Hole 1256D Core 85R-1 Interval 120-139 cm）

ラスタイト（hyaloclastite, 後述）へと移化する．枕状溶岩の表面は水との接触により急冷されるため，急冷周縁相（chilled margin）が発達する．急冷周縁相の表面は急冷ガラス（glass rind）からなり，この厚さは溶岩の粘性に依存し，玄武岩では 1 cm 程度，安山岩では数 cm〜10 cm，デイサイトや流紋岩では数 10 cm 以上になる．掘削コアでは急冷ガラスは溶岩ローブに応じた湾曲を示す（図7.2）．また，枕状溶岩の内部には急冷周縁相に垂直にパイプ気孔（pipe vesicles）や亀裂（crack）が発達することがある．なお，図7.1 に示したラバタング（lava tongue）は枕状溶岩に比べて管状で扁平であり形態が少し異なる．そのため，これを舌状溶岩（lobate lava flow）と呼び，枕状溶岩と区分する場合もある．しかし，コア（core）試料しか得られない深海掘削調査では，この 2 つを区分することは難しいため，産状の記載に舌状溶岩という用語は使用しない．

シート状溶岩は表面が比較的平滑で破砕をともなわないもの，塊状溶岩は特定の形態を示さないものとする．なお，深海掘削第1256C および D 孔では，便宜的に 3 m よりも薄いものをシート状溶岩，厚いものを塊状溶岩と区分した．多くの場合，溶岩流の中央部は均質であるが（図7.3），上部に気泡が濃集したりパイプ気孔が発達したりすることがある．一般に高水圧の深海では発泡が生じにくいが，発泡の始まる水圧は含水量によっても異なり（水0.5 wt％で1,000 m，1.7 wt％で5,000 m），過水和などの効果も影響する．なお，陸上でふつうに見られる塊状溶岩（blocky lava）は，その前縁部や表面部が角礫状の溶岩ブロックからなるもので，ハワイ沖などでこれに近い産状をもつ溶岩流も報告されている．

火砕物の詳細な定義や記載方法については，堆積物・堆積岩の項（第 6 章）にしたがう．ここでは溶岩にともなって産出することが多い火山弾（volcanic bomb），岩滓集塊岩（agglutinate），火山角礫岩（pyroclastic breccia あるいは volcanic breccia），ハイアロクラスタイトについて簡単に説明する．火山弾とは爆発的な噴火によって放出された特定の外形と内部構造をもつものであり，しぶき状の溶岩塊であるスパッター（spatter）が海底に産出することがある．一方，特定の外形をもたない多孔質粒子をスコリア（scoria あるいは岩滓）または軽石（pumice）と呼び，スコリアが集合した塊をスコリア集塊岩と呼ぶ．第 6 章で火山角礫岩は「火砕岩の中で径 64 mm 以上の火山岩塊（volcanic block）が全体の体積の 75％以上を占めるもの」と定義されている．しかし過去のODP，IODP 航海では粒径にはこだわらず，「成因が明確でない破砕粒子化した火山岩の集合物」の記載に使用している（図7.4a）．一方，ハイアロクラスタイトは「マグマの非爆発的な破砕（水冷破砕など）によって生じたガラス質または隠晶質の破片の集合」として定義され（Batiza and White, 2000），一部では砂径の破砕物の記載に使用されている（図7.4b）．ハイアロクラスタイトの成因はマグマが水中で急冷し破砕されたものと考えられており（荒牧, 1976），陸上の自破砕溶岩

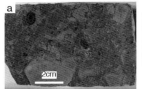
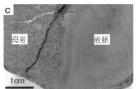

図7.4 海洋底を構成する火山岩の産状
(a) 火山角礫岩（IODP Exp.309 Hole 1256D Core 122R-1 Interval 80-100 cm）
(b) ハイアロクラスタイト（ODP Leg192 Hole 1185B Core 5R-7 Interval 55-85 cm）
(c) 岩脈（IODP Exp.309 Hole 1256D Core 136R-1 Interval 12-18 cm）
(d) 複合岩脈（IODP Exp.309 Hole 1256D Core 161R-2 Interval 0-8 cm）

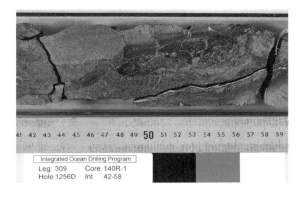

図7.5 破砕部をともなう岩脈（IODP Exp.309 Hole 1256D Core 140R-1 Interval 42-58 cm）

(autobrecciated lava) に相当する．中央海嶺 (mid-ocean ridge) や海台 (oceanic plateau) などに見られる玄武岩質のハイアロクラスタイトは枕状溶岩表面の急斜面が崩壊したり，枕状溶岩が流下したりするのにともなって発生する（図7.1）．一方，島弧 (island arc) や大陸縁辺部 (continental margin) の海底にしばしば噴出する安山岩質やデイサイト質マグマは固化したとき溶岩の形態を示さず，ハイアロクラスタイトになることがある（荒牧，1976）．

貫入岩は周囲の母岩 (host rock) の成層構造に非調和的なもの（岩脈，dike；シート，sheet）と調和的なもの（シル，sill）がある．高角度（縦方向）の傾斜を有するものを岩脈，水平に近いものをシートと呼ぶ．溶岩流同士の境界と異なり母岩との境界部はシャープな接触関係を示すことが多い（図7.4c）．しかし境界部が角礫岩化しており（図7.5），溶岩流との区別が困難なことがある．さらに溶岩に貫入した岩脈の接触部に発達する急冷周縁相と溶岩のそれとの違いの見分けも難しいことがある．基盤深部のシート状岩脈群では複数の岩脈が接触している重複岩脈 (multiple dike) が見られることがある（図7.4d, Umino et al., 2003）．重複岩脈部ではしばしば母岩との接触部が湾曲して角礫岩化していたり，岩脈の欠片が母岩に混入していたりすることがある．これらの事実は岩脈の貫入時に母岩はまだ未固結であり，流動していたことを示している．島弧などの大陸縁辺部では複合岩脈 (composite dike) が見られることがある．複合岩脈は，岩脈内部で化学組成や斑晶量などが異なる帯状構造が見られるもので，それぞれの帯状部の間に急冷ガラスを欠く．

7.2.2 海底火山岩の肉眼観察

火成岩石学者 (Igneous Petrologist) は，セクション (section) ごとの火山岩の産状，構成鉱物の種類や量，気泡の大きさや量などの情報を知るために肉眼観察を行う．観察は肉眼，ルーペ，実体顕微鏡を駆使して行い，得られた情報は1つのセクションについて1枚の割合で作成するVCD紙 (VCD sheet) に記入することが多い．

A. ユニット境界の決定

回収されたコアは便宜的に複数のユニット (unit) に区分する．肉眼観察 (VCD) において最初に行う作業はユニット境界 (unit boundary) の決定である．ユニット名は最上位をユニット1 (unit 1) とし，下位に行くほど2，3と数字が大きくなるように名づける．これまでのODPやIODP航海では統一的なユニット境界の決定方法は提案されておらず，航海ごとに異なる．過去の航海の記載によると，1ユニットは数コア続くことが多く，1コアに無数のユニットが存在したり，1ユニットが数十コアにまたがったりするような例はあまり多くない．対象が火山岩の場合，ユニット境界は噴火様式やマグマの種類が変化する場所であったり，噴火間隙であったりすべきである．具体的には，①噴出物の産状の変化（たとえば，枕状溶岩からシート状溶岩への変化），②斑晶の種類や量などの記載岩石学的特徴の変化（後述），③岩石の変質度 (degree of alteration) の変化（変質記載の項参照），④堆積物をともなう火山角礫岩やハイアロクラスタイトの存在，の4種類を基に決定するのが望ましい．な

お，ユニットに区分できるだけの顕著な変化を欠くために1つのユニットが十数コアも続くときは，サブユニット（subunit）を導入することがある．サブユニット名は最上位をaとし，下位にいくほどb，cとなるように名づける（たとえばユニット1を3つのサブユニットに分ける場合，上位から順番にユニット1a，1b，1cとする）．

ユニット境界が，個々の冷却ユニット（cooling unit）境界の場合には，理想的にはユニット境界を挟んで上記①～④のいずれかが確認されるとともに，各ユニットの末端部には急冷周縁相が存在することを確かめる必要がある．しかし，冷却ユニット境界の多くはもろく崩れやすいため，掘削時に失われて回収されないことが多い．そこで粒径分布（grain size variation）を基にユニット境界を決定する必要が出てくる．結晶の粒径（grain size）は急冷周縁相から溶岩流内部にいくほど大きくなるので，粒径分布を調べれば，回収されなかった急冷周縁相の位置を推測することができる．なお，急冷周縁相が存在せず，粒径分布も変化しないのに斑晶量や変質度が急激に変化することがある．このような時は急激に変化する場所をサブユニット境界とするとよい．

過去のIODP航海では稀に岩脈が溶岩などの中に出現した場合，岩脈部はサブユニットとしたことがある（この場合，母岩をa，岩脈をb，c，…と名づける）．シート状岩脈群にはしばしば1つのコア内で複数の岩脈が産出する．このようなとき，各岩脈の記載岩石学的特徴が同じならば，産出した岩脈はすべて同じサブユニット（b）としている．しかし，コアをまたがって産出した場合は，岩脈ごとに異なったサブユニット名（cやd）をつけている．

決定したユニット境界の種類（上記①～④のいずれか）と各ユニットの産状は境界表（contact log）を作成し，これにまとめておくことを推奨する．境界表に記載される項目は，ユニット番号，境界のコアーセクションーインターバル（interval）ーピース（piece）番号，境界の深さ（mbsf），境界の種類，ユニットの厚さ（minimum thickness of the unit），ユニットの産状と岩型（rock type，後述）などである．境界表は各ユニットの特徴を一目瞭然に示すので，研究用の試料を採取する際に最も役立つ表となる．

B．各ユニットの岩型記載

火成岩岩石学者が現場での肉眼観察で記述すべき最低限の項目は，①粒度の決定，②岩石の命名，③色の決定，④気泡の記載，の4種類であり，まとめて岩型記載と呼ぶ．以下では岩型記載について順番に説明を行う．

① 火山岩を構成する鉱物の大きさに着目した場合，斑点状に散在するやや大形の結晶とそれを取り巻く基地をなす部分から成り立つことがわかる．このような組織（texture）は斑状（表7.1），大形の結晶は斑晶（phenocryst），基地の部分は石基（groundmass）と

表7.1 火山岩および深成岩類の組織記載によく使われる用語

組織名	Texture name	組織の特徴
斑状	porphyritic	大きな結晶（斑晶）がそれよりずっと小さい結晶（石基）の中に存在する
シリイット	seriate	斑晶と石基の大きさが連続的
集斑状	glomeroporphyritic	複数の斑晶が集合している
オフィティック	ophitic	複数の自形の斜長石が大きな他形の単斜輝石中に取り込まれている
ドレライト状	dolelitic	同上
サブオフィティック	subophitic	斜長石がほぼ同じ大きさの単斜輝石に一部取り込まれている
間粒状	intergranular	自形の斜長石の結晶と結晶の間をそれよりも細かい単斜輝石の集合が埋めている
填間状	intersertal	インターグラニューラーに似ているが，斜長石結晶の間を埋める物質が単斜輝石だけでなく，かんらん石，不透明鉱物，ガラスなどさまざま
ポイキリティック	poikilitic	さまざまな方向に向かった小さい結晶がそれよりも大きい他の鉱物の結晶に含有されている
粗面岩状	trachytic	細粒の短柵状の長石が互いにほぼ平行に配列している
スフェリリティック	spherulitic	針状や繊維状の結晶が一点から放射状に配列してつくる球のような塊をスフェライト（spherulite）といい，これを多数含む
バリオリティック	variolitic	球状集子状．しばしば枝分かれした長柱状の斜長石が扇状に分布しており，その間を単斜輝石，かんらん石，不透明鉱物などが埋める
間隙	interstitial	自形～半自形鉱物の間を埋めているもの

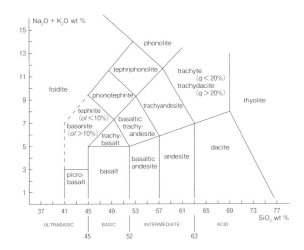

図7.6 全岩化学組成を基にした火山岩の分類法
（Le Maitre, 2002を簡略化）

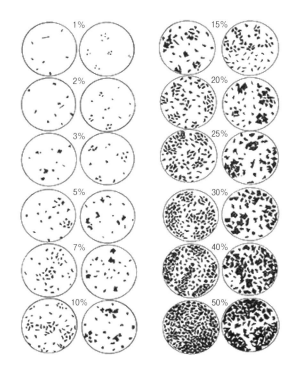

図7.7 色指数チャート（Terry and Chilingar, 1955）

呼ばれる．なお，鉱物の粒径がはっきりとした2群に分かれず連続的に異なるさまざまな大きさの鉱物粒の集合からできている場合はシリイット組織（表7.1）と呼び，構成鉱物は斑晶と石基には区分しない．

火山岩の粒度は石基鉱物の結晶の大きさで決定する．具体的には実体顕微鏡下で定規を用いて平均的な結晶の短軸の長さを測定し，粗粒（coarse grained，粒径；2 mm以上），中粒（medium grained，粒径；1〜2 mm），細粒（fine grained，粒径；0.2〜1 mm），マイクロ結晶質（microcrystalline，粒径；0.1〜0.2 mm），クリプト結晶質（cryptocrystalline，粒径；0.1 mm未満）に区分して記載する．なお，精確な測定のために0.5 mmまで目盛りがある定規の使用をお勧めする．

② 海嶺系，海台，ホットスポット海山を構成する火山岩はほとんどすべてが玄武岩（basalt）またはドレライト（dolerite）である．深海掘削研究では石基鉱物が細粒よりも細かい（＜0.2 mm）岩石を玄武岩，細粒から中粒（1〜5 mm）でオフィティック（表7.1）およびシリイット組織をもつ岩石をドレライトと定義している．もし，玄武岩やドレライトとは見かけが異なる岩石が産出した場合，岩石の命名は鉱物の量比を基準にする方法または全岩化学組成を基準にする方法のいずれかによって行う（Le Maitre, 2002）．石基がガラス質〜細粒である火山岩において鉱物の量比を正確に推定することは困難なので，ここでは全岩化学組成を基にした命名法を図7.6に紹介する．

岩石名にはさらに斑晶の種類と量比（モード：mode）の情報を入れる．たとえば，sparsely plagio-clase-olivine phyric basalt（まばらに分布するかんらん石斑晶のほうが斜長石斑晶よりも量が多い玄武岩の場合）と名づける．

斑晶モードは図7.7に示した色指数（color index）との比較によって目視で判定し，aphyric（斑晶モード，1％未満），sparsely phyric（斑晶モード，1〜2％），moderately phyric（斑晶モード，2〜10％），highly phyric（斑晶モード，10％超）の4ランクに区分して記載する．

斑晶として海洋底（特に中央海嶺や海台）の火山岩中に見られる主なものはかんらん石，斜長石，単斜輝石である．以下ではこの3鉱物の特徴を説明し，稀に含まれる斜方輝石，ピジョン輝石，普通角閃石，黒雲母，石英などについての記述は省略し，岩石学の教科書（たとえば，都城・久城，1972a, b）にゆずる．なお，以下で頻繁に使用される各鉱物の形状（morphology）名は表7.2にまとめてある．

かんらん石は長軸方向にやや伸長した六角形の短柱状自形を示す．新鮮ならば光沢のあるウグイス色であるが，大部分は変質しており深緑色から黒色である．斜長石は長柱状〜短冊状自形を示し，長軸に平行なすじ（劈開）が何本も存在する．色は白から透明である．時どき斑晶の数倍サイズの巨斑晶（megacryst）を含

表7.2 鉱物の形状記載によく使われる用語

鉱物の形状名	Mineral morphology	形状の説明
自形	euhedral	鉱物が完全に自分固有の結晶面で取り囲まれている
半自形	subhedral	鉱物が一部は自分の固有の結晶面で取り囲まれ，他の部分は固有の結晶面を欠く
他形	anhedral	鉱物が自分の固有の結晶面を示さない
等方状	equant	結晶の各辺の長さがほぼ同じ．最長辺の長さが最短辺の2倍未満
準等方状	subequant	最長辺の長さが最短辺の2〜3倍
板状	tabular, platy	結晶が2次元的に著しく成長．最長辺の長さが最短辺の3〜5倍
伸張	elongate	結晶が一方向に著しく成長．最長辺の長さが最短辺の5倍以上
針状	acicular, fibrous	小さな結晶が1つの方向に長くのびている．斜長石にはacicular，単斜輝石にはfibrousを使用することを推奨する．
柱状	prismatic, columnar	結晶が1つの方向に長くのびている
ラス	lath, bladed	結晶が細長く薄く成長している．斜長石によく見られる．
骸晶状	skeletal	結晶が複数の方向に枝分かれして成長している．薄片では結晶が空洞やとぎれをもつように見える．急成長したかんらん石，斜長石，チタン磁鉄鉱によく見られる
樹枝状	dendritic	枝分かれして成長している．急成長した単斜輝石によく見られる
ツバメ羽状	swallow-tail	ツバメの羽のように結晶の角が突起している．急成長した斜長石によく見られる
湾入状	embayed	ある結晶が他の結晶に湾入している
仮像	pseudomorph	元来存在していた鉱物を2次鉱物が置き換えているが，形状から元の鉱物が推定できるもの
菱形状	rhomb	菱形．チタン磁鉄鉱によく見られる
泡状	blebs	小さな粒状．硫化鉱物によく見られる

むことがある．単斜輝石はかんらん石に比べると長軸と短軸の比が低いことが多く，短柱状自形を示し深緑色である．

③ 色は岩石を水に濡らした状態で判別する．これは目視でマンセルカラーチャート（Munsell color chart）と岩石の色を比較して行う．

④ 火山岩に含まれる気泡については量，大きさおよび形状の記載を行う．気泡量については斑晶モードの決定と同様に色指数チャート（図7.7）との比較によって目視で判定し，slightly vesiculated（1％未満），sparsely vesiculated（1〜5％），moderately vesiculated（5〜20％），highly vesiculated（20％超）の4ランクに通常は区分する．大きさは短軸の平均的な長さを計測して記載する．形状は通常，長軸と短軸の長さの比を基準に，等方状，準等方状，板状，伸張の4形状（表7.2）のいずれかを選んで記載する．

肉眼観察のまとめ（summary description）として各ユニットの岩型と産状およびユニット境界の産状を記述する．なお，肉眼観察に基づく岩型記載は後述の薄片記載と食い違うことがある．その際は薄片記載にあわせて肉眼観察記載の修正を行う．

7.2.3　海底火山岩の薄片記載

偏光顕微鏡を用いた薄片記載は肉眼観察よりも詳しい岩石情報を得るために行われる．薄片記載でまず行うのは結晶度の決定であり，完晶質（holocrystal-line，100％結晶でガラスを含まない），ガラス含有（glass-bearing，ガラス量；0〜20％未満），ガラスに富む（glass-rich，ガラス量；20〜50％），ガラス質（glassy，ガラス量；50％以上100％未満），ガラス（glass，ガラス量；100％）の5種類に区分する．

次に斑晶および石基鉱物の鑑定，モードの測定，形状や組織の記載を行う．石基粒径が細粒よりも細かい（<0.2 mm）岩石については，ポイントカウンターを用いた1,000点ほどのカウンティングを行って斑晶モード（各斑晶鉱物と石基との比）の測定をし，粒径が大きな（>0.2 mm）岩石については石基モード（各石基鉱物の比）も決定することが推奨される．

肉眼観察の項で述べたとおり，海嶺系，海台，ホットスポット海山の火山岩中には斑晶としてかんらん石，斜長石，単斜輝石がよく見られる．また，石基は斜長石，単斜輝石，ピジョン輝石（pigeonite），石英（quartz），燐灰石（apatite），チタン磁鉄鉱（titanomag-

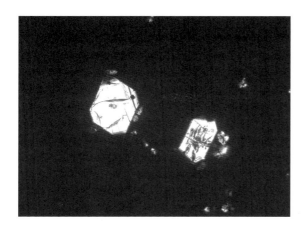

図7.8 新鮮なかんらん石斑晶．スピネル包有物を含む．直行ポーラー．横幅2 mm（ODP Leg192 Hole 1185B Core 3R-1 Interval 32–35 cm）

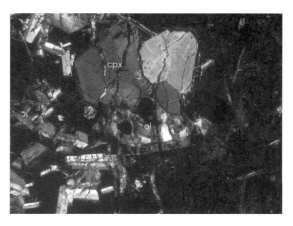

図7.9 単斜輝石（cpx）と変質して方解石やサポナイト化した仮像かんらん石（ol）．直交ポーラー．横幅5 mm（IODP Exp.309 Hole 1256D Core 106R-1 Interval 76–80 cm）

図7.10 集斑状をなす斜長石．直交ポーラー．横幅2 mm（IODP Exp.309 Hole 1256D Core 114R-1 Interval 125–127 cm）

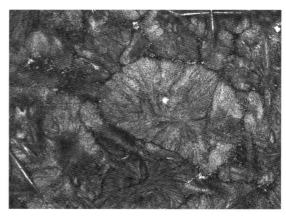

図7.11 スフェルリティック組織．下方ポーラーだけ．横幅2.5 mm（IODP Exp.309 Hole 1256D Core 161R-2 Interval 51–55 cm）

netite），チタン鉄鉱（ilmenite），クロムスピネル（chrom spinel），硫化鉱物（sulfide minerals），ガラスなどから構成される．

斑晶かんらん石は六角形の短柱状自形であり，丸みを帯びていることが多い（図7.8）．骸晶状（skeletal）や半自形〜他形を示すこともある．不規則な割れ目があり，それに沿ってスメクタイト（smectite）に変質している．しばしば完全に2次鉱物（サポナイト（saponite）や方解石（calcite））化して仮像（pseudomorph）として産出することがあるので（図7.9），鑑定に注意を要する．時どき，黒〜黄褐色のスピネル微晶を包有物として含んでいる．

斜長石斑晶は長柱状〜栅状自形であり，直交ポーラーによる観察（observation between crossed polar）で特徴的な濃淡の層構造（双晶，twinning）をなす（図7.10）．時どき周囲を融食された半自形〜他形の巨斑晶が産出することがある．変質により斑状に2次鉱物（アルバイト（albite）や緑泥石（chlorite））化していることもある．しばしば単斜輝石斑晶とともに集斑状（glomeroporphyritic）をなす．

単斜輝石斑晶は短柱状自形であり，結晶面に平行な2方向の劈開が顕著である．かんらん石や斜長石に比べて変質の進んだ岩石中でも新鮮な結晶として残っていることが多い．

石基の組織は冷却速度の違いによって異なるため，溶岩流の縁から中央部に向かって変化していく．急冷

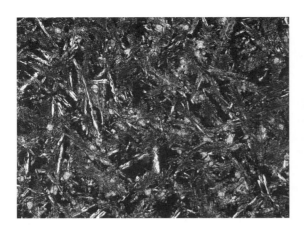

図7.12 バリオリティック組織．下方ポーラーだけ．横幅5 mm（IODP Exp.309 Hole 1256D Core 94R-1 Interval 44-51 cm）

図7.13 急冷相付近で粗面岩状に配列する斜長石のマイクロライト．スフェルリティック組織の部分と互層している．下方ポーラーだけ．横幅10mm（IODP Exp.309 Hole 1256D Core 80R-1 Interval 55-58 cm）

図7.14 バリオリティック〜インターサータル組織．下方ポーラーだけ．横幅5 mm（IODP Exp.309 Hole 1256D Core 96R-1 Interval 32-34 cm）

図7.15 インターグラニュラー組織．下方ポーラーだけ．横幅2.5mm（IODP Exp.309 Hole 1256D Core 130R-2 Interval 38-41 cm）

部はガラスないしガラス質であり，これより内部は冷却速度に応じてスフェルリティック（spherulitic）やバリオリティック（variolitic）な急冷相が成長する（**図7.11，7.12**）．一般にスフェルリティック組織は急冷ガラス部とバリオリティック組織の中間に成長する．急冷相付近では斜長石や単斜輝石のマイクロライト（microlite）が粗面岩状（trachytic）に配列することがある（**図7.13**）．さらに内部はインターサータル（intersertal）やサブオフィティック（subophitic）組織を示すことが多く，中央部ではインターグラニュラー（intergranular）組織になる（**図7.14，7.15**）．塊状溶岩の中央部ではしばしばオフィティックまたはドレライト状に結晶が成長し，シリイット組織を呈する（**図7.16**）．斜長石と単斜輝石は石基の大部分を構成し，これらの形状は**表7.2**にまとめてある．ピジョン輝石は中粒〜粗粒の石基にしばしば出現し，柱状（prismatic）結晶が単斜輝石中にサンドイッチされたかたちで産出する（**図7.17**）．石英は細粒〜粗粒の石基鉱物の粒間を埋める充填結晶（interstitial crystal）として他形の斜長石とともに他形に成長している．燐灰石はこの他形の石英や斜長石中に針状の細長い形状で結晶化していることがある（**図7.18**）．チタン磁鉄鉱およびチタン鉄鉱はしばしば石基の不透明鉱物（opaque minerals）として表れる．チタン磁鉄鉱とチ

図7.16 シリイット組織．下方ポーラーだけ．横幅5mm（IODP Exp.309 Hole 1256D Core 110R-1 Interval 58-60cm）

図7.17 平行連晶をなす単斜輝石（cpx）中のピジョン輝石（pig）．直交ポーラー．横幅1.4mm（ODP Leg 206 Hole 1256C Core 9R-8 Interval 21-23cm）

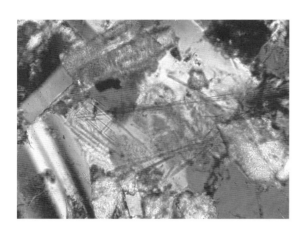

図7.18 充填結晶の斜長石（pl）と石英（Q）．針状のアパタイトが成長している．直交ポーラー．横幅0.5mm（IODP Exp.309 Hole 1256D Core 147R-1 Interval 13-16 cm）

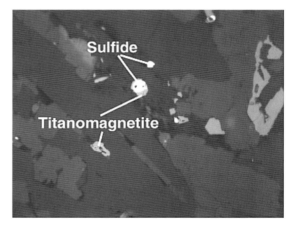

図7.19 チタン磁鉄鉱（Titanomagnetite）と硫化鉱物（Sulfide）．反射顕微鏡による観察．横軸0.28mm（ODP Leg 192 Hole 1186A Core 33R-1, Interval 91-93 cm）

タン鉄鉱は菱形（rhomb），針状（acicular），骸晶状に産出するが，偏光顕微鏡下で2種類を区別することは難しい．一方，同じ不透明鉱物である硫化鉱物は泡状（blebs）であり，反射顕微鏡を用いればチタン磁鉄鉱やチタン鉄鉱に比べて明るく黄色いため，区別が可能である（**図7.19**）．

7.3 海底深成岩類

ここでは，斑れい岩（gabbro）を中心とする深成岩類の観察について説明する．なお，本節では斑れい岩をガブロと標記することもある．深成岩（plutonic rock）はマグマが地下深部で定置（emplacement）し，比較的ゆっくりと固結したものである．International Union of Geological Sciences（IUGS）は，深成岩を"深部で結晶化したとみなされうる完晶質（holocrystalline）の組織をもつ岩石"であると定義している（Streckiesen et al., 1974；Le Maitre, 2002）．なお，海の地質は厳密には中央海嶺で形成された海洋地殻のみから構成されるわけではないが，ここでは中央海嶺玄武岩質マグマから形成される深成岩類を中心に扱う．

海洋地殻を構成する深成岩類には，標本（hand specimen）スケールで全岩化学組成がマグマの組成を保持している場合と，マグマ溜まりの中で鉱物が集

積した集積岩（cumulate）でありマグマの組成を保持していない場合とがある．この違いは全岩化学組成分析結果の解釈や岩石の成因の解釈に重要であり，マグマ組成を保持している場合には，マグマ溜まり内プロセスがそのまま固結・保持されている可能性がある．一方，集積岩の場合は，集積鉱物を晶出させたメルトが相対的に他の場所へ移動して分化が生じたことを示しており，海底へ噴出したメルトそのものとしての火山岩との成因的対応関係や，より分化したメルトから晶出した深成岩類の成因を考えるための情報源となる．さらに，中央海嶺では，シート状岩脈群や何層もの溶岩流から推定されるように，地殻深部においても間欠的にマグマの上昇，通過および定置が生じていると考えられ，そのような間欠的なマグマ活動による，新たなメルトの通過やそれにともなう改変プロセスが，深成岩類に記録されていることが期待される．深成岩類の研究はそのような火成プロセスの時間積分結果を紐解くことであり，以下に述べる肉眼や鏡下での産状・組織の観察がそのための重要な地質学的1次情報をもたらす．

7.3.1 海底深成岩の分類と命名

深成岩類の分類と命名は初生的な構成鉱物の種類と量比に基づいて行う．海洋底深成岩類には，IUGSの分類による岩石名に加えて，伝統的に使用されているオキサイドガブロ（oxide gabbro）と，広義のトロニエマイト（trondhjemite）という岩石グループがある．オキサイドガブロは，陸上地質学で鉄ガブロ（ferro-gabbro）と呼ばれている岩相に相当する．トロニエマイトは，広義の花崗岩類（granitoid rocks）の一種であるが，海洋域ではカリ長石を含む狭義の花崗岩は稀であり，ほとんどがトーナライト（tonalite）や狭義のトロニエマイトであるため，しばしばあわせて広義のトロニエマイトと命名される．海洋地質調査でトロニエマイトとされる岩石は，オフィオライト研究においてはしばしば斜長（石）花崗岩（plagiogranite）と呼ばれている．構成鉱物に基づく深成岩類の分類を**図7.20**に示す．

7.3.2 海底深成岩の肉眼観察記載

深成岩類の肉眼観察記載では構成鉱物と組織の識別が，岩石の分類・命名やその後の船上での成因的解釈・各種物理化学計測データの解釈に決定的に重要である．通常，肉眼鑑定による野外岩石名は，岩石顕微鏡観察による正式名称決定までの仮名として扱われる（たとえば，日本地質学会地質基準委員会，2003参照）．特に深海掘削研究の場合，薄片の作成や観察と平行して掘削作業が行われており，肉眼鑑定を終了したコアは格納室に保存されていくため，薄片観察終了後にコア試料を見ながら肉眼観察を再記載することは困難と時間的なロスをともなう．したがって，深成岩類の記載にあたっては，乗船研究以前に十分な岩石鑑定能力を培っておく必要があるとともに，船上で可能なあらゆる方法を駆使して正確な鉱物・岩石の同定を行う必要がある．

深成岩類の肉眼観察記載では，①ユニット区分，②ユニット構成岩相とその変化（構成鉱物の種類・モード・組織など）の観察，③ユニット境界（貫入・被貫入・漸移など）の観察をおおむねこの順に行う．この作業の順番は，野外地質において，まず露頭全体を観察して構成岩相や構造を把握し，個々の岩相や境界を詳細に観察するのと同様に，①ユニットの区分をコアの概観に基づいてまず行い，②詳細な観察をもとに個々のユニットの特徴を把握し，③それぞれ異なる特徴をもつユニット間がどのような関係で接しているのかを観察するという順になっている．ただし，②の詳細な観察の結果，ユニット区分を改めなくてはならない場合もあるので，最終的には上述の一連の作業の繰返しの結果を総合してユニットを定義する．観察結果は，記載のためのさまざまな1次情報（ユニット・ログ，ピース・ログなど：前述）とともに記載用紙（VCDシート）にまとめる．さらに，重要な部分については接写写真（close-up photograph）の撮影を行う．このような画像データもコアから得られる重要な情報の一部であり，典型的な岩相や特徴的な部分を含めて可能な限り撮影する．

A．ユニット区分とユニット境界

ユニットは地球科学的に意味をもつ岩石グループの最小単位である．連続的なコア試料における深成岩のユニット区分の基本は，構成鉱物種（mineral assemblage）の不連続的な変化である．構成鉱物種が異なるということは，それらの深成岩類がマグマから晶出したときの平衡鉱物組合せ（equilibrium mineral assemblage）が異なっていたこと，したがって，異なる時期や異なる分化段階（組成）のマグマから晶出したことを示唆している．また，火成作用時に形成されたとみなされる火成構造（magmatic structure）の違いも，貫入時期の違いを反映している可能性がある．以下に述べるように，深成岩類の場合，同一のユニット内であっても岩相が変化することが普通であり，最終的には以下のBとCの観察によって，単一のユニットを特徴づけるユニットの定義がなされる必要がある．

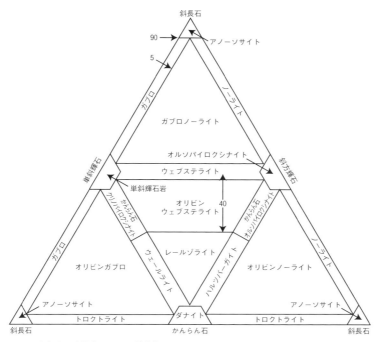

図7.20 苦鉄質深成岩類のモード組成に基づいた分類
(Streckiesen et al., 1974; Le Maitre, 2002, Expedition304/305 Scientists, 2006に基づく)

B. ユニット構成岩相の観察記載

それぞれのユニットでは，初生鉱物組合せ，それらの形態，量比，色，粒径，組織の観察・記載を行う．以下にそれらの記載のために参考となる情報を示す．海底深成岩に見られる初生鉱物の肉眼鑑定の詳細については，以下のD.を参照されたい．

深成岩類を構成する主要な初生鉱物は，かんらん石，単斜輝石，斜方輝石，角閃石，Fe-Ti酸化物（磁鉄鉱，チタン鉄鉱），斜長石，石英であり，これらの量比によって岩石名が決定される．少量のスピネルや硫化鉱物などが肉眼でも確認できる場合がある．比較的鉄に富むガブロ類ではジルコン，アパタイト，ルチルなどの副成分鉱物を含むことがあるが，肉眼で観察できることは稀である．これらの初生鉱物組合せは，深成岩類が晶出した時点の（親）マグマの化学組成や各種物理化学条件（温度・圧力・酸素フガシティなど）を反映している．

深成岩を構成する鉱物の形態に関する用語には，自形・半自形・他形があり，他形鉱物の産状の1つとして，粒間充填状（interstitial）がある．さらに，結晶の形態によって，等方状（縦横比＜1：2），準等方状（縦横比1：2～1：3），板状あるいは卓状（縦横比1：3～1：5），そして伸長状（縦横比＞1：5）といった特徴を記載する（**表7.2**）．このような構成鉱物の形態は，鉱物の晶出順序や結晶作用・冷却条件などを知る情報となる．

肉眼観察記載における初生鉱物の量比（モード）は，目視による色指数（**図7.7**）との比較によって見積もる．海洋域の深成岩類は，粗粒で多くの場合不均質であるため，薄片によるモードの測定結果が，肉眼観察記載結果と異なることは普通である．限られた部分の薄片観察の結果をもってコア試料のモードとすることはできない．その一方で，深成岩類の岩石名はモードによって決定されるので，肉眼での量比の見積りはきわめて重要な作業である．乗船研究以前に目視による量比推定と実際のカウンティング結果との検定を行い，習熟しておくことが望ましい．また，モード組成は，全岩化学組成から計算されるノルム組成と一般によく一致することから，全岩化学組成分析結果のある試料については，ノルム組成の計算もモード組成の見積りや確認に有効である．

岩石の色は，通常色指数（**図7.7**）を用いて判定す

るか，マンセルカラーチャートを用いて目視で判定する．深成岩は完晶質の火成岩であるため，岩石の色は構成鉱物種・量比を反映している．

　鉱物の大きさは，深成岩の晶出・冷却条件を知る重要な情報となる．深成岩類は必ずしも等粒状ではなく，鉱物の大きさが漸移的または連続的に変化するシリィット組織（seriate texture；後述）を示したり，オイコクリスト（oikocryst）を含むことも普通であるため，目視で最大・最小粒径と，平均的な粒径を記載する．これまでの深海掘削調査で一般的に採用されている粒度区分は，細粒（fine grained；< 1 mm），中粒（medium grained；1〜5 mm），粗粒（coarse grained；5〜30 mm），そしてペグマタイト質（pegmatitic；> 30 mm）である．ここでペグマタイトとは鉱物の粒径を記載する用語であり，岩石の組成とは無関係である．

　肉眼での深成岩類の観察・記載に際しては，構成鉱物の量比に基づく命名に加えて，岩石名の前に各種の修飾語句（modifier）をつけることがある．ODP/IODPの航海では，以下のような修飾語が比較的頻繁に使用されてきた．優白質（leucocratic-）とは，斜長石に代表される珪長質鉱物のモード比が大きく，灰色－灰白色を示す岩石に用いる．優白質（leuco-）と優黒質（mela-）はそれぞれモードの65％以上の斜長石または有色鉱物を含む場合に用いられている例もある．マイクロ（Micro-）とは，主粒径が1 mm以下で，かつ深成岩であると認定される岩相に対して用いられる．アノーソサイト質（Anorthositic）とは，モードの80％を超える斜長石で構成されるガブロに用いる．その他の鉱物量比に応じた修飾語句については，図7.20に示した．これらの修飾語句は，調査海域ごとに異なる代表的岩石の特徴をより細かく記載するために，航海ごとに異なった定義を与える場合がある．これらの定義はExplanatory NoteやMethodとして記載する必要がある．混乱を避けるためにも，今後は統一的な定義を用いることが望ましい．

C．ユニット境界

　ユニット境界は一般に貫入（intrude），漸移（gradual change, diffuse），あるいは構造的の境界のいずれかであるが，海洋掘削コアの場合，境界部が回収されず欠如している場合も多い．断層や変形岩にともなうユニット（岩相）境界は構造的境界と呼ぶ．貫入境界は明瞭な岩相境界で特徴づけられ，岩脈や分枝，急冷周縁相，捕獲岩（xenolith/enclave）の存在や内部構造の切断関係（貫入岩が被貫入岩の構造に非調和に貫入）により，貫入・被貫入の順序関係を判定することができる（詳しくは，日本地質学会地質基準委員会，2003参照）．深成岩類の場合，珪長質と苦鉄質な深成岩類が相互に貫入あるいは包有しあう産状が観察されることもあり，2種類のマグマが同時に存在していた証拠と解釈されている（詳しくはDidier and Barbalin, 1991参照）．ただし，海洋掘削コアの場合，3次元的な分布や岩相境界の観察が困難できわめて限られた情報しか得られないため，このような関係を確認するのは一般に難しい．また，深成岩類の場合，異なる岩相（ユニット）が漸移する場合も多く，マグマの貫入・定置メカニズムを検討するための重要な情報となる．

D．初生鉱物の鑑定法

　鉱物を鑑定するためにはコア試料の半裁面と，ドリルビットによって削られた面，そして掘削時にコア試料が破断されている場合はその破断面（通常の野外調査でのハンマーによる破壊面に相当）のすべての部分を，肉眼，ルーペ，および実体顕微鏡を用いて注意深く観察する．岩石カッターで半裁した面やドリルビットによって削られた面は，岩石表面の傷によって白く見える．このような場合，表面を濡らすことによってほとんどの珪酸塩鉱物の鑑定は容易となる．ただし，Fe-Ti酸化物は表面を濡らすと識別が困難になるので，表面が乾いた状態で観察する．海洋域の深成岩類は，海洋底変質作用によって一般にさまざまな程度に変質している．単一のコアやユニット内においても変質の程度が異なることが普通であるため，変質した場合の特徴や変質に対する強さなどの情報も鉱物を識別するにあたり有用である（7.5節参照）．また，肉眼観察で鑑定・識別した鉱物は可能な限り鏡下観察によって確認を行う．

　かんらん石は，自形－他形・粒状で，一部もしくは全部が蛇紋石化している場合が多い．蛇紋石化している場合，暗灰色と黒色の網目状か，黒色に見える．斜長石との粒間にコロナ組織が発達する場合がある（図7.21）．

　単斜輝石は，一般に他形－半自形結晶として産し，かんらん石を多く含むトロクトライトやウェールライトなどのMgに富む岩相では緑色，その他の岩相では一般に褐色を呈する．ほぼ直交（約87°）に交わる2方向の劈開が発達し，比較的変質に強い鉱物であるため，かんらん石や斜方輝石が変質していても，単斜輝石は比較的新鮮なまま残されていたり，リムに褐色－緑色の角閃石が発達する場合が多い．単斜輝石は，数cmに達する粗粒な単一結晶が斜長石やかんらん石を包有する，オイコクリストとして産する場合がある（図7.22）．この場合，オイコクリストに包有される鉱物のことをチャダクリスト（chadacryst）と呼ぶ．オイコクリストの場合，試料をさまざまな方向から観察して光の当たり具合を変えてみると，同一の劈開面

図7.21 コロナ組織を示すトロクトライト
（大西洋中央海嶺．IODP Expeditions 304/305 Hole U1309B Core 15R-2 Interval 49-66 cm）

図7.22 変質したペグマタイト状単斜輝石オイコクリスト
（大西洋中央海嶺．IODP Expeditions 304/305 Hole U1309D Core 26R-4 Interval 20-38 cm）

が揃っていることから粒間充填状の結晶方位が同じであることが判別できる．

斜方輝石は，半自形－他形結晶として産する．新鮮な深成岩類中の初生的な斜方輝石の色はうぐいす色または赤褐色を帯びて透明感があるが，多くの場合は褐色で単斜輝石との識別には注意を要する．斜方輝石は単斜輝石に比べてやや自形性が強い場合が多く，長柱状の形態や c 軸に平行で，ほぼ直交する 2 方向の劈開で特徴づけられる．また，単斜輝石に比べて変質しやすく，変質した場合は黄褐色ないし黄褐色を帯びた網目状粘土鉱物として産する．

角閃石は，ガブロでは一般に他形－半自形，閃緑岩－花崗岩質岩では半自形－自形結晶として産する．角閃石は温度によって組成や色が連続的に変化し，高温で形成された（より初生的な）ものは褐色，低温で形成または変質したものは緑色－緑褐色を示す．斜交（約 56°）する劈開で特徴づけられる．中央海嶺玄武岩質マグマはほとんど無水に近いため，海洋ガブロ中での初生角閃石は肉眼で確認できるほどの量・大きさをもたないのが普通である．いわゆるトロニエマイト類には初生角閃石とみなしうる，緑色で自形性の強い角閃石が含まれることがある．

斜長石は自形または半自形－他形の粒間充填状結晶 (anhedral interstitial crystal) として産する．自形性の強い場合，長柱状で長軸に平行な劈開が認められる．斜長石は一般に白色を帯びているが，新鮮な場合は透明ないし黒色に見えるので注意が必要である．岩相が同じで変質の程度の異なる部分が同一のユニット・コアに存在すれば，産状や量の確認のために新鮮な部分と比較するとよい．

石英は無色透明もしくはわずかに灰色がかった透明を呈し，他形・粒間充填状に産する．ガラス質の光沢・貝殻状破断面によって斜長石と区別される．

Fe-Ti 酸化物（磁鉄鉱・チタン鉄鉱）は，一般に他形・粒間充填状結晶として産し，金属光沢をともなう黒色を呈する．有色鉱物の変質や離溶によって生じうるが，肉眼で識別可能な程度に大きいものは一般に初生鉱物として扱われる．Fe-Ti 酸化物のうち，磁鉄鉱は試料の帯磁率をもとに存在の有無や相対的な量比の目安をつけることができる．

スピネルを Fe-Ti 酸化物と肉眼観察で区別することは難しい．スピネルはマグマの分化の最初期に晶出するため，その産出がトロクトライトや超苦鉄質岩様のかんらん石集積岩，かんらん石斑れい岩の一部に限られているのに対し，初生的な Fe-Ti 酸化物はマグマの分化の比較的後期に晶出するため，一般にかんらん石を欠く岩相や斜方輝石を含む岩相，鉄に富むかんらん石を含む岩相などに産し，Fe-Ti 酸化物以外の鉱物組合せから判別可能である．

硫化鉱物は光を反射させると黄色－淡黄色を示すことからスピネルや Fe-Ti 酸化物と区別される．

E. ユニット内での岩相変化

深成岩のほとんどは構成鉱物が肉眼で識別できる程度に粗粒であり，それらの量比（稀に組合せ）が規則的あるいは不規則に変化する場合がある．このような変化はマグマの結晶作用や鉱物集積の条件を反映した重要な情報となる．

コアの直径程度のスケールで記載できる火成岩の組織 (magmatic texture) には，等粒状組織 (equigranular texture)，非等粒状組織 (inequigranular texture) がある．等粒状組織は鉱物の平均粒径が比較的類似するのに対し，非等粒状組織は平均粒径が鉱物ごとに異なるか，あるいは同じ鉱物でも粒径が著しく異なる．非等粒状組織は，さらにシリイット組織，ポイキリティック組織 (poikilitic texture)，斑状組織 (porphyritic texture；火山岩類参照）などに細分される（**表7.1**）．シリイット組織は鉱物の粒径分布が連続的である組織で，ポイキリティック組織は相対的に他の構成鉱物よりも大きな単一結晶（オイコクリスト）が，より小さな結晶（チャダクリスト）を不規則に多数包有する組織を指す．さらに，ガブロの場合には，自形－半自形の特定の鉱物の粒間を他形の別の鉱物が充填する，集積構造（cumulus texture）を示すことも多い．その他に Fe–Ti 酸化物や硫化鉱物を含むガブロに特有の組織として，散点状（disseminate）と粒間充填ネットワーク状（interstital network）がある．

ユニット内での巨視的な火成組織（数10 cm オーダー）には，優黒質部と優白質部が交互に規則的に現れる層状構造（rhythmic layering），不規則で急激な粒度変化などがある．リズミックなレイヤリングは，斜長石と有色鉱物とのモード変化による層状構造（モーダル・レイヤリング；modal layering）であることが多い（**図7.23**）．この他に，優黒質部と優白質部などの層状構造単元（レイヤー；layer）によって有色鉱物の組合せが異なる，フェイズ・レイヤリング（phase layering）や，同一のレイヤー内で構成鉱物の粒度が連続的に変化する，グレーデッド・レイヤリング（級化層状構造；graded layering）や，それらの複合したレイヤリングが観察される場合もある．規則的な層状構造の他に，海洋域やオフィオライトのガブロ類の中には，数 cm の間（しばしば 1～2 cm の距離）に，構成鉱物の粒度が数 mm～数 cm へと急激に変化する組織が数多く報告されている．このような組織はバリテクスチャード（varitextured）と呼ばれる（**図7.24**）．

7.3.3 海底深成岩の薄片記載

偏光顕微鏡や反射顕微鏡を用いた薄片観察では，肉眼観察よりも詳細な観察によって岩石学的情報を得ることができる．薄片観察の目的は，肉眼で鑑定した鉱物の顕微鏡下での確認と，より詳細な産状などの情報を得ることである．ユニットを代表する典型的な部分と，肉眼観察記載が困難であった部分，さらに詳細な情報の必要な部分（たとえば岩相境界部）の薄片試料を作成する．顕微鏡によって鉱物種や産状が初めて明らかになった場合には必ず再度コア試料を確認する．

薄片観察では，岩石名とその平均粒径・組織・構成鉱物とその粒径（最大・最小・平均）・形態・その他の特徴を記載し，重要な部分の鏡下写真を撮影する．組織や粒径などの定義は肉眼観察記載と共通である．特に，他の鉱物に対する自形性の程度は，構成鉱物間の晶出順序に関する重要な情報となる．以下に，海洋深成岩類を構成する主要造岩鉱物の鏡下での特徴を簡

図7.23 ガブロの層状構造の産状（オマーンオフィオライト）

図7.24 バリテクスチャード・ガブロの薄片スキャン（Sample 10K#172R018，南西インド洋海嶺，薄片の短辺約10 cm）

単に紹介する．なお，深成岩類を構成する鉱物の鏡下での特徴・鑑定法などはさまざまな日本語の教科書（たとえば都城・久城，1972a, b；黒田・諏訪，1983；周藤・小山内，2002）でも詳細に解説されている．

かんらん石は，深成岩類においては完全な自形結晶として産することもあるが，一般には半自形粒状から他形と不規則な形態を示す場合が多い（**図7.25A**）．無色で輝石に比べて屈折率が大きく，劈開がほとんど認められない．多くの場合，不規則な割れ目に沿って蛇紋石化している．やや変質した岩石では，斜長石との間に緑泥石やトレモラ閃石（tremolite）などから構成されるコロナ構造（corona structure）が発達する（**図7.25B**）．Fe に富むかんらん石は Mg に富むものに比べ，やや高い干渉色を示す傾向がある．薄いフィ

ルム状の斜方輝石に取り囲まれることがある（図7.25
C）．

単斜輝石は，自形短柱状ないし他形粒間充填状に産
する（図7.26）．斜消光し，一般に淡褐色で，Mgに
富むものは淡緑色を示す．斜方輝石の離溶ラメラ（ex-
solution lamella）をもつものがある．オイコクリスト
状・粒間に浸透する細脈状・交指状（interfingering
texture）など，多様な産状を示す（図7.27，図7.28
A）．劈開に沿って散点的（ブレッブ状；bleb）に，
あるいは周縁部において，しばしば褐色－緑色の角閃
石が形成されている場合がある（図7.28B）．薄片の
切断方向によっては，直消光に近い消光角を示すもの
もあるので注意が必要である．

斜方輝石は，多くの場合自形－半自形で柱状を示す
（図7.29）．一般に淡褐色を示し，Feに富む斜方輝石
では淡緑褐色－淡桃褐色の弱い多色性が認められる．
ほとんど直消光するが，薄片の切断方向によっては斜
消光することもあるので，注意が必要である．（100）
面に平行な単斜輝石の離溶ラメラが認められることが
ある．

ピジョン輝石は，斜方輝石よりCaが多い単斜輝石
であり安定領域において（001）面に平行なCaに富
む単斜輝岩のラメラを離溶する．また，ピジョン輝岩

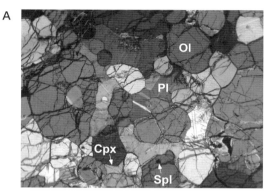

図7.25 かんらん石の代表的な産状
A：かんらん石集積岩．比較的自形性の強いかんらん石を他形・粒間充填状の斜長石と単斜輝石が埋める（Sample U1309D_233R-3_65-67 cm，大西洋中央海嶺）
B：かんらん石と斜長石の間に発達するコロナ構造（Sample U1309D_295R-3_107-117 cm，大西洋中央海嶺）
C：かんらん石を取り囲むフィルム状の斜方輝石（Sample U1309D_188R1_6-9 cm，大西洋中央海嶺）
すべての写真：直交ポーラー，長辺約5 mm

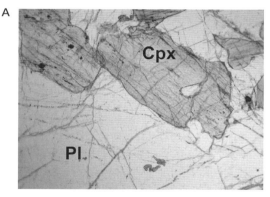
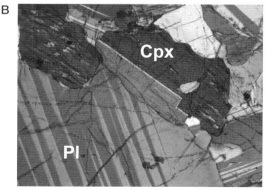

図7.26 単斜輝石の産状．単純双晶を示す単斜輝石
（Sample U1309D_159R-1_117-119 cm，大西洋中央海嶺）
A：単ポーラー，B：直交ポーラー，長辺約5 mm

は低温で不安定なため，輝石系のソルバスに沿って冷却とともに斜方輝石と（100）面に平行な Ca に富む単斜輝石に離溶する．転化（転移）ピジョン輝石（inverted pigeonite）は，元のピジョン輝石が双晶をしていると，この単斜輝石のラメラは魚骨状を示す（図7.28C）．したがって，深成岩類であるガブロ中にはピジョン輝石自体は存在せず，すべて転化ピジョン輝石となる．

　角閃石は褐色−緑色で，マグマティックな温度条件に近いものは赤褐色−褐色を示す．そのような角閃石の多くは粒間充填状，単斜輝石中にブレッブ状もしくは単斜輝石の周縁部に小規模に産する．輝石に比べて屈折率が低く，明瞭な多色性を示すことで容易に区別される（角閃石の詳しい産状は7.5節を参照）．

　斜長石は深成岩類のすべての岩相に含まれる無色鉱物で，自形長柱状−他形粒間充填状の多様な産状を示す．ほとんどの斜長石は双晶を示し，直交ポーラーで白黒の規則的な濃淡を示す．同心円状の濃淡を示す累帯構造（zoning or zonal texture）が認められることもある．ガブロ類では，斜長石は有色鉱物と3次元的にモザイク状（mosaic）に産するため，岩石の任意の切断面（薄片）において，見かけ上有色鉱物に包有されるように見えることがある．隣接する大きな斜長石との消光位が同じ場合は連続した単一の結晶である可能性が高いので記載の際に注意が必要である．トロニエマイト類では，虫食い状石英と斜長石が文象構造（graphic texture）あるいはミルメカイト（myrmekite）を形成する場合がある．この場合，斜長石は一定範囲にわたって同時消光し，虫食い状石英にも同様の産状が認められる（図7.30A）．

　スピネルは Mg に富むガブロ類に産し，自形−半自形，等方体状−粒状の形態を示す．黒色（不透明）ないしわずかに褐色を示し，しばしばかんらん石に包有されるが，斜長石や単斜輝石に包有される場合もある（図7.25A）．反射顕微鏡（鉱石顕微鏡）下では，空気系で灰色を示し，反射多色性・異方性はない．直交ポーラー下で観察される不規則かつ部分的な乱反射光（内部反射）は暗褐色である．スピネルは硬く，琢磨性（磨きやすさ）が非常に悪い．後に述べる磁鉄鉱よりも琢磨高度が高く，表面に数多くの微少な傷が存在する場合が多い．反射能は高く，明るく見える．なお，反射多色性は単ポーラーで，異方性は直交ポーラーで

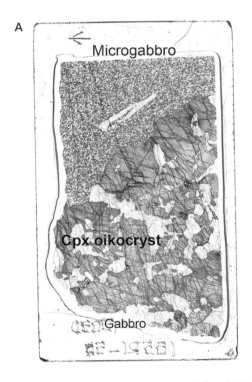 

図7.27　単斜輝石オイコクリスト．マイクロガブロ（左上）とガブロ（右下）の接触部の薄片スキャン
粗粒の単斜輝石オイコクリストが，それより細粒の斜長石チャダクリストを包有している（Sample U1309D_165R-1_50-56 cm，大西洋中央海嶺）．A：単ポーラー，B：直交ポーラー，長辺約5 mm

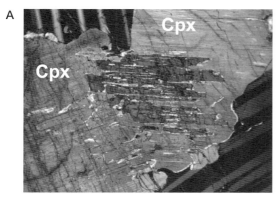

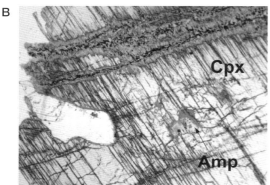

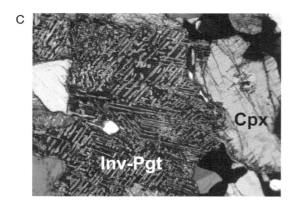

図7.28 単斜輝石の特徴的な産状と転化ピジョン輝石

A：交指状単斜輝石（interfingering clinopyroxene）（Sample 735 B_65R-3_61-64 cm, 南西インド洋海嶺）．直交ポーラー，写真の長辺約 2 mm
B：単斜輝石中にブレブ状に産する褐色角閃石（Sample U1309 D_197R-2, 19-21 cm, 大西洋中央海嶺）．単ポーラー，写真の長辺約 5 mm
C：転化ピジョン輝石（Sample U1309D_168R1_140-143 cm, 大西洋中央海嶺）．直交ポーラー，写真の長辺約 2 mm

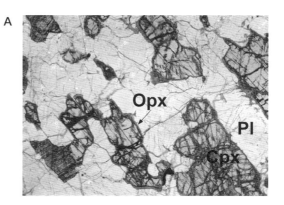

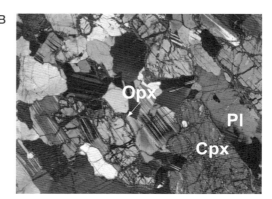

図7.29 斜方輝石の産状

（Sample U1309D_134R-2_17-20 cm, 大西洋中央海嶺）, A：単ポーラー, B：直交ポーラー, 長辺約 5 mm

定を行う．いわゆるチタン磁鉄鉱としてマグマから晶出したものは，深成岩中では磁鉄鉱（magnetite）とチタン鉄鉱が離溶した集合体となっている場合が多い（図7.30B）．そのような組織のさまざまな例は Haggerty（1991）に解説されている．磁鉄鉱は空気系で灰色を示し，反射多色性・異方性・内部反射はない．色，琢磨性がよくないこと，等方性などから識別する．チタン鉄鉱は褐灰色を示し，帯赤褐灰－褐灰色の反射多色性と，明瞭な異方性を示す．内部反射はなく，磁鉄鉱よりもわずかに良好な琢磨性をもつ．磁鉄鉱に比べてわずかに褐色を帯びた色・低い反射能・異方性・反射多色性などをもとに識別する．赤鉄鉱（hematite）成分が低温で離溶した，青灰色のラメラをもっている場合もある．

硫化鉱物も鏡下では不透明鉱物として産する．肉眼観察によって硫化鉱物の同定や Fe-Ti 酸化物との識別は可能である．黄鉄鉱は，反射顕微鏡下で黄白色を示し，反射多色性・異方性・内部反射はない（図7.30 B）．琢磨性が悪く，硫化鉱物の中では一番硬い．自

ステージを回転させて観察する．

Fe-Ti 酸化物は鏡下で不透明鉱物（opaque mineral）として産するため（図7.31），反射顕微鏡で鑑

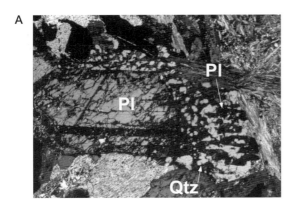

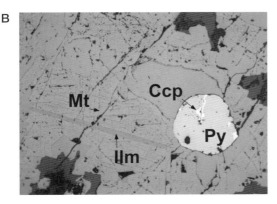

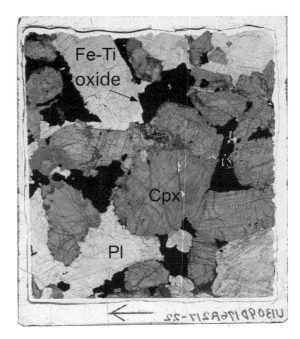

図7.31 オキサイドガブロの薄片スキャン
(Sample U1309D_176R-2_17-22 cm，大西洋中央海嶺)．単ポーラー，写真の底辺約5 cm

図7.30 文象構造状の斜長石－石英連晶と不透明鉱物の反射顕微鏡下での産状

A：虫食い状あるいは楔状石英と斜長石の文象構造状連晶．連晶部の消光している部分は斜長石で写真中央－左の斜長石結晶のリムと消光位が同じである．連晶部の灰色部は石英で，文象状の部分では消光位が揃っている（Sample 1256D_214R1-37-41 cm，東太平洋海膨）．直交ポーラー，写真の長辺約5 mm

B：Fe-Ti 酸化物と硫化鉱物の反射顕微鏡写真．Fe-Ti 酸化物は，マグマからチタノマグネタイトとして晶出したと考えられるが，現在は磁鉄鉱（Mt）とチタン鉄鉱（Ilm）の格子状ラメラ（trellis lamellae）となっている．粒状の硫化鉱物は Fe-Ti 酸化物よりも黄色みがかっており，黄白色の黄鉄鉱（Py）と黄色の黄銅鉱（Ccp）から構成されている．また，Fe-Ti 酸化物よりも琢磨性が良いため，表面が滑らかである（Sample U1309D_246R-1_70-77 cm，大西洋中央海嶺）．空気系，単ポーラー，写真の長辺約1 mm

7.4 超苦鉄質岩

モホロビチッチ地震波不連続面より下のマントルは，地球体積の80％以上を占める．このマントル物質の性質およびマントルで起こる融解プロセスを解明することは，地球の進化を理解するうえで重要である．マントルの少なくとも上部400 km 程度までは，超苦鉄質岩類（かんらん岩，輝岩（pyroxenite），エクロジャイト（eclogite）など）が占めていると考えられる．ここでは，なんらかの原因により海底面に露出もしくは掘削などにより採取される超苦鉄質岩類について，その一般的特徴を述べる．なお，超苦鉄質岩類の記載について扱っている教科書として，「日本の火成岩」第9章（荒井，1989）や「日本の変成岩」第7章（橋本，1987）などがある．また，上部マントルかんらん岩の一般的な性質や成因については，荒井（1990）がわかりやすく解説している．

形をとりやすく，正六，正十二ときに正八面体をとる．黄銅鉱は空気系で黄色を示し，反射多色性・内部反射はなく，異方性はないかごく弱い．琢磨性がよく，黄鉄鉱より黄色味の強い色で識別できる（図7.30B）．また黄鉄鉱より自形性が弱い．硫化鉱物は変質鉱物としても一般的であるため，記載にあたっては初生鉱物であるかどうかの注意が必要である．

超苦鉄質岩（超マフィック岩）とは，完晶質岩石のうち，苦鉄質鉱物（mafic minerals；有色鉱物）がとりわけ多い岩石を指す（>90 vol％ IUGS 基準．図7.32）．つまり鉱物量比から命名された区分である．一方，超塩基性岩（ultrabasic rock）とは，全岩化学組成による分類で，SiO₂が40 wt％前後（<45 wt％）の岩石のことを指す．したがって，有色鉱物が90％

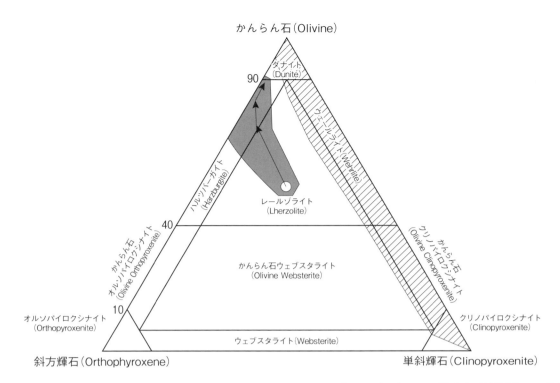

図7.32 鉱物モード組成による超苦鉄質岩の分類と融け残りかんらん岩（灰色の部分）および集積岩（斜線部）の一般的な領域

白丸は，始原的かんらん岩のモード比で，矢印は部分溶融によりメルトが抽出される際の模式的なモード変化を示す

以上でも SiO_2 量が50 wt%を超えるような場合は，超苦鉄質岩であるが超塩基性岩ではない．このように両者は分類基準が異なる．

一般にかんらん岩は，超苦鉄質岩でありかつ超塩基性岩である．一方，輝岩やエクロジャイトなどは超苦鉄質岩であるが，ほぼすべてが塩基性岩である．全岩化学組成上は斑れい岩や玄武岩などと同じである．深成岩は基本的に完晶質であり，1次記載の際に，鉱物量比は比較的容易に求められるため，鉱物量比による分類（つまり超苦鉄質，mafic）を用いることが好ましい．

ダナイト（dunite）に少量のメルト（melt）が貫入して形成されるメルト注入型トロクトライト（troctolite）は，斜長石が10%を超える場合には斑れい岩類に相当する．しばしばダナイト〜トロクトライトは漸移的に変化する．また，角閃石類が90 vol%以上の角閃石岩（hornblendite）は，斑れい岩やパイロクシナイトの加水変成によって形成されるが，含水マグマから初生的に形成された可能性は否定できず，火成岩として扱うこともある．

海洋底で採取されるかんらん岩は，低温の変成作用（海洋底変成作用）を受け，ほぼすべてが蛇紋岩化（serpentinization）を受けている．時には完全に蛇紋石（serpentine）などの変成鉱物に置き換わっていることがあり，そのような岩石を蛇紋岩（serpentinite）と呼ぶ．蛇紋岩化していても，しばしば原岩であるかんらん岩の組織を残しているため，特にモード組成などの復元は可能である（図7.33）．鉱物モード組成は，変質に強いクロムスピネルなどの色と組み合わせると，岩石の部分溶融程度を推定するのに役立つ．

超苦鉄質岩の1次記載を行う際，海洋底変成作用を受ける前の火成岩として扱う．以下では，原岩記載の際に必要な知識について解説し，海洋底変成作用に関しては変成岩（7.5節）を参照されたい．

7.4.1 超苦鉄質岩の分類

初生鉱物の量比（鉱物モード組成．以下単にモード組成とする）を元に，初生的な岩石名が決められる（図7.32）．蛇紋岩化の過程にもよるが，ほとんどの場合は，原岩の組織をそのまま残しており，斜方輝石や単斜輝石の量が推定できる．原岩の組織が全く残っていない場合には，原岩不明の蛇紋岩とする．

融け残りかんらん岩（residual peridotite）とは，始

図7.33 蛇紋岩化かんらん岩の多様な様相（Kelemen et al., 2004）

A 蛇紋岩化かんらん岩の試料写真．白い斑点状の部分が，原岩では斜方輝石（現在はバスタイト）で，黒い部分がかんらん石（現在は蛇紋石，Sample 209-1272A-13R-1, 93-117 cm）

B 同蛇紋岩．こちらはAとは異なる蛇紋岩化作用を受けており，黒い部分が原岩では斜方輝石であり，うす緑色の部分がかんらん石であった（Sample 209-1272A-24R-2, 34-47 cm）

源的かんらん岩（primitive peridotite もしくは pyrolite）から部分溶融メルトが抜けた残りの岩石のことを指す．一般的にレールゾライト（lherzolite）〜ハルツバーガイト（harzburgite）系列の岩石がこれにあたる．

超苦鉄質岩の集積岩（cumulate）は，メルト（マグマ）から晶出し沈積した結晶の集まりであり，一般的にダナイト〜ウェールライト（wehrlite）系列がこれに相当する．また，パイロクシナイトも同様に集積岩起源であることが一般的である．

ダナイトには，融け残り岩と集積岩の中間的性質をもつ（メルト注入型）置換性ダナイト（もしくは反応性ダナイト）と呼ばれるものがある．これは，地下深部でかんらん岩と高圧下で形成されたメルトが反応し，輝石（pyroxene；主に斜方輝石；orthopyroxene）を分解し，同時にかんらん石を晶出，つまりかんらん岩が非調和融解することがある．海洋底で採取される多くのダナイトは，この置換性ダナイトである可能性が高い．しかし，集積性ダナイトと反応性ダナイトの区別をつけることは非常に難しく，特に肉眼・顕微鏡観察だけでは区別はつかない．さらに成因的な名称であるため，記載を行う際には，単に「ダナイト」と記載することが望ましい．

7.4.2 超苦鉄質岩の肉眼観察

上部マントルの温度圧力条件下において安定に存在していたと思われる鉱物（初生鉱物）について説明する．なおここでは，上部マントルの温度圧力条件下において形成される反応鉱物も含む．

かんらん石は低温で変質しやすいため，海底もしくは掘削で採取される試料中のかんらん石は，多くが蛇紋石に置き換えられている．部分的な蛇紋石化（10%程度以上）でも，その反応で磁鉄鉱が形成されるため，肉眼では黒っぽく見える．ごく稀に，非常に新鮮なことがあり，そのような場合には，薄緑〜薄い黄緑色を呈す（図7.33）．

斜方輝石は，しばしば試料が蛇紋岩化しているため，斜方輝石も蛇紋石＋滑石（talc）±緑泥石±ブルース石（brucite）などに置き換えられている．初生鉱物の粒界に滑石が集中し，「バスタイト（bastite，絹布石）」と呼ばれる組織を呈す．

単斜輝石はしばしば低温の変質を免れている．しかし，海洋底から得られるかんらん岩は，枯渇したレールゾライト〜ハルツバーガイトであることが多く，元々含有量は多くない．稀に変質してトレモライト（tremolite）に変わっていることがある．

クロムスピネルは低温の蛇紋岩化作用に対し，もっとも影響を受けにくい鉱物である．一方で，やや高温の変成作用に対しては影響を受けやすく，Crや Tiを含むマグネタイトに置き換わることが知られている．外形は，ダナイト中でしばしば自形を呈し，ハルツバーガイト〜レールゾライトでは，柊の葉（holly leaf）状〜漸虫状（vermicular）を示す．稀に輝石をともなうシンプレクタイト（symplectite）を形成する．クロムスピネル（もしくはクロマイト）が20％以上の岩石は，一般的にクロミタイト（chromitite）と呼び，海底からも非常に稀ではあるが算出する（Abe，2011など）．

斜長石は大きく次の2種類に分けられる．①スピネル粒の周りを囲むように独立して薄い膜状に存在．②外部からの貫入によって粒界もしくは結晶粒を割って形成されている場合．この場合でも，スピネル周囲に形成されることが多い．一般的に低温の変質に弱く，変質して緑れん石（epidote），パンペリー石（pumpellyite），緑泥石（chlorite），曹長石などの微細な鉱物の集合体（ソーシュライト；saussurite）になる．ソーシュライトは，肉眼では白色不透明であるため，濃緑色〜黒色に近い蛇紋岩の中ではきわめて目立つ．

7.4.3 超苦鉄質岩の薄片記載

ここでは，超苦鉄質岩の初生鉱物（かんらん石，斜方輝石，単斜輝石，クロムスピネル，斜長石）の顕微鏡下での特徴を説明する．詳しくは，参考文献にある「岩石学Ⅰ（都城・久城）」や「偏光顕微鏡と岩石鉱物

(黒田・諏訪)」などを参照されたい．

かんらん石はオープンニコルでほぼ無色透明．複屈折が大きく，派手な干渉色を示す．直消光をするが，多くの場合は指標となる劈開や結晶外形が見られないため，消光角を判断することは難しい．しばしばキンクバンド（亜粒界）を示す．自形を示すことは稀だが，一部メルトの進入と思われるような組織を示している場所では，ポイキリティックに斜長石や輝石に囲まれた自形結晶が見られる．

斜方輝石はオープンニコルで非常に薄い褐色〜黄色を示す．劈開が発達している．複屈折が小さく，クロスでは干渉色は低く，一般的に直消光する．

単斜輝石はオープンニコルで非常に薄い黄〜黄緑色を示す．劈開が発達している．複屈折が大きく派手な干渉色を示し，斜消光する．比較的高温で海洋底変成作用を受けた場合には，トレモライトに置換されていることがある．トレモライトとディオプサイドはレタデーションやオープンでの色が似ているため，注意が必要である．消光角がディオプサイド（〜45°）に対しトレモライトは（30°）程度と小さい．またトレモライトは，針状結晶が集合している場合が多く注意深く観察すれば，容易に区別できる．

クロムスピネルはCr/(Cr+Al)原子比（= Cr#）の違いによって，オープンニコル時の色が変化する．クロムに乏しいスピネルの場合，薄い黄褐色を示す．完全にクロムフリーのアルミスピネルの場合は，緑茶色である．クロムに富むスピネルほど茶色が濃く，Cr#が0.5以上では，一見不透明に見える．酸化スピネルの場合は赤褐色を示す．またCr#が高いほど反射強度が高く，アルミに富むほど弱い．クロムスピネルのCr#は，かんらん岩の部分溶融程度の優れた指標として用いることができる（Hellebrand et al., 2001など）．そのため，オープンニコルでの色から大まかな部分溶融程度を見積もることができる．

超苦鉄質岩は，その平衡温度圧力条件により，含まれるAl含有相が異なる．Al含有相は特に圧力依存性が高い．低圧側から斜長石，クロムスピネル，ざくろ石（garnet）である（図7.34）．全岩組成の違いから，かんらん岩とパイロクシナイトでは，図7.34にあるように，各安定領域の境界が異なる．

海底付近に露出している超苦鉄質岩類は，少なくとも一時的に斜長石安定領域において平衡状態に保たれることから，しばしば斜長石をともなう．また，斜長石安定領域においても，全岩中のクロムを他の鉱物が保持しきれないことから，一般的にクロムスピネルをともなう．また，これまでに海洋底からは，ざくろ石を含む超苦鉄質岩は見つかっていない．

7.4.4 超苦鉄質岩の組織

超苦鉄質岩は，そのほとんどが上部マントルの温度圧力条件下で平衡に存在していたものである．したがって，高温・高圧条件下における変成（変形）組織を示す．ごく稀に，ポイキリティック組織など，非変形の火成岩組織を示すものもある（集積岩）．超苦鉄質岩が示す一般的な組織は，変形・再結晶度が低く，鉱物粒界が直線的ではないプロトグラニュラー組織（protogranular），変形再結晶が進んだポーフィロクラスティック組織（porphyroclastic），さらに再結晶の進んだマイロナイト（mylonite）などがある．詳しくは構造記載の章を参照してほしい．

また，超苦鉄質岩に特徴的な組織として，単斜輝石-斜法輝石-スピネル・シンプレクタイト（clinopyroxene-orthopyoxene-spinel）がある．これは，超苦鉄質岩の温度低下もしくは圧力上昇によるAl含有相の変化（他鉱物との反応）によって形成される非平衡組織であり，低圧では斜長石+かんらん石から，高圧ではざくろ石+かんらん石（稀に斜方輝石）からの反応生成物である．

7.4.5 脱蛇紋岩化かんらん岩

他の教科書にはあまり説明がない脱蛇紋岩化かんらん岩（蛇紋岩の脱水反応により形成されるかんらん岩，

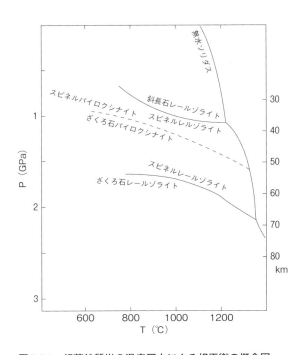

図7.34 超苦鉄質岩の温度圧力による相平衡の概念図

dehydrated or deserpentinized peridotite）中の鏡下での特徴を説明する．

かんらん石：蛇紋石・メッシュ構造などを残している場合が多い．また，クリバブルオリビンと呼ばれる初生かんらん石の一部が変質した組織も，脱蛇紋岩化かんらん岩である可能性がある．脱蛇紋岩化時には，かんらん石は極細粒結晶へ再結晶し，一見変形組織（マイロナイト組織など）に見えるものもあるが，定向性がなく，不透明包有物などを多量に含むものなど，一見して初生的なかんらん石とは見分けがつく．

斜方輝石：海底からは今のところ見つかってはいないが，海洋島玄武岩に捕獲された海洋プレートの断片としての報告例がある（Abu El-Rus et al., 2006）．接触変成作用の一種である脱蛇紋岩化作用により，針状結晶が集合した扇状の組織を示すことがある．

不透明鉱物：クロムスピネルの周囲や，鉱物粒界，鉱物中の包有物として，しばしば完全に不透明な鉱物（磁鉄鉱などの酸化物）が形成されている．

7.5 海洋底変成作用

海洋底変成作用（ocean-floor metamorphism）とは，海嶺や海底において高い地温勾配のもとで海水の浸透と循環によって玄武岩類・ドレイト・斑れい岩（ガブロ）によって構成される海洋地殻が受ける熱水変成作用である（Miyashiro et al., 1971）．中央海嶺の中軸谷（axial rift valley）や断裂帯（fracture zone）などにおけるドレッジや掘削によって海洋底から採取された岩石およびオフィオライト（ophiolite）の研究によって，低圧型変成作用（low-pressure metamorphism）に属することが明らかになっている．海洋底変成作用については，その規模と重要性に対して日本語の岩石学の専門書での解説の分量はあまり多いとはいえず，埋没変成作用（burial metamorphism）や接触変成作用（contact metamorphism）と同程度の扱いであることもある．そこで岩石学の教科書だけでなく，その他の解説（川幡，1986・石塚，1991など）や地球システム（鹿園，1997など）や地球史（大谷・掛川，2005など）に関する専門書を参照するとよい．

中央海嶺の中軸部や山腹部では，断層などを通して海水が地下数kmまで浸入し，その下に存在するマグマ溜まりや高温のアセノスフェアによって，海水は350℃前後にまで温められた熱水となる．断層などに沿って海底面まで上がってきた熱水は，やがて海水中に噴出する．熱水は海底下での岩石との反応によって化学組成が変化し，断層などに沿って海底まで上昇して海水中に噴出し，ブラックスモーカー（black smoker）やホワイトスモーカー（white smoker）を形成することもある．このような海底で熱水が噴出している活動を海底熱水活動と呼び，中央海嶺など海底火山活動が活発なところで頻繁に見られる（図7.35）．

このような中央海嶺における熱水の循環が変成作用を促進させると考えられることから，海洋底変成作用は，海嶺変成作用（ridge metamorphism）とも呼ばれる．海洋底変成作用は中央海嶺だけでなく，海台や海山，縁海拡大軸，島弧内リフトや背弧リフトなどの海底熱水活動にともなっても起きていると考えられる．西オーストラリアピルバラ地塊のノースポール地域では，太古代約35億年前の海台起源の付加した海洋地殻に海洋底変成作用の痕跡が残されている（Terabayashi et al., 2003）．

海水が玄武岩質の海洋地殻中を循環する過程で，熱水が岩石の割れ目や鉱物粒子間に浸入し，熱水変質作用を引き起こしている．熱水は，温度や溶存成分濃度が高く，さまざまなpHをとるので，容易に岩石と反応し新たな熱水変質鉱物を生成する（平ほか，1977）．海水循環は海嶺付近だけでなく，海嶺からかなり離れたところでも起きている．循環水の浸透する深さは，海嶺中軸谷の内側で海底から1〜2kmほど，拡大軸から離れるに従ってより深くなると考えられている（川幡，1986など）．

西オーストラリアピルバラ地塊ノースポール地域に分布する約35億年前の太古代に付加したMORB起源の海洋地殻では，太古代中央海嶺における熱水循環の痕跡がシリカダイクとして残されている．さらに，その濃集部の海底には重晶石（$BaSO_4$）鉱床が間隔をおいて分布している．これらは，現在の海嶺軸近傍で数kmおきに熱水の噴出とそれにともなう鉱床の沈積が見られること（Shanks and Seyfried, 1987）と調和的である．また，玄武岩類の変質帯の厚さから，太古代中央海嶺の深部における熱水循環は海底下1km程度まで及んでいたことが明らかになっている（図7.36）．

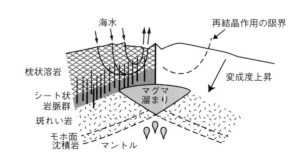

図7.35 中央海嶺における海水の循環と海洋底変成作用の模式図

熱水と岩石との反応では主としてMgを含む変質鉱物（スメクタイトまたは緑泥石）が生成される（鹿園，1997）．それらの岩石は緑泥石，炭酸塩鉱物，石英，斜長石，絹雲母，不透明鉱物（針鉄鉱ほか）などからなる．変質が進行すると，石英，炭酸塩鉱物，針鉄鉱，雲母粘土鉱物，カオリン鉱物が増加する．定性的な組合せから，緑泥石に富むもの，鉄鉱物（針鉄鉱，赤鉄鉱）に富むもの，炭酸塩鉱物に富むもの，絹雲母に富むもの，シリカ鉱物に富むものに分類できる．それらの変質鉱物の違いは，拡大海嶺軸の正断層系に沿って系外から供給された高温海嶺熱水溶液と海嶺翼部（off-axis）の比較的狭い領域での熱水循環セル内での低温熱水活動に対応している．海底下の玄武岩は海水と低温（0～60℃）で反応し，この海底風化を受けた玄武岩層は平均数百mの厚さをもつ（鹿園，1997）．

海洋底の掘削では通常は海底面から数百mまでであるが，コスタリカ海嶺南方の504Bでは，DSDPとODPによる何回もの掘削によって，堆積物の下の基盤岩を1,500m以上も掘削している．504Bでは，基盤岩は上部から主に玄武岩，シート状岩脈から構成されている．深さに対する岩相の変化と変成鉱物の出現・消滅関係が明らかになっている（図7.37）．

7.5.1 海洋底変成作用の肉眼観察

肉眼記載では，岩相（岩質，構造および組織，色などの諸特性），原岩の種類，変質の程度と色調，微細な割れ目や杏仁孔（amygdule）の有無などを観察する．比較的細粒の原組織をもつ玄武岩質緑色岩には，しばしば杏仁状組織（amygdaloidal texture）が見られる．これは溶岩の表層部，枕状溶岩や火山岩塊の内部などに多く，火山岩の球形の気孔がいろいろな変成鉱物によって充填されたものである．充填する鉱物が石英や方解石であるときには肉眼で見た場合に白い斑点として認められ，緑泥石やパンペリー石の場合には緑色の斑点として認められる．掘削深度が数百m程度の場合，2次鉱物として出現するのは粘土鉱物や炭酸塩鉱物だけで，変成度の指標となるCa-Al珪酸塩鉱物やCa角閃石などが出現しないことがある．

7.5.2 海洋底変成作用の薄片観察

海洋底変成作用を受けた岩石においては，原火成岩の組織がかなり明瞭に残っていることが多い．観察には，肉眼観察よりも詳しい岩石情報を得るために，偏光顕微鏡を用いた薄片観察を欠かすことができない．薄片観察でまず行うのは，変質・変成鉱物の同定である．海洋底の火山岩中の1次鉱物（初生鉱物；primary mineral）には，斑晶としてかんらん石，斜長石，単斜輝石が，石基には斜長石，単斜輝石，ガラスなどから構成される．また，原岩が火山砕屑岩である場合にも，もとの組織は多くの場合よく保存され，ハイアロクラスタイトでは，溶岩の急冷によって生じたガラス質破片の集積した構造が認められる．ガラス質破片は再結晶がきわめて弱く，鏡下でみる限りではガラス状態がほとんどそのまま残っているように見える場合も稀ではないが，一般にはその形態を保ったまま再結晶鉱物の集合体に変化している．

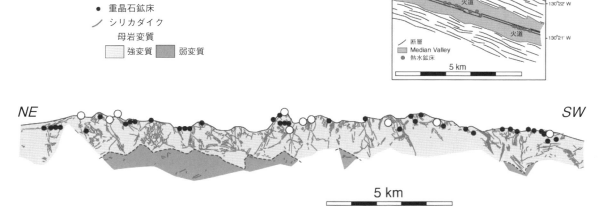

図7.36　西オーストラリアピルバラ地塊ノースポール地域の付加した太古代海洋地殻からの海洋底断面復元図

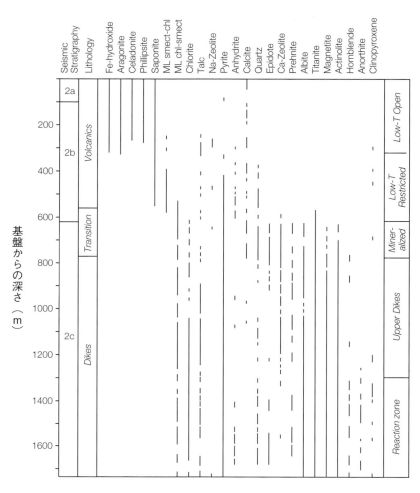

図7.37 掘削孔504Bの地震波速度による区分，岩相，基盤岩に認められる変成鉱物の出現・消滅状態（Alt, 1995を一部改変）

　原岩の1次鉱物は，かんらん石，輝石，角閃石，斜長石，燐灰石，不透明鉱物（磁鉄鉱やチタン鉄鉱）などであり，それらはいろいろな程度に再結晶している．かんらん石はつねに蛇紋石，緑泥石あるいはその他の緑色粘土鉱物からなる仮像となっていて，その外形から，かんらん石であったことが推定できるにすぎない．2次鉱物（secondary mineral）は局所的な分布をし，気泡や杏仁孔や割れ目（fracture）での選択的な成長，初生的な斜長石，単斜輝石，かんらん石，ホルンブレンド（hornblende），不透明鉱物，火山ガラスを置き換えて成長する．2次鉱物としては沸石（zeolite）類，プレーナイト（prehnite），パンペリー石，緑泥石，緑れん石，アクチノ閃石（actinolite），ホルンブレンド，斜長石，石英，方解石などを含む．

　沸石類としては，方沸石（analcime）およびローモンタイト（laumontite）が，アミグディルや脈や割れ目を埋めるように産出する．

　プレーナイトは柱状または板状であり，直交ポーラーによる観察では直消光することが多い．玄武岩質火山岩の空隙を2次的に埋めて産出したり，脈状に産出したりする．また，細粒針状結晶の集合体として斜長石中に見られることもある．石英，方解石またはその両者とともに脈をなすかあるいはアミグディルを充填する．岩石の基質部分や残留斜長石の置換生成物として出現することもある．

　パンペリー石は淡褐色または緑色で多色性があり，直交ポーラーで異常干渉色を示す．柱状の自形結晶として石英中に成長しているものもあるが，多くは細粒針状結晶の集合体として細脈を形成している．緑泥石，方解石，曹長石，石英などの他の変成鉱物とともに溶岩のアミグディルを充たしたり，鉱物脈をなす．斜長石や輝石などの1次鉱物を置き換えて，それらの外形

を保存したまま，内部を置き換えた仮像をつくったり，石基に出現したりする．また，原火成岩のガラス質部分の再結晶によって，パンペリー石を含む鉱物集合体が生じていることも少なくない．

緑泥石は，一般的には淡緑色〜緑色または青緑色であるが，濃緑色を呈することもある．弱い多色性がある．ほとんどすべての岩石に出現し，柱状の結晶として認められるものもあるが，多くは不定形である．基質に産するが，斑晶を置換したり，溶岩のアミグディル中に出現することもある．

緑れん石は，淡黄色〜黄色で弱い多色性を示す．単柱状の自形のものもあるが，多くは他形，粒状を示す．基質に産することが多いが，脈中または輝石を置換して産することもある．

アクチノ閃石は，無色〜淡緑色を呈す．針状または柱状の自形結晶として認められる．輝石の割れ目や縁辺部に沿って生成したり，完全に置換して出現する．アクチノ閃石は，輝石の再結晶作用の産物として，劈開や周辺に沿って生成するばかりではなく，岩石の石基の再結晶によっても生成している．褐色の軸色を呈する角閃石の縁辺部をアクチノ閃石が取り囲んで成長して出現することもある．

7.6 海洋性島弧の変成岩

7.6.1 はじめに

海洋性島弧からは，主に火成岩起源の変成岩が採取されることがある．これら変成岩類は，島弧–海溝系の地下深部の圧力・温度・流体組成などの物理化学条件を記録している．また，それらの変化の様子から，深部における固体物質の移動様式を探る手がかりとなる．海洋性島弧の変成岩類は，①島弧での火成活動や熱水活動にともなう高い地温勾配で形成された高温低圧型変成岩と，②背弧海盆や未成熟島弧の基盤をなす海洋性地殻が形成された際の海洋底変成作用による高温低圧型変成岩，および③沈み込み境界付近の低い地温勾配で形成された低温高圧型変成岩に大別できると考えられる．①と②の高温低圧型変成岩は記載岩石学的には前節「7.5 海洋底変成作用」と類似するため，本節では主に③の低温高圧型変成岩に焦点を当てて述べる．

7.6.2 肉眼観察

延性変形領域（一般に300〜400℃以上）で形成された変成岩では，しばしば面構造（foliation）が観察され，海底のマンガン皮膜で覆われた露頭でも認識できることがある．また，明暗の縞模様として認識される組成縞（compositional banding）をともなう場合がある．面構造のうち，板状や柱状鉱物の形態配列によって岩石中に連続的（密で均質）に形成されたものが片理（schistosity）であり，岩石全体に明瞭に片理が生じた岩石は片岩（schist）と命名される．片理をもつが鉱物粒子が肉眼で認識できない細粒の岩石は，準片岩（semi-schist）と呼ばれる．片理の明瞭な細粒部と片理の不明瞭な粗粒部が互層する組織は片麻状組織（gneissic/gneissose texture），そのような岩石は片麻岩（gneiss）と呼ばれる．これらの岩石名は，含まれる特徴的な鉱物名を冠して amphibole schist などと用いられる（組織による名称）．延性剪断による面構造や線構造が発達した岩石は，マイロナイト（mylonite）と呼ばれる（第8章を参照）．

面構造が発達した変成岩は，線構造（lineation）をともなうことも多い．線構造には，主に鉱物の長軸の配列が示す鉱物線構造（mineral lineation）と，引き伸ばされたポーフィロクラストや礫などの長軸が示す伸長線構造（stretching lineation）がある．これらが観察された場合には，面構造や線構造の姿勢（走向，傾斜など）も記載する．その他，褶曲や剪断面，鉱物脈などが認められる場合には，その形態や姿勢，他の構造との前後関係を記載する．

延性変形が起こらない低温条件下や，高温でも顕著な変形を免れた場合には，面構造や線構造をもたない変成岩が形成される．原岩の組織を残しつつも初生鉱物の一部〜すべてが変成鉱物に置換された岩石もしばしば産し，原岩名に「変」（meta）を冠して変斑れい岩（metagabbro）などと記載される．非変形の低温変成岩は，一見非変成に見えるため変成岩記載の対象にされない可能性がある．変質した色調の岩石は変成岩と疑ってみる態度が重要である．

全岩組成の異なる岩石の接触部には，変成時の元素拡散によって反応帯（reaction zone）が形成されることがある．特に蛇紋岩と他の岩石（苦鉄質岩や泥質岩など）の反応帯には，透角閃石片岩（tremolite schist, 図7.38）や，Ca-Al 珪酸塩を多量に含むロジン岩（rodingite）など，特異な化学組成と鉱物組合せをもつ岩石が形成される．

7.6.3 鏡下観察

A. 薄片作成の注意

1試料から薄片を1枚作成するならば，片理面に垂直で線構造に平行な面（XZ面）で作成する．これは，主要な変成・変形ステージにおける鉱物の消長関係を把握しやすいためである．特に試料が小さい場合には，

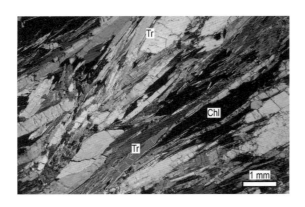

図7.38 緑泥石－透角閃石片岩（直交ニコル）
Chl：緑泥石，Tr：透角閃石．小笠原弧大町海山産

切断方向を慎重に選定する．マンガン皮膜がある場合は一部を削り落として面構造や線構造を確認してから切断するとよい．褶曲が見られる試料では，褶曲軸と直交する面の薄片も製作するとよい．

B．組織観察

変成岩の鏡下記載に用いられる代表的な用語を表7.3に記した．詳しくは周藤・小山内（2002）や黒田・諏訪（1983）などを参照されたい．

変成岩中に残された原岩の組織は残存組織（relict texture，図7.39，7.40）という．片理を規定する鉱物の形態定向配列は，構成鉱物が主に層状珪酸塩であればレピドブラスティック組織（lepidoblastic texture），柱状～繊維状鉱物であればネマトブラスティック組織（nematoblastic texture，図7.41，7.42）と呼ばれる．柱状や針状の鉱物が定向配列せずに成長した組織はデカッセイト組織（decussate texture）と呼ばれ，接触変成岩によく見られる．他形の多角形鉱物粒子が集まった組織はグラノブラスティック組織（granoblastic texture）と呼ばれ，高変成度の岩石に見られる．

周囲の鉱物より大きく成長した結晶は斑状変晶（porphyroblast，図7.41）と呼ばれ，成長時期は片理形成と同時期の場合とより後期の場合がある．片理形成以前から存在し，歪による細粒化を免れた粗粒な結晶はポーフィロクラスト（porphyroclast，図7.42）と呼ばれ，周縁部が動的再結晶による細粒化を受けるなどして自形を示さないことが多い．より早期の組織（別方向の定向配列や原岩組織など）をもったレンズ状部が，主要な片理の間に挟まれる場合，その部分はマイクロリソン（microlithon，図7.43）と呼ばれる．ポーフィロクラストもマイクロリソンも，その内部は片理形成以前の早期の鉱物相や組織を保持していると考えられるため，片理形成期の鉱物（ネオブラスト，neoblast）と区別して記載するとよい．

初生鉱物や早期に形成された変成鉱物は，後期に物理化学条件が変わり不安定化すると，他鉱物と反応して分解，縮退，あるいは消失するが，それらの痕跡が岩石組織として認められることがある．早期鉱物の一部が残る場合は残存鉱物（relict mineral）という．反応により縮退した鉱物には，しばしば反応縁（reaction rim，図7.44）または溶食縁（corrosion rim：図7.41）が見られる．外形を残したまま他鉱物（複数種のことが多い）に置換された組織は仮像（pseudomorph）と呼ばれる（図7.43，7.44）．自形性の強い鉱物の仮像では，形態から元の鉱物を推定できることがある．A hornblende-plagioclase-chlorite pseudomorph after garnet など，置換した鉱物組合せと推定される元の鉱物を併記して記載すると役立つ．分解を免れた早期の鉱物は，しばしば他鉱物中に包有物（mineral inclusion）として残存する（図7.44）．また，固溶体をつくる鉱物では，中心部（コア（core））と周縁部（マントル（mantle），またはリム（rim））で組成が異なる組成累帯（compositional zoning）を示すことが多い．一般にコアの組成がより早期，リムが後期の条件を反映する．単ニコルでの色や直交ニコルでの干渉色で組成累帯の有無がわかる場合も多い（図7.42，7.46）．

C．鉱物種

変成岩は，変成条件や原岩の組成の違いに応じて，多種多様な鉱物を含む．変成岩の記載にあたっては，構成鉱物種とそれらの共生関係（化学的な平衡状態下にあった鉱物の組合せ）が基本的な情報となる．ここでは，海洋底で採取された低温高圧型の変成岩（ほとんどは苦鉄質岩）から報告例のある代表的な鉱物について述べる．低変成度の鉱物は細粒な上にまぎらわしいものも多く，識別には鋭敏色検板による伸長の正負が役立つ．

輝石類：低変成度の高圧変成岩からは，エジル輝石（aegirine）やひすい輝石（jadeite）に分類されるアルカリ輝石（sodic pyroxene，図7.39，図7.40）が産する．これらは淡緑色，淡黄色，淡褐色，無色などの色調で弱い多色性をもつ．派手な干渉色を示し消光角の小さいものが多く，緑れん石（epidote）と誤認しやすい．低変成度岩のアルカリ輝石は一般に伸長が負（ただし端成分に近いひすい輝石は伸長正）であるのに対し，緑れん石は粒子によって正と負の伸長を示すことで区別される．高変成度（エクロジャイト相）の高圧変成岩に含まれるオンファス輝石（omphacite，図7.44）は，淡緑色で消光角が大きい．Ca単斜輝石

表7.3 変成岩の鏡下記載に用いられる代表的な用語

語句	英語標記	組織の特徴
残存鉱物	relict mineral	早期（特に原岩）の鉱物が分解を免れたもの．
残存組織	relict texture	原岩の組織を保持したまま変成鉱物が形成された様子．
残留オフィティック	blastophitic	ドレライトの組織を残した変成岩の組織．
残留斑状	blastoporphyritic	火山岩や半深成岩の斑状組織を残した変成岩の組織．
イディオブラスティック	idioblastic	変成鉱物が自形である様子．
ゼノブラスティック	xenoblastic	変成鉱物が他形である様子．
ネマトブラスティック	nematoblastic	針状鉱物が定向配列した組織．
レピドブラスティック	lepidoblastic	層状珪酸塩が定向配列した組織．
グラノブラスティック	granoblastic	多角形の他形粒状鉱物が集合した組織．モザイク（mosaic）も同義．大理石では糖状（saccharoidal）という．
デカッセイト	decussate	柱状～針状鉱物が定向配列せずランダムに配列した組織．
斑状変晶	porphyroblast	斑状に成長した大型結晶．
包有物	inclusion	他鉱物中に包まれた鉱物（mineral inclusion）や流体（fluid inclusion）．鏡下で識別困難な細粒なものは微細包有物（micro-inclusion）とも呼ばれる．
ポイキロブラスティック	poikiloblastic	斑状変晶の鉱物が他鉱物を包有した組織．包有物が多く斑状変晶が網状の場合はふるい状組織（sieve texture），斑状変晶の鉱物が多量の包有物の粒間をフィルム状に成長した場合はスケルタル（skeletal）．
ポーフィロクラスト	porphyroclast	動的再結晶による細粒化を免れた早期の粗粒結晶．
マイクロリソン	microlithon	主要な片理と異なる組織（別方向の定向配列や原岩組織など）をもった複数の鉱物からなるレンズ状の部分．
ネオブラスト	neoblast	動的再結晶によって形成された細粒な基質．
プレッシャーシャドウ	pressure shadow	ポーフィロクラストや斑状変晶の側縁（片理方向）に楔状に形成された細粒鉱物の集合．
反応縁	reaction rim	より早期の鉱物粒子を取り囲む，細粒な反応生成物の集合体．生成物が放射状に配列する場合はコロナ（corona）またはケリファイト（kelyphite）と呼ばれる．
融食縁，溶食縁	corrosion rim	結晶が部分的に融解，分解または溶解（corrosion, resorption）して形成された不規則な外縁．
仮像	pseudomorph	分解消失した鉱物の外形のみが残存したもの．

とは，光軸角が大きいことで区別される．

角閃石類：苦鉄質岩に一般的なアクチノ閃石や普通角閃石などのCa角閃石（calcic amphiboles）のほか，低温高圧型変成岩では，藍閃石（glaucophane）やリーベック閃石（riebeckite）などのアルカリ角閃石（sodic amphiboles），およびウインチ閃石（winchite），バロワ閃石（barroisite）などのNa-Ca角閃石（sodic-calcic amphiboles）が産することがある．このうち伸長負のリーベック閃石以外はすべて伸長が正である．アルカリ角閃石はZ'=藍色，X'=淡紫色，ウインチ閃石ではZ'=淡青色，X'=無色～淡緑色，バロワ閃石ではZ'=青緑色，X'=緑色の多色性が典型的であるが，Mg/Fe比などによってもかなり色調が変化する．これらは固溶体を構成するので，分析値がない時点では「青色角閃石」「青緑色角閃石」などと記載してもよい．単一薄片中にCa角閃石，Ca-Na角閃石，アルカリ角閃石が共存する場合もあるが，形成ステージが異なることが多い（図7.46）．

ざくろ石：比較的高変成度の岩石中にMg-Fe-Mn系列のざくろ石（garnet，図7.41），低変成度岩ではCaざくろ石が含まれることがある．前者は無色～淡赤色で一般に自形性が強く，後者は無色で顆粒状のことも多い．いずれも屈折率が高く複屈折はないが，ごく弱い複屈折を示すこともある．

層状珪酸塩鉱物：白雲母（muscovite）～フェンジャイト（phengite），絹雲母（sericite）などの白色雲母類（white mica）は，苦鉄質岩であっても多少なりとも含まれる．このほかソーダ雲母（paragonite）や滑石（talc）が産することもある．これらは鏡下での識別が難しいため，EPMAなどの分析によって確認

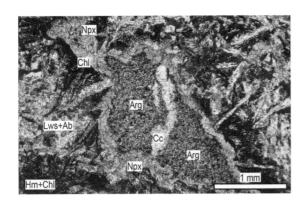

図7.39 残留組織をもつ変玄武岩の気泡を充填したあられ石（Arg），方解石（Cc），緑泥石（Chl），アルカリ輝石（Npx）による杏仁状組織（単ニコル）

Feigl氏液を用いた染色法により，あられ石は黒色の微細沈殿物で汚濁するが，方解石は染色されず清澄．斜長石は曹長石と微細なローソン石に置換された仮像，ガラス部は脱ハリ化して微細な緑泥石，チタン石，赤鉄鉱の集合物となっている．北海道神居古潭帯産

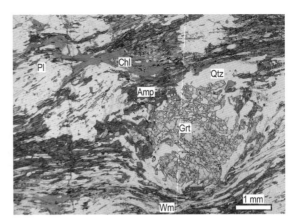

図7.41 ざくろ石角閃石片岩中のポイキロブラスティックなざくろ石（Grt）と斜長石（Pl）の斑状変晶（単ニコル）

基質は定向配列した青緑色角閃石（Amp）を多く含むネマトブラスティック組織．ざくろ石は多量の包有物を含みふるい状で，周縁部は溶食縁を示す．斑状変晶中には，基質と異なるより早期の面構造が残されている．Chl：緑泥石，Wm：白色雲母，Qtz：石英．小笠原弧大町海山産

図7.42 ゆうれん石角閃石片岩中のCa角閃石（Amp）のポーフィロクラスト（中央，直交ニコル）

干渉色から組成累帯していることがわかる．周囲の主にCa角閃石とゆうれん石からなるネオブラストは，ネマトブラスティック組織を示す．小笠原弧大町海山産

図7.40 変成ドレライトに見られる残留オフィティック組織（上：単ニコル，下：直交ニコル）

火成単斜輝石はアルカリ輝石（Npx）に，斜長石は微細なローソン石，曹長石，緑泥石に置換される．Qtz：石英．北海道神居古潭帯産

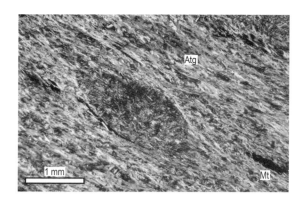

図7.43 蛇紋石片岩中に見られるマイクロリソン（中央，直交ニコル）

マイクロリソンとネオブラストのいずれも蛇紋石（Atg：アンチゴライト）で構成されるが、前者は不定方位、後者は一定方向に配列する。右下には、磁鉄鉱（Mt）で置換されたクロムスピネルの仮像が引き伸ばされた様子も見られる。小笠原弧大町海山産

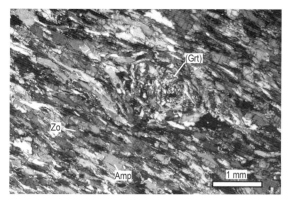

図7.45 ゆうれん石角閃石片岩中のざくろ石仮像（直交ニコル）

ざくろ石の外形（Grt）を残したまま、斜長石、角閃石、斜ゆうれん石、緑泥石、黒雲母の集合物に置換されている。基質は定向配列した淡緑色角閃石（Amp）とゆうれん石（Zo）からなるネマトブラスティック組織。小笠原弧大町海山産

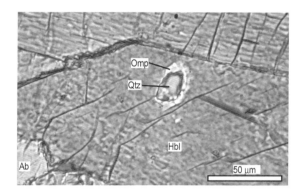

図7.44 緑れん石角閃石片岩の普通角閃石（Hbl）中に見られる石英の包有物（単ニコル）

石英包有物の周縁には、普通角閃石との反応で生じたオンファス輝石（Omp）の反応縁が見られる。小笠原弧大町海山産. Ab：曹長石

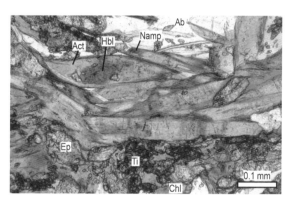

図7.46 緑れん石角閃石片岩中における角閃石類の産状（単ニコル）

普通角閃石（Hbl）の外縁部をアクチノ閃石（Act）が置換し、それらの外縁やクラックにアルカリ角閃石（Namp）が生じている。北海道神居古潭帯産

する。また、黒雲母（biotite）が含まれることもある。比較的低変成度の岩石には、緑泥石（chlorite）が普遍的に含まれる。

Ca-Al珪酸塩鉱物：長石類は、極低変成度〜低変成度では曹長石であるが、高変成度ではCaを含む斜長石となる。後述のマリアナ前弧では、パンペリー石（pumpellyite）とともにローソン石（lawsonite）が産する。ローソン石は無色、直消光で輝石に似た干渉色と負の伸長を示すが、ぶどう石（prehnite）と異なり長方形〜長柱状の小さな自形結晶で産することが多い（図7.47）。微細なローソン石は絹雲母とまぎらわしく見逃しやすいが（図7.40）、後者は伸長が正なので

検板で識別できる。パンペリー石は毛状〜顆粒状の微細な結晶の集合体として産することが多く（図7.47）、無色、青緑色、緑色、褐色、黄色とさまざまな色調を示す。緑泥石に比べ屈折率、複屈折ともに高く、異常干渉色が顕著で結晶内部が一様に消光せず、結晶方位により正と負の伸長を示す。汚濁変質した斜長石（ソーシュライト：saussurite）中には、無色パンペリー石の微細結晶がしばしば含まれる。このほか、緑れん石族の鉱物（緑れん石、斜ゆうれん石（clinozoisite）、ゆうれん石（zoisite）など）も苦鉄質変成岩によく含まれる（図7.45, 図7.46）。

鉱物組合せが異なる場合には，ドメインごとに記載する．また，より早期，およびより後期に形成された鉱物は，分けて記述する．構成する鉱物種の数が十分であれば，その組合せからおおまかな変成条件(変成相：metamorphic facies)を推定できる．塩基性変成岩における主要な変成相とのおのの代表的な鉱物組合せを表7.4に，またそれらのおおまかな形成条件を図7.48に示す．角閃岩相（amphibolite facies）〜グラニュライト相（granulite facies），エクロジャイト相（eclogite facies）を高変成度（high-grade），青色片岩相（blueschist facies）〜緑色片岩相（greenschist facies）を低変成度（low-grade），低変成度よりさらに低温（おおまかには角閃石類をともなわない変成相）を極低変成度（very low-grade）と大局的に区分される．また，緑色片岩，青色片岩，緑れん石角閃岩，角閃岩，エクロジャイト，苦鉄質グラニュライトなどは，変成相を特徴づける鉱物組合せ（表7.4）をもつ岩石に対して，岩石名として用いられる（変成相による岩石名）．なお，変成相は特定の温度圧力範囲を示す鉱物組合せだが，その安定領域は岩石の全岩組成によってかなり変化することに注意が必要である．

7.6.4 変成岩類の産状

海洋性島弧や周辺海域における変成岩はドレッジによって採取された事例が多いため，産状が詳細に把握されているケースは少ない．ここでは，伊豆－小笠原－マリアナ弧（IBM弧；Izu-Bonin-Mariana arc）に関連する変成岩類の産状を概観する（図7.38）．

IBMの前弧では，海溝軸から50〜100 km離れた蛇紋岩海山列から低温高圧型を含む変成岩の産出が報告されている（Maekawa et al., 1992, 2001, 2004; Maekawa, 1995; Tararin et al., 1995; Shipboard Scientific Party, 2002）．変成岩は蛇紋石粘土ないし著しく剪断された葉片状蛇紋岩に包有された岩片（ほとんどは径20 cm以下）として産する．含水し低密度化・軟質化したウェッジマントルの一部が蛇紋岩ダイアピルないし蛇紋石泥火山として上昇した際に，沈み込み境界付近で形成されたこれらの変成岩片が蛇紋岩中に捕獲されたと考えられている（Fryer, 1992）．変成岩片には，緑れん石角閃岩〜角閃岩のほか，青色片岩相（ローソン石－曹長石亜相：表7.4を参照）に属する極低変成度の変玄武岩，藍閃石片岩，パンペリー石－アクチノ閃石相の変成岩も採取されている．フェンジャイトに富む片岩からは約48 MaのK-Ar年代が報告されている（Maekawa et al., 2001）．なお，これら蛇紋岩海山では，低温高圧型変成岩とともに低圧型の変成岩類（ぶどう石－アクチノ閃石相〜緑色片岩相）が産する

図7.47 変玄武岩中に見られるローソン石（Lws），パンペリー石（Pmp），緑泥石（Chl）からなる脈（上：単ニコル，下：直交ニコル）
赤鉄鉱（Hem）をともなう．Ab：曹長石．北海道神居古潭帯産

炭酸塩鉱物：低温高圧型変成岩では，あられ石（aragonite）が産出することがあり，低い地温勾配の指標となる．あられ石は二軸性であることから方解石（calcite）と区別されるが，細粒結晶として産することが多く，また多くは一部〜ほとんどが方解石に置換されていることが多い．このため鏡下で発見することが難しく，Feigl氏液（Feigl's solution）などを用いた染色法（staining method）が有効である（図7.39）．Feigl氏液は，水100gに硫酸マンガン5水和物10.1g，硫酸銀1gを溶かし，冷却後に水酸化ナトリウム希薄水溶液を1〜2滴垂らし，濾過して作成し，暗所に保存する（Friedman, 1959；黒田・諏訪, 1983）．薄片を数分間浸してこすらずに水洗した後カバーグラスをかける．風化した岩石では粘土鉱物が藍色に染色されることがあり注意を要する．

D. 鉱物組合せ

含まれる鉱物種と組織観察から，主要な変成ステージに共存したと判断される鉱物の組合せを記述する．単一薄片中でも部位（ドメイン, domain）によって

表7.4 各変成相における苦鉄質岩の代表的な変成鉱物組合せ

変成相	英語表記	苦鉄質岩の代表的な鉱物組合せ
沸石相	zeolite facies	Zeo＋Smc±Qtz
ぶどう石－パンペリー石相	prehnite–pumpellyite facies	Prh＋Pmp＋Ep＋Chl＋Ab＋Qtz
ぶどう石－アクチノ閃石相	prehnite–actinolite facies	Ep＋Prh＋Act＋Chl＋Ab＋Qtz
パンペリー石－アクチノ閃石相	pumpellyite–actinolite facies	Pmp＋Act±Ep＋Chl＋Ab＋Qtz
青色片岩相（BS）	blueschist facies	
ローソン石－曹長石亜相	lawsonite–albite sub-facies	Lws＋Pmp＋Chl＋Ab＋Qtz // Namp
ローソン石青色片岩亜相	lawsonite blueschist sub-facies	Lws＋Namp＋Npx＋Chl±Ab＋Qtz
緑れん石青色片岩亜相	epidote blueschist sub-facies	Ep＋Namp＋Npx＋Chl±Ab＋Qtz
緑色片岩相	greenschist facies	Ep＋Act＋Chl＋Ab＋Qtz
緑れん石－曹長石角閃岩相	epidote–albite amphibolite facies	Ep＋Hbl(–Brs)＋Ab±Qtz±Grt
角閃岩相	amphibolite facies	Hbl＋Pl±Qtz
（高温部）	（high-temperature part）	Hbl＋Pl＋Ca-Cpx±Qtz
エクロジャイト相	eclogite facies	Grt＋Omp＋Ep（or Lws）＋Qtz
グラニュライト相	granulite facies	
低圧亜相	low-pressure sub-facies	Opx＋Ca-Cpx＋Pl±Hbl±Qtz
高圧亜相	high-pressure sub-facies	Grt＋Ca-Cpx＋Pl±Hbl±Qtz

Ab：曹長石, Act：アクチノ閃石, Brs：バロワ閃石, Ca-Cpx：Ca単斜輝石, Chl：緑泥石, Ep：緑れん石, Grt：ざくろ石, Hbl：普通角閃石, Lws：ローソン石, Namp：アルカリ角閃石, Npx：ひすい輝石～エジリン輝石, Omp：オンファス輝石, Opx：斜方輝石, Pl：Caを含む斜長石, Pmp：パンペリー石, Prh：ぶどう石, Qtz：石英, Smc：スメクタイト～スメクタイト／緑泥石混合層鉱物, Zeo：沸石類（ワイラケ沸石を除く）. // は共生関係にないことを示す.

特徴がある（Maekawa et al., 1992；Maekawa, 1995）.

小笠原弧の火山フロント東方約20 km（海溝から約180 km）に位置する大町海山では，蛇紋岩類にともなって少量の角閃石片岩が採取されている（Ueda et al., 2004, 2011；植田ほか，2005：図7.39～41）．蛇紋岩は塊状蛇紋岩のほか一部で片岩（蛇紋石片岩）となっている．角閃石片岩は転石として採取されているが，分布から蛇紋石片岩中に包有された小岩塊と推定されている．また，蛇紋岩類は始新世～漸新世の火山岩や中新世タービダイトに覆われた分布を示すことから，始新世以前に上昇したと推定されている．採取された角閃石片岩は緑れん石角閃岩相～角閃岩相の鉱物組合せをもつが，オンファス輝石や藍晶石（kyanite）の微細包有物から初期にエクロジャイト相の変成作用を経験したことが明らかにされている．

IBM弧では，背弧側からも変成岩類の産出が知られる．パレスベラ海盆南端に位置するヤップ島やヤップ海溝陸側斜面には，同海盆の基盤の断面が露出しており（図7.49），緑色片岩や角閃岩が産出する（Shiraki, 1971; Hawkins and Batiza, 1977）．これらは鉱物組合せから高温低圧型とされ（Maruyama et al., 1983），14～18 Maの礫岩に覆われる（Fujioka et al., 1998）．マリアナ海溝南部の陸側斜面は背弧海盆（マリアナトラフ）の地殻断面が露出する地域であるが，オフィオライト質岩類（蛇紋岩，斑れい岩，変玄武岩など）にともなって角閃岩類が採取されている（Takemura et al., 1993）．小笠原弧の背弧側に位置する西貞享海山では，緑泥石－白雲母片岩が採取されている（湯浅・村上，1985）．フィリピン海西部の大東海嶺では，蛇紋岩とともに，角閃石片岩や緑色片岩，泥質片岩が採取されており（Yuasa and Watanabe, 1977; Shiki et al., 1985），同様の岩石は始新世礫岩中の礫としても産する（Tokuyama et al., 1980）．角閃石の組成から高温低圧型と推定されており（Yuasa and Watanabe, 1977），49±3.7 MaのK-Ar年代が報告されている（Tokuyama et al., 1980）．

その他特筆すべき海洋域での変成岩の産状としては，ウッドラーク海盆西縁部のD'Entrecasteaux諸島があげられる（Hill et al., 1992）．ここは西方へ進展する背弧拡大軸の先端にあたり，蛇紋岩の下位に低角正断層を介して低温高圧型変成岩が産する．変成岩は閃緑岩に包有されたエクロジャイトであり，第四紀の冷却（上昇）年代を示す．この産状は，背弧拡大と変成岩の上昇が密接にかかわっていることを示唆する．一方，インドネシア・スラウェシ島のBantimala Complexでは，白亜紀のチャートに不整合（nonconformity）で

7.6 海洋性島弧の変成岩

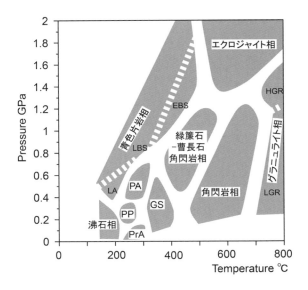

図7.48 一般的な苦鉄質変成岩の鉱物組合せに基づく各変成相のおおよその温度圧力条件

Liou et al. (1987), Evans (1990), Frey et al. (1991), Oh and Liou (1998)を参考に作成．各変成相を特徴づける鉱物組合せの安定領域（表7.4）は，全岩組成によって異なることに注意．PA：パンペリー石－アクチノ閃石相，PP：ぶどう石－パンペリー石相，PrA：ぶどう石－アクチノ閃石相，GS：緑色片岩相，LA：ローソン石－曹長石亜相，LBS：ローソン石－青色片岩亜相，EBS：緑れん石－青色片岩亜相，LGR：グラニュライト相低圧亜相，HGR：グラニュライト相高圧亜相

覆われた低温高圧型変成岩の産状が報告されている（Wakita et al., 1994）．このことは，深海堆積物の基盤として広域変成岩が伏在する海域がありうることを示す．

引用文献

Abe, N. (2011) Petrology of podiform chromitite from the ocean floor at the 15°20' N FZ in the MAR, Site 1271, ODP Leg 209. *J. Pet. Min. Sci.*, **106**, 97-102.

Abu El-Rus, M.A., Neumann, E.-R. and Peters, V. (2006) Serpentinization and dehydration in the upper mantle beneath Feurteeventura (eastern Canay Islands): Evidence from mantle xenoliths. *Lithos*, **89**, 24-26

Alt, J. C. (1995) Subseafloor processes in mid-ocean ridge hydrothermal systems. Seafloor hydrothermal systems: physical, chemical, biological, and geological interactions, S. E. Humphris *et al.*, (eds.), *AGU Geophysical Monograph*, **91**, 85-114.

荒井章司（1989）超マフィック岩類．「日本の火成岩」（久城・荒巻・青木編）第9章．岩波書店, 175-194.

荒井章司（1990）上部マントルかんらん岩の成因－地球で最も多い岩石の素性－．科学，**60**, 103-112.

荒牧重雄（1976）火山噴出物（岩波講座地球科学7，久城育夫，荒牧重雄編，火山），岩波書店, 121-155.

Didier, J. and Barbalin, B. (eds.) (1991) Enclaves and Granite Petrology, Elsevier, 626p.

Evans, B.W. (1990) Phase relations of epidote-blueschists. *Lithos*, **25**, 3-23.

Frey, M., De Capitani, C., and Liou, J.G. (1991) A new petrogenetic grid for low-grade metabasites. *Jour. Metamorph. Geol.*, **9**, 497-509.

Friedman, G.M. (1959) Identification of carbonate minerals by staining methods. *Jour. Sed. Petrol.*, **29**, 87-97.

Fryer, P. (1992) A synthesis of Leg 125 drilling of serpentine seamounts on the Mariana and Izu-Bonin forearcs. *In* Fryer, P., Pearce, J. A. *et al.* (eds.), *Proc. ODP, Sci. Results*, 125, College Station, Texas, 593-614.

Fujioka, K., Matsuoka, H., Kimura, G., Takeuchi, A., Matsugi, H. and Okada, H. (1998) Age constraint on the obduction of ophiolitic rocks in the Yap Island, Philippine Sea, using nannofossils. *Jour. Geol. Soc. Japan*, **104**, 415-418.

Gregg, T.K.P. and Fink, J.H. (1995) Quantification of submarine lava flow morphology through analog esxperiments, *Geology*, **23**, 73-76.

Haggerty, S. E. (1991) Oxide textures -- A mini-atlas. In Lindsley, D. H. (ed.) Reviews in Mineralogy Volume 25, Oxide Minerals: Petrologic and Magnetic Significance. Mineralogical Society of America, 129-219.

橋本光男（1987）日本の変成岩．岩波書店, 172p.

Hawkins, J. and Batiza, R. (1977) Metamorphic rocks of the Yap arc-trench system. *Earth Planet. Sci. Lett.*, 37, 216-229.

Hellebrand, E., Snow, J.E., Dick, H.J.B., Hofmann, A.W. (2001) Coupled major and trace elements as indicators of the extetnt of melting in mid-ocean-rich peridotites. *Nature*, **410**, 677-681.

Hill, E.J., Baldwin, S.L. and Lister, G.S. (1992) Unroofing of active metamorphic core complexes in the

図7.49 フィリピン海域における変成岩の産出地域

amp：角閃岩相，bs：青色片岩相，e-amp：緑れん石曹長石角閃岩相，ec：エクロジャイト相，gs：緑色片岩層，sp：蛇紋岩類，pa：パンペリー石アクチノ閃石相，pp：ぶどう石パンペリー石相，q：石英片岩，MT：マリアナトラフ．参照：1: Maekawa et al. (1992), 2: Maekawa (1995), 3: 湯浅・村上 (1985), 4: Ueda et al. (2004), 5: Tararin et al. (1995), 6: Maekawa et al. (2005), 7: Yuasa & Watanabe (1977), 8: 前川ほか (2007), 9: Shipboard Scientific Party (2002), 10: Takemura et al. (1993), 11: Skornyakova & Lipkina (1976), 12: Hawkins & Batiza (1977), 13: Maruyama et al., 1983, 14: Wakita et al. (1994), 15: Hill et al. (1992)

D'Entrecasteaux Islands, Papua New Guinea. *Geology*, **20**, 907-910.

保柳康一・松田貴博・山岸宏光（2006）シーケンス層序と水中火山岩類．共立出版，180p．

石塚英男（1991）海洋底変成作用の性格と成因．科学，岩波書店，**11**, 760-767.

鹿野和彦・山岸宏光・宇井忠英・小野晃司（2000）日本の新生代火山岩の分布と産状（火山岩の産状），CD-ROM．工業技術院地質調査所．

川幡穂高（1986）中央海嶺熱水系の化学．鉱山地質，**36**, 377-398.

Kelemen, P.B., Kikawa, E., Miller, D.J. *et al.* (2004) *Proc. ODP, Init. Repts*., 209: College Station, TX (Ocean Drilling Program). doi:10.2973/odp.proc.ir.209.2004.

黒田吉益・諏訪兼位（1983）偏光顕微鏡と岩石鉱物，第2版．共立出版，369p．

久城育夫・荒巻重雄編（1991）火成岩とその生成．岩波地球科学選書，岩波書店，268p．

Le Maitre, R.W. (ed.) (2002) Igneous rocks: IUGS classification and glossary: recommendations of the International Union of Geological Sciences, Subcommission on the Systematics of Igneous Rocks. Cambridge University Press, 236p.

Maekawa, H. (1995) Metamorphic rocks from serpentinite seamounts in the Mariana and Izu-Bonin forearcs. *In* Tokuyama, H., Shcheka, S. A. *et al.* (eds.) *Geology and Geophysics of the Philippine Sea*, Terrapub, 357-369.

前川寛和・長田幸久・藤岡換太郎・千葉 仁・前田七生・横瀬久芳・藤本悠太・佐藤 創・山本鋼志・和田穣隆・平内健一・高江洲盛史（2007）マリアナ前弧のオフィオライト基盤と蛇紋岩海山－かいれいKR06-15航海の成果－．日本地質学会第114年学術大会講演要旨，173．

Maekawa, H., Shozui, M., Ishii, T., Saboda, K.L. and Ogawa, Y. (1992) Metamorphic rocks from the serpentinite seamounts in the Mariana and Izu-Ogasawara forearcs, *In* Fryer, P., Pearce, J. A. *et al*. (eds.), *Proc. ODP, Sci. Results*, 125, College Station, Texas, Ocean Drilling Program, 415-430.

Maekawa, H., Yamamoto, K., Ishii, T. and Ueno, T. (2001) Serpentinite seamounts and hydrated mantle wedge in the Izu-Bonin and Mariana forearc regions. *Bull. Earthq. Res. Inst. Univ. Tokyo*, **76**, 355-366.

Maekawa, H., Yamamoto, K., Ueno, T., Osada, Y. and Nogami, N. (2004) Significance of serpentinites and related rocks in the high-pressure metamorphic terranes, circum-Pacific regions. *Int. Geol. Rev*., **46**, 426-444.

Maruyama, S., Suzuki, K. and Liou, J. G. (1983) Greenschist-amphibolite transition equilibria at low pressures. *Jour. Petrol*., **24**, 583-604.

Miyashiro, A., Shido, F. and Ewing, M. (1971) Metamorphism in the Mid-Atlantic Ridge near 24° and 30°N. *Philosophical Transactions of the Royal Society of London A*., **268**, 589-603.

都城秋穂・久城育夫（1972a）岩石学Ⅰ（偏光顕微鏡と造岩鉱物）．共立全書，219p．

都城秋穂・久城育夫（1972b）岩石学Ⅱ（岩石の性質と分類）．共立全書，171p．

日本地質学会地質基準委員会編著（2003）地質学調査の基本．共立出版，220p．

Oh, C. W. and Liou, J. G. (1998) A petrogenetic grid for eclogite and related facies under high-pressure metamorphism. *Island Arc*, **7**, 36-51.

大谷栄治・掛川 武（2005）地球・生命－その起源と進化．共立出版，196p．

Shanks III, W. C. and Seyfried, Jr. W.E. (1987) Stable isotope studies of vent fluids and chimney minerals, southern Juan de Fuca Ridge: sodium metasomatism and seawater sulfate reduction. *Journal of Geophysical Research*, **92**, B11, 11, 387-11, 399.

鹿園直建（1997）地球システムの科学－環境・資源の解析と予測．東京大学出版会，319p．

Shiki, T., Mizuno, A. and Kobayashi, K. (1985) Data listing of the bottom materials dredged and cored from the Northern Philippine Sea. *In* Shiki T. (ed.) *Geology of the Northern Philippine Sea*, Tokai University Press, Tokyo, 23-41.

Shipboard Scientific Party (2002) Leg 195 summary. *In* Salisbury, M. H., Shinohara, M., Richter, C. *et al.* (eds.), *Proc. ODP Init. Rept*., 195, College Station, TX, 1-63.

Shiraki, K. (1971) Metamorphic basement rocks of Yap Islands, western Pacific: possible oceanic crust beneath an island arc. *Earth Planet. Sci. Lett*., **13**, 167-174.

Skornyakova, N. S. and Lipkina, M. I. (1976) Basic and Ultrabasic rocks of the Marianas Trench. *Oceanology*, **15**, 688-690.

周藤賢治・小山内康人（2002）岩石学概論上，記載岩

石学．共立出版，272p.

Streckeisen, A. (1974) Classification and nomenclature of plutonic rocks. *Geol. Rundsch.*, **63**, 773-786.

平 朝彦・徐 垣・鹿園直建・廣井美邦・木村 学 (1997) 地殻の進化．岩波講座，地球惑星科学 9，岩波書店，283p.

Takemura, O, Ishii, T. and Maekawa, H. (1993) Amphibolites and metabates recovered from the Lower Part of the Southern Mariana Trench Inner Slope during KH92-1 Cruise. Preliminary Report of the Hakuho Maru Cruise KH 92-1, Geophysical and Geological Investigations of the Mariana Region and the Ayu Trough, Ocean Research Institute, University of Tokyo, 130-131.

Tararin, I. A., Lelikov, E. P., Mishkin, M. A. and Chubarov, V. M. (1995) Metamorphic rocks in the Philippine Sea. *In* Tokuyama, H., Shcheka, S. A. et al. (eds.) *Geology and Geophysics of the Philippine Sea*, Terrapub, 329-356.

Terabayashi, M., Masuda, Y. and Ozawa, H. (2003) Archean ocean-floor metamorphism in the North Pole area, Pilbara Craton, Western Australia. *Precambrian Research*, **123**, 167-180.

Terry, R.D. and Chilingar, G.V. (1955) Summary of "concerning some additional aids in studying sedimentary formations", by Shvetsov, M.S., *J. Sedim. Petrol.*, **25**, 229-234.

Tokuyama, H., Yuasa, M. and Mizuno, A. (1980) Conglomerate and sandstone petrography, Deep Sea Drilling Project SITE 445, Philippine Sea. *In* Klein, G. de V., Kobayashi, K. et al. (eds.) *Init. Rept. DSDP*, 58, U.S. Government Printing Office, Washington, D.C., 629-41.

Ueda, H., Niida, K., Usuki, T., Hirauchi, K., Meschede, M., Miura, R., Ogawa, Y., Yuasa, M., Sakamoto, I., Chiba, T., Izumino, T., Kuramoto, Y., Azuma, T., Takeshita, T., Imayama, T., Miyajima, Y. and Saito, T. (2011) Seafloor geology of the basement serpentinite body in the Ohmachi Seamount (Izu-Bonin arc) as exhumed parts of a subduction zone within the Philippine Sea, In Ogawa, Y., Anma, R. and Dilek, Y. (eds.), *Accretionary Prisms and Convergent Margin Tectonics in the Northwest Pacific Basin*, Springer, 97-128.

植田勇人・臼杵直・倉本能行 (2005) 伊豆小笠原弧大町海山のエクロジャイト相変成岩－海洋性島弧黎明期 (?) の深部岩石上昇－．月刊地球，号外 no. 52, 121-128.

Ueda, H., Usuki, T. and Kuramoto, Y. (2004) Intraoceanic unroofing of eclogite-facies rocks in the Omachi Seamount, Izu-Bonin frontal arc. *Geology*, **32**, 849-852.

Umino, S., Miyashita, S., Hotta, F. and Adachi, Y. (2003). Along-Strike Variation of the Sheeted Dike Complex in the Oman Ophiolite - Insights into Subaxial Ridge Segment Structures and Magma Plumbing System. *Geochem. Geophys. Geosyst.*, 8618, doi:10.1029/2001GC000233.

Umino, S., Obata, S., Lipman, P., Smith, J.R., Shibata, T., Naka, J. and Trusdell, F. (2002) Emplacement and Inflation Structures of Submarine and Subaerial Pahoehoe Lavas From Hawaii. In Takahashi, E. et al., (eds.), Hawaiian Volcanoes: Deep Underwater Perspectives, AGU Monograph, 128, 85-101.

Wakita, K., Munasri, Sopaheluwakan, J., Zulkarnain, I., and Mlyazaki, K. (1994) Early Cretaceous tectonic events implied in the time-lag between the age of radiolarian chert and its metamorphic basement in the Bantimala area, South Sulawesi, Indonesia. *Island Arc*, **3**, 90-102.

山岸宏光 (1994) 水中火山岩．北海道大学図書刊行会，195p.

湯浅真人・村上文敏 (1985) 小笠原弧の地形・地質と嬬婦岩構造線．地学雑誌，**94**, 47-66.

Yuasa, M. and Watanabe, T. (1977) Pre-Cenozoic metamorphic rocks from the Daito Ridge in the northern Philippine Sea. *Jour. Japan Assoc. Mineral. Petrol. Econ. Geol.*, **72**, 241-251.

8　海洋底試料の構造記載

8.1　構造記載と方位データの取扱い

　船上での試料の構造記載の大きな目的の1つとして，得られたセクションの構造地質学的位置付けを行いながら，岩体の変形過程を理解することがあげられる．コア試料に見られる構造の肉眼観察記載は半割されたコアを用いて行うのが一般的である．連続的なコア試料に傾斜した面構造あるいは線構造が安定して観察される場合，半割面が傾斜方位（dip direction）や線構造方位（azimuth あるいは trend）に平行になるようにコア試料を半割することが望ましい．また，連続性のよいコア試料が得られた場合には，できるだけ同じ方向にコアを半割するとよい．これは，信頼できる古地磁気データが得られた場合に，コアの原位置方位や構造の復元を容易にするためである．

　構造記載はコア表面のあらゆる部位（半割された表面・掘削面・破断面）を観察して行うが，記載情報はアーカイブハーフ（archive half）半割面をスキャン（scan）した画像入りの記載シート上に記入するのが一般的である．記載情報には，観察された構造の種類，姿勢（構造の方位），形態，切断関係，位置と幅などがある．構造の位置は，アーカイブハーフの半割面上で観察された構造上端と下端の位置を海底面からの深度（mbsf）またはコア－セクション－ピース（core-section-piece）番号あるいはインターバル（interval）情報（セクション上面からの深さ；cm）を記載する．構造の姿勢は上下方向が明らかなコア試料についてのみ記載する．なお，試料採取の都合上，アーカイブハーフとワーキングハーフ（working half）を入れ替えることがある．特に連続性のよい試料の中央部で入れ替えを行った場合，構造の復元を行うにあたって混乱を招くこともありうるので，記録を取っておくことが重要である．

　構造記載において最も重要なことは，詳細なスケッチを地道に取ることである．どのような写真記録でも，人間の目ほどの解像度は得られない．船上での新鮮な試料の観察記録は1次資料として最重要であり，肉眼観察記録（特にスケッチ記録）の良し悪しが，その後の研究の成否を決定するといっても過言ではない．重要と思われるところがあれば，時間が許すかぎり詳細にスケッチし船上で薄片やスミアスライド（smear slide）を製作してより詳しい記載を行う．肉眼記載が不完全であれば，漫然と薄片を作っても意味はない．

　固結した堆積岩や火成岩類はロータリーコアバレル（rotary core barrel：RCB）を用いて掘削される．バレルは回転するので，原位置での試料方位（海底にあったときの方位）を船上で知ることは困難である．そこで，IODPによる掘削調査航海の1次記載では半割面を基準方位面とするリファレンスフレーム（reference frame）によって便宜上の方位をつけ，この枠組みの中で姿勢の記載を行う（図8.1）．IODPリファレンスフレーム（あるいはコア座標系）では，アーカイブハーフの半割面を東西（右側が270°，左側が90°）断面とし，半割面の手前を北（0°），奥側を南（180°）とする（図8.1）．コア軸に直交する東西南北面は水平面とみなせるので，これらを基準として面構造，線構造の姿勢を決定する．このようにして得られた構造姿勢の原位置での走向（strike）は古地磁気データを使った復元をしないかぎりわからないが，傾斜（dip）は走向にかかわらず変化しないので，1次記載が終了した段階から重要な基礎データとして使用することができる．

　コア試料に面構造が観察された場合には，半割面・コア表面と面構造の交線を2つ以上選び，コア座標系のもとでこれらの交線の方位とプランジ（水平面と線との交角；plunge）を測定する（図8.1）．ある面は異なる方位をもつ線の集合によって規定されるので，これらの交線方位をステレオ投影（stereoprojection）

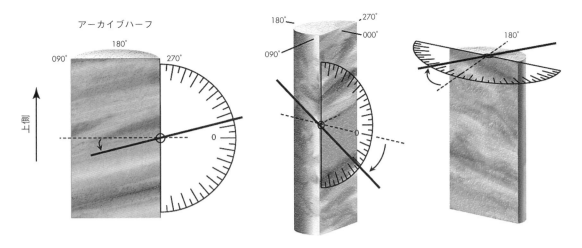

図8.1 半割されたアーカイブ用コアの構造記載のための IODP リファレンスフレーム

図に記入する，あるいは交線方位データから計算することによって面構造の姿勢を正確に求めることができる．コアの水平切断面と面構造が交差している場合には，走向を水平面上で直接測定することができる．この場合，傾斜は走向に直交する方向に測ればよい．線構造が見られた場合には，方位とプランジを直接測定する．このようにしてコア座標系のもとでの面構造の走向・傾斜あるいは線構造の方位とプランジが決定される．

コア試料の原位置方位は古地磁気測定によって復元することができるので，重要な構造が発見されたとき，連続性のよいコアが回収されたときには，船上で古地磁気測定を行い，以下の手順で構造の原位置での姿勢を復元する．RCBによる掘削試料は掘削時に下向きNの強い2次磁化（secondry magnetization）を受けているので，段階消磁による古地磁気測定を行い，試料の磁北方位を求める．観察された構造の重要度によって，ピースごとあるいは連続セクションごとになるべく多くの古地磁気測定を行い，安定した磁化方向を得ることが望ましい．細粒部と粗粒部が同じセクションにある場合，細粒部で測定を行うほうが安定した消磁曲線が得られる．年代によって地磁気が逆転しているケースもあるが，北半球であれば正磁極期の場合にはN極は下向きの伏角（inclination）をもち，逆磁極期の場合はN極（現在の南極方位を指す）は上向きの伏角をもつ．ただし，伏角が浅い赤道域では古地磁気方位から北極あるいは南極方向を識別することは困難であるので，より注意を要する．コア座標系の北方位と，古地磁気測定によって得られた真北方位の角度差を求め，これに応じて構造方位を回転し原位置での

真の構造方位を復元する．掘削孔が垂直であり，地質体がテクトニックな変位を受けていなければ，古地磁気測定によって求められた伏角は，地心双極子（geocentrc axial dipole；GAD）の仮定によって緯度ごとに決定される伏角と一致することが期待される．一致しない場合は，造構変位を受けている指標となるので，あらかじめ期待される伏角を調べておくとよい．船上で真の方位が決定できた場合には，たとえば赤線を北，白線を南と決めておいて，復元できた範囲全体のコア外周に方位を示す線を引いておくとよい．

なお，以下の記載ではスケールによらない一般的な意味での構造および肉眼観察によって識別できる構造（structure）と，薄片観察によって明らかになる構造を組織（texture あるいは fabric）として区別する．掘削試料の記載では肉眼観察によって識別できる構造を巨視的構造（macroscopic structure），鏡下での組織を微細構造（microscopic structure あるいは microstructure）とする場合もある．

8.2 海洋底火成岩の構造

典型的な海洋プレート（oceanic plate）あるいは海洋リソスフェア（lithosphere）の火成岩類は上位から，火山岩，シート状岩脈（sheeted dikes），斑れい岩（gabbro）の海洋地殻構成岩類と，固結して海洋プレートの一部となったマントル構成岩類からなる（図8.2）．マントル構成岩類の構造については8.3節で詳しく述べるので，ここでは海洋地殻を構成する火成岩類の構造の肉眼観察記載と薄片観察記載の方法について概要を述べる．

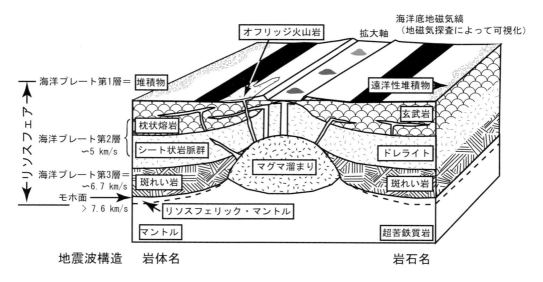

図8.2 海洋プレート構造模式図

　海洋地殻を構成する火成岩類に見られる初生的構造（primary structure：岩体の生成時に形成される構造）のほとんどは，中央海嶺直下のマグマ溜まり（magma chamber）とその近傍でのメルトの分結（segregation）と分化（differentiation）・流動（flowあるいはrheomorphism）・貫入（intrusion）・噴出（extrusion）過程によって形成され，これらの過程に関する情報を記録している．集積した流動的メルトの浮力によってマグマは上昇（ascent）し，現在の露頭位置に定置（emplacement）しながら冷却（cooling）する．それぞれの岩体によって，これらの過程の生じる早さが異なるので，岩体ごとに特徴的な組織や初生構造の性質も異なる．

　初生構造の種類には，溶岩流や火山砕屑物など噴出物の堆積構造や流動・冷却時に形成される構造，深成岩・貫入岩類の貫入境界（igneous contact）や層状構造（magmatic layering），マグマの流動によって形成される流理構造（magmatic flow structureあるいは単にflow structure）などがある．層状構造や流理構造は溶岩や貫入岩ユニットの内部に発達が限られるので，内部構造（internal structure）と呼ぶこともある．

　火成岩定置後の海嶺近傍でのプレート変形とそれにともなう2次的構造（secondary structure：初生構造以降に形成された構造）の発達は，主に海嶺拡大速度によって規制される．また，トランスフォーム断層（transform fault）のような海嶺セグメント境界の近くでは，初生的あるいは海嶺近傍での2次的構造の発達はテクトニックな横ずれ応力の影響を受けるであろう．さらに海洋プレートが移動・冷却し沈み込む過程で，海洋プレートはさまざまな応力を受けてそれらを反映する変形・破断などの2次的構造を発達させる．海洋底火成岩類の構造記載の目的は，海嶺と海嶺近傍で生じた過程を理解し，そこで発達した構造とより後期の2次的構造を識別することによって，海洋地殻の変形史を理解することである．

8.2.1　火山岩の初生構造の肉眼観察記載と用語

　噴出岩類の初生構造記載では，溶岩の境界と内部構造の発達に注意して観察を行う．マグマ供給速度が大きいとき，水中でも一般に塊状溶岩（massive lava）やシートフロー（sheet flow）が発達する．これらは緩やかに傾斜した，あるいはほぼ水平な下底面（basal boundary）をもつ．下底面は下位の微地形を反映して，不規則な形状を示す場合があるので，コア試料上での認定には注意を要する．陸上溶岩では下底面に沿ってクリンカー（clinker）をともなうが，水中溶岩でも同様な構造は発達しうる（図8.3）．噴出ユニットの中に流理構造（後述）が見られる場合には，流理を定義する構造要素（fabric element）の種類（鉱物種あるいは発泡（vesicles），下位物質の取り込み（entrainment））と形状（回転楕円体状（oblate）あるいは葉巻型（prolate））を記載するとともに，流動面構造（flow foliation）あるいは流動線構造（flow lineation）の発達程度を評価してこれらの方位を測定する．内部構造と境界に斜交性（obliquity）がある場合には，マグマの流動方向を反映することがあるので，

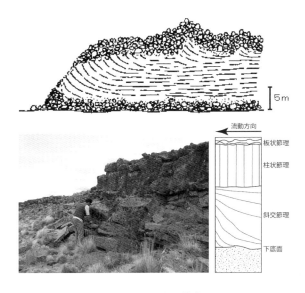

図8.3 塊状溶岩流に見られる流理構造
上；溶岩流に発達する流動構造（Macdonald, 1972），下：パタゴニア火山地帯の溶岩に見られる節理

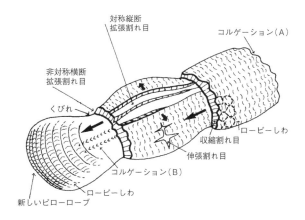

図8.4 水中溶岩に発達する表面構造（山岸, 1994）

両者の姿勢をできるだけ正確に測定することが重要である．連続性のよい塊状の溶岩ユニットの下部では，前進時の下底面での摩擦によって，一般に流理構造は流動方向へ向かって立ち上がっていく（図8.3）．このような観察ができたら，古地磁気用試料を採取して真の構造姿勢の復元を試みる．

マグマの供給速度が小さいと，溶岩流は本体から噴出物が分岐・急冷された枕（pillow）状のローブ（lobe）を発達させ，枕状溶岩を形成する（図8.3）．露頭スケールでは枕状溶岩のローブの形態と連続性からマグマの流動方向を推定したり，個々の枕状構造の非対称性から地層の上下判定を行ったりするが，コア試料上でのこれらの認定は容易でない．また，枕状溶岩の構造は成長と崩壊を繰り返すため，姿勢の側方変化が大きく，古地磁気方位も局地的な回転を受けているので，構造復元は一般に困難である．ピロー境界が認められる場合には，境界面の密着性（cohesive またはincohesive），境界充填物質，ピローの大きさ，ピロー外縁部に発達する殻（crust）の曲率，境界面の凸方向（上に凸・下に凸）などの性状や，殻内側の発泡の度合いと形状などを記載しておくとよい．海水と接触する溶岩流上部面には，流動にともなう縄状しわ（ropy wrinkle）やコルゲーション（currugation）と呼ばれる表面微褶曲構造，急冷による収縮割れ目（contraction crack）や伸張割れ目（tension crack）などの表面構造が認められることがある（図8.4；山岸，1994；保柳ほか，2006）．縄状しわは露頭スケールでは流動方向に向かって扇状に拡がり，マグマの流動方向の推定に用いられる．露出面積の限られたコア試料でこれを同定することは難しいが，境界が剥離性（incohesive）である場合には境界表面の観察を行うとよい．

枕状溶岩端部の斜面には，ピローブレッチャ（pillow breccia）やハイアロクラスタイト（hyaloclastite）などからなる崖錐堆積物が発達する（7.2節参照）．これらは海中溶岩の本質的な構成要素の一部であるが，これらや火山砕屑物の構造記載には，「6.5.3 堆積構造」に述べられた記載法が適用できる．崖錐堆積物は前進する溶岩先端斜面や側方斜面に形成されるので，露頭では溶岩流の下底面と斜交する斜交層理を示す（図7.1）．連続的に粒径が変化する級化（grading）が認められることがあるので，注意して観察を行う．連続コア試料で，層理面とその上下のセクションに見られる溶岩境界の間に斜交関係が見られる場合，溶岩流の前進した方向を反映（層理面が前進方向に傾斜）するので，姿勢を正確に測定する．連続試料が得られた場合，シート状溶岩部で古地磁気試料を採取し，溶岩の流動方向を復元するとよいが，枕状溶岩や火山砕屑物のコア回収率は一般に低く，連続試料が得られることは稀である．また，崖錐堆積物は溶岩流側方にも発達するので，流動方向を信頼度よく推定するためには，統計的な検討を行う必要がある．ピローブレッチャを認定するためには，ピロー殻部の急冷縁の連続性や角礫化の度合いを観察・記載する．ピローブレッチャやハイアロクラスタイトのようにガラス（glass）や急冷組織（quenched texture）をもつ角礫岩を，火成角礫岩（magmatic breccia）と呼ぶこともある．

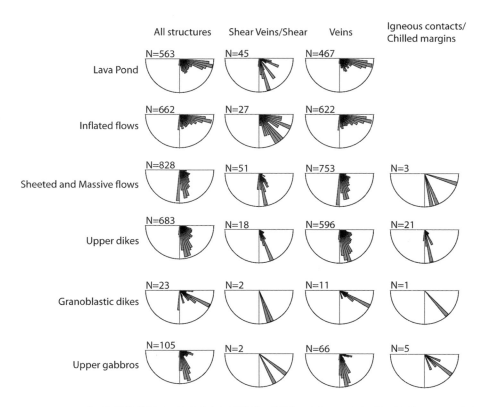

図8.5 ODP-IODP 1256D 孔の海洋地殻断面で観察された面構造，剪断面，脈および貫入岩の姿勢とその深度方向の変化（Expedition 309/312 Scientists, 2006）

8.2.2 貫入岩の境界

　貫入岩の境界を見いだした場合には，周囲の岩石の構造との調和・非調和性に注意しながら観察を行う．周囲の岩石構造と平行に（調和的に）貫入している場合はシル（sill），斜交している（非調和的な）場合では，水平に近いものはシート（sheet），垂直に近いものは岩脈（dike あるいは dyke）と呼ぶ．ただし，シート状岩脈群（sheeted dike complex）として岩体名として用いられる場合，これを構成する個々の岩脈はほぼ垂直方向の境界面をもつので注意する．貫入岩境界の姿勢は，深度とともに水平方向から垂直方向へ変化する傾向が認められており，火山岩層とシート状岩脈群との間に存在する漸移帯を認定するときに重要なデータとなる（図8.5）．岩脈の貫入境界は，境界部の急激な冷却にともない明瞭で幅の狭いガラス質から隠微晶質の急冷縁（chilled margin）や境界角礫岩（dike margin breccias）をともなうことが多い（図8.6）．急冷縁の発達は，母岩との温度差を反映するので幅などの産状を記載し，薄片を作成して構成物質の粒度や組織を観察する．境界の形状は，平面状（planar），湾曲（curved），分岐（branched），不規則（irregular）のように記載する．境界角礫岩のように境界に沿って母岩との包有関係が認められ，貫入時のマグマと母岩の粘性差についての情報を与えてくれる場合がある．このような場合には，境界が明瞭（sharp）であるか，漸移あるいは拡散（diffuse）しているかに注意しながら詳細なスケッチを取り，薄片を作成して観察する．また，いくつかの急冷縁が同一コアの中で見られることもあるので，このような場合には切断関係（cross cutting relationship）に注意して観察を行い，貫入順序を明らかにする．溶岩と同じように，岩脈境界と内部構造に斜交性が見られる場合，マグマの流動方向が推定できるので，両者の姿勢を正確に測定する．このような場合，さらに定量的な組織記載を行うための個別計測を計画するとよい．

　枕状溶岩やシートフローの中に垂直方向の岩相境界が認められることがある．これらは，海洋底に噴出したマグマを下位のマグマ溜まりから供給したフィーダー岩脈（feeder dike）である可能性がある．垂直方向の枕状溶岩境界の可能性もあるので，境界面の曲率や密着性，急冷縁の発達の仕方などの性状に注意して観

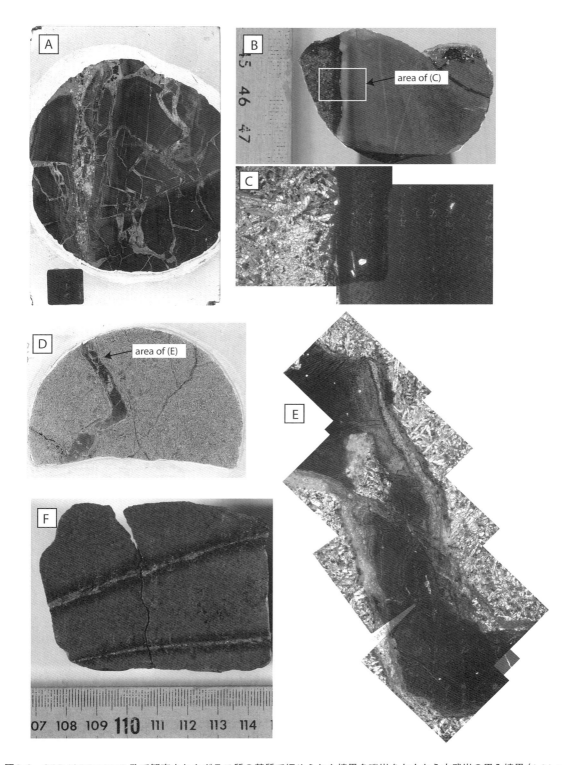

図8.6 ODP-IODP 1256D 孔で観察されたガラス質の基質で埋められた境界角礫岩をともなう玄武岩の貫入境界（A：Interval 176R-2, 3-9 cm）とガラス質急冷縁をともなう玄武岩の貫入境界（B，C：175R-1, Piece 11），急冷縁（E）をともなう火成脈（D：Interval 186R-1, 48-53 cm）と変質帯をともなう熱水鉱物脈（F：Interval 173R-1, 107-128 cm）（Expedition 309/312 Scientists, 2006）

察を行う．フィーダー岩脈である場合には，平面状で密着性の境界面，岩脈側にのみ発達した急冷縁が期待される．なお，岩脈でも海底面に近い部分では内部に枕状構造を発達させたり，横方向に膨らんで溶岩ローブ（lava lobe）を形成することがあるので注意を要する．

　より粗粒な深成岩では母岩との温度差が比較的小さく冷却速度も遅いので，急冷縁は数 m の幅をもつこともある．コア試料上で識別するには注意を要するが，これらの観察は貫入単元（intrusive unit）を決定するときに重要な情報である．また，深成岩が貫入した場合には幅広い接触変成帯を形成するので，上位の母岩（wall rock）の鉱物組合せや比重の変化にも常に注意を払うべきである．

8.2.3　深成岩・半深成岩の内部構造と結晶塑性変形

　溶岩や岩脈内に，より重い捕獲岩（xenolith）あるいは包有物（inclusion）が含まれている場合，母岩と捕獲岩の密度差と捕獲岩の大きさがわかれば，母岩マグマの組成から粘性を計算し，粒子沈降速度に関するストークスの式を用いてマグマが上昇した最小速度を推定することができる（Turcotte & Schubert, 1982）．このため，包有物の大きさ（直径・短径・平均径）や長軸方向を船上で記載し，母岩と包有物の試料を分取して研究室での密度測定と組成分析（高温・高圧状態での粘性と密度を推定するために用いる）を計画するとよい．

　深成岩に見られる火成層状構造は，有限の幅をもち，色・鉱物組合せ・粒度などの不均質性（heterogeneity）によって定義される板状（planar）・準板状（subplanar）の構造で，その種類はさまざまである．組成の不均質性を反映する場合には組成縞状構造（compositional banding あるいは compositional layering），組織の不均質性によって定義される場合には組織縞状構造（textural banding）とも呼ばれる．火成層状構造の発達した斑れい岩は，層状斑れい岩（layered gabbro）と呼ぶ．層状斑れい岩には級化層理や斜交層理などマグマ溜まりの中で結晶が沈積したことを示唆する構造（図8.7）や，カリフラワー状構造（cauliflower structure）のようにマグマ溜まりの壁面や結晶化前線（crystallization front）での結晶成長を示唆する構造も存在する．流理構造と区別して記載する必要があるが，コア試料上でこれらを識別するには注意と想像力を要する．粗粒の斑れい岩脈が層状斑れい岩の組成縞を切って貫入することもある（図8.7）ので，粒径などの組織変化と，境界の性状に注意する．層状あるいは不規則な形態をもち，境界が明瞭でない有色鉱物濃集帯をシュリーレン（schlieren）と呼ぶことがある．組成縞のように鉱物分布に異方性や不均質性が見られた場合，構造がコアの全周にわたって見られる場合はバンド（band），コア外周の一部を切っている場合にはレンズ状（lenticular），不規則な形状を示しコア中に分布が限られている場合にはパッチ状（patchy）などと定義しておくと記載するときに便利である．バンドやレンズ状の場合は面構造の姿勢を必ず測定する．また，レンズやパッチ状の場合にはコア外周や半割面上での長軸径・短軸径・長軸方向を測定しておく．このようなパッチの形状情報が多数集められた場合には統計的な処理を行うことによって，組織の3次元的形態を推定できることもある（図8.8）．

　流理構造は主にマグマの流動による結晶や固体包有物の形態定向配列（shape preferred orientation；SPO）によって定義される．形態定向配列の代表的な例として，斜長石結晶（plagioclase lath）の平行配列があげられる（図8.9）．また，斑れい岩や閃緑岩などの深成岩でも，輝石や角閃石などの有色鉱物の定向配列が認められることがある（図8.7）．

　流理構造を定義する構造要素の形（たとえば，斜長石あるいは輝石結晶の3次元的形状）がある程度相似であるならば，肉眼あるいは鏡下で構造要素の面方向あるいは伸張（線）方向を多数測定し，これらをステレオ投影図上に落として，その分布状況から岩石組織（fabric）の形（shape）や強度（intensity）を求めることができる．しかし，観察面積の限られるコア試料では，統計処理に足るデータ数を集めることは困難であり，それに費やす時間・労力も膨大なものになるので，船上記載では行われない．船上の肉眼観察では，流動面構造と流動線構造の発達程度を半定量的に評価してこれらの方位を記載するにとどめる．構造要素がある一定方向の面上，あるいは線上に厳密に拘束されていることは稀である．面構造が比較的よく発達している場合にはオブレート（oblate）な組織形状を，線構造が比較的よく発達している場合にはプロレート（prolate）な組織形状をもつと記載する．両者が均等に発達しているとき，組織の形状は平面状（plane）である．組織の配列強度については，岩相ごとに観察される平均的な組織発達度を中心に強弱を記載すればよい．さらに定量的な組織の形・強度を得たい場合には，面構造に直交し線構造に平行な面（XZ面；8.4節参照）およびこれに直交する面で薄片を作成し，組織解析を研究室で行う，または帯磁率異方性測定用試料を分取して，磁性鉱物配列の異方性を測定するなどの方法が用いられる．

　マグマは結晶とメルトの混合物である結晶粥（crys-

図8.7 層状斑れい岩の級化構造と鉱物定方向配列（A）と斜交層理（B），中粒斑れい岩に貫入するペグマタイト質斑れい岩脈（C）．いずれもチリ国タイタオ・オフィオライトで撮影

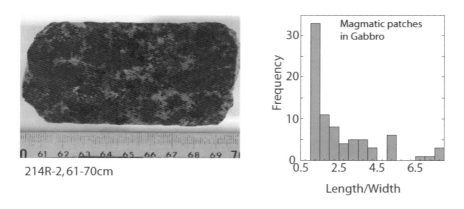

図8.8 半割面上の組成パッチとパッチの形状分布（Exp. 335 Scientists, 2012）

tal mush）として流動するので，マグマ流動の振舞いは，メルトの粘性を支配するメルト組成と含まれる結晶量によって規制される．結晶量が多くなるほど結晶粥の全体的な粘性は大きくなる（流れにくくなる）．また，結晶量が40％を超えない程度であると結晶粥はニュートン流体（Newtonian fluid）として振る舞うが，結晶量が40〜60％の範囲ではビンガム流体（Bingham fluid）として振る舞うようになる（谷口，2001）．両者とも粘性流動（viscous flow）を生じるが，ビンガム流体は降伏強度（yield strength）と呼ばれる閾値を

8.2 海洋底火成岩の構造 *167*

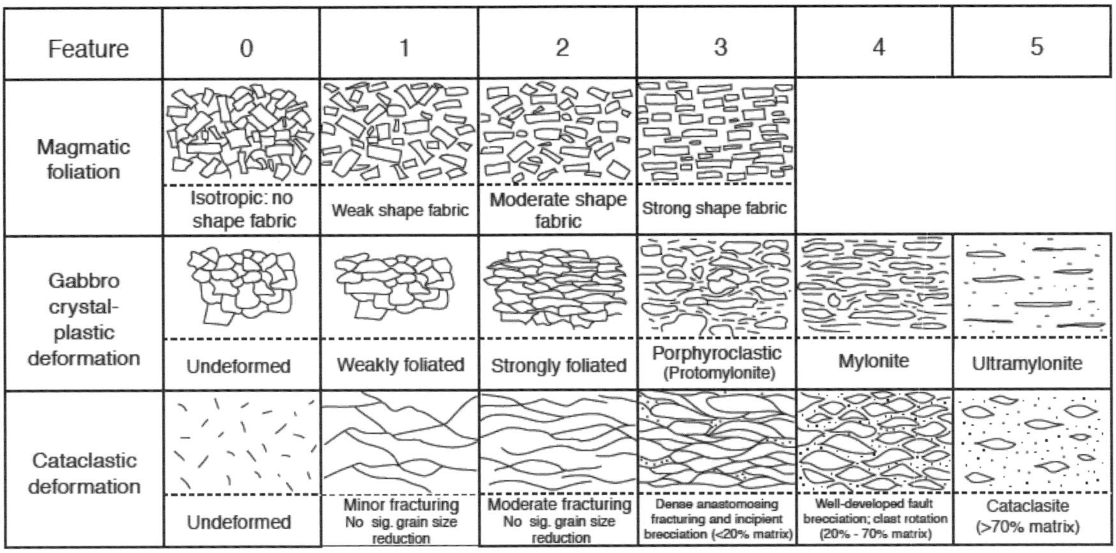

図8.9 斑れい岩に発達する流動組織と変形組織の用語（Exp. 309/312 Scientists, 2006）

もつので，これを超えない応力に対しては応答しない（図8.10D）．降伏強度を超えて強制的に流動化されるとビンガム流体は貫入境界に沿って狭い境界流動層を形成し，流動層に挟まれた領域では固体のように振る舞う傾向がある（図8.10C）．岩脈のように狭い流路（channel）を伝ってビンガム流体が移動する場合，このような栓流（plug flow）を生じることがある（図8.10）．したがって，結晶量や境界層の存在（幅）に注意しながら記載を行うことが重要である．結晶粥の粘性流動によって生じた火成組織（magmatic fabric）は結晶塑性変形（crystal plastic deformation）を示さない．

マグマが冷却するにしたがって結晶量が70％を超えると，結晶粥は粘性流動によるマグマ流動をやめ，以降の流動変形は結晶の塑性変形（図8.9）をともなう．結晶塑性変形は，結晶内に永久歪みが生じた証拠，たとえば波動消光（undulatory extinction）や結晶境界に沿った細粒化（grain size reduction），結晶内すべり（intracrystalline gliding）をともなう格子定向配列（lattice preferred orientation；LPO）によって認定される．粘性流動から塑性変形に至る変化は，結晶化が比較的速く進行する岩体境界部付近で顕著に見られることが多い．肉眼ではこれらを観察することはできないので，深成岩体の境界付近から系統的に薄片試料を作成し，検鏡記載を行うことが望ましい．塑性変形を受けた鉱物は一般に最大主応力方向に押しつぶされ，最小主応力方向に伸張した形態をもつ（図8.9）．剪断面と伸

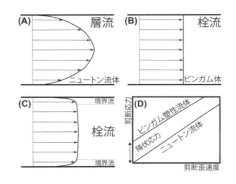

図8.10 ニュートン流体に見られる層流（A）とビンガム塑性流体に見られる栓流（B），および歪速度弱化により周縁部に境界層をともなう栓流（C）の速度断面．（D）はニュートン流体とビンガム塑性流体の変形挙動の違いを表す

張方向に斜交性が認められる場合には剪断方向（shear sense）が推定できるので，注意して観察を行う．

斑れい岩の組成縞のような先行する異方性が存在する場合，これを切断するように高温で生じた剪断帯が肉眼で観察されることがある（図8.11）．薄片では，剪断によって細粒化した鉱物が，集合体（aggregate）となってリボン（ribbon）状に配列している．また，高温で焼きなまし（annealing）を受けて集合体構成粒子は永久歪みを消失している．塑性歪みやカタクラスチックな変形（cataclastic deformation；図8.9および8.5節参照）が認められないので，火成剪

図8.11 組織縞を切断する高温剪断帯とその顕微鏡写真（IODP 1256D, Section 232-R, Piece 1）（Exp. 309/312 Scientists, 2006）

断帯（magmatic shear zone）と呼ぶこともある．このような高温剪断帯（high temperature shear zone）は初生構造を切断しているので厳密には2次的構造に分類されるべきであるが，初生流動構造と一連のプロセスで形成されたと考えられる．塑性変形が局所的に進行して細粒化が進んだ岩石は，マイロナイト（mylonite）と呼ばれる．なお，塑性変形やマグマ流動は変形が連続的で，脆性変形（brittle deformation）に対して延性変形（ductile deformation）と呼ぶこともある．

8.2.4　海洋底火成岩類に発達する2次的構造の肉眼観察記載と用語

海洋地殻を構成する火成岩類に見られる2次的構造には，破断（fracturing）や角礫化（brecciation）などの脆性変形構造（brittle structure）があげられる．以下の脆性的構造の記述は，8.3節の「かんらん岩の構造の記載」にも適用できる．

破断には，破断面に沿った変位（displacement）をもたない節理（joint），剪断変位をもつ断層（fault），開口割れ目（open fracture），開口割れ目が充填物質で満たされた脈（vein）などがある．なお，岩脈は一定以上の幅（たとえば1 cm以上などと定義しておく）をもつ開口割れ目がマグマによって充填された板状の構造を指すが，巨視的には破断の1種である．

コア試料上に破断面が観察された場合，その上下端の位置を記録し，破断面方位を測るとともに，破断面の形態を記録する．破断面の形態は，板状（planar），湾曲（curved），S字状（sigmoidal）あるいは不規則（irregular）などである（図8.12）．破断面の交差の仕方は，破断面が別の破断面で止まるときはT字型（T-shaped），分岐する場合はY字型（Y-shaped），分

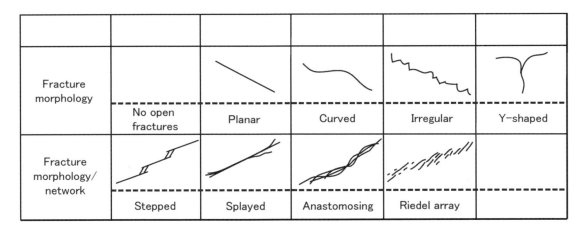

図8.12 破断面の形状に関する用語（Exp. 309/312 Scientists, 2006）

岐が複数に及ぶときはスプレー状（splayed）と記載する．破断面は連結して，あるいはある方向に配列して，全体として特徴的な構造を作ることがある．一方向の破断面が雁行状に配列する場合はリーデル配列（Riedel array）あるいは雁行状配列（en-echelon），2方向の破断面が交互につながる場合には階段状（stepped），縄状に交差して全体に1方向に配列する場合には吻合（anastomosing），複数の破断面が複雑な切断関係をもつ場合はネットワーク（network）状などと記載される（図8.12）．複数の破断面がセットとして一定方向に並ぶ場合は，この方位も測定する．海洋底火成岩類の破断面には薄いスクリーン状の被覆が普通に見られるので，破断面の観察を行い被覆の色を記載する．また，破断に沿って変色した変質帯（alteration halo）が観察されることもある（図8.6F）ので，その色と幅を記載する．これらの情報によって，破断面のグループ分けを行うことができる．構造形成の順序を決定するため，破断面に切断関係が観察されたときには必ずこれを記録する．これらの破断の形態や姿勢は形成したときの応力状態を反映するので，特に2方向の破断が同時に形成された証拠をもつ共役破断（conjugate fracture）が認定される場合には，応力状態の推定を試みるとよい．

破断面に沿って変位が認められる場合，破断面一般の記載のほかに，必ず断層面を観察して条線（slickenline）など変位指示物の種類とその方向を記載する（図8.13）．断層面に充填物が見られる場合，充填物質の色・鉱物種・幅・しまり具合あるいは密着性（cohesion）などの性状と組織を記録する．さらに，ステップ（step）などの剪断方向の指標（kinematic indicatorあるいはshear-sense indicator）の有無を観察し，

認定された場合には正（normal）・逆（reverse）・右ずれ（dextralあるいはright-lateral）・左ずれ（sinistralあるいはleft-lateral）の剪断センス（shear sense）を記載する．変位量が推定できる場合には変位量も記載する．変位が特に小さな（薄片規模の）断層を微小断層（microfault）とすることもある．火成岩中に発達するさまざまな断層岩の分類や剪断指標組織については，8.5節を参照されたい．原位置での断層面の姿勢・条線の方位・剪断方向のセットが揃った断層データを複数集めることができれば，該当するセクションの古応力場（paleostress field）を推定することが可能である（たとえば山路，2001）．

脈が観察された場合には，ガラスなどのマグマ物質によって充填された火成脈（magmatic vein）と2次的鉱物で充填された熱水鉱物脈（hydrothermal vein）を識別する（図8.6）．ガラスで充填されている場合にはシュードタキライト（pseudotachylyte；8.5節参照）である可能性もあるので，薄片観察をすることが望ましい．破断面一般の記載のほかに，境界が明瞭（sharp）であるかぼんやりしているか（diffuse）を記載する．このような情報は，火成脈と母岩の温度差，あるいは熱水の拡散性についての情報を与えてくれるので重要である．熱水脈は変質帯をともなうことが多いので，脈充填物質と変質帯の色・幅・鉱物種を区別して記載する．境界の不明瞭な脈では，肉眼では充填物質と変質帯の境界認定が困難なこともあるので，特に注意して観察を行う．脈充填鉱物は，壁面から成長してしばしば繊維状（fibrous）あるいは伸張（elongate）した形状をもつ．鉱物成長が割れ目の変位速度と同じ程度であれば，鉱物伸張方向は変位方向と一致するであろう．脈が剪断変位をともなう場合は剪断脈

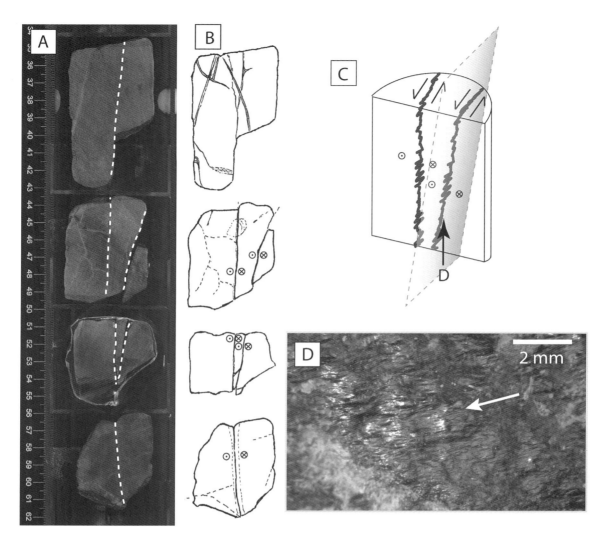

図8.13 ODP-IODP 1256D 孔で観察された横ずれ断層（Interval：236R-1, 34-62 cm）（Expedition 335 Scientists, 2012）

（shear vein）と呼ぶ．充填鉱物は虫食い状（vermicular）やブロック状（blocky）であったり，細粒結晶の集合体であることもある．これらの鉱物形状や粒径は，鉱物成長（crystal growth）や核形成（nucleation）の速度を反映しているので，薄片観察を行い記載しておくとよい．これらの情報に基づいて，熱水鉱物脈のグループ分けを行い，構造方位の系統的変化をグループごとに検討することが可能になる．剪断脈や脈が交差するときには，薄片を作成して鉱物組合せと切断関係を記載する．

角礫化した構造には，間隙がガラスのようなマグマ起源物質で充填された火成角礫岩（magmatic breccia），2次的鉱物や熱水脈鉱物によって充填された熱水性角礫岩（hydrothermal breccia），母岩と同じ組成の基質をもつカタクレーサイト（cataclasite）や断層角礫岩（fault breccia）・断層ガウジ（fault gouge）など造構性角礫岩（tectonic breccia）に分類される．造構性角礫岩の特徴や分類については8.5節に詳しく述べられている．角礫状の構造が見られた場合，上記の記載に加えて包有物と基質の構成物質の同定を行い，包有関係を明らかにすることが重要である．

熱水変質は主に熱水脈や熱水性角礫岩に沿って生じるが，2次的変質鉱物が不連続に，あるいは孤立して濃集する変質パッチ（alteration patch）として観察されることもある．変質パッチは不規則な形態をもつのが普通であるが，丸い（round）・伸張した・不規則

8.2 海洋底火成岩の構造

あるいはアメーバ状（amoeboid）のように大雑把な形状を記載する．伸張した変質パッチが観察されたときには，半割面上で縦横比と伸張方向を記載しておくとよい．

破断や脈，変質パッチなどの掘削試料全体に渡って広範に分布する構造については，セクションごとの発達度を一定の基準に基づいて段階表示して記録するとよい．たとえば，頻度や全体に占める割合によって低（slight＝5％～10％）・中（moderate＝10％～40％）・高（high＝40％～70％）・完全（complete＜70％）などと取り決めておいて，1～4の段階表示をしておくと，掘削長全体にわたる傾向を調べるときに役立つ．この際，分布がセクションにわたって均等であるか（evenly distributed），不均質であるか（heterogeneously distributed），局在しているか（localized）などの情報も併せて記録しておく．また，1枚の肉眼記載シートの記載項目が収まりきれないほどであれば，適宜に破断記録シート（fracture log）や角礫岩記録シート（breccia log）などを項目別に別途作成して記録する．破断面の切断関係とその深さ方向変化を表した例を図8.14に示す．

ごく稀に組成縞や組織縞が褶曲していることがある．褶曲構造が観察された場合，翼間角（interlimb angle）に基づいて，等斜（isoclinal），閉じた（tight~closed），開いた（open~gentle）などの形態を記載するとともに，褶曲軸（fold axis）と褶曲軸面（axial surface）の姿勢の組合せから，軸傾斜正立褶曲（plunging-upright fold）や水平横臥褶曲（horizontal recumbent fold），直立傾斜褶曲（vertical-inclined fold）のように記載する．片翼が逆転している褶曲は過褶曲（overturned fold）である（図8.15）．

8.2.5 薄片観察記載

構造記載のための薄片作成は，原則として詳細なスケッチを取った場所のみで行うべきである．薄片試料採取時には，必ずIODPコア座標系を試料上に記録し，薄片製作過程でも常にこれを保存しなければならない．IODPでは，通常，上方を表す矢印と西方向を表す単線の組合せによって薄片のコア座標系での方位を確保している．構造記載には，岩石記載よりも大型の薄片を作成することが多いので，薄片の取扱いには特に注意する．組織に関する用語については，Passchier and Trouw（1996）などの教科書を参考にするとよい．

薄片観察は，肉眼観察では不十分な記載項目について確認・補完したり，鏡下によって初めて明らかにされる微細組織の記載を目的とする．たとえば，ガラスは肉眼観察では黒色であり，ルーペを用いても組織の

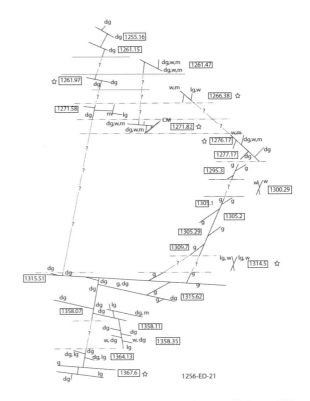

図8.14　ODP-IODP 1256D孔で観察された構造の切断関係と深度方向の変化　dg：深緑，g：緑，lg：淡緑，w：白色の脈の切断関係が示されている
（Exp. 309/312 Scientists, 2006）

観察は難しいが，鏡下ではさまざまな微細組織を観察することができる．細粒な岩石では，肉眼では観察できない粒径分布などの組織や微小な剪断指標も観察することができる．波動消光や結晶内すべり，部分的細粒化（図8.11d）など，結晶塑性流動を示唆する組織は薄片によってしか観察できないので，特に注意する．境界が漸移的な脈や変質帯では，肉眼で鉱物種を同定することは困難であり，薄片観察に頼らざるをえない．微小な脈の鉱物組合せ・鉱物形状や粒径，交差する脈の切断関係も薄片観察を行い確認・記載しておくとよい．

8.2.6 構造記載の整理とまとめ

地質構造の肉眼観察（＋薄片観察）記載ができたら，より大きな視野に立って観察のまとめを行うことが重要である．個々の観察はそれだけでは意味をなさないので，深度ごとに観察結果や構造データを整理して図にまとめる．海洋地殻の火成岩類の全体的構造は，陸上に露出する海洋地殻の断片であるオフィオライト

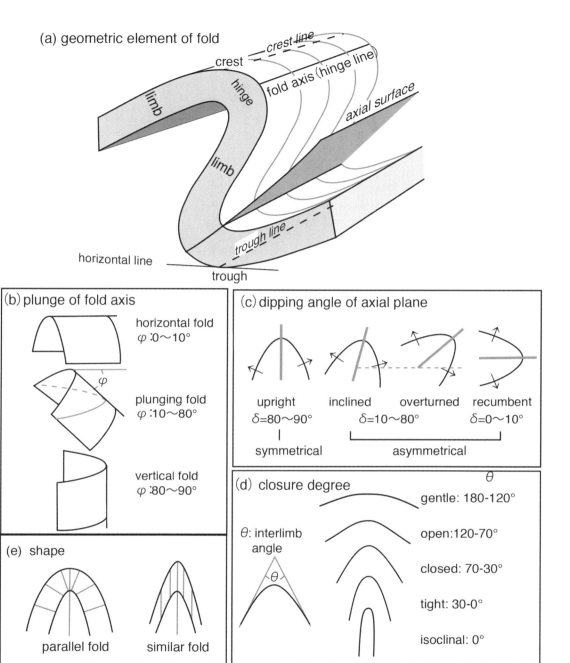

図8.15 褶曲の記載用語と分類 (Sakamoto et al., 2010)

(ophiolite) から推定されているが，海嶺直下の斑れい岩マグマ溜まりの形態や構造を例にとっても，そのモデルは多岐にわたっている．オフィオライトの研究から，層状斑れい岩の傾斜方向は海嶺拡大速度によって異なることが提案されている．また，斑れい岩マグマ溜まり自体も均質なものではなく，シルの集積帯と考える研究者もいる（図8.16）．模式的柱状図などを描くことによってはじめて，オフィオライトや地震波探査によって推定される地殻スケールの構造との対比や，構造地質学的位置付けを行うことが可能になる．火山岩層ではシート状溶岩や塊状溶岩の噴出物全体に占める割合は，マグマ噴出率の速さを反映するであろうから，データをまとめて他の掘削孔やオフィオライトと比較検討を行うとよい．

8.3 かんらん岩の構造の記載

かんらん岩（peridotite）を構成する鉱物の大部分はかんらん石（olivine）であり，$(Mg,Fe)_2SiO_4$と表記される化学組成をもつ珪酸塩鉱物である．そのほかに輝石（pyroxene）や少量のスピネル（spinel），ざくろ石（garnet），斜長石（plagioclase）などが含まれる．これらの鉱物のモード組成（modal composition）によってさまざまな名前がある（火成岩の分類・記載参照）．かんらん岩には多くの場合，結晶塑性流動（crystal plastic flow）によって形成された微細構造（組織）が残されており，その構造解析から岩石がどのように塑性流動したのか推定できる．しかし，実際に観察できるかんらん岩は，蛇紋岩化作用（serpentinization）や変質作用（alteration）によって構造判別どころか，鉱物鑑定さえも困難なことが多い．特に海洋底のかんらん岩はほとんどの場合，強く蛇紋岩化している．蛇紋岩から，それ以前の構造の情報を引き出すことは貴重であるが，実際の作業としては大変であり根気と忍耐が必要である．

本節では，まず初めにかんらん岩の構造を記載するうえで必要な特徴について概略を示し，次に肉眼記載および薄片記載について述べる．

8.3.1 かんらん岩の面構造と線構造

かんらん岩は，鉱物が面状に伸長（elongation）または配列（arrangement）した面構造（foliation）と，さらに面構造の特定方向にそれぞれの鉱物が伸長または配列した線構造（lineation）をもつ（図8.17）．面構造と線構造は，かんらん岩がかつてマントルで塑性流動した時の流れ場における歪楕円体（strain ellipsoid）の3つの主歪軸（strain axes）方向として形成されたと考えられている．通常，線構造方向が最大歪軸（maximum strain axis）と平行でX軸となり，面構造上で線構造と直交する方向が中間歪軸（Y軸，intermediate strain axis）と平行，そして面構造の法線方向が最小歪軸（minimum strain axis）と平行でZ軸と表す（図8.17）．一般に，構造は3つの主歪軸の関係によって面構造を発達させやすいオブレート型（oblate type）と線構造を発達させやすいプロレート型（prolate type），そして面構造と線構造のどちらも形成されやすいプレーンストレイン型（plane strain type）がある．

かんらん岩には板状鉱物がないので，面構造と線構造をスピネルの伸張・配列や輝石の濃集層（図8.18A）などから肉眼観察で同定する．これらの特徴を確認しにくい場合には，面構造と線構造の同定は困難である．経験的に変質や風化に強いスピネルの配列が最もよい指標となる．次に輝石のわずかな伸張が参考になる．一方，かんらん石は蛇紋石化や変質作用を受けやすいため構造決定の指標にはなりにくい．さらに，蛇紋岩化作用あるいは変質作用によって，かんらん岩全体が黒っぽくなり構造を全く判別できないことも稀ではない（図8.18C）．そのような場合には，希塩酸などで表面を腐食させるとかんらん石の領域が緑白っぽくなり，スピネルや輝石の配列や伸張を見分けやすくなることがある（図8.18D）．また，10倍程度のルーペ（loupe）や拡大鏡を用いるのも一計である．

8.3.2 かんらん岩の組織の特徴

かんらん岩の組織は，通常，面構造に垂直で線構造に平行な面（XZ面）を厚さ約30 μmの薄片にした試料を作成して偏光顕微鏡を利用して観察する（図8.17）．XZ面などの構造に考慮した断面の組織を微細構造（microstructure）という．これらの構造を肉眼で判別できない場合には任意の面で作成する．

かんらん岩の微細構造を偏光顕微鏡下で観察するときは，形成された環境（特に温度）を念頭におくべきである．かんらん岩は最上部マントル由来の物質であり，ほとんどの場合1,250℃以上でマントル対流に関連して形成された初生的な組織（primary texture）としてもっていたはずである．このようなかんらん岩を構成する鉱物粒子の粒径（grain size）は数mm程度である．

マントル由来のかんらん岩は，多くの場合冷やされてプレートの下部（リソスフェア，lithosphere）に付加された最上部マントルが，テクトニックな過程によって地球表層に到達したものである．構造発達の視点からは，地球表層に近づくに従い累進後退作用（pro-

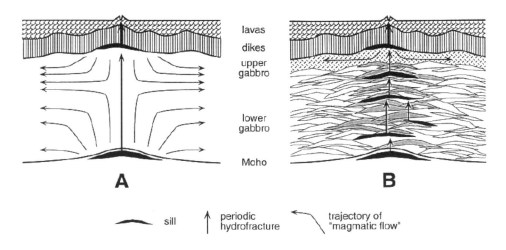

図8.16 斑れい岩マグマ溜まりの構造モデル（Kelemen et al., 1997）

gressive retrogression）として冷たい環境下で構造改変を受けやすくなる．結果として，組織は低温条件下で改変されると次第に細粒な鉱物で構成されることになる．逆に言い換えると，組織からかんらん岩の構造発達史（structural history）や由来（origin）を推定できる．

8.3.3 かんらん岩の組織の分類

かんらん岩の組織には粒径や粒子の形状などからさまざまな名前がつけられている．しかし，構造を理解する視点からは，かんらん岩の組織を次のように2つに大きく分類するだけでよい．①マントル流動に関連する高温で形成した初生的な組織と，②累進後退時に鉱物の細粒化をともなって発達した2次的な組織である．深海掘削計画では，この2つの分類を合わせて構造発達の程度に応じて6段階評価する手法が行われている（図8.19）が，この評価は明らかに2次的な組織のためであることに注意したい．これらに加えて，③蛇紋岩化作用に関連して形成された組織と，④海洋底における変質作用による組織も考慮する必要がある．①と②の組織はそれぞれ異なる成因をもつが，かんらん岩特有の比較的高温状態で形成されるものである．③はかんらん岩への吸水反応によって形成されるが，蛇紋岩化作用の程度によって元の組織を変化させる場合と変化させない場合がある．深海掘削計画では，蛇紋石の構造発達について無秩序な方向から面構造の発達に応じて4段階評価する手法が行われている（図8.19）．しかし，この評価はあくまでも記載の便宜上のためであって，そのまま考察に使うことには注意したい．④ではかんらん岩の元の鉱物が消滅して組織の

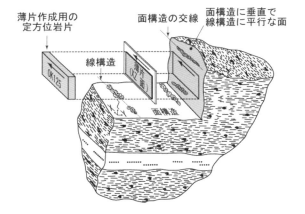

図8.17 かんらん岩の構造の模式図

かんらん岩は面構造と線構造をもつ．偏光顕微鏡観察用の薄片を作成するために面構造に垂直で線構造に平行な面を岩石カッターで切断し，薄片用岩片を作成する．構造を確認できない場合は任意の面で作成する

判別は不可能であるが，稀に仮像のように残している場合がある．

A. マントル流動に関連する高温で形成した初生的な組織

この組織は，結晶すべり系（crystal-slip system）の研究から1,200℃以上の高温状態で塑性流動した構造を反映している．肉眼観察では，全体的に数mmの粗粒な鉱物を識別可能である（図8.18A）．かんらん石はオリーブ色または深緑色（dark greenish）を呈し，斜方輝石は茶色（brownish），単斜輝石は鮮やかな緑色（light greenish）の鉱物である．そのほか，スピネルは黒色～赤黒色（blackish ~ dark reddish），斜長石

図8.18 かんらん岩の構造と微細構造
(A) 初生的なかんらん岩の組成縞構造．明るい部分が主にかんらん石の濃集層であり，暗い部分は輝石とかんらん石の混合層である（一の目潟火山かんらん岩ゼノリス．画像提供：佐津川貴子），(B) 組成縞構造をもつかんらん岩のXZ面における微細構造．面構造・線構造は水平，横幅約1 cm．かんらん石の濃集層が面構造に対して斜めに伸張した斜方面構造をもつ（一の目潟火山かんらん岩ゼノリス．画像提供：佐津川貴子），(C) 蛇紋岩化したかんらん岩（ダナイト）の切断面．かんらん岩の構造を観察するのは難しい（芋野かんらん岩体のダナイト．画像提供：田阪美樹），(D) 希塩酸によって表面を腐食させた後の切断面．全体として緑白色を呈しているが，スピネルが黒く浮き上がっている．このスピネルの形態や配列によって構造を確認する（芋野かんらん岩体のダナイト．画像提供：田阪美樹）

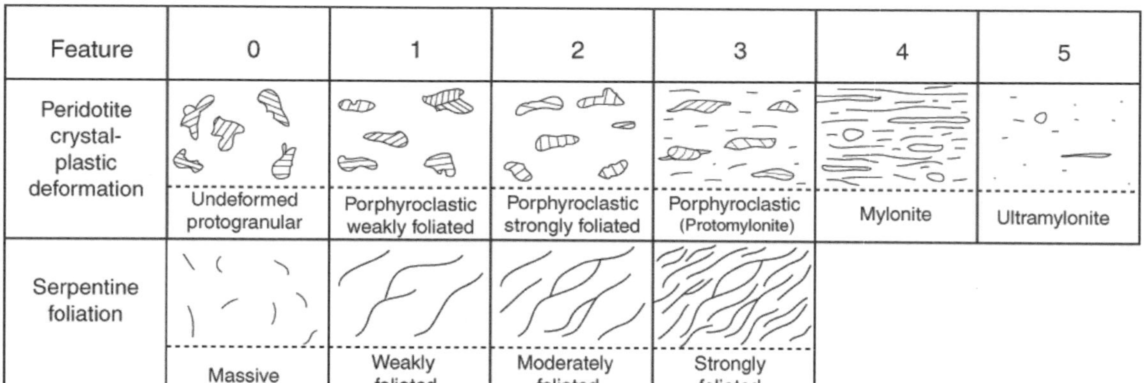

図8.19 かんらん岩と蛇紋岩の構造について，主に肉眼観察における評価基準の指標（Expedition 304/305 Scientists, 2005）

は白色（whitish）である．

面構造は，輝石とかんらん石の濃集層による組成縞（compositional band）から判断されることが多い（**図8.18B**）．組成縞がない場合でも，鉱物の伸張を丁寧に確認していけば面構造を決められる．次に，面構造上における鉱物の伸張や配列を観察して線構造を決定する．スピネルや輝石は伸張しやすい鉱物なので特に注意して観察したい．

肉眼観察の留意点としては，一般にかんらん岩の面構造・線構造は必ずしも明瞭ではないが，多少の「あいまいさ」があっても構造を決定していくことである．なぜなら，たとえ肉眼観察によって決定した面構造・線構造に不確定性を含んでいても，その後にかんらん石の結晶方位（crystal-axis）を測定することによって構造を再確認することが可能だからである．とはいえ「慣れ」は必要である．

XZ面で作成した薄片の観察では，初生的なかんらん岩は粗粒な鉱物からなる粒状組織（granular texture）をもつ（**図8.18B，図8.20A，B**）．初生的なかんらん岩の鉱物は粗粒であるが，この組織内では5〜10mm以上を粗粒（coarse grain），1〜5mm程度を中粒（medium grain），1mm以下を細粒（fine grain）とすることがある．個々の鉱物では，かんらん石は結晶粒界（grain boundary）が直線的なポリゴナル状（polygonal）の形態をもつほか，粒内に波動消光（undulose extinction）やキンク構造（kink）を発達させて結晶粒界が不規則な形状であることも多い．

初生的なかんらん岩は，後述するように塑性流動した痕跡を結晶方位定向配列（crystal-preferred orientation；格子定向配列または格子選択配向（lattice preferred orientation）ともいわれる）として保持している．この結晶方位定向配列は，もし薄片がほぼ正しくXZ面で作成されていれば，偏光顕微鏡下で消光（extinction）の揃い方によって間接的に推定できる．鏡下で薄片全体を観察できるように対物レンズの倍率を低倍にする．次にX軸を接眼レンズの十字線に合わせた後で，かんらん石が全体として最も消光する位置を探しながらステージを少しずつ回転させる．ステージをあまり回転させなくても全体的にかんらん石が消光する場合は，結晶方位定向配列は比較的よく発達していると判断してよい．

B．累進後退時に鉱物の細粒化をともなって発達した２次的な組織

２次的な組織は，歪量や変形時の温度などの環境によって多様な形状をもつ．最も特徴的な組織として，数mmの比較的粗粒な粒子（主に輝石）からなるポーフィロクラスト（porphyroclast）と細粒な鉱物からなる基質部（matrix）で構成されたポーフィロクラスト状組織（porphyroclastic texture）がある．肉眼観察では面構造・線構造を比較的容易に決定できるが，多少でも蛇紋岩化作用や風化作用を受けていると，明瞭に識別できるのは粗粒な輝石ポーフィロクラストだけになる．ポーフィロクラストは変形が強いほど丸く小さくなる傾向があるので，簡易的な変形度の指標になる．

XZ面で作成された薄片の観察では，輝石ポーフィロクラストは丸い形状や著しく伸張されキンクした形状をもつ（**図8.20C〜E**）．細粒基質部は，かんらん石と輝石では，輝石のほうがより細粒になっていることが普通である．さらに低温で強い剪断変形を受けると，全体の細粒化が著しくなり全体として100μm以下の細粒鉱物から構成されたマイロナイト状組織（mylonitic texture）を発達させる（**図8.20G**）．

塑性剪断流動で形成された２次的な構造を有するかんらん岩では，歪量が大きくなるとポーフィロクラストの周りの非対称組織（asymmetric texture）から剪断センスを判定することが可能である（8.5節参照）．また，かんらん石の結晶方位定向配列は，初生的な構造の影響を強く維持している可能性があるので慎重に考察すべきである．

薄片観察における留意点は，マイロナイト状組織（**図8.20G**）のように特徴的な微細構造をもつ場合を除くと，かんらん岩の２次的な組織発達は歪量や温度条件などによってさまざまな形状をもつことである．この理由は，累進後退作用におけるかんらん岩の細粒化過程に関連しており，たとえば，細粒化する前段階として伸張した組織（**図8.20C**），元の粗い粒子（ポーフィロクラスト）の結晶粒界から細粒化した組織（**図8.20D，図8.20E**はポーフィロクラストが伸張した組織），元の粗い粒子が全体として細粒化した組織（**図8.20F**）など，細粒化の程度によってさまざまな微細構造を示す．これらの多様な組織を元にして歪量の大小など変形条件に関する情報を読み取るのは難しいので，結晶方位測定など微細構造以外の分析が必要となる．

C．蛇紋岩化作用に関連して形成された組織

かんらん岩は高温状態で安定に存在する岩石である．そのため，地表または地表付近では変質作用を受けている場合がほとんどである．特にいわゆる無水鉱物（nominally anhydrous mineral）だけから構成されたかんらん岩は約700℃以下で水と反応して蛇紋石（serpentine）を生成する．海洋底から得られるかんらん岩はほとんど蛇紋岩化作用を受けているばかりでなく，この蛇紋岩化作用が組織に影響を及ぼすため，記載す

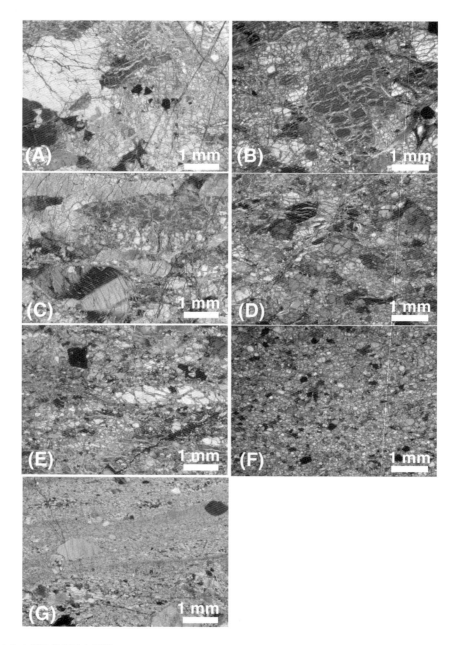

図8.20 かんらん岩の代表的な組織

(A) 粗粒な粒状組織(ハルツバーガイト；harzburgite), (B) 粗粒な粒状組織(ダナイト；dunite), (C) 粗粒であるが, 著しく伸張した組織. 斜方輝石が強くキンクしている(ハルツバーガイト), (D) ポーフィロクラスト状組織(ダナイト), (E) ポーフィロクラスト状組織. 粗粒なポーフィロクラストが著しく伸張している(ハルツバーガイト), (F) 細粒な等粒状組織(ダナイト), (G) 著しく細粒化した基質部をもつマイロナイト組織(ハルツバーガイト), (A, C, E, G：オマーンオフィオライト；Oman ophiolite・ヒルチ(Hilti)かんらん岩体のハルツバーガイト；B, D, F：芋野かんらん岩体のダナイト, 画像提供：田阪美樹)

る必要がある.

一般的に蛇紋岩化の程度が弱い場合には，かんらん岩の組織を残している．高温蛇紋石（アンチゴライト，antigorite）は地殻の変成条件で置換するため，片理状に生成する傾向がある．さらに蛇紋岩化作用の程度が強くなるに従って，組織変化を与える場合が増えてくる．さらに，アンチゴライトは片理に沿って強い剪断変形を受けやすく，蛇紋岩マイロナイトを発達させる（図8.21A）．これに対して，低温蛇紋石（クリソタイル（chrysotile），リザーダイト（lizardite））は網目状に無構造で生成される傾向がある（図8.21B）．

肉眼観察では，蛇紋石による面構造の発達の程度を記載し，薄片観察では，蛇紋石が片理を有するか，またはどのように存在しているのか記載する．

D. 海洋底における変質作用による組織

海洋底から得られるかんらん岩は，ほとんどの場合，かんらん石が著しく変質されており，面構造や線構造を肉眼では確認できない（図8.21C）．さらに薄片観察においても輝石やスピネルの一部を除いて鉱物自体が識別不可能なことも多い（図8.21D）．しかし，そのような岩石に組織が残されている場合があるので注意したい．特に比較的低温で形成したマイロナイト組織は，著しく変質した岩石でもその特徴を肉眼観察によって同定可能な場合がある（図8.21E）．薄片観察では，輝石が残っていれば，その粒界の丸みや波動消光・歪などによって，かんらん岩の2次的組織をある程度判別可能である（図8.21F）．また，稀にウルトラマイロナイトが変質して鉱物を完全に消失した後も，肉眼観察によって強い面構造を同定でき（図8.21G），さらに薄片観察において非対称組織をもつ微細構造を仮像のように残す場合がある（図8.21H）．

8.3.4 かんらん岩の塑性流動特性と組織

かんらん岩の塑性流動を支配しているのはモード組成が最も高いかんらん石である．かんらん石の研究は30年以上の歴史があり多くの知見がある．固体のゆっくりとした変形は，一定の流動応力によって塑性流動する（これをクリープ（creep）という）．最上部マントル由来のかんらん岩の構造を主に形成するかんらん石の塑性流動は基本的に転位クリープである．図8.22(A)にさまざまな定常クリープにおける流動応力と歪速度の関係を示す．一定温度（T）において，データがほぼ一直線上にくることから歪速度が流動応力のべき乗に比例し，ある任意の歪速度（$\dot{\varepsilon}$）に対応して流動応力（s）が求まる．経験則として

$$\dot{\varepsilon} = A\sigma^n \exp(-Q/RT)$$

が成り立つ．Q は活性化エネルギー，R はガス定数である．A と n は定数であり，n は3〜5である．流動応力と粒径には図8.22(B)のような関係があり，流動応力が小さいほど粒径は大きくなる．初生的な組織をもつかんらん岩の粒径が5〜10mm程度であることは，マントル流動において流動応力が小さいことを示している．

A. かんらん石の結晶すべり系と結晶方位定向性

かんらん石は斜方晶系に属する結晶であり，a軸，b軸，c軸の3軸すべてが異なり，すべて垂直な関係である（図8.22(C)）．通常，結晶面や結晶方向の記述にはミラー指数が使われる．たとえば，(010)はb軸を法線方向とする面であり，[100]はa軸方向を表す．最上部マントルにおけるかんらん石の転位クリープでは，温度・圧力・歪速度によってかんらん石結晶のすべる面とすべる方向（結晶すべり系）が変化する（図8.22(D)）．一般に1,250℃以上ではb軸を法線とする面をa軸方向にすべる(010)[100]すべり系が活動的である（図8.22(D)）が，低温側ではすべる面が変化する（図8.22(D)）．さらに，1,000℃以下ではすべる面だけでなく，すべる方向がa軸からc軸方向に変わる（図8.22(D)）．しかし，最近の実験研究によって，c軸へのすべる方向の変化がかんらん石に含まれる水の影響によるものであり，温度だけでなく含水量によって結晶すべり系が連続的に変化することが明らかにされた（図8.22(E)）．このようにかんらん石は結晶としてa軸，b軸，c軸それぞれに固有の性質をもち，転位クリープにおいて流動応力・温度や水などの効果によって結晶すべり系がさまざまに変化する．そのため，かんらん石の結晶すべり系を推定することは，かんらん岩の構造解析において重要な情報をもたらす．

8.4 活動的縁辺部で見られる堆積物の変形構造

海洋底に堆積した堆積物の初生構造は第6章で記述した．本節では活動的縁辺部の堆積物に発達する変形構造のうち，これまでの陸上調査や深海掘削で観察・記載された変形構造を中心に紹介する．したがって，ここで取り上げる変形構造はコアスケールで観察可能なものである．

活動的縁辺部では海洋底は大陸に向かって移動し，やがてマントルに向かって沈み込むときに陸側に付加され，いわゆる付加体を形成することがある．大陸縁辺部では堆積物の供給速度は増加する．また，大陸斜面で崩壊した堆積物は混濁流となって斜面を流下し，海溝底に堆積する．このような急激な堆積によって，

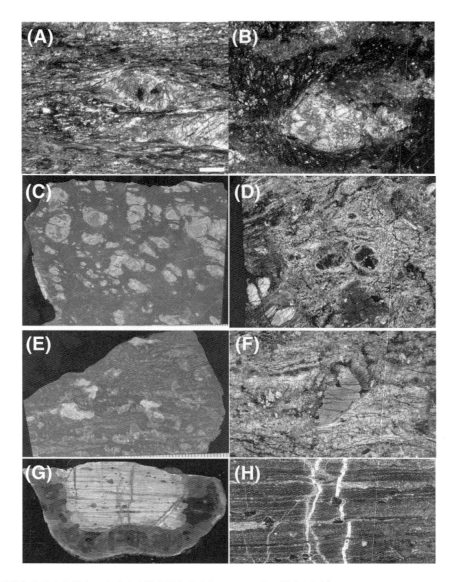

図8.21 蛇紋岩化作用や海洋底における変質作用を受けたかんらん岩の構造と組織
(A) 剪断変形して強い片理構造を発達させたアンチゴライトの蛇紋岩マイロナイト（写真提供：藤井彩乃），(B) 著しく蛇紋岩化したかんらん岩（元は粗粒等粒状構造）（試料提供：小原泰彦・石井輝秋），(C) 全体として黒色を呈したかんらん岩と (D) その薄片写真．構造を全く確認できないが，薄片観察では主要構成鉱物（かんらん石・斜方輝石・単斜輝石・スピネル）は残っている場合が多い．"黒い舌"（Black tangue）と呼ばれる，(E) 全体として黒色を呈しているが，面構造を確認できるかんらん岩と (F) その薄片写真．薄片観察では特に輝石の変形が明瞭に確認できる．かんらん石はわずかに残っているが，粒径などは観察できない，(G) 完全に変質しているが，強い構造を残したウルトラマイロナイトの変質物と (H) その薄片写真．元の鉱物は完全に消失しているが，鏡下でもポーフィロクラストと非対称構造の仮像が確認される（C～H：海洋底における変質作用を受けたかんらん岩．写真提供：針金由美子）

活動的縁辺部の堆積物には脱水に関連した構造が見られることが多い．

8.4.1 皿状構造・ピラー構造

皿状構造（dish structure）は，粘土質の細粒物質が層理にほぼ平行に皿状に濃集することにより形成された構造で（図8.23），ピラー構造（pillar structure）は層理とほぼ直交する方向に発達したチューブ状・脈状の構造である．両構造とも塊状の中粒～粗粒砂岩によく発達する．砂層が流動化して排水される際に粘土質の細粒物質を含む空洞が崩壊してできたものが皿状構造で，ピラー構造は空洞が崩壊した際の排水路を反

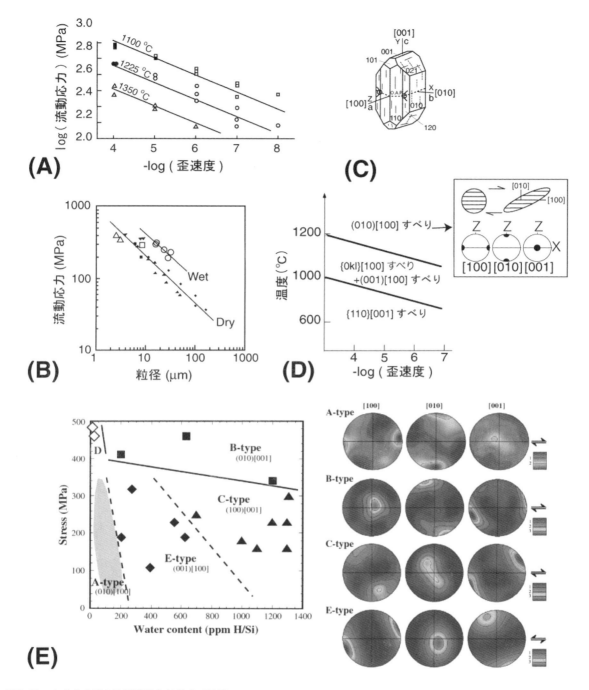

図8.22 かんらん岩の流動特性と結晶すべり系

(A) 定常クリープにおけるかんらん岩（ダナイト）に対する流動応力と歪速度の関係（Carter and Ave'Lallemant, 1970），(B) 定常クリープにおけるかんらん石に対する流動応力と粒径の関係（Jung and Karato, 2001），(C) かんらん石（フォルステライト）の結晶形．それぞれの結晶面と結晶軸はミラー指数で表されている．(D) 温度と歪速度に対するかんらん石の結晶すべり系．囲みは，結晶すべりが(010)[100]すべりである場合にステレオネットに見られる結晶方位定向配列のパターンを示す．Xは線構造方向，Zは面構造の法線方向（Carter and Ave'Lallemant, 1970；道林，2006）．(E) 変形実験から明らかにされた流動応力と含水量に対するかんらん石の結晶すべり系と結晶方位定向配列の関係（Karato et al., 2008）

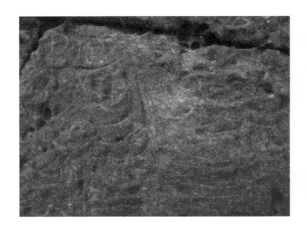

図8.23 砂岩中に発達する皿状構造（日南層群）

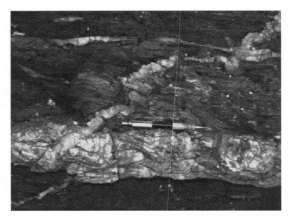

図8.24 砂岩層から上下に伸びる砂岩脈（室戸半島の始新統四万十付加体）

映していると考えられる（辻・宮田, 1987）.

8.4.2 砕屑岩脈と砕屑性シル

砕屑岩によって充填された裂か（fissure）のうち，層理と斜交して貫入したものが砕屑岩脈（clastic dike）で（図8.24），層理と平行に貫入したものが砕屑性シル（clastic sill）である．砕屑岩脈と砕屑性シルは，しばしば互いにリンクして発達する．裂かを充填する砕屑岩は，砂岩，泥岩片を含む砂岩，泥岩，砂岩片を含む泥岩などである．砕屑岩脈と砕屑性シルは，液状化（liquefaction）した地層，泥ダイアピル（mud diapirまたは泥注入（mud injection））岩体，付加した堆積岩，プレート沈み込みにともなって堆積岩が分断・混在化して形成されたテクトニックメランジュ（tectonic melange）などでよく観察され，高間隙水圧の発生や地域的な応力場の方向を反映していることがある（DiTullio and Byrne, 1990；Ujiie, 1997）.

8.4.3 断層

破断面（fracture）や破砕帯（fracture zone）に沿って上盤側が下方，上方に移動している断層（fault）をそれぞれ正断層（normal fault），逆断層（reverse fault）と呼ぶ．また，逆断層の中でも断層面が低角であるもの（水平面あるいは地層面に対して～30°よりも低いもの）を衝上断層（thrust）と呼ぶ．一方，破断面や破砕帯の走向方向の変位成分が大きく，傾斜方向の変位成分が小さい断層を横ずれ断層ないし走向移動断層（strike-slip fault）と呼ぶ．コアスケールで観察される堆積物・堆積岩中の断層は，破断面に沿ってしばしば黒色葉理（black seam）が発達しており，破断面上には鏡肌（slickenside）や条線（slickenline）

が発達する．変位量は数mm～数cmであることが多い．破断面は平板状，曲面状の形態を呈し，分岐や吻合（anastomose）しながら全体として数cm幅の破砕帯を構成することがある．さまざまな断層岩の詳細な記載は8.5節を参照するとよい．

8.4.4 褶曲

コアスケールで観察可能な褶曲（fold）は，後述するちりめんじわ褶曲（crenulation folds）やキンク褶曲（kink folds）のほかに，スランピング（slumping）やテクトニックメランジュ形成時の剪断によって形成されたものがあげられる．褶曲の種類は多岐に渡っており，記載にあたっては波形，翼間角，褶曲軸面に対する非対称性，褶曲軸面と翼の傾斜角，褶曲軸の形状（直線または曲線）などをできる限り検討し，褶曲の分類を行う必要がある（狩野・村田, 1998）.コアスケールで観察しうる褶曲の記載用語としては，非調和褶曲（disharmonic fold），横臥褶曲（recumbent fold），根なし褶曲（rootless fold），非円筒状褶曲（non-cylindrical fold），カスペート-ロベート褶曲（cuspate-lobate fold）などがあげられる（図8.15参照）.

8.4.5 メソスコピック覆瓦状構造・デュープレックス構造

同方向に傾斜する衝上断層（thrust）によって，同じ層準の地層が瓦を重ねたように積み重なってできた構造を覆瓦状構造（imbricate structure）と呼ぶ（図8.25 a）．覆瓦状構造を構成する衝上断層は下方で1つの衝上断層に合流する．一方，同方向に傾斜する衝上断層が上方と下方でそれぞれルーフ衝上断層（roof thrust）とフロアー衝上断層（floor thrust）に合流し

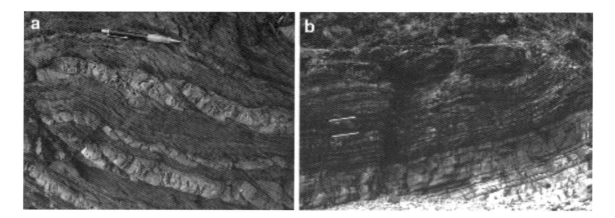

図8.25 メソスコピックスケールの覆瓦状構造とデュープレックス構造（沖縄本島の始新統四万十付加体）
(a) 複数の砂岩層に発達する覆瓦状構造，(b) デュープレックス構造．層理と平行にルーフ衝上断層とフロアー衝上断層（白線で示す）が発達する

てできた構造をデュープレックス構造（duplex structure）と呼ぶ（図8.25b）．覆瓦状構造・デュープレックス構造とも，同方向に傾斜する衝上断層で挟まれた部分には断層運動に関連してできた褶曲が発達する．メソスコピック覆瓦状構造・デュープレックス構造（mesoscopic imbricate and duplex structure）は，スランピング，付加体先端部での層平行圧縮，付加体中に発達する衝上断層に沿った剪断，曲げ-スリップ褶曲時（flexural-slip folding）の褶曲翼部での剪断，テクトニックメランジュ形成時の層平行剪断などにともなって形成される（Kano et al., 1991；Ujiie, 1997；Yamamoto et al., 2005）．

8.4.6 鱗片状ファブリック

肉眼で見た際に，泥質堆積物や泥岩中に吻合した面が数mm～数cmスケール間隔で発達することで特徴づけられる組織（fabric）である（図8.26）．付加体中の断層や沈み込みプレート境界であるデコルマ帯（decollement zone）に沿って観察されることが多い．文字どおり，面に沿って泥質堆積物や泥岩が鱗片のように剥がれ，面上にはしばしば鏡肌や条線が発達する．顕微鏡下で見ると，鱗片状ファブリック（scaly fabric）を構成する吻合した面は，泥質堆積物では粘土鉱物の定向配列で特徴づけられ，剪断帯で葉理（foliation）面（S面）とすべり面（C面）が斜交するS-C構造類似の形態を示すことがある（Labaume et al., 1997）．一方，泥岩では，吻合した面は圧力溶解時に形成された暗色葉理（pressure solution seam）で特徴づけられることが多い．顕微鏡下では，泥質堆積物や泥岩中とも吻合した面に囲まれた部分では，粘土鉱物

図8.26 掘削コアで観察される鱗片状ファブリック（バルバドス付加体基底部に発達するデコルマ帯，小川勇二郎提供）

が定向配列することもあればランダムに分布することもあり，多様性に富む（Vannucchi et al., 2003）．

8.4.7 変形バンド

層理と斜交する幅約1～10 mmの暗色の変形バンド（deformation bands）を図8.27に示す．付加体先端部の泥質堆積物，とりわけ衝上断層近傍の生物擾乱を受けておらず，かつフィシィリティ（後述）が発達する部分でよく観察される．しばしば共役系をなし，変形バンドがそれと逆傾斜の変形バンドにより水平面

図8.27 掘削コアで観察される変形バンド（南海トラフ付加体先端部）

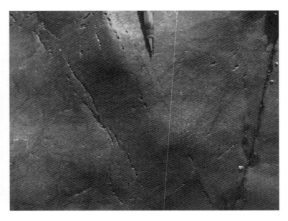

図8.28 砂岩中に発達するくもの巣状構造（四国東部の上部白亜系四万十付加体）

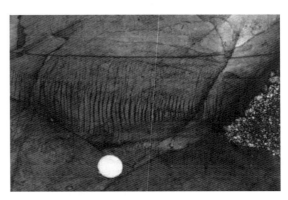

図8.29 シルト岩に発達する脈状構造（三浦層群，小川勇二郎提供）

に対して逆断層センスで最大約 5 mm 変位させられている．肉眼で見ると，変形バンド境界は，それに対して 5～20°低角度で斜交するサブバンド（subbands）によって水平面に対して逆断層センスで最大約 1 cm 変位させられている．顕微鏡下で見ると，サブバンドは，変形バンド境界に対して低角度で斜交するものと平行なものが認められ，どちらも内部構造はS-C構造類似の形態で特徴づけられる（Ujiie et al., 2004）．変形バンドおよびサブバンド境界上にはしばしば鏡肌や条線が発達し，境界面に沿って層理やフィシィリティが水平面に対して逆断層センスで変位させられている．

8.4.8 くもの巣状構造

幅数 mm 以下の白・灰黒・黒色の筋がくもの巣状，ネットワーク状に発達した構造（図8.28）．付加体の砂質堆積物や砂岩中に認められる．砂質堆積物や一部の砂岩では，くもの巣状構造（web structure）は，脱水構造と粒界すべりや破砕を変形機構とする剪断帯が複合して形成されている（廣野，1996）．一方，砂岩に発達するくもの巣状構造は多くの場合，剪断にともなう破砕により粒子が細粒化していることで特徴づけられ（Byrne, 1984），破砕物の間を炭酸塩鉱物などのセメント物質や圧力溶解による暗色葉理（pressure solution seam）が充填する場合がある（Hashimoto et al., 2006）．

8.4.9 脈状構造

幅数 mm～数 cm の間隔で暗色脈が規則的に配列することで特徴づけられる構造（図8.29）である．暗色脈は主に粘土鉱物からなり，平板状，S字状の形態を示し，暗色脈先端部はしばしば分岐する．一般に，個々の暗色脈は層理にほぼ直交に，脈状構造（sediment-filled veins, vein structure）は層理にほぼ平行に発達する．脈状構造は海溝陸側斜面の斜面堆積物や付加堆積物に発達する（Ogawa et al., 1992; Hanamura and Ogawa, 1993）．

8.4.10 フィシィリティ

層理に平行に発達する平板状の面構造（図8.30）．ミリスケール間隔で発達する面に沿って剥がれやすい性質をもつ．堆積の進行にともなう上載圧増加によって圧密される際に，層理に平行な粘土鉱物の配列がよ

図8.30 掘削コアで観察されるフィシィリティ（南海トラフ付加体先端部）

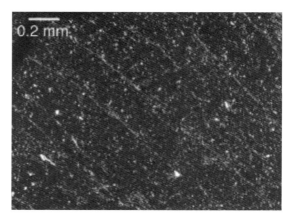

図8.31 南海トラフ付加体上部斜面に発達するスペースト面構造の薄片写真．直交ニコル

り顕著になることでフィシィリティ（fissility）が発達する．生物擾乱を受けていない泥質堆積物に発達しており，海底面下深度100 m，場合によっては数10 m以深で観察される．

8.4.11 スペースト面構造

層理に対して斜交ないし直交する平板状の面ないし薄層からなる構造をスペースト面構造（spaced foliation）という．面ないし薄層に沿って粘土鉱物が定向配列する（図8.31）．現世付加体の浅部（深度1 km未満）やデコルマ帯中の泥質堆積物から報告されており，鱗片状ファブリック（Labaume et al., 1997）や脈状構造（Lundberg and Moore, 1986）に付随して発達することがある．

8.4.12 圧力溶解劈開

圧力溶解によって形成された平板状の劈開で，肉眼では平行性を有し，劈開面に沿って剥離性に富む．顕微鏡下では，石英，長石などで構成され溶解が選択的に進行した明色葉理と雲母類，不透明鉱物などの不溶鉱物が濃集した暗色葉理（pressure solution seam）の微細互層で特徴づけられる．固結した堆積岩，特に泥岩中によく発達する．付加した堆積岩では，圧力溶解劈開（pressure solution cleavage）は褶曲の軸面劈開として（Ujiie, 1997），あるいは褶曲後の付加体内部での圧縮（DiTullio and Byrne, 1990）に対応して発達している．いずれの場合も劈開に沿った剪断変位は認められず，押しつぶし（flattening）により形成されている（図8.32a）．一方，テクトニックメランジュでは，押しつぶしに加えて，剪断によっても圧力溶解劈開が形成されており，剪断面に沿って暗色葉理が発達してS-CやS-C-C'構造類似の形態を示し（図8.32b），しばしば非対称な形態をもつプレッシャーシャドー（pressure shadow）をともなう（Onishi and Kimura, 1995；Ujiie, 2002）．

8.4.13 ちりめんじわ劈開

劈開や葉理などの層状構造があらかじめ発達した堆積岩（特に泥岩）に認められる劈開で，劈開面の間を幅の広いヒンジ部と幅の狭い翼部からなるちりめんじわ褶曲（crenulation folds）が規則正しく配列することで特徴づけられる．ちりめんじわ劈開（crenulation cleavage）に沿った圧力溶解により，ちりめんじわ褶曲の翼部では雲母類などの不溶鉱物が濃集する（図8.33）．

8.4.14 キンクバンド

非対称な形態を呈し鋭く尖ったヒンジ部（hinge）と平板状の翼部（wings）からなるキンク褶曲（kink folds）において，短い翼部で構成される帯状部をキンクバンド（kink bands）と呼ぶ（図8.34）．ちりめんじわ褶曲と同様，劈開や葉理などの層状構造があらかじめ発達した堆積岩（特に泥岩）に認められる．逆断層と同じ運動センスをもつ逆キンクバンド（contractional, synthetic, reversed, negative kink bands）は一見，変形バンドと類似するが，前者はバンドの幅がほぼ一定なのに対し，後者はサブバンドに沿ってバンド境界が剪断変位させられており，バンドの幅が著しく変化する（図8.27）．

8.4.15 ブーディナージ・膨縮構造

コンピテント層（competent layer）と流動的に振る

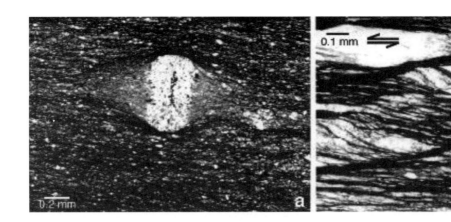

図8.32 圧力溶解劈開の薄片写真（沖縄本島の古第三系四万十付加体），単ニコル
(a) 押しつぶしによって形成された圧力溶解劈開，(b) 剪断時に形成された圧力溶解劈開．剪断センスを半矢印で示す

図8.33 ちりめんじわ劈開の薄片写真（沖縄本島の古第三系四万十付加体），単ニコル

図8.34 キンクバンドの露頭写真（沖縄本島の古第三系四万十付加体）

舞うインコンピテント層（incompetent layer）からなる岩石が引き延ばされることにより，コンピテント層がちぎれて配列し，その間をインコンピテント物質が充填してできた構造をブーディナージ（boudinage）と呼ぶ．岩石が引き延ばされた際に，コンピテント層がちぎれてブーディン（boudin）が形成されず，コンピテント層の厚さが変化することで特徴づけられる構造を膨縮構造（pinch-and-swell structures）と呼ぶ．堆積岩の場合，コンピテント層は砂岩やチャートなどで，インコンピテント層は泥岩に相当する．ブーディナージ・膨縮構造は層平行伸張によって形成されるが（**図8.35a**），付加体内部の断層やテクトニックメランジュでは，層平行剪断によってもブーディン化が進行しており，S-CやS-C-C'構造類似の形態を示す（**図8.35b**, Kano et al., 1991；Ujiie, 2002）．また，付加の進行にともなって堆積岩が45°以上傾動するにつれ，

側方圧縮にともなう層平行伸張によってブーディン化が進行することがある（Kusky and Bradley, 1999）．

8.5 断層岩の観察と記載

8.5.1 試料の準備

断層岩類（fault rocks）の記載と構造解析をコアで行うためには，コアの方位の復元が必要である．しかし，すべてのコアが方位の復元ができるとは限らない．少なくとも鉛直に掘削されたコアであれば，断層岩の運動像として走向移動と傾斜移動の割合を線構造のピッチ（pitch）の角度で判断できるので，面構造の傾斜角度と線構造のピッチ（沈下角）を測定しておくだけでも重要な情報となる．面構造と線構造をもつ断層岩では，その剪断センスを復元するために，面構造に

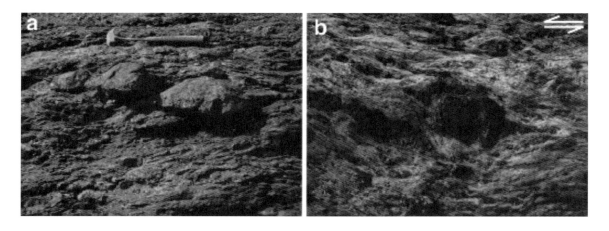

図8.35 テクトニックメランジュに発達するブーディナージ・膨縮構造（沖縄本島の古第三系四万十付加体）
（a）層平行伸張によって形成されたブーディナージ・膨縮構造，（b）層平行剪断によって形成された非対称な形態をもつブーディン．剪断センスを半矢印で示す

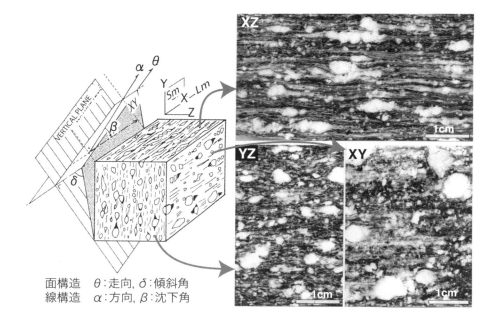

図8.36 マイロナイトの面構造（XY）と線構造（X）および剪断センスを決定する面（XZ）（中島ほか，2004，図A-3-3）

垂直，線構造に平行なXZ面で切断した研磨片や薄片をまず準備する必要がある（図8.36）．

8.5.2 断層岩類の分類

断層岩類（Sibson, 1977）は，断層破砕帯（fracture zone）や剪断帯（shear zone）を構成する断層内物質（intra-fault material）に与えられた総称で，固結（cohesive）・未固結（incohesive）を問わない．また，その分類法は，鉱物組成や化学組成で区分される通常の岩石の分類法と異なり，主要な変形機構（deformation mechanism）と岩石組織（fabric）で区分される．その変形機構は，断層の地殻断面を描いた場合に，その深度，すなわち温度・圧力条件や流体の存在の変化にともなって変化する（図8.37）．ここでは，断層岩類の代表例であるマイロナイト（mylonite），カタクレーサイト（cataclasite），断層ガウジ（fault gouge），シュードタキライト（pseudotachylyte）について概説する．代表的な断層岩類の実例と非対称微小構造の詳

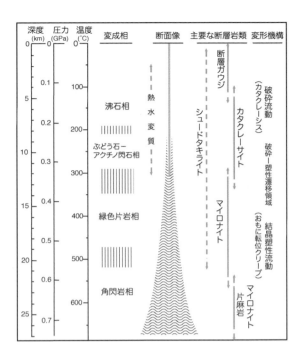

図8.37　断層の断面像（Sibson, 1983をもとに高木作成）

粉砕		融解（粉砕）	再結晶
ランダムファブリックまたは面構造が発達			面構造が発達
未固結	固結		
断層角礫 断層ガウジ	プロトカタクレーサイト カタクレーサイト ウルトラカタクレーサイト	シュードタキライト	プロトマイロナイト マイロナイト ウルトラマイロナイト

細粒化 ↓

細区分の境界値

分類名	肉眼観察可能な破片の量比	破片の粒径
断層角礫	＞30％	メガブレッチャー　＞256 mm メソブレッチャー　10-256 mm マイクロブレッチャー＜10 mm
断層ガウジ	＜30％	通常　＜10 mm
	破片の量比	破片の粒径
プロトカタクレーサイト カタクレーサイト ウルトラカタクレーサイト	＞50％ 10-50％ ＜10％	通常　＜10 mm
	ポーフィロクラストの量比	基質構成鉱物の平均的粒径
プロトマイロナイト マイロナイト ウルトラマイロナイト	変形の強さと， 原岩の鉱物組成により変化	＞100 μm 20-100 μm ＜20 μm

図8.38　断層岩の分類案（高木・小林，1996）

細については，Passchier and Trouw（2005），Snoke *et al*.（1998）などを，また，定方位試料の採取，脆弱試料の固定，剪断センスの決定法などは，中島ほか（2004）を参照されたい．

断層岩の分類については，Higgins（1971），Sibson（1977）などを基盤として，さまざまに修正されたものが使われている．**図8.38**は，高木・小林（1996）による断層岩の分類案である．本節では，変形機構を重視したこの区分をもとに，さまざまな断層岩を紹介する．

A. マイロナイト

マイロナイトは鉱物組成は問わず，次のような変形の様式をもつ岩石に与えられた名称である（Tullis *et al*., 1982）．

①ある幅をもつ剪断歪（shear strain）が集中した延性剪断帯（ductile shear zone）を構成する断層岩である．ただし，その幅は数 mm～数 km とさまざまである．

②面構造（foliation），線構造（lineation）が発達し，（原岩が粗粒な場合は）動的再結晶（dynamic recrystallization）などによる細粒化が進んでいる．

③主要構成粒状鉱物の少なくとも1つが塑性変形（plastic deformation）しており，構成鉱物のすべてが機械的に破砕されているカタクレーサイトとは明瞭に区別される．

通常，塑性変形しやすい鉱物が動的再結晶や粒界拡散（grain boundary diffusion）などの結晶塑性流動（crystallo-plastic flow）によって細粒化し，基質（matrix）を構成するのに対し，塑性変形しにくい鉱物が細粒化を免れるためにポーフィロクラスト（porphyroclast）を構成する．したがって，マイロナイトの組織の特徴は，ポーフィロクラスト組織（porphyroclastic texture）である（**図8.36**）．ただし，原岩にもともと塑性変形しにくい鉱物が含まれない場合は，そのような組織は作らないので，マイロナイトとしての認定が肉眼では難しい．

マイロナイト化の程度をもとにプロトマイロナイト（protomylonite）–マイロナイト–ウルトラマイロナイト（ultramylonite）と3区分されているが，その根拠として，従来はポーフィロクラストと基質部の量比（面積比）が使用されてきた．マイロナイトの原岩が均質な岩体の場合は，それがマイロナイト化の程度のよい指標になるが，原岩が不均質な場合，たとえばポーフィロクラストとして残りやすい鉱物と再結晶しやすい鉱物の量比にもともと変化がある場合は，ポーフィロクラストの面積比のちがいがマイロナイト化の強さを必ずしも意味しない（高木，1982，Passchier and Trouw, 2005）．この問題点を解決するため，高木・小林（1996）は基質部における再結晶鉱物の平均的な粒径で，マイロナイト化の程度を区分した．ただし，低温で変形したマイロナイトのように再結晶があまり進んでいないタイプについては，粒径よりも再結晶分率を用いる必要があるかもしれない．一方，高変成度下における結晶粒成長（grain growth）の進んだタイプは，片麻岩（gneiss）との区別が難しくなり，マイロナイト片麻岩（mylonite gneiss）やブラストマイロナイト（blastomylonite），あるいは筋状片麻岩（striped

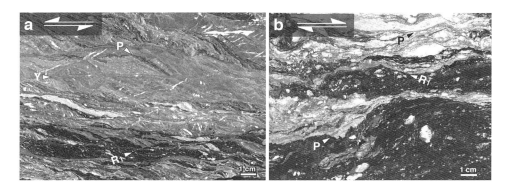

図8.39 (a)面構造が発達した左ずれを示すカタクレーサイト(三重県多気町の中央構造線沿い),(b)面構造が発達した右ずれを示す脆弱な断層ガウジ(長野県大鹿村中央構造線安康露頭)

gneiss:Passchier and Trouw, 2005)などと呼ばれている。また,特に基質部に雲母が多いものについては,みかけ上は千枚岩(phyllite)に類似しているので,フィロナイト(phyllonite)と呼ばれることもある.

B. カタクレーサイト

カタクレーサイトは,地殻浅部における断層運動により大部分の構成鉱物が機械的に固結性を保持したまま破砕された断層岩である.破砕とともに変質をともなうことが多い.かつては面構造をもたないとされていたが,近年は面構造をもつ固結したカタクレーサイトがしばしば記載されている(図8.39a).破砕(cataclasis)の程度によって肉眼で観察可能なサイズ(通常>1mm)の岩片や鉱物片などのフラグメント(fragment)と,細粒基質部の量比が変化することから,その量比をもとにしてプロトカタクレーサイト(protocataclasite),カタクレーサイト,ウルトラカタクレーサイト(ultracataclasite)と区分されている.図8.40は顕微鏡レベルでの破砕の増大にともなう組織の変化の一例である(高木, 1983).破砕帯の中心に向かうにつれて,母岩の粒間割れ目(transgranular cracks)や鉱物脈(mineral vein)の密度が増大(A→B→C)するとともに,しばしば局所的に粉砕帯(pulverization zone)が発達(C),最終的には岩片全体が粉砕,角礫化したカタクレーサイト(D)になる.

C. 断層ガウジ

断層ガウジは,断層破砕帯(あるいは脆性剪断帯)を構成する未固結の断層内物質であり,母岩の破砕と変質によって形成されたものである.原岩が破砕されて細粒になった物質とともに,スメクタイト(smectite),イライト(illite),緑泥石(chlorite),カオリナイト(kaolinite)などの粘土鉱物が生成していることが多い.したがって,断層ガウジは可塑性があり,延性剪断帯を特徴づけるマイロナイトと類似した流動

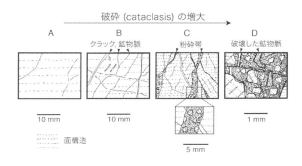

図8.40 カタクレーサイト化の程度の鏡下観察による区分(高木, 1983)

構造や面構造をもつことが多い(図8.39b,高木・小林, 1996).肉眼観察可能なフラグメントの量比により,断層角礫(fault breccia)と断層ガウジに区分されている.露頭では,破砕後にセメント物質などによって膠結され,固結した断層ガウジと呼べるようなものもある.逆に,断層破砕帯では風化しやすいことから,花崗岩のカタクレーサイトが母岩の組織を保存しつつ固結性を失ったものもある.したがって,フィールドでは露頭での固結性を基準とし,母岩の組織の保存状態や風化の程度も考慮に入れてカタクレーサイトと断層ガウジを区別することが多いが,明確な区別は難しい.

D. シュードタキライト

シュードタキライトは,断層運動にともなう摩擦発熱(frictional heating)によって接触面が融解・急冷してつくられた脈状岩石である.断層運動にともなって瞬間的に形成した岩石であることから,「地震の化石」とも呼ばれている(高木, 1991).Shand (1916)は南アフリカのVredefort環状構造に存在する黒色・緻密な岩石について,みかけ上玄武岩質ガラス

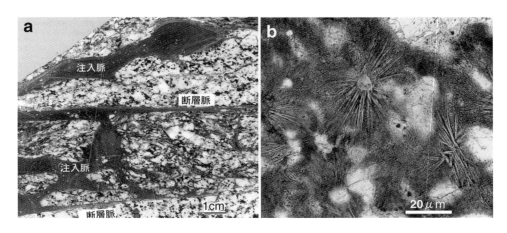

図8.41 足助剪断帯のシュードタキライト（中島ほか，2004，図 B-5-4）

(tachylite) に類似することから，シュードタキライトと命名した．シュードタキライトは英国 Outer Hebrides 諸島をはじめ，世界各地の断層帯で記載されている．また近年，四万十帯などの付加体でも，シュードタキライトが確認されている（Ikesawa et al., 2003 など）．したがって，海底の掘削でも十分に固結した付加体深部の岩体ではシュードタキライトが見つかる可能性がある．そのほか，摩擦にともなったごく稀な例として，地滑り（斜面滑動）にともなったシュードタキライトも世界の数カ所で報告されている．摩擦熱による断層面での温度上昇 ΔT は，断層面にかかる垂直応力 σn と，すべり速度の平方根 $\sqrt{v}$ に比例することから，地表付近の地滑りでも，たとえば数 m/秒といった高速すべりであれば岩石は融解しはじめる．摩擦発熱により 800～1,500℃ といった温度上昇が起きることが知られている．一方，上記の Vredefort 環状構造など世界各地の隕石衝突痕からもシュードタキライトが見つかっていて，その主要な成因として，隕石の衝突にともなった衝撃波によって融解・急冷したものと考えられている．

シュードタキライトの露頭での産状として，断層に沿って形成された断層脈（fault vein）と，断層脈から派生・分岐し，母岩の割れ目に沿って注入した注入脈（injection vein）の両方を構成するのが特徴である（図8.41a, Sibson, 1975）．また，融解・急冷の証拠として，冷却にともなう節理（joint）や，周縁急冷相（chilled margin）が存在することがある．顕微鏡下で観察できる母岩のなかで融解・急冷した証拠として，マイクロライト（microlite, 図8.41b），杏仁状組織（amygdule），丸みを帯びた破砕岩片や鉱物片とその湾入組織（embayment），ガラスの存在などがあげられる．

シュードタキライトはきわめて短時間で非平衡に融解・急冷するため，融解しやすい鉱物と融解しにくい鉱物との分別が起こる．すなわち，融解しやすい鉱物は含水苦鉄質ケイ酸塩鉱物である黒雲母や角閃石（融点：650～750℃：Spray, 1992）であり，長石や特に石英（融点1,700℃：無水条件下）は融にくいことから，破片（fragment）として黒雲母はほとんど残らず，石英は残存しやすい傾向がある．したがって，基質部は一般に苦鉄質鉱物もしくは磁鉄鉱などに富むことが多いために，シュードタキライトの色も暗色であることが多い．以上のような明確な融解の証拠がない場合に，破砕のみで形成した場合と，部分的にせよ融解した場合との識別は困難なことも少なくない．露頭における産状でも，断層ガウジやカタクレーサイトにも注入脈をともなうものが報告されており（Lin, 1996），粉砕型シュードタキライト（crush-origin pseudotachylite）という名称も使われている．実際には粉砕した中に分別的融解がさまざまな割合で混合した物質とみなすべきであろう（図8.42）．

8.5.3 複合型断層岩類

固結した断層岩類の中には，カタクレーサイト化したマイロナイトや，マイロナイト化したカタクレーサイトやシュードタキライトが存在する．断層は長い地質時代を通じて再活動（fault reactivation）することが多いことから，地殻深部の塑性変形（plastic deformation）を受けた後に地殻浅部で脆性変形（brittle deformation）を重複して受ける場合が大きな断層では多い．その場合は，カタクレーサイト化したマイロナイトが生ずる（高木，1983）．その認定は難しくなく，カタクレーサイト中の破砕岩片に以前のマイロナイト組織を留めている．たとえば，中央構造線や棚倉構造

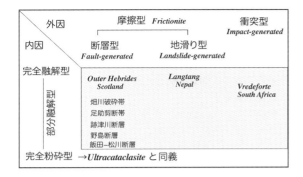

図8.42 シュードタキライトの分類とその産出のいくつかの例

海外の例は3つのタイプの標式地（高木，1991を一部改変）

線など，多くの主要な断層沿いの断層岩には，このタイプの重複が認められる．

一方，シュードタキライトやカタクレーサイトの中には，その一部が塑性変形を受け，マイロナイト化したものが存在する．そのようなタイプは多くの場合，シュードタキライト・カタクレーサイト・ウルトラマイロナイトを密接にともなう幅数mm〜数cm程度の剪断帯であることが多く，破砕-塑性遷移領域（cataclastic-plastic transition zone：高木，1998）で形成した可能性が高い．このような断層岩は，内陸性地震の震源域の破壊・流動過程を探るうえで注目される．たとえば，国内では福島県の畑川断層（Takagi et al., 2000）や愛知県の足助剪断帯（酒巻ほか，2006）などに，このタイプの断層岩が存在する．

8.5.4 原岩の違いによるマイロナイトの特徴

A. 大陸地殻の延性剪断帯—花崗岩質岩起源のマイロナイト

花崗岩や花崗片麻岩由来のマイロナイトは，最も記載が豊富である．その特徴は，石英の結晶塑性変形機構が最も重要な変形の要素であり，石英の変形実験や結晶方位の解析も多くの研究がなされている．一般に石英の動的再結晶は約300℃以上（緑色片岩相以上）で進むことから，この温度が花崗岩質マイロナイトの塑性変形の下限を示す．一方，長石の動的再結晶作用は，おおよそ450℃以上（角閃岩相以上）で進むため，緑色片岩相〜角閃岩相低温側では長石はポーフィロクラストとして残存しやすく，石英は細粒基質部を構成する（図8.36）．変形温度が角閃岩相高温部〜グラニュライト相に至る高温条件では，長石も再結晶が進むため，典型的なポーフィロクラスト組織を示さず，片麻岩との区別が難しくなる．そのようなものには石英

の比較的粗粒な集合体が著しく引き延ばされたリボン（ribbon）を形作ることがある．一方，300℃未満の剪断変形では，石英も破砕されるため，岩石はカタクレーサイトとなる．ただし，破砕にともなう熱水変質によって斜長石のセリサイト（sericite）化や有色鉱物の緑泥石化が進むため，反応軟化（reaction softening）が進む場合も少なくない．また，水の存在による加水軟化（hydrolytic weakening）により，石英の変形が進むことがある．そのようなカタクレーサイトには，面構造も発達しやすい．

B. 結晶質石灰岩起源のマイロナイト

大陸地殻を構成する岩石で石英をほとんど含まない岩石として，石灰岩（limestone）がある．石灰岩を構成する方解石（calcite）やドロマイト（dolomite）は，石英と比べて低温で塑性変形する．また，炭酸に溶けやすいので圧力溶解（pressure solution）なども起こしやすい．結晶質石灰岩マイロナイトは，マイロナイト化していない岩石との区別が難しい場合も多いが，多くは面構造・線構造が発達する．また，XZ薄片で観察すると，方解石の面構造と斜交する形態ファブリック（shape fabric）がしばしば観察される．また，石英や苦鉄質岩の破片などの不純物が含まれている場合は，それらがポーフィロクラストを構成するので，非対称のプレッシャーシャドー（pressure shadow）や非対称のテイル（tail）が認められることがある．方解石に認められる変形双晶（deformation twin）のタイプは，おおまかな変形温度条件の指標として使われている（Burkhard, 1993）．スイスアルプスで有名なGlarus Overthrustでは，Lochseiten Kalkという石灰岩ウルトラマイロナイト（図8.43）が挟在されており，石灰岩が塑性流動しやすいことから，水平に近い断層面における運動の潤滑剤として働いたと考えられている．

C. 大陸地殻下部〜海洋地殻の延性剪断帯—斑れい岩起源のマイロナイト

斑れい岩由来のマイロナイトは，通常，石英を含まないことから，斜長石（plagioclase）の結晶塑性変形機構が最も重要な変形の要素である．したがって，斑れい岩起源のマイロナイトの変形環境は角閃岩相高温部〜グラニュライト相と高温条件で形成される．

図8.44にイングランド西端部Lizardオフィオライトのマイロナイト化した斑れい岩の写真を示す．角閃石はポーフィロクラストと再結晶集合体基質部を構成するが，斜長石はより低温の変形にともなうソーシュライト（緑れん石などの集合体）に変質している．

D. マントル上部—超苦鉄質岩起源のマイロナイト

マントル上部の構成物質でかんらん岩（peridotite）由来のマイロナイトは，斜方輝石（orthopyroxene），単斜輝石（clinopyroxene），スピネル（spinel）などがしばしばポーフィロクラストを構成し，主要構成鉱物であるかんらん石が集合体として基質部を構成する（図8.45a）．したがって，かんらん石の結晶塑性変形機構は，かんらん岩の塑性流動の最も重要な要素である．輝石類とかんらん石の粒度がさほど変わらないこともあり，マイロナイトとしての認定は難しい場合もある．そのような場合でも，面構造や鉱物線構造が発達するテクトナイト（tectonite）としての認定は容易であり，かんらん石の結晶方位定向配列（crystallographic preferred orientation）を調べることにより，塑性変形の存在のみならず変形環境（温度—歪速度）も推定することができる．テクトナイトの中でも

ある幅をもって変形が集中するゾーンがあれば，かんらん岩マイロナイトとして間違いないであろう．かんらん石が塑性変形する温度条件は，少なくとも900℃を超える．図8.45bは，北海道幌満かんらん岩体に認められるS-C構造が発達したカンラン岩マイロナイトの例である．

　蛇紋岩（serpentinite）由来のマイロナイトも陸上のみならず，海底でも掘削される可能性が高い．蛇紋石には相対的に高温で生成するアンチゴライト（antigorite）と，低温で生成するリザーダイト（lizardite），クリソタイル（chlysotile）が存在し，いずれも剪断変形を受けた例は知られているが，蛇紋岩マイロナイトとして天然で記載されたのは比較的新しい（Norrel et al., 1989）．アンチゴライトはモース硬度で3.5〜4であるのに対し，リザーダイトやクリソタイルは2.5である．図8.46に，大分県の佐志生断層沿いの蛇紋岩マイロナイト（アンチゴライトを主成分とする）の例（Soda and Takagi, 2010）を示す．研磨片（図8.46a）では，細かい面構造が発達し，薄片（図8.46b）ではアンチゴライトのS-C'構造がよく発達する．また，磁鉄鉱を取り巻くσタイプやδタイプの非対称テイルも存在する．

引用文献

荒牧重雄・宇井忠英（1989）火山岩の産状．久城育夫・荒牧重雄・青木謙一郎（編），日本の火成岩．岩波書店，1-24.

Burkhard, M.（1993）Calcite twins, their geometry, appearance and significance as stress-strain markers and indicators of tectonic regime: a review. *Journal of Strucutural Geology*, **15,** 351-368.

Byrne, T.（1984）Early deformation in mélange ter-

図8.43　Glarus Overthrust の石灰岩ウルトラマイロナイト
粒径数 µm の方解石の伸長方向は上盤北の剪断センスを示す（直交ポーラー）

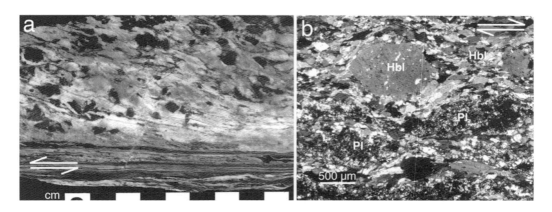

図8.44　Lizard, Coverack の斑れい岩マイロナイト
a．研磨片，b．薄片（直交ポーラー），上盤東センスを示す．Hbl：ホルンブレンド，Pl：斜長石

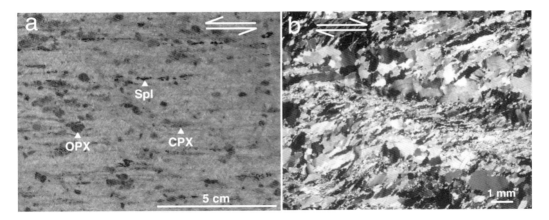

図8.45 幌満のかんらん岩マイロナイト（カンラン岩体基底部の剪断帯）
(a) 研磨片，OPX：斜方輝石，CPX：単斜輝石，Spl：スピネル，
(b) 薄片，上盤北の剪断運動を示す（直交ポーラー：澤口　隆　提供）

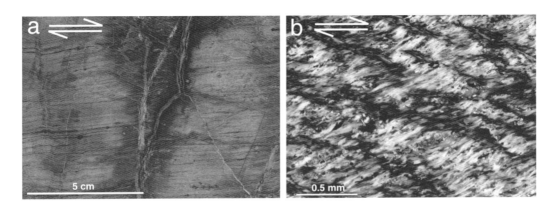

図8.46 佐志生断層沿いの蛇紋岩マイロナイト
(a) 研磨片，(b) 薄片（直交ポーラー）．上盤西の剪断センスを示す（曽田祐介提供）

ranes of the Ghost Rocks Formation, Kodiak Island, Alaska. In Raymond, L.A. (ed.), Mélanges; their nature, origin and significance, *Special Paper 198, Geological Society of America*, 21-51.

Carter, N. L. and Ave'Lallemant, H. G. (1970) High temperature flow of dunite and peridotite, *Geological Society of America Bulletin*, **81**, 2181-2202.

DiTullio, L. and Byrne, T. (1990) Deformation paths in the shallow levels of an accretionary prism: The Eocene Shimanto belt of southwest Japan. *Geological Society of America Bulletin*, **102**, 1420-1438.

Expedition 309/312 Scientists (2006) Site 1256. *In* Teagle, D.A.H., Alt, J.C., Umino, S., Miyashita, S., Banerjee, N.R., Wilson, D.S. and the Expedition 309/312 Scientists. *Proc. IODP*, 309/312: Washington, DC (Integrated Ocean Drilling Program Management International, Inc.). doi:10.2204/iodp.proc.309312.103.2006.

Expedition 335 Scientists (2012) Site 1256. *In* Teagle, D.A.H., Ildefonse, B., Blum, P. and the Expedition 335 Scientists, *Proc. IODP*, 335: Tokyo (Integrated Ocean Drilling Program Management International, Inc.). doi:10.2204/iodp.proc.335.103.2012.

Hanamura, Y. and Ogawa, Y. (1993) Layer-parallel faults, duplexes, imbricate thrust and vein structures of the Miura Group: Key to understanding the Izu fore-arc sediment accretion to the Honshu forearc. *Island Arc*, **3**, 126-141.

Harigane, Y., Michibayashi, K. and Ohara, Y. (2011) Relicts of deformed lithospheric mantle within serpentinites and weathered peridotites from the Godzilla Megamullion, Parece Vela Back-arc basin, Philippine sea. *Island Arc*, **20**, 174-187.

Hashimoto, Y., Nakaya, T., Ito, M. and Kimura, G. (2006) Tectonolithification of sandstone prior to the onset of seismogenic subduction zone: Evidence from tectonic mélange of the Shimanto Belt, Japan. *Geochemistry Geophysics Geosystems*, 7, Q06013, doi:10.1029/2005GC001062.

Higgins, M. W. (1971) Cataclastic rocks. *Geological Survey Professional Paper*, 687, 97p.

廣野哲朗（1996）房総半島南部江見層群中の砂岩に発達するウェッブ構造．地質学雑誌，**102**，804-815.

保柳康一・松田博貴・山岸宏光（2006）シーケンス層序と水中火山岩類．共立出版，180p.

Ikesawa, E., Sakaguchi, A. and Kimura, G. (2003) Pseudotachylyte from an ancient accretionary complex: Evidence for melt generation during seismic slip along a master decollement ? *Geology*, **31**, 637-640.

Jung, H. and Karato, S. (2001) Effects of water on dynamically recrystallized grain size of olivine. *Journal of Structural Geology*, **23**, 1337-1344.

Kano, K., Nakaji, M. and Takeuchi, S. (1991) Asymmetrical mélange fabrics as possible indicators of the convergent direction of plates: a case study from the Shimanto Belt of the Akaishi Mountains, central Japan. *Tectonophysics*, **185**, 375-388.

狩野謙一・村田明広（1998）構造地質学．朝倉書店，298p.

Karato, S., Jung, H., Katayama, I. and Skemer, P. (2008) Geodynamic significance of seismic anisotropy of the upper mantle: new insights from laboratory studies. *Annual Review of Earth and Planetary Sciences*, **36**, 59-95.

Kelemen, P. B., Koga, K., Shimizu, N. (1997) Geochemistry of gabbro sills in the crust-mantle transition zone of the Oman ophiolite: implications for the origin of the oceanic lower crust. *Earth and Planetary Science Letters*, **146**, 475-488.

Kusky, T. M. and Bradley, D. C. (1999) Kinematic analysis of mélange fabrics: examples and applications from the McHugh Complex, Kenai Peninsula, Alaska. *Journal of Structural Geology*, **21**, 1773-1796.

Labaume, P., Maltman, A. J., Bolton, A., Tessier, D., Ogawa, Y. and Takizawa, S. (1997) Scaly fabrics in sheared clays from the décollement zone of the Barbados accretionary prism. *Proceedings of the Ocean Drilling Program, Scientific Results*, **156**, 59-77.

Lin, A. (1996) Injection veins of crushying-originated pseudotachylyte and fault gouge formed during seismic faulting. *Engineering Geology*, **43**, 213-224.

Lundberg, N. and Moore, J. C. (1986) Macroscoic structural features in Deep Sea Drilling Project cores from forearcs. *Geological Society of America Memoir*, **166**, 13-44.

MacDonald, G. A. (1972) Volcanoes, Prentice-Hall, 544p.

道林克禎（2006）かんらん岩の構造解析と最上部マントルのレオロジー．日本レオロジー学会誌，**34**, 291-300.

道林克禎（2012）かんらん石ファブリック：上部マントルを探る手がかり．岩石鉱物科学，**41**, 267-274.

道林克禎（2015）最上部マントルかんらん岩の結晶方位ファブリックとＰ波速度構造．地学雑誌，**124**, 397-409.

Michibayashi, K. and Mainprice, D. (2004) The role of pre-existing mechanical anisotropy on shear zone development within oceanic mantle lithosphere: an example from the Oman ophiolite. *Journal of Petrology*, 45, 405-414.

中島　隆・高木秀雄・石井和彦・竹下　徹（2004）変成・変形作用．共立出版，194p.

Norrell, G. T., Teixell, A. and Harper, G. D. (1989) Microstructure of serpentinitemylonites from the Josephine ophiolite and serpentinization in retorogressive shear zones, California. *Geological Society of America Bulletin*, **101**, 673-682.

Ogawa, Y., Ashi, J. and Fujioka, K. (1992) Vein structure and their tectonic implication for the development of the Izu-Bonin forearc, ODP Leg 126. *Proceedings of the Ocean Drilling Program, Scientific Results*, **126**, 195-207.

Onishi, C. T. and Kimura, G. (1995) Change in fabric of melange in the Shimanto Belt, Japan: Change in relative convergence? *Tectonics*, **14**, 1273-1289.

Passchier, C. W. and Trouw, R. A. J. (1996) Microtectonics. Springer, 289p.

Passschier, C. W. and Trouw, R. A. J. (2005) Microtectonics 2nd. ed., Springer-Verlag, 366p.

酒巻秀彰・島田耕史・高木秀雄（2006）シュードタキライトの選択的形成場―足助剪断帯の例―．地質学雑誌，**112**, 519-530.

Shand, S. J. (1916) The pseudotachylyte of Parijs (Orange Free State), and its relation to 'trap-shotten gneiss' and 'flinty crush-rock'. *Quarterly Journal of the Geological Society of London*, **72**, 198-221.

Sibson, R. H. (1975) Generation of pseudotachylyte by ancient seismic faulting. *Geophysical Journal of Royal and Astronomical Society*, **43**, 775-794.

Sibson, R. H. (1977) Fault rocks and fault mechanisms. *Journal of the Geological Society, London*, **133**, 191-221.

Sibson, R. H. (1983) Continental fault structure and the shallow earthquake source. *Journal of the Geological Society, London*, **140**, 741-767.

Snoke, A. W., Tullis, J. and Todd, V. R. eds. (1998) Fault-related Rocks: A Photographic Atlas. Princeton Univ. Press, 617p.

Soda, Y. and Takagi, H. (2010) Sequential deformation from serpentinite mylonite to metasomatic rocks along the Sashu Fault, SW Japan. *Journal of Structural Geology*, **32**, 792-802.

Spray, J. G. (1992) A physical basis for the frictional melting of some rock-forming minerals. *Tectonophysics*, **204**, 205-221.

高木秀雄（1982）マイロナイトの定義および圧砕岩類の分類に関する問題点．早稲田大学教育学部学術研究―生物学・地学編―．**31**, 49-57.

高木秀雄（1983）中央構造線沿いの圧砕岩類に認められるカタクラスティックな重複変形―長野県上伊那地方の例―．早稲田大学教育学部学術研究―生物学・地学編―，**32**, 47-60.

高木秀雄（1991）地震の化石―シュードタキライト．地質ニュース，**437**, 15-25.

高木秀雄（1998）破砕―塑性遷移領域の断層岩類．地質学論集，**50**, 59-72.

Takagi, H., Goto, K. and Shigematsu, N. (2000) Ultramylonite bands derived from cataclasite and pseudotachylyte in granites, northeast Japan. *Journal of Structural Geology*, **22**, 1325-1339.

高木秀雄・小林健太（1996）断層ガウジとマイロナイトの複合面構造―その比較組織学．地質学雑誌，**102**, 170-179.

谷口宏充（2001）マグマ科学への招待．裳華房，179 p.

Tasaka, M., Michibayashi, K. and Mainprice, D. (2008) B-type olivine fabrics developed in the fore-arc side of the mantle wedge along a subducting slab. *Earth and Planetary Science Letters*, **272**, 747-757.

Tullis, J. T., Snoke, A. W. and Todd, V. R. (1982) Significance of petrogenesis of mylonitic rocks. *Geology*, **10**, 227-230.

Turcotte, D. L. and Schubert, G. (1982) Geodynamics-Applications of continuum physics to geological problems. John Wiley & Sons, 450p.

辻　隆司・宮田雄一郎（1987）砂岩層中にみられる流層化・液状化による変形構造：宮崎県日南層群の例と実験的研究．地質学雑誌，**93**, 791-808.

Ujiie, K. (1997) Off-scraping accretionary process under the subduction of young oceanic crust: The Shimanto Belt of Okinawa Island, Ryukyu Arc. *Tectonics*, **16**, 305-322.

Ujiie, K. (2002) Evolution and kinematics of an ancient décollement zone, mélange in the Shimanto accretionary complex of Okinawa Island, Ryukyu Arc. *Journal of Structural Geology*, **24**, 937-952.

Ujiie, K., Maltman, A. J. and Sánchez-Gómez, M. (2004) Origin of deformation bands in argillaceous sediments at the toe of the Nankai accretionary prism, southwest Japan. *Journal of Structural Geology*, **26**, 221-231.

Vannucchi, P., Maltman, A., Bettelli, G. and Clennell, B. (2003) On the nature of scaly fabric and scaly clay. *Journal of Structural Geology*, **25**, 673-688.

Yamamoto, Y., Mukoyoshi, H. and Ogawa, Y. (2005) Structural characteristics of shallowly buried accretionary prism: Rapidly uplifted Neogene accreted sediments on the Miura-Boso Peninsula, central Japan. *Tectonics*, **24**, TC5008, doi: 10.1029/2005TC001823.

山岸宏光（1994）水中火山岩．北海道大学図書刊行会，195p.

山路　敦（2001）新しい小断層解析．地質学雑誌，**107**, 461–479.

9　非破壊計測

9.1　非破壊計測について

　非破壊計測とは，測定試料を最低限の前処理のまま測定装置に導入し，迅速かつ高空間分解能で内部構造の把握や物性値あるいは化学組成値を得るものである（**図9.1**）．非破壊計測の最大の特徴は，試料を破壊することがないことである（ただし，一部の測定では整形を必要とするもの，あるいはしたほうがいいものがある）．試料の破壊がほとんどないため，その後の試料利用計画にほとんど影響を及ぼさずに深度方向にほぼ連続的なデータ取得（data acquisition）ができる．これらの値は，通常の機器分析より測定の精度は劣るものの，試料採取・処理現場である船上で得られるため，船上記載にそのデータをフィードバック（feedback）して，より詳細な記載やそれにもとづくより詳細な1次データの取得に利用できる．たとえば，堆積物コアのX線CT装置（X-ray computer tomography）や赤外線熱画像装置（infrared thermal imaging）の画像診断からは，試料の破壊・擾乱状態やガスハイドレート（gas hydrate）の存在などが推定で

き，その後のより詳細な試料分析計画作成の基礎データを提供できる．また，コアの非破壊計測データと孔内検層データ（第11章），さらには地震探査記録（第3章）との結合による，より詳細な地層形成過程の解明が期待できる．孔井（hole）間やサイト（site）間，あるいは過去のコアとの間では，物性値や色，帯磁率プロファイル（magnetic susceptibility profile）などが層序対比の道具として用いられ，総合柱状図の作成に利用される．非破壊分析には，X線やγ線・中性子線などの放射線，可視光から赤外光に至る光，磁気，音波，熱などが用いられる．また，試料にこれらを当ててその透過強度や反射パターンを読み取るアクティブセンサー型（active sensor type）と，試料自体から発生する量を測定するパッシブセンサー型（passive sensor type）がある．そして，これらいくつかの非破壊分析センサーを組み合わせて一度に複数の測定を行う装置が使用されている．また，測定システムの特性によって，1個のセンサーによるある部分（点）の測定を試料あるいはセンサーの位置を変えながら繰り返し，ある方向（通常はコアの深度方向）に沿った1次元データ（プロファイル）を取得するものから，複数のセンサーを搭載し，あるいは1つのセンサーを2次元的に移動させることにより，ある平面の2次元データ・画像を取得するもの，さらに2次元データをこれに直交する方向に積み重ねることによって3次元データ・画像を取得するものがある．これらのセンサーから得られる数値（出力値）は，たとえば物性値や化学組成値を反映したものであるが，試料の量（たとえば試料の厚さ）や水分量の違いなどの試料の状態による影響を受けるものも多い．このため，出力値から物性値や化学組成値への変換には検量線の設定や適正な補正，他のセンサーデータとの統合した解析が重要になる．さらに，センサー特性が時間変化する場合には，一定期間ごとのセンサーの較正（calibration）が必須とな

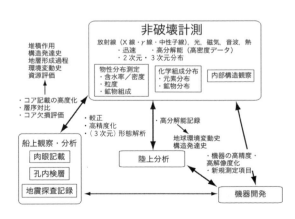

図9.1　非破壊計測とその関連分野

る．また，非破壊測定とはいっても，より正確な測定のためには，一定の試料前処理が好ましい場合も多い．たとえば，試料の定量性の確保や測定・分析面の平滑性などは，多くの測定機器においてより正確な測定のために重要である．どんな試料でも，単純に測定装置に入れられれば，解析可能なデータが出てくるとは思ってはいけない．

これら非破壊計測では，通常の機器分析では得られないような高空間分解能（コアの深度方向で見れば，高時間分解能となる）の分析値を得ることができる．たとえば，これらの時間変化のスペクトル解析（spectrum analysis）は，古気候・古海洋変動の解釈に有用なデータを提供してくれる場合もある．ただしその適正な利用には，使用しているセンサーや測定システムの原理・特性をよく理解すること，制御システムの使い方をよく理解することが重要である．たとえば，センサーごとに測定に要する時間や空間分解能が異なる．知りたい時間（空間）分解能の大きさによって，より適正なセンサーの選定や測定システムの設定（たとえば，測定間隔や測定時間など）が求められる．また，最終的な物性値・化学分析値へどのように変換されるか，その精度はどの程度かを理解し，適正な較正を行わないと，無意味な議論をしかねない．別途得られる通常の機器分析による値や他の観察・測定結果との照合などを適宜行い，迅速かつ高分解能という非破壊分析の最大の特徴を活かした研究が進められるべきである．さらに，異なる機関で，測定方法が同じあるいは似て異なる非破壊測定装置が開発されている場合があるほか，新たに開発中の測定装置もある．これら異なる機関では，それぞれ別個の標準試料や較正方法が使われる場合もある．装置／研究室間でのデータの直接的なデータ比較のためには，標準試料の共有化，検量・較正方法の共通化，データの品質保証の検証，データの解像度の共通（標準）化などが必要である．

これから取り上げられるのは，IODPで「ちきゅう」船上に装備される機器が中心であり，個々の装置について，その測定原理，測定システムの概要，較正の仕方，測定誤差とその対策，測定にあたっての留意事項などが記述される．非破壊計測装置の多くは高額であり，多くの地質研究者にはなじみの薄いものかもしれない．しかし，ここで紹介した装置あるいは類似の装置は，「ちきゅう」以外の船上や陸上研究施設に設置されているものもあり，IODPで掘削・採取されるコア以外にも利用可能な場合もある．ここで記述される装置の概要を学んで，それぞれの研究対象試料の非破壊測定をやってみる人が多数出てくることを心から望んでいる．また，各種センサーや制御装置には技術進展の著しいものもある．それぞれの目標に応じて，新しい発想や技術を用いて新しい非破壊計測技術や装置の開発も進められる必要がある．データ取得や解釈と装置そのものの開発が両輪となって，非破壊計測がますます進展することが望まれる．

この章では船上に回収されたコア試料をそのままの状態で計測する手法（画像撮影・CT走査・ガンマ線・帯磁率），円柱状コアを整形して行うことが望ましい計測（弾性波速度・熱伝導率・電気比抵抗），主に半割したコア試料について行う計測（残留磁化・分光反射率・蛍光X線走査）の順番で述べていく．コア試料をそのままの状態で計測する手法として，複数の非破壊計測データを1回の走査で得ることができるように，さまざまなセンサーをひとまとめにしたマルチセンサーコアロガー（Multi-Sensor Core Logger：MSCL）が開発されている．

9.2 画像撮影・計測

経時変化を起こすコア試料表面の状態や色，構造の初期状態を記録しておくために，デジタルカメラ（digital camera）やラインスキャンカメラ（line-scan camera），スキャナ（scanner）などを用いたカラーイメージング（color imaging）が役に立つ．最近のIODPの掘削船では，船上に回収された岩石コア試料については，まず初めにコア全周表面の画像を取得することから始める．テーブル上で円柱状岩石コア試料を回転させながら表面360°全方位の画像を走査する．軟弱な堆積物コアにはこの方法は用いられないため，画像撮影は半割したコア試料の断面について行われる．コア半裁直後には酸化によって堆積物断面の色が変化することが多いため，半裁直後の色変化の過渡期を避けながらも，できるだけ速やかにカラーイメージを取得することが肝要である．実用的には半裁後30分〜数時間以内にイメージを取得するような手順を設計しておくとよい．

コア断面の写真として，1本のコアから分割したセクション（core section）を並列してコア全体がわかるものが必要である．たとえば，ODPやIODPでは専用のテーブルに各セクションを載せてコアごとの全体写真を撮っている（図9.2）．また，セクション内の細かな色の変化や堆積構造を識別するための接写写真（close-up photograph）が必要となる場合も多い．研究船上や陸上研究施設でコア写真を撮影する際は，光源ムラに注意が必要である．設備の整っている掘削船上では，コア撮影専用のスペースで一定の光源のもとで撮影することができるが，他の調査船上や設備の

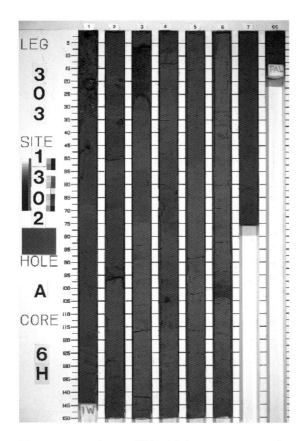

図9.2 IODPによるコア写真の例（Channell *et al.*, 2006）

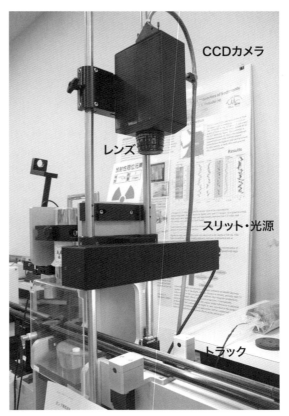

図9.3 デジタルカラーイメージングシステム
高知コアセンターに設置されているマルチセンサーコアロガーに搭載されたラインスキャンイメージング装置（GEOTEK製GEOS-CAN）

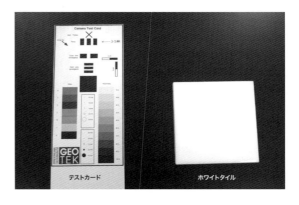

図9.4 ラインスキャンイメージング装置の調整に使われるテストカードとホワイトタイル

整っていない実験室では蛍光灯の下で撮影することになる場合がある．この場合は，蛍光灯からの距離や角度によってコア表面にムラが生じるので，直接光が当たらないような工夫や光源ムラを極力低減できる位置を選んでコアを置いて撮影するとよい．近年では，高輝度で安定した照明を実現しやすい白色LED照明が普及しているので，適切にディフューザー（diffuser）などで均一化して用いることもできる．条件が許せば，均質な昼色光の得られる曇天時に屋外の甲板にセクションを並べて撮影するという工夫もありえる．また，コア写真には，コア名（core name），セクション名（section name），スケール，コアの上下，色の補正をするための市販のカラーチャート（color chart）なども写し込んでおく必要がある．

マルチセンサーコアロガー（MSCL）に付設することが可能なラインスキャンカメラ（図9.3）は，3つの1,024ピクセルCCD（Charge Coupled Device）イメージセンサを備えており，各CCDは400〜950 nmの波長の光に対応している．検出された波長スペクトルはR（赤），G（緑），B（青）のスペクトルごとに

表示が可能である．RGB値はそれぞれが0～255の2^8（=256）階調で記録された24ビットカラー（24 bit color：$2^{24}=256^3$色）で取得・保管されることが多い．ラインスキャンカメラでイメージを撮る際は，光源を安定させるために事前に光源のスイッチを入れておくことが重要となる．また，テストカード（test card）やホワイトタイル（white tile：図9.4）を使って，カメラの位置（高さ），焦点（focus），レンズの絞り（aperture）などの較正を行う．イメージスキャンを用いると，後述の分光反射率測定よりも高解像度（イメージのピクセルサイズ程度）の色データを手軽に取得できる．そのことを利用して，IODPではイメージスキャナから得られたRGB値を一定層序間隔（たとえば5 mm）ごとにデータベースに取り込むことによって，その鉛直プロファイル（vertical profile）を対比に用いることも行われている．

9.3 X-CTによる内部構造解析

X線CT装置（図9.5）は，検体の輪切りの断層像を撮影する装置であり，医療用として全国で約1万台が稼働している．X線CT装置では，さまざまな方向から照射されたX線が検体内でどれだけ吸収されるかを測定し，そのデータから断面内の各点における線吸収係数を算出し，その分布として画像を再構成して表示する（図9.6）．ここでは主に，医療用X線CT装置を用いた地質試料の測定の概要について述べる．より詳しいX線CT装置による観察・解析方法については，稲崎・中野（1993），西澤ほか（1995），池原（1997），中野ほか（2000），辻岡（2002）などを参考にされたい．なお，CT装置の技術的進歩は速いので，ここで紹介する内容が最新のものではない場合があることをあらかじめお断りしておく．CT装置には，X線源と検出器の配置，走査方法からさまざまなタイプがある．医療用CTでは1つの線源と多数の扇形に配列した検出器が検体の周りを回転し，毎秒数百回のパルス状（pulse-shaped）のX線を放射して測定を行う第3世代のものである（図9.7）．現在では，検出器を断面と直交方向に複数列並べ，1回のスキャン（scan）で列の数の断面画像を取得するものが主流となっている．CTの画像再構成では，撮影開始から終了まで検体が動かないことが条件となる．開発初期のCTは，1回のスキャンに要する時間が約4分と長く，特に人体の撮影には問題があった．しかし，医療用の

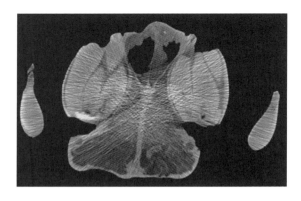

図9.6 X線CT装置により得られた断面画像
デスモスチルスの頭蓋化石（Desmostylus Hesperus Marsh, 1988; GSJ F07745-1）．北海道枝幸町歌登上徳志別（タチカラウシナイ層；中新世中期）産．産業技術総合研究所地質標本館所蔵．画像の横幅は約20 cm．撮影・提供：池原　研・兼子尚知・鵜野　光

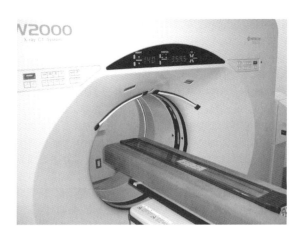

図9.5 X線CT装置
産業技術総合研究所に導入されている医療用X線CT装置（日立CT-W2000）．長さ1mのスプリットコアのスキャン中

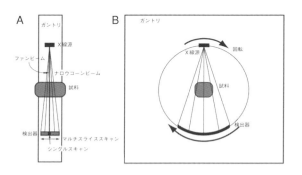

図9.7 第3世代X線CT装置の模式図
(A)は試料の進入方向での断面，(B)は試料の進入方向に直交する断面（すなわち撮影断面）の模式図．試料の周りをX線源と検出器が回転してデータを採取する．以前は進入方向には絞られた線状のシングルファンビームであったが，現在は進入方向に多数のビームからなる扇型のビームが使われている

装置では，動く臓器の撮影や患者のストレスおよびリスク軽減が重要な課題であり，このため高速化・低被ばく量化が進められてきた．また，医師の画像診断を支援するための高画質化も目指されている．そして，これらを支えるX線発生装置と検出器の高能力化が進むとともに，コンピュータ資源の高度化にともない再構築法の改善や4次元画像データ計測・解析ソフトウェアの搭載など，装置の進歩は目覚ましいものがある．これらにともなって，心臓の高精度画像の取得や形態画像のみならず，血流画像の取得も可能となっている．一方，より高出力のX線を必要とする産業用装置では，複数の直線上に並んだ検出器で線源から扇型に発射されるX線をとらえ，試料を回転させてデータを取得するシステムが主流である．産業用CTでは，マイクロフォーカスX線管（micro-focus X-ray tube）を使用することで小型試料の微細構造を医療用CTよりも高解像度で観察できる．

医療用CTは，線源から発射され検体を透過してきたX線の強度を高圧キセノンガス検出器により測定する．透過後のX線の強度は，放射時のX線の強度と検体内の微小領域におけるX線の線吸収係数とその微小領域におけるX線の軌跡の長さ（光路長）の関数になるので，測定された数百万点のデータのコンピュータ処理（実際にはRadon transformとFourier projection slice theoremに基づく処理が行われる）により，各微小領域の線吸収係数を求め，その分布として断面画像を得る．実際の画像は，空気を−1,000，水を0としたCT値と呼ばれる数値の分布として描かれる．このため，測定前には撮影領域を空隙にした状態でのゼロ点補正（空気較正：air calibration）を必ず実施する必要がある．これ以外のCT値の較正は，数カ月程度おきにCT値の決まった標準物質（ファントム：phantom）で確認と較正が行われる．医療用CTには人体の各部位に応じた再構成フィルタが準備されているが，測定対象の試料に最適なフィルタを選択する必要がある．岩石試料の画像再構成では，関数形の明示されたフラットな窓関数（flat window function）を用いた再構成フィルタ（reconstruction filter）の使用が推奨されている（中野ほか，2000）．CTの撮影では，スライス厚（slice thickness：スキャン時に平均化するデータ採取幅）や選択する再構成フィルタなどの撮影条件によって同じ検体のCT値でも違いが生じる．測定時には，撮影条件に合わせた状態で必要な較正を行うとともに，条件にあった検量線を用いることが必要である．

X線吸収係数は，試料の密度や化学組成に関係する（中野ほか，2000）が，化学組成が大きく変化しない試料では，CT値はほぼ試料の密度を表すと考えてよい．医療用CTの断面像の空間分解能（ピクセル（pixel）あるいはボクセル（voxel）の大きさ）は0.3〜0.6 mm程度である．また，スライス厚あるいは再構成されるボクセルの大きさは0.5〜1 mm程度であるので，コアすべてについて深度方向に連続した撮影を行えば，この分解能で物性変化パターンを把握することが原理上可能となる．

実際，バイカル湖（Lake Baikal）で採取されたボーリングコアの1 mm間隔での連続CT測定から，CT平均値と含水率データ間に回帰率92％以上のほぼ線形な関係が存在することが判明している（中村ほか，2003）．バイカル湖における含水率は気候変動に対応した珪藻化石含有率にほぼ比例すると考えられているので，このコアでは数10年から50年程度の分解能での古気候時系列データが取得できたと考えられる．

医療用CTでは，強度が弱く透過能の低いX線が用いられるため，サイズの大きい試料や原子番号の大きい元素を含んだ試料では，測定ノイズ（noise）が大きくなる．中野ほか（2000）は直径10 cm以上の玄武岩試料では，透過X線の強度不足による偽像（artifact）が生じる可能性を示したが，堆積物でも直径25 cmを超えるような試料では偽像が生じることを経験している．また，医療用CTでは幅広いスペクトルをもつ単色でないX線（白色X線）を用いている場合があり，この場合，透過している最中に低エネルギー成分から物質に吸収されてしまうため，均質な試料を通過してきた場合でも，短い光路長のX線の吸収が長い光路長のものに比べて大きいとみなされてしまい，結果として短い光路長の投影データを用いて再構成された試料の縁の部分のCT値が大きくなる（光線硬化：beam hardening）．

図9.6でも，試料外周が白く表現されており，光線硬化の影響が認められる．光線硬化による試料の縁と中心部のCT値の違いは高原子番号の元素を多く含む試料ほど大きいと思われる（中野ほか，2000）．したがって，光線硬化の影響を受けない程度の大きさの試料が準備されねばならない．偽像を減らしてよりよい画像を得るにはこれ以外にもいくつかの工夫が必要である．1つは試料の形状である．角のある尖った部分からは放射状のハレーション（halation：偽像）が生ずる．図9.6でも試料の突出した部分からのハレーションが見て取れる．これを極力抑えるためには，円形に近い断面の試料を準備するのがよい．ただし，内部が不均質で重鉱物のような高原子番号の元素をもった鉱物などが存在する場合には，それらとその周囲との間でもハレーションは起こりえる．また均質な試料で

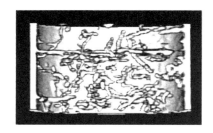

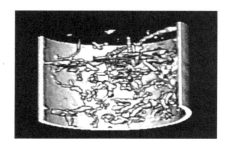

図9.8 X線CT装置により作られた堆積物コアの3次元構造の例

生痕の3次元的形態が観察できる．コアの幅は約7cm．撮影・提供：高知大学海洋コア総合研究センター

図9.9 バイカル湖ピストンコア試料のX線CT撮影にもとづいて構築されたコア断面図

コアの深度方向にスライス厚1mmの撮影を1mm間隔で行った断面画像から構築．白い部分ほど密度が小さい．撮影・提供：小田啓邦・中野　司・池原　研・中村光一

は，スライス厚が厚いほうが安定したデータを得られるが，不均質な試料を細かく測定したい場合にはスライス厚を厚くすることは困難である．もう1つは試料の置き方である．偽像がもっとも出にくい材料の上において，測定を行うことが必要である．たとえば，角張った容器を極力使わない，密度の大きな金属などは測定試料から離すなどの工夫が必要である．

X線CT装置の画像はCT値というデジタルデータの分布で表現される．測定は高い位置精度で連続的に行えるので，これら多数の測定データを統合することにより，試料の3次元画像を容易に構築できる（図9.8）．図9.9はバイカル湖から採取されたアルミニウム製コアバレル（core barrel）に入ったままのピストンコア試料（コア外径12cm）を医療用CTで撮影した例である．この場合，アルミニウム製パイプのため光線硬化が堆積物にまで及んでいない．この画像から気候変動に同調した岩相変化に対応した含水率変化や葉理構造，縦方向に伸びる亀裂，コア採取時のフローイン（flow-in）などの変形構造がコア開封前に認定でき，コアの肉眼観察の大きな助けとなった．このような画像が容易に取得できるのがCTの大きな利点の1つである．一方，すでに述べたように医療用CTでは，その空間分解能は0.5～1mm程度であり，偽像の効果を考慮すると1～数mmと考えられる．これはこれまで用いられてきた透過X線画像よりも粗い（表9.1）．これに対して，多少の試料の整形は必要だが，より精度の高い構造把握ができる装置もある．目的に応じた装置を使い，あるいは複数の装置を組み合わせて使うことで，さらに詳細な試料の内部構造や物性値分布の研究が進展すると期待される．

9.4　自然ガンマ線強度とガンマ線透密度

堆積物や岩石の掘削コアの対比や粘土鉱物の含有量などの概査を行ううえで，有用な非破壊計測パラメータ（non-destructive measurement parameter）の1つとして自然放射線量（natural radiation dose）があげられる．自然放射線とは，原子力利用や放射線発生装置の利用によって発生する人工放射線と対比して用いられる用語であり，宇宙線生成核種や天然放射性核種に由来する．自然放射線源のうち，地殻中に存在する天然放射性核種の主なものには，カリウム（^{40}K；半減期 $T_{1/2}=1.3\times10^9$年），トリウム（^{232}Th；$T_{1/2}=1.4\times10^{10}$年）を親核種とするトリウム系列核種，ウラン（^{238}U；$T_{1/2}=4.5\times10^9$年）を親核種とするウラン系列核種の3種類がある（壊変の系列や図式などの詳細については，放射線の教科書を参照）．たとえば，^{40}Kはβ^-（89%）崩壊によってカルシウム（^{40}Ca），軌道電子捕獲（electron capture；EC，11%）によってアルゴン（^{40}Ar）になるが，後者の反応の際，1.46 MeV

表9.1 各種X線を用いた内部構造観察装置の特徴の比較

機種	軟X線発生装置	X線テレビ	X線スキャナー	医療用X線CT装置			産業用X線CT装置
				スキャノグラム	ノーマルスキャン	螺旋状スキャン	
X線源	通常／マイクロ	マイクロ	マイクロ	通常	通常	通常	マイクロ／通常
データ	アナログ（デジタル）	デジタル	デジタル	デジタル	デジタル	デジタル	デジタル
サンプル前処理	要	要	要	不要	不要	不要	要
撮影時間	普通	普通／長い	長い	短い	短い	短い	長い
解像度	高い	高い	高い	低い	やや低い	やや低い	高い
データ処理	困難	容易	容易	困難	容易	容易	容易
計測	困難	容易	容易	困難	容易	容易	容易

のエネルギーをもつガンマ線（原子核が励起状態からより低いエネルギー状態に移る際に放出する電磁波）を放出する．ガンマ線は，電荷をもたないため電場で曲げられず透過力が強い，また，核種に特有のエネルギーをもつという特長がある（たとえば，赤羽，2001など）．

このようなガンマ線の性質に関連して，本節では，船上で行われるガンマ線を用いた2種類の計測について述べる．1つは，試料自体から放出されるガンマ線量（自然ガンマ線強度）の計測であり，もう1つは，試料に対して照射されたガンマ線の透過率に関する計測である．後者の結果は，試料の密度（ガンマ線透過密度）を算出するために通常用いられる．

9.4.1 自然ガンマ線強度

自然ガンマ線強度（Natural Gamma-Ray Intensity：NGR）は，掘削・回収されたコア試料の計測や海底下を孔内計測することによって得られる，堆積物・岩石中に含まれた天然放射性核種に由来するガンマ線の強度のことである．親核種の半減期が娘核種の半減期よりも十分に大きい場合には，親娘核種の放射能が等しくなる（永続平衡：secular equilibrium という）ので，特定のエネルギー準位におけるガンマ線放出が時間に対して一定となる．そこで，堆積物や岩石から放出されるガンマ線強度を測定すれば，その放射性核種の量（あるいはその核種を含む鉱物の総量など）をある程度推定することができる．孔内計測のように，掘削孔周囲の自然ガンマ線量を計測する場合は，限られた体積を対象にするコア試料計測時に比べて線量が必然的に大きくなる．この場合，上述したようにガンマ線が核種に特有のエネルギー準位をもつため，カリウム（1.46 MeV），トリウム系列ではタリウム（^{208}Tl；2.62 MeV），ウラン系列ではビスマス（^{214}Bi；1.76 MeV）などの核種をエネルギースペクトルから判別することも可能である（図9.10）．

堆積物や岩石においては，カリウム，トリウム，ウランの放射性核種は，粘土鉱物などに含まれていることが一般的に多い．トリウム，ウランは火山灰層にも多く含まれる．こういったことから，自然ガンマ線強度は，①深度方向における粘土鉱物の相対量（あるいは逆にこれを希釈する生物起源粒子の量）の推定，②カリウム，トリウム，ウランの含有量の推定，③掘削コアの計測データと孔内計測データの対比・統合，といった点で有力なパラメータである（Sakamoto et al., 2003）．

自然ガンマ線強度の測定には，シンチレータ（scintillator：タリウムを少量添加したヨウ化ナトリウム（NaI）結晶からなる），増幅器（光電子増倍管；photomultiplier），多重波高分析器（multichannel pulse height analyzer）で構成される装置が用いられる（図9.11）．空間分解能は，装置の分光学的構造に依存するが約15 cmである（Blum, 1997）．シンチレータにガンマ線が入射すると，両者の相互作用（光電効果（photoelectric effect），コンプトン効果（Compton effect），電子対生成（electron pair productin））によって2次電子（secondary electron）が発生する．2次電子は結晶中で電離や励起を起こすが，この状態がもとに戻る過程で，シンチレータは吸収したエネルギーに比例した強度の光（シンチレーション）を発する．光電子増倍管はシンチレータからの光を電子に変換し増幅する真空管であり，光電陰極に光が当たると電子が放出され，ダイノード（dynode）と呼ばれる電極に集められる．ダイノードには入ってきた電子より多くの電子を放出する性質があり，増幅した電子は陽極に集められ，電気信号（パルス）として取り出される．取り出されたパルスは，多重波高分析器でパルスの高さ，すなわちシンチレーションの強さ（シンチレータが吸収したエネルギーの大きさ）の分布が測定される

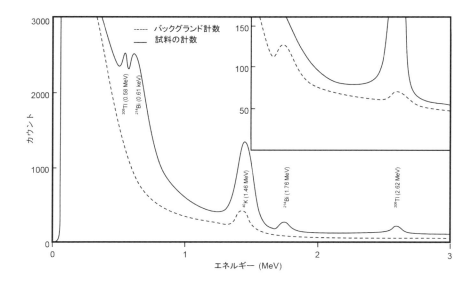

図9.10 自然ガンマ線の波高分布
右上図は1.5〜3 MeVを拡大したもの（Blum, 1997を修正）

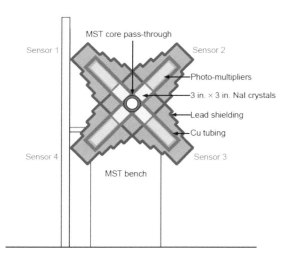

図9.11 マルチセンサートラックガンマ線検出器の取付概要図
(JOIDES Resolution, Ocean Drilling Program)

（飯田, 2005）. 多重波高分析器は, 既知のエネルギーの特定の吸収ピーク（absorption peak）について, 標準試料を使ってエネルギー較正を施す必要がある. 多重波高分析器において, ガンマ線のピークはそのエネルギーに比例したチャンネル番号に現れるので, 事前にいくつかの標準試料を用いてガンマ線のエネルギーとチャンネル番号の関係を求めておくのである. カリウムの標準試料には, 塩化カリウム（KCl）溶液で満たされたコアライナー（core liner）が, トリウム標準試料には, Schlumberger calibration pad か small flask with Th oxide が用いられる（Blum, 1997）. また, 密封線源のバリウム（^{133}Ba：0.08, 0.30, 0.36 MeV）やコバルト（^{60}Co：1.17, 1.33 MeV）が用いられることもある.

自然ガンマ線強度の値は, エネルギー準位で 0〜3.0 MeV（波長では10〜0.004Å）の範囲における各計数を積算したものであり, カリウム, トリウム, ウランから放出されるガンマ線（特に0.5〜3.0 MeVの範囲）はもちろん, これらのガンマ線がコンプトン効果や光電効果によりエネルギーを失ったもの（それぞれ, 0.1〜0.6 MeV と 0〜0.2 MeV の範囲）も含まれる. ただし, International Atomic Energy Agency, Schlumberger NGT tool, ODP方式など, 積算する際に使用するエネルギー準位（energy level）やその数はそれぞれ違うので注意する必要がある.

掘削コア計測の場合と孔内計測の場合では, 自然ガンマ線強度の測定単位も異なる. 前者においては, 通常, ガンマ線の秒あたりの計数（counts per second：cps）を用いる. 計数を用いることは簡便であるが, 結果は使用する装置と対象試料の体積（コアの場合, 直径）に依存することになるため, データ比較の際には注意が必要である. これに対し, 後者の孔内計測では, 多くの場合, GAPI（gamma-ray, American Petroleum Industry）units という, テキサス大学ヒューストン校の検量ピットで決定された単位が用いられる（Blum, 1997）. したがって, 両者のデータを相対的に比較する際には問題はないが, 掘削コアと孔内計測結

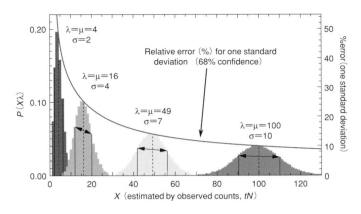

図9.12 4つの計数に対するポアソン分布
測定時間を長くすると指数関数的に相対誤差が減り,ポアソン分布に一致することを図示している(Blum, 1997)

図9.13 マルチセンサーコアロガー
(地球深部探査船「ちきゅう」, IODP)

果の統合を行う際には区別が必要である.

自然ガンマ線強度の測定を行う際は,検出器の計数誤差や装置周辺のバックグラウンド (background) の影響の評価が重要である.放射性核種の崩壊は,ランダム (random) に起きるが時間平均として常に一定である.このような事象はポアソン分布 (Poisson distribution) に従い,計数 (λ) の場合,標準偏差 (σ) は $\sqrt{\lambda}$ で,相対誤差 (σ/λ) は $1/\sqrt{\lambda} \times 100$ (%) で表される.たとえば,$\lambda = 4$ の場合,$\sigma = 2$,相対誤差は $\pm 50\%$ となり,$\lambda = 100$ の場合,$\sigma = 10$,相対誤差は $\pm 10\%$ となる(**図9.12**, Taylor, 2000).すなわち,計数の誤差を小さくするには測定時間を長くするなど,掘削コアから放出される自然ガンマ線の計数を増やすことが重要といえる.ODPやIODPでは,**図9.11**や**図9.13**に見られるように,複数の検出器を取り付ける

ことで,掘削コアから放出される自然ガンマ線を短時間で多く計数できるようになっている(Hoppie et al., 1994 ほか).通常の砕屑物粒子からなる堆積物を計測した場合の平均計数は約 30 cps であり,計測時間 30 秒で平均統計誤差が 3 % 程度である(Blum, 1997).将来的に,検出器の数をもっと増やし,また,深度方向に鉛遮蔽板を増やすことで,空間分解能や測定できる感度を高めることも可能であろう.一方,掘削コアの測定中には,装置周辺からの自然ガンマ線(バックグラウンド)も同時に検出してしまうため,得られた計数からコア試料のみの計数を求めるには,バックグラウンドの計数を差し引かねばならない(**図9.10**).ODPやIODPでは,掘削コアの測定直前に水を満たしたコアライナーを測定することで,実際の測定時に近い状況でのバックグラウンド計数を求め,その値を毎回差し引くことにしている(Blum, 1997).この手順を実施しない場合は,バックグラウンド計数が 1~2 cps 高い傾向にある.なお,少量試料の測定時など,試料の計数が少ない場合,バックグラウンド計数を差し引くことは難しい.その場合,バックグラウンドの測定時間を長くして計数誤差を小さくする,あるいは,遮蔽材を用いてバックグラウンド計数を下げるなどの対応が有効である(Evans and Lucia, 1970 ほか).

9.4.2 ガンマ線透過密度

ガンマ線を試料に照射し,計測された透過率を利用してガンマ線透過密度(Gamma-Ray Attenuation Density:GRA)と呼ばれる掘削コアの密度(多くの場合は湿潤全岩密度:wet bulk density)が算出される.ガンマ線透過密度を利用して間隙率(porosity)を算出する場合,この手法は GRAPE(Gamma-Ray Attenuation & Porosity Evaluation）と呼ばれることもある．一般的に密度は対象試料の重量と体積から求められるが，ガンマ線透過密度は，試料の密度に比例してガンマ線強度が減衰する性質を利用して求められる．

ガンマ線透過率の計測では，密度計として広く用いられる放射性核種，セシウム（^{137}Cs；$T_{1/2}=30.1$年，0.66 MeV）をガンマ線源として利用することが多い．セシウムから放出されるガンマ線は，数 mm 径のコリメーター（collimator）を通して試料に照射されるため，空間分解能の高い（2～10 mm；コリメーター径の2倍程度）測定を行うことができる．自然ガンマ線強度の計測と同様，シンチレータを用いて試料を透過したガンマ線の透過量を検出するが，検出されるガンマ線の計数が 10,000 cps 以上と高くなるため，数秒間の照射時間でも相対誤差の小さい結果が得られる．

ガンマ線を試料に照射すると，試料を通過するうちに，コンプトン効果や光電効果により，その強度は減衰していく．ガンマ線強度は，試料のガンマ線吸収率と厚さと密度の相互作用により減衰するが，その関係は以下の数式で表される．

$$I = I_0 \cdot e^{-\mu \rho d} \quad (9.1)$$

ここで，I_0 は試料に入射する前のガンマ線強度（Intensity），I は厚さ d（cm）の試料を通過した後のガンマ線強度，μ は質量減弱係数，ρ は密度（g/cm^3）である．また，密度は式（9.1）を変形した以下の式で導き出される（Weber, 1997ほか）．

$$\rho = -\frac{1}{\mu d} \cdot \ln \frac{I}{I_0} \quad (9.2)$$

式（9.2）より，試料の質量減弱係数がわかれば，試料透過後のガンマ線強度から試料密度を推定することができる．ただし，堆積物コアは固体試料と間隙水から構成されていると考えてよいが（**図9.14**），固体を構成する鉱物の質量減弱係数は大きく変わらないのに対し，水の質量減弱係数は鉱物のそれに対し大きく異なるため注意が必要である．そこで，ODP や IODP では，堆積物や岩石の乾燥密度（2.5～3.5 g/cm^3）に近いアルミニウム（$\rho \approx 2.7$ g/cm^3）を固体相に，純水（$\rho \approx 1.0$ g/cm^3）を間隙水相にした二相モデル（Two-phase model）を想定したピース（piece）を作製している（**図9.15**）．アルミニウムと水のバランスを変えることにより，あらかじめ密度と質量減弱係数の関係を求めておくためにこのピースは利用される．現在は Geotek 社のマルチセンサーコアロガー（MSCL）に付属するガンマ線透過密度計が使用されることが多い（**図9.13**）．この場合，事前にアルミピースの測定を行う点は同様だが，ピースを透過したガ

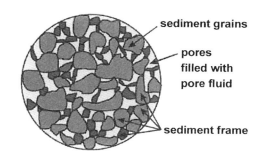

図9.14 海洋堆積物の構成イメージ

堆積物粒子間（孔隙）を流体が満たしている（Schulz & Zabel, 2000）

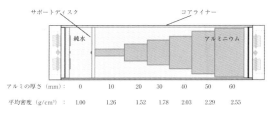

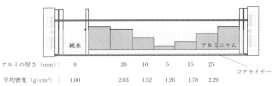

図9.15 ガンマ線透過率計測用のアルミピース（「ちきゅう」）二相モデル

鉱物＝アルミニウム，間隙水＝純水
上：Whole core 用　下：Split core 用

ンマ線強度の自然対数（$\ln I$）と，試料密度と試料の厚さ（コアライナー内径）の積 $\rho \cdot d$ を x-y 図上にプロットすることにより得られる以下の2次式を用いて試料の密度が計算される（**図9.16**）．

$$\ln I = A(\rho \cdot d)^2 + B(\rho \cdot d) + C \quad (9.3)$$

なお，A，B，C はグラフより得られる定数である．MSCL ではライナーの外径を同時に測定しているため，$\ln I$ と $\rho \cdot d$ の関係から，ライナーに多少の歪が見られる場合でも正しい密度を得ることができる．ただし，**図9.16**に示されているように，試料に空隙がある場合は，得られるガンマ線強度の値が異なってくることから，式（9.3）における定数も変化することに留意が必要である．すなわち，含水率の低い岩石コアなどを取り扱う場合には，含水率の高い堆積物コアの場合とは別の検量線を用意する必要がある．

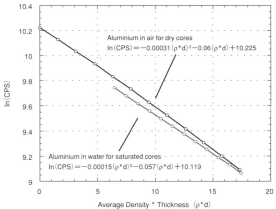

図9.16 筒状アルミピースに対するガンマ線透過率の計測結果と2次回帰曲線の例（Geotek, 2000）

湿潤全岩密度と間隙率（porosity）は，以下の数式で表すことができ，密度から間隙率を算出することがある（逆もある）．

$$\rho = \varphi \cdot \rho_f + (1 - \varphi)\rho_g \qquad (9.4)$$

ここで，ρ_g は固体試料の粒子密度（grain density），ρ_f は間隙水の密度である．ρ_g に関しては，通常，主要造岩鉱物である石英，長石，雲母を代表する密度（2.7 g/cm³）を用いるが，より厳密に間隙率を求める場合は，別途，個別試料を測定する必要がある（Gunn & Best, 1998, Schulz & Zabel, 2000ほか）．

ガンマ線透過密度を求めるにあたっては，上述したとおり，装置に備わったガンマ線源が不可欠である．そのため，装置の取扱いにおいては，放射線取扱主任者（radiation protection supervisor）の管理の下，安全に十分留意する必要がある．線源やシンチレータは鉛で保護されているため，装置表面の線量は法令で規定されている1.3 mmSv/3カ月以下に抑えられている．また，ガンマ線は直進性が強いため，試料にガンマ線を照射している場合も，周囲で放射線被爆が起こる心配はない．しかし，ガンマ線の経路は保護されていないため，測定をしない場合は照射窓を必ず閉じておくほか，ガンマ線の経路に指など人体を置くことがないような措置を講ずることは重要である．また，線源として使用するセシウムは半減期が30.1年であるため，長期間使用した場合には，経年劣化を考慮した線源の交換が必要となる．

9.5 帯磁率と残留磁化

この節では，船上（特に掘削船上）でのコアの磁化率（帯磁率）と残留磁化の測定について，特に掘削船上で実際にコアを測定する特殊性を意識しながら記述する．船上で帯磁率と残留磁化測定に使用する計測器については，10.8節を参照されたい．

9.5.1 磁化率

コアの磁化率は，コア対比において他の物性値とともに有効な手段である．その測定は，通常，MSCL（multi sensor core logger）の1項目として，岩石物性学者によって行われる．しかし，近年頻繁に行われている高解像度の古海洋学的研究が目的の航海では，同地点で掘削深度をずらし何本もコアを採取することが行われている．この場合は掘削孔間の対比を即座に行うことが必要なため，より高速な測定が可能な，帯磁率センサーが2連式になった"Fast Track"と呼ばれる帯磁率測定に特化したコアロガーが使われることがある．

磁化率とは，磁場中に物質をおいたとき，その物質に生ずる誘導磁化の強度を磁場強度で割ったもので，磁化のしやすさを表す．この比率は磁場強度によって変わるが，船上測定では磁場が非常に弱いときの磁化率（初期磁化率）を測定している．測定された磁化率は，基本的に磁性鉱物の含有濃度を反映し，他の物質との量比の関係で深度方向に変動する．たとえば，生物生産量や炭酸カルシウム溶解度変化などにより，磁性鉱物粒子濃度が変化することで，酸素同位体曲線とよく似た磁化率曲線が得られることがある．

船上で用いられる磁化率計は，センサーコイル（sensor coil）とコンデンサー（condenser），発信器，周波数計数器からなっており，通常数百Hzの弱い交流磁場をセンサーコイルから発している．このコイルの中に物質を入れると，物質の磁化率に応じてコイルのインピーダンス（impedance）が変化し，共振周波数が変わる．磁化率計では，この共振周波数の変動を精密に測定することで，磁化率に換算している．この原理のため，測定には以下の注意が必要である．一般的に電気回路のインピーダンスは系の温度により変化するので，測定系全体が平衡温度に達するまで，スイッチを入れてから少なくとも30分程度待つ必要がある．また，室温変化にも敏感であるため測定直前のゼロ点補正や，測定後に試料なしの状態で測定することによるゼロ点補正以降のドリフト（drift）分の補正が行われている．また，磁化率計の較正は，メーカー提供の標準試料を測定することによって行うことができる．

9.5.2 残留磁化

掘削航海における古地磁気学者の主な役割は，残留磁化測定により磁気層序を迅速に確立することである．そのため，岩相記載が終了したアーカイブハーフ（archive half core：保存用半割コア）の残留磁化を，すぐさま船上に装備されているパススルー磁力計（pass-through magnetometer：10.8節参照）により測定することになる．そして交番磁場消磁（alternating field demagnetization）および消磁後の磁化測定結果より初生的な磁化方位を認定し，古地磁気極性を判定していく．ただし，後の古地磁気研究でアーカイブハーフを用いることがあるため，消磁レベルは，通常20 mT 程度までとしている．また，測定間隔や消磁レベルの間隔は，必要な測定量との兼ね合いで変わりうる．

9.5.3 データの品質

連続コアの測定で注意をしなければならないのは，パススルー超伝導磁力計の SQUID センサーの特有の性質である．詳細は10.8節を参照していただきたいが，測定されたデータは実際の記録の畳み込み積分（convolution integral）になっている．したがって，解像度が個別サンプルの測定より悪くなっていることを認識する必要がある．

連続コア測定は，堆積構造が擾乱された部分なども含めて一斉に行われるため，データの扱いに注意が必要である．コアリングには特有の擾乱があり，たとえば水圧ピストンコア採取システム（APC や HPCS）のコアライナーに近い部分は，コアリング時に堆積物が下方へ引きずられて起こる変形によって磁化ベクトル（magnetization vector）がゆがみ，それが連続コア測定で得られる残留磁化ベクトルに系統的な影響を与えている（Acton et al., 2002）．この影響は，古地磁気極性解釈を覆すほどのものではないが，偏角や伏角からテクトニクスの復元（たとえば，地塊の水平回転や古緯度の復元など）を行う時には，コアの中央部から採取した個別試料（キューブ（cube）や U-channel）を用いるべきである．このほか，視覚的に認識できるコアの乱れ（たとえば，コアトップ数10 cm にある孔壁から崩落物，フローイン（flow-in）構造，伸縮式コア採取システム（XCB や ESCS）掘削による地層のビスケット（biscuit）化：第5章参照）にも気を配り，必要に応じて，不適当な部分をデータ解釈から除外することが必要である．

こういった物理的な変形とは別に，強く磁化した掘削ツールにより誘発される磁化があり，コアリング時，あるいはコアがパイプを通過中に磁化が付加すると考えられている（Fuller et al., 1998など）．これはほぼコアバレルに平行な成分であることが多く，数10 mT の交流消磁によって取り除けるが，特に古地磁気データが重要視される航海ではこの影響を最小限に抑えるために非磁性の掘削ツールが使われる場合がある（ODP Handbook）．

9.5.4 コアの定方位

APC では Multi-shot tool または Tenser Tool といった方位計による定方位コア採取が頻繁に行われてきた．鉛直の偏差を記録する水平器と，周辺の磁場を測定するコンパス（magnetic compass）の計測値を記録することにより貫入時のコアの方位を復元する（Stokking et al., 1993）．一方で，試料の古地磁気方位自身が定方位の手段として使われることがある．構造をともなう地層の RCB 掘削では，コアリングにより分断されたピースが，水平面内で回転してしまっている場合が多い．こうした場合，信頼できる古地磁気方位を得ることができれば，コアの方向を決めることができる．たとえばコアに断層が含まれ，その面の方向が測定された場合，古地磁気偏角を使って構造を復元することが可能となる．

9.5.5 層序の確立

地磁気極性タイムスケールはたびたび改訂される．しかし航海では他の層序，特に微化石層序との整合性が保たれるタイムスケールを選択することが必要であり，常に最新の磁気極性タイムスケールが選択されるわけではない．航海前に他の層序学者と，どのタイムスケールを使用するか相談しておく必要がある（たとえば，Cande and Kent, 1995；Gradstein, et al., 2012など）．

磁気層序を構築する際には，コアを記載する研究者から岩相・構造や，掘削によるコア変形などの情報を集め，データの品質を吟味し，他の層序学との整合性の有無を確認しながら解釈を進めていくことが必要とされる．

また，船上で構築された年代モデルは，航海後の研究により絶対年代や同位体層序により改良されることがありうる．

9.6 弾性波速度

弾性波の伝搬特性を利用した物理探査や孔内検層は，地表・海洋底の浅部地層から，地殻，マントル，核にわたるまでの構造解明や各種物理現象の理解に大変大きな役割を果たしてきた．地球を構成している物質の

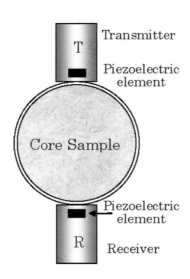

図9.17 弾性波速度測定の模式図

弾性波伝搬特性の把握，広域な物理探査あるいは数100 m～数 km 規模の検層データの解釈，あるいはこれらのデータを統合するために，採取されたコア試料の弾性波速度を計測することが必要である．弾性波の伝搬様式（propagation mode）によって，P 波（primary wave：または縦波（longitudinal wave）），S 波（secondary wave：または横波（transversal wave）），表面波（surface wave）などがある．連続したコア試料から一部切り出して計測する場合，一般的に P 波と S 波速度の両方を計測の対象としている（10.12節参照）．コア試料を切り出さずに行う非破壊計測の場合では，P 波速度の計測だけを行うことが多い．本節では，地球深部探査船「ちきゅう」搭載の非破壊計測装置マルチセンサーコアロガー（MSCL）による P 波速度の計測を想定して，その測定原理，測定システムの概要，較正試験（calibration test）の実施方法，計測結果に影響を及ぼす可能性のある各種要因，計測上の留意事項などについて述べる．

コア試料の P 波速度を計測する手法としては，パルス透過法（pulse transmission method）が一般的に用いられている．一例として，その計測のセンサー（sensor）とコア試料の編成（assembly）を図9.17に示す．この方法は，試料の直径方向に伝搬する P 波の伝搬時間を計測して，速度を求めるものである．直径が数 cm オーダーのコア試料を用いて速度計測を行う際，弾性波が無限大の地層中を伝搬すると仮定する際の境界条件を満たすために，短い波長，つまり高周波の弾性波を用いなければならない．一般的に，測定試料の最小寸法は，弾性波の波長の5倍以上であることが望ましいとされている（ASTM, 1999）．代表的な非破壊 P 波速度計測装置は，250 kHz ないし500 kHz の振動子を用いることが多い．一方，ボーリングの孔径はビット（bit）の外径が37 mm の EQ と呼ばれるものから AQ，BQ，NQ，HQ，そして外径122 mm の PQ などの規格が一般に用いられる．たとえば，外径98 mm の HQ ビットを使用して得られるコア試料の直径は約63 mm であるので，前述の5倍以上という条件を満たすためには，波長が12 mm 以下でなければならない．したがって，250 kHz と500 kHz のセンサーで計測できるコア試料の P 波速度範囲はそれぞれ，3 km/秒と6 km/秒以下となる．3 km/秒以下という速度範囲にしても，ほとんどの海洋底堆積物・堆積岩まで対応できると考えられ，500 kHz のセンサーを用いれば，玄武岩などの基盤岩まで計測することが可能である．他方，岩石試料を均質体とみなすために，波長は平均粒径の3倍以上である必要がある．一般的に，海底の堆積地層や基盤岩は比較的粒径が小さいので，この制約条件がほとんどの場合問題にならない．

IODP などの海洋掘削では P 波速度の測定に MSCL を活用している．「ちきゅう」に搭載されている MSCL は，円柱状コアをそのまま測定する whole round core タイプと半割コア用の split core タイプがある．軟らかい堆積物試料の速度計測はコア試料にポリカーボネートパイプ（poly-carbonate pipe）のコアライナー（core liner）がついている状態で行われる．この装置はコアライナーの直径と伝搬時間を同時に計測する仕組みになっている．コアライナーの直径の計測精度は0.1 mm であり，伝搬時間の計測分解能は0.05マイクロ秒である．装置の性能からいえば，速度の計測精度は，細心な注意を払えば ±3 m/秒である．

図9.17に示したように，計測された伝搬時間にはコア試料本体のみではなく，発振子と受振子の内部にある一対の圧電素子間のすべてが関与する．コア試料のみの伝搬時間を知るためには，コア試料以外の部分の伝搬時間を補正しなければならない．通常の較正試験では，コアライナーと同じ材質・寸法のパイプに速度既知の蒸留水を充満したものを較正試料（calibration piece）とする．その伝搬時間を計測して，コア試料以外の部分の伝搬時間を算出する．ただし，蒸留水の P 波速度は温度依存性がある．したがって，測定時の温度条件における蒸留水の速度を補正値の算出に使用しなければならない．

弾性波速度に影響を及ぼすコア試料の性状として，含水状態，異方性構造などがある．試料中の含有水分が蒸発すれば，その間隙に気体が入るため伝搬速度は低下する．また，顕著な堆積異方性構造がある場合，

コア試料の直径方向で計測された速度値は孔内検層で求められた鉛直方向の速度値と顕著に異なることがあるので，注意が必要である．一方，弾性波速度に影響を及ぼす測定条件としては，圧力状態（等方圧力状態，差応力状態など，またその応力の大小），間隙水圧，温度などがあげられる．そこで，コア試料を用いて，海底下深部にある地層の真の速度値を知るために，試料の採取深度における圧力・温度・間隙水などの条件を再現することが肝要である．速度の圧力依存性については10.12節で詳述されるので，参照されたい．

コア試料に欠損・き裂がある場合や試料表面に凹凸が存在する場合では，試料に対するセンサーの接触が不良となり，正しい速度の計測ができなくなる．掘削地点の地質条件によっては，こうしたケースがかなり頻繁に発生することがあり，連続計測としては成り立たない場合が生じる．この非破壊計測方式では，試料を整形しない利点を有する一方，試料の形状により計測できない欠点もある．計測値の善し悪しを判断するために，波形振幅の減衰率を見るとよい．この振幅減衰率が受振子に到達したP波の振幅と発振波の振幅との比であり，非常に小さな値になった場合は，弾性波の減衰が激しく，速度データの信頼性が低いと判断される．また，計測されたコア試料の速度値を代表的な岩石材料や水などの弾性波速度値と比較することもデータの品質保証・管理（quality assurance and quality control：QA/QC）に有効な手段である．

9.7 熱伝導率

9.7.1 測定原理（定常法と非定常法）

一般に物質の熱伝導率は伝導熱輸送により媒質中を運ばれる熱エネルギー（thermal energy）の"伝わりやすさ"を表す物性値であり，基礎的な物理・物理化学のみならず機械工学や材料系分野でもしばしば扱われるパラメータ（parameter）である．着目している媒質（試料）についてz方向の熱エネルギーの流束（熱流量：heat flow）Q [W/m^2] および温度勾配（thermal gradient）$\delta T/\delta z$ [K/m] が与えられたとき熱伝導率（thermal conductivity）k [単位はW/(m・K)] は，

$$k = Q/(-\delta T/\delta z) \tag{9.5}$$

によって求められる．熱伝導率測定の基本は式(9.5)の関係に従い定常的な温度勾配を試料に与えてそこを通過する定常的な熱の流束を直接測定する定常法（steady-state method）であって，実際古くから近

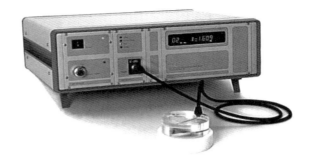

図9.18 市販されている地質試料向け熱伝導率測定器（TK04の外見）

年にいたるまで，地質的試料の熱伝導率測定は特に米国・英国など多くの研究機関において「分割棒法（divided-bar method）」と呼ばれる測定器により測られてきた（渡部，1970などを参照）．しかし，現実的な測定の簡便さという要求から，海底堆積物をはじめとする軟らかい地質試料については1960年代以来，ステップ発熱（step heating）またはパルス発熱（pulse heating）による非定常法（non-steady-state method）を原理とする「ニードルプローブ法（needle-probe method）」が用いられてきた（Von Herzen and Maxwell, 1959）．均質な媒質中の無限に長い線熱源という数学的近似によって熱伝導率が求められる．最近入手できる汎用の熱伝導率測定器においてはニードルプローブ法による未固結の試料の測定と，半無限プローブ法（semi-infinite-probe method）による固結試料の測定とを両方行う機能（いずれも非定常法）をもった製品が測定器メーカーの規格品として販売され地球科学分野で普及してきた．科学掘削船「ちきゅう」の実験室に装備されているものはこの両用タイプの1つで，ドイツTeKa社のTK04という機種であり，同じ本体計測装置に対して未固結堆積物にはニードルを，固体試料には半無限プローブを接続して使用できるように作られている（図9.18）．メーカーによってニードルの外径・長さ（ニードルプローブの場合），そして標準測定時間や加熱熱量などが違うものの，いずれもある決まった一定量の加熱が$t = 0$に開始されてその熱パルスが媒質中を拡散していくときの温度過渡的応答が加熱点直近（試料表面）において精密にモニターされることにより，その応答を表す理論式に当てはめて熱伝導率kを求めるものである．

そのほか，新しい試みとして温度の遠隔測定を原理とした非接触方式熱伝導率測定法（optical scanning thermal conductivity instrument）がロシアの研究機関で考案されており，ドイツの大学をはじめとする世界

の研究機関にも広がりつつある．

9.7.2 非定常法による地質試料の熱伝導率測定の誤差要因

ニードルプローブおよび半無限プローブによる非定常法の熱伝導率測定ではどちらも共通して，主に次のような誤差要因が存在するので，測定者はそれらの要因をできる限り小さくするように注意を払う必要がある．そして，溶融石英（熱伝導率値は1.28 W/(m・K)）などの標準試料を測定することによって，計測装置のドリフト（drift：経時変動）を含んだ総合的な測定誤差（total error）についても毎日測定開始前の定期的検査を怠るべきではない．

第1に，測定環境の周囲温度の影響がある．熱伝導率測定で測定される試料表面の温度の変化は非常に小さいため，たとえ毎分0.1℃程度の小さな周囲温度の上昇があった場合でも，見かけ上のkが真の値に比べて有意に小さな値を与える結果をもたらし，逆に周囲温度の下降があるとあたかもkが大きいかのような測定値を簡単に与えてしまう．このような周囲温度変化による誤差については，上記TK04のような既製品の多くは測定開始にあたり測定器が自動的に試料温度の変化率をチェックして，ある基準を満たす温度安定度があることを確認してから加熱パルスを発生する仕組みが採用されているため，ある程度まではこの原因による誤差を排除できるようになった．しかし，試料内部と表面との熱平衡が十分良いか否かについては，測定者自身が微小な温度変化に関して注意することが必要である．水深の深い海底から採取したばかりの堆積物（直径5 cmのコアとする）の場合であれば原位置での温度は2〜5℃と低く，精密な測定のためには経験的には温度安定度の良い測定室（室温10〜20℃として）に少なくとも3〜4時間以上，試料を放置してから測定しなければならない．ただし，コアの直径が大きいほど，直径の2乗に比例してその時間を長くする必要がある．

もう1つの大きな誤差要因は，試料そのものの含水率の変化である．上に述べたとおり，非定常法の測定の場合には表面の温度変化を精密に測るので，試料表層（1 cm程度の厚さ）の含水状態によっては真の値とは違った見かけkの値が得られてしまう．多孔質な堆積物の表面が乾燥状態になると（熱伝導率が低い空気層のために）際立って低いkの値をとるようになる．我々地球科学的に興味あるkは地下原位置で水に飽和した堆積物の物性としてのkであることから，試料のもつ元々の水分が失われることのない状態を保って測定を行わなければならない．特に堆積物のコアが半割にされる場合は，2分割されてできた平坦な分割表面をプラスチックフィルム（plastic film：食品用のラップ（plastic wrap）でよい）で覆うことにより，たとえ10〜20分の時間であっても測定までの間の水分の損失をなくして極力元の含水状態を保つ必要がある．さらに，試料表面から空気中に水分が蒸発するときに気化熱を奪って測定面の温度が有意に低下するので，その結果，第1の誤差要因として述べたものと同様に測定値に無視できない影響を与える．このことも湿潤試料に対して表面をフィルムで覆って測定を行うもう1つの理由である．

9.7.3 熱伝導率測定の結果の実例

地質試料の熱伝導率は，固結試料であれ未固結堆積物であれ，主として鉱物組成の違いと空隙率の大小とによって変化する．しかし金属に比べると顕著に低く，有機溶媒や気体に比べて顕著に高い値をもつ．測定結果の例として，海底堆積物の熱伝導率と海底面からの深度（cm）との関係を調べたMatsuda and Von Herzen (1986)に掲載された図を示す（**図9.19**）．この例ではカルシウムの含有率が高い深度部分で堆積物のkが高くなることが示された．固体粒子と水との比が大きいほどkが高い（含水率が高いとkは低い）とい

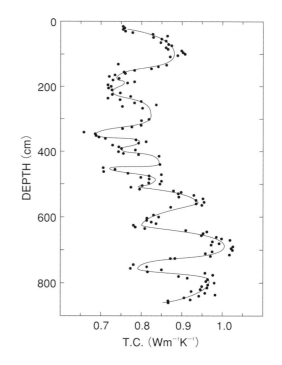

図9.19 海底表層堆積物における熱伝導率の深さ方向の変化の実際例（Matsuda and Von Herzen, 1986）

う関係も，多くの研究により一般的に見られている．

9.8 電気比抵抗

9.8.1 電気比抵抗と電気伝導度

電気比抵抗（electrical resistivity）とは，試料の大きさに依存しないよう規格化された，物質そのものの電気的性質を表す量であり，電気伝導度（electrical conductivity）の逆数である．比抵抗は物理探査・検層の主要な探査パラメータの1つとして用いられており，間隙流体（地下水など）の有無や量に対して鋭敏に変化するものである．しかし，船上の物性測定実験室ではルーチン（routine）測定としては行われておらず，必要な場合に研究者がそれぞれの測定装置と手法を持ち込んで測定してきた．したがって，測定は下船後に陸上の研究室で行われることが多いが，近年，地球深部探査船「ちきゅう」にコア試料の比抵抗測定用にインピーダンスアナライザ（Impedance Analyzer）が導入・設置された．ここでは，電気比抵抗の概念について簡単に説明し，実際行われている3つの測定手法を紹介する．なお，詳しい測定原理については，島ほか（1995）や物理探査学会（1998）を参照されたい．

9.8.2 原理

柱状試料を流れる電流の強さIは，よく知られているように試料の両端の電圧Vに比例し，

$$I = \frac{V}{R} \tag{9.6}$$

と表される．ここでRは抵抗で，試料の長さlと断面積S，物質に固有の値である比抵抗ρを用いて次のような関係で示される（図9.20）．

$$R = \rho \frac{l}{S} \tag{9.7}$$

堆積物や岩石の比抵抗は，主に，それを構成する岩片や鉱物（特に微弱な電導物質である粘土鉱物を含む場合）の比抵抗と，それらの間に存在する間隙流体の比抵抗によって決まる．一般的に，岩片や鉱物の比抵抗に比べて間隙流体の比抵抗は十分に小さいので，試料の比抵抗は，主に間隙流体の全体に占める割合とその比抵抗に依存する．ここで，試料（地層）が，間隙流体（電解質溶液）で完全に飽和している時には，地層比抵抗を間隙流体比抵抗で規格化した値を地層比抵抗係数（formation factor）と呼ぶ．地層比抵抗係数（F）と地層の間隙率（ϕ）との間には一定の関係があり，アーチー（Archie, 1942）の式と呼ばれる次のような経験式で示される．

$$F = \frac{\rho_m}{\rho_w} = a\phi^{-m} \tag{9.8}$$

ここで，aは水理的屈曲性，mは膠結作用（cementation）に関係した係数で，ϕ, a, mは堆積物の種類，粒子の粒径，続成の度合いなどによって決まる定数である．同じ種類の堆積物・岩石について，多くの試料の間隙率と比抵抗値の関係および間隙流体の比抵抗を測定することによって，定数a, mを決定することができる．したがって，比抵抗値の測定によって，間隙率を推定することが可能となる．また，流体の移動が電荷の移動に類似した現象であると考えられるため，電気比抵抗の測定によって浸透率を推定する試みがなされている．その場合，物理探査的手法による比抵抗測定は面的ないし空間的な分布を得ることが可能であるため，その利点が大きい．一方，試料中の含水飽和度の変化は比抵抗測定結果に顕著な影響を与えるので，測定試料の含水状態が変化しないように留意しなければならない．

9.8.3 比抵抗測定の実際

掘削により得られたコア試料の比抵抗測定は主として，マルチセンサーコアロガー（MSCL）を用いる間接的な測定方法と，コア試料に電極を当て電流を流して電位差と電流量を計測する直接的な手法がある．

MSCLは，非接触型電磁誘導コイルを用いてコアの電気比抵抗を計測する（図9.21）．コアはコアライナー（core liner）に入ったままの状態でも計測が可能である．非破壊計測という観点からは，真に非破壊で大量のデータがほぼ自動で取得できる利点が大きい．しかし，この測定システムの仕組みは完全に公開されておらず，ブラックボックス（black box）となっているのが現状である．MSCL法では，センサーの出力値がコア試料の比抵抗値ではないため，較正試験を行い，較正曲線（calibration curve）を取得する必要がある．経験的には，毎日較正試験を行うことが望まし

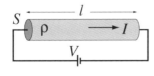

$R = \rho \dfrac{l}{S}$　　ρ　比抵抗(ohm-m)
　　　　　　　l　長さ(m)
　　　　　　　S　断面積(m²)

図9.20　柱状試料の電気比抵抗

図9.21 非接触型比抵抗測定センサーと較正ピース

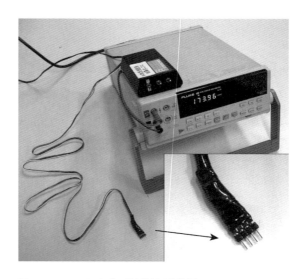

図9.22 BIOタイプの比抵抗測定装置

い．通常，各種異なる濃度（比抵抗値が既知）の塩化ナトリウム（NaCl）ないし塩化カリウム溶液（KCl solution）を，コアライナーと同様な径のパイプに封入して，較正試験試料（calibration test piece）とする．その溶液の比抵抗値が実測のコア試料の予測される比抵抗範囲をカバーする必要がある．また，MSCLの比抵抗計測センサーは顕著な温度依存性があるため，コア試料の計測でも較正試験でも室温を調整して行うことが必要である．特に，回収直後のコア試料の温度が実験室の温度と異なる場合，コアの温度が一様に室温に安定するまで数時間待機しなければならない．これは計測上の問題と，堆積物・岩石の比抵抗，特に間隙流体の比抵抗が温度に依存するためである．実験室の温度とコア試料の採取された原位置深度での温度が異なる場合，室内の測定結果を適用するためには補正などが必要である．

コア試料の直接比抵抗計測手法は主として，軟質な堆積物を適用対象とされる針状の電極を刺して計測する方法と，硬い堆積物などの岩石に適用される，柱体試料を切り出してその両端に板状電極で挟んで計測する方法がある．両者とも計測そのものが非破壊的であるが，前者は小型電極をコア試料に刺す必要があり，後者は試料を切り出す必要がある．ただし，小型電極の挿入による損傷は軽微なもので問題とならない場合が多い．そのほか，バンド状の電極を硬い堆積物・岩石コアの表面に巻き付けて計測を実施する例もある（関根ほか，1996）．この方法では電極の設置が簡単である反面，接地抵抗（ground resistance）による影響を受けやすい．

直接測定法において，2本の金属電極に直流電流を流すと，電解質溶液中のイオン（ion）が移動する．正に帯電したイオン（cation）は負極へ，負に帯電したイオン（anion）は正極へと移動し，電極の周囲に集積する（島ほか，1995）．このような電気化学的分極によって，時間とともに電流が流れにくくなる．これを避けるために一定周期ごとに正負の極性が切り替わる矩形の直流である交替直流が用いられる．また，LCRメーターを用いて，約100 Hz～100 kHzの交流でコア試料の比抵抗測定を試みた例がある（畠田ほか，2015）．2本の電極に電圧を印加して，その2本の電極間で流れる電流値から抵抗を測定する場合には，電極と周囲の堆積物の間の接地抵抗の影響が大きくなる．このため，2つの電流電極と2つの電位電極が直線上に配置されたウェンナ配置の四極法（Wenner electrode arrangement）がしばしば用いられる．

図9.22はODP第146航海で用いられたBIO（Bedford Institute of Oceanography）タイプの比抵抗測定装置である．プローブは4ピンで，8 mm離れた両端のピンが電流電極，中央の2つのピンが電位電極である．半裁されたコアにピンを垂直に挿入し，マルチメーター（multimeter）によって電圧を測定する．装置の電極は小型であるため，コアに対して損傷の小さい高密度測定が可能である．回収後のコア試料は，多くの場合，海底付近の水温の影響を受け低温となっているため，室温に安定するまで待機する必要がある．コア試料の比抵抗は温度に依存するため，地層比抵抗係数を求める場合，比抵抗計測時のコア温度条件に合った海水の比抵抗値を用いなければならない．また，この測定では間隙が流体で完全に飽和している必要があるため，ラップ（plastic wrap）を用いて半裁表面の

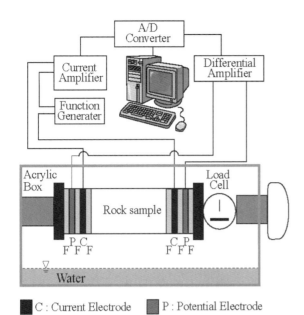

図9.23 切り出した円柱体コア試料による比抵抗測定の模式図（林ほか，2003）

流信号を用いることが多い．この方法では，均等な1次元電流がコア試料を流れることが前提となるが，電流 I（A）および電位差 V（V）を測定すれば，比抵抗 ρ（Ωm）は前述の式（9.6）と（9.7）から求められる．なお，このシステムの試料部分を圧力容器内に置けば，圧力下での測定も可能である（林ほか，2005）．

電気比抵抗は，弾性波探査とともに地下構造を明らかにする手法として陸上においてよく用いられている．このような物理探査および検層データと実際の物質との比較という点でも，採取された堆積物・岩石の比抵抗測定は重要と考えられる．ODPにおいては，下船後の研究例は少なくない（Ashi, 1995；Henry, 1997；Hirono and Abrams, 2002など）が，船上における電気比抵抗測定はルーチン化（routinization）されてこなかった．このため，各研究者によって測定方法が異なり，標準的計測法（standard measurement method）を確立する動きはこれまでなかった．また，比抵抗の値は，鉱物の種類・組織（fabric）・構成粒子の粒径・間隙流体組成・温度などの数多くの要因がかかわっており，未だ解明されていない点が多い．計測スタンダード作りのために各種堆積物・岩石のデータを蓄積し，測定方法・補正方法を確立するには，まずどの計測機器を用いるのが最も適当かということについて関係する研究者間でのコンセンサス（consensus）作りが不可欠と考えられる．また，非破壊計測という観点からは，真に非破壊で大量のデータが自動で取得できるMSCL法が今後重要となってくるものと思われる．MSCLによる比抵抗測定の信頼性の向上のうえでも，計測スタンダードに則した比抵抗研究の推進が望まれる．

乾燥を防ぐ必要がある．

図9.23に一般的な柱状供試体の両端に板状電極を挟んで測定するシステムの例を示した（千葉・熊田，1994；朴・松井，1998）．通常，切り出す柱状コア試料の長さは10 cm程度であり，断面形状は円形の場合が多い．試料中の含有水分の飛散を防ぐために，円柱体試料をアクリル製のホルダーにセットして，4極法（電位電極 P，2個；電流電極 C，2個）により電圧と電流を計測する．また，電極と試料の接触抵抗が結果に影響する可能性があるため，一連の計測は一定の圧力（通常50 kPa）で電極を試料に圧着して行う．

岩石試料の抵抗が大きいので，測定システムに別回路が形成されるのを防ぐために，電圧増幅器の入力インピーダンス（input impedance）を大きくしなければならない．一般に，入力インピーダンスの1％相当の電気抵抗までは問題なく測定できると考えられるので，試料サイズが直径8 cm×長さ10 cmとすれば，10^9 Ωの入力インピーダンスをもつ市販の電圧増幅器を用いることで，約 5×10^5 Ωmの比抵抗試料まで測定できることになる．計測時に負荷する電位差は一般的に数V程度で，電流はmA以下である．前述のように，直流電流を流すことで発生する分極現象を防ぐために，交替直流を使用する必要がある．電気探査に多用される周波数を考慮して，0.5 Hzの矩形波交

9.9 分光反射率測定

堆積物コア断面の色（＝可視光反射率：visible light reflectance）は，その粒度・鉱物・化学組成や含水率・組織（texture）を反映する（Nagao and Nakashima, 1991；1992）．また，コア間で分光反射率の鉛直プロファイル（vertical profile）を比較することが対比にも有用であるため広く用いられている．測定自体はきわめて容易・迅速であるため，1 cmおき程度の高い層序（時間）分解能でルーチン測定を行うことが可能である．分光学あるいは分光反射率測定の基礎的・原理的側面については，成書（たとえば飯山ほか，1994）に詳しい．本節では，主に測定における実用上の注意点について解説する．

9.9.1 原理

可視光の分光反射率測定においては，均一な白色に近い光を試料表面に照射し，照射光の何％が試料面から反射されたかを波長ごとに測定する．図9.24に典型的な分光測色計の照明受光光学系の仕組みを示している．光源（xenon lamp）からの光は積分球内で拡散され，試料面開口部を均一に照明する．試料からの反射光は試料測定用ファイバ（fiber）に，積分球内の拡散光は光源測定用ファイバに導かれ，それぞれ分光センサ（spectral sensor）1・2で分光されたのち，各波長帯ごとに反射光と光源からの拡散光の強度比が算出される．

試料面開口部に測定したい試料面を密着して測定を行うが，その際光源からの正反射光込み（specular component included：SCI）で測色するか，正反射光除去（specular component excluded：SCE）で測色するかを決める必要がある．図9.24（ミノルタ，1991）では，光トラップ（optical trap）を閉じていれば正反射光が積分球内に拡散するためSCIとなり，開けていれば正反射光が外に逃がされるためSCEとなる．SCIは測定面の表面状態の影響が少ない時にはよいが，実際の堆積物の測定では表面状態が必ずしも一定にならないので，SCEで測定されていることが多い．いずれにせよ一方に統一し，かつどちらで測定したかを記載しておく必要がある．

測定はバンドパスフィルタ（band-pass filter）と固定素子を組み合わせた測色計の場合は，測定ボタンを押すだけという簡単なものとなる．測定にかかる時間は，光源がフラッシュ（flash）のように光る一瞬とデータが処理されて記録されるのにかかる時間（3秒）程度である．1試料面に対し数回測定する場合でも，光源の充電に要する数秒×測定回数程度の時間である．分光に回折格子を用いるなどスキャン（scan）が必要な機種では，注目する波長域をスキャンし終わるまでの時間（数分）が必要となる．

9.9.2 測定結果（色）の表現

分光反射率測定の結果は，一義的には測定試料面における各波長帯ごとの反射率スペクトルの形で与えられる．しかし，実際には「色を見た感じ」と直観的に結びつけやすい色彩値の組（表色系）で定量的に表現することが多い．現在広く用いられる表色系は，国際照明委員会（CIE：Commission Internationale de l'Eclairage）によって定められたものである（CIE, 2004）．色を見た感じは，光源の種類・観察視野（目に入る試料の広さ）によって異なるため，表色系の選択時にも両者を決めておかねばならない．光源の種類

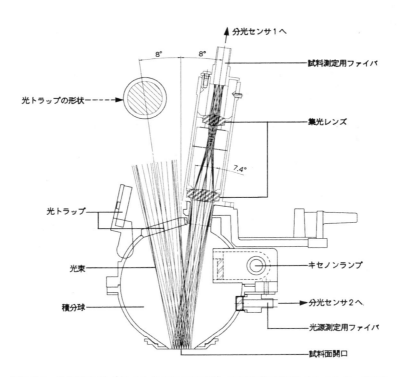

図9.24 分光測色計（ミノルタCM-2002型）の測光部の構造（ミノルタ，1991）

としては，A・C・D₅₀・D₆₅・F2・F6・F7・F8・F10・F11・F12があり，C（青空の光を含む昼光：色温度6,740 K）あるいはD₆₅（合成昼光：色温度6,500 K）光源が選ばれることが多い．観察視野は2°あるいは10°で定義される．いずれにせよ少なくとも1つのデータセットの中では，統一した光源・観察視野で色彩値が計算されなければならず，かつその条件を記載する必要がある．

光源と視野と分光反射率スペクトルの組が決まれば，その試料の色の見え方は以下の3刺激値（tristimulus）X・Y・Z（それぞれ赤および紫・黄・青色からの目への刺激）として標準化される．

$$\begin{cases} X = K\sum_\lambda S(\lambda)\bar{x}(\lambda)R(\lambda) \\ Y = K\sum_\lambda S(\lambda)\bar{y}(\lambda)R(\lambda) \quad K = \dfrac{100}{\sum_\lambda S(\lambda)\bar{y}(\lambda)} \\ Z = K\sum_\lambda S(\lambda)\bar{z}(\lambda)R(\lambda) \end{cases} \quad (9.9)$$

ここで，

$S(\lambda)$　光源の波長λにおける相対強度

$\left.\begin{array}{l}\bar{x}(\lambda)\\\bar{y}(\lambda)\\\bar{z}(\lambda)\end{array}\right\}$ 等色関数（それぞれ赤および紫・黄・青色付近の波長λに対する目の感じやすさ）

$R(\lambda)$　試料の各波長における反射率

である．これら3刺激値X，Y，Zをもとに計算されるL*a*b*表色系は以下のように定義される．

$$\begin{cases} L^* = 116y - 16 \\ a^* = 500(x - y) \\ b^* = 200(y - z) \end{cases} \quad (9.10)$$

ただし，

$$x = \begin{cases} \left(\dfrac{X}{X_n}\right)^{\frac{1}{3}}, & \left(\dfrac{X}{X_n} > 0.008856\right) \\ 7.787\left(\dfrac{X}{X_n}\right) + \dfrac{16}{116}, & \left(\dfrac{X}{X_n} \leq 0.008856\right) \end{cases}$$

$$y = \begin{cases} \left(\dfrac{Y}{Y_n}\right)^{\frac{1}{3}}, & \left(\dfrac{Y}{Y_n} > 0.008856\right) \\ 7.787\left(\dfrac{Y}{Y_n}\right) + \dfrac{16}{116}, & \left(\dfrac{Y}{Y_n} \leq 0.008856\right) \end{cases}$$

$$z = \begin{cases} \left(\dfrac{Z}{Z_n}\right)^{\frac{1}{3}}, & \left(\dfrac{Z}{Z_n} > 0.008856\right) \\ 7.787\left(\dfrac{Z}{Z_n}\right) + \dfrac{16}{116}, & \left(\dfrac{Z}{Z_n} \leq 0.008856\right) \end{cases}$$

で，X_n，Y_n，Z_nはそれぞれ完全拡散反射面（どの波長域でも反射率100%）のX，Y，Zの値である．完全拡散反射面の見え方も当然，光源と観察視野によって異なっているので，計算条件に用いた光源と観察視野はここでもきちんと同じものを用いねばならない．なおD₆₅光源の下では，2°視野の場合$X_n = 95.03$，$Y_n = 100.00$，$Z_n = 108.88$，10°視野の場合$X_n = 94.80$，$Y_n = 100.00$，$Z_n = 107.33$である．L*は大きいほど明るく，a*は正値なら赤味／負値なら緑味，b*は正値なら黄味／負値なら青味が強く見える，ということを意味する．L*a*b*表色系は色を定量的に扱いやすいため非常に広く用いられる．

色味を表すa*，b*は，

$$\begin{cases} C^* = \sqrt{(a^*)^2 + (b^*)^2} \\ H^\circ = \tan^{-1}\left(\dfrac{b^*}{a^*}\right), \quad (0 \leq H^\circ < 360^\circ) \end{cases} \quad (9.11)$$

のようにC*，H°に書き換えることができ，それぞれがマンセル表色系（Munsell color system：日本工業規格JIS Z 8721-1993）における彩度（Chroma）と色相（Hue）にあたる．L*はそのままマンセルにおける明度（Value）を表すので，L*C*H°表色系は直観的に理解しやすい．

9.9.3　測器の較正と実際の測定における注意事項

試料測定開始前における測色計の較正は，標準白板を実際に測定し，その各波長域における反射率の測定値がその標準白板の「真の反射率の値」となるように補正することで行う．そのため標準白板には固有の番号がつけてあり，その標準白板ごとに固有の「真の反射率の値」を納めたデータカード（data card）や数表とともに用いねばならない（**図9.25**）．このような方法を取るのは，理想的な完全拡散反射面をもつ標準試料を作成することが困難だからである．

実際の試料測定においては，測器の試料面開口部を試料に密着させて行うため，湿潤堆積物測定の場合汚

図9.25　試料測定前の較正に用いられる白色板

左は測光部にキャップして使い，右は測光部をあてて使うタイプ．どちらもその白色板の「真の反射率」を記録したカードとセットで用いる

染の恐れがある．また，毎回測定部についた泥を拭き取る手間をなくし，安定した測定面を容易に作れることから，堆積物コアの色測定を行う場合には透明フィルム（食品用のplastic wrap）でコア断面を覆って，その上から測器を密着させて測定を行うことが多い．したがって，測定される反射率スペクトルやL*a*b*などの色彩値には，透明フィルムの光学的性質に応じたバイアス（bias）がかかっており，図9.26の丸印のような反射率スペクトルが得られる試料に透明フィルム（A社のサランラップ）をかけて測定すると，太い実線のようになってしまう．このことは透明フィルムなしに直接撮影・計測されるコア断面のデジタル画像（9.2節参照）と分光測色結果を直接比較するときには問題となる．また，異なる種類の透明フィルムを用いた計測結果同士を比較するときにも問題が起こるであろう．

透明フィルムの光学的性質（フィルムの色）の効果を相殺しようとして，標準白板を用いた較正時に，試料測定に使うのと同じ透明フィルムで標準白板を覆うのは無意味である．実際そのようにしてから，透明フィルムで覆った試料を測定しても，図9.26の×印で示したような反射率スペクトルが得られ，丸印で示された元の反射率スペクトルには戻っていない．これは透明フィルムが，その表面における光の反射と透過する光を吸収することの両方の効果をもつために，現象が複雑になっているためである．

この状況を模式的に示したものが図9.27である．分光測色計の光源から出た波長λ，強度I_0の光は，一部は透明フィルムの表面でその反射率R_wで反射しその光は測色計の受光部に届く．残りの光は透過率T_wでフィルムを透過し試料表面に届く．試料表面では反射率R_{sample}でその透過してきた光を反射し，このR_{sample}が透明フィルムをかけないで測定した場合の試料の反射率となる．試料表面で反射した光は一部がフィルムの裏面で反射率R_wで反射し，残りの光は透過率T_wで透過して測色計の受光部に届く．フィルムの裏面で反射した光は再び試料表面で反射率R_{sample}で反射され，一部はフィルムの裏面で再び反射され，残りの光は透過率T_wで透過して測色計の受光部に届く．この過程は段々減衰しながら無限回続くので，最終的に測色計の受光部に届く光の合計強度$I_{observe}$は，

$$I_{observe} = \left[R_w + T_w^2 \cdot \frac{(1-R_w) \cdot R_{sample}}{1 - R_w \cdot (1-R_w) \cdot R_{sample}} \right] I_0 \quad (9.12)$$

と表される．試料を透明フィルムで覆って測定した場合の見かけの反射率$R_{observe}$は，$I_{observe} = R_{observe} \cdot I_0$と表されるので，式（9.12）の大括弧内が$R_{observe}$に他ならない．したがって，

$$R_{sample} = \frac{1}{1-R_w} \cdot \frac{R_{observe} - R_w}{R_w \cdot R_{observe} + T_w^2 - R_w^2} \quad (9.13)$$

と書くことができ，透明フィルムの表面反射率R_wと透過率T_wがわかっていれば，透明フィルムをかけて行った測定結果から，透明フィルムをかけないで測定した場合の試料面での反射率を計算することができる．透明フィルムの表面反射率R_wと透過率T_wを決定するには，いくつかの試料についてR_{sample}と$R_{observe}$を測定（マンセルカラーチャートからまんべんなく色を選んで測るなど）して，R_{sample}に対して$R_{observe}$をプロットしたうえで式（9.13）の当てはめを行えばよい．そ

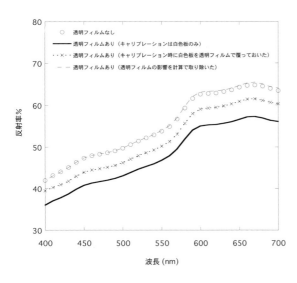

図9.26 色計測の際に透明ラップで試料を覆わない場合と覆った場合の反射率スペクトル，またその補正結果

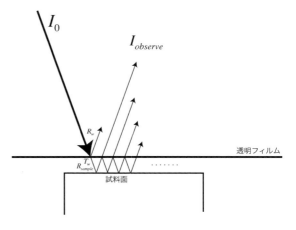

図9.27 透明フィルムで試料を覆って色計測した場合の光源からの光の経路の模式図

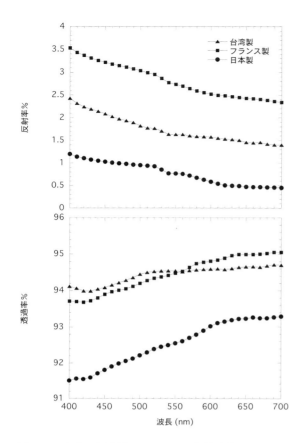

図9.28 実際に色計測に用いられた各種透明フィルムの光学的特性

うして求めた透明フィルムの光学特性値 R_w, T_w を用いて，図9.26に太い実線で示された透明フィルムをかけて測定した反射率から試料そのものの反射率を計算すると細い鎖線のようになり，反射スペクトルがほぼ透明フィルムを使わなかったときの測定値（○印）に補正できることがわかる．

実際に各国の調査航海で色測定の際に用いられていた透明フィルム（食品用ラップ）について，その表面反射率スペクトルと透過率のスペクトルを求めてみると図9.28のようになる．反射率も透過率もその波長依存性が絶対値・パターンともにさまざまであることがわかる．したがって，分光測色データを提示する際には，測定に用いた透明フィルムの種類（ブランド，入手方法など）も明記しておくことが望ましい．

9.9.4 分光反射率測定による表色系と画像撮影によるRGBとの相互変換

分光反射率測定の結果から算出される3刺激値X, Y, Z は，一定の条件で定義された光源（D_{65}），観測視野（2°）の下においては，コンピュータのディスプレイで使われる標準的なRGB値（sRGB）と次のような関係式で結ばれている（国際電気標準会議 IEC 61966-2-1：1999）．

$$\begin{cases} R_{linear} = 3.2405X - 1.5372Y - 0.4985Z \\ G_{linear} = -0.9693X + 1.8760Y + 0.0416Z \\ B_{linear} = 0.0556X - 0.2040Y + 1.0573Z \end{cases} \quad (9.14)$$

ただし，ここに示す R_{linear}, G_{linear}, B_{linear} はそれぞれが0～100の値をもち，目への線形（linear）な刺激の強さを表し，その混合の度合いで感じる色が決まる．

一方，9.2節で解説したカメラやスキャナによって取得されるデジタル画像に用いられるRGB値は，24ビットカラーの場合それぞれが0～255の値をもっており，コンピュータのディスプレイに映し出された時に，適切な目への刺激が与えられて正しい色を感じるようにエンコード（encode）されている．デジタル画像も同じ D_{65} 光源で取得されている場合には，上記の線形なRGBとデジタル画像のエンコードされた R_{photo}, G_{photo}, B_{photo} とのあいだには，

$$\begin{cases} \dfrac{R_{linear}}{100} = \left(\dfrac{R_{photo}}{255}\right)^{\gamma} \\ \dfrac{G_{linear}}{100} = \left(\dfrac{G_{photo}}{255}\right)^{\gamma} \\ \dfrac{B_{linear}}{100} = \left(\dfrac{B_{photo}}{255}\right)^{\gamma} \end{cases} \quad (9.15)$$

の関係があり，このγはいわゆる標準的なディスプレイのガンマ値と呼ばれる．その値はsRGBやAdobe RGBでは2.2，かつてのApple RGBでは1.8であった．ここで式（9.14）は，

$$\begin{cases} X = 0.4306 R_{linear} + 0.3416 G_{linear} + 0.1783 B_{linear} \\ Y = 0.2220 R_{linear} + 0.7067 G_{linear} + 0.0713 B_{linear} \\ Z = 0.0202 R_{linear} + 0.1296 G_{linear} + 0.9392 B_{linear} \end{cases} \quad (9.16)$$

と書き直せるので，理想的に D_{65} 光源を照明に用いて白色点が正しく白色に写る条件の下では，デジタル画像のRGB値から式（9.15）を用いて，線形RGB値を計算し，その線形RGB値から式（9.16）を用いて3刺激値X, Y, Zを計算し，最後に式（9.10）を用いることで，ピクセルサイズの解像度で色指数L*a*b*を求めることができるはずである．

しかしながら，実際にはデジタル画像取得時の照明が理想的な D_{65} 光源ではないため，式（9.15）におけるγの値が標準的なsRGBの値ではないうえに，RGBそれぞれで異なっているのが普通である．そのために，デジタル画像のRGB値から上記の標準的な方法でL*a*b*値を計算しても，分光反射率測定で得られたも

のとは一致しないという結果になってしまう．その問題を解決するには，分光反射率測定で得られた3刺激値X, Y, Zから式（9.14）を用いて計算したR_{linear}, G_{linear}, B_{linear}と，それらの測定箇所におけるデジタル画像のR_{photo}, G_{photo}, B_{photo}とを比較して，実際のγ値がRGBそれぞれのチャンネルでどのくらいの値になっているかを経験的に求めておけばよい．つまり，実際に合わせた（RGBごとに異なっている）経験的γ値を式（9.15）に当てはめて上記の計算を行えば，ピクセルサイズの解像度で，現実的な$L^*a^*b^*$を求めることができる．ただし，堆積物の可視光反射スペクトルそのものを再現できるわけではないことには注意すべきである．

9.10 非破壊蛍光X線スキャン

蛍光X線（X-ray fluorescence：XRF）は，X線と物質の相互作用で発生する特性X線である．非破壊蛍光X線スキャン（non-destructive XRF scan）とは，エネルギー分散型蛍光X線分析（energy dispersive XRF spectrometry）の原理を使って，非破壊の状態で掘削コア表面の元素分布を計測する分析手法である．測定は，非破壊蛍光X線コアスキャナー（non-destructive XRF core scannerあるいはコアロガー（core logger））と呼ばれる装置を用いて行われる．

非破壊蛍光X線コアロガーの利点は，①迅速に岩相決定に有効な元素情報がコアを非破壊のまま得られること，②迅速に多数点の連続測定ができること，③試料の状態がよければ，誤差1％程度での定量が可能なこと，④イベント堆積物（event deposits），堆積リズム（sedimentary rhythm）などの連続検出が迅速にできること，などがあげられる．一方で，非破壊解析であるがゆえの欠点として，①エネルギー分散型蛍光X線分析法を原理とするので，波長分散型（wavelength dispersive system）ほどの定量測定精度（precision of quantitative measurement）は得られないこと，②定量測定精度は，掘削コア表面の平滑性に大きく依存すること，③湿潤コアの場合，大気＋間隙水によるX線の吸収が起こり定量測定精度に大きく影響すること，などがある．利点と欠点を理解し，個別試料の精密分析や測定と合わせて，非破壊蛍光X線コアロガーのデータを取り扱う必要がある．

非破壊蛍光X線コアスキャナーは，オランダ海洋研究所（NOIZ）で最初に開発され，その後，日本では独自に開発されたTATSCAN-F2がある（Sakamoto et al., 2006）．TATSCAN-F2は，地球探査船「ちきゅう」，高知コアセンターなどに設置されている（図

図9.29 非破壊蛍光X線スキャナー TATSCAN-F2

9.29）．ここでは，TATSCAN-F2を例に，測定原理，装置構成，分析精度などに関し概説する．

9.10.1 蛍光X線分析の原理

X線（1次X線または入射X線と呼ぶ）が物質（試料）に照射されると，その物質を構成している原子と相互作用を起こし内殻軌道電子に全エネルギーを与える．エネルギーを得た内殻軌道電子は原子核の束縛から解放されて飛び出し，原子はイオン化される．この状態で原子は不安定になり，直ちに外殻の軌道電子が空孔を埋める（この現象を遷移と呼ぶ）．遷移の際，両軌道間のエネルギー差に相当するエネルギーがX線として放出される．これを蛍光X線と呼ぶ．K殻の空孔がL殻の電子によって補われた場合には，$K\alpha$線，M殻の電子によって補われた場合には$K\beta$線と呼ばれ，これら複数の蛍光X線によって，K系列蛍光X線スペクトル（K-series X-ray fluorescence spectrum）が放出される．同様にL殻に補われる外殻電子軌道の種類によって，$L\alpha$線，$L\beta$線など，L系列蛍光X線スペクトルが放出される．元素により各電子軌道は固有のエネルギー準位をもつため，遷移の際に放出される蛍光X線のエネルギー（波長）も固有の値となる．したがって，波長とそのエネルギー量を測定することによって，未知物質に含まれる元素の種類（定性分析）と量（定量分析）を分析することが可能となる．この手法が蛍光X線分析の原理である．

蛍光X線分析は，分光学的に蛍光X線を分離する波長分散型蛍光X線分析（wavelength dispersive XRF analyzer）と，X線検出器のエネルギー分散特性を利用するエネルギー分散型蛍光X線分析（energy dispersive XRF analyzer：EDX）がある．エネルギー分散型は，装置の可動部分がなく光学系も単純なので装置構成が簡単なこと，X線管の出力が小さくてよいこと，全元素同時検出が可能であること，などの特徴から，定量精度は波長分散型には劣るものの，試料の非破壊解析を行ううえでの利点がある．

9.10.2 非破壊蛍光X線コアスキャナー

非破壊蛍光X線コアスキャナー（non-destructive XRF scanner）は，計測部分にエネルギー分散型蛍光X線分析（EDX）の原理を使い，掘削コアまたは計測部を移動ステージ（stage）に載せて移動させることで多点XRF測定を行い，掘削コア全体の連続測定（scan）を行う．試料を固定し，測定部を動かす構成もある．ここでは，TATSCAN-F2を例に掘削コアをステージ移動させる場合に関し概説する．

装置は，試料室，X線計測部，制御部から構成される．試料室は，試料をスキャンするために平行移動する試料ステージからなる．1,500 mm（W）×150 mm（D）×75 mm（H）までの半円径コア試料，平板状試料を測定することが可能である．粉末試料をタブレット状に整形した試料（tablet）や個別試料に関しても，連続的に並べておくことで測定は可能である．試料湿潤状態のコアについても測定できるように大気雰囲気であることが多い．測定間隔（interval）はステージ移動の幅により指定する．移動ステージの空間分解能は，最小約100 μmである．ステージはXY稼働し，点測定，線測定，面測定が可能である．測定を正確に行うためには，1次X線の分光学的焦点で測定できるように，試料を測定面に平行に設置・移動することが重要である．

X線計測部は，X線発生装置とX線検出器から構成される．X線管球の対陰極（target）にはロジウム（Rh）などが使われる．強制空冷または冷却方式である．高圧電源は，最大定格出力75 W連続，管電圧は5〜50 kV，管電流は100〜1,500 μAで可変であり，1 kV，1 μA単位で設定可能である．X線入射は試料面に対し45°，検出器は試料面に対し45°の位置に設置される．測定径は，入射コリメータ（incident collimator）を入れ替えることで切り替え，ϕ0.8 mm，ϕ7 mmなどが選択できる．試料面には45°の角度でX線が照射されるため，照射面は楕円形となり，長径（実行測定径）は，それぞれの場合1.13 mmおよび9.9 mmとなる．試料にレーザを照射してセンサーと試料間の距離を求め，Z軸を制御して試料を自動的に基準位置に設定する自動焦点機能（autofocus）を有する．X線検出器は，検出元素範囲がナトリウム（Na：sodium）からウラニウム（U），検出器窓はベリリウム（Be），検出有効面積30 mm^2，規定分解能は155 eV（MnKα）である．X線発生装置と試料との距離（working distance）は1 mmに設定してある．センサー部と試料との衝突防止機能をつけてあり，試料がセンサー部に接触すると試料ステージのパルスモータ電源（pulse motor）を強制的に切り，試料が衝突するのを防ぐハードリミット（hard limit）も取り付けられている．

制御・解析ソフトウェア部は，マイクロソフト社Windows OS（operation sysytem）上で稼働する定性分析および定量分析ソフトウェア（Element Station 2），検量線ソフトウェア（calibration curve software），特殊マッピングソフトウェアなどから構成される．Element Station 2（日本電子）では，測定条件の設定，自動および手動定性分析，ファンダメンタルパラメータ（fundamental parameter）法または参照法での定量分析，繰り返し測定などのマクロ分析，データベース照合などを行う．特殊マッピングソフトウェアでは，最大10,000点，最長150 cmの測線（line）およびマップ分析を行い，各元素の濃度図を作成することができる．

9.10.3 非破壊蛍光X線コアロガーの定量精度

非破壊蛍光X線コアロガーの定量精度は，①装置の設計による精度，②試料の状態（主に表面状態）による精度，によって決定される．装置の設計による精度は装置特有である．試料室を真空状態にできるTATSCAN-F1のエネルギー分解能（半値幅）で1.32 eV，変動係数1.27%，定量再現性はAl標準試料（真空下測定）0.4 wt%以内である．「ちきゅう」および高知コアセンターに設置されたTATSCAN-F2の標準試料を用いた理想的状態での定量制度を**表9.2**に示す．②については，大気雰囲気下における試料状態に注意が必要である．蛍光X線は，大気中の成分（主に水蒸

表9.2 非破壊蛍光X線スキャナーTATSCAN-F2の主要元素の定量精度

	Range of contents	Measurement diameter 7 mm
Na_2O	2.52〜4.75 wt%	0.48%
MgO	0.05〜35.01 wt%	0.24%
Al_2O_3	5.56〜18.94 wt%	0.14%
SiO_2	0.21〜98.46 wt%	0.23%
P_2O_5	0.02〜0.70 wt%	0.05%
S	0.00〜1.35 wt%	0.01%
K_2O	0.00〜4.34 wt%	0.04%
CaO	0.05〜98.55 wt%	0.29%
TiO_2	0.00〜1.61 wt%	0.02%
MnO	0.00〜0.30 wt%	0.01%
Fe_2O_3	0.04〜18.61 wt%	0.22%

（GSJ標準試料を用いて計測）

気）によって吸収される．吸収率（もしくは減衰率）は，以下の理論式によって表される．

吸収率＝減衰率＝t＝100*EXP($-(\mu/\rho)*\rho*d$)　（9.14）

ここで，μ＝各元素のX線吸収計数，d＝測定表面と検出器の距離である．ここでρ＝大気の密度＝0.001205はあまり変わらないから，dがもっとも大きな影響を与えることがわかる．分光学的な装置の設定はかわらないので，試料表面での平滑さが定量精度に大きく影響することがわかる．シリコン（Si）を例にすると，測定表面と検出器の距離が0.1 mmで9.88%の蛍光X線が減衰する．軽元素ほど，その減衰率が高くなることがわかる．これを定量誤差で換算すると，Siでは，±0.1 mmでは1.90 wt%，±0.5 mmでは9.43 wt%の誤差となる．ワーキングディスタンスを1 mmで自動フォーカスとした時の測定表面と検出器の距離（d）は，試料表面の凸凹の度合いに換算されるので，試料表面の平滑性がそのまま測定誤差となる．したがって，試料表面の平滑さは大気圧雰囲気での測定において重要である．真空雰囲気下では，大気のX線吸収による影響は無視されるが，ワーキングディスタンスを1 mmで自動フォーカスしたとしても，試料表面の平滑さはX線照射位置におけるフォーカスの問題となる．フォーカスのズレは，厳密に分光学的角度で設置された検出器でのX線の計数量に直結するので誤差が発生する．大気圧雰囲気，真空雰囲気，どちらにおいても試料表面の平滑さは，その定量精度に大きく影響を与えるので，できるかぎり試料は平滑なほうが望ましい．

引用文献

Acton, G., Okada, M., Clement, B., Lund, S. P. and Williams, T. (2002) Drilling induced paleomagnetic overprints in ocean sediment cores and their relationship to shear deformation caused by piston coring. *J. Geophys. Res.*, **107**, 10.1029.

赤羽利昭 (2001) 見て学ぶ放射線．通商産業研究社，191 p.

Archie, G. E. (1942) The electrical resistivity log as an aid in determining reservoir characteristics. *Petroleum Technology*, **5**, 54-62.

Ashi, J. (1995) CT scan analysis of sediments from ODP Leg 146. *Proc. ODP, Sci. Results*, **146**, 191-199.

ASTM (America Society for Testing and Materials) (1999) Standard Test Method for Laboratory Determination of Pulse Velocities and Ultrasonic Elastic Constants of Rock, Designation D 2845-95, Annual Book of ASTM Standards, Vol.04.08, 257-262.

Blum, P. (1997) Physical properties handbook: a guide to the shipboard measurements of physical properties of the deep-sea cores. Technical Note, 26. Ocean Drilling Program, College Station, TX.

朴三奎・松井保 (1998) 岩石比抵抗に関する基礎的研究．物理探査，**51**, 201-209．

物理探査学会編 (1998) 物理探査ハンドブック，物理探査学会，7分冊．

Cande, S. C. and Kent, D. V. (1995) Revised calibration of geomagnetic polarity timescale for the Late Cretaceous and Cenozoic. *J. Geophys. Res.*, **100**, 6093-6095.

Channell, J. E. T., Kanamatsu, T., Sato, T., Stein, R., Alvarez Zarikian, C. A., Malone, M. J. and the Expedition 303/306 Scientists, *2006. Proc. IODP*, 303/306: College Station TX (Integrated Ocean Drilling Program Management International, Inc.).

千葉昭彦・熊田政弘 (1994) 花崗岩及び凝灰岩試料の比抵抗測定―間隙水の比抵抗が岩石比抵抗に及ぼす影響について―．物理探査，**47**, 161-172．

Evans, H. B. and Lucia, J. A. (1970) Natural gamma radiation scanner. *In* Peterson, M. N. A., Edger, N. T. *et al.*, *Init. Repts. DSDP*, 2: Washington (U. S. Govt. Printing Office), 458-460.

Fuller, M., Hastedt, M. and Herr, B. (1998) Coring-induced magnetization of recovered sediments. *Proc. ODP, Sci. Results*, **157**, 47-56.

Geotek (2000) Multi-Sensor Core Logger manual. 127p.

Gerland, S. and Villinger, H. (1995) Nondestructive density determination on marine sediment cores from gamma-ray attenuation measurements. *Geo-Marine Letters*, **15**, 111-118.

Gradstein, F. M. *et al.* (2012) The Geologic Time Scale 2012. Elsevier, 1176p.

Gunn, D. E. and Best, A. I. (1998) A new automated nondestructive system for high resolution multi-sensor core logging of open sediment cores. *Geo-Marine Letters*, **18**, 70-77.

畠田健太朗・林　為人・後藤忠徳・廣瀬丈洋・谷川　亘・濱田洋平・多田井　修 (2015) 交流インピーダンス法を用いた比抵抗測定の精度および地質試料における有効性の検討実験，*JAMSTEC Rep. Res. Dev.*, 20, 41-50, doi.org/10.

5918/jamstecr.20.41.

Henry, P. (1997) Relationship between porosity, electrical conductivity, and cation exchange capacity in Barbados wedge sediments. *Proc. ODP, Sci. Results*, **156**, 137-149.

Hirono, T. and Abrams, L. J. (2002) Data Report: Electrical Resistivity and X-ray computed tomography measurements of sedimentary and igneous units from Hole 801C and Site 1149, *Proc. ODP, Sci. Results*, 185.

Hoppie, B. W., Blum, P. and Shipboard Scientific Party (1994) Natural gamma-ray measurements on ODP cores: introduction to procedures with examples from Leg 150. *Proceeding of the Ocean Drilling Program, Initial reports*, **150**, 51–59.

飯田博美編 (2005) 初級放射線. 通商産業研究社, 440 p.

飯山敏道・河村雄行・中嶋悟 (1994) 実験地球化学, 東大出版会, 233p.

池原 研 (1997) X線CT装置を用いた地質試料の非破壊観察と測定 (1) ―X線CT装置の原理・概要と断面観察―. 地質ニュース, **516**, 50-61.

池原 研 (2000) 深海堆積物に記録された地球環境変動―環境変動解析における試料の一次記載と非破壊連続分析の重要性―. 月刊地球, **22**, 206-211.

稲崎富士・中野 司 (1993) 地質試料解析のためのX線CT画像データ処理システム. 情報地質, **4**, 9-23.

国際電気標準会議 IEC61966-2-1: 1999.

国際照明委員会 CIE (2004) Colorimetry 3rd Edition, 15: 2004, 72p.

林 為人・廣野哲朗・高橋 学・伊藤久男・杉田信隆 (2003) 掘削コア試料を用いた岩石の比抵抗と地震波速度の測定について. 物理探査, **56**, 469-481.

林 為人・後藤忠徳・中村敏明・三ヶ田均 (2005) 圧力条件下における岩石の比抵抗測定. 応用地質, **46**, 221-227.

Lisiecki, L. E. and Raymo, M. E. (2005) A Pliocene-Pleistocene stack of 57 globally distributed benthic $\delta^{18}O$ records. *Paleoceanography*, **20**, PA 1003, doi:10.1029/2004PA001071.

Matsuda, J. and Von Herzen, R. P. (1986) Thermal conductivity variation in a deep-sea sediment core and its relation to H_2O, Ca and Si content. *Deep-Sea Res.*, **33**, 165-175.

ミノルタ (1991) 分光測色計CM-2002取扱説明書, 173 p.

Nagao, S. and Nakashima, S. (1991) A convenient method of color measurement of marine sediments by colorimetry. *Geochemical Journal*, **25**, 187-197.

Nagao, S. and Nakashima, S. (1992) The factors controlling vertical color variations of North Atlantic Madeira Abyssal Plain sediments. *Marine Geology*, **109**, 83-94.

中村光一・中野 司・小田啓邦・池原 研 (2003) 堆積物コアのX線CTスキャンによる高分解能環境変動の解析. 月刊地球, 号外42, 54-60.

中野 司・中島善人・中村光一・池田 進 (2000) X線CTによる岩石内部構造の観察・解析法. 地質雑, **106**, 363-378.

日本工業規格 JIS Z 8721-1993.

西澤 修・中野 司・野呂春文・稲崎富士 (1995) X線CTによる地球科学試料内部構造分析技術の最近の進歩について. 地調月報, **46**, 565-571.

Ocean Drilling Program, Handbook for Shipboard Paleomagnetists, Technical Note 18, Ocean Drilling Program, Texas A&M University, http://www-odp.tamu.edu/publications/tnotes/tn18/f_pal.htm

Sakamoto, T., Saito, S., Shimada, C. and Yamane, M. (2003) Core-log integration of natural gamma-ray intensity of recovered cores and borehole logging to construct continuous sedimentary rhythms during 10 Ma at Off Sanriku, in the Western Pacific Margin, ODP Sites 1150 and 1151, *In* Suyehiro, K., Sacks, I. S., Acton, G. D., and Oda, M. (eds.), *Proc. ODP, Sci. Results*, 186.

Sakamoto, T., Kuroki, K., Sugawara, T., Aoike, K., Iijima, K. and Sugisaki, S. (2006) Non-Destructive X-Ray Fluorescence (XRF) Core Imaging Scanner, "TATSCAN-F2", for the IODP science, *Scientific Drilling*, Integrated Ocean Drilling Program, No.2, 37-39.

Schulz, H. D. and Zabel, M. (eds.) (2000) Marine Geochemistry. Springer, 455p.

関根一郎・西牧 均・石垣和明・原 敏昭・斉藤 章 (1996) 岩石の比抵抗値とその力学的性質との関係. 土木学会論文集, 541/Ⅲ-35, 75-86.

島 裕雅・梶間和彦・神谷英樹 (1995) 比抵抗映像法. 古今書院, 206p.

Stokking *et al.* (1993) Handbook for Shipboard Paleomagnetists, Technical Note 18.

Taylor, J. R. (2000) 計測における誤差解析入門．東京化学同人, 328p.

辻岡勝美 (2002) X線CT装置の歴史―過去, 現在, そして未来―. 日本放射線技術学会雑誌, **58**, 67-71.

Von Herzen, R. P. and Maxwell, A. E. (1959) The measurement of thermal conductivity of deep-sea sediments by a needle-probe method. *Jour. Geophys. Res.*, **64**, 1557-1563.

渡部輝彦 (1970) 海洋底の熱流量．海洋科学基礎講座9「海底物理」, 東海大学出版会, 1-107.

Weber, M. E., Niessen, F., Kuhn, G. and Wiedicke, M. (1997) Calibration and application of marine sedimentary physical properties using a multi-sensor core logger. *Marine Geology*, **136**, 151-172.

Westbrook, G. K., Carson, B., Musgrave, R. J. (1994) *Proc. ODP, Init. Repts.*, 146, College Station, TX (Ocean Drilling Program).

10 個別計測

10.1 個別計測について

　個別計測とは，回収された海洋底試料から分析用試料を取り分け，分取した試料について行われる計測を指す．主にコア（core）試料に対して使われる用語であるが，それぞれの計測法はあらゆる海洋底試料に適用することができる．また，陸上に試料を持ち帰って行われる研究はすべてこの範疇に入る．
　したがって，個別計測は地球科学分野で行われているすべての分析項目を含みうる．ここでは，海洋底試料に特化した分析，船上で通常行われる基本的な物性測定法，海洋底試料に年代軸を入れるための手法などを紹介する．
　この章では，船上計測に供する海洋底試料の選定やそれぞれの計測に適合した試料採取法，陸上に持ち帰って研究する場合の試料の保存法に主眼を置いている．計測・分析の原理や検量の標準的手法，計測・分析にあたっての留意事項，計測・分析値（data）から何がわかるのか，良いデータと悪いデータの見分け方などについて，船上で行われる計測・分析についてはやや詳細に，陸上で一般的に行われる計測・分析については概略を示している．これらの基礎的な知識なしに，その後の計測や分析値の善し悪しを決定してしまう船上での適切な試料の記載・選定・採取・保存はなしえないからである．陸上で行われるそれぞれの計測・分析機材や測定法の詳細についてはさまざまな教科書が出版されているので，それぞれの項目で示されている参考図書などを参照するとよい．
　また，ライザー掘削船「ちきゅう」によって実現される地震源断層掘削などを見据え，陸上で行われる計測ではあるが，特に重要と思われる堆積物の圧密透水性や強度，高圧下での物性測定法も紹介する．間隙率が大きな堆積物は，海底から回収されると大きな水圧や静岩圧からの解放によって，その様相を刻々と変化していくことがある．原位置での物性を計測する手法について基本的な知識を備えておくことは，堆積物のコア記載，特に構造記載をするときに，大きなヒントを与えてくれるであろう．
　この章で扱われる個別計測項目の中には，ガス突出など掘削の安全を脅かす潜在的危険を予測するために行われる有機地球科学分析や，人為的汚染や経時変化による影響をできるだけ小さくするために，海底試料回収後できる限り速やかに（コアを半割して記載を行う前に）試料採取を行うべき微生物や間隙水の分析も入っている．この章の個別計測項目は，コアが船上にあがってきたあと，試料採取の緊急度の高いものから順に記述している．ただし，この順番は絶対的なものではなく，航海の目的によって異なるであろう．古環境研究や岩石試料の採取を目的とするIODPの掘削航海にも間隙水や地下生物圏の研究者は乗船するので，船上で航海目的に見合った試料採取の順番などをあらかじめ決めておく必要がある．
　コア試料を壊さないで個別計測用試料を分取することは不可能なので，試料採取後のコアは記載に適さなくなる．したがって，試料採取は原則として半割したコア試料のワーキングハーフ（working half）のみから行い，記載に供したアーカイブハーフ（archive half）には手をつけないで保存する．また，コアを半割する前に試料を採取する必要がある有機物・微生物・間隙水の研究を主目的とする調査航海の場合には，同一地点で試料採取用と記載用コアを複数採取するなどの掘削計画を行うべきである．

10.2 有機地球化学分析

　ODPやIODPにおいて掘削船上で行われてきている有機地球化学（organic geochemistry）分析の主な目的は，①掘削の安全評価のための炭化水素（hydro-

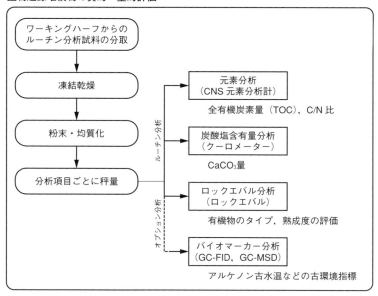

図10.1 掘削船上における有機地球化学的な分析の概要および試料のフロー図
□が主な分析項目であり,( )内に分析装置名を示した.GC:ガスクロマトグラフ,FID:水素炎イオン化検出器,NGA:天然ガス分析装置,GC-MSD:ガスクロマトグラフ質量分析器

carbon)ガスのモニタリング(monitoring),および②コア試料に含まれる有機物(organic matter)の質的・量的評価,の2点があげられる.掘削船上で行われる有機地球化学分析(**図10.1**)には,それぞれ専用の分析装置が必要となる.そのため,一般的な研究船ではほとんどの分析項目は船上でなされることはなく,試料を陸上研究室に持ち帰ってから分析することが多い.ODP時代の有機地球化学的な船上分析の手法は,ODP Technical Note 30(Pimmel and Claypool, 2001)としてまとめられている.本節では,ODP Technical Noteの主要部分を抜粋するとともに,不足している点を加えることによって,海洋底試料の有機地球化学分析の概略を解説する.有機地球化学全般については,石渡・山本編「有機地球化学」を参照されたい.

10.2.1 掘削安全モニタリング

海洋底掘削,特にジョイデス・レゾリューションなどのノンライザー船による掘削では,原油や天然ガスの噴出による危険や海洋汚染を未然に防ぐことを目的として安全審査パネル(safety panel)が設置され,海底下に胚胎する原油貯留層を掘削することを厳しく規制している.そのために,掘削プロポーザルの評価プロセスの中で安全評価が最重要課題として審査され

ているが，実際の掘削中にも乗船有機地球化学者と船上技術者（technician）が協力しながら，原油由来の炭化水素ガス濃度をモニタリングして安全評価を行っている．安全モニタリングは，ノンライザー船の掘削コアではおおむね9.5 mのコアごとに1回の測定が行われる．1海域で複数孔の掘削を行う場合は，最初の掘削孔（Hole A）でモニタリングを行う．また，同一海域の他の孔でHole Aよりも深く掘削する場合は，Hole Aよりも深部のコアについて，引き続き安全モニタリングを継続する．一方，ライザー掘削船「ちきゅう」でも，同様の炭化水素ガスモニタリングを行うとともに，カッティングスを用いた安全モニタリングが計画されている．

炭化水素ガス安全モニタリング用の試料採取方法は大きく分けて次の2通りある．1つはバキュテーナー（vacutainer）法で，掘削されたコア中にガスによる隙間（gas void）が認められた場合，ドリルでコアライナー（core liner または inner tube）に穴をあけてガスタイトシリンジ（gas-tight syringe）をライナーに差し入れてガスを一定量（5 cm³）捕集する．採取したガス試料を船上化学実験室に持ち帰り，水素炎イオン化検出器（hydrogen flame ionization detector：FID）付きガスクロマトグラフ（gas chromatograph）で速やかに分析を行う．

もう1つの方法はヘッドスペース（headspace）法（図10.2）と呼ばれ，金属製の円筒形サンプラーをコア断面に差し込んで一定容量（5 cm³）の堆積物を捕集し，それらを容積20 cm³のガス瓶に封入して70℃の乾燥器中で約30分間保持することによって堆積物から発生した揮発性ガスをガスタイトシリンジで5 cm³採取し，ガスクロマトグラフによって定性・定量する．ODP/IODPでは，約9.5 mのコアが船上に回収され1.5 mのセクション（section）に切断された直後に，セクション4の最下部などの切断面から試料を採取することが多い．掘削時に循環される泥水や海水などからの汚染を防ぐために，ガスモニタリング用の試料は汚染の影響がないコア中心部付近から採取することが肝要である．また，試料採取に用いるツール類はあらかじめ超純水で洗浄した後に乾燥させて清浄な状態を保つ必要がある．ガラスバイアル（glass vial）はあらかじめ450℃の電気炉で数時間焼くことによって有機物を除去しておく．

ガス分析データは，掘削の安全性を評価する重要な指標となり，時には掘削を途中で中止させなければならない状況となる可能性もあることから，コアが船上に上がってきてからできるだけ速やかに分析する必要がある．特に，メタン（methane：C_1），エタン（ethane：C_2），プロパン（propane：C_3）などの炭化水素類を迅速にモニタリングし，各成分の濃度や組成比（たとえば，C_1/C_2比，図10.3）の深度変化から，炭化水素の起源を推定する．一般的に海底下浅部ではメタン以外の炭化水素ガスは検出されないかきわめて低い濃度でしか存在しないため，メタン濃度が低い場合でもC_1/C_2比は非常に大きい値をとる．このような場

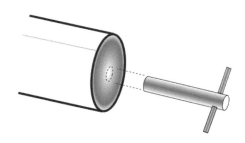

図10.2 ヘッドスペース法による堆積物からのガス分取の概略図

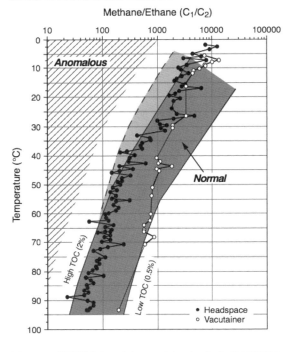

図10.3 堆積温度とメタン：エタン（C_1/C_2）比の関係を示すプロット（Pimmel and Claypool, 2001）

ODP Leg 151 Hole 909の例を示した

合，メタンは微生物起源であると判断される．一方，数100 mより深く掘削していくとエタンやプロパンなどが検出されるようになり，その濃度は深度とともに増大する傾向を示す．よって，C$_1$/C$_2$比は海底下深度が増すにつれて低下していくことがこれまでの深海掘削によって明らかにされてきた（Stein *et al*., 1995）．ところが，原油貯留層由来の炭化水素類は，メタンに比べてエタンやプロパンの濃度が有意に高くなるため，C$_1$/C$_2$比は極端に低下する．そのような異常に低いC$_1$/C$_2$比を示すガスは，図10.3の異常域（anomalous zone）にプロットされることから，原油貯留層が近接していることを示すデータとなる．

10.2.2　クーロメーター分析：炭酸塩含有量

炭酸塩含有量は，海洋底堆積物の性質を決める重要な化学成分の1つであることから，掘削船上では定常的に分析されている．堆積物や岩石中の炭酸塩含有量を迅速に測定するために，カーボンクーロメーター（carbon coulometer）が利用される．クーロメーターは，堆積物中の炭酸塩物質をリン酸や塩酸などで溶解することによって生成した二酸化炭素ガスを電量滴定法を用いて定量する装置である．分析試料は，コアの任意の深度から2 cc程度採取された堆積物を凍結乾燥し，乳鉢を用いて粉末・均質化される．これらの粉末試料は，通常，炭酸塩含有量測定のほかに有機炭素量などの元素分析，ロックエバル分析（Rock-Eval analysis）などにも利用される（図10.1）．

電量滴定法の原理は，酸反応装置で堆積物とリン酸を反応させて生じた二酸化炭素を，クーロメーターの電解セル（図10.4）のカソード溶液（cathode solution）に吸収させ，水の電気分解によって発生する水酸化物イオンにより，電量滴定するものである．電解セルのカソード溶液には，モノエタノールアミン（monoethanolamine），水，ジメチルスルホキシド（dimethyl sulfoxide），変色指示薬のチモールフタレイン（thymolphthalein）が含まれている．カソードには白金電極が差し込まれており，一方のアノード溶液（anode solution）にはヨウ化カリウム（potassium iodide）のペレット（pellet）が入れられているため，溶液中はヨウ化カリウムで飽和している．このような電解セルのカソードに試料由来の二酸化炭素を含む窒素キャリアガス（nitrogen carrier gas）が導入されると，二酸化炭素がモノエタノールアミンと反応してヒドロキシエチルカルバミン酸（hydroxyethylcarbamic acid）が生成し，溶液が酸性化する．変色指示薬によってカソード溶液の色が酸性では黄色に，中和状態では青に，アルカリ性では濃い青に変化する．溶液の色

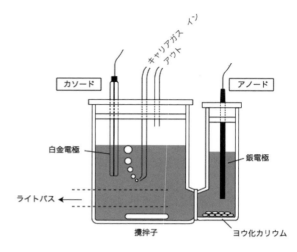

図10.4　カーボンクーロメーターによる電量滴定法で用いる電解セル

は，クーロメーターに内蔵されている光学検出器によって，光の透過率として検出している．たとえば，中和状態での光の透過率を基準として，二酸化炭素の吸収によって溶液が酸性化すると溶液は淡い青になることから，光の透過率が上がる．このとき，基準よりも増加した透過率を下げるために電極間に電流を流して白金電極上で水の電気分解を起こさせて水素と水酸化物イオンを発生させ，続いて起こるヒドロキシエチルカルバミン酸と水酸化物イオンとの中和反応によって溶液を中和させる（つまり，透過率が基準値に戻る）と電流が止まる仕組みになっている．一方，アノード溶液では，銀電極から電子が奪われ，銀が陽イオンになってアノード溶液に溶け出すことによって，ヨウ化物イオンと錯形成反応する．よって，一連の反応に関与した二酸化炭素と等量の電子が電極間に流れることとなる．

すなわち，クーロメーター分析ではセルを通る光の透過率をモニターし，いつでも中和状態が保たれるように電流のオン・オフが機械的に実行され，最終的には流れた電気量を積算カウント（accumulated count）としてモニターし，そのカウント値からカソード溶液に吸収された二酸化炭素の総量を求める．

試料中の炭酸塩濃度の計算には，あらかじめ炭酸カルシウム（calcium carbonate）試薬などを標準試料として，クーロメーター分析で得られるカウント値と炭酸カルシウム重量との間のキャリブレーション式を求めておき，未知試料の分析カウント値を炭酸カルシウム重量に換算して，重量%を算出する．クーロメーターでは無機炭素（total inorganic carbon：TIC）量が

わかるので，以下の式のとおり，その値に原子比（8.33）をかけ合わせて，堆積物中の炭酸塩含有量を算出する．

$$CaCO_3\% = TIC\% \times 8.33$$

クーロメーター分析では，有孔虫やココリス（coccolith）などの石灰質微化石殻が主な炭酸塩起源である場合は，10％程度のリン酸溶液を一定量試料に滴下することによって，10分程度の反応時間で精度よく測定が可能である．しかし，ドロマイト（dolomite）などの酸との反応性が弱い炭酸塩鉱物を含む試料をクーロメーターで定量する場合は，リン酸の濃度を高くして反応時間を長くするか，リン酸ではなく塩酸を使用するなどの工夫が必要である．

10.2.3　元素分析：有機炭素量

堆積物中に含まれる窒素，炭素，硫黄などの親生元素（biophile elements）の量は，堆積有機物の組成や濃度の情報を迅速に提供するとともに，有機炭素と窒素の比（C/N比）は陸起源有機物と海起源有機物の存在比を大まかに推測するための指標となる．それらの濃度を定量するために，元素分析計（elemental analyzer）が用いられる．掘削船上では一般に，元素分析計を使って全炭素量（total carbon：TC）を求め，別途クーロメーターによって求められる全無機炭素量（TIC）との差分を有機物由来の炭素と仮定して，以下の式に示すように算術的に全有機炭素量（total organic carbon：TOC）を求めている．

$$TOC = TC - TIC$$

元素分析では，秤量された粉末堆積物を錫コンテナに封入し，オートサンプラー（auto-sampler）によって900～1,000℃に加熱した燃焼管中に導入し燃焼することによって，堆積物中に含まれる有機物を酸化分解する．発生したガスをキャリアガス（多くの場合はヘリウムガス）で送り，パックドカラム（packed column）によって窒素（N_2），炭素（CO_2），硫黄（SO_2）などに分離し熱伝導度検出器（thermal conductivity detector：TCD）で検出する．検出されたそれぞれのガス成分はクロマトグラム（chromatogram）として出力され，それぞれのピーク面積（peak area）が積算される．それぞれの元素濃度は，濃度既知の標準試料を使って求めたキャリブレーション式（calibration equation）を基に，ピーク面積値を炭素量（重量）などに換算し，濃度を重量％で算出する．

10.2.4　ロックエバル分析：有機物熟成度評価

有機物タイプと熟成度，有機物量を求めるとともに，石油生成ポテンシャルの評価を行うために，ロックエバル分析が行われる．ODPでは炭酸塩含有量が50％以下で，かつ，有機炭素濃度が0.5％以上の複数の試料についてロックエバル分析を行うことが通例であった．ロックエバル分析は熱分解分析の一種であり，元素分析用に粉末化した試料の一部（約100 mg）を専用ルツボ（crucible）に秤量し，試料を窒素ガス中で300℃まで昇温（3分保持）することによって発生した炭化水素類をFID（水素炎イオン化検出器）でS_1ピークとして検出する（図10.5）．その後550℃まで昇温（25℃/分）することによって熱分解を促進し，不溶性有機物からの熱分解生成物をFIDで検出する（S_2ピーク）．また，300℃から390℃の昇温時に熱分解によって生成する二酸化炭素は測定中にトラップされ，一連の分析の最後にTCD（熱伝導度検出器）によりその全量が定量される（S_3ピーク）．ロックエバル分析によって得られる主な指標は以下のとおりである．詳細はPimmel and Claypool（2001），および田口（1998）などを参照されたい．

S_1：堆積物中に存在する遊離の炭化水素量を示す．これらの大部分は有機溶媒に可溶な抽出性有機物（ビチューメン；bitumen）から生成する．S_1が1 mg/gを超える場合は石油の存在を示唆する．
S_2：不溶性有機物（ケロジェン；kerogen）の熱分解によって発生する炭化水素類の総量．S_2はオイル生成ポテンシャル（oil production potential）とみなされる．一般に埋没深度が1 km以上では減少する．
S_3：不溶性有機物の熱分解で生成する二酸化炭素量．
T_{max}：S_2ピークの頂点温度，つまりケロジェンの熱分解による炭化水素生成率が最大となる温度に相当し，熟成指標として利用される．
HI：HI＝$(100 \times S_2)$/TOCとして定義され，ケロジェン中の水素の存在量を示す指標で，水素指数（Hydrogen Index）と呼ばれる．地質試料のHI値は，100～600の範囲である．
OI：OI＝$(100 \times S_3)$/TOCとして定義され，ケロジェン中の酸素の存在量を示す指標で，酸素指数（Oxygen Index）と呼ばれる．地質試料のOI値は，ほぼ0～150の範囲である．
PI：オイル生成指数（Production Index）．堆積物から生成する全有機物量（S_1+S_2）に対するS_1の割合（$S_1/(S_1+S_2)$）で示される．熟成作用の進行とともにS_2は次第にS_1ピークに転化することから，PI値は熟

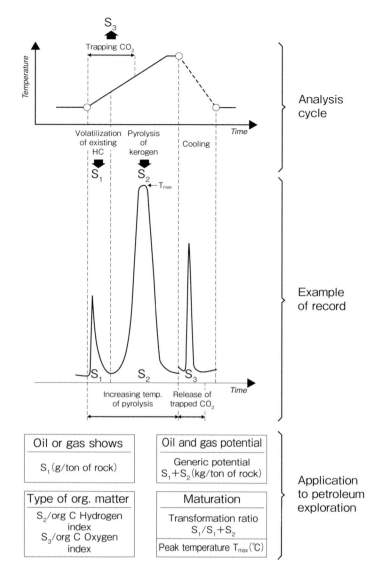

図10.5 ロックエバル分析の概念図（Pimmel and Claypool, 2001）
HC = hydrocarbon

成度の指標となる.
PC：PC = 0.083 × (S_1 + S_2) として定義され，熱分解生成炭素（pyrolyzable carbon）量を示し，石油ポテンシャルとして利用される.

有機物の熟成度（maturity）は，主に次に示す2つの方法で評価される. ①HIとOIをファン・クレベレン型の図（Van Krevelen diagram：図10.6）によって，ケロジェンタイプ（kerogen type）と熟成度を評価する方法と，②もう1つは T_{max} 値の範囲による評価法

で，T_{max} 値が400〜430℃では未熟成（immature），435〜450℃で熟成（mature），>450℃で過熟成（overmature）と評価される.

10.2.5 抽出性有機化合物分析

上述のような分析によって，原油貯留層の存在や海底下浅部への原油移流の可能性が示唆された場合には，堆積物中に含まれる有機化合物をヘキサン（hexane）やジクロロメタン（dichloromethane）などで溶媒抽出し，ガスクロマトグラフ質量分析器（gas chro-

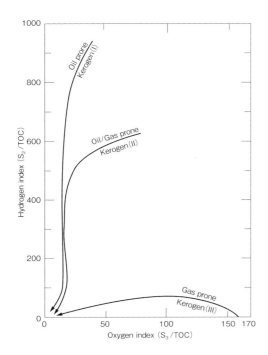

図10.6 ロックエバル分析によって得られる水素指数（HI）と酸素指数（OI）のプロット図（Pimmel and Claypool, 2001）

両者の関係から，有機物のタイプ，熟成度，起源を推定することができる．TOC = total organic carbon

matography-mass spectrometry：GC-MSD）を用いて定性，定量分析を行うことがある．特に，原油由来の炭化水素の場合には，奇数炭素優位性（odd carbon superiority）が認められないことから，炭化水素が生物由来のものか，原油由来のものか判別することができる．

10.2.6　バイオマーカー分析

ODP/IODP ではルーチン分析には指定されていなかったが，掘削船上に搭載されているガスクロマトグラフ-水素炎イオン化検出器（GC-FID：flame ionization detector）や GC-MSD を活用して，近年では船上でもバイオマーカー分析（biomarker analysis）が行われるようになってきた．バイオマーカーは分子化石とも呼ばれ，堆積有機物の中でも生物によって生合成された炭素骨格をもつ有機分子のことを指す．特に，起源生物を特定できるバイオマーカーを起源生物指標分子と呼んでおり，過去の陸域および海洋におけるある特定の生物種の存在量の復元や，バイオマーカーの環境指標性を生かして過去の地球表層環境変動を復元する研究などに利用されている．

バイオマーカー分析の代表例としてあげられるのは，ハプト藻由来のアルケノン（alkenone）の不飽和度を利用した古水温復元（たとえば，山本，1999）である．船上でアルケノン古水温変動を復元することによって，氷期・間氷期サイクルなどの気候変動のパターンを推定することができる．アルケノンは，有孔虫などの炭酸塩が溶解してしまう深海でも保存されていることから，船上で迅速に気候変動サイクルを推定するには強力な手法である．

ちきゅう船上には，GC-FID や GC-MSD に加えて，高速溶媒抽出装置などの前処理装置や高速液体クロマトグラフ（high-performance liquid chromatograph：HPLC）も設置されており，有機地球化学分析を行うための設備が充実している．今後は，定常分析以外の有機地球化学分析においても，船上でさまざまな分析ができる環境が整っていくであろう．

10.3　微生物研究法

IODPにおいて微生物学調査が最重要項目の1つとしてあげられていることもあり，海洋調査において微生物研究者が他分野の地球科学研究者と共同研究調査を行う機会が増加している．ここでは，初めて地球科学研究者との合同調査にのぞむ微生物研究者および微生物試料を取り扱う地球科学研究者を対象とし，①試料の取扱い方法，②微生物細胞の直接計数法，③試料の保存方法，④掘削水による汚染の評価について解説する．なお，船上では微生物の培養や活性の測定なども可能であるが，ここでは，個々の研究内容に大きく依存する嫌気培養実験や，専門性が高い放射性同位体元素などを用いた活性測定についてはふれない．さらに，IODPでは，放射性同位体元素の船上での使用が相当数実施されており，日本国内でも使用可能な船舶が増えていることを付記する．

10.3.1　微生物試料の取扱い方法

A．岩石試料の場合

採取法：掘削船によるコアリング（coring），海洋調査船によるドレッジ（dredge）やグラブサンプラー（grab sampler），潜水調査艇による採取．

準備：ハンマー，タガネ，ノミ，薬さじ，ピンセット，70％エタノール

注意：切断時に用いる水からの微生物汚染を避けるため，岩石カッターなどは使用しない．分割あるいは内部構造を観察する場合は，70％エタノールで滅菌したタガネやノミなどを用いる．回

収された試料は，船上での作業中の微生物の汚染を避けるため，実験用手袋を着用のうえ，清浄なトレイ上またはクリーンベンチ（clean bench）内で行う．

海底掘削で得た岩石コアの表面は掘削水などにより汚染される．よって，分割時に内部構造が表面の雑菌によって汚染されないように，清潔な紙などでコア表層の汚れを除去した後，表面をガスバーナーで軽く炙る．次に，表面から順に，必要な部位をタガネ，ノミ，薬さじなどの適当な器具を使い分けながら，削るあるいは割ることで分割し，岩石試料の中心部を微生物試料として採取する．岩石試料を嫌気培養に使用する場合は，可能な限り嫌気グローブボックス（anaerobic globe box）内で行う．

B. 堆積物試料の場合

採取法：掘削船によるコアリングのほか，海洋調査船ではグラブサンプラー，ピストンコアラー（piston corer），グラビティーコアラー（gravity corer）など，潜水調査艇ではプッシュコアラー（push corer）などにより採取される．試料の採取法により，試料の攪乱や海水あるいは循環水による汚染の程度も異なる．したがって，採取法や試料の状態に基づき，最適な処理方法を選択することが重要である．

準備：薬さじ，先端部を切断したシリンジ（syringe：50 mlおよび3 ml）が汎用的であるが，掘削船でのロータリーコアバレル（rotary core barrel）使用時や，半割したコアからの試料採取には10 mlや20 mlを用意しておくと便利である）．

注意：多くの場合，地球化学や微化石などの研究者と試料を分け合うので，できるかぎり層序を乱さないように試料を採取しなければならない．

・掘削試料からの微生物試料採取

多くの場合，透明なコアライナー（core linerまたはinner tube）が用いられ，外周からコアの状態が観察可能である．外観から明らかな乱れのある部分は，掘削水により内部まで汚染されている可能性が高いので，微生物研究用の試料としては用いない．また，コアリングの際に掘削水による汚染の生じやすい最上部およびコアキャッチャー（core catcher）直上部分からの試料採取もできるかぎり避ける．微生物研究用試料は，間隙水（interstitial water）の化学分析と同様に分割前のWhole Round Core（WRC）から採取する．分取したWRCの切断面（コア外周から1 cm内は避ける）からシリンジを押し込み，試料を採取する（図10.7）．また，必要に応じて薬さじなどを用いて堆積

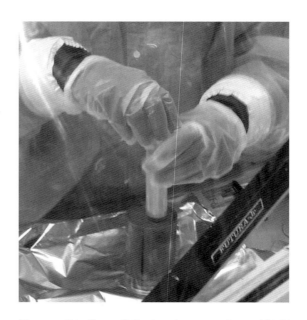

図10.7 嫌気グローブボックス内でコアにシリンジを押し込み試料を採取している様子

物を採取する．間隙水のガス解析や嫌気培養用の試料など，速やかな処理が必要な試料から順番に採取する．なお，一般的にピストンコアバレル（piston core barrel）による試料は攪乱や循環水による汚染の度合いが小さく，ロータリーコアバレルによる掘削試料は攪乱や循環水による汚染の可能性が高いとされている．

・グラビティーコア・ピストンコア試料

これらのコアリングシステムでは，不透明なコアライナーが用いられることが多く，外部からのコアの状態を観察することは難しい．多くの場合，これらの試料はコアごと，あるいはライナーのみが半割される．この場合，コア外周や切断面を避け，定量の必要な試料はシリンジで，その他については薬さじを用い試料を採取する．

・潜水艇により採取したコア試料

コアラーにはさまざまな型があるが，先端に返しのないタイプが最も攪乱が少なく微生物解析に適している．一般的には透明なコアライナーが用いられ，あらかじめコアライナー側面にシリンジの口径に合わせて空けられた穴から試料を採取するか，コア試料をライナーからゆっくりと押し出し，試料を分取する．一般的に海洋底表層の微生物量の多い堆積物であり，重要度の高い試料をライナーの穴からシリンジを用いて採取した後，乱さずに押し出せば，試料全体の利用が可能である．

10.3.2 微生物細胞観察と計数

船上における微生物細胞の検出は，細胞内の核酸を対象に，微生物細胞内のDNAを蛍光染色し，蛍光顕微鏡により観察・計数することにより行う．IODPなどで用いられる大型の調査船では，船上での観察が可能であるが，高倍率での観察が必要であるため，一般の海洋調査船では観察が難しい．なお，「ちきゅう」などIODPのプラットフォーム船では，船内ラボに高倍率の蛍光顕微鏡が備え付けられている．

準備：4％パラフォルムアルデヒド液（paraformaldehyde solution），0.01 M ピロリン酸ナトリウム溶液（sodium pyrophosphate solution），濾過器，ポリカーボネート製ブラックフィルター（polycarbonate black filter），先端を切断したシリンジ，SYBR Green I（染色剤：stain），退色防止剤（anti-fading agent）．

4％パラフォルムアルデヒド液は，湯浴した3×PBS（Phosphate Buffered Saline：塩化ナトリウム24 g，塩化カリウム0.6 g，リン酸一水素ナトリウム4.32 g，リン酸二水素カリウム0.72 gを超純水1 lに溶解し，pHを7.4に調整）中でパラフォルムアルデヒドを溶解する．なお，パラフォルムアルデヒドの代わりに，38％ホルムアルデヒド溶液（formaldehyde solution）で代用することもできる．

コア試料1 mlに対し，4％パラフォルムアルデヒド溶液3 mlを加え，4℃で一晩固定する．固定作業を行うことによって，微生物の増殖を防ぐとともに，微生物核酸染色試薬の膜透過性を高めることができる．次に，0.01 Mピロリン酸ナトリウム溶液で適宜希釈し，超音波洗浄機中で30秒間の超音波処理を行い，コア試料から微生物細胞を分離する．固定・希釈した試料1 mlに対し，SYBR Green I（Molecular Probes；×10,000濃度）を1 μl加え，室温で10分間染色する．その後，染色した試料を速やかに孔径0.2 μmのポリカーボネート製ブラックフィルターに吸引濾過する．濾過には直径15〜25 mmの漏斗（funnel）を用い，吸引圧を2.5 kPa以下で行うことで細胞の破損を最小限に抑える．濾過後0.2％の低融点アガロース溶液（low melting point agarose solution）に浸し，乾燥することで，試料中の微生物細胞の移動を防ぐことができる．作成した試料はスライドガラス上にのせ，退色防止剤を加えたのちカバーガラスをのせ，顕微鏡観察に供する．

微生物の観察は，形態判別の面からも，対物100倍のレンズを使用することが好ましいが，対物40倍以上のレンズであれば，観察が可能である．SYBR Green Iで染色された微生物細胞は，蛍光顕微鏡下で青色の励起光により緑色の蛍光を発する．船上では，船舶の揺れにともない焦点（focus）が合いにくいが，緑色の蛍光を発している輪郭のはっきりした微生物細胞様の粒子を微生物細胞とみなす．微生物細胞の密度は，（一視野中の微生物細胞数）÷（一視野の面積）×（濾過面積）÷（試料の濾過量と希釈率）から算出する．

10.3.3 試料の保存

分取した試料は，培養および活性測定，遺伝子解析，脂質解析，細胞数計数などそれぞれの用途に応じ，適切な環境下で保存しなければならない．また，コア試料を数時間室温に放置すると微生物群集構造が変化する可能性があるので迅速な処理が必要である．

A. 培養および活性測定用試料

海洋底地下圏に生息する微生物の多くは嫌気性である．培養および活性測定用試料のサブサンプリングは必要に応じ嫌気グローブボックス（anaerobic glove box）を用いる．通常，これらの試料はブチルゴム栓（buthyl rubber stopper）などで封をするバイアル瓶（vial container）に保存することが多いが，酸素を透過しないプラスチックバッグに脱酸素剤（oxygen scavenger）とともに密封してもよい．特に，堆積物試料や小片の岩石試料をバイアル瓶で保存する場合は，次の手順で行う．

1. ブチルゴム栓とバイアル瓶の隙間から注射針を差し込み，孔径0.2 μmのディスクフィルター（disc filter）を通した純窒素ガスで気相を十分に

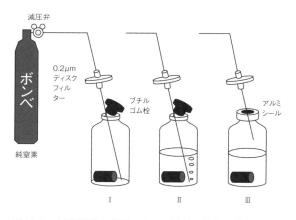

図10.8 純窒素ガスを用いたコア試料の保存方法
I．バイアル瓶内でのコア試料の保存，II．濾過海水中でのコア試料の保存，III．バイアル瓶に窒素ガスを注入し加圧する様子

置換する（図10.8I）．濾過海水を入れる場合は，海水中にまで注射針を入れ十分にバブリング（bubbling）をする（図10.8II）．その後，空気が入らないようにブチルゴム栓を押し込みながら針を抜き，アルミシール（aluminium seal）またはスクリューキャップ（screw cap）を閉める．嫌気グローブボックス内で作業を行うときは，気相置換やバブリングなどは必要ないが，添加する濾過海水についてあらかじめ十分なバブリングを行う必要がある．

2．アルミシールをした後，ブチルゴム栓に注射針を刺して窒素ガスを注入する．減圧弁を調節して1～1.5気圧まで加圧する（図10.8III）．

メタン生成菌の培養のようにより嫌気的な培養が要求される試料については，中性化した硫化ナトリウム水溶液を終濃度0.05％程度になるよう，海水に添加する．

B．核酸解析および脂質解析用試料

いずれも−80℃あるいは液体窒素中での保存が望ましいが，DNA解析に用いる試料の場合は−20～−30℃での保存も可能である．また，脂質解析用試料の場合は，アルミ箔などで包み，−80℃で保存することが望ましい．

C．細胞計数用試料

掘削船を除き，船上での計数は行わない場合が多いため，細胞計数用試料は固定した状態で持ち帰る．短期的な保存では，パラフォルムアルデヒド（paraformaldehyde）により冷蔵庫中で一晩固定後，−80℃で凍結保存を行う．中長期的な保存は，パラフォルムアルデヒドで固定後，濾過してフィルター上に濃縮した状態，あるいはPBS緩衝液（phosphate buffered saline buffer）での洗浄と遠心分離を1～2回行った後，エタノール・PBSで懸濁し−20～−30℃で保存する．このように保存した試料は，特定微生物細胞の検出手法であるFISH（蛍光 in situ ハイブリダイゼーション：fluorescence in situ hybridization）法にも用いることができる．

10.3.4 掘削水による汚染の評価

地下圏微生物の細胞数は，一般的に深部になるに従い減少する．したがって，深部堆積物あるいは岩石中の微生物細胞数は，掘削水中のそれより大幅に少ないことが予想される．一般に掘削水は表層海水を利用するため，掘削水と接触するコア表面・表層部は勿論，掘削により生じた亀裂などの乱れや，未固結砂層のような高透水性層のコア内部は，微生物の汚染（contamination）を起こしている可能性がある．通常，コア試料を用いた解析は，掘削水の汚染を避け，コアの中心部のみを用いて行うが，それでもなお，掘削時の汚染の可能性が常につきまとうことになる．この汚染の程度をモニタリングし，解析の信頼性を担保するのがコンタミネーションテスト（contamination test）の目的である．IODPではPerfluorocarbon（PFC）を用いたコンタミネーションテストを標準とするほか，蛍光ビーズ（fluorescent beads）もトレーサー（tracer）として用いられる．

A．PFCを用いたコンタミネーションテスト

準備：電子捕獲型検出器（electron capture detector：ECD）ガスクロマトグラフィー，70℃のインキュベーター（incubator）

注意：PFCは高感度で検出されるので，PFCを掘削水に投入する際に身体に付着しないように注意する．

PFCは，分子量350，沸点76℃の化学トレーサーで，水に対する溶解度は低い．したがって，PFCの検出はバイアル瓶を用いたヘッドスペース法で行う．初めに，掘削水がビットに到達するタイミングを見計らいながらPFCトレーサーを掘削水に投入する．ノンライザー掘削の場合，PFCトレーサーは高圧ポンプを用いて配管を流れる掘削水に直接投入される．次に，回収されたコアの表面および中心部から堆積物または岩石試料を採取し，バイアル瓶に密封する．そして，70℃のインキュベーターで温めPFCを気化させる．その後，バイアル瓶のヘッドスペースの気相をシリンジで抜き取り，ガスクロマトグラフィーで検出する．

B．蛍光ビーズを用いたコンタミネーションテスト

準備：蛍光顕微鏡，プラスチックバッグ，シーラー（sealer），先端を切断したシリンジ

蛍光ビーズは，一般的な表層海水中の微生物と同程度ないし，少し小さいサイズのものを用いる（0.5μm程度）．船上で蛍光ビーズの濃度を10^{10} spheres/ml 程度に調整した後，40 mlの溶液をプラスチックバッグに入れシーラーを用いて密封する．蛍光ビーズが密閉されたプラスチックバッグをコアバレル先端の内側に取り付ける．回収された堆積物コアの表面・表層部および中心部から先端を切断した3 mlシリンジを用い，1 mlずつ採取する．採取した堆積物は飽和食塩水で懸濁した後，遠心分離し上清を採取する．上清を孔径0.2μmのポリカーボネート製ブラックフィルターで濾過し，蛍光顕微鏡下で計数する．この手法は通常のグラビティーコアラーおよびピストンコアラーでも適用が可能である．

10.4 間隙水の採取と分析

掘削コア試料中に含まれる間隙水（interstitial water）の化学組成は，堆積物の続成過程や海底下の微生物活動，古海水の化学組成，海底下における流体などの移動，堆積物－海水間の物質循環などに関してきわめて重要な情報を提供する．このためDSDP（Deep Sea Drilling Project）の時代から多くの研究者が掘削コア試料からの間隙水抽出と，その化学組成の定量に従事してきており（Gieskes, 1983など），その手法の高度化に貢献してきた．本節はこれらの成果に基づいて，ジョイデス・レゾリューション号などで行われていた，掘削コア試料からの間隙水抽出，および化学分析の方法を中心にまとめたものである．

10.4.1 コア試料の採取

深海掘削コア試料の間隙水を採取する場合，船上に引き上げられたコア試料から，長さ10～40cm程度をコアライナーごと分取する．ただし，掘削時に冷却などを目的に泥水や海水を循環させて使用しているため，コア試料の表面はもちろんのこと，割れ目があれば内部までもが汚染されている可能性があり，間隙水データの大敵である．間隙水分析用の試料の分取にあたっては，ポリカーボネート（polycarbonate）などで作成された透明なコアライナーを使用し，このコアライナー越しに堆積物試料の回収状態をよく観察して割れ目などの損傷のない部分を選択する．分取した試料は，コアライナーに入れたまま両端をキャップで覆い，速やかに清浄な化学実験室へ運ぶ．

10.4.2 間隙水の抽出

深部から回収した固結コア試料の場合，使い捨てタイプの清浄な布巾を用いてコア試料をコアライナーから取り出し，必要に応じて外側の水気を拭う．次に試料を横たえて，幅3cm程度の円盤状の塊に分断する．これらを乾燥したステンレス・トレイの上に並べ，大型カッターナイフなどを用いて円周部を5～10mm，円盤の上下面を2～3mm程度削ぎ落とす．もし，コア試料にひびが入っていて内部が水で濡れているような場合は，その部分を特に念入りに削ぎ落とす．一方，未固結のコア試料の場合は水気の除去操作は不要で，薬さじなどを用いて乾燥したステンレス製トレイに直接取り出し，円周部などを同程度削ぎ落とす．

削ぎ落としが完了して150 cm³程度になったコア試料は抽出器に入れ，油圧プレス（hydraulic press）で加圧して間隙水を抽出する．抽出器や油圧プレスには研究機関ごとにさまざまな様式のものを使用している

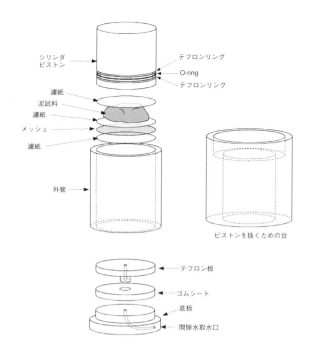

図10.9 北大型間隙水抽出器の模式図

底面から底板，ゴムシート，テフロン板，濾紙，メッシュ，濾紙の順に重ね，堆積物試料を入れて再び濾紙をかぶせ，最後にシリンダピストンを乗せてプレスにかける．抽出器下部側面の取出口から間隙水が搾り出されてくるので，プラスチックシリンジで受ける

が，国内ではジョイデス・レゾリューション号の船上で使用されていたマンハイム型抽出器（Manheim-type extractor：Manheim and Sayles, 1974）を参考に，2002年前後に北海道大学理学部に在籍していた著者らが設計したシステム（抽出器は㈱足立金物店が製作したステンレス製特注品，また，油圧プレスは理研機器㈱が製作した電動油圧ポンプと多連油圧シリンダを組み合わせた特注品．図10.9および10.10参照）が広く使用されている．

北大型抽出器の内部は図10.9に示すようなシリンダ構造になっており，高耐圧ステンレス製の底板，外管，およびオーリング（O-ring）付きのピストンからなる．この抽出器の内部にコア試料を封入してピストンの上面に油圧プレスを用いて圧力をかけると，抽出器下部側面の取出口から最初は空気が，次に間隙水が搾り出されてくるので，使い捨てのプラスチックシリンジで受ける．1試料ごとに組立てと解体・洗浄・乾燥を行う．

また，汚染が少なく，かつスムーズな抽出を実現するため，①コア試料の上下を定性濾紙で挟む，②底板の上に緩衝用のゴムシートとテフロン板を敷く，③酸

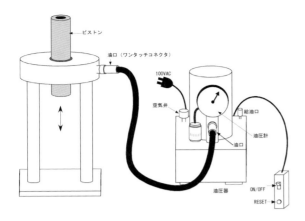

図10.10 プレス装置（単体）の模式図
プレス装置は最大4台まで並列接続できるが簡略のため1台だけの構成を示す

で洗浄・乾燥済みの円形のステンレスメッシュ（40メッシュ程度）を試料と底板の間に挟む，④加圧を開始する際に油圧は少しずつ上昇させていく，⑤間隙水の初留（1 cm³程度）は汚染を避けるため捨てる，といった点を実際の抽出操作に際して考慮したほうがよい．油圧プレスの圧力は最高700 kgf/cm²程度まで上げることができる．抽出には通常1〜2時間かかる．

プラスチックシリンジに回収した間隙水は細かい粒子を含んでいるので，シリンジから保存用の容器に移し替える際に先端に孔径0.45 μmの使い捨てのフィルターをはめて濾過する．

10.4.3 間隙水の化学分析

搾り出される間隙水の体積はコア試料の種類に大きく依存するが，強く固結した堆積物や岩石・鉱物が混入したような試料でない限り，150 cm³のコア試料から少なくとも10 cm³程度は搾り出せる．分析項目は研究対象に依存して大きく変わるが，間隙水のpHやシリカ（SiO_2），アンモニア（NH_3, NH_4^+），硝酸（NO_3^-），亜硝酸（NO_2^-），リン酸（$H_2PO_4^-$, HPO_4^{2-}, PO_4^{3-}）といった項目は，その濃度が変化しないように長期間保存することが難しいため，間隙水を絞った直後に船上で分析するのが一般的である．また，塩素（塩化物イオン：Cl^-）や硫酸（硫酸イオン：SO_4^{2-}）といった項目は，船上で掘削戦略を立案するのに有用であることが多いため，やはり船上で分析することが多い．ODPでは5〜10 cm³程度を船上分析に回し，残りは陸上での研究目的に応じてガラスアンプル（glass ampoule），セプタム栓（septum stopper）付きガラスヴァイアル（glass vials），プラスチック管

などに密封して保存する．また，必要に応じて保存試薬（滅菌剤など）を添加する．

ODP時代の間隙水の船上分析の手法はODP Technical Noteとしてまとめられており（Gieskes et al., 1991），25年経った現在でも，ほとんどがそのまま通用する．以下ではGieskes et al.（1991）の知識を前提にして，ODP Technical Note出版後の分析技術の進歩で改良可能な点や，Technical Noteでは不足している点を中心に解説する．なお，ODP Technical Noteの主要部分は，蒲生・Gieskes（1992）として日本語の論文にもなって出版されているので，併せて参考にしてほしい．

A. pH/総アルカリ度
（1）概要

pHは各元素の間隙水中における存在形態を規定する重要なパラメータであり，間隙水中における諸反応の進行を反映して変化する．pHは水素イオン（H^+）の活量指数（活量の逆数の常用対数）と定義され，ガラス電極を用いて内部液（飽和塩化カリウム溶液）と試料との間のpHの差に比例してガラス薄膜の両面に発生する電位差を測定し，米国標準局（National Bureau of Standards Publications：NBS）が定義したpH標準液を基準に校正して求めるのが一般的である．

しかし，NBSスケールで海水や間隙水のpH測定を行うと，実際の水素イオンの活量指数との間に有意なズレを生じることが知られている（Dickson, 1984）．これは標準液と試料のイオン強度が大きく異なることに起因しており（NBS標準液が0.1 mol/kg前後であるのに対して，海水・間隙水が0.7 mol/kg前後），これがNBS標準液の場合とは大きく異なる液間起電力（pH電極の内部液と試料の間をつなぐ液絡部に発生する起電力）を発生するからである．さらに電極をNBS標準液で校正した後で海水に移すと，両者のイオン強度が大きく異なるため，安定するまでに時間がかかる．この状態でpH測定を行うと精度や再現性も低下してしまう．

そこでBates and Culberson（1977）は，新たなpH標準液とpHスケールの使用を提唱した．これらの標準溶液は，海水と同じイオン強度に調製した人工海水をベースとしており，これにTris（Tris（hydroxymethyl）amino methane）とTris-HCl（Tris（hydroxymethyl）amino methane Hydrochloride）を加えることによって緩衝能をもたせたもので，Tris-pH標準溶液と呼ばれる．標準溶液と試料海水（間隙水）のイオン強度が等しいため，液間起電力の差はなくなり，測定の安定性も向上する．Tris（0.02 mol/kg）とTris-HCl（0.02 mol/kg）の混合標準液のpHは塩分35‰，

25℃において8.187となり，海水・間隙水に近いことも長所である．このTris-pH標準溶液に加え，ODP Technical NoteではBis（bis（hydroxymethyl）methy lamino methane）およびBis-HCl（bis（hydroxymethyl）methylamino methane hydrochloride）を混合したBis-pH標準溶液を併用することを提案している．さらにこの新しいスケールで定義されるpHをNBSスケールと区別するために，「pmH」と表記することを推奨している（Gieskes *et al*., 1991）．

pHは保存試料から再現するのが難しいため，正確な値を定量するには，採取後ただちに測定を行う必要がある．また，コア試料の採取から間隙水の搾り出し，さらにその測定に至る一連の操作で空気との接触を最小限に抑える必要がある．ただし，測定操作そのものは，校正済みのpH電極を試料に挿入して安定を待って読み取るだけで，きわめて単純である．

総アルカリ度（total alkalinity：A_T）は間隙水中における硫酸還元反応や炭酸カルシウムの沈殿などの進行を反映する非常に重要なパラメータである．総アルカリ度は「H^+（プロトン）当量で表した海水1 kg中に溶存するH^+受容体のH^+供与体に対する過剰量」と定義され（Dickson, 1981），式で表すと以下のようになる．

$$A_T = [HCO_3^-] + 2[CO_3^{2-}] + [B(OH)_4^-] + [OH^-] \\ + [HPO_4^{2-}] + 2[PO_4^{3-}] + [SiO(OH)_3^-] + [NH_3] \\ + [HS^-] + \cdots - [H^+]_F - [HSO_4^-] - [HF] \\ - [H_3PO_4] - \cdots \quad (10.1)$$

実質的には

$$A_T \approx [HCO_3^-] + 2[CO_3^{2-}] \quad (10.2)$$

である．またA_Tの定量に際しては，「海水（間隙水）を強酸で滴定したとき，炭酸の第2当量点（$[H^+] = [HCO_3^-]$）に到達するまでに必要な酸の当量」として求められ，グランプロット（Gran plot）を用いる方法が確立されている（Dyrssen and Sillen, 1967；Edmond, 1970）．この方法では，炭酸の第2当量点を十分に過ぎた低pH領域において，加えた酸の量とグランファクター（Gran factor：試料の量，加えた酸の量，およびpH電極の起電力から計算される値．式(10.3)参照）との関係をプロットする（ODPでは，起電力220〜240 mVの範囲でプロットを行う）．両者はよい直線関係を示し，最小2乗法でグランファクターをゼロに外挿すれば，当量点までに加えた酸の量（V_2）が求められる．

グランファクター（F）は以下の式(10.3)によって求められる（25℃の場合）．

$$F = (v + V_0) \times 10^{(E/59.16)} \quad (10.3)$$

ここで，

　v：酸の滴下量（cm^3），V_0：試料の最初の量（cm^3），E：pH電極の起電力（mV）

総アルカリ度A_T（mM）は，塩酸の規定度Nを用いて，以下の式(10.4)によって与えられる．

$$A_T = \frac{V_2 N \cdot 1000}{V_0} \quad (10.4)$$

総アルカリ度はpHと違って，濾過済みの間隙水試料をある程度の期間保存してもほとんど変化しない．しかし，pHと同様pH電極を測定に使用し，またpH測定に用いた試料でそのまま定量できるため，通常はpH測定に引き続いて測定を行う．

ODPのTechnical Noteでは，pH/総アルカリ度測定用の試料量を「3〜5 cm^3」としているが，これは試料の撹拌をしながらpH電極を挿入するのに必要な量として規定されたものである．現在は当時より小型で性能に遜色のないpH電極が多く市販されており，これと適当な形状の測定容器を用意すれば1 cm^3以下に試料量を減らしても十分に測定が可能である．それ以外のpH/総アルカリ度の測定操作の詳細はGieskes *et al*.（1991）に従ってよい．

（2）　試薬
・滴定液：容量分析用0.1 N 塩酸水溶液
・IAPSO標準海水
・Tris-pH標準溶液
・Bis-pH標準溶液

（3）　分析器具
・滴定装置（メトローム（Metrohm）655型など）
・マグネティックスターラー（magnetic stirrer）および超小型スターラーチップ（stirrer chip）
・pH複合電極（先端の細い物で，液絡が更新できるものがよい．）およびpHメーター
・恒温槽（25℃），循環装置つき
・滴定用容器（ガラス製，外側に25℃恒温水の循環部がある）
・ディスペンサー（dispenser：分取する試料量用に検定されたもの）

（4）　方法

まずTris-pH標準溶液およびBis-pH標準溶液を用いて，pH複合電極の較正を行う．較正の方法は各pH測定器の説明書に従う．pH複合電極は，使用しないときは海水のなかに浸しておく．

続いて滴定用容器を純水でよくすすぎ，キムワイプで拭く．スターラーチップも同様に洗う．ディスペンサーで適量（1〜5 cm^3程度，pH複合電極の形状お

よび滴定用容器の形状，さらに間隙水の回収量によって調節）の試料を測り取り，滴定用容器に移す．容器に蓋をし，マグネティックスターラーの上に固定する．pH複合電極を純水で洗い，キムワイプで軽く拭ってから，滴定用容器の蓋に開いている穴を通して容器内に差し込む．電極の先端部が試料のなかに完全に浸されることを確認する．スターラーを回し始める．

 pH表示が安定するのを待ってその値を読み取る（pHの測定）．塩酸溶液を滴下するビュレットチップ（burette chip）を試料容器の蓋の穴から通して試料中に差し込む．

 滴定液を少量ずつ加える．pH電極の起電力が安定するのを待って次の滴下を行う．起電力が220 mVに近づいたら滴下速度を減少し，220 mVを大幅に越えないように注意する．起電力が220～240 mVの間で，それまでに滴下した塩酸の量とpH電極の起電圧とを記録する．式(10.3)にしたがってグランファクターを求め，グランプロットを行って最小2乗法によってV_2を求め，式(10.4)から総アルカリ度を求める．

 なお，市販の自動滴定装置を用いれば，滴定操作と総アルカリ度の計算は，すべて自動制御可能である．測定精度は，±0.5％程度である．

 測定終了後，スターラーの回転を止め，pH電極を静かに引き抜いて純水で洗い，標準海水の入ったホルダーに戻す．滴定チップも同様に洗う．滴定容器内の溶液は廃棄せず，最初の試料量と加えた酸の量とを明示したうえで，他の化学分析用に回収保存する．

 キャリブレーション（calibration）は通常，IAPSO標準海水（表10.1）を用いて行うが，沿岸域で採取されるようなきわめて総アルカリ度の高い試料の場合には，Gieskes et al.（1991）に示されるような合成標準溶液を用いて試料の濃度付近でキャリブレーションを行う必要がある．

B．主要溶存成分（塩素・硫酸・ナトリウム・カリウム・カルシウム・マグネシウム）

（1） 概要

 Gieskes et al.（1991）では，硫酸（硫酸イオン（SO_4^{2-}））のみについて，1/200程度に試料を希釈したうえでイオンクロマトグラフ法（ion chromatography）で定量することが推奨されており，他の主要溶存成分は，塩素（塩化物イオン（Cl^-）），カルシウム（Ca^{2+}），マグネシウム（Mg^{2+}）が容量分析法（滴定法：titration method），ナトリウム（Na^+），カリウム（K^+）が炎光分析法（flame photometry）による定量が推奨されている．

 イオンクロマトグラフは，一定流量で流れる溶媒（溶離液（eluent）と呼ぶ）中に試料を導入し，イオン交換樹脂（ion-exchange resin）によって試料中の各溶存イオンを分離し，その結果起こる溶離液の電気伝導度の時間変化を連続して測定することで，各イオンの濃度を定量する装置である．近年のイオンクロマトグラフ法の進歩のおかげで，カルシウム，マグネシウム，カリウムのような陽イオンであっても，分離カラムを陽イオン交換カラム（cation-exchange column）に，また，溶離液などを各カラム用の適切な溶媒に変更することで，硫酸と同様に十分な精度で容易に定量が可能である．容量分析法は高度な技術が必要で，それでいて共存成分の補正が必要になる場合があるなど，面倒である．イオンクロマトグラフ法では試料を希釈する以外はほとんど操作が不要で，同程度の濃度であれば多成分を同時に定量できる．さらに繰り返し測定で精度を上げることも簡単である．可能な限りイオンクロマトグラフ法での定量を推奨する．

（2） 試薬・器具・方法

 DIONEX社製のイオンクロマトグラフを用いた陰イオン（硫酸）の測定法の詳細はODPのTechnical Noteにも記載されている．陰イオン分析の場合は，カラムには陰イオン交換カラム，溶離液には炭酸ナトリウムと炭酸水素ナトリウムを純水に溶解して作成した緩衝溶液を使用するのが一般的である．また，サプレッサー（suppressor）付属型のイオンクロマトグラフの場合には，酸性水溶液の再生液も準備する必要がある．陽イオンの測定の場合は，カラムには陽イオン交換カラム，溶離液には塩酸やメタンスルホン酸（methanesulfonic acid）の水溶液を使用することが多い．ただし，いずれも詳細は使用するイオンクロマトグラフの構造（サプレッサーの有無や種類）や，使用するイオン交換カラムの種類やメーカーによって推奨されている条件が異なるので，使用するイオンクロマ

表10.1 IAPSO標準海水（S＝35）の組成

項目	濃度
アルカリ度	2.325 mM
リチウム	27 μM
ナトリウム	480 mM
カリウム	10.44 mM
カルシウム	10.55 mM
マグネシウム	54.0 mM
ストロンチウム	87 μM
塩素	559 mM
臭素	860 μM
硫酸	28.9 mM

（mM = mmol/l，μM = μmol/l）

トグラフや使用するイオン交換カラムの説明書に従う。一般のイオンクロマトグラフであれば,「雨水」,「水道水」,あるいは「温泉水」中の陽イオン分析用の条件を記載していることが多いので,適宜希釈したうえでそれと同じ条件で測定を行えばよい.

標準溶液には,IAPSO標準海水（表10.1参照）を,未知試料の希釈率に応じて,適当に薄めて用いる.特に間隙水中の硫酸は海水より低い場合が多いので標準溶液を作成する際には注意する.

（3）注意点
・希釈率は予想される各成分の濃度と使用する機器やカラムの条件に合わせて調整する.著者が使用しているイオンクロマトグラフの場合,硫酸・カリウム・カルシウム・マグネシウムについては1/200程度に希釈して測定し,主成分である塩素やナトリウムでは,希釈率をもう少し上げて1/1,000～1/10,000程度に希釈して測定している.
・最近ではフッ素（フッ素イオン：F^-）や臭素（臭素イオン：Br^-）も,希釈率やカラムなどの条件を調整すれば硫酸とともにイオンクロマトグラフ法で定量することができる（Wei et al., 2005）.
・1回測定の精度は1%程度で,塩素などでは容量分析法に比べると有意に劣る.高精度を必要とする場合は,ランニングスタンダード（running standard）を挟みながら,多数回の繰り返し測定を行う必要がある（Tsunogai and Wakita, 1995）.
・希釈操作の不手際が精度や確度の誤差を大きくする第1の要因である.陸上であれば精密天秤を用いて重量比から精度良く希釈率を求めることができるが,船上では精密天秤は使用できない.事前にしっかりと較正し,かつ使用法を習熟した器具を用いて,容量比で高精度の希釈を実現する.また,試料と標準溶液は,必ず同じ器具を用いて同じ倍率で希釈することで,確度にズレが生じないように注意する.
・高濃度であれば主要陽イオンを分析する際に,リチウム（Li^+）やストロンチウム（Sr^{2+}）,バリウム（Ba^{2+}）なども同時に定量できるはずであるが,一般の間隙水では濃度が低く,同時定量するのは難しい.すなわち,リチウムは炎光分析法（flame photometry）,ストロンチウムやバリウムは原子吸光分析法（atomic absorption spectrometry）またはICP発光分光分析法（inductively coupled plasma atomic emission spectrophotometry：ICP-AES）による分析が現実的な分析法である.特にIODP掘削船にはICP発光分光分析計が搭載されているので,これを用いるのがよい.手法の詳細はGieskes et al.(1991)に記載されている.

C. アンモニア

（1）概要

アンモニア（ammonia：NH_3, NH_4^+）はタンパク質（protein）やアミノ酸（amino acid）の分解生成物であり,窒素循環の重要な担体である.分析法はGieskes et al.(1991)に記載されたSolorzano（1969）を元にしたインドフェノールブルー比色法（indophenolblue method）による定量がよい.これはアンモニアが次亜塩素酸（hypochlorous acid：ClO^-）と反応して生成するモノクロラミン（monochloramine：NH_2Cl）を,さらにフェノール（phenol：C_6H_5OH）と反応させることでインドフェノールブルー（$O=C_6H_4=N-C_6H_4OH$）に変換して吸光度を測定する方法である.

（2）試薬
・フェノール-エタノール溶液：1 cm^3の液体フェノールを,100 cm^3の特級エタノールに溶解する.毎日作り替える.
・ニトロプルシドナトリウム溶液（sodium nitroprusside solution）：ニトロプルシドナトリウム二水和物（別名ペンタシアノニトロシル鉄(III)酸ナトリウム二水和物, $Na_2[Fe(CN)_5NO]\cdot 2H_2O$）0.15 gを200 cm^3の純水に溶解する.この溶液は1～2日ごとに作り替える.
・アルカリ溶液：クエン酸三ナトリウム二水和物（sodium citrate）7.5 gと,固体水酸化ナトリウム（sodium hydroxide）0.4 gを500 cm^3の純水に溶解する.この溶液は安定である.
・酸化試薬：新しい次亜塩素酸ナトリウム溶液（sodium hypochlorite solution：4%の有効塩素を含む）をアルカリ溶液（既述）50 cm^3に溶解する.この溶液は毎日作り替える.
・標準溶液：特級塩化アンモニウム試薬（ammonium chloride）約5.345 gを1 dm^3の純水に溶解すると,100 mmol/lの保存可能な標準溶液が得られる.濃度は塩素濃度を測定して標定するほうがよい.また,「アンモニア態窒素標準溶液」などの名称で水質試験用の標準（1,000 ppm ≒ 60 mmol/l 程度）が市販されているので,これで代替してもよい.これらを1次標準とし,未知試料のアンモニア濃度に応じて,純水で適当な濃度に薄めて1次標準を作成し用いる.

（3）方法

間隙水0.1 cm^3をガラス製バイアル容器（容量5～10 cm^3）に取る.純水1 cm^3,フェノールアルコール溶液0.5 cm^3,ニトロプルシドナトリウム溶液0.5 cm^3,次いで酸化試薬1 cm^3を加える.各試薬を添加するご

とによく混ぜる．標準溶液およびブランク（blank：この場合純水を使用する）についてもまったく同様に試薬を添加する．

徐々に発色が進み，美しい青色を呈する．少なくとも1時間経過後に，波長640 nmの吸光度を分光光度計によって測定する．

（4）注意点
- アンモニアの汚染源は身近に数多く存在し，かつ揮発性が高いアンモニアは空気を通して汚染される危険性があるので，試薬の調整や実験操作，服装や周辺環境には十分配慮する．特にシリカを比色法によって同時に分析する場合（次節），分析試薬である「モリブデン酸アンモニウム塩（molybdic acid ammonium salt）」が汚染源になる．
- フェノール（融点42℃）は常温では高粘性の半凝固状態なのできわめて扱いづらい．九州大学では，購入した等粒状の固体フェノールを冷蔵保存し，使用の際には冷却状態のまますみやかに数粒（0.8 g）拾い集めている（石橋純一郎博士，私信）．一方，著者らは湯浴などを用いて完全に液化した状態で分注器を用いて一定容積（1 cm^3）を褐色保存容器中に分注・密閉して保存し，使用時には保存容器にエタノールを加えて溶解し使用している．なお，融解・凝固を繰り返したフェノールは，ブランクが高くなる傾向があるので注意が必要である．
- アンモニア濃度が高ければ試料量は適当に減らしてよい．特にアンモニア濃度が1 mmol/l程度を超えると検量線が直線にならないので，1 mmol/l程度を超えることが予想される場合は試料量を減らすしかない．試料をどのくらい用いるか，標準溶液の濃度範囲をどのくらいにするべきか予想がつかない場合は，いくつか試しに発色させてみて決める．

D. 珪酸

（1）概要

珪酸（silicic acid）は珪藻類による光合成に必須の物質で制限要因となることも多く，海洋の物質循環研究では重要な栄養塩の1つとして取り扱われている．分析はGieskes *et al*.（1991）で推奨されているモリブデンブルー比色法（molybdenum blue colorimetric method：Strickland and Parsons, 1968）によるのがよい．これはMoのオキソ酸と珪酸がpH＝1.5程度の水溶液中で生成するケイモリブデン酸錯体（silicomolybdic acid complex）のヘテロポリ酸（heteropoly acid）が，還元された時に強く発色する性質を利用した比色法である．ただし，この定量方法で定量されるのは，間隙水中の珪酸のうちのオルト珪酸（orthosilicic acid：H_4SiO_4）を中心としたいわゆる比色珪酸であり，ポリ珪酸類は含まれていない．

（2）試薬
- モリブデン酸水溶液：精密分析用のモリブデン酸アンモニウム四水和物結晶（$(NH_4)_6Mo_7O_{24}\cdot 4H_2O$）4 gを約300 cm^{3}の純水とともに500 cm^{3}の白色ポリエチレン製容器に入れ，密閉してよく振とうして完全に溶解する．続いて12 cm^{3}の濃塩酸を加えて混合し，純水で500 cm^{3}に定容する．遮光保存すれば数カ月は安定である．
- 亜硫酸メトール水溶液（sulfite metol solution）：無水亜硫酸ナトリウム（Na_2SO_3）6.0 gを500 cm^{3}のメスフラスコ（measureing flask）内で溶かし，10 gのメトール（p-メチルアミノフェノール硫酸塩，$(HOC_6H_4NHCH_3)_2\cdot H_2SO_4$）を加えてから純水で500 cm^{3}に定容する．メトールの完全溶解後，溶液を定性濾紙（ワットマン（Whatman）No.1など）で濾過し，密栓付きの褐色ガラス瓶に蓄える．一月ごとに作り替える．
- シュウ酸飽和溶液：50 gのシュウ酸二水塩（$(COOH)_2\cdot 2H_2O$）を500 cm^{3}の純水と撹拌し，一夜放置して上澄み液を回収し，ガラス瓶に保存する．この溶液は安定である．
- （1＋1）硫酸水溶液（64％硫酸水溶液）：市販品があるので購入してもよい．濃硫酸から作成する場合は，500 cm^{3}のメスフラスコ内に約200 cm^{3}の純水を入れ，撹拌しながら250 cm^{3}の特級硫酸をゆっくり添加する．発熱し場合によっては沸騰することもあるので注意深く添加する．室温まで冷却してから，純水を加えて500 cm^{3}に定容する．ポリエチレン瓶に保存する．
- 還元溶液：50 cm^{3}の亜硫酸メトール溶液（既述）と30 cm^{3}のシュウ酸飽和溶液（既述）を混合し，さらに（1＋1）硫酸溶液（既述）30 cm^{3}を撹拌しながらゆっくり加える．純水で総量150 cm^{3}にする．この溶液は毎日使用直前に調製する．なお，硫酸を添加する際に二酸化硫黄ガス（SO_2）が少量発生するので，吸い込まないよう換気などに配慮する．
- 人工海水：25 gの塩化ナトリウムと8 gの硫酸マグネシウム七水塩を，1 dm^{3}の純水に溶解して作成する．あるいは，「海水栄養塩分析用」（標準溶液の項目参照）の標準のうち，Si含有量ゼロの物を使用してもよい．ポリエチレン瓶に保存する．
- 標準溶液：Gieskes *et al*.（1991）では，標準溶液を自作することになっているが，珪酸については，現在では「海水栄養塩分析用」などの名称で，各種濃度の標準溶液が海水ベースで作成されて市販されている．熟練者の作成した標準溶液と比べても特に差

異が見られないので，市販品を使用することを推奨する．

(3) 分析方法

プラスチック製容器（容量約10 cm³）に4.0 cm³の純水を入れる．さらに未知試料や標準溶液（ブランクを含む）を0.2 cm³ずつ加える．ただし，発色時の塩濃度を試料と標準溶液（ブランクを含む）で揃える必要があるため，標準溶液やブランク溶液に純水ベースで作成されたものを使用する場合には，それらのみについてまず最初に添加する純水の量を3.8 cm³に減らし，そのうえで0.2 cm³の人工海水を加え，標準溶液（もしくはブランク溶液）を0.2 cm³加えるようにする．

次に各容器に2.0 cm³のモリブデン溶液を加える（この時の時刻を各試料について記録する）．Siを含む試料はこの時点で黄色を呈する．15分経過したら，3.0 cm³の還元溶液を加え，容器に蓋をして軽く混ぜる．液は少しずつ青色を呈する．3時間以上放置してから，分光光度計で波長812 nmの吸光度を測定する．

(4) 注意点・トラブルシューティング

・高濃度の珪酸を含む試料を放置すると，試料中の珪酸のポリ珪酸化が進行して定量される珪酸濃度が減少する．試料採取からなるべく短時間（遅くとも数日）のうちに分析を行う．

・珪酸はガラス製の器具や容器との接触が汚染源になることがある．Gieskes et al.（1991）ではガラス製の器具の使用を禁止していないが，現在はポリエチレン製，あるいはポリプロピレン製などの安価で清浄な代替品が簡単に入手できるので，可能な限り代替品を使用する．

・モリブデン酸溶液に保存中に白い沈殿が生じたときは廃棄して新しく作り直す．

・モリブデン酸アンモニウム四水和物には粉末状の試薬も市販されているが，必ず結晶状の物を購入・使用する．

・モリブデン溶液添加から，還元溶液添加までの時間（15分）は，試料間でなるべく均一になるようにする．

・間隙水試料が硫化水素が多量に（1 μM以上）共存する試料ではMoが硫化物の沈殿を生成して定量できなくなるので，硫化水素が妨害にならない程度まで試料を希釈するか，硫化水素を除いてから定量する必要がある．硫化水素は間隙水に一般的な酸性から中性のpHの試料では揮発性で水への溶解度も低いので，汚染や蒸発が起きないように気をつけながら試料を高純度窒素ガスでパージ（purge）したり，試料量に対して十分大きめの容器の中で一晩撹拌したりすることで取り除くことができる．また，弱アルカリ性の試料も強酸を少量添加してpHを下げれば，同様に除くことができる．

E．リン酸

(1) 原理

リンは光合成に必須の元素であるが，水圏では微量物質で制限元素となることも多く，リン酸（PO_4^{3-}，HPO_4^{2-}，$H_2PO_4^{-}$，H_3PO_4）は海洋の物質循環研究では重要な栄養塩の1つとして取り扱われている．分析はODPのTechnical Noteで推奨されているモリブデンブルー比色法（Strickland and Parsons, 1968の方法を，Presley, 1971が間隙水分析用に改良した比色法）がよい．これはリン酸が酸性溶液中でモリブデン酸と反応して，黄色のモリブデン酸錯体を生成することを利用している．これをアスコルビン酸（ascorbic acid）で還元すると濃い青色を呈する．また，この反応に際してアンチモンが共存すると青色がより強くなる．

(2) 試薬

・モリブデン酸アンモニウム溶液：2 gのモリブデン酸アンモニウム（$(NH_4)_6Mo_7O_{24} \cdot 4H_2O$）を1 dm³の純水に溶解し，プラスチック容器に保存する．この溶液は長期間安定である．

・硫酸水溶液（1.2 %硫酸水溶液）：濃硫酸10 cm³を純水で1 dm³に薄める．

・アスコルビン酸溶液：3.5 gのアスコルビン酸を純水1 dm³に溶解する．この溶液は冷蔵庫に保存する．1週間ごとに作り替える．

・酒石酸アンチモニルカリウム（吐酒石）溶液：0.09 gの酒石酸アンチモニルカリウム（$KSbC_4H_4O_7 \cdot 1/2H_2O$）を1 dm³の純水に溶解する．この溶液は数カ月間安定である．

・混合試薬：モリブデン酸アンモニウム溶液（既述）50 cm³，硫酸溶液（既述）125 cm³，アスコルビン酸溶液（既述）50 cm³，および酒石酸アンチモニルカリウム溶液（既述）25 cm³を混合する．この試薬は数時間しか保存できないので，分析の直前に調製する．

・標準溶液：Gieskes et al.（1991）では標準溶液を試薬から作成することを推奨しているが，珪酸で述べたように，現在では「海水栄養塩分析用」などの名称で，各種濃度の標準溶液が海水ベースで作成されて市販されており，これを使用することを推奨する．

(3) 方法

ガラス製容器（容量5～10 cm³）に0.01～1 cm³の未知試料を入れ，純水を加えて総量が1 cm³になるようにする．検量線の直線性を保つために，標準溶液お

よび試料のこの 1 cm³ 溶液中のリン酸濃度が 10 μM 以下になるように，使用する試料の量を調節する．

混合溶液 2 cm³ を加える．数分で液は青色を呈する．この色は数時間にわたって安定である．通常，約1.5時間後に波長 885 nm の吸光度を測定する．

(4) 注意点・トラブルシューティング
・珪酸同様，長期の保存は難しい．採取後すみやかに分析する必要がある．
・リン酸は容器に残余する洗剤や大気中の微粒子が汚染源になることがある．試薬の調整や操作には十分気をつける．
・モリブデン酸の取扱いや試料中の硫化水素に関する注意点は，珪酸の項目（10.4.3.D）を参照のこと．
・一般に，外洋域の海底堆積物中ではリン酸濃度が低いので 1 cm³ 使用して問題ないが，有機炭素濃度が高く総アルカリ度が 10～100 mM と高い場合は，リン酸濃度もかなり高い可能性がある．総アルカリ度の最大となる試料について，リン酸濃度の予備測定を行って大まかなリン酸の最大濃度を調べてから，本測定に使用する試料量を決めたほうがよい．

F．硝酸，亜硝酸，臭素

(1) 概要

間隙水中に硝酸（硝酸イオン（NO_3^-））および亜硝酸（亜硝酸イオン（NO_2^-））が検出できるのは外洋の浅層か沿岸のごく表層の堆積物に限られ，深海掘削試料の場合はあまり重要な指標ではない．むしろ海水の混入や堆積物の酸化の指標と考えたほうがよい．ただし，窒素循環の重要な担体であり，ピストンコア試料などではきわめて重要な指標となる．一方，臭素（臭化物イオン（Br^-））は同じハロゲン族の塩素（塩化物イオン（Cl^-））との比をとることで，間隙流体の移動や混合の指標として有用である．

Gieskes et al.（1991）ではいずれも比色法による定量が推奨されている．しかし，特に臭素や硝酸の比色はアンモニアや珪酸に比べると煩雑であり，有意な分析値を出すのは経験が必要である．

最近になって分離カラムの固定相に低極性のモノリス型 ODS カラム（monolithic ODS column：シリカゲルにオクタデシル基（octadecyl group）を結合させたカラム），移動相に高極性の NaCl 水溶液，検出器に紫外可視吸光検出器を用いた高速液体クロマトグラフを用いることで，これら 3 成分が選択的に定量できるようになった（Ito et al., 2005）．本法の特徴は海水と同じ塩濃度の NaCl 水溶液を移動相に用いることで，分析の妨害になる Cl^- の影響を排除するところにある．これにより電気伝導度検出器のイオンクロマトの場合に必要な試料の希釈操作が不要となり，感度が向上した．また，紫外吸光検出器を用いることで，硝酸，亜硝酸，臭素への選択性を向上させている．以下ではこの方法を紹介する．

なお本原稿執筆時には，分離カラムの固定相に高交換容量のイオン交換カラムを，また移動相に LiCl 水溶液を用いる，より簡便でより感度の高い方法も報告された（Maruo et al., 2006）．高速液体クロマトグラフを用いた硝酸の分析法は未だ発展途上であり，本節で紹介する方法にとらわれることなく，多様な方法に挑戦してほしい．また，10.4.3.B で紹介したように最近では臭素をイオンクロマトグラフ法で定量することができるようである（Wei et al., 2005）．硝酸や亜硝酸のデータが不要であれば，10.4.3.B で示したイオンクロマトグラフ法でもよい．

(2) 試薬
・溶離液：特級塩化ナトリウム（NaCl）292.2 g，特級リン酸二水素ナトリウム（sodium dihydrogen phosphate：無水）500 mg，特級リン酸水素二ナトリウム（disodium hydrogen phosphate：無水）118 mg を純水 1 dm³ に溶解．
・コーティング液：5 mM セチルトリメチルアンモニウムクロリド（cetyl trimethyl ammonium chloride：CTAC）水溶液：セチルトリメチルアンモニウムクロリド（[$CH_3(CH_2)_{15}N(CH_3)_3$]Cl＝320）1.6 g を純水 1 dm³ に溶解．
・標準溶液：硝酸および亜硝酸に関しては，珪酸で述べたように，現在では「海水栄養塩分析用」などの名称で，各種濃度の標準溶液が海水ベースで作成されて市販されており，これを使用することを推奨する．臭素に関しては，IAPSO 標準海水（表10.1）が利用できる．

(3) 分析機器（送液ポンプや検出器，インテグレータ（integrator）は一例である）
・送液ポンプ（日立 LC-7100）
・200 μl サンプル・ループ付き試料導入切替バルブ（レオダイン）
・分離カラム 1：Chromolith Speed ROD RP-18e（50 mm×4.6 mm i. d.）
・分離カラム 2：Chromolith RP-18e（100 mm×4.6 mm i. d.）
・紫外可視吸光検出器（日立 L-7400）
・インテグレータ（日立 D-7500）

(4) 方法

最初に使用する際に流速 0.5 ml/分でコーティング液（coating solution）を 2 時間流し，CTA⁺ をカラム表面にコートする．続いて純水を同じ流速で 15 分程度流してから，流速 3.0 ml/分で溶離液の送液を開始す

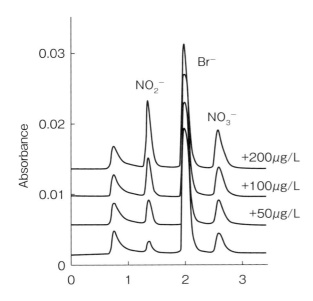

図10.11 海水試料分析時のクロマトグラムの一例（最下段）および硝酸・亜硝酸混合内標準添加時のクロマトグラムの変化（Ito et al., 2005）

る．日立LC-7100などのようにグラジェントシステム（gradient system）が付属している場合は，これを利用して溶液を切り替えると便利である．

紫外可視吸光検出器の波長を225 nmに設定し安定するのを待ってから分析を開始する．試料を500 μl 程度シリンジに分取し，空気を抜いてから試料導入切替バルブを経由して試料を導入する．導入と同時にインテグレータもスタートさせる．

分析物はより極性の低い分子ほどより強く固定相と相互作用して溶出が遅くなる．クロマトグラム上に，試料注入のショックに続き，まずNO_2^-の小さなピークが現れ，次にBr^-の大きなピーク，最後に保持時間3分程度でNO_3^-のピークが現れる（図10.11参照）．ピーク面積をインテグレータによってカウントする．標準試料のカウント値より検量線を描き，最小2乗法で直線の式を求め，これをもとに未知試料の濃度を計算する．分析精度は5％程度である．また，硝酸および亜硝酸の検出限界は1 μM程度である．

測定終了後は，溶離液を純水に切り替え，少なくとも30分は流して分離カラムを洗浄してから電源を切る．CTA^+のコーティングが落ちると分離が悪化するので，再びコーティング作業を行う．

（5）注意点

新品のニトロセルロース（nitrocellulose）製のフィルターは硝酸の汚染源になる．間隙水の濾過や高速液体クロマト装置への試料導入に際しては，ニトロセルロース製のフィルターの使用を避けるか，純水でよく洗浄し，さらに試料で共洗いしたうえで使用する．

10.4.4 おわりに

掘削コア試料中に含まれる間隙水の化学組成は，当初は堆積物の続成過程や堆積物—海水間の物質循環への関心から注目され分析されていた．間隙水の分析項目も，当時の技術での船上分析の可否と，これらの研究に対して重要かどうかを主な観点として選ばれていたと思われる．しかし近年では分析の技術も進歩しており，また，研究の関心も海底下の微生物活動や海底下における流体移動などへ変化してきている．たとえば，微量気体成分組成はこのような研究を進めるうえで重要，かつ迅速な分析が必要と思われるが，主に掘削の安全性確保のために行われる軽炭化水素分子の分析（「10.2 有機地球化学分析」の項目参照）を除くと，通常の分析項目になっていない．ここにあげた項目はデータベース的な観点から今後も重要と思われるが，必要な分析項目は，研究の主旨に合わせて柔軟に追加するべきである．

10.5 間隙率・含水比・密度

堆積物や岩石は，粒子／岩石骨格とその骨格間に存在する間隙で構成される（図10.12）．海洋底掘削の場合，掘削された試料の間隙は通常間隙水で満たされているが，メタン濃集層のようにガスが混在していることもある．この骨格と間隙を要素として，MAD（Moisture and Density）と呼ばれる以下の項目が定義される．

間隙率（porosity）：試料全体の体積に対する間隙体積の百分率（間隙体積／試料全体の体積＊100）．

含水比（moisture content）：試料中の粒子／岩石骨格質量に対する間隙水質量の比であり，百分率で表す（間隙水質量／粒子質量＊100）．

密度（density）：単位体積あたりの物体の質量．間隙水を含む試料全体の密度はバルク（湿潤）密度（bulk (wet) density：試料全体の質量／試料全体の体積）と呼ばれ，粒子骨格だけの密度は粒子密度（grain density：粒子質量／粒子体積）と呼ばれる．IODPでは通常CGS単位系（g/cm³）が用いられる．

これらは，index propertiesと呼ばれる，湿潤／乾燥状態にある試料の質量（mass）と体積（volume）を測定し，粒子骨格と間隙水の体積・質量を知ることにより求められる．質量は電子天秤を，体積は通常，

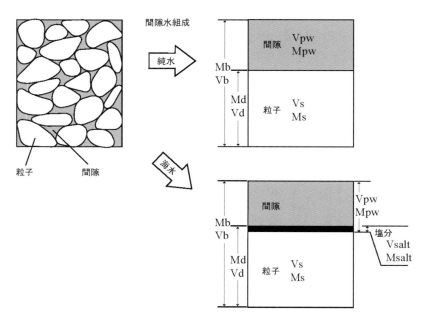

図10.12 堆積物試料中の間隙水と砕屑物粒子骨格のイメージ

ガスピクノメータ (gas pycnometer) を用いてそれぞれ測定される（後述）．粒子骨格と間隙水の体積・質量は，堆積物および岩石の間隙率や間隙比，および粒子骨格の平均密度を直接決定する唯一の物理量として非常に重要である．このようにして求められたバルク密度は，孔内計測におけるガンマ線バルク密度測定 (GRA bulk density) の補正 (calibration) のために用いることができる．また，index properties を用いて粒子密度を正確に決定できれば，GRA バルク密度から間隙率を求めることもできる．間隙率やバルク密度の変化は，堆積物の圧密や岩石化過程，組成，それに変形などによって規制される．したがって，MAD データを粒子密度や肉眼観察記載（VCD：5.4.2項を参照）と比較・対応させることによって，変形に規制された圧密，炭酸塩などによるセメンテーション，それに堆積物構成物の違いによる物性の変化などを検証することができる．

10.5.1 測定方法

間隙水が密度 1 g/cm³ の純水であると仮定すると，試料のバルク質量 Mb と乾燥質量 Md の差は乾燥過程で蒸発した間隙水の質量 Mpw である．この場合，Mpw はそのまま間隙水の体積 Vpw となる．ピクノメータを用いて試料のバルク体積 Vb と乾燥体積 Vd を測定すると，上記項目は以下の式で表される．

間 隙 率(%) $P = 100 \cdot V_{pw}/V_b = 100 \cdot (M_b - M_d)/V_b$ (10.5)

含 水 比(%) $W = 100 \cdot M_{pw}/M_d = 100 \cdot (M_b - M_d)/M_d$ (10.6)

バルク密度 $\rho_b = M_b/V_b$ (10.7)

粒子密度 $\rho_s = M_d/V_d$ (10.8)

実際に船上で採取される試料には，純水ではなくさまざまな成分を含む間隙水が含まれているために，それらの塩分濃度や密度を考慮する必要がある．間隙水が平均的な海水と仮定した場合，IODP で採用しているこれらの値は以下のとおりである．

塩分濃度：$s = 0.035$ (10.9)

海水密度：$\rho_{sw} = 1.024$ (g/cm³) (10.10)

試料に海水が間隙水として含まれていると，試料の乾燥過程で塩分が晶出する．このため，測定で得られる乾燥質量 Md は，粒子骨格の質量 Ms と塩分の質量 Msalt の和となり，乾燥体積 Vd は粒子骨格の体積 Vs と塩分の体積 Vsalt の和となる（**図10.12**）．このことを考慮すると，間隙海水の質量 (Mpsw) と体積 (Vpsw) は以下のように表される．

$M_{psw} = (M_b - M_d)/(1 - s)$ (10.11)

$M_s = M_b - M_{psw} = (M_d - s M_b)/(1 - s)$ (10.12)

$V_{psw} = M_{psw}/\rho_{sw} = (M_b - M_d)/[(1 - s)]/\rho_{sw}$ (10.13)

$M_{salt} = M_{psw} - (M_b - M_d) = (M_b - M_d)s/(1 - s)$ (10.14)

$V_{salt} = M_{salt}/\rho_{salt} = [(M_b - M_d)s/(1 - s)]/\rho_{salt}$

ここで，ρsalt は，岩塩結晶（halite；$2.20\,\mathrm{g/cm^3}$）の密度である．

$$Vs = Vd - Vsalt \quad (10.16)$$
$$Vb = Vs + Vpsw \quad (10.17)$$

以上を用いると，試料の間隙が海水で満たされているとした場合，

$$P = Vpsw/Vb \quad (10.18)$$
$$W = Mpsw/Ms = (Mb - Md)/(Md - sMb) \quad (10.19)$$
$$Wb = Mpsw/Mb = (Mb - Md)/Mb(1 - s) \quad (10.20)$$
$$\rho b = Mb/Vb \quad (10.21)$$
$$\rho s = Ms/Vs \quad (10.22)$$

となる．ここで示した Wb は，粒子骨格の質量ではなく，バルク質量に対する間隙水質量の割合をとっているもので，一般的な含水比とは異なる．しかしながら，IODP ではしばしば用いられているので注意が必要である．

10.5.2 試料採取と測定の留意点

コアなどの湿潤海底試料から $10\sim15\,\mathrm{cm^3}$ を採取し，ビーカー（beaker）に移す．ビーカーごと電子天秤とガスピクノメータを用いてバルク質量 Mb とバルク体積 Vb をそれぞれ測定し，その後に試料を乾燥させ，同様に乾燥質量 Md と体積 Vd を測定する．各測定は，ビーカーごと行われるので，測定前にビーカーの質量と体積を測定しておく必要がある（ビーカーの体積は，ビーカーの質量と既知のビーカー密度：$2.78\,\mathrm{g/cm^3}$ から計算する）．

試料の採取は，試料を擾乱させないように慎重に行う．コア表面を観察して，クラック（crack）やノジュール（nodule），異質なクラスト（clast）などが入っている部分は試料採取を避ける．また，掘削によって擾乱した部分（たとえば，APC コアの流動部分，XCB のビスケット（biscuit）部分など），それに非常に軟かい砂層（非活動的縁辺域に多い）は，初生的な堆積物の構造を保持していないので，採取を避けるべきである．

また研究の目的によって，採取する試料の岩相を選定する必要がある．たとえば，泥質堆積物が圧倒的に優勢な試料にあって，当初の試料採取計画に指定されている層準（interval）に砂の薄層があった場合，試料採取位置を少しずらして泥質部分から採取したほうがよい場合が多い．これらは各研究航海の目的によって異なるので，確認を要する．しかしながら，採取する試料の岩相を明確に把握しておかないと，得られた MAD の違いが測定誤差によるものなのか，岩相によるものなのか，それとも圧密や変形などを反映するもの

のなのかわからなくなってしまう．したがって，採取した試料の岩相を必ず記載しておくべきである．

試料の乾燥過程が，測定誤差を生む最大の要因になることが多く，index properties 測定全体で最も重要な部分である．現在は，船上に設置されている対流式オーブン（convection oven）を24時間稼働し，$100\sim110°C$ の庫内で試料を乾燥させている．しかしながら，この方法では粘土鉱物の層間水を相当量蒸発させてしまう（たとえば，スメクタイト（smectite）では約70℃程度から層間水が蒸発することが知られている）ことが考えられ，そこから計算される MAD に大きな誤差を生じる原因（たとえば，間隙率は最大20％程度の誤差を生ずる可能性）になっていると指摘されている．試料の乾燥方法には，ほかにも凍結乾燥法（freeze-dry method）やマイクロ波オーブン（microwave oven：電子レンジのようなもの）などがあるが，体積変化や精度などの問題が大きく，採用されていない．粘土鉱物が多く含まれるような試料を測定する際には，比較的低温（$50\sim60°C$）で長時間乾燥させることや，アルコール置換による凍結乾燥法等を併用するなど，必要に応じてデータの信頼性を検証することが考えられる．

砂層の間隙水は急激に抜けてしまうことが多く，湿潤体積や質量が正確に測定できない危険性がある．この場合，乾燥質量・体積と検層（logging）による GRA バルク密度を用いて以下の方法でデータを補完することができる．

フィルターの上に測定する砂試料を置き，蒸留水で塩分を洗い流す．塩分を洗い流した試料の乾燥質量 Md と乾燥体積 Vd は，粒子質量 Ms と粒子体積 Vs にそれぞれ等しい．他層準で GRA バルク密度（ρb（GRA））と実測のバルク密度が較正（calibration）されているとすると，

$$\rho b(GRA) = (Ms + Mpsw)/(Vs + Vpsw) \quad (10.23)$$

式(10.10)より，Mpsw = 1.024Vpsw なので，上式から Vpsw が求められる．式(10.17)，(10.18) より，

$$P = Vpsw/Vb = Vpsw/(Vs + Vpsw) \quad (10.24)$$

この方法を用いれば，先述の軟かい砂層の間隙率も測定できる．

10.5.3 ガスピクノメータによる体積測定について

土質力学では土粒子の体積を測定するためにピクノメータと呼ばれる特殊なガラス容器が用いられる．これは容器を満たした蒸留水および蒸留水＋試料の質量から体積を求める方法である（地盤工学会，2000）．一方，ガスピクノメータは，ヘリウムガスを用いてそのガス圧を実測することによって体積を測定する装置である．通常の水を用いるピクノメータと比べて，測

定が短時間で完了すること，排水が発生しないこと，それにピクノメータ自身の洗浄がほとんど必要ないなどの点で，船上で多くの試料を測定するのに適している．

ガスピクノメータは，基本的には体積が既知である2つのセル（cell）とガス圧計（pressure gauge），それにバルブ（valve）で構成されている（**図10.13**）．ガス圧計は大気圧をゼロとして，大気圧からの差分を計測する．ある乾燥試料の体積 V_d を求める場合，試料を体積 V_c である片方のセルに入れると，そのセル内の気体の体積は，V_c から V_d を引いた値になる．**図10.13**の1～5の手順で，試料の入ったセルだけを加圧（このときのガス圧を P_1 とする）・密封し，もう片方の体積 V_a のセルの圧力を大気圧条件（P_0）とする．次に閉じられた系の中で，2つのセルの間にあるバルブを開いてガス圧を平衡させる（**図10.13**の6）．ヘリウムは臨界温度が著しく低いために理想気体として近似することができる．よって両者の状態（**図10.13**の5と6）は，ボイルの法則（$PV = P'V'$）を用いて次式で表すことができる．

$$P_1(V_c - V_d) + P_0 V_a = P_2(V_c - V_d + V_a) \quad (10.25)$$
（**図10.13**の5）　　　（**図10.13**の6）
$$(V_c - V_d)(P_2 - P_1) = (P_0 - P_2)V_a \quad (10.26)$$
$$V_d = V_c - (P_0 - P_2)V_a/(P_2 - P_1) \quad (10.27)$$
$$= V_c + V_a/\{1 - [(P_1 - P_0)/(P_2 - P_0)]\} \quad (10.28)$$

加圧前に初期状態の大気圧（P_0）をゼロとしているので，

$$V_d = V_c + V_a/[1 - (P_1/P_2)] \quad (10.29)$$

測定では，V_c と V_a が既知であり，P_1 と P_2 を実測する．これらと式(10.29)を用いて試料の体積を求める．

試料用セルを複数もつガスピクノメータ（**図10.13**）では，複数試料の連続測定が可能である．ただし，フラッシング（flushing）は同時に行えるものの，測定は1試料ずつ行うので，測定中は他の試料用

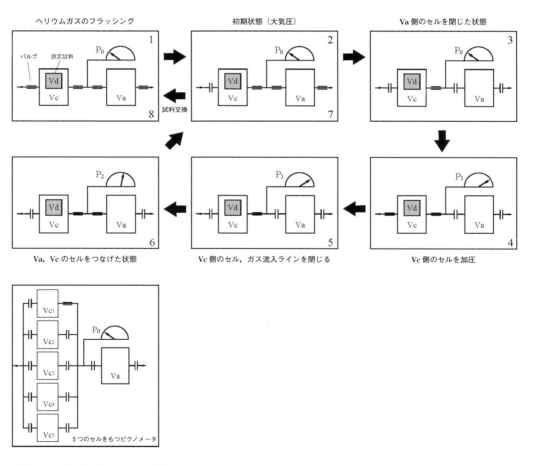

図10.13　ガスピクノメータの概念図

セルのバルブは閉じておく.

式(10.29)では,VcとVaが既知である前提で実測されるP₁とP₂から試料の体積を求めている.しかし,特に試料の出し入れをするセルはその際に汚染されやすく,体積Vcが変化する危険性が高い.それに比べるともう片方のセルは汚染される心配はほとんどないものの,温度変化などで若干の体積変化の可能性がある.このため較正のために次の測定手順を推奨している.標準装備されている5つのセルのうち3つのセルに測定試料,1つに体積Vstdの標準試料（standard）を入れ,残る1つは空にしておく.5つのセルの測定が完了したら,標準試料を入れるセルと空のセルを1つずつずらし,残る3つに新たに測定する試料を入れる.こうしていくと,すべてのセルは5回中3回試料の測定ができ,残る2回は標準試料と空の状態を測定することになる.標準試料と空の状態を測定するとき,式(10.29)のVd項はそれぞれVstdとゼロになるので,

$$V_d = V_{std} = V_c + V_a / [1 - (P_1/P_2)] \quad (10.30)$$
$$V_c = V_a / [(P_1/P_2) - 1] \quad (10.31)$$

上記の連立方程式からVcとVaを求める（Vstdは既知）.

ヘリウムガスを用いるピクノメータは,他流体の分圧に非常に敏感である.湿潤試料の測定（Vb）では,それらから得られるバルク密度が1〜5％,粒子密度が5〜10％それぞれ系統的かつ過大に見積もられてしまうことが報告されている.式(10.17)のように,Vbは他の測定項目を用いて計算することが可能であるので,IODPでは乾燥試料の測定（Vd）を推奨している.

10.6　粒度と間隙径

堆積物や岩石は,粒子骨格と間隙で構成される.堆積物の骨格となる粒子は,その堆積物を特徴づける粒度分布をもつ.構成粒子の体積が不変であるとすれば,上載荷重や変形による堆積物の圧密（consolidation）は,間隙が縮小することによって実現される.間隙径は,これら圧密以外にも構成粒子の粒径や配列の違い,それに間隙に鉱物が晶出する膠着作用（セメンテーション；cementation）によっても規制される.また,間隙率がほぼ同じであっても,間隙径分布が大きく異なれば,透水係数にも影響することが考えられる.間隙径を測定し,MAD（10.5節参照）や粒度分布と併せることにより,堆積物の圧密やセメント（cement）の状態をより詳細に検討することが可能となる.

10.6.1　粒度分析

粒度分析は,船上で簡易的に求める方法や実験室で厳密に測定する方法など,さまざまな手法がある.以下にそれらの手法の特性と測定原理について記述する.

船上での粒度分析は,堆積学者（sedimentologist）と構造地質学者（structural geologist）が行う.堆積物の場合,試料からスミアスライド（smear slide）を作成し,顕微鏡下で観察し,簡易的に肉眼観察記載（VCD）シートに記述する（詳しくは第5章参照）.固結した試料の場合,薄片を顕微鏡下で観察し粒径分布を求めるが,粘土サイズの固結試料の粒径分布を測定することは難しい.具体的な手法は,公文・立石(1998)に詳しい.船上での簡易的な記載よりもさらに詳細な粒度分布が知りたい場合は,以下に示すように実験室で測定を行う.その場合,研究目的・計画（scheme）に沿った層準・試料分量を設定する必要があり,コアの全容を観察できる船上での迅速な試料採取が重要になる.たとえば,タービダイト（turbidite）の粒径を層準あるいはコアのセクション（section）ごとに比較したい場合など,コアを観察しながら,タービダイト基底砂層などのピンポイントでの試料採取が重要である.そのような場合は,試料採取量によって測定法が規制されることがあるので,注意を要する.

粒度分析法は多岐にわたり,ふるいを用いて粒径区分をするふるい法,エメリー管法（Emery tube）・沈降天秤法（主に砂サイズ）やピペット法（pipette method）・比重計法（主に粘土サイズ）などストークスの法則（Stokes law）を利用した沈降粒度分析法,懸濁液の光透過率から粒子濃度を求める光電管法,レーザー光の回折や散乱から粒径を測定するレーザー回折法（laser diffractometry）などがある.採取量はふるい法では砂泥については200g程度,その他の手法では湿った原試料を50gから20g程度採取すれば十分である.手法は異なっても粒度分析法の基本概念については同じであるので,ここではよく用いられる手法を例に解説する.それぞれの手法の詳細については,公文・立石(1998)などを参照するとよい.なお,沈降法は動揺の大きな船上では使用できないため,正確な粒度測定は陸上で行う.

ふるい法を用いた粒度分析は通常75μm以上の粒径分布を求めることに使用され,以下のような手順で行われる（**図10.14**）.採取した試料をよくもみほぐして分散させた後に乾燥させ,全質量を測定する.異なる目開き（mesh size）のふるいを重ね,試料をふるいにかける.各ふるいに残った試料の質量を測定する.あるふるいを通り抜けた試料は,そのふるいの目開き

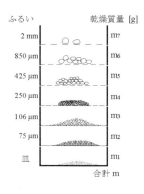
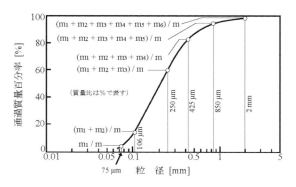

図10.14　ふるい法による粒度分析の概念図（左）と粒径加積曲線の例（右）

よりも小さな粒径をもつ粒子の総量である．各ふるいを通過した試料の質量を加え合わせ，全質量で割って通過百分率を求める．横軸に対数スケールの粒径，縦軸に通過質量百分率をとった粒径加積曲線から粒度分布を評価するのが一般的である．粒子は3次元的な大きさをもつので，粒子がふるいの目を通過するか否かはふるいの目開きの対角線長と粒子の形態（特に中間径の大きさ）に強く支配される．

沈降粒度分析法は，ふるいの代わりに粒子の沈降速度を利用して試料の粒径情報を得ている．ふるい法よりも細かい粒子の粒径分布を求めるのに適している．流体中を層流状態で沈降する粒子の粒径 d と終端速度（terminal velocity）V には，次の関係が成り立っている（ストークスの法則）．

$$V = a\Delta\rho g d^2 / \eta \tag{10.32}$$

a は定数で径1 mm 以下の砂や粘土サイズでは1/18の値を使用している．$\Delta\rho$ は媒質流体と沈降・懸濁粒子との密度差，g は重力加速度，d は粒子の半径，η は流体の粘性係数である．媒質流体には通常の水を用いる．水は，20℃の室温で998 kg/m³の密度と1×10E－3 Pa・s の粘性係数をもつが温度によって変化する．沈降速度式についてここではストークスの式をあげたが，粒径が大きくなると粒子周辺に生じる乱流のため沈降速度は式(10.32)よりも小さくなる（公文・立石，1998；日本地質学会，2003；新妻，2001）．原理は同じで，サイズの大きな粒子ほど沈降速度が速いので，ある時間が経過した後に沈降した堆積物の質量を知るか，浮遊している堆積物の質量を知ることができれば，ふるい法と同様に粒度分析法に必要な情報が得られる．エメリー管法では沈積した粒子の体積を，沈降天秤法では水浸した上皿に沈積した粒子の質量を時間ごとに読み取ることにより，ピペット法では懸濁物質を含む上澄み液を時間ごとに採取して濾過・秤量することにより，粒度情報を得る．比重計法ではある時間が経過した後に浮標（密度計）を用いて懸濁液の密度を測定し，その値から懸濁液中に含まれる堆積物の質量を計算する．沈降法は，同じ沈降速度をもつ同密度の球形粒子の大きさをもって粒子の大きさとする．粒子の形状によって沈降速度は若干異なるが，沈降径（sedimentation diameter）の代表的な求め方として重要である．沈降法はストークスの法則を用いているが，ごく細粒なものはブラウン運動を起こし，また沈降速度が速い粗粒なものは背後に乱流を生じてこれに従わなくなる．このため，あらかじめそれぞれの測定法に適した粒径を把握し，信頼度の高い区間のデータのみを採用するべきである．壁面での摩擦抵抗による粒子沈降速度減少の影響を排除するために内径の大きな水槽（内径14 cm 程度）を用いることが望ましい．また，十分な沈降距離（140 cm 程度）を確保する．

レーザー回折法は，懸濁液中の粒子サイズをレーザー光の回折や散乱から測定する方法であり，測定が簡便なことから泥質堆積物の粒度分析によく用いられる．懸濁液中の粒子に光を照射すると，粒子の輪郭に沿って光の回折現象が生じる．この回折光をレンズで集光すると焦点面に回折リング（diffraction ring）が得られるが，このリング径と光の強度は粒子の大きさで決定される（フラウンホーファ（Fraunhofer）の光回折の原理）．また，微粒子に光を照射すると，光が散乱する（粒子を中心に光が拡がる）．この散乱光の角度と強さは，微粒子の大きさによって決定される（Mie の光散乱理論）．使用する機器によって差はあるが，おおよそ1 μm 以上の粒子はこの回折現象を，それよりも小さな粒子は散乱を測定して粒径を求める．この方法は，使用する機器ごとに適度な懸濁液濃度が必要とされるため，確認が必要である．また，機器個体間の誤差が大きいため，標準試料を用いた較正を推奨し

ている．

機器間で測定の誤差をもたらす要因が若干異なるので，一般に同一機器を用いて粒径分布を求めるべきである．しかし，上述のように粒径によって最適な粒度測定法は異なるため，淘汰の悪い試料については複数の手法を用いて個別に測定したのち，これらのデータを接合して試料の粒径分布を求める必要がある．また，半固結試料については膠着物を取り除くために適当な薬品を用いて分解処理を行う必要がある．粘土サイズの粒子はコロイド状になりやすく，適当な表面活性剤を加える必要がある．粒子を壊さないように適当に分散させることは困難であり，測定誤差に大きな影響を与えるので，試料の前処理には特に注意を要する（公文・立石，1998参照）．

10.6.2 間隙径の測定

間隙径の測定には，試料薄片の偏光顕微鏡観察やコア試料のX線顕微鏡像などを用いて視覚的に測定する方法もあるが，1 μm以下の間隙径を測定することが困難であるため，ほとんどの場合水銀ポロシメータ（mercury porosimeter）を用いて測定する．

水銀は「濡れない液体」と呼ばれるほど濡れ角（接触角）の大きな液体である．たとえば，少量をガーゼなどにくるんでも漏れ出すことはない．しかし，この水銀に圧力を加えると（ガーゼをしぼると），水銀はメッシュの間を通りぬけ漏れだしてしまう．水銀ポロシメータは，水銀に加える圧力と水銀が入り込むことができる間隙の大きさに相関があることを利用して，間隙径の測定を行うものである．

水銀は，水銀に与えられる圧力P_cが水銀の表面張力σによる抵抗を越えると，間隙に入り込むことができる．ある水銀圧力P_c時に水銀が入り込むことができる間隙の断面積をA，周囲の長さをSとすると，以下の式が成立する．

$$P_c A = -S\sigma\cos\theta \quad (10.33)$$

間隙の形状を半径rの円筒形管路と仮定すると，式(10.33)は

$$r = -2\sigma\cos\theta/P_c \quad (10.34)$$

となる．ここで，σは水銀の表面張力，θは濡れ角である．

水銀の表面張力σを0.48 N/m（480 dyn/cm），θを141.3°とすると，次式が得られる．

$$r(m) = 0.75/P_c \quad (10.35)$$

たとえば，水銀に100 MPaの圧力を与えたとすると，このときに水銀が入り込むことができる間隙半径は上式より7.5×10^{-3} μm（7.5×10^{-9} m）と求められる．

また，間隙を試料中の亀裂とし，その断面形状を長さl，幅Wの長方形とすると，式(10.33)は以下のようになる．

$$lW/(l+W) = -2\sigma\cos\theta/P_c \quad (10.36)$$

亀裂の幅がその長さに比べてはるかに小さい場合，式(10.36)は次式で近似される．

$$W = -2\sigma\cos\theta/P_c \quad (10.37)$$

式(10.34)と式(10.37)の右辺は同じである．つまり，水銀ポロシメータは，試料内部の間隙半径もしくは亀裂の幅を測定しているといえる（以下，本項では間隙半径として記述する）．

実際の測定は，容積のわかっている容器に乾燥した試料を入れ，容器内を真空にしたうえで水銀を投入する．段階的に水銀の圧力を上げていき，各段階で試料内に入った水銀の量を計測する（水銀が試料内部に入ると容器内の水銀量は減少するので，その減少量を水銀柱で測定する）．たとえば，90 MPaの圧力を水銀に与え，次に100 MPaの圧力を与えたとする．100 MPaの段階で計測した水銀の減少量は，式(10.35)より，$7.5-8.3\times10^{-3}$ μmの半径をもつ間隙体積の総量となる．このように測定された間隙径は，通常横軸に間隙径の対数，縦軸に体積比（全間隙体積に対するある径の間隙体積の割合）をとった棒グラフで表す．

この手法を用いた間隙径測定は，火成岩や固結した砂岩には有効であるが，泥質堆積物には注意を要する．水銀に与える圧力は200 MPa（高性能なポロシメータでは400 MPa）に達するため，泥質堆積物はその圧力によって圧密し，体積を減少させてしまう．そのために間隙径が縮小し，過小評価してしまう可能性が高い．また粘土鉱物を含む未固結泥質堆積物は，その乾燥過程においても体積減少にともなって間隙が収縮してしまうため，測定には不向きである．その点で火成岩や固結した砂岩は，水銀圧による間隙の変形を考える必要がなく，乾燥による体積収縮を考慮する必要がないため，測定に適している．

機材および使用する水銀柱によって測定可能な試料内の間隙の総体積（および容器に入る試料サイズ）が決まっているので，試料作成前に確認が必要である．間隙率が大きい試料の場合，試料サイズを大きくしてしまうと径の大きい間隙に水銀が入った段階（水銀圧が低い段階）で測定限界を迎えてしまい，小さな間隙径の測定ができなくなってしまう．逆に間隙率が小さい試料の場合は，試料サイズが小さいと試料内に入る水銀量が少ないため，精度が落ちる（水銀柱フルスケールの10％未満の間隙総量であれば，精度が落ちる）．測定試料のMADデータをもとに，使用する水銀柱の選択や試料の大きさの調整が必要である．

また，試料表面の凹凸も測定精度を左右する．切断

した試料と切断後に表面研磨を行った試料は，測定結果にほとんど違いがないのに対し，ハンマーで割った試料（特に花崗岩試料）は，径の大きい間隙の量が明らかに増加することが報告されている（林ほか，1999）．したがって，測定試料は切断によって整形し，掘削時に割れた部分は避けるべきである．

水銀は人体に非常に有害であるので，取扱い，管理ともに十分な注意を必要とする．大学や研究機関において，水銀は購入・保管・廃棄に至るまで厳しい管理下におかれている．測定後の試料も内部に水銀が満たされている．そのため，通常は測定後の試料を用いた解析は行わず，それらの保管や廃棄にも十分な注意が必要である．

10.7 微化石分析

微化石（microfossil）は微小な化石の総称で，海洋底堆積物には1gあたり100万個体以上含まれるものもあり，19世紀の大探検航海や20世紀の深海掘削航海（DSDP-ODP）とともに研究が進められ（谷村・辻編著，2012），分析手法の定式化が進んでいる（尾田・佐藤編，2013）．深海掘削航海では，船上で掘削・回収された堆積物，堆積岩の微化石年代ならびに堆積環境に関する古生物学的解釈を提供することが乗船古生物研究者の責務であり（Shipboard Scientists' Handbook, 1990），氷上掘削などIODP航海以外の海洋底調査においても，航海の成否を決める重要な要素を担っている．的確な掘削を効率的に実施するためには，対象とする層準の掘削が順調に行われているか否かを迅速に判断することが必要不可欠である．そのため，コアキャッチャー（core catcher）試料から回収後速やかに年代情報を引き出すことが，乗船古生物研究者の任務となっている．限られた時間の中で可能な限りコア試料の生層位学的特徴を掌握する（化石帯境界や堆積間隙（hiatus）の認定作業を含む）ために，必要に応じた追加試料の分析を行う．ライザー掘削においてはカッティングス（cuttings）の微化石分析も有効であることが石油探鉱掘削で確かめられており（加藤ほか，1996；栗田，2007），IODPにおいても活用が期待されている．ジョイデス・レゾリューション号における分析マニュアルはODP Technical Note 12, "Handbook for Shipboard Paleontologists"（1989）により詳しく記載されている．「ちきゅう」などを意識したものとしては，日本地球掘削科学コンソーシアム（J-DESC）の古生物ワーキンググループがまとめた「IODP古生物船上マニュアル（日本語版）」（鈴木・西編，2010）がある．ここでは，微化石年代の原理・手法・誤差要因について解説し，誤解・誤用の軽減につなげるための品質保証・品質管理（quality assurance & quality control；QA/QC）の取組み事例を紹介する．

10.7.1 生層序と微化石年代学

A. 原理

生物の進化過程は地質時代を通じて不可逆的であり，生物の遺骸は広範囲にわたって特徴的な分布を示すことから，化石の形態進化のパターンを組み合わせることで相対的な年代対比が可能である．また，生層序（biostratigraphy）を古地磁気層序など他の層序と組み合わせ，数値年代情報を内挿・外挿することで示準化石（index fossil）の生層準（biohorizon）（図10.15）に年代値を与えることができ，微化石年代（biochronology, microfossil biochronology）が成立する（長谷川ほか，2006）．植物プランクトン（phytoplankton）や動物プランクトン（zooplankton）に由来する微化石は分布範囲が広範に及び堆積物中に多量に含有していることから，年代対比の最も有効な手段の1つとなっている．

生層序は古地磁気層序や複数の分類群間の微化石を組み合わせ（複合化石層序；integrated biostratigraphy），相互比較することで信頼性を高めてきた．しかし一方で，年代算出時に用いた基準点（control point）の年代が変わるとその影響を直接受け基準面（datum）の数値年代も変わる．これまで地磁気極性年代尺度（geomagnetic polarity time scale：GPTS）の解釈が変わるたびに大きな改変を重ねている（たとえば，Berggren *et al.*, 1995; Gradstein *et al.*, 2004, 2012）．年代値の提供者は，どの年代尺度に基づいて議論しているのか明示することが必要であり，利用者は用いられた年代尺度を確認したうえで文献の年代値を利用することが大切である．

最近では同位体層序（isotope stratigraphy）やサイクル層序（cycle stratigraphy）などと，地球の軌道要

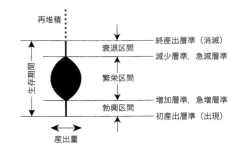

図10.15 化石の産出状況の層位変化と生層準（長谷川ほか, 2006）

表10.2 既存の年代情報を整理した例（Iwai, *et al*., 2002）

Event	Published age (Ma) references	Age (Ma)	Event code
Diatoms:			
TC *Hemidiscus karstenii*	0.19 (4, 6); 0.195 (2)	0.19	D1
BC *Hemidiscus karstenii*	0.42 (4, 6)	0.42	D2
T *Actinocyclus ingens*	0.64 (3, 5, 6); 0.65 (4)	0.64	D3
T *Thalassiosira elliptipora*	0.68 (3, 6); 0.7 (5)	0.68	D4
T *Fragilariopsis barronii*	1.3 (4); 1.39 (3, 6)	1.39	D5
T *Thalassiosira fasciculata*	0.70 (5); 1.7 (3, 6)	1.7	D6
T *Thalassiosira inura*	1.75 (3, 6); 2.5 (5)	1.75	D7
B *Thalassiosira elliptipora*	1.77? (3, 5, 6)	1.77	D8
T *Actinocyclus karstenii*	1.78–2.9 (3, 6)	1.78	D9
T *Thalassiosira torokina*	1.8 (2, 5); 1.85 (3, 6)	1.85	D10
T *Thalassiosira kolbei*	1.85 (3, 6); 2 (2, 4, 5)	1.85	D11
T *Thalassiosira vulnifica*	2.28 (3, 6); 2.5 (2, 5)	2.28	D12
B *Thalassiosira gracilis*	2.28 (3, 6)	2.28	D13
T *Thalassiosira insigna*	2.57 (3, 6); 2.6 (4); 2.63 (5)	2.57	D14
T *Fragilariopsis interfrigidaria*	2.63 (5); 2.67 (3, 6)	2.67	D15
T *Fragilariopsis weaveri*	2.65 (2, 5); 2.7 (3, 6)	2.7	D16
B *Thalassiosira vulnifica*	3.17 (3, 6); 3.26 (2, 5)	3.17	D17
B *Fragilariopsis kerguerensis*	2.70? (5); 3.33 (3, 6)	3.33	D18
T *Thalassiosira striata*	2.92–3.4 (3, 6)	2.92–3.4	D19
T *Thalassiosira complicata*	2.5 (5); 3.4 (3, 6)	3.4	D20
B *Thalassiosira insigna*	3.4 (2, 3, 5, 6)	3.4	D21
B *Fragilariopsis weaveri*	3.4 (2, 3, 5, 6)	3.4	D22
B *Fragilariopsis ritscherii*	3.53 (3, 6)	3.53	D23
T *Fragilariopsis praeinterfrigidaria*	3.64 (3, 6); 3.8 (1, 2, 5)	3.64	D24
B *Fragilariopsis interfrigidaria*	3.8 (1, 2, 3, 5, 6)	3.8	D25
B *Thalassiosira kolbei*	3.75? (2, 5); 4.07 (3, 6)	4.07	D26
B *Thalassiosira lentignosa*	4.2 (3, 6)	4.2	D27
B *Thalassiosira striata*	4.48 (3, 6)	4.48	D28
B *Thalassiosira fasciculata*	4.48 (3, 6); 4.50 (4, 5)	4.48	D29
B *Fragilariopsis barronii*	4.44 (5); 4.48 (1, 3, 6)	4.48	D30
B *Thalassiosira complicata*	4.44 (5); 4.62 (3, 6)	4.62	D31
B *Thalassiosira inura*	4.85 (3, 6); 4.92 (5)	4.85	D32
B *Fragilariopsis praeinterfrigidaria*	4.85 (3, 6); 5.3 (5)	4.85	D33
B *Thalassiosira tetraoestrupii*	5.49–5.50 (7)	5.50	D34
B *Thalassiosira oestrupii*	5.56 (5); 5.62 (3, 6)	5.62	D35
T *Denticulopsis hustedtii* s.l.	5.3 (5); 6.28 (3, 6)	6.28	D36
T *Actinocyclus ingens* var. *ovalis*	6.27 (5); 6.32 (3, 6)	6.32	D37
B *Thalassiosira oliverana* s.s.	6.42 (3, 5, 6)	6.42	D38
T *Thalassiosira mahoodii*	7.59 (2)	7.59	D39
B *Nitzschia reinholdii*	8.10 (5)	8.10	D40
B *Actinocyclus ingens* var. *ovalis*	8.68 (3, 5, 6)	8.68	D41
B *Thalassiosira mahoodii*	8.61 (2)	8.81	D42
T *Denticulopsis crassa*	—	—	D43
B *Thalassiosira torokina*	9.01 (2, 3, 5)	9.01	D44
T *Denticulopsis dimorpha*	10.63 (3, 6); 10.7 (2, 5)	10.63	D45
Calcareous nannofossils:			
B *Emiliania huxleyi*	0.26 (6)	0.26	N1
T *Pseudoemiliania lacunosa*	0.46 (6)	0.46	N2
T *Reticulofenestra asanoi*	0.85	0.85	N3
R med. *Gephyrocapsa* spp.	0.96 (6)	0.96	N4
B *Reticulofenestra asanoi*	1.16	1.16	N5
T large *Gephyrocapsa* spp.	1.24 (6)	1.24	N6
T *Helicosphaera sellii*	1.25	1.25	N7
B large *Gephyrocapsa* spp.	1.58	1.58	N8
B med *Gephyrocapsa* spp.	1.69 (6)	1.69	N9
Radiolarians:			
T *Antarctissa cylindrica*	0.61 (6)	0.61	R1
T *Cycladophora pliocenica*	1.827 (6)	1.83	R2
T *Euceyrtidium calvertense*	1.925 (6)	1.93	R3
T *Helotholus vema*	2.421 (6)	2.42	R4
T *Lampromitra coronata*	3.705 (6)	3.71	R5
B *Helotholus vema*	4.580 (6)	4.58	R6
B *Desmospyris spongiosa*	4.580 (6)	4.58	R7
TC *Lychnocanium grande*	5.018 (6)	5.02	R8
T *Amphymenium challengerae*	6.097 (6)	6.10	R9
B *Amphymenium challengerae*	6.651 (6)	6.65	R10

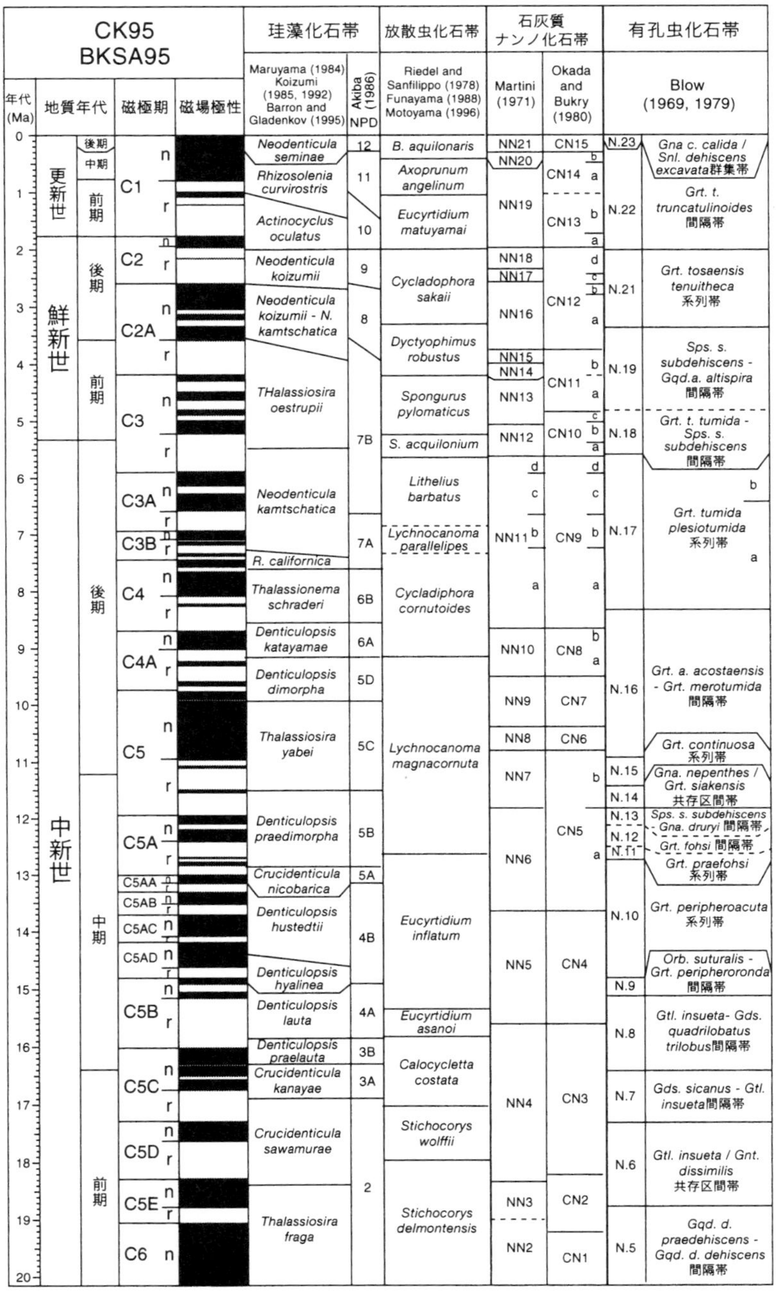

図10.16　北西太平洋の新第三紀層序区分（長谷川ほか，2006）

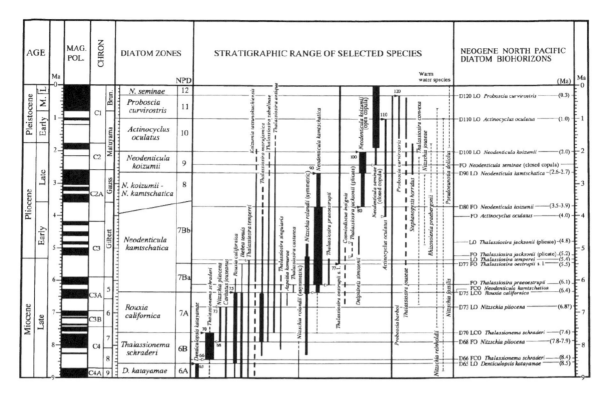

図10.17 化石帯と示準化石の出現区間，基準面の年代を示す事例
Yanagisawa and Akiba (1998) による新生代の珪藻化石層序

素に起因する日射量変動を対比した軌道要素年代尺度 (astronomically tuned time scale) が構築されるようになり，微化石基準面の高精度化が試みられるようになってきている (Lourence et al., 2004；岩井ほか, 2006).

B. 事前準備

航海に先立ち，調査海域における標準的な化石帯 (zone, biozone) と基準面の年代情報を整理しておくことが理想的である．複数研究者が乗り合わせる場合，用いる年代尺度・化石帯区分を相談して決め図化するとともに，年代値を再計算した基準面リスト（**表10.2**）を共有する．異なるグループ間の関係がわかるよう，**図10.16**のようにまとめた図を用意する．

調査海域の年代決定に用いられる示準化石に不慣れな場合，微古生物標本・資料センター (Micropaleontology Reference Center：MRC) の標本を事前に観察し慣れておくことが有効である．MRCではDSDP/ODPの試資料を系統的に蓄積し，異なる時代・異なる地域の微化石標本（http://iodp.tamu.edu/curation/mrc.html 参照）を，教育・研究に活用する環境を提供している (Lazarus, 2005, 2006)．日本では国立科学博物館にアジアの拠点として設置され，宇都宮大学には放散虫標本を扱う分局 (satellite center) が置かれている（10章トピック参照）．

調査地点近くの既存調査資料を調べ化石の出現状況から予測をたてるとともに基準面認定に際しての問題点を列挙しておくことも大切であり（**図10.15**，誤差要因の項参照），化石帯と示準化石の出現区間，基準面の年代を**図10.17**のように整理しておくと便利である．

光学顕微鏡の種類と観察方法については尾田・佐藤編 (2013) や野島編 (1997) が参考になる．観察する対象や目的により，顕微鏡の種類や観察法（明視野観察，位相差観察，微分干渉観察，暗視野観察など）や各種観察法に適したレンズ (lens) やコンデンサー (condenser) の構成は変わる．調査船に搭載される顕微鏡の構成を問い合わせて要望を伝える，あるいは自前で準備することは事前準備として重要である．正確な同定を行うためには，文献に図示される指標種の写真がどのような条件で撮影されたのか，観察法や倍率に注意することも必要である．乗船後は日頃用いている顕微鏡と船上の顕微鏡環境の違いを把握し，船上の

表10.3 認定された基準面の基本情報を整理した事例（Winter and Iwai, 2002）

Event	Chron	CK95 age (Ma)	Core, section, interval (cm)	Depth (mbsf) t	Depth (mbsf) b	Estimated age (Ma) t	Estimated age (Ma) b	Core, section, interval (cm)	Depth (mbsf) t	Depth (mbsf) b	Estimated age (Ma) t	Estimated age (Ma) b
			178-1095A-					178-1095B-				
TC Hemidiscus karstenii												
BC Hemidiscus karstenii												
T Actinocyclus ingens			1H-CC/2H-3, 90	5.67	9.80	0.26	0.45					
T Thalassiosira elliptipora			2H-3, 90/3H-6, 94	9.80	17.72	0.45	0.81					
	C1n(o)	0.78		17.10	17.14							
	C2n(t)	1.77		58.82	61.96							
T Thalassiosira torokina			<8H-3, 27-28		62.05							
T Thalassiosira complicata			—									
T Thalassiosira inura			8H-CC/9H-3, 130	68.90	72.60							
T Thalassiosira vulnifica												
	C2An.1n(t)	2.581		58.82	61.96			Top of Hole 1095B	83.00			
T Fragilariopsis interfrigidaria			9H-CC<	77.80								
T Thalassiosira insigna			—									
	C2An.1n(o)	3.04		81.36	85.45							
B Thalassiosira vulnifica			>10H-7, 14.5-15.5	86.94		3.15		1H-1, 101-103/2H-2, 57-58	84.01	94.57	3.06	3.38
B Thalassiosira lentignosa									96.90	105.08		
B Fragilariopsis interfrigidaria	C2An.3n(t)	3.58	Bottom of Hole 1095A	87.30				3H-5, 7-8/4H-1, 128-129	108.07	112.78	3.75	3.86
								3H-CC/4H-1, 104	111.50	112.54	3.88	3.90
	C3n.1n(t)	4.18							126.18	126.22		
B Thalassiosira striata								5H-6, 90-92/6H-3, 101-103	129.40	134.51	4.22	4.28
B Fragilariopsis barronii								5H-6, 90-92/6H-3, 101-103	129.40	134.51	4.22	4.28
B Thalassiosira fasciculata								5H-6, 90-92/6H-3, 101-103	129.40	134.51	4.22	4.28
	C3n.1n(o)	4.29							134.86	135.08		
	C3n.4n(t)	4.98							163.66	165.32		
B Thalassiosira complicata								10H-2, 60-61/10H-4, 60-61	170.60	173.60	5.09	5.15
	C3n.4n(o)	5.23							177.32	178.40		
B Thalassiosira inura								12H-4, 41-42/12H-5, 30-31	192.41	193.80	5.53	5.56
B Fragilariopsis praeinterfrigidaria								13H-4, 120-121/14X-1, 9-10	201.62	205.09	5.72	5.80
B Thalassiosira tetraoestrupii								13H-4, 120-121/14X-1, 9-10	201.62	205.09	5.72	5.80
B Thalassiosira oestrupii								15X-2, 59-61/16X-3, 35-36	216.79	227.65	6.05	6.18
	C3An.1n(t)	5.894							209.30	210.17		

観察環境に慣れることも必要となる．

ODPでは記載用紙の様式があらかじめ示されており，各人の工夫で一部修正のうえ利用していた．船上データベースシステムではパソコンからの入力を求められたが，入力準備に手間がかかること，入力したデータを自分で利用する際，再度加工しなおす必要があったことからあまり普及しなかった．微化石データのデータベースには単なる情報の記録と整理だけでなく，データの品質を保証するためのタクサ名辞書（taxa name dictionary；TNL）の参照や解析支援，他の乗船研究者との情報共有など，多様な機能が求められるようになってきている．一部の分類群ではインターネットを通じたデータベースへのアクセスも可能となり改善が進んでいるが，分類群や調査船・調査海域により作業環境は大きく異なる．乗船研究者は船上のキュレーター（curator）やシステム管理者らに相談し，船上で用いられているデータベースシステムについて慣れておくとよい．

C. 試料の選別と処理

各種微化石の処理法は各種出版物（化石研究会編，2000；長谷川ほか，2006；尾田・佐藤編，2013）や個別論文を参照されたい．実験室や実験器具を清潔に保ち，試料の汚染（contamination）を防ぐことはもちろんのことながら，教科書・論文ではあまり触れられていない掘削等試料採取時の試料汚染についても十分注意し，化石帯や基準面の認定を行うことが求められる．ここでは掘削試料で特に注意することを簡単に述べる．

コアを半割する際，表面が引きずられる場合がある．スミアスライド（smear slide）用に爪楊枝試料（tooth pick sample）を採取する場合も，半割面を避けその内側を採取するようにする．コアライナー（core liner）との境界は多かれ少なかれ引きずられてしまうので，試料採取後～処理前に取り除く必要がある．フローイン（flow in）した試料は層準が不明となるので分析に供してはならない．また，塊状の試料がクッキー状（cookie-like）に砕けた場合，泥水が隙間に入り込み，一見連続した試料に見える場合がある．その場合，爪楊枝などで硬さの違いを確かめ，岩片試料を選別しなくてはならない．掘削時の孔壁崩壊についても注意が必要である．コアの最上部に周辺と違う岩相が不自然に現れる場合は疑ってみる必要がある．

ライザー掘削において，原理的に幅広い層準の試料が混在してしまうカッティングスを用いる場合は，その有用性と限界（栗田，2007）を十分に理解して利用する必要がある．

D. データ整理

顕微鏡観察結果は，記載シートに記録した後，産出図（occurrence chart）としてまとめて保存する．国際動物命名規約（International Code of Zoological Nomenclature；動物命名法国際審議会，2000）や国際植物命名規約（International Code of Botanical Nomenclature；大橋編,1997）に則した表記を心がけたい（速水・森編,1998の解説参照）．基準面を認定した場合は，その試料層準を一覧表として整理し（**表10.3**参照），年代－深度図（age-depth profile）の作成に供する．古地磁気層序や同位体層序が得られた場合，試料の数値年代を算出し，基準点とともに示す．

10.7.2 誤差要因

国際層序ガイド（International Stratigraphic Guide；日本地質学会訳編,2001）には生層序単元（biostratigraphic unit）と年代層序単元（chronostratigraphic unit）は本質的に異なり，生物の出現・消滅層準は時間面と斜交することが解説されている（原文はhttp：／／www.stratigraphy.org／index.php／ics－stratigraphicguide から入手可能）．したがって，微古生物分析で得られた情報を「十分な慎重さと見識をもって使用」することが有効な年代対比の前提条件となる．汚染や不適当な試料処理を防いでもなお残る誤差要因について以下に解説する．

微化石層序は，基準面の年代を単一の数字で置き換えることや化石帯の区分をコード化することで単純化，利便性を増し，広く受け入れられるようになってきた．しかしその数字やコードは等価なものではない．生層序に基づく年代決定過程においては，いくつかの誤差要因の介在余地が存在し，基準面ごとに精度（precision）・確度（accuracy）・品質＝確定性（unambiguity）が異なっている．このことは他分野の研究者に理解されにくく，同じ微化石研究者同士でも混乱のもととなる．誤差要因を理解し，年代判定の元資料を開示したうえでの議論が，問題解決につながるであろう．

A．原理的な適用限界

生層序対比は必ずしも年代対比そのものではない．したがって，基準面が時間面に斜交する場合が多々ある．その要素としては以下の項目があげられる．①堆積場の違いによりもともと生存していなかった場合や，②堆積場の状況により，生存していたものの遺骸が化石として残らなかった場合があり，岩相や堆積環境の変化を理解したうえで基準面を判定することが大切である．③続成・変質作用などで，もともと化石として存在していたものがなくなってしまった場合．岩相変化，間隙水の化学分析結果，残存化石の溶解や破損状況から続成・変質作用の有無を確認し判定することが必要である．また，④試料の分析間隔や分析手法の違いにより，化石として未発見である場合もある．ひとたび数値年代が与えられると，編集作業を繰り返す間に，有効数字以下の数値が一人歩きしてしまうことがある．試料の分析間隔を考慮して数値年代の誤差を示し，地域間の異時性（heterochrony）・等時性（isochrony）を検証していくことが必要である．基準面が最初に設定された時の分析手法や産出リストを確認し，同じ条件で認定を試みることが求められる場合もあるので注意を要する．⑤再移動・再堆積（reworking, resedimentation）することで，本来化石生物が生存していた場・時間と異なる状況下で出現（異時的異地性化石は誘導化石（derived fossil）とも呼ばれる）し，年代や古環境推定の精度を落とす誤差要因となることがある．出版物中に示された年代がもともとこうした問題を抱えている場合もある．

B．分類群・基準面の認定

微化石層序では，まず示準化石を認識し（recognize），既存資料を参照する（refer）ことで分類群を同定する（identify）．次に共産する種構成を認識し，化石帯の定義に照らし合わせて化石帯の認定を試みる．さらに層位学的に連続した試料を検討することにより，既存資料に照らし合わせて，基準面の認識・認定を行う．それぞれの段階で誤認する危険性が潜んでいる．

試料採取時や前処理時における汚染（contamination）に細心の注意をはらうことはもとより，前処理法や観察法の違いによっても基準面の認定に差が出ることに留意しておきたい．慣れない海域における調査航海では，状況を十分に把握しきれないなか作業を進め，思わぬ過ちを犯すこともある．Science や Nature に論文を投稿するような研究者が，再堆積に惑わされ化石帯や基準面の認定を誤ることもある．誤認は生層序にのみ発生する現象ではない．機械的に作業を進めるだけでなく岩相層序や古地磁気層序で発生する問題点（コアリングギャップやハイアタス，断層などによる欠層や繰り返しなど）も十分熟慮したうえで年代層序を構築する必要がある．

C．既存資料の不確実性

微化石年代は完成されたものではなく，常に新知見が加えられ改訂作業が続けられている．既存資料を整理し同一海域で適用しようとした場合においても，うまくいかない場合が起こりうる．既存資料を盲信せず，現場でしっかりとした生層序を築くことがより重要であることはいうまでもない．

1）種概念の混乱．種の概念が変わり，既存の資料を適用するのが困難となる場合がある．読み替えることが可能な場合も多いが，細分化された場合や種概念の混乱が生じている場合，注意が必要である．

2）基準点に用いた層序の混乱．化石基準面がどのような時空分布をもっているかは，世界各地の掘削試料・陸上断面試料における古地磁気層序・同位体層序，その他の年代情報との対比によって明らかにされてき

ている．したがって，基準面の示す年代値は数値算出の基準点の年代が書き換えられると自ずと変わる．古地磁気層序はもっともよく利用され，磁場逆転は精度の高い地球規模での等時間面を供する．しかし標準層序への対比は，時にして困難をともなう．たとえば，堆積間隙が頻発する南大洋では，"ボタンの掛け違い"が長らく見過ごされてきたことがわかってきた（Iwai et al., 2002; Tauxe et al., 2012）．

出版された層序資料や年代値は，こうした誤差要因が何らかの形で含まれている可能性が存在する．検証し，修正していくことで，より信頼性の高いものへと作り替えられてきているが，常に発展途上にあることを分析者・利用者は理解しておく必要がある．

三陸沖のODP Leg186では下船後の追加微化石分析を考慮に入れて年代モデルを再構築したところ，船上での年代モデルに比べて中新世／鮮新世境界が200 m以上ずれてしまったという（Motoyama et al., 2004）．大抵は複数タクサ間・複数分野間で相互比較し航海中に修正できるが，疑念が残った場合は下船後の研究（shore-based research）で検討を継続し，問題点の解決を図ることが重要である．その際，産出表（occurrence chart）による基準面認定や図版による種同定の再確認，古地磁気層序や岩相層序・音響層序データの解釈見直しまで必要になる場合があることに留意したい．

10.7.3　品質保証・品質管理

高精度の軌道要素年代を高確度で得るためには，高品質な微化石層序データと基準面の的確な判定が不可欠である．示準化石の概念は中学校理科の教科書に登場する基礎的概念であるにもかかわらず，その利用に際しては深海掘削の現場で多々議論となり，一般に微化石年代の決定過程や精度・誤差は難解に映り，なかなか理解されない．示準化石の形態的多様性を踏まえ正しく同定し，群集内における微妙な量的変化を識別し基準面を認定するには観察力がものをいう．微妙な差異は種や基準面ごとに異なり，その違いが論文に十分に記載されないままに利用されていることもよくあることで，正確な種の同定・基準面の認定には経験と知識が重要となってくる．微化石データの品質保証・品質管理（QA/QC）実現には，熟練研究者の経験と知識を蓄積し若手研究者に継承する努力も必要で，データベースの構築とスクーリング（schooling）の開催などが活発に進められている（尾田・佐藤編，2013）．

A.　IODPにおけるデータ管理環境

IODPでは情報のコンピュータ管理を推し進めている．現在3つの運用組織（implementation organization；IO；米国：USIO，日本：CDEX，ヨーロッパ：ESO）がそれぞれ独自にデータベースを開発・提供している．米国はODP時代からのJANUSデータベースシステムを継承発展，ヨーロッパではDrilling Information System（DIS）として各種資料を既存ソフトファイルのまま集中管理している．欧米のデータベースはJANUSとのリンクを前提に計画・運用されている．一方，日本ではJ-CORESを新たに開発し（CDEX科学データポータルサイト，Science Information from 7 Oceans：SIO7参照；http://sio7.jamstec.go.jp/）提供している．IODP国際計画管理法人（IODP-MI）はPaleontology Coordination Group（PCG）を立ち上げTaxa Name List（TNL）を整備した．JANUS（http://www-odp.tamu.edu/database/）とNeptune（http://www.gbif.org/dataset/e1e16cf0-ada2-11e2-8fbc-00145eb45e9a）のデータベースに登録されていたタクサ情報を統廃合し，欠落情報を追加し整備したものである（Lazarus et al., 2015）．データベース間で分類群情報の混乱を生じさせないことを目的に整備されたもので，各IOにTNLの電子情報は提供され一部活用がなされている．しかし，IODP Management International, Inc.（IODP-MI）が消滅したことで，個人が直接リストを入手することは困難となり，メンテナンス対策も各IOにゆだねられた状況になっている．

B.　インターネット資源

ウェブサイトから入手可能な微化石データベースや解析用プログラムをいくつか紹介する．

ODP掘削孔の基礎情報，航海で得られた古生物関係の産出・タクサデータは，JANUS（http://www-odp.tamu.edu/database/）データベースとして提供されている．DSDP，ODPを含めた古生物関係データの入手，検索，図化，入手，地質年代尺度を取り扱う総合サイトには，CHRONOS（http://portal.chronos.org/），PaleoBiology Database（http://paleodb.org/#/），Stratigraphy.net（http://www.stratigraphy.net/），Pangaea（http://pangaea.de/）があげられる．Spencer-Cervato（1999）はこれらデータベースに登録されたデータの再評価を行っている．DSDPやODPのデータから化石の産出分布図の作成，古地理図や年代尺度の変換など行う際には，ODSN（http://www.odsn.de/）が便利である．ODSNでは，古緯度を自動計算して図化する機能も装備されている．

C.　微化石サマースクール

若手微化石研究者を養成するための「微化石サマースクール」が，微古生物学を勉強し始めた学生や院生を対象に，年1回2泊3日で開催されている（初回は2004年）．日本全国の大学や関係機関から経験を積ん

だ微化石研究者 4 〜 5 名が講師となり，単独の大学では困難なチーム・ティーチング（team teaching）を行っている．毎年 2 タクサを選び，担当校の施設規模に応じて 1 タクサ 15 人程度で同時並行して実習を行ってきた．講師による特別講義のほか，微化石抽出処理，標本観察，代表的な示準・示相化石種の同定などを実習する．実習対象タクサ以外の専門家も 1 〜 2 名待機し，質問や相談などに対応している．

D．基準面データベースの必要性

長年の深海掘削調査を通じ，これまで微化石データ（分類・基準面）の QA/QC は，①模式標本・参照標本の活用，②図版・写真（plate&figure）による図示，③レファレンスリスト等（floral/faunal reference, taxonomic note）記載情報，④産出表（occurrence chart）などにより検証可能性を担保してきた．多大な労力と時間を要することは，研究に速効性が重視される現代においては軽視・簡略化されがちになる．しかし，省力化しつつも高い品質を保ち，検証可能な体制を維持するために，①タクサデータベース（taxa data base；原記載や写真をともなったものが理想的ながら，分類群により格差が存在），②標本・試料の保管（模式標本や MRC 標本），③各種データベースや標本群を利用したトレーニング（微化石サマースクールや学会・研究集会で開催される勉強会），などの努力が続けられている．

一方，微化石データの利用者にとっては，こうした微化石研究者の苦悩や途中の過程よりも単純な数値情報に興味が向く．近年では，化石帯の使用をもやめ基準面の数値年代とその統計誤差を示す動きがでてきた（Cody et al., 2008）．Cody et al.（2008）は，条件付最適化（CONOP）法により南大洋珪藻化石基準面の評価を行い，数値年代と統計的誤差を提供した．しかし，基準面データの確度・確定性が十分評価・反映されておらず，化石帯を考えずに基準面を認定することは，かえって混乱をまねく．Ramsay and Baldauf（1992）が例示したように，試料情報をともなった基準面認定基礎データ（**表 10.3** 参照）を蓄積（データベース化）し，問題点を見つけ再評価し続けることが大事であり，新たな古生物学的・古海洋学的発見のきっかけにもなると期待される（須藤ほか，2016 参照）．

10.8 古地磁気と岩石磁気

一般的に古地磁気研究の目的としては主として以下の 3 つがあげられる．1 つめは，白亜紀スーパークロンから地磁気永年変動に至るまでのさまざまな時間スケールの過去の地球磁場の挙動を調べることである．2 つめは地磁気を平均すると双極子で仮定できることを利用して大陸・プレートや地質ブロックの回転や古緯度を求めることである．3 つめは過去に逆転を繰り返してきた地球磁場の極性から構築された地磁気逆転標準年代スケール（standard geomagnetic polarity time scale）と実際のコア試料などの古地磁気極性（geomagnetic polarity）の変化を対応させることによって古地磁気層序（magnetostratigraphy）を適用し，年代軸を提供することである．岩石磁気測定の目的は主として以下の 2 つに分けることができる．1 つめは，磁性鉱物の同定などを行い，岩石の残留磁化（remanent magnetization）を担っている磁性鉱物が岩石形成時にできたものか，それ以後の続成・変質・変成によるものかを判断することである．もう 1 つは，磁性鉱物の種類や粒径などから，続成作用や堆積物の給源の変化を知ることにより当時の環境変動を復元する環境岩石磁気学（environmental rock magnetics）としての目的である．

上記の目的のうち，統合国際深海掘削計画（IODP）においては他の研究者に試料の年代軸を提供できる古地磁気層序が最も重要なものとなる．基本的に船上のルーチン作業でアーカイブハーフの 1.5 m のセクション（section）単位の段階交番磁場消磁（stepwise alternating field demagnetization）測定が 20 mT 程度まで行われて，その結果を見て古地磁気極性を決定し，微化石年代と複合することによって古地磁気層序が構築される．したがって，個別試料の測定は 20 mT 以上の段階交番磁場消磁あるいは段階熱消磁（stepwise thermal demagnetization）を行うことによってその結果を確認する意味合いが大きいが，掘削残留磁化（drilling-induced remanent magnetization）による 2 次磁化（secondary magnetization）が大きい場合などには，個別試料の測定が古地磁気極性そして古地磁気層序の決定に重要な役割を果たすことになる．また，それぞれの研究航海の必要に応じて，帯磁率異方性を含むさまざまな岩石磁気学的測定を行うことによって，古流向・古応力の復元，相対磁場強度・絶対磁場強度（relative and absolute geomagnetic field intensity）の推定，さらに磁性鉱物（magnetic minerals）の種類や粒径から当時の地球環境の復元を行うことになる．船上で行うことのできる作業には限りがあるので，船上あるいは航海後に行われるサンプリングパーティー（sampling party）によって陸上研究（shore-base study）用試料を採取して陸上での詳細な古地磁気・岩石磁気の研究を行うことになる．この後に記述する古地磁気・岩石磁気の各分析項目の測定とその解釈については基本的に「ちきゅう」の船上機器によって実

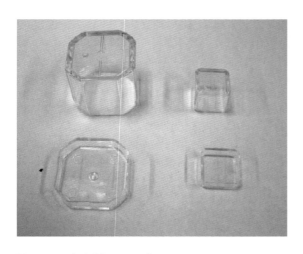

図10.18 古地磁気キューブ
左が7 ccキューブで横幅が2.4 cm，右が1 ccキューブ

図10.19 固い堆積物からキューブ試料を採取するためのステンレス製サンプラー
真ん中のパーツがキューブと同じ断面をしており，左上のパーツは試料採取前に差し込んでおき，採取した堆積物試料をサンプラーから押し出す役目を果たす．右下のパーツを真ん中のパーツの上からかぶせて木槌などで堆積物にたたき込む

現可能なものについて列挙したが，船上よりも陸上での測定によるほうが効率がよかったり適切であったりするものも含まれていることを断っておく．

10.8.1　個別試料の採取

　堆積物の場合は，最近ではODP/IODPでも一般的になった夏原技研製の7 ccキューブ（cube：外寸2.2 cm角）を用いて採取するのが一般的である（図10.18左）．採取の方法は簡単であるが，堆積物の乱れた部分を避けたり定方位で採取するためにさまざまな所に気を配ったりと，古地磁気特有の注意が必要である．試料採取にあたって，まず最初にコア試料の上下を確認する．ポリカーボネート製のキューブの口を堆積物に押し込み，試料がキューブいっぱいに入ったら試料の下面を直角に曲げたスパチュラなどで押さえて引き抜く．試料の周りに着いた泥を拭き取った後に蓋をする．コアの縁の部分は物理的に乱されていたり掘削残留磁化の影響が強かったりするので，できるだけ中心部分から試料を採取する．押し込むときに空気抜きの穴を指でふさがないこと，キューブが堆積物表面に対して垂直に差し込まれること，キューブの横の面がコア試料の伸びの方向と平行になることに注意を払う．また，試料の上下方向については混乱のないようにキューブに印をつけるとともにサンプリングの際には十分に注意する．古地磁気試料にとって定方位は重要である．IODPのコア試料は9.5 m単位でコア採取を行い，甲板（deck）に上がったものを1.5 m長のセクションに切断するが，HPCS（hydraulic piston core system）の場合は採取された試料は連続しているので，コア内部での相対的な偏角（declination）のデータはそれなりに意味をもつ．堆積物の深度が深くなって固くなってくるとキューブが指で押し込めなくなってくる．そのような場合は図10.19のようなステンレス製サンプリングツール（stainless sampling tool）があると採取が楽である．この場合，採取した試料をサンプリングツールから押し出してキューブに入れ直すが，試料の向きには十分に注意しなければならない．特に硬い堆積物の場合は岩石用ダイヤモンドカッター（diamond cutter）を使って2 cm角の立方体を切り出して測定に使用することも可能である．また，堆積物から高分解能の記録を連続的に得たい場合は，夏原技研製の1 ccキューブ（図10.18右）を用いることができる．サイズが小さいので，横につめて採取すると7 ccキューブの約2倍の空間分解能を達成することができるが，体積が小さくなるぶん残留磁化強度（intensity of remanent magnetization）が約1/7になってしまい，試料の磁化強度が弱い場合は安定な磁化方位が得られない可能性に注意する必要がある．試料は乾燥しないように注意して密閉し，冷蔵保存することはもちろんのこと，採取したらできるだけすぐに測定するのが好ましい．特に有機物を多く含んだ試料では磁性鉱物の溶脱（leachingまたはeluviation）が激しく，数カ月で自然残留磁化（natural remanent magnetization：NRM）強度が1/10になってしまった例もある（Yamazaki et al., 2000）．

　このほか，長さが1.5 mで断面が2 cm×2 cmのU字型をしたプラスチック製のサンプリングツール（通称u-channel：図10.20）がある．試料の採取はキューブ試料を採取するのと比較すると時間はかからないので，数10 m～数100 mもの試料を連続的に採取する場合に適している．u-channelをコアの中心に均一に

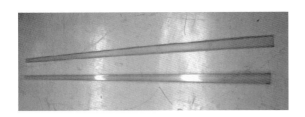

図10.20　1.5 m 長の u-channel
下が本体で，上が蓋

押し込んで，テグスで堆積物の下面を切断し，コアを横に傾けながら u-channel を取り出す．最後に付着した泥を拭き取って専用のキャップをはめて，両端をシーロンテープなどでふさぐだけできわめて迅速に大量の試料の採取ができる．しかしながら，「ちきゅう」船上の超伝導磁力計（superconducting magnetometer）はセンサーピックアップコイル（sensor pickup coil）の径が大きいために半値幅が約 9 cm となっており，高知コアセンターなどに設置されている u-channel 専用の半値幅が約 6 cm の超伝導磁力計を用いて陸上での測定を行うのが適切である．9.6節で述べたように pass-through 測定はセンサー感度曲線で残留磁化を積分する形になるので，これから残留磁化データに戻すには deconvolution を行う必要がある．deconvolution は岩相変化などにより残留磁化強度がオーダーで変化するような場合には解が不安定になって u-channel 試料全体にまで影響が及ぶ場合がある．そのため，岩相変化がなく均一な試料以外では，できるだけ u-channel を使用せずに個別のキューブ試料を採取して測定を行うことが好ましい．

古地磁気連続測定データの deconvolution については，Oda and Xuan（2014）が超伝導磁力計のセンサー感度曲線の測定方法とともに新たなアルゴリズムを発表したが，この方法によれば，堆積物試料の長さと試料のトレイ設置位置の不正確さについて最適化を行うことが可能である．また，上記アルゴリズムに基づいた deconvolution の実行を行うためのソフトウェア実行コード（Windows 版および Mac 版）が入手可能である（Xuan and Oda, 2015）．

火成岩などのハードロックの場合は 1 インチコア用のドリルで半割コアから試料を採取するのが普通である．また，岩石カッターで 2 cm 角の立方体を切り出して測定に用いることもできる．記載テーブルに並べられているブロック状コア試料を肉眼観察してテーブルに戻すときにコアの上下方向を逆にして戻す場合があるので，関係者に上下方向を保持するように十分に周知しておく必要がある．

図10.21　AGICO 製の帯磁率異方性測定装置 KLY-3
上から伸びているアームの先端の透明なホルダーに試料を固定して測定を行う．アームが本体内部の測定コイルの部分まで降りて軸のまわりを回転する間に測定を行い，軸に直交する異方性の楕円の長軸と短軸成分が計算される．3回置き換えを行い，直交する 3 つの帯磁率楕円から 3 次元的楕円体の形状と大きさを計算する

10.8.2　古地磁気・岩石磁気の各種分析

個別試料を採取したら帯磁率異方性の測定が必要な場合はまずこれを行う．単に全岩の帯磁率測定データが欲しい場合も同様である．残留磁化測定前に行うのは，交番磁場消磁によって磁区状態（domain state）などが変化して帯磁率異方性が影響を受けるのを防ぐためである．熱消磁の場合も熱変質が起こるので当然帯磁率異方性を先に測定する．「ちきゅう」船上での帯磁率測定は，AGICO 製の KLY-3（通称 Kappabridge，図10.21）を用いて行うが，測定の際は帯磁率に影響を与える可能性のある金属製の物体や電子機器を測定装置から離す必要がある．Kappabridge はこのほかに700℃までの高温帯磁率測定を行うことができるオプションが装備されており，空気中あるいはアルゴンガス中での帯磁率の測定が可能となっている．

帯磁率異方性の測定が終了したら段階交番磁場消磁あるいは段階熱消磁実験により自然残留磁化（NRM）の測定を行う．堆積物の場合は超伝導磁力計を，火成岩などの場合はスピナー磁力計（spinner magnetometer：図10.22）を用いるのが一般的である．超伝導磁力計を用いて測定を行う場合は測定操作設定によって全自動で目的とする消磁段階での交番磁場消磁と残留磁化測定を交互に行ってくれる．IODP の船上のコア測定用超伝導磁力計（2 G Enterprises Model760R）で測定する場合，試料は個別試料用のトレイ（tray）に20 cm 間隔で 8 個設置して同時に測定できるが，トレイが軽くて不安定なので横揺れ（roll-

図10.22 夏原技研製のスピナー磁力計
試料を非磁性ホルダーに入れて，真ん中の白い部分に載せ，回転させることで水平面内の直交する2成分をフラックスゲートセンサー（flux gate sensor）で測定する．通常6回置き換えを行うことでそれぞれの軸を4回測定し，平均をして直交する3成分を求める

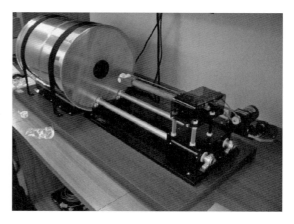

図10.23 夏原技研製の3軸タンブラー式交番磁場消磁装置
アームの先端についたホルダーに試料をセットして消磁装置の内部に挿入し，計算されたギア比によって3次元的にランダムに回転するようになっている．消磁スペースは多重ミューメタルシールド（multiple mu-metal shield）により10 nT程度以下のゼロ磁場が実現されている

ing）を起こしたり飛んだりしないか注意する必要がある．横揺れを起こす場合はトレイのガイドを調整したり，飛ぶ場合にはトレイの隙間に袋に入った水を重しとして入れるなどしてそれなりの対策を講じる．高知コアセンターなどに設置されているu-channel用の超伝導磁力計（2 G Enterprises model 755R）を用いる場合，トレイは平らな軌道の上を滑っていくので横揺れなどの問題は起こらない．トレイの残留磁化は事前に測り，大きい場合は洗浄や消磁を十分に行うことが必要である．

「ちきゅう」船上には，超伝導磁力計に直結された交番磁場消磁装置の他に，夏原技研製（Model DEM-95：図10.23）とDtech製（Model D-2000）の交番磁場消磁装置があり，これらも段階交番磁場消磁に用いることができる．超伝導磁力計，夏原技研製，Dtech製の交番磁場消磁装置のおおよその最高到達消磁レベルはそれぞれ，80 mT，180 mT，200 mTである．超伝導磁力計以外の交番磁場消磁装置を用いる場合は交番磁場消磁と残留磁化測定の間に試料の移動をともなうので，外部磁場に曝すことになり，手間と時間がかかる．夏原技研製の交番磁場消磁装置の特徴は3軸のタンブラー（tumbler）を備えていて1回の消磁で効率的に消磁できる．3軸のタンブラーによる交番磁場消磁は同じ消磁レベルの3軸置き換え式の交番磁場消磁と比較して消磁効率がいいことが知られている（小玉，1999）．一方，超伝導磁力計に直結の交番磁場消磁装置では，順番に直交する3軸方向に消磁コイルの中を試料が等速で通り抜けながら消磁を行う

ようになっているが，試料の移動速度が遅くなるほど消磁の効率はよくなる（Brachfeld et al., 2004）．3種類の消磁装置のいずれも非履歴残留磁化（anhysteretic remanent magnetization：ARM）を着磁することが可能である．ARMとは交番磁場消磁装置の内部に地球磁場程度（1 μT〜50 μTの場合が多い）の直流磁場を発生させた状態で交番磁場消磁を行うことで，直流磁場のバイアス方向に獲得される人工的残留磁化のことをいう．Dtech製の消磁装置はpartial ARMを着磁することができる．Partial ARMとは，ARMを着磁する際にコンパレーター（comparator）とリレー（relay）を用いてある上限値と下限値の範囲内に交番消磁磁場がある間だけ直流磁場を発生させることで，ある範囲の保磁力（coercivity）をもつ磁性鉱物の集団に対してのみ着磁（magnetize）したARMである．このメリットとしては，ARMの交番磁場消磁曲線の差分をとらなくても保磁力スペクトル（coercivity spectrum）を描かせることができるのでノイズに強いことと磁性鉱物同士の相互作用の影響を受けにくいことである．

「ちきゅう」には等温残留磁化（isothermal remanent magnetization：IRM）パルス着磁装置（pulse magnetizing apparatus Model MMPM10，図10.24）が装備されており，大きいサイズのコイル（直径3.8 cm）で3.0 Tまで，小さいサイズのコイル（直径1.25 cm）で9.0 Tまで着磁することができる．着磁する磁場強度を磁化が飽和するまで徐々に増やしていくことでIRM獲得曲線を描かせることができ，試料に含まれ

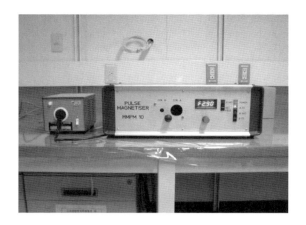

図10.24 等温残留磁化（IRM）着磁装置

図10.25 熱消磁装置
多重ミューメタルシールドにより10 nT程度以下のゼロ磁場が実現されたスペースで目的の温度まで試料を加熱し，一定時間温度を保持し，その後冷却することで，あるunblocking温度よりも低い残留磁化成分を消磁する

る磁性鉱物の保磁力成分を明らかにすることができる．IRMは磁化強度が大きいことが多いので，普通はスピナー磁力計で測定する．

熱消磁装置は夏原技研製（Model TDS‒1：図10.25）の消磁炉が装備されており，これを用いて段階熱消磁を行うことができる．同時に8個のキューブサイズの試料を加熱することが可能であるが，1回の加熱・冷却に2時間程度かかる．堆積物の場合は100℃程度まではキューブに入れた状態で2段階くらいかけてゆっくりと加熱したほうが，水分の蒸発による試料の変形・破壊が少ない．水分が抜けると試料は縮んでしまうので，その後はキューブから取り出して加熱する．測定の際はキューブに戻して隙間を紙などで埋めて行ってもよいが，実際にはいろいろな工夫が必要である．段階熱消磁とともに帯磁率測定を行って熱消磁による変質をモニターすることも有効である．

最近では磁気顕微鏡を用いたさまざまな分析も行われるようになってきたが，たとえば，Oda et al.(2011)は走査型SQUID（superconducting quantum interference device）顕微鏡を用いて海底の鉄マンガンクラストの薄片試料表面の鉛直方向磁場マッピングを行い，標準地球磁場逆転年代スケールとの対比から年代と成長速度の推定に成功している．また，国産初の地質試料用走査型SQUID顕微鏡の初期開発が完了して運用が開始されており，今後の展開が注目される（Kawai et al., 2016）．

10.8.3 データ解析
A. 初生残留磁化方位の決定
段階交番磁場消磁および段階熱消磁のデータからはKirschvink（1980）の主成分解析（principal component analysis）を用いて直線にのる安定磁化成分を求める

のが一般的である（図10.26）．この方法を用いるとデータの直線からのばらつきが最大分散角（maximum angular dispersion：MAD）として出てくるので，これを判断基準にしてデータの選別を行うことも多い．また，偏角・伏角（inclination）・残留磁化強度の深度方向の変化を示すことも，データの信頼性を示すのに有効である．直線成分が2成分以上確認できる場合もあるが，低保磁力成分（low coersivity component）あるいは低温成分はBrunhes正磁極期（normal polarity chron）に獲得された粘性残留磁化（viscous remanent magnetization：VRM）あるいは掘削時に獲得された掘削残留磁化（drilling-induced remanent magnetization）である場合が多いので，高保磁力成分（high coersivity component）あるいは高温成分を初生残留磁化成分（initial remanent magnetization）であると考えて問題ない場合が多い．岩石磁気学的手法を用いて磁性鉱物を同定したうえでその成因について考察し初生残留磁化を判断する場合もある．得られた初生磁化から古地磁気極性を決定し，古地磁気層序を構築するが，その詳細については「9.5 帯磁率と残留磁化」を参照いただきたい．

B. 相対磁場強度
堆積物からは相対磁場強度を求めることができるが，基本的な手法としては自然残留磁化（NRM）を磁性鉱物の量を表す非履歴残留磁化（ARM）あるいは等温残留磁化（IRM）によって規格化（割り算）することによって求めるものである．詳細については「12章トピック：古地磁気強度変動を用いた高解像度年代層序」を参照いただきたい．

C. 磁性鉱物の同定
等温残留磁化（IRM）の段階獲得実験によって試料に含まれる磁性鉱物の保磁力分布を明らかにすること

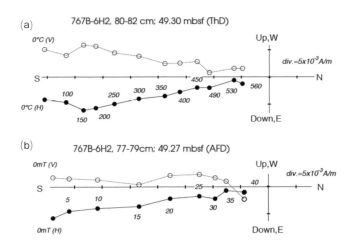

図10.26 段階熱消磁および段階交番磁場消磁による結果の表示例（Oda et al., 2000）
残留磁化測定結果は通常，Zijderveld diagram（Vector endpoint diagram）といわれる図にプロットされる．黒丸が各消磁ステップの3次元ベクトルを水平面内に投影したもので，白丸が鉛直面内に投影したものである．(a)が熱消磁を行ったもの，(b)がほぼ同じ層準の試料に対して交番磁場消磁を行ったもの．原点に向かって直線的に減衰していく成分が堆積時（あるいは直後）に獲得された初生残留磁化成分と考えられる

ができる．1つの給源（source/origin）からなる磁性鉱物の集団（population）の保磁力分布は対数正規分布で近似することができるため，IRM 獲得実験も印加する磁場の強さの対数が均等になるように順次増加させていくことが望ましい．横軸に印加磁場の対数をとって縦軸に獲得された IRM のグラフを作成し，その微分をとることで対数スケールでの保磁力分布を見ることができる（**図10.27**）．各磁性鉱物集団の保磁力が対数正規分布に従うと仮定して複数の磁性鉱物集団の重ね合わせで保磁力分布を説明するモデルを構築する表計算 Excel のマクロが Kruiver et al.（2001）によって作成されている．このマクロを用いることで，試料に含まれる磁性鉱物の集団の数とそれぞれの成分の保磁力の大きさ・分布幅・IRM に対する寄与の大きさを見積もることができる．

また，IRM を試料の直交する3軸方向に，たとえば2.7 T，0.4 T，0.12 T のように異なる強度の磁場で順番に着磁した後に段階熱消磁することにより，高保磁力（2.7～0.4 T）・中保磁力（0.4～0.12 T）・低保磁力（0.12～0 T）の各保磁力成分の unblocking 温度を求めることができる（Lowrie, 1990）．この方法は有効で，磁鉄鉱（magnetite），磁赤鉄鉱（maghemite），磁硫鉄鉱（pyrrhotite），赤鉄鉱（hematite），針鉄鉱（goethite）などの存在が比較的容易にわかる．先述した IRM 獲得実験とそのデータ解析により，特にある保磁力をもった磁性鉱物に狙いを定めて着磁する磁場の強さを調整することも可能である．また，Kap-pabridge による高温帯磁率測定により，キュリー温度（Curie temperature）に類似したものを得ることができる．岩石磁気的手法以外では，磁性鉱物を磁石で集めて X 線回折装置（XRD）で分析すること，薄片の反射顕微鏡観察や電子顕微鏡から直接同定することも必要である．

10.8.4 帯磁率異方性

帯磁率異方性（anaisotropy of magnetic susceptibility：AMS）については Tarling and Hrouda（1993）に詳しい．Kappabridge で測定を行うとさまざまな指標が出力されるが，Jelinek（1981）の提唱する異方性度（degree of anisotropy：PJ あるいは P'）と形状指標（shape parameter：T）を用いるのが一般的である．T はシンプルで，－1～0 の間が偏長（prolate；紡錘形），0～＋1 が偏円（oblate；パンケーキ型）となる．このほか，平均帯磁率（K）および各異方性軸の方位を表す指標がある．堆積物のコア試料の測定でまず大事なのは，異方性の最小軸が鉛直方向で形状が oblate であるかどうかである．これが満たされれば，堆積物は堆積時の構造（primary fabric）を保持していると考えられ，堆積物の擾乱の可能性を排除することができる．逆に，異方性の最小軸が横や斜めを向いていたり形状が prolate であったりした場合は，スランピング（slumping）や堆積物の変形，または掘削時の物理的擾乱の可能性が疑われる．堆積物が砂からシルト粒径で primary fabric を示す場合で，異方性最大

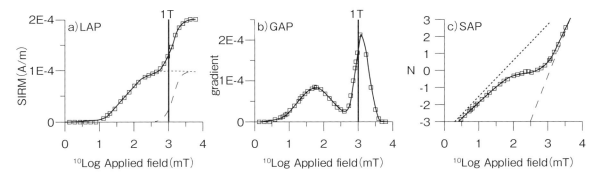

図10.27 磁鉄鉱（SIRM=0.1 mA/m, log(B 1 = 2)=1.76, DP=0.48）とゲーサイト（SIRM=0.1 mA/m, log(B 1 = 2)=3.11, DP=0.19）のデータから人工的に作成した混合物のデータ

SIRM：飽和残留磁化，log(B 1 = 2)：対数正規分布（log-normal distribution）の中心値，DP：対数正規分布の分散．(a)横軸に印加磁場の対数をとって獲得されたIRMをプロットしたもの．四角が人工データ，短い破線と長い破線はそれぞれ磁鉄鉱とゲーサイトを示す．実線は2つの成分を重ね合わせたもの．(b)IRMの微分を取ったもの．線と記号は(a)に同じ．(c)縦軸にIRMの標準化Z得点をとったもの．この図の上では正規分布は直線にのる．線とシンボルは(a)に同じ

軸がある方位に集中したり，堆積面に対して斜交する場合にはこの方向に水の流れがあったこと（古流向）が示唆されるが，堆積物粒子が粘土サイズの場合は古流向との関係についての基礎的データが未だ揃っていないので解釈が困難である．また，断層運動などによる変形が考えられる場合は，異方性の最小軸・最大軸方向などを使って変形の様式について議論することも可能である．

10.8.5 環境岩石磁気指標（environmental rock magnetic parameter）

堆積物の岩石磁気測定により求められるさまざまな指標を用いて環境岩石磁気について議論することができる（たとえば，Evans and Heller, 2003）．Concentration parameterとして知られる飽和残留磁化（saturate isothermal remanent magnetization：SIRM），非履歴残留磁化（ARM），帯磁率Kはそれぞれに性質は異なるが，共に堆積物に含まれる磁性鉱物の量に関係し，これらの値が大きいほど磁性鉱物の量が多いことを表す．たとえば，初期続成作用で磁性鉱物が溶脱するような場合は，コアの上から下に向かう急激なconcentration paramterの減少が確認できる．

ARM/SIRM，SIRM/Kは，磁性鉱物が磁鉄鉱である場合に粒径の指標として使えることが知られている（Evans and Heller, 2003）．粒径が小さいとこれらの値は大きくなるが，これは粒径の小さな磁鉄鉱のほうが磁化の獲得能率が高いためで，これはARMについて特にいえる．ARMは1μmよりも小さい磁鉄鉱に対しては粒径が小さくなることによって磁化獲得能率が急速に高くなるので，単磁区（single domain）および擬似単磁区（pseudo-single domain）粒子を多く含む試料は高いARM/SIRM値を示す．SIRM/Kについても，粒径依存性がない分母に対して，分子に粒径依存性があるために，粒径の小さな磁鉄鉱が多いと高い値を示す．また，SIRM/Kが大きな値を示す試料に対してはグレイガイト（greigite：Fe_3S_4）の存在が示唆される（Snowball, 1991）．

S-ratioあるいはS-0.3Tとして知られる指標があり，これまでに2種類の定義が示されている．Blomendal et al. (1992) による定義はS-0.3T=[-(IRM-0.3T/SIRM)+1]/2であるが，SIRMは飽和残留磁化，IRM-0.3Tはその後逆方向に0.3Tの磁場をかけたときの残留磁化を示す．これは0～1の間の値をとり，飽和残留磁化のうち磁性鉱物全体に対する低保磁力成分の純粋な割合を示すので直感的に受け入れやすい．この指標はたとえば，堆積物に含まれる赤鉄鉱の割合の時間的変動などをとらえるのに有効である．

10.9 無機化学分析

海洋底から採取された岩石や堆積物，および，それらに含まれる造岩鉱物や鉱物中のさまざまな包有物の化学組成および同位体組成は，表層から深部に至る固体地球の構成物質とその循環過程，さらには海底金属鉱物資源の形成過程を知るうえできわめて重要な情報となる．化学組成や同位体組成のデータは大きく分けると2種類ある．すなわち，岩石試料から粉末試料を作成して求める全岩組成と鉱物や包有物などの局所領域の組成である．近年は，これらを組み合わせて，海

洋底を構成する岩石の特徴や成因について，さまざまな立場から研究が行われている．

10.9.1 全岩化学組成分析

A. 蛍光X線分析装置（X-ray Fluorescence Analysis：XRF）

（1） 分析の原理

試料に1次X線を照射し，励起された内核電子から放出される各元素の特性X線（蛍光X線）のスペクトル強度を測定し，含有する元素の同定・定量を行う．照射する1次X線は，X線管球内でフィラメントに電流をかけて発生させた熱電子を高電圧によって加速させ，RhやAu，W，Crなどの金属板（対陰極）に衝突させて発生させる．各元素の特性X線スペクトル（characteristic X-ray spectrum）を検出するための分光系は，ブラッグ（Bragg）の法則を使ってフッ化リチウム（LiF）やフタル酸タリウム（Phthalic acid tallium：TAP）などの結晶により分光する方法（波長分散型：Wavelength Dispersive System：WDS）と，エネルギー分解能が高い検出器を用いて特性X線スペクトルの波高分析を行う方法（エネルギー分散型：Energy Dispersive System：EDS）の2種類があり（図10.28），分析精度の面から前者のほうが広く採用されている．

（2） 検量の方法

定量分析では，含有濃度が既知の標準試料を複数個測定し，蛍光X線強度と濃度の関係線（検量線）を作成し，未知試料の蛍光X線強度から濃度を求める方法が一般的である．

（3） 分析の特徴

主要元素から比較的高濃度の微量元素を測定することが可能である．分析試料の調整が非常に容易で，しかも自動試料交換装置を付属させることで大量の試料を連続的に自動測定することができる．このことから，岩石試料の全岩化学分析において最も普及している機器分析法である．機器の測定値の経時変化（drift）はほとんどないが，未知試料測定中に何度か標準試料を測定して，測定値が大きくずれた場合は，検量線を作成し直す必要がある．

B. 誘導結合プラズマ質量分析計（Inductively Coupled Plasma Mass Spectrometry：ICP-MS）

（1） 分析の原理

大気圧高温プラズマをイオン源にもつ質量分析計であり，測定試料が固体試料の場合，あらかじめ酸分解により溶液化し，希釈した後にトーチボックス（torch box）内のスプレーチャンバー（spray chamber）に導入する．キャリアガス（carrier gas：通常Ar）ととも

図10.28 波長分散型とエネルギー分散型分析装置の原理
（大野ほか（1987）の図3・1を簡略化）

に導入された溶液試料はネブライザー（nebulizer）で微細エアロゾル化（fine aerosolization）され，誘導結合プラズマによりイオン化される．イオン化された試料は，2段の差動排気アパーチャー（differential pumping aperture）を通り，イオンレンズ（ion lens）で整斉された後，質量分析計に導入される．質量分析計には四重極型と二重収束型の2種類のタイプがあり，用途に応じて使い分けられている．たとえば，ICP-MSの特徴である多元素同時分析性能を重視する場合は前者のタイプを，熱イオン化質量分析計（TIMS；後出）に匹敵する高精度の同位体組成分析を主目的とする場合は多重検出器（MC：multi-collector）と組み合わせた後者のタイプを搭載した装置（MC-ICP-MS）が一般に使用されている．

（2） 検量の方法

既知の濃度の標準溶液（または溶液化した標準試料）とブランク（blank）を用意し，一定時間のイオンカウント数（ion count）と濃度の関係線（検量線）を作成し，未知試料のイオンカウント数から濃度を求める．検量線の直線性が高いため，既知濃度の点は1点でもよい．

（3） 分析の特徴

ICP-MSは，広い質量数範囲でほぼ同じレベルの高い元素検出感度をもつことが，他の分析装置に比べ最も優れた点である．この特性を利用して，定量分析ではpptレベルの多元素同時・超高感度分析が可能である．また，同位体組成分析では，TIMSではイオン化し難いHfやThなどの重元素や，イオン化の際，質量分別を起こしやすいLiやBなどの軽元素の高精度同位体組成分析に威力を発揮する．ただし，他の分析機器よりイオン源のふらつきが大きいため，定量分析の際，内標準（一般に天然存在度の低い元素を使用）を用いた補正や，標準試料の測定による補正が必要である．さらに，スペクトル干渉（spectral interference：同質量数のイオンや酸化物および水酸化物による干渉）や，非スペクトル干渉（共存元素によるマトリックス効果（matrix effects））の補正も必要である．同

位体組成分析では ICP の構造に起因した質量差別効果の度合いが TIMS に比べ大きい点が難点といえる．なお，同位体組成分析の際の岩石試料の前処理は TIMS の場合と同様に必要である．

C. 誘導結合プラズマ発光分光分析計（Inductively Coupled Plasma Atomic Emission Spectrometry：ICP-AES）

（1）分析の原理

ICP-MS と同様に酸処理によって溶液化した試料を，誘導結合プラズマによって原子化・熱励起させ，これが基底状態に戻る際の発光スペクトル（emission spectrum）を用いて，含有する元素の同定・定量を行う方法である（元来，ICP は同分析光源として開発されたものである）．

（2）検量の方法

光の波長は元素に特有であり，発光強度は試料中の元素量に比例する．既知の濃度の標準溶液（または溶液化した標準試料）とブランクを用意し，発光強度と濃度の関係線（検量線）を作成し，未知試料の発光強度から濃度を求める．

（3）分析の特徴

ppm～ppb レベルの広いダイナミックレンジ（dynamic range）の高感度分析が可能であるため，ICP-MS では測定が困難な高濃度の主要元素を含めた，多元素同時分析（H, N, F, Cl, Br，希ガスを除く）を行うことができる．ただし，分析感度は ICP-MS の 1/1,000 と低い点が難点である．ICP-MS のようなイオン干渉はほとんどないが，物理干渉や分光干渉の補正が必要である．

D. 熱イオン化質量分析計（Thermal Ionization Mass Spectrometry：TIMS）

（1）分析の原理

目的元素の塩あるいは酸化物を，Ta や Re のフィラメント（filament）に塗布してイオン源チャンバー（ion source chamber）内に封入し，高真空中でフィラメントに電流をかけ，抵抗加熱によりイオン化させる（熱イオン化現象（thermal ionization））．イオン化した原子（もしくは分子）は高電圧によって加速する間に質量差に応じて磁場により分離され，多重検出器（ファラデー・カップ（Faraday cup）が一般的）により検出される．得られた各イオンの平均電流量に基づき，元素の同位体組成を測定する．

（2）分析の特徴

イオン化しやすい元素に対して長時間安定したイオンビームを得ることができることから，同位体組成の高精度分析に適しており，岩石学分野では Sr や Nd，Pb の同位体組成分析が最も普及している．また，既知量の自然界と異なる同位体比組成をもつ物質（スパイク）を未知試料に添加した混合試料の同位体組成を測定することにより，高精度定量分析（同位体希釈法）も可能である．目的元素は，試料中の共存元素の干渉を避けるため，前処理として岩石粉末試料を酸分解によって溶液化し，その後，イオン交換樹脂（ion-exchange resin）などを用いて分離・抽出する必要がある．

E. X 線回折装置（X-ray Diffractmeter：XRD）

（1）分析の原理と特徴

粉末試料に X 線をあて，回折された反射 X 線の回折角度と強度を測定することにより，含有する鉱物の同定を行う（粉末 X 線回折法）．

結晶物質からは，ブラッグの法則にしたがって，決まった入射角の時に反射 X 線（回折 X 線）が検出される．結晶物質の入射角と X 線強度は，JCPDS（Joint Committee for Powder Diffraction Standard）としてデータベース化されているので，得られたデータを照らし合わせて，含有する鉱物種を同定する．

10.9.2 局所化学組成分析

A. 電子線プローブマイクロ分析装置（Electron Probe Micro Analysis：EPMA）

（1）分析の原理

試料に電子線を照射して放出される特性 X 線の強度を測定し，含有する元素の同定・定量を行う．電子線は，フィラメントに電流をかけて発生させた熱電子が，試料側にかけられた高電圧によって加速されたものである（XRF の X 線管球と同じ X 線発生メカニズム：対陰極が分析試料と考えればよい）．特性 X 線を検出するための分光系は，波長分散型である．EPMA には，XRF（前出）と同様に高いエネルギー分析能力をもつ半導体検出器で X 線を検出し，電気信号に変えて波高分析するエネルギー分散型蛍光 X 線分析装置（Energy Dispersive X-ray Spectroscopy：EDS）を付属したものもある．

（2）検量の方法

EPMA で最も一般的に用いられている検量法は，原子番号（atomic number, Z）補正，吸収（absorption, A）および蛍光（fluorescence, F）補正を施して濃度を求める ZAF 法と Bence and Albee 法である．いずれも，標準試料中での元素含有量と X 線強度の関係をもとに定量するが，それぞれマトリックス効果などの補正法が異なる．Bence and Albee 法は，珪酸塩と酸化物に有効で，簡便かつ最も精度の高い定量法として広く用いられる．ZAF 法は，あらゆる物質に適応できるが，微量および超軽元素で精度が落ちる．

（3） 分析の特徴

電子線は，フィラメントと分析試料の間にある磁界型の集束レンズと対物レンズによって，μmオーダーまで絞ることができる．これによって，局所領域の分析が可能となる．最大の特徴は，光学顕微鏡や特性X線と同時に発生する2次電子および反射電子の信号を利用して，試料の形態や組成の差を観察しながら，局所領域の定量が可能なことである．さらに，近年では，試料ステージ操作の自動化・高速化が進み，鉱物や岩石薄片全体の高空間分解能の元素組成マップが，短時間で得られるようになった．

その他，エネルギー分散型（EDS）を使った定量も可能である．波長分散型（WDS）に比べて，元素をすべて同時に測定でき，空間分解能は2桁高いが，定量精度は1桁悪い点が難点である．

B. レーザーアブレーション誘導結合プラズマ質量分析計（Laser Ablation Inductively Coupled Plasma Mass Spectrometry：LA-ICP-MS）

（1） 分析の原理

ICP-MSの試料導入法としてレーザーアブレーション（LA）法を採用した分析法で，レーザー光を固体試料に照射することによって気化・溶融して生じたエアロゾルをキャリアガス（He・Ar混合ガス）とともに直接，誘導結合プラズマに導入し，イオン化させる．これ以降の過程は前節のICP-MSと同じである．LA法は，開発当初，赤外線波長（1064 nm）のパルス発振型Nd-YAGレーザーが用いられたが，固体試料の組成や色調によりサンプリング効率が大きく変化することから，現在ではより高周波のNd-YAGレーザー（266 nmや213 nm波長）やArFエキシマレーザー（193 nm波長）が主流になっている．また，金属試料のように熱拡散の早い固体試料を照射する場合は，より発振時間の短いフェムト秒レーザー（fs-Laser）の使用が推奨されている（平田ほか，2016）．

（2） 検量の方法

ICP-MSに準ずる．標準試料として米国のNIST（National Institute of Standards and Technology）が発行するガラス円盤（SRM610やSRM612）が広く用いられている．

（3） 分析の特徴

基本特性はICP-MSに準ずる．LA法の最大の特徴は，試料の前処理がほとんど必要なく，10〜100 μmの局所領域における固体試料の微量成分元素の定量分析や主〜副成分元素の同位体組成分析を行うことができる点にある．この簡便さ・迅速性から岩石学分野においても急速に普及しつつある．LA法では組成マトリックス効果がほとんど無視できるため，後述する2次イオン質量分析計（SIMS）のように標準試料と未知固体試料の化学組成を適合させる必要がない．そのため，通常の岩石・鉱物試料の定量分析であれば，あらかじめ別の分析法（たとえば，EPMA）で主〜副成分元素濃度を測定し，これを内標準として試料導入効率の違いで生じるイオン強度差を補正すればよい．LA-ICP-MSはSIMSに比べ感度は高いが，レーザー照射により試料表面の分析点から奥深くまで連続的に掘り進めるため，深さ方向の分解能は劣る．

同位体組成分析においても，基本的に通常の岩石・鉱物試料に対して測定可能であるが，100 μm以下の空間分解能を維持するには試料中に数100 ppm以上の元素含有量が必要となる．また，LA法の場合，溶液法のように試料の前処理として共存元素の干渉を効率よく除去できないため，岩石学分野で対象となる固体試料は限られる（斜長石や方解石のSr同位体組成やジルコンのHf同位体組成など）．

C. 2次イオン質量分析計（Secondary Ion-microprobe Mass Spectrometry：SIMS）

（1） 分析の原理

超真空下で1次イオンを試料（表面研磨後，金蒸着（Au coating）したもの）に当てると，試料表面が削剥（sputtering）され，イオン化した元素（2次イオン）が放出される．その2次イオンを質量分析計に導入し，含有する元素の同定・定量を行う．ただし，2次イオン発生についての物理的プロセスの詳細は定量的に解明されていない．通常の岩石・鉱物試料の場合，1次イオンにはO^-イオンが用いられる．

（2） 検量の方法および分析の特徴

標準物質を用いた検量線法を用いる．ただし，測定試料の組成・構造に起因したマトリックス効果によるイオン強度の変動が起こるため，標準試料は，組成・構造の類似したものを，測定試料ごとに準備する必要がある．

一般的には，10 μm前後の微少領域においてppbオーダーの化学組成・同位体組成分析が可能である．また，イオンビームを50 nm以下に絞り込むことができ，ごく微小領域の分析が可能な装置（Nano SIMS；CAMECA Instruments, Inc.）もある（たとえば，佐野，2008）．EPMAのような2次元組成分布が得られるほか，スパッタリングを利用して，時間の関数としての深さ方向の組成変化も得られる．ただし，同位体比測定精度は劣り，数‰程度である．

10.9.3 海洋底試料を扱ううえでの注意点

A. 分析に先立つ試料の調整

海洋底から岩石試料を採取する場合，潜水調査艇（しんかい6500など）を用いるなどしない限り，岩石分布の詳細な調査・観察に基づく系統的な試料採取を行うことは容易ではない．また，仮にこれを用いた場合でもコスト面や潜行時間の制約などにより広域的に調査するのは困難である．一方，ドレッジ（dredge）を用いて岩石試料を採取する場合，海洋底露頭のその場観察は不可能であるが，簡便・低コストで広域の系統的試料採取を行うことができる．また，1カ所のドレッジ地点から多くの試料が採取される場合があり（数100 kgもの岩石が採取されることがある），時には，その中から種類の全く異なる試料が得られること（現地性であるかの評価は必要）や，同類の試料の組成変化が見いだされる場合がある．近年では，分析手法が確立し簡素化されるとともに分析機器の自動化が進み，大量の試料を迅速に分析することが可能となった．したがって，海洋底試料においても，大量の試料を分析することにより，陸上地質学に匹敵するデータセットを構築できる．そのためには，岩石粉末・薄片の作成，XRF分析のための試料の調整，ICP-MS分析やTIMS分析のための岩石粉末の酸分解，およびイオン交換樹脂を用いた元素分離・抽出などは，大量の試料を迅速かつ適切に処理できるように工夫することが重要である．もちろん，処理の過程での混染，酸分解時の難溶性鉱物の存在（Hirata et al., 1988；木村ほか，1996；横瀬・山本，1997など）によって生じるデータの信頼性の評価には，細心の注意が必要である．個々の試料調整法については，引用文献に詳しく記載されているので，参照されたい．

B. 標準試料について

機器分析により得られたデータの確度は，検量の際に用いる標準試料（既知濃度試料）の選択と参照する濃度の正確さに大きく依存することはいうまでもない．ICP-MSやICP-AESを用いた溶液分析の場合，それぞれの分析法に合わせて調整された単体の元素もしくは多元素を含む標準溶液（たとえば，アルカリ元素，アルカリ土類元素，遷移元素ごと，もしくは希土類元素の組合せごと）が市販されており，各自の分析目的に応じてこれらを調合して用いるのが一般的である．一方，標準試料に，産業技術総合研究所・地質調査総合センター（GSJ）や米国地質調査所（USGS），NISTが発行している岩石およびガラス標準試料を用いる場合（XRFやSIMS，LA-ICP-MS）では，公表されている推奨値（Govindaraju, 1994；今井，2000；Pearce et al., 1997など）を用いることが多い．ただし，一部の元素（特に微量元素）においてデータにばらつき（寺島ほか，1990）があり，推奨値を決定するには十分なデータセットが揃っていない場合（提案値として表示）がある．さらに，推奨値の中にも集計した公表値が分散し，その原因が標準試料の不均質なのか，公表値に問題があるのかが明確でない標準試料もいくつか存在することが指摘されている．したがって，公表値は鵜呑みにせず，個々に標準試料の確度を十分に吟味する必要がある．また，生物源堆積物や鉄マンガン酸化物などの特定の元素に富む試料をXRFで測定する場合は，標準試料に既知濃度の標準物質を添加して検量線を作成することも必要である．

TIMSやMC-ICP-MSで同位体組成分析を行う場合，たとえば，SrやPb同位体組成においてはNIST発行のSRM987やSRM981が，Nd同位体組成についてはGSJ発行のJNdi-1（Tanaka et al., 2000）などが標準試料として用いられている．

C. 分析機器の選定

海洋底試料の採取には，対象とする地質体や研究の目的に応じて，さまざまな手法が用いられる（それぞれの採取法については第4章を参照）．ただし，いずれの採取法においても，分析に必要な量や大きさの岩石が確実に採取できる保証はない．したがって，各分析手法の特性をよく理解して，採取された試料の性質や量に応じて，使用する分析機器をよく吟味する必要がある．このことは，特に全岩化学組成分析において重要である．

具体的な例をあげると，十分な大きさの岩石が採取された場合は，主要元素組成をXRF，微量元素組成をICP-MS，同位体組成をTIMSまたはMC-ICP-MSで測定するのが一般的である．XRF測定では，主要元素には，岩石粉末と融剤（無水四ホウ酸リチウムなど）を混合・融解して作成したガラスビード（glass beads：試料：融剤＝1：10）を用い，微量元素には，加圧成形した岩石粉末を用いることが多い（杉崎ほか，1981；後藤・巽，1991など）．特に，加圧成形試料の作成には，大量（3～5g程度）の粉末試料が必要である．一方，小さな岩石のみが採取された場合は，低希釈度のガラスビード（試料：融剤＝1：2）を用いて，主要元素と微量元素を一度に測定（Kimura and Yamada, 1996；谷ほか，2002など）し，XRFでは測定困難な希土類元素などについては，同一のガラスビードを用いてLA-ICP-MSを用いて測定する（Orihashi and Hirata, 2003）か，もしくはガラスビードを酸分解し溶液化した後にICP-MSで測定（Awaji et al., 2006）すれば，使用する試料の量を最小限（2 g以

下）に抑えることができるばかりではなく，酸分解の際の残渣の問題も生じない（ただし，この方法ではLiとBの定量ができない）．LA-ICP-MSによる全岩組成分析で注意すべき点は，均質なガラスビードを作成することである．また，小さな岩石でも，細粒であり全岩組成を代表していると判断されれば，粉末試料を融解し適当なガラスを作成し，主要元素をEPMA，微量元素をSIMSやLA-ICP-MSで測定するといった方法も可能である（Yurimoto et al., 1988；Jackson et al., 1990など）．このような手法は，中央海嶺に産するような枕状溶岩の急冷ガラスや，テフラ（tephra）中の火山ガラス，鉱物中のメルト包有物などにも適用できる（Michael et al., 2002；Murton et al., 2005など）．

同位体組成分析では，分析機器としてTIMSやMC-ICP-MSが広く使用されるが，精度よく測定を行うためには，目的の元素を十分な量確保する必要がある．海洋底試料の多くは微量元素の同位体組成分析が対象となるため，目的元素の濃度に応じて十分な大きさ（量の）岩石試料が必要である．さらに分解・分離などの前処理にかなりの時間を要する．また，一試料の分析にかかる時間も定量分析に比べ長い．海洋底試料における同位体組成分析の対象となる元素はSrやNd，PbのほかにLiやOs, Hf, Thなどがあげられる．NdやPb，Os同位体組成分析においては，TIMSとMC-ICP-MSでは分析精度に違いはほとんどない．ただし，MC-ICP-MSの場合，Os同位体組成では，導入した試料により生じるスプレーチャンバー内のOsのメモリー効果のため，洗浄にかなりの時間を要してしまう（Hirata, 2000）．そのため，Os同位体比測定にはMC-ICP-MSは一般に使用されていない．また，MC-ICP-MSによるSr同位体組成分析では，ICP-MSのキャリアガスとして用いるアルゴンガスに微量ながら不純物として混入するKrが，一部のSr同位体に干渉することで分析精度が落ちる．よって，Sr同位体分析はTIMSのほうが適している．一方，LiやHf, Th同位体分析は，MC-ICP-MSのほうが適している（ICP-MSの項で述べた理由による）．

鉱物の場合は，均質な鉱物が大量に産する特異な試料を除き，局所分析が主体となる．定量分析の場合，主要元素組成をEPMA，微量元素組成をLA-ICP-MSやSIMSで測定する．同位体組成分析もLA-ICP-MSやSIMSを用いれば測定可能であるが，分析対象となる鉱物は，目的元素の含有量や用いる分析機器の仕様により制約される．XRDは，主に堆積物に含まれる鉱物（特に粘土鉱物）の同定に用いられる．

以上をまとめると，機器選定のポイントとしては，以下の5点があげられる．すなわち①研究目的が必要とするデータの種類，②各分析機器により得られるデータの性質と精度，③採取された岩石試料の量と，それぞれの分析に必要な絶対量，④非破壊分析が可能か，⑤前処理も含めた測定の迅速性，である．特に，②は，他の測定結果と比較し，議論・検討する際にも考慮すべき問題である．各機器分析についてのさらに詳しい測定法や注意事項は，参考文献に詳しく記載されているので，参照されたい．

D. 岩石の脱塩

海底の岩石や堆積物は，当然ながら海水にさらされている．たとえ緻密な岩石であっても，多量の海水が粒間や割れ目に浸透していると考えられる．海水の組成は，塩分（NaCl）が90％以上を占めるが，岩石や堆積物の主要元素であるMgやCaが数％，Srなども数ppm含まれている（Nozaki, 2001）．したがって，対象物質の成因論のための分析においては，浸透した海水由来の元素は，事前に除去（脱塩）する必要がある．一方，海底金属鉱物資源に対して資源量を評価する目的においては，脱塩をせずに分析することも想定される．通常，脱塩は，全岩化学組成分析に用いる岩石粉末を作成する前に行われる．もろく崩れやすい（固結度の低い）堆積物には，浸透膜の使用を要する場合がある．以下は，脱塩方法の一例である．

1. 岩石から，岩石カッターを用いて，数mm程度の厚さの切片（chip）を必要量切り出す．切片は，グラインダーで研磨し，カッターからの金属の付着を取り除く．また，厚めに切り出した場合は，岩石ハンマーなどで数mm径の粒度まで粉砕する．
2. 水道水の流水に3日間浸す．
3. 純水（またはイオン交換水）に1日浸す．純水は，何度か交換する．
4-1. 試料を純水（またはイオン交換水）とともにビーカーなどに入れ，約15分超音波洗浄をする．
4-2. 過程2．3．を省略し，純水を満たしたビーカーに試料を入れ，電子レンジなどを用いて煮て（純水を沸騰させて）脱塩する場合（Tani et al., 2003）もある．
5. 上澄みをシャーレ（dish）などに取り，硝酸銀（$AgNO_3$）水溶液を加え，水溶液が白濁しないことを確認する．白濁する場合は，白濁しなくなるまで4．と5．を繰り返す．

E. 海水による低温変質作用（海洋底変質作用）とその評価

地質学的スケールで長時間海水にさらされていた岩石は，海水による低温変質作用（海洋底変質作用）を

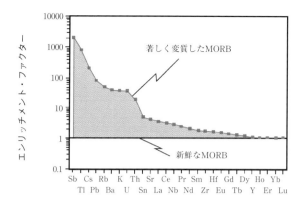

図 10.29 変質した MORB におけるエンリッチメント・ファクター（同ファクターは新鮮な MORB の元素濃度に規格化した値を示す）

Sb，Cs，Pb や Rb は海水変質に影響を受けやすく，海水変質の指標となる（Jochum and Verma, 1996）

受ける．特に，変質にともなって Ca の溶脱や Mg の付加が起こり，さらにセラドナイト（celadonite）やノントロナイト（nontronite）などの粘土鉱物の生成に起因する K, Rb などの微量元素の付加が知られている（Humphris et al., 1980；Honnorez et al., 1996；中村ほか，1999など）．そのほか，Sb や Tl, Cs, Pb, Ba, U, Th も変質により非常に変動しやすいとされている（Jochum and Verma, 1996, 図10.29）．変質の程度は，肉眼や顕微鏡による観察に加えて化学組成からも評価することが可能である．逆に，肉眼観察で顕著な変質が認められない試料についても，前述した変質の影響を受けやすい元素を取り扱う場合は，変質に最も敏感で，しかも天然存在度の低い Sb や Tl をトレーサー（tracer）として変質度を評価してから用いるとよいだろう．この他に灼熱減量（loss on ignition：LOI）を求めることで，比較的簡単に変質で生成した粘土鉱物の割合を見積もることもできる．LOI は吸着水を取り除いた（110℃で充分乾燥した）岩石粉末を950℃で約6時間加熱し，加熱前後の質量差から求めることができる．XRF 分析のガラスビード作成時などにルーチン分析するように測定計画を構築するとよい．

F．化学分析全般に必要な技能

化学分析に必要不可欠な技能（skill）は，「知識（knowledge）」「技術（technique）」「感覚（sense）」「道義（moral）」である．特に無機化学分析では，人体に有害かつ危険な薬品を扱うことが多い．不特定多数の人々が道具や機器を共用する実験室内では，個人的な些細な失敗が大きな事故に繋がることもある．さらに，廃棄物（廃棄試薬や試薬の付着したペーパータオルなど）の処理方法によっては，実験室が環境汚染の源ともなる．そこで我々は，扱う物質をよく知り（知識），一般的な扱い方を身につけ（技術），実験中や問題発生時には適切に感応し（感覚），規則を遵守し，報告，連絡または周知，相談を怠らない（道義）ことが必要である．これは，実験室の管理者に限らず利用者各自に求められる．以上は，分析化学を行うものにとって常識の範疇であるが，著者らの自警の念を込めて最後に記したい．

10.10 海底試料のアルゴン-アルゴン（$^{40}Ar-^{39}Ar$）年代測定

10.10.1 $^{40}Ar-^{39}Ar$ 年代測定の原理

海底で採取される火山噴出物の年代決定を行う際，もっとも広く用いられているのが $^{40}Ar-^{39}Ar$ 年代測定法である．ここでは，この年代測定法の概要と，海底試料へ適用する場合の留意点を述べる．

カリウム—アルゴン（K-Ar）法，$^{40}Ar-^{39}Ar$ 法はいずれもカリウムの放射壊変（radioactive decay）を利用した年代測定法で，岩石，鉱物に幅広く適用されている．岩石・鉱物中に含まれるカリウムのうち，0.01167％が放射性元素の ^{40}K である．この ^{40}K のうち約89％が ^{40}Ca に β^- 壊変する（壊変定数 $\lambda_\beta = 4.962 \times 10^{-10}$/年）が，残りの約11％は ^{40}Ar へと電子捕獲壊変（electron capture decay）する（壊変定数 $\lambda_e = 0.581 \times 10^{-10}$/年）．したがって，岩石・鉱物中の ^{40}K に対する放射性起源の ^{40}Ar（$^{40}Ar^*$）の割合を知ることにより，次式を用いてそれらの形成年代を求めることができる．

$$t = 1/\lambda \ln[(^{40}Ar^*/^{40}K) \times (\lambda/\lambda_e) + 1]$$

ここで

$^{40}Ar^*$：放射壊変起源 ^{40}Ar

λ：^{40}K の壊変定数（$\lambda_\beta + \lambda_e$）

t：試料の年代

$^{40}Ar-^{39}Ar$ 法では ^{39}K に速中性子照射（fast neutron irradiation）をすると ^{39}Ar が形成されることを利用し，アルゴンの同位体比測定のみにより年代を求める（図10.30）．天然において ^{40}K と ^{39}K の存在比は一定（0.01：93.26）であるので，速中性子によってどれくらいの割合で ^{39}K から ^{39}Ar が形成されたかを知ることができれば，間接的に試料中の $^{40}Ar^*/^{40}K$ を知ることができ，年代が求められる．中性子照射により単位質量あたりに生成される ^{39}Ar（$^{39}Ar_K$）は，次式で表される．

$$^{39}Ar_K = {^{39}K}t' \int \phi(\varepsilon)\delta(\varepsilon) d\varepsilon$$

K-Ar法

放射性起源アルゴンと放射性カリウムの定量を別々に行う

^{40}Ar–^{39}Ar法

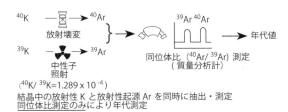

結晶中の放射性Kと放射性起源Arを同時に抽出・測定
同位体比測定のみにより年代測定

図10.30 K-Ar法と^{40}Ar-^{39}Ar法の原理の比較

ここで
 t':中性子照射時間，$\phi(\varepsilon)$：エネルギーεをもつ中性子の粒子束密度，$\delta(\varepsilon)$：エネルギーεにおける^{39}Kの中性子捕獲断面積，t':中性子照射時間

この^{39}Ar$_K$を用いて試料の年代tは次の式から求めることができる．

 $t = 1/\lambda \times \ln(^{40}Ar^*/^{39}Ar_K \times J + 1)$

ここで

 $J = (\lambda/\lambda_e) \times (^{39}K/^{40}K) t' \int \phi(\varepsilon) \delta(\varepsilon) d\varepsilon$

このJ値は，年代既知試料（フラックスモニタ（flux monitor））の同位体比分析から求められる指標で，実際に知ることが難しい^{39}Kから^{39}Arへの中性子照射による変換率を求めずに年代を得るために用いられる．

^{40}Ar–^{39}Ar法では，試料は分析に先立ち原子炉内で中性子照射される．試料はアルミ箔などに包まれたのち，照射用カプセル（石英，アルミニウムなど）に封入される．この際試料が受けた速中性子線量を見積もるために年代既知の標準試料を試料とともに入れる．照射後，試料は抵抗炉，高周波炉あるいはレーザーにより加熱溶融され，アルゴンガスが抽出される．質量分析計にてアルゴンガスの同位体比測定が行われ，年代が算出される．

^{40}Ar–^{39}Ar法のK-Ar法との最大の違いは，同一試料についてのアルゴン同位体比測定のみで年代が決定できるという点である．この特徴は^{40}Ar–^{39}Ar法に2つの大きな利点をもたらしている．

1つは，同一試料中の親核種と娘核種を同時に測定できるという特徴が，極微量の岩石・鉱物の年代測定

を行うことを可能にしている．K-Ar法ではカリウムとアルゴンの定量を別々に行うので，試料の不均質性が年代の信頼性に大きな影響を与える．通常，アルゴンの測定には，岩石粉砕によるアルゴンの散逸を防ぐため，ある程度以上の粒径（数10 μm）の試料を用いるので，測定重量を少なくすると試料の均質性が重要な問題となる．このため結晶1粒といった極微量試料の年代を求めることはK-Ar法では不可能である．^{40}Ar–^{39}Ar法ではレーザーによる試料加熱法を導入することにより，鉱物1粒あるいは数mgの火山岩の石基（groundmass）といった極微量試料の年代測定が高精度で可能である．

もう1つの重要なメリットは，岩石・鉱物中の放射性起源アルゴンを一部分だけ取りだして年代測定することが可能であることである．^{40}Ar–^{39}Ar法においては，カリウムは速中性子照射によりアルゴンに置き替わっている．結晶内で同じサイトに存在する放射性起源^{40}Arと中性子照射起源^{39}Arは常に同じ割合で脱ガスするので，試料の一部分だけ脱ガスさせても意味のある年代を求めることができる．このメリットを活かした測定法が段階加熱法（step heating method）で，さまざまな応用が試みられている．段階加熱法とは，試料をいくつかのステップに分けて段階的に加熱し，各温度部分で回収したアルゴンについて年代を求めるものである．これらの年代がすべて一致するのか，それとも加熱温度変化にともない，年代がどう変わるか吟味することにより，測定試料の過去の履歴をある程度推定し，得られる年代を吟味することが可能である．段階加熱法による測定結果は，年代スペクトル（age spectrum）やアイソクロン（isochron）として表現される（図10.31）．年代スペクトルでは，段階加熱測定において低温から高温にかけてどのように年代が変化したかが表現される．また，アイソクロンは，年代ゼロにおいて試料中に存在するアルゴンの同位体比（初生比（initial ratio））が大気のそれと同じである（すなわち^{40}Ar/^{36}Ar=295.5）という通常の年代計算の大前提を用いずに，年代および試料のアルゴン初生比を計算するという特色をもつ．これにより，測定した試料が年代測定に必要な前提を満たしていたかどうかを客観的に評価することができ，年代スペクトルから得られた年代が信頼できる年代値であるかのチェックを行うことができる．

10.10.2 海底試料への応用

A. なぜ^{40}Ar–^{39}Ar法か？

海底の火山噴出物試料の年代測定は一般にK-Ar年代測定法ではなく，^{40}Ar–^{39}Ar法が用いられる．これ

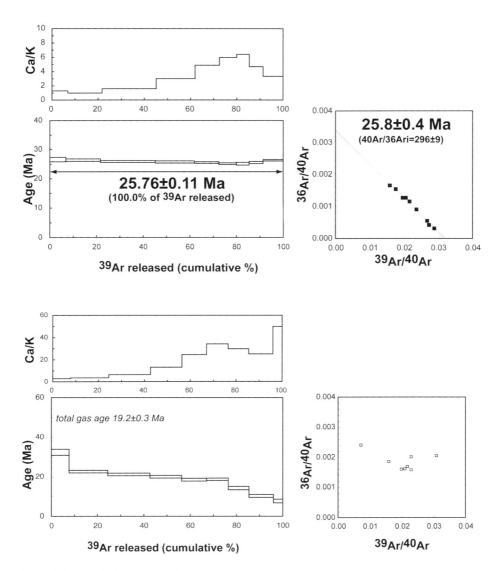

図10.31 段階加熱法による年代スペクトルとアイソクロンの例

1）乱れのない年代スペクトルの例（年代単位 Ma：100万年）．下段のグラフ中の1つ1つのボックスが各ステップでのデータに相当する．ボックスの横幅は各ステップで脱ガスした^{39}Ar の割合，ボックスの高さは誤差を表している．グラフの中でより左側が低温部，右側が高温部での測定結果を示す．この試料では，各ステップについて得られた年代が誤差範囲で一致し，いわゆる「プラトー」を形成している．プラトーを構成するステップの年代の加重平均が「プラトー年代」と呼ばれ，信頼性の高い年代値とみなされる．上段のグラフは，各ステップで脱ガスした部分の Ca/K 比の変化を示す．これは，中性子照射によって^{40}Ca から生成される^{37}Ar とカリウム起源の^{39}Ar の比で，脱ガスしている相の同定に利用される．右側の図はアイソクロン（inverse isochron）．ここではプラトーを構成するステップのデータ（黒四角）のみを用いてアイソクロンを求めている．2つの変数が独立でない場合の最小自乗法（York, 1969）によるフィッティングにより算出される．このプロットの y 切片は，年代ゼロでのアルゴン同位体比（初生比）を与え，またスロープから年代が計算される．この測定結果では，y 切片から計算される初生比^{40}Ar-^{36}Ar = 296 ± 9 は誤差範囲で大気のアルゴン同位体比と一致している．2）乱れた年代スペクトルの例．低温部でカリウムの多い相（低 Ca/K 値により認識される石基の非晶質部分）から脱ガスしてより古い年代値をあたえ，よりカリウムの乏しい高温部のステップでより若い年代値を与えている．プラトー年代は得られていない．このパターンは，反跳現象による^{39}Ar の試料内での再配置が起きている典型的な例である．カリウム起源の^{39}Ar が，カリウムの多い相から乏しい相に移動（反跳）することに起因すると考えられる

には，次のような原因がある．
1）海底の試料は長年にわたる海水—岩石反応の結果，さまざまな変質作用を受けている可能性がある．また，海底熱水活動などによるより高温の熱水変質（hydrothermal alteration）を受けている場合もある．
2）海底噴出の溶岩の場合，周囲の海水により急冷され，枕状溶岩に代表されるようなガラス質の岩石になる場合がある．この急冷ガラス（quenched glass）は，急冷されるためにArに関して大気中のアルゴンと同位体的平衡に達せず，マントル起源のより高い$^{40}Ar/^{36}Ar$比をもっていることがしばしばある．いわゆる過剰アルゴン（excess argon）の存在である．
3）海底から採取される試料は，深海掘削による試料に代表されるように試料の量が限られている場合がある．また，もともと得られた試料の量が多くても，分析に耐える新鮮な部分がきわめて少量しかない場合が多々ある．

1）や2）の場合，K-Ar法で測定して得られた年代の信頼性は客観的に評価できないため，これらの問題があるかどうか認識することができない．陸上試料のように，噴出物の層序などから上下関係などを評価できる場合はよいが，海底試料の場合これができることは稀である．このため，変質による影響や，過剰アルゴンの存在が段階加熱法によりある程度客観的に評価できる$^{40}Ar-^{39}Ar$法が多く用いられることになる．

3）の場合には，微小量で測定可能な$^{40}Ar-^{39}Ar$法により測定が行われることになる．

B. 試料の処理

海底の火山噴出物で年代測定対象となるのは，基本的に陸上の場合と同じで，溶岩，火砕物中の本質物質（essential material）などである．

試料を選択する基準は陸上試料と同様である．すなわち，できるだけ結晶質な新鮮な試料が最も適している．多少変質を受けている場合には，火山岩の場合，特に石基部分の新鮮さが重要である．カリウムがほとんど含まれないかんらん石や輝石斑晶が新鮮であることよりも，カリウムが濃集している石基のガラス質部分の新鮮度が重要である．

試料の変質度および鉱物組成に応じた処理方法を選ぶ必要がある．たとえばガラス質の溶岩の場合，石基部分が変質していると意味のある年代値が得られない．このため，変質したガラス質の石基を除去することが考えられる．このために強い酸を組み合わせて試料を酸処理する必要がある．この処理により，変質した石基部分や2次鉱物を除去し，変質を免れている結晶（斜長石等）などを測定対象として，正確な年代値を得ることができる可能性が高くなる．

また，一部の結晶しか新鮮でない場合には，鉱物分離を行って特定の鉱物のみを測定することも行われる．斜長石，カリ長石，角閃石などが測定対象としてよく使用されている．

C. 測定結果の解釈

海底試料の場合，化石年代などによりある程度の制約が与えられる可能性のある掘削試料を除き，測定結果の評価は段階加熱法による年代スペクトル，アイソクロンの吟味以外には有効な手段がない場合が多い．年代スペクトルに乱れがなく，各ステップが誤差範囲で一致した年代を与えているときには，信頼性の高い年代と解釈される．いわゆるプラトー年代（plateau age）と呼ばれるものである．プラトーの定義は，研究者によって異なる場合があるが，広く使われている定義は，1）各昇温段階の年代が誤差範囲で一致し，かつ3段階以上連続し，その間に抽出された^{39}Arの量が全体の50％以上であること，2）それらの段階について引いたアイソクロンの切片，すなわち初生値が大気と同一であること，3）年代値のばらつきが分析に起因するもので説明できる範囲にあること，などがある．

問題になるのは，年代スペクトルがかなり乱れていて，プラトーの判定が微妙になるときである．海底の試料でよくある問題は，1）石基部分がガラス質あるいは急速成長組織で占められているような場合に，中性子照射の際に起きるカリウム起源の^{39}Arの反跳現象（recoil phenomenon）による損失および再配置，2）過剰アルゴンの存在などである．1）の場合は，カリウムに富む相からの脱ガスしている段階で古い年代が出て，乏しい相から脱ガスしている段階で若い年代が出るということで認識される場合が多い（図10.31）．アイソクロンプロットでも認識される．2）の場合は，アイソクロンプロットから得られるアルゴンの初生同位体比（$^{40}Ar/^{36}Ar$）が大気の同位体比より高いことで認識される．しかしながら，どの段階においても大気混入率が小さい場合などは，アイソクロンプロット上で測定値が分散しないために初生値が正確に決められない場合もある．これらの影響を考慮しながら，年代の信頼性を評価することになる．

最後に，段階加熱測定法は年代値の信頼性の客観的評価ができるという点でK-Ar法に比べて優れているが，万能ではないことに留意すべきである．たとえば，一見して年代スペクトルで乱れのないパターンが得られても，実際には意味のない年代であることもありうる（たとえば，2成分の混合が起きている場合など）．このような落とし穴にはまらないためには，やはり測定前の試料選定に細心の注意を払うことが重要である．

K-Ar法より，変質の度合いが強くても測定できるのではないか，といわれることがあるが，これはK-Ar法に比べて試料の前処理に工夫の余地があったり，年代スペクトルの解釈によりある程度変質部を除外して検討することができるという意味においてである．K-Ar系について閉鎖系が保たれていた，という大前提が成立していなければ，年代測定に不適な試料ということになる．試料選定を厳密に行い，不適な試料を測定しない勇気も必要である．

10.11 圧密・強度・浸透率

圧密（compaction）は圧力増加による機械的作用のもとで堆積物の孔隙率（porosity）が漸移的に減少する現象である．圧縮はcompactionと言い表されるが，圧縮には圧力（stress）を取り去った後に元に戻る可逆的弾性変形（elastic deformation）も含まれる．一方，圧密は不可逆であり，孔隙の多い堆積物の塑性変形（plastic deformation）の1つとして重要である．堆積物から堆積岩への変化は，圧密・強度（strength）・浸透率（permeability）は相互に関連をもっている．すなわち，堆積直後の砕屑物の粒子は，堆積環境に応じた安定な構造をもっているが，粒子間の孔隙体積が大きく粒子同士の接点も少ない．この砕屑物に外部から圧力が働くと，最も不安定な粒子の接点はそれまでの状態を維持することができず，粒子はより安定な状態になるまで移動・回転する．この粒子の移動と回転という機械的作用が累積した結果が圧密という現象である．圧密の進行は，粒径や鉱物組成など堆積物の性質の影響を受け，その結果が地層の孔隙率や浸透率として現れ，強度特性に反映される．

10.11.1 K_0圧密と静止土圧係数

圧密変形は，堆積物にどのような応力（ある方向をもつ面に作用する単位面積あたりの力）が働くかによって異なる．たとえば，立方体に整形した試料表面に等方的に力を作用させたのなら，立方体のまま圧縮される（等方圧密）．テクトニック（tectonic）な応力の働かない条件で横方向に連続した堆積物における圧密を考えると，堆積物は水平方向には相互に押し合うため伸び縮みがないまま（ポアソン比（Poisson ratio）が0），上位の堆積物の重み（上載荷重（overburden pressure））で圧密される．水平方向が拘束された状態をK_0条件といい，このときの圧密をK_0圧密という．このK_0条件が成立しているときの垂直有効応力（vertical effective stress：σ_v'）と水平有効応力（horizontal effective stress：σ_h'）の比を静止土圧係数（coefficient of earth pressure at rest：K_0）という．摩擦（friction）や固着（cohesion）がない理想的な球形粒子で堆積物が構成されているのならば，静止土圧係数は0.5になるが，摩擦や固着力に応じて，1未満の正の値をとる（1のときは流体）．

静止土圧係数の意味するところは，縦軸と横軸に垂直応力（normal stress）と剪断応力（shear stress）（ある方向をもつ面にかかる応力の面垂直成分と面平行成分）の関係を表したモール円（Mohr's circle）を描くと明瞭になる（図10.32）．上載荷重によるK_0圧密のとき，垂直有効応力と水平有効応力が，それぞれ最大および最小有効主応力になるが（$\sigma_1' = \sigma_v'$，$\sigma_3' = \sigma_h'$，$\sigma_3' = \sigma_2'$），このとき原点とσ_1'，原点とσ_3'の比が静止土圧係数であることがわかる．静止土圧係数が1のとき$\sigma_1' = \sigma_3'$で点となる（1以上の値はσ_1'

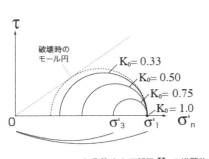
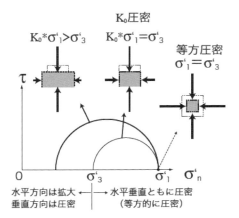

図10.32 垂直応力に対する水平方向の歪み方（0.5）

で誘発される σ_3' がもともとの σ_1' より大きくなるのでありえない）．一方，静止土圧係数が小さい場合，いずれ剪断時のモール円と同じになってしまう．すなわち，静止土圧係数より大きい応力比の環境に置けば堆積物は等方的に圧密され，静止土圧係数より小さな応力比なら堆積物は剪断傾向となることを示している．

10.11.2 堆積物の圧密試験

機械的作用での圧密については室内実験で再現できる．すなわち，外部から圧密圧力（Pc）を働かせ，これに対する孔隙比 e の関係を求める実験である．圧密試験装置（consolidation testing apparatus）は，圧密リング型か三軸型が多く用いられる．それぞれの方法を紹介する．

A. 圧密リングを用いた圧密試験

JIS A 1217-1980で圧密試験として規定され，JIS A 1217-2000として改訂された圧密方法で，剛体の圧密リング（consolidation ring）中に充填した堆積物に載荷板（ピストン（piston））を通じて加重を加え，その潰れ方を見る方法である（図10.33）．側方拘束された堆積物を載荷軸の方向に変形させ，載荷板の沈下量を計測することによって，圧力に対する圧密量を求める方法であるので，何ら複雑な制御を必要とせず簡便である．理想的な堆積盆では重力の方向のみに圧密されると考えられるので，この点では理想的な方法であるといえる．ただし，圧密リングと圧密される堆積物の間に働く摩擦は消せないため，圧密圧力が増加したときに堆積物そのものにかかる圧力が不正確になりかねない．また，壁面付近の堆積物粒子は壁面に拘束され，圧密リング内側の粒子は圧密にともない移動するため，粒子破砕などの変化を引き起こし，本来の性質を計測できない危険もある．しかし，JIS A 1217で行われる試験の主たる目的が，本来，構造物を構築した際の沈下量（subsidence）を求めることなどの実務的な施工を対象としている点を考慮すると欠点とはならない．むしろ，深度数10m程度までの浅い領域における圧密に関係する研究（たとえば，堆積物中での生物活動などや物質移動）であれば十分な結果が得られると期待できる．

試験方法；不攪乱で採取した堆積物を圧密リングを押し込みリング内に充填した堆積物の上下に濾紙を介してから載荷板をセットする．この試料に段階的に加重を加え（段階載荷），圧密の変位量を求める．試験終了後に含水量や粒子比重を測定して孔隙比を求め，最終的に圧力と孔隙比の相関を求める．たとえば，JIS A 1217-1980では，$0.01->0.02->0.04->0.08->0.16->0.32->0.64->1.3$［MPa］の8段階，変位量は，各圧力段階で（圧力を加え始めてからそれぞれ）6秒，9秒，15秒，30秒，1分，1.5分，2分，3分，5分，7分，10分，15分，20分，30分，40分，1時間，1.5時間，2時間，3時間，6時間，24時間のときに測定する．JIS A 1217-2000では，データロガーによる自動計測が多用される最近の事情から，24時間ごとに圧密圧力を倍加して圧密させ変位量を求めている．詳細についてはJIS A 1217を参照されたい．

B. 三軸試験装置を用いた圧密試験

三軸試験装置（triaxial testing appratus）を用いた圧縮方法（注：圧密ではない）については，地盤工学会基準として，JGS0521-0527で整理されている．

通常，三軸試験装置で封圧を加えると等方圧（isostatic pressure）が加えられている状態になる．封圧に加え軸圧力を加えることにより，任意の水平／垂直応力比での圧密（等方から剪断までの応力状態）が可能になる．水平方向の歪みを直接計測できるセンサーや供試体からの排水量（discharge）から水平方向の歪みが見積もれるように設計された装置であれば，未知の堆積物であっても K_0 条件を保ちながら K_0 圧密をさせることができる．また，三軸試験装置であるので，そのまま排水あるいは非排水での剪断試験（drained または undrained shear test）を圧密後の試料に対して行うこともできる（10.11.3項 強度参照）．K_0 圧密を行ってから非排水条件で剪断する K_0 圧密非排水三軸圧縮は地盤工学会基準のJGS0525として規定がある．ただし先述のとおり，土質試験（soil test）と地質的な実験では目的が異なることもあるのでJGSなどの推奨する各条件の意味を理解し，ただ規格に則

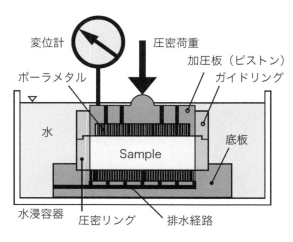

図10.33 圧密リングの構造
（JIS A 1217に加筆）

った試験を行っただけにならないように注意したい．
そのほか，三軸試験装置ならではの利点として，圧密リングを用いた場合に問題になる壁との摩擦について考慮する必要がない．装置の概略を**図10.34**に示す．

C. 圧密試験で得られたデータの整理

横軸に圧密圧力，縦軸に間隙比をとった間隙比—圧密圧力グラフ上に実験結果をプロットし，得られる圧密曲線の直線部の傾き（圧縮指数（compression index）：C_c）を用いて，堆積物の圧密の特徴を表現できる．圧密圧力を対数にとり，その圧力で最終的に達した間隙比をグラフ上にプロットすると，ある圧力以上では右下がりの直線を示す圧密曲線（consolidation curve）が得られる．この圧密曲線の直線部の傾きが大きいとき堆積物は潰れやすく，傾きが小さい場合，潰れにくいことを意味する．また，圧密曲線の変曲点を降伏応力（yield stress）といい，その圧密圧力未満のとき堆積物は未固結であっても弾性的な挙動を示す（**図10.35**）．

圧密前と圧密後を比較するために圧縮指数が用いられるが，圧密が完全に終わっていない過渡状態では，体積圧縮係数 m_v（coefficient of volume compressibility：圧力に対する歪み量：[m²/kN]）や透水係数（permeability coefficient）k_w [cm/s]から圧密係数（consolidation coefficient）を求めて堆積物の性質について考える必要がある．圧密係数は，体積圧縮係数 m_v や透水係数 k_w と

$$C_v = \frac{k_w}{\rho_w g m_v} \ [\mathrm{m^2/s}]$$

という関係がある．ただし，ρ_w は間隙水密度，g は重力加速度である．この式は圧力で生じた堆積物の歪みに相当する体積の間隙水が，透水係数で表される堆積物内部からの排水のしやすさに制限されながら，圧密

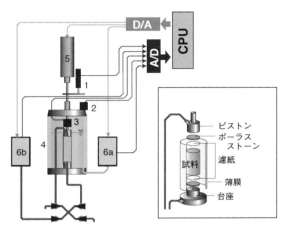

1. 変位計　　4. 耐圧容器
2. 圧力計　　5. 載荷装置
3. 荷重計　　6a. セル圧ポンプ
　　　　　　　6b. 背圧（間隙水）ポンプ

図10.34　三軸試験装置

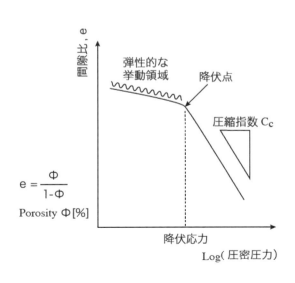

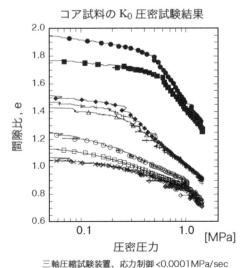

図10.35　堆積物の圧密曲線
堆積物種に応じて圧縮指数は変化する

が進行していく過程を表現している．

10.11.3 強度

A. 堆積物の三軸変形試験と強度

三軸試験装置を用いた場合，堆積物試料を任意の条件で圧密した後，各種剪断試験を容易に実施できる．三軸試験装置を用いた圧縮実験で，実験中の最大主応力（maximum principal stress）σ_1：実験では軸圧（axial stress），最小主応力（minimum principal stress）σ_3：実験では封圧（confining stress）と間隙水圧（pore pressure：u），軸変位（axial displacement）を計測し，これから差応力―軸歪み（differential stress – axial strain：$q - \varepsilon_a$）関係や軸歪み―体積歪み（axial strain – volumetric strain：$\varepsilon_a - \varepsilon_v$）関係を得て，実験結果を比較する．模式的な差応力―歪み曲線を図10.36に示す．差応力（q）は，

$$q = \sigma_1 - \sigma_3 = \sigma_1{}' - \sigma_3{}'$$

でモール円の直径，$\sigma_1{}'$と$\sigma_3{}'$は最大有効応力と最小有効応力である（$\sigma_1{}' = \sigma_1 - u$, $\sigma_3{}' = \sigma_3 - u$）．

同一の地層の試料が手に入るならば，$\sigma_3{}'$の応力条件を変えた実験を複数回行い，$\sigma_1{}'$を求めれば，モール－クーロンの破壊基準（fracture criterion 複数形は criteria）の強度定数（strength parameter，すなわち粘着力（cohesion）：Cと内部摩擦角（internal friction angle）：ϕ）を求めて，任意の応力における剪断強度（shear strength）の推定が可能になる（図10.37）．

実験では載荷速度（strain rate）も幅広く設定できるが，載荷速度は強度や圧密特性に大きな影響を与えるので注意が必要である．圧密の項で若干触れたが，もし載荷速度が速く，透水係数で許される排水量以上の歪みが単位時間内に試料に生じたなら，排水不良から間隙水圧の連続的な増加を招く．したがって，圧密試験や間隙水圧一定条件（排水条件）で剪断実験を行う際には，「変形にともない過剰の間隙水圧が内部に発生せず，若干の間隙水圧が発生しても消散するのに十分な余裕がある載荷速度」が適切な載荷速度の上限になる．

自然の堆積物では，排水が十分になされる環境ならば堆積物はどんどん圧密され押し固められ，一方，排水がなされないまま変形するならば，間隙水圧が増加しつつ剪断される．どちらの条件になるかにより強度特性は大きく変化する．実験では，供試体内の間隙水が自由に出入りできる排水状態（drained）と供試体を実験装置の間隙水圧ラインから切り放した非排水状態（undrained）はコック（cock）の開閉で切り替えられるが，先述のように供試体内部の間隙水は透水係数に支配されて移動するので，載荷速度と供試体内部の排水状態に注意を払わないと，意図しない条件での実験になってしまう．実験にあたっては，どのような現象の再現を試みるのかについて，十分な実験の設計・検討を事前に行う必要がある．

B. 圧密や強度試験結果を応用した解釈について

図10.35に示すとおり，圧密のされやすさ（堆積物の潰れやすさ）は主に堆積物の種類によるが，堆積場や堆積後の環境の相違が反映されている可能性もある．たとえば，砂層と泥層では同一の圧密圧力の増加では砂層はあまり圧密しないが泥層は大きく圧密する．現在，露頭で見られる地層の厚さはさまざまな変化を経た結果であり，堆積当時の地層の厚さとは必ずしも一致しないことも注意する必要がある．

室内実験と自然での堆積物の圧密の最大の相違は，時間の効果である．すなわち，圧力に起因しない孔隙率の減少（2次圧密）や膠着作用（cementation）などにより自然の堆積物は硬くなるため，自然の堆積物を不攪乱で採取して圧密や剪断試験を行うと，人工的に造った粘土などとは圧力による孔隙率変化の仕方が異なる（年代効果）．特に地質学の分野では，構造物を構築する際と同じような急激な圧力変化により圧密

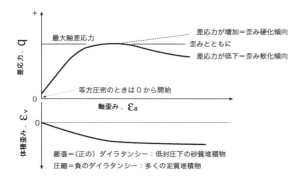

図10.36 応力-軸歪み曲線と体積歪み-軸歪み曲線

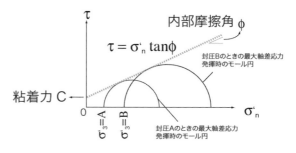

図10.37 拘束圧（封圧）と最大軸差応力

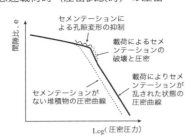
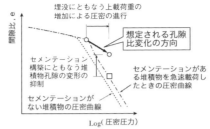

図10.38 急速載荷による圧密と地層中の圧密＋セメンテーションによる変化の相違

される場合もあるが，理想的な堆積場でしずしずと年代効果が発揮されつつ堆積物が固化する場合もある．圧密や固化に関する地質現象を理解するにあたっては，実験によって再現できる現象と実験結果を基に解釈する必要がある現象を正しくとらえ，その結果として生じる強度増加，浸透率変化について議論する必要がある（図10.38）．

10.11.4 浸透率

A. 浸透率と透水係数

浸透率（permeability, hydraulic conductivity）とは媒質中をどれぐらい流体（水）が流れやすいかを表している．被測定物の内部では圧力勾配の方向に1次元で流れ，流量と圧力（もしくは水頭差）が比例するダルシーの法則（Darcy's law）に従うことを前提にしている．

$$k = \frac{l}{A}\frac{\mu q}{\Delta P}$$

粘性 μ と上下流の圧力差 ΔP を用い，ダルシー [darcy] または [m^2] という単位で表記する．単位1ダルシーは1気圧の圧力差があるとき1 [cp] の動粘性係数をもつ流体が1秒間に1 cm^2 の断面積を1 [cm^3/s] の流量で透過できることを示している．SI単位系ではないが，よく使われており1 [darcy] ＝ 9.869233E−13 [m^2] である．また，すでに浸透に関する言葉として本項では透水係数（permeability coefficient）が出てきているが，透水係数 k_w は

$$k_w = q\frac{l}{A\Delta h}$$

であり，ここで q は流量，l は被測定物の長さ，A は被測定物の断面積，Δh は上下流の水頭差になる．透水係数の単位は [m/s] であるが，以前から用いられていた [cm/s] を用いる場合も多い．

透水係数と浸透率は，1気圧＝101.325 [kPa] であることと，水頭差（differential hydraulic head）Δh と上下流の圧力差 ΔP に

$$\Delta h = \frac{\Delta P}{\rho_w g}$$

の関係があることを用いれば容易に変換が可能である．

B. 浸透率の測定装置

浸透率は圧密の沈下量から求められるほか，すでに述べたリング式の圧密装置や三軸試験装置に試料の上下端面の圧力差を測る差圧計（differential pressure gauge）を付け加え，下流における流量の実測を行えば求めることができ，一見複雑ではない（図10.39）．試料下流における流量の実測を行う理由は，上流側で計測すると試料中に水を押し込んで骨格を変形させているだけ（＝浸透していないかもしれない）という可能性を排除するためである．

浸透率の測定にあたって注意すべき点は，堆積物の内部構造を浸透率の測定によって壊さないことである．たとえば，ある流量で水を流したところ上下端面での差圧が2 MPa 発生したとする．このとき試料は2 MPa 未満の応力で上下方向に圧密される状態になる（試料中に水を透過させるということは，試料の上下の間隙水圧に差があり，試料の上下端面で有効応力に差があることを意味する）．透過流や透過流で発生した差圧によって内部構造に変化が生じては，何を測定

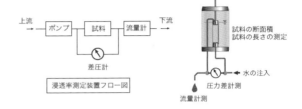

図10.39 浸透率の測定

しているかわからなくなる．過大な流量を与え過大な圧力差を生じることがないように注意を払うとともに，微小流量でも十分な圧力差の測定ができる装置とすること，流量を変化させた複数回の測定を行い，ダルシー則の成立を確認することが重要である．

10.12 高圧下での物性

船上および陸上では回収したコア試料のさまざまな物性が測定されている．地球深部探査船「ちきゅう」上では，非破壊計測装置マルチセンサーコアロガー（multisensor core logger：MSCL）によって弾性波速度（elastic wave velocity：P波速度），電気比抵抗（electrical resistivity），自然放射線（natural radiation）などの物性が測定される．これらの物性測定は掘削コア試料を地上（海上）に引き上げた後，大気圧下で行われる．一方，「ちきゅう」では，今までの掘削計画よりさらに深部より試料が回収されるようになり，より「硬い」岩石が回収されるようになる．コア試料は「その場（in situ）」環境から，圧力や温度が低い環境に引き上げられ，その状態での物性測定が行われる．岩石は，基質（matrix）部分と亀裂（crack）などの空隙で構成されているので（図10.40），測定される物性値はそれら構成部分の両方の情報を併せた性質を示すことになる．深度に応じた高圧高温環境下にあった試料が地表に引き上げられ，主に空隙部分の容積が圧力の開放により増大する．したがって，大気圧下で物性測定を行う場合，特に空隙が関与する岩石物性値を測定する際はその影響を正しく評価しなければ「その場」での物性を反映した測定とはいえず，検層（logging）などの「その場」環境での計測結果の解釈やそれらとの正確な比較ができなくなる．

「ちきゅう」では，コア試料の代表的な物性として，高圧下でのP波速度測定も計画されている．ここでは，その測定手順について説明するとともに，高圧下での物性測定を行うにあたっての測定手法，原理，注意点などについて記述する．

圧力と温度はどの程度，コア試料の物性に影響するのであろうか．弾性波速度について図10.41に示す．「圧力」には外部から試料に加わる圧力である封圧（confining pressure：P_c）と亀裂などの空隙の内部をうめる流体の圧力である間隙圧（pore pressure：P_p）の2種類がある．この2つは逆の効果をもつので，通常，圧力の効果は有効圧（effective pressure：$P_{eff} = P_c - AP_p$，$0 <= A <= 1$）を用いて論じられる．本節では簡単化のために「圧力」を封圧，より正確には間隙圧が0のときの有効圧という意味で使う．

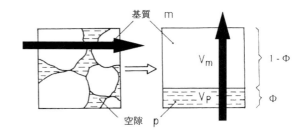

図10.40 岩石の構造の模式図

岩石：基質部分と空隙（pore）で構成される．したがって，測定される物性値はそれら両方の情報を含んでいる．たとえば，弾性波速度の場合，測定値は黒い矢印で示すような伝播経路の情報を含んだ値になる．Φは空隙率，（Schön, 1998に加筆）

ほとんどの岩石に対して温度が上がると弾性波速度（P波，S波）は減少する．しかし減少は小さく，平均すると100℃の変化に対して5％を超えない程度である．それと比べて，圧力の影響はより大きく，特に圧力が大気圧から100 MPaの範囲では弾性波速度は急激に増加する（図10.41）．これは圧力の増加にともなって岩石試料中の亀裂が閉じることによる．亀裂の形状を表す数値である縦横比（aspect ratio）をαとすると，縦横比αの亀裂は封圧が $P_c = \alpha E/2(1-\nu^2)$ の時に閉じることが知られている．ここでEはヤング率（Young's modulus），νはポアソン比（Poisson's ratio）である．したがって，ヤング率がE = 80 GPaのとき，アスペクト比（α）が1/1,000のクラックは封圧（P_c）が42 MPaになったときに閉じる（たとえば，Gueguen and Palciauskas, 1994）．海底下1 kmくらいまでは，弾性波速度が圧力増加によって特に大きく増加する領域といえる．さらに圧力を200 MPa程度まで上げると圧力増加にともなう弾性波速度の変化があまりなくなる．この領域では試料内部の空隙がほぼ閉じ，基質部分の弾性波速度を測定していると解釈できる．検層などで得られた物性値はさきにも述べたように，試料の「その場」環境での基質部分と空隙の両方の情報を含んだ値であるので，空隙がほぼ完全に閉じた状態での弾性波速度データが得られれば，検層のデータと比較検討することによって，「その場」での空隙の情報を得ることができる．このように圧力下で弾性波速度を測定することによって，今まで得られなかった新たな情報を得ることが可能となる．このような岩石の物性に及ぼす温度や圧力の影響は，岩石種類（岩質：lithofacies）によっても異なる（岩石種類依存性がある）．

実際に，高圧下で弾性波速度（P波速度）を測定する場合は，コア試料を圧力容器の中に封入して圧力を

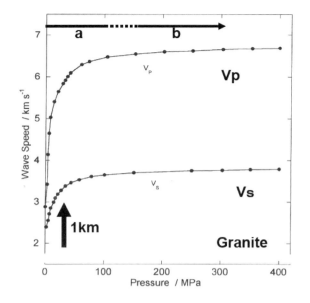

図10.41 圧力と弾性波速度
(Paterson and Wong, 2005に加筆. Original data は Nur and Simmons, 1969)

加え，その状態で測定する．
　具体的な手順例としては次のようになる．
（1）試料を適当な大きさに切出しで整形する．P波速度（弾性波速度）を測定する方法としては，パルス透過法（pulse transmission method）が一般的に用いられている．この方法では試料を伝播するP波の伝播時間（t）と試料の長さ（L）を計測し，P波速度をVp＝L/tの関係から求める．試料はP波の伝播経路の長さ（L）が正確に測定できるように，円柱形か直方体に整形する．このとき，速度を測定する方向に垂直な2面は平行に仕上げることが重要である．
（2）センサー（sensor）を試料に貼り付ける．弾性波速度測定に用いるセンサーは通常はチタン酸バリウム（$BaTiO_3$），ジルコン酸鉛（lead zirconate：PZT），ニオブ酸リチウム（$LiNbO_3$）などの振動子（transducer）がある．これらは板状の結晶もしくは焼結体（sinter）で，瞬間接着剤（superglue あるいは instant adhesive）などでコア試料に直接接着する．このとき，センサーとコア試料面が密着するように注意する．
（3）センサーを貼った試料をシールする．封圧媒体が試料に浸入しないようにシリコンゴム（silicon rubber または sealer）やエポキシ系の接着剤（epoxy resin）などで試料全体を覆う．センサーから出ている信号線の周りは特に注意してシール剤を塗る．
（4）試料を圧力容器に入れ封圧を加える．**図10.42** に圧力容器の例を示す．圧力容器の内部に試料を入れ，電気絶縁の圧力媒体（electrical insulating pressure medium）で満たす．静水圧状態（hydrostatic condition）を実現するために圧力媒体はシリコンオイル（silicon oil）などの流体を用いる．外部からポンプなどで圧力媒体を圧力容器に送り込むことによって圧力を発生させる．圧力容器は圧力媒体が漏出（leak）しないように密封できること，試料に貼り付けたセンサーの信号線を圧力容器外部にとりだせることなどの機能をもった構造になっている．
（5）圧力容器から外部へとりだした信号線とつないだ計測系によって測定を実施する．得られる測定出力は，試料を伝播してきた弾性波の波形記録である．試料とセンサーの接触が悪い場合，試料表面に凹凸が存在する場合は，質のよい波形記録が得られず，正しい計測ができない．また，封圧を加えていく際に試料を覆うシール剤から圧力媒体が浸入し，試料に正しく圧力が加えられていない状態である場合にも正しい計測ができない．通常は圧力を加えていくと試料中の空隙が閉じていくので，封圧の増加にともなって得られる波形記録はP波の到達時間が早くなっていくと同時に振幅の減衰も小さくなっていくので，正しく圧力が加えられているかは波形記録をみて判断できる．
　高圧下での物性測定に関しては，まずP波測定が計画されているが，今後はP波速度以外の，S波速度

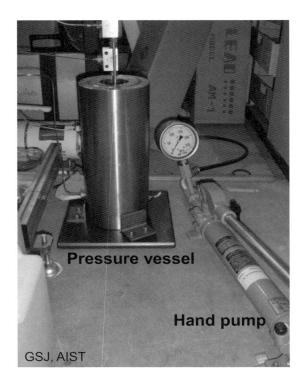

図10.42　圧力容器と加圧用のハンドポンプ

表10.4　石炭のマセラルグループ（相原，1987）

リプティナイト（エグジナイト）	表皮，胞子，樹脂などを起源とし，それぞれ特徴的な組織
ビトリナイト	木部起源で均質組織．熱的に活性
イナーチナイト	埋没以前に炭化したもので，続成作用に不活性．木炭のように植物組織をもち高輝度

測定，電気比抵抗，浸透率，空隙率（porosity）などの他の物性項目に関しても，それぞれ圧力依存性があるので，それらを測定するというのが課題である．

10.13　ビトリナイト反射率による堆積岩被熱温度の推定

続成帯から低変成度帯の岩石が過去に受けた温度を推定する方法の1つとしてビトリナイト反射率（vitrinite reflectance）分析がある．ビトリナイトは陸棲植物を起源とする石炭（coal）の1種であり，その反射率（約0.1〜7.0％）は堆積岩の温度指標（約50〜300±30℃）として石油・石炭鉱山・コークス工業分野で広く用いられている．分析法はJIS（JIS M 8816）やISO（ISO 7404-5），ASTM（D2798-5）によって規格化されており，試料の調整・研磨，測定機の仕様，較正（calibration）まで詳細に定められている．ただし，海底堆積物への応用は前提にされていないので，そこに必要な背景とノウハウ（know how）を簡単に記す．

石炭は微小なものであれば，浅海性堆積物のみならず海溝充填堆積物であっても，陸源性砕屑岩（terrigenous clastic rocks）には頻繁に産する．一方でチャート（chert）などの遠洋性堆積物にはほとんど含まれない．石炭は起源の異なる非結晶の有機物から構成され，この構成物をマセラル（maceral）と呼ぶ（岩石－鉱物の鉱物に対応する石炭用語）．いくつかあるマセラルは表10.4のように3つのグループに大別され，地質温度計として使用するのはビトリナイトグループである．このマセラル分類が分析のポイントとなる．

このうちリプティナイト（liptinite）は量的に少なく，海溝充填堆積物や前弧海盆堆積物ではほとんど観察されない．ビトリナイト（vitrinite）は顕微鏡下で均質な組織をもち，イナーチナイト（あるいはイナーチニット：inertinite）は細胞壁や導管といった植物組織を有する（図10.43）．両者の区別は植物組織の有無が基本であるため，植物組織よりも微小な石炭粒子（75μm以下）は分析対象とされない．

ビトリナイトは，熱分解によって揮発成分（volatile component）が失われ，純粋な炭素（C）からなる石墨（graphite）へと変化する過程にあるため，物理化学的熟成度が温度指標となる．この反応は不可逆反応であるため，ここでいう温度は最高被熱温度を指す．熱分解過程では，H，O，S，Nなどの元素が失われるので，化学分析や蛍光分析も指標となりうるが，相対的な炭素の増加にともなう表面反射率の増加は，簡便でかつ他の分析法と非常に相関がよいことから反射率測定が広く用いられている（相原，1987）．

分析試料は，石炭が濃集している部分を採取することが望ましい．海底堆積物では，一般に砂岩に多く含まれ硫黄などが析出している場合があり，黄色もしくは硫黄にともなう変質作用によって赤茶けていることが多い．石炭はタービダイトの黒色頁岩（black shale）よりも黒く，かつ簡単に破砕し，割れ方，光沢ともに黒曜石（obsidian）に似ている．炭素を多く含むため微細に粉砕しても黒色であることから，黒色頁岩とは区別できる．ビトリナイトは熱可塑性（thermoplasticity）をもち，続成過程で流動変形し均質な組織をもつため，砂粒子などの粒間に注入する構造が観察される場合もある．また，変成度の上昇にともな

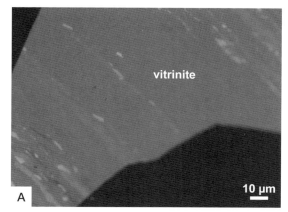
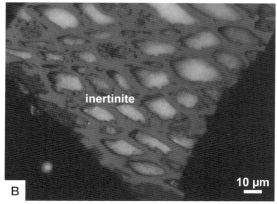

図10.43 (A)ビトリナイトの産状. 均質な部分を測定する. 背景の黒い部分は樹脂（油侵反射像なので透明な物質は暗くなる）, (B)イナーチナイトの産状. 細胞壁や導管などの植物組織が残っているので格子状の形態となる. 格子内部に他の鉱物が詰まっているので白く見える

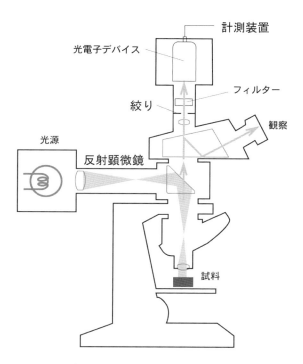

図10.44 ビトリナイト反射率測定装置の概要
反射顕微鏡のヘッドにフィルター, 絞り, 光電子デバイスが載る

って脱ガスし体積が減少するので，弱変成岩から石炭を探すのは容易ではない．ビトリナイトは風化に弱いので，露頭から採取する場合には表面は避ける．

採取試料は粉砕し（#18～200メッシュ：850～75 μm），比重1.6～1.7 g/cm³に調整した塩化亜鉛（zinc chloride）やポリタングステン酸ナトリウム（sodium poly-tungstate）などの溶液で比重の小さな石炭粒子だけを分離し，これを樹脂で埋封し，片面をアルミナ懸濁液で琢磨して測定試料とする．分析は20～100×の油浸対物レンズ（oil immersion objective）を装着した落射反射顕微鏡（epi-reflection microscope）で，直径10 μm以下の領域の反射光（546 nm±2 半価幅30nm以下）を測定する（図10.44）．較正にはスピネル（spinel：0.42 %），YAG（yttrium aluminium garnet：0.92 %），炭化珪素（silicon carbide：SiC：7.50

%）などが使われる．分析には，蛍光分析顕微鏡（fluorescence analysis microscope）やレーザー共焦点顕微鏡（laser confocal microscope, 橋本ほか, 2004）を使うこともできる．近年は安価で高性能な光電子デバイス（optoelectric device），干渉フィルター（interference filter），計測装置があるため自作も可能である（図10.45）．

高反射率ビトリナイトほど光学的異方性（optical anisotropy）を有するので，偏光下でステージを回転させ，1粒子ごとにランダム方位反射率（random orientation reflectance），最小反射率（minimum reflectance），最大反射率（maximum reflectance）を測定し，1試料あたり100粒子を測定して代表する（ASTM D2798-05）（JISとISOは500～1,000粒子の測定を求めているが，海底堆積物では現実的ではない）．この最大反射率の平均値（Rmax）が温度指標となる．微小な試料の場合，ステージを回転させることによる機械的な誤差が無視できない場合もある．その場合，偏光板を使用せずステージを回転させない平均反射率（Rm）を得る．RmとRmaxとの関係式が提案されており（千々和, 1990），Rmaxに変換することも可能である．

ビトリナイト反射率から最高被熱温度への換算は，

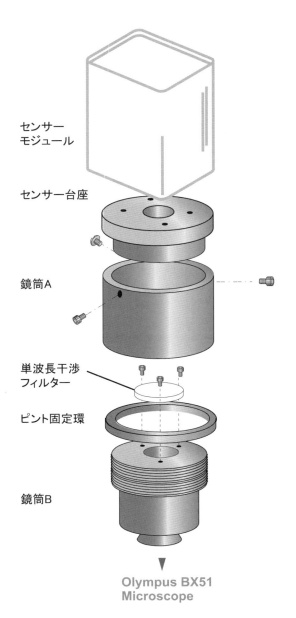

Olympus BX51 Microscope

図10.45 ビトリナイト反射率測定装置のヘッド部分の概要

高感度のフォトダイオード（photodiode）と高透過率の干渉フィルターが安価に出回るようになったため，数10万円で作れる

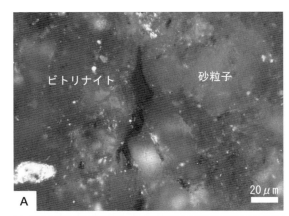

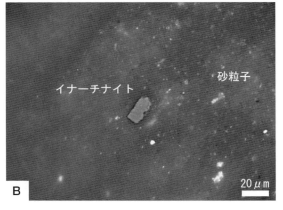

図10.46 植物組織よりも細粒の石炭粒子の反射顕微鏡写真（油浸レンズ像）

石炭粒子は表面が反射しているが，周囲の砂粒子は粒子内部を透過して背面が反射している．ビトリナイトは熱可塑性により周辺粒子の間隙に注入する組織が見られる(a)．しかしイナーチナイトには注入組織はない(b)．注入組織の有無に着目すると細粒であっても区別できる

熱分解実験に基づく反応速度モデル（reaction rate model, Sweeney and Burnham, 1990；Suzuki et al., 1993など）が広く受け入れられている．この反応速度モデルの計算プログラムは，Beardsmore & Cull (2001) の教科書によって公開されている．

・断層岩への応用

ビトリナイト反射率は，断層運動による摩擦発熱量（frictional heating）の推定にも応用できるが，炭田地域の厚い炭層ならともかく（O'Hara, 2004），海底堆積物中の小さな石炭片が断層作用によって一段と破砕された場合には，特別の工夫が必要である（Sakaguchi et al., 2007）．この場合の最大の問題点は，石炭粒子が細胞サイズよりも小さいため，植物組織の有無に着目する従来のビトリナイト識別法が使えないことにある．従来の判別法は，ビトリナイトが石炭化作用の過程で流動化し植物組織を失って均質化していくのに対して，イナーチナイトはほとんど流動化しないので，植物組織が残留するという結果を見ているものであった．筆者はビトリナイトが流動化にともなって，周囲の砂粒子の間隙に注入することに着目して，注入構造

の有無で区別できることを示した（**図10.46**）．これは流動化というビトリナイト特有の現象を，植物組織の消滅か，注入構造かで判別するだけの違いであり，従来法と対立するものではない．ただし，注入構造を観察するためには，試料を破砕せずに表面琢磨する必要がある．この場合，試料の破砕と調粒を行わないため10 μm 程度の微小なビトリナイトも測定でき，変形構造との対比も可能である．

　測定機も若干の工夫が必要である．産状観察を可能とするために試料を破砕・抽出することなしに表面琢磨した場合，多くの黄鉄鉱（pyrite）などの高輝度粒子が観察される．高輝度鉱物が測定視野内にある場合，たとえ測定点が微小に絞ってあっても，散乱光によるバックグラウンドノイズ（background noise）が無視できない．そのため落射光の照明範囲も極力絞るべきである．光源が一般的なケラー式照明装置（Keller-type lighting device）では，数10 μm より絞ることは難しいが，共焦点顕微鏡（confocal microscope）などに用いられているクリティカル照明装置（critical lighting equipment）ならば 1 μm 程度のスポット照明が可能である．断層帯にあるような，ごく微小な石炭粒子を測定する鍵は，流動組織による石炭分類法と落射光源である[注1]（坂口・向吉，2012）．

参考文献

Bloemendal, J., King, J.W., Hall, F.R. and Doh, S.-J. (1992) Rock magnetism of Late Neogene and Pleistocene deep-sea sediments: relationship to sediment source, diagenetic processes and sediment lithology. *J. Geophys. Res.*, **97**, 4361-4375.

Brachfeld, S.A., Kissel, C., Laj, C. and Mazaud, A. (2004) Behavior of u-channels during acquisition and demagnetization of remanence: implications for paleomagnetic and rock magnetic measurements. *Phys. Earth Planet. Inter.*, **145**, 1-8.

Channell, J.E.T., Hodell, D.A., McManus, J. and Lehman, B. (1998) Orbital modulation of the Earth's magnetic field intensity. *Nature*, **394**, 464-468.

Dalrymple, G.B. and Lanphere, M.A. (1969) Potassium-argon dating, Freeman, 258p.

Evans, M.E. and Heller, F. (2003) Environmental Magnetism: Principles and Applications of Enviromagnetics, Academic Press, 299p.

Guyodo, Y., Channell, J.E.T. and Thomas, R.G. (2002) Deconvolution of u-channel paleomagnetic data near geomagnetic reversals and short events. *Geophys. Res. Lett.*, **29**, 1845, doi:10.1029/2002GL014927.

日高　洋・赤木　右（2002）入門講座　同位体比の定義と標準．ぶんせき，**325**, 2-8.

平田岳史（1993）高周波誘導結合プラズマイオン源質量分析計（ICP-MS）による高精度同位体組成分析．地質ニュース，**469**, 7-17.

平田岳史（2002）入門講座　同位体比を測るための分析法．ぶんせき，**328**, 152-160.

Ishizuka, O., Uto., K., Yuasa, M. (2003b) Volcanic history of the back-arc region of the Izu-Bonin (Ogasawara) arc. *Geol. Soc. Spec. Publ.*, **219**, 187-205.

Jelinek, V. (1981) Characterization of the magnetic fabric of rocks. *Tectonophysics*, **79**, 63-67.

地盤工学会「土質試験の方法と解説」改訂編集委員会（2000）土質試験の方法と解説．社団法人地盤工学会，902p.

兼岡一郎（1998）年代測定概論．東京大学出版会，315p.

河口広司・中原武利編（1994）プラズマイオン源質量分析．学会出版センター，228p.

河野久征編（1982）蛍光X線分析の手引き．理学電機工業株式会社，167p.

Kirschvink, J. L. (1980) The least-squares line and plane and the analysis of paleomagnetic data. *Geophys. J. R. Astron. Soc.*, **62**, 699-718.

小玉一人（1999）古地磁気学，東京大学出版会，248p.

Kruiver, P.P., Dekkers, M.J. and Heslop, D. (2001) Quantification of magnetic coercivity components by the analysis of acquisition curves of isothermal remanent magnetization. *Earth Planet. Sci. Lett.*, **189**, 269-276.

Kruiver, P.P. and Passier, H. (2001) Coercivity analysis of magnetic phases in sapropel S1 related to variations in redox conditions, including an investigation of the *S* ratio. *Geochem. Geophys. Geosyst.*, **2**, 1063, doi:10.1029/2001GC000181.

注1：特許出願中（2005-326094）．商業利用の場合は（独）海洋研究開発機構と契約が必要です．アカデミック用途の場合はご一報下さい．
連絡先：〒237-0061　神奈川県横須賀市夏島町2-15　（独）海洋研究開発機構　経営企画室評価交流課　Tel：046-867-9234
　　　　e-mail：chizai@jamstec.go.jp

Lowrie, W. (1990) Identification of ferromagnetic minerals in a rock by coercivity and unblocking temperature propertires. *Geophys. Res. Lett.*, **17**, 159-162.

松田　久編（1983）マススペクトロメトリー．朝倉書店，279p.

McDougall, I. and Harrison, T.M. (1988): Geochronology and thermochronology by the $^{40}Ar/^{39}Ar$ method. Oxford monographs on geology and geophysics, No.9. Oxford University Press, 224p.

長尾敬介（2002）入門講座　同位体比測定の精度と確度．ぶんせき，**326**, 56-59.

中井俊一（2002）入門講座　同位体比を測るための前処理法．ぶんせき，**327**, 108-113.

日本微生物生態学会教育研究部会編著（2004）微生物生態学入門　地球環境を支えるミクロの生物圏．日科技連，237p.

日本化学会編（2006）実験化学講座第5版，29バイオテクノロジーの基本技術．1.3　微生物の同定（布浦拓郎，高井研）．丸善，33p.

Oda, H. and Shibuya, H. (1996) Deconvolution of long-core paleomagnetic data of Ocean Drilling Program by Akaike's Bayesian Information Criterion minimization. *J. Geophys. Res.*, **101**, 2815-2834.

大野勝美・川瀬　晃・中村利廣編（1987）X線分析法．共立出版，260p.

Snowball, I. (1991) Magnetic hysteresis properties of greigite (Fe_3S_4) and a new occurrence in Holocene sediments from Swedish Lappland. *Phys. Earth Planet. Inter.*, **68**, 32-40.

副島啓義（1987）電子線マイクロアナリシス―走査電子顕微鏡，X線マイクロアナライザ分析法―．日刊工業新聞社，597p.

竹内均監修（2003）地球環境調査辞典第3巻．沿岸域の微生物調査．フジ・テクノシステム，1297p.

Tarling, D. and Hrouda, F. (1993) The Magnetic anisotropy of Rocks, Chapman & Hall, 217p.

東京大学安全管理委員会環境安全部会（2015）環境安全指針．275p.

東京大学環境安全研究センター（2007）平成19年度環境安全講習会テキスト，東京大学環境安全研究センター．45p.

Yamazaki, T., Solheid, P. A. and Frost, G. M. (2000) Rock magnetism of sediments in the Angola-Namibia upwelling system with special reference to loss of magnetization after core recovery. *Earth Planets Space*, **52**, 329-336.

York, D. (1969) Least squares fitting of a straight line with correlated errors. *Earth Planet. Sci. Lett.*, **5**, 320-324.

引用文献

相原安津夫（1987）有機質堆積岩．日本の堆積岩，水谷伸治郎，斉藤靖二，勘米良亀齢編，岩波書店，189-216.

ASTM international (2005) Standard test for Microscopical determination of the vitrinite reflectance of coal. ASTM: D2789-05.

Awaji, S., Nakamura, K., Nozaki, T. and Kato, Y. (2006) A Simple Method for Precise Determination of 23 Trace Elements in Granitic Rocks by ICP-MS after Lithium Tetraborate Fusion. *Resource Geology*, **56**, 4, 471-478.

Bates, R.G. and Culberson, C.H. (1977) Hydrogen ions and thermodynamic state of marine systems. *In* The fate of fossil fuel CO_2 in the oceans, Andersen, N.R. and Malahoff, A. (eds.) Plenum, 45-61.

Beardsmore, G. R. and Cull, J. P. (2001) Crustal heat flow : A guide to measurement and modelling. Cambridge University press, 386p.

Berggren, W.A., Kent, D.V., Carl C. Swisher, I. and Aubry, M.-P. (1995) A revised Cenozoic geochronology and chronostratigraphy. *In* Berggren, W.A., Kent, D.V. Aubry, M.-P. and Hardenbol, J. (eds.), Geochronology, Time Scales and Global Stratigraphic Correlation. SEPM (Society for Sedimentary Geology), **54**, 129-212.

Bryant, C. J., Arculus, R. J. and Eggins, S. M. (2003) The geochemical evolution of the Izu-Bonin arc system: Aperspective from tephras recovered by deep-sea drilling. *Geochem. Geophys. Geosyst.*, **4**, doi:10.1029/2002GC000427.

千々和一豊（1990）石炭化物質の有機変成の進行に伴う光学的異方性（反射異方性）の出現様相．山口大学教育学部研究論集，**40**, 7-31.

Cody, R.D., Levy, R.H., Harwood, D.M., Sadler, P.M. (2008) Thinking outside the zone: High-resolution quantitative diatom biochronology for the Antarctic Neogene. *Palaeogeography, Palaeoclimatology, Palaeoecology*, **260**, 92-121.

動物命名法国際審議会（2000）国際動物命名規約　第

4版　日本語版．日本動物分類学関連学会連合，152p.

Dickson, A. G. (1981) An exact definition of total alkalinity and a procedure for the estimation of alkalinity and total CO2 from titration data. *Deep-Sea Research*, **28**, 609-623.

Dickson, A.G. (1984) pH scale and proton transfer reactions in saline media such as seawater, *Geochim. Cosmochim. Acta*, **48**, 2299-2308.

DOE (1994) Handbook of methods for the analysis of the various parameters of the carbon dioxide system in sea water. Version2, Dickson, A. G. & Goyet, C. eds. ORNL/CDIAC-74.

Dyrssen, D. and Sillen, L.G. (1967) Alkalinity and total carbonate in sea water. A Plea for p-T-independent data. *Tellus*, **19**, 113-120.

Edmond, J.M. (1970) High precision determination of titration alkalinity and total carbon dioxide content of sea water by potentiometric titration. *Deep-Sea Res.*, **17**, 737-750.

Gamo, T. and Gieskes. J.M. (1992) Shipboard chemical analyses of sedimentary pore waters during the Ocean Drilling Program (ODP) Leg 131, *Chikyukagaku (Geochemistry)*, **26**, 1-15 (in Japanese with English abstract).

Gieskes, J.M. (1983) The chemistry of interstitial waters of deep sea sediments: interpretation of Deep Sea Drilling data. *In* Chemical Oceanography, Vol.8 (Wiley, J.P. and Chester, R. eds.), Academic Press, 221-269.

Gieskes, J.M., Gamo, T. and Brumsack, H. (1991) Chemical methods for interstitial water analysis on JOIDES RESOLUTION. ODP Technical Note, No.15, 60p.

後藤篤，巽好幸 (1991) 蛍光X線分析装置による岩石試料の定量分析 (I)．*The Rigaku-Denki Journal*，**22**，28-44.

Govindaraju, K. (1994) 1994 compilation of working values and sample description for 383 geostandards (Special Issue). *Geostandards Newsletter*, 13, 158 p.

Gradstein, F., Ogg, J. and Smith, A. eds. (2004) A Geologic Time Scale 2004. Cambridge University Press, 589p.

Gueguen, Y. and Palciauskas, V. (1994) Introduction to the physics of rocks, Princeton University Press, 392p.

長谷川四郎・中島隆・岡田誠（2006）層序と年代．共立出版，176p.

橋本善孝，池原（大森）琴絵，清水以知子（2004）レーザー顕微鏡によるビトリナイト反射率の定量化．地質学雑誌，**110**，771-778.

速水格・森啓編（1998）古生物の総説・分類．朝倉書店，254p.

Hirata, T. (2000) Development of a flushing spray chamber for inductively coupled plasma-mass spectrometry. *Journal of Analytical Atomic Spectrometry*, **15**, 1447-1450.

平田岳史・坂田周平・藤本万寿人（2016）レーザーアブレーションICPMSの進歩と展望．ぶんせき，**1**，9-16.

Hirata, T., Shimizu, H., Akagi, T., Sawatari, H. and Masuda, A. (1988) Precise determination of rare earth elements in geological standard rocks by inductively coupled plasma mass spectrometry. *Analytical Chemistry*, **61**, 2263-2266.

Honnorez, J., Honnorez-Guerstein, B. M., Worm, H.-U. and Laverne, C. (1996) Correlation among the changes with alteration in mineralogical, chemical and magnetic properties of upper ocean crust, Hole896A. *Proc. ODP, Sci. Resulta*, **148**, 171-185.

Humphiris, S. E., Thompson, R. N. and Marriner, G. F. (1980) The mineralogy and geochemistry of basalt weathering, Hole417A and 418A. *Int. Repts. DSDP*, 51-53, 1201-1213.

今井登（2000）標準物質―地質標準試料―．地球化学，**34**，1-9.

Imai, N., Terashima, S., Itoh, S. and Ando, A. (1995) 1994 compilation values for GSJ reference samples, "Igneous rock series". *Geochemical Journal*, **29**, 91-95.

International Organization for Standardization (1994) Methods for the petrographic analysis. ISO: 7404-5.

石渡良志，山本正伸共編（2004）地球化学講座4　有機地球化学．培風館，290p.

Ito, K., Takayama, Y. Makabe, N. Mitsui, R. and Hirokawa, T. (2005) Ion chromatography for determination of nitrite and nitrate in seawater using monolithic ODS columns. *Journal of Chromatography A*, **1083**, 63-67.

Iwai, M., Acton, G.D., Lazarus, D., Osterman, L.E. and Williams, T. (2002) Magnetobiochronologic Synthesis of ODP Leg 178 Rise Sediments from the

Pacific Sector of the Southern Ocean: Sites1095, 1096 and 1101. *In* Barker, P.F., Camerlenghi, A., Acton, G.D. and Ramsay, A.T.S. (eds.), Proc. ODP, Sci. Results. Ocean Drilling Program, Texas A&M University, College Station, TX 77845-9547, U.S.A., 1-40.

岩井雅夫・近藤康生・菊池直樹・尾田太良（2006）鮮新統唐の浜層群の層序と化石．地質学雑誌，**112**補遺，27-40．

Jackson, S. E., Longerich, H. P., Dunning, G. R. and Fryer, B. J. (1992) The application of laser ablation microprobe-inductively coupled plasma-mass spectrometry (LAM-ICP-MS) to in situ trace element determinations in minerals. *Canadian Mineralogist*, **30**, 1049-1064.

Jochum, K.P. and Verma, S.P. (1996) Extreme enrichment of Sb, Tl and other trace elements in altered MORB. *Chemical Geology*, **130**, 289-299.

Julson, A.P. and Graham, A.G. (1989) Handbook for Shipboard Paleontologists. Technical Note, No.12,Ocean Drilling Program, Texas A&M University, 73p.

化石研究会編（2000）化石の研究法－採取から最新の解析法まで．共立出版，388p．

Kawai, J., Oda, H., Fujihira, J., Miyamoto, M., Miyagi, I. and Sato, M. (2016) SQUID Microscope with Hollow-Structured Cryostat for Magnetic Field Imaging of Room Temperature Samples, *IEEE Transactions on Applied Superconductivity*, accepted.

木村純一，高久雄一，吉田武義（1996），誘導結合プラズマ質量分析法の発展と岩石学への応用．地球科学，**50**，277-302．

Kimura, J.-I., Yamada, Y. (1996) Evaluation of major and trace element XRF analyses using a flux to sample rato of two to one glass beads. *J. Min. Petr. Econ. Geol.*, **91**, 62-72.

公文富士夫・立石雅昭編（1998）新版砕屑物の研究法．地学団体研究会，地学双書29号，399p．

栗田裕司（2007）ロータリー式掘削井におけるカッティングス試料の特性．月刊地球，**29**，168-175．

Lazarus, D. (2006) The Micropaleontological Reference Centers Network. *Scientific Drilling*, No.3, 46-49. doi:2204/iodp.sd.3.10.2006

Lazarus, D., Suzuki, N., Caulet, J.-P., Nigrii, C., Goll, I., Goll, R., Dolven, J.K., Diver, P. and Sanfilippo, A. (2015) An evaluated list of Cenozoic-Recent radiolarian species names (Polycystinea), based on those used in the DSDP, ODP and IODP deep-sea drilling programs. *Zootaxa*. 3999(3), 301-333. http://dx.doi.org/10.11646/zootaxa.3999.3.1.

林為人・高橋学・李小春・西田薫・小松原琢（1999）水銀ポロシメーターによる岩石の空隙寸法測定について．資源・素材学会春季大会講演集，68-69．

Lourence, L., Hilgen, F., Shackleton, N.J., Laskar, J. and Wilson, D. (2004) The Neogene Period. *In* Gradstein, F.G., Ogg, J.G. and Smith, A. (eds.), A geologic Time Scale 2004. Cambridge Univ. Press, 409-440.

Manheim, F.T. and Sayles, F.L. (1974) Composition and origin of interstitial waters of marine sediments, based on deep sea drill cores. *In* The Sea, Vol.5 (Goldberg, E.D. ed.), 527-568.

Maruo, M., Doi, T. *et al*. (2006) Onboard Determination of Submicromolar Nitrate in Seawater by Anion-Exchange Chromatography with Lithium Chloride Eluent. *Analytical Sciences*, **22**, 1175-1178.

Michael, P.J., McDonough, W.F., Nielsen, R.L. and Cornell, W.C. (2002) Depleted melt inclusions in MORB plagioclase; messages from the mantle or mirages from the magma chamber? *Chemical Geology*, **183**, 43-61.

Murton, B.J., Tindle, A.G., Milton, J.A., Sauter, D. (2005) Heterogeneity in southern Central Indian Ridge MORB: Implications for ridge-hot spot interaction. *Geochem. Geophys. Geosyst.*, **6**, doi: 10.1029/2004GC000798.

中村謙太郎，加藤泰浩，石井輝秋（1999）インド洋中央海嶺ロドリゲス三重会合点における熱水変質玄武岩類の地球化学．資源地質，**49**，15-28．

日本工業調査会（1992）石炭の微細組織成分及び反射率側方法．JIS: M8816，日本規格協会，1-22．

日本地質学会（2003）正常堆積物，「地質調査の基本」．共立出版，19-45．

日本地質学会訳編（2001）国際層序ガイド－層序区分・用語法・手順へのガイド．共立出版，238p．

新妻信明（2001）堆積物流体力学解析装置．静岡大学地球科学研究報告，**28**，33-44．

野島博編（1997）顕微鏡の使い方ノート．羊土社，165p．

Nozaki, Y. (2001) Elemental Distribution Overview, in

Encyclopedia of Ocean Sciences ed. by Steele, J. H. *et al*., Academic Press, 2: 840-845.

Nur, A. and Simmons, G.（1969）The effect of saturation on velocity in low porosity rocks. *Earth Planet Sci. Lett*., **7**, 183-193.

Oda, H., Usui, A., Miyagi, I., Joshima, M., Weiss, B.P., Shantz, C., Fong, L.E., McBride, K.K., Harder, R. and Baudenbacher, F.J.（2011）Ultrafine–scale magnetostratigraphy of marine ferromanganese crust. *Geology*, **39**, 227-230, doi: 10.1130/G31610.1.

Oda, H. and Xuan, C.（2014）Deconvolution of continuous paleomagnetic data from pass–through magnetometer: A new algorithm to restore geomagnetic and environmental information based on realistic optimization. *Geochem. Geophys. Geosyst*.,**15**, 3907-3924, doi: 10.1002/2014GC005513.

尾田太良・佐藤時幸編（2013）新版微化石研究マニュアル．朝倉書店，110p.

大橋広好訳（1997）国際植物命名規約（東京規約）1994．津村研究所，247p.

O'Hara, K.（2004）Paleo-stress estimates on ancient seismogenic faults based on frictional heating of coal. *Geophysical Research Letters*, **31**, L03601, doi:10.1029.

Orihashi, Y. and Hirata, T.（2003）Rapid quantitative analysis of Y and REE abundances in XRF glass bead for selected GSJ reference rock standards using UV laser ablation ICP-MS. *Geochemical Journal*, **37**, 401-412.

Paterson, M.S. and Wong, T-f.（2005）Experimantal rock deformation - The brittle field, second edition, Springer, 348p.

Pearce, N. J. G., Perkins, W. T., Westgate, J. A., Gotron, M. P., Jackson, S. E., Neal, C. R. and Chenery, S. P.（1997）A complication of new and published major and trace element data for NIST SRM610 and NIST SRM612glass reference materials. *Geostandards Newsletter*, **21**, 115-144.

Pimmel, A. and Claypool, G.（2001）Introduction to shipboard organic geochemistry on the JOIDES Resolution. *ODP Technical Note*, 30（Available from WWW:http://www-odp.tamu.edu/publications/tnotes/tn30/INDEX.HTM）

Presley, B.J.（1971）Techniques for analyzing interstitial water samples. Part1:determination of minor and major constituents. *In* Init. Rept. DSDP, 7, 1749-1755.

Rabinowitz, P.D., Garrison, L.E. and Meyer, A.W.（1990）Shipboard Scientists' Handbook. Technical Note No.3, 170p. Third Printing. Ocean Drilling Program, Texas A&M University.

Sakaguchi, A., Yanagihara, A., Ujiie, K., Tanaka, H. and Kameyama, M.（2007）Thermal maturity of a fold-thrust belt based on vitrinite reflectance analysis in the Western Foothills complex, western Taiwan. *Tectonophysics*, **443**, 220-232.

坂田有人・向吉秀樹（2012）微小なビトリナイト粒子のための反射率測定装置の製作．地質学雑誌，**118**，240-244．

佐野有司（2008）二次元高分解能二次イオン質量分析計（NanoSIMS）を用いた鉛とストロンチウム同位体測定．*RADIOISOTOPES*，**57**，579-591．

Schon, J.H.（1998）Physical properties of rocks, Fundamentals and principles of petrophysics, second edition, Pergamon, 512p.

Solorzano, L.（1969）Determination of ammonia in narural waters by phenol-hypochlorite method. *Limnol. Oceanogr*., **14**, 799-801.

Spencer-Cervato, C.（1999）The Cenozoic Deep Sea Microfossil Record: Explorations of the DSDP/ODP Sample Set Using the Neptune Database. Palaeontologia Electronica, 2（2）, 268p. http://palaeo-electronica.org/1999_2/neptune/issue2_99.htm.

Stein, R., Brass, G., Graham, D., Pimmel, A. and the Shipboard Scientific Party（1995）Hydrocarbon measurements at Arctic gateways sites（ODP Leg 151）. *In* Myhre, A. M., Thiede, J., Firth, J. V. eds., *Proceedings of the Ocean Drilling Program, Initial Reports*, 151, 385-395, Callege Station, TX（Ocean Drilling Program）.

Strickland, J.D.H. and Parsons, T.R.（1968）A practical handbook of seawater analysis. *Bull. Fish. Res. Board Canada*, **167**, 311p.

須藤斎・岩井雅夫・秋葉文雄（2016）化石データベースを用いて生物進化の研究をするときの注意点．化石，**99**，7-14．

杉崎隆一・木下貴・下村孝行・安東和人（1981）蛍光X線による岩石中の微量元素の自動分析．地質学雑誌，**87**，675-688．

Suzuki, N., Matsubayashi, H., Waples, W.（1993）A simpler kinetic model of vitrinite reflectance. *The American Association of Petroleum Geologists Bul-*

letin, **77**, 1502-1508.

鈴木紀毅・西弘嗣ほか編（2010）IODP古生物船上マニュアル（日本語版），33p. http://www.j-desc.org/modules/tinyd2/rewrite/uploads/docs/IODP/keisoku/25_100222/5-2_IODPmicropal_Manual_draft_20100217a.pdf.

Sweeney, J.J., Burnham, A.K. (1990) Evaluation of a simple model of vitrinite reflectance based on Chemical Kinetics, American Association. *Petroleum Geologists Bulletin*, **74**, 1559-1570.

田口一雄（1998）石油の成因―起源・移動・集積．共立出版，140p.

高柳洋吉編（1978）微化石研究マニュアル．朝倉書店，161p.

Tanaka, T., Togashi, S., Kamioka, H., Amakawa, H., Kagami, H., Hamamoto, T., Yuhara, M., Orihashi, Y., Yoneda, S., Shimizu, H., Kunimaru, T., Takahashi, K., Yanagi, T., Nakano, T., Fujimaki, H., Shinjo, R., Asahara, Y., Tanimizu, M. and Dragusanu, C. (2000) Jndi-1:a neodymium isotopic reference in consistency with LaJolla neodymium. *Chemical Geology*, **168**, 279-281.

谷健一郎・折橋裕二・中田節也（2002）ガラスビードを用いた蛍光X線分析装置による珪酸塩岩石の主・微量成分分析：3倍・6倍・11倍希釈ガラスビード法の分析精度の評価．地震研究所技術報告，**8**, 26-36.

Tani, K., Kawabata, H., Chang, Q., Sato, K. and Tatsumi, Y. (2003) Quantitative analyses of silicate rock major and trace elements by X-ray fluoresecence spectrometer: Evaluation of analytical precision and sample preparation. *Frontier Research on Earth Evolution*, **2**, 1-8.

谷村好洋・辻彰洋編（2012）微化石―顕微鏡で見るプランクトン化石の世界．国立科学博物館叢書，13，東海大学出版会，396p.

Tauxe, L., Stickley, C.E., Sugisaki, S., Bijl, P.K., Bohaty, S., Brinkhuis, H., Escutia, C., Flores, J.A., Iwai, M., Jiménez-Espejo, F., McKay, R., Passchier, S., Pross, J., Riesselman, C., Röhl, U., Sangiorgi, F., Welsh, K., Williams, T. (2012) Integrated biomagnetostratigraphy of the Wilkes Land Margin for reconstruction of 53 Ma of Antarctic Margin paleoceanography: New results from IODP Expedition 318. *Paleoceanogpraphy*. **27**, PA2214, doi:10.1029/2012PA002308.

寺島　滋・岡井貴司・安藤　厚・伊藤司郎（1990）地質調査所作製の岩石標準試料の均質性．地質調査所月報，**41**, 129-138.

Tsunogai, U. and Wakita, H. (1995) Precursory chemical changes in ground water: Kobe earthquake, Japan. *Science*, **269**, 61-63.

Wei, W., Kastner, M., Deyhle, A. and Spivack, A.J. (2005) Geochemical cycling of fluorine, chlorine, bromine, and boron and implications for fluid-rock reactions in Mariana forearc, South Chamorro Seamount, ODP Leg 195. In Shinohara, M., Salisbury, M.H. and Richter, C. (eds.), *Proc. ODP, Sci. Results*, **195**, Ms195SR-106 ［Online］.

Winter, D. and Iwai, M. (2002) Data report: Neogene diatom biostratigraphy, Antarctic Peninsula Pacific margin, ODP Leg 178 rise sites. In Barker, P.F., Camerlenghi, A., Acton, G.D. and Ramsay, A.T.S. (eds.), Proc. ODP, Sci. Results. Ocean Drilling Program, Texas A&M University, College Station, TX77845-9547, U.S.A., 1-25.

Xuan, C. and Oda, H. (2015) UDECON: deconvolution optimization software for restoring high-resolution records from pass-through paleomagnetic measurements, *Earth Planets Space*, **67**, 183, 1-17, doi:10.1186/s40623-015-0332-x.

山本正伸（1999）アルケノン古水温計の現状と課題．地球化学，**33**, 191-204.

Yanagisawa, Y. and Akiba, F. (1998) Refined Neogene diatom biostratigraphy for the northwest Pacific around Japan, with an introduction of code numbers for selected diatom biohorizons. *Journal of Geological Society of Japan*, **104**, 395-414.

横瀬久芳，山本　茂（1997）地質学的試料の希土類元素測定における酸分解法の改良：密閉式PFA容器による分解ならびに130℃による蒸発乾固．地球化学，**31**, 53-67.

Yurimoto, H., Yamashita, A., Nishida, N. and Sueno, S. (1989) Quantitative SIMS analysis of GSJ rock reference samples. *Geochemical Journal*, **23**, 215-236.

トピック　微古生物標本・資料センター

　微古生物標本・資料センター（Micropaleontology Reference Center：MRC，図1）はDSDP/ODPの試資料を系統的に蓄積し，異なる時代・異なる地域（図2，3）の微化石標本を教育・研究に活用する環境を提供している（Lazarus，2005，2006）．日本では国立科学博物館にアジアの拠点として設置され，宇都宮大学には放散虫標本を扱うサテライトセンターが置かれている．航海に先立ち，対象海域の標準断面で示準化石や主要種を検鏡，確認しておくことはきわめて有効である．

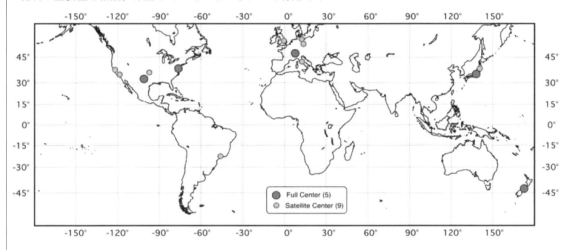

図1　世界の微古生物標本・資料センター

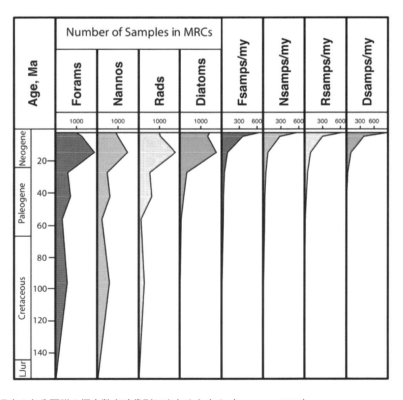

図2　MRCで管理する各分類群の標本数を時代別にまとめたもの（Lazarus, 2006）

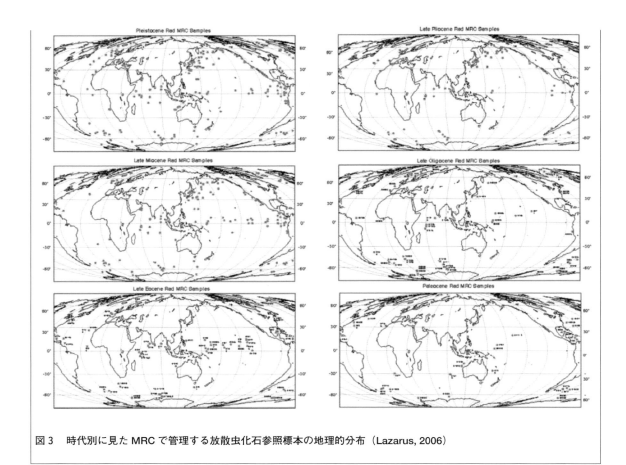

図 3 　時代別に見た MRC で管理する放散虫化石参照標本の地理的分布（Lazarus, 2006）

トピック　ビトリナイト反射率測定装置の制作

　ビトリナイト反射率測定装置は，簡単には三眼式反射顕微鏡のカメラの位置に測光センサーが置いてあり，546 nm（±2 nm 半価幅 half　width30 nm 以下）の波長で，10 μm 以下のスポット測光ができればよい（**図1**）．以前は低透過率の濃緑ガラスフィルターと高感度の光電子増倍管（photomultiplier）が用いられてきた．しかし，光電子増倍管は高圧電源装置が必要なうえ，とても高価であった．近年では安価で扱いやすいシリコンフォトダイオードや高透過率の単波長干渉フィルターなどが出回るようになり，安価に製作できるようになった．ここでは一般的な落射反射顕微鏡をベースにビトリナイト反射率測定装置を製作するうえでの注意点を記す．ただし JIS（JIS M8816）や ISO（ISO7404－5）では光電子増倍管の使用が記されているので，本装置で測定した場合には，センサーにはシリコンフォトダイオードを使用したと明記する必要がある．

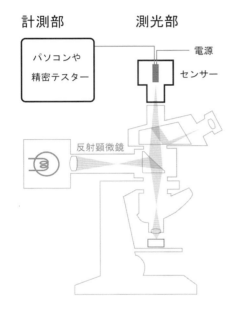 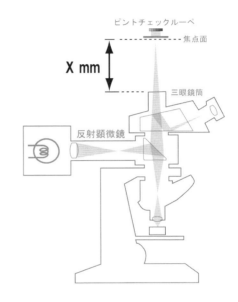

図1　ビトリナイト反射率測定装置の概念図
測光部に比べて計測部は比較的自由度が高い．スペックによっては精密テスターのみのシンプルな構成も可能である

図2　焦点面の高さ計測
三眼鏡筒からの焦点面にセンサー面を置くのでこの長さが設計の基本となる

設計

　測定装置は測光部と計測部からなり，測光部は顕微鏡に合わせて設計する．そのためにまず使用する反射顕微鏡の三眼鏡筒の焦点面を計測する．視度調整済みで合焦した状態（接眼鏡内の十字線と試料に同時に焦点が合っている状態）で，三眼鏡筒から何 mm のところに焦点面があるかをピントチェックルーペを用いて測る（**図2**）．このピントチェックルーペは，視度調整装置付きのルーペとガラス板からなるもので，ガラス面はスケール付きであるか，もしくは＃600～1,000番程度の研磨剤でスリガラスにした薄片用スライドグラスと組み合わせて自作してもよい（**図3**）．ルーペの倍率は10倍程度がよい．計測は，測光部の金属鏡筒に調整ネジがついているので，5 mm 以内の精度で測れればよい．測光部の金属鏡筒の寸法例を図4に示したので参考にしてもらいたい．特に金属鏡筒のうち顕微鏡と接合する鏡筒 C の取り付け口は使用する顕微鏡に合わせて正確に設計する．この程度の素人が描いた図面であっても，小口製作を請け負ってくださる金属加工業者はいくつもある．

測光システム

　センサーは高感度のシリコンフォトダイオードとして，浜松ホトニクス株式会社製の APD（avalanche

図3　ピントチェックルーペ
設計のための概寸や光学調整のために必要．視度調整可能な10倍以上のルーペで焦点面にスクリーンのあるもの．スクリーンがない場合は，片面スリガラス化したスライドグラスを貼る．スリガラス面がスクリーンになるので下面になる

photodiode）モジュール（C4777-01）を使用した．フォトダイオードの受光部は小さいほうが測光面積を絞ることにつながるが，信号強度とノイズとの兼ね合いがあり，一般的な顕微鏡で60倍の油浸対物レンズを使用する場合，センサー直径は0.2〜1.0 mm 程度が適当であろう．この APD モジュールはプリアンプ（preamplifier）を内蔵しており，数 mV〜数100 mV の DC 信号で出力され，信号強度は光量に正比例する．これをアンプで増幅してパソコンに取り込むこともできるし，そのまま精密電圧計で読むことも可能である．

　実際の設計では目的に合わせて，落射光源の視野絞り，センサー受光部の直径，光量をうまくバランスさせることが重要である．たとえば，数100 μm 以上の大きめの石炭粒子を対象とし，低反射率石炭では偏光板を使用しないと割り切れば（実質的に反射率1.0 ％以下では光学的異方性はないので問題ない），上記の測光部と計測用の精密テスターの組合せでも十分に使用できる（約40〜50万円）．

　一方，断層岩のビトリナイト反射率マッピングを行う場合は，きわめて微小な石炭粒子を対象とするため，ビトリナイト以外の高輝度鉱物の反射を防ぐために照明範囲を小さく絞る必要がある．著者は，オリンパス株式会社製 BX システム顕微鏡に分析用の光源（株式会社ラムダビジョン（Lambda Vision）製の小穴計測ユニット）と観察用の通常の落射光源の両方を載せ，広視野観察と点照明（ϕ=1.6 μm）との両方を実現している．視野絞りを小さくすると出力信号が微弱になるので，キセノンランプ（xenon lamp）を光源として光量を上げるとともに，ホワイトノイズ（white noise）の影響を取り除くために，パソコンに取り込んでローパスフィルターでノイズカットしている（National Instruments 社製計測システム LabView）．断層付近の反射率マッピングを目的としているのでメカニカルステージ（mechanical stage）にデジタル座標表示器もつけてある．

測定装置の設置と光学調整
1．落射型反射顕微鏡ステージに試料を載せ，視度調整し焦点を合わせておく．
2．鏡筒 A，B およびセンサー台座（図5）を顕微鏡にセットする．
3．センサー台座にピントチェックルーペを載せ，試料に合焦するように鏡筒 B の調整ネジで合わせる．
　　鏡筒 A の光軸調整ネジでセンサー台座の中心と観察視野の中心とを一致させる．
4．センサー台座にセンサーを取り付ける（図4）．

反射率キャリブレーション
　センサーの受光量と出力信号（電圧）は正比例するので，十分に信号が強い場合は落射光源の開口絞りを調整することで，反射率1.00 ％＝100 mV と一致させることができる．この開口絞りによるキャリブレーションは精密電圧計で読み取る場合に便利である．しかし，出力信号が弱い場合やパソコンに取り込んで反射率に換算する場合はこの限りではない．キャリブレーションは，光路を閉じてセンサーに光が当たらない状態を反射率0 ％とし（ISO では，石炭か不透明樹脂上に直径5 mm 深さ5 mm の穴を開け，そこにインマージョンオイル（immersion oil）を満たすか，もしくはインマージョンオイルよりも低屈折率の光学ガラスを用いるように指定），数種類の反射率標準物質を用いて調整する．反射率の基準となる標準物質は，JIS や ISO，ASTM に指定されており，いずれも地質標本業者から入手できる．できるだけ低反射率のスピネル（spinel：0.42 ％）から高反射率の炭化ケイ素（SiC：7.50 ％）まで広くあることが望ましい．これらの標準物質は黒い樹脂に埋封し，表面を琢磨して反射率較正（calibration）に使用する（図6）．

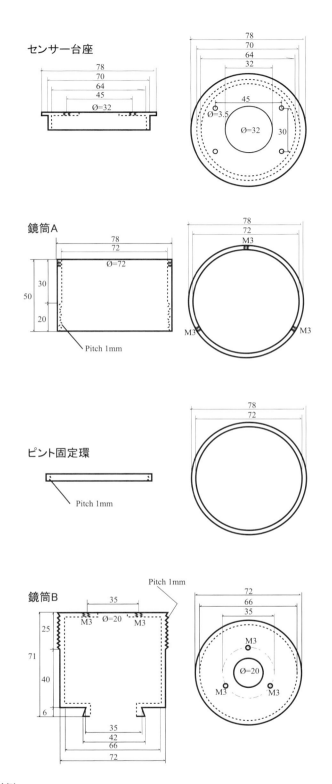

図4　測光部の設計例

鏡筒Cはオリンパス BX シリーズの場合の寸法で，他の場合は鏡筒Cの寸法のみ異なる．鏡筒は強度と遮光性がある材料でアルミなどがよい（坂口・向吉，2012）

図5 光学調整
センサーが設置される面にピントチェックルーペを置き、鏡筒の調整ネジでピントと光軸を調整する

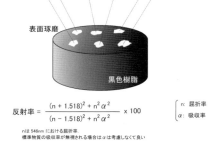

$$反射率 = \frac{(n + 1.518)^2 + n^2 \alpha^2}{(n - 1.518)^2 + n^2 \alpha^2} \times 100$$

$\begin{cases} n: 屈折率 \\ \alpha: 吸収率 \end{cases}$

nは546nmにおける屈折率
標準物質の吸収率が無視される場合はαは考慮しなくて良い

図6 反射率キャリブレーション用の反射率標準物質の概要
屈折率が既知の標準材料を黒色樹脂に埋め込み表面を琢磨して反射率標準物質とする

不明な点があれば坂口有人（arito@yamaguchi-u.ac.jp）に連絡して頂きたい．

トピック　海洋地殻斑れい岩の形成年代を決定する

はじめに

　海洋地殻の形成年代やその時空間分布を明らかにすることは，中央海嶺における玄武岩質海洋地殻の形成・拡大過程を理解するうえで欠かせない情報であり，また，プレートテクトニクス（Plate Tectonics）を駆動するプレート運動の変遷を理解するうえでも非常に重要である．このため，海洋底が形成された年代を決定する手法は地質学・地球物理学の発展とともに開発・改良が進められてきた．海洋地質調査の黎明期から用いられてきた海洋底の年代決定手法としては海洋底表層堆積物に含まれる微化石に基づく化石年代尺度があげられる．さらには地球磁場の逆転にともなって中央海嶺の両翼に記録される海洋縞状地磁気異常と，陸上火山岩の地磁気極性が逆転する時期を K-Ar 放射年代から制約した地磁気極性逆転年代表（Cox, 1969）を対比することで，現在では代表的な海洋プレートのおおまかな年代分布や拡大速度は明らかになっている（たとえば，Cande and Kent, 1995）．

　しかし，海洋縞状地磁気異常を用いた年代決定法は中央海嶺直下におけるプレート年代が現代（ゼロ）であることが逆転年代表との対比において最も重要な前提条件であり，今は拡大停止してしまっている日本海や南シナ海のような背弧海盆の年代決定に適用することが困難な場合が多い．また，現在活動している中央海嶺においても，マルチビーム音響探査を用いた詳細な海底地形調査によって特に低速拡大軸の周辺には海洋コアコンプレックス（oceanic core complex）と呼ばれるような非対称的なドーム状の地形的高まりが多数分布していることが近年明らかになりつつある（口絵15）．海洋コアコンプレックスはマグマの供給が乏しい拡大軸において低角の正断層によって海底面に海洋地殻深部を構成する斑れい岩やマントル物質が引きずり出されて露出している場と考えられている（Karson and Dick, 1983）．これは中央海嶺ではアセノスフェアの減圧融解にともなう豊富なマグマ供給によって拡大軸を中心として対象的な海洋底拡大が定常的に起こっているという仮定に基づいたプレート年代決定法や拡大速度の見積もりが必ずしも成立しないことを示している．

　このため，海洋地殻を構成する岩石の形成年代について放射年代測定法を用いて直接決定する試みが近年

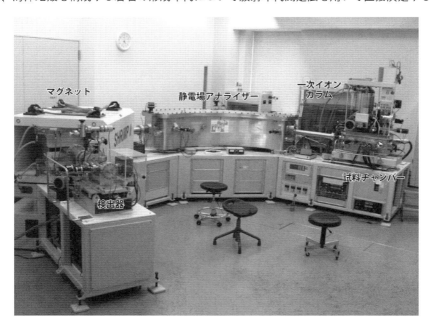

図1　国立極地研究所に設置されたシングルコレクタ型高感度高分解能イオンマイクロプローブ（SHRIMP-II）

１次イオンカラムで生成された酸素のイオンビームを高真空の試料チャンバー内に置かれた試料（ジルコン）表面に照射し，発生した２次イオンを静電場アナライザー・マグネットを使って目的の質量数に選別し検出器で測定する

精力的に行われており，また熱年代学的手法も加えることで，中央海嶺における海洋地殻の形成・改変過程やプレート運動の変遷について詳細な時間軸を入れて理解することが可能になってきた．本稿ではそれらの年代測定法の概略とそれによって得られつつある新知見について紹介する．

海洋プレートの地殻構造と発達過程

海洋地殻は厚さ平均6km程度あり，最下層はモホ遷移帯でマントルかんらん岩と接する苦鉄質・超苦鉄質深成岩の斑れい岩・集積岩層からなる下部地殻から構成され，その上に玄武岩質マグマが地殻浅所に上昇するためのマグマの通り道であったシート状岩脈群，さらにそれを玄武岩質マグマが海底に噴出した際に形成された枕状溶岩などの溶岩層と堆積物が覆った層状構造を示すと考えられている．このような構造は主に白亜紀の海洋プレートが大陸に衝上して地殻断面が陸上に露出しているとされているオマーンオフィオライトの研究成果との対比から推定されているものである（たとえば，Dick et al., 2006）．また，石英や長石に富む分化した珪長質深成岩・火山岩の貫入岩類も，海洋地殻・オフィオライトにもしばしば認められる（Aldiss, 1981）．

これまで中央海嶺直下でマントルかんらん岩の減圧融解によって形成された玄武岩質マグマは，シート状岩脈群を通って海底に噴出する一方，地殻深部ではマグマ溜まりを作り，海洋底拡大にともなってマグマ溜まりが側方に移動するにつれてマグマ溜まりでは冷却・結晶化が進み，斑れい岩を主体とする下部地殻が形成されると考えられてきた（Toomey et al., 1990）．しかし近年，東太平洋海膨の高速拡大軸周辺で実施された地震波構造探査によって拡大軸直下では溶融部は下部地殻内ではなく，より深いモホ遷移帯周辺に大量に集積し，また拡大軸から10km以上離れたオフリッジのモホ遷移帯にも溶融部の存在が示唆されることが明らかになった（Crawford and Webb, 2002）．東太平洋海膨では約2万年前に噴火し，拡大軸から約20kmも離れた地点にまで達するような巨大溶岩流が発見されており，その一部のマグマ組成は拡大軸に噴出する一般的な中央海嶺玄武岩（N-MORB）と比べて液相濃集元素に富む地球化学的特徴を示すことが明らかになっている（Geshi et al., 2007）．海洋地殻の構造発達史を包括的に理解するためには拡大軸での浅所火山活動と深部地殻形成過程との関係，特に斑れい岩質下部地殻の成因を明らかにすることが重要であり，さらにはオフリッジでのマグマ活動が海洋地殻形成にどのように寄与しているのかも明らかにする必要がある．そのためには海洋地殻の各層を構成する岩石の形成年代を精密に決定し，それによって地殻形成プロセスの継続時間や前後関係を制約することが必要である．

海洋地殻の形成年代決定：特にジルコン・ウラン―鉛年代測定法について

顕生代の火成岩類のマグマ活動時期を精密に決定する手段として近年主流となっているのは，火山岩についてはレーザー段階加熱法を用いた極微量^{40}Ar–^{39}Ar年代測定法（10.10節参照）であり，深成岩の場合はジルコンを用いたウラン（U）―鉛（Pb）年代測定法である．海洋地殻を構成する火成岩類の年代決定についても玄武岩は西太平洋の海洋底掘削で採取されたMORB溶岩の^{40}Ar–^{39}Ar年代測定（Koppers et al., 2003）などが行われている．しかしMORBは，^{40}Ar–^{39}Ar年代測定に用いられる放射壊変系の親元素であるカリウム（K）がマグマに乏しいことから拡大軸近傍での若い（<1 Ma）岩石の年代測定は困難であり，また，火山岩は海底面に噴出・固化後に変質の影響を受けやすいといった問題がある．一方，深成岩類である斑れい岩や珪長質岩脈に含まれるジルコン結晶（$ZrSiO_4$）は結晶学的特徴として変質にきわめて強い耐性を示し，また，マグマからジルコンが晶出する際に結晶構造内に放射性元素であるUを取り込むのに対しPbを含まない性質をもっているため，U-Pb放射壊変系を用いた年代測定が可能である．また，U-Pb年代測定では^{238}Uと^{235}Uという2つの放射性核種を用いる．^{238}Uが半減期約44.7億年で^{206}Pbに壊変し，^{235}Uは半減期約7.04億年で^{207}Pbに壊変するので，独立した2つの放射壊変系で得られた年代値を比べることで年代の信頼性を確認することができる（どちらの放射壊変系も閉鎖系が保たれていれば同じ年代を示す）利点がある．

しかし，中央海嶺周辺の若い数百ka（千年前）～数Ma（百万年前）の海洋地殻構成岩石に含まれるジルコン中の放射壊変由来の^{206}Pb, ^{207}Pbは極微量であり，今世紀に入って質量分析技術が向上したことによってルーチンとして年代測定が行われるようになってきた．若いジルコンの高精度U-Pb年代測定法に主に用いられているのは同位体希釈法を用いた表面電離型質量分析計（Isotope dilution-thermal ionization mass

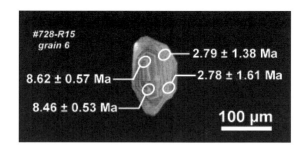

図 2　SHRIMP-II を用いて U-Pb 年代測定を行ったジルコン結晶のカソードルミネッセンス像
伊豆小笠原弧第 3 西須美寿海丘の花崗岩から分離したジルコンを樹脂包有して研磨しカソードルミネッセンス像を走査型電子顕微鏡で撮影したもの（Tani et al., 2015）．白円が U-Pb 年代測定を行ったスポット（直径約 25 μm）．ジルコン結晶中央部が古く（約 850 万年前），縁が若い（約 280 万年前）年代を示し，この花崗岩マグマ形成には 2 つの時代の異なるイベントがかかわっていたことがわかる．このように，その場測定では 1 つの結晶から複数の地質学的イベントを読み取ることができる．単位 Ma＝100 万年前

spectrometry, ID-TIMS）であり，酸分解したジルコン単結晶の溶液に同位体比が既知のスパイクトレーサーを加えて質量分析を行うことで非常に高精度な U-Pb の同位体比測定が可能である．最近ではそれに加えてジルコン単結晶を段階的に高温で酸分解することで放射壊変系が完全に保たれている部分のみを測定する chemical abrasion（CA）−TIMS という手法も用いられるようになっている．たとえば，大西洋中央海嶺の Vema Fracture Zone に露出している海洋下部地殻を構成する約 13 Ma の斑れい岩について CA-TIMS 法を用いたジルコン U-Pb 年代測定を行うことで，1 つのサンプルから分離した複数のジルコン粒それぞれについて 2σ の誤差範囲で 0.07 から 0.79％（年代にして誤差約 1 万年から 10 万年）という高精度な年代が報告されており（Lissenberg et al., 2009），これによって中央海嶺下の下部地殻において 9 万年から約 24 万年という長期間にわたってマグマ活動が継続し，斑れい岩が形成されていた可能性が明らかになった．

　また，2 次イオン質量分析計（SIMS）を用いた海洋地殻斑れい岩や珪長質深成岩のジルコン U-Pb 年代測定も近年活発に行われるようになっている（図 1）．SIMS を用いた質量分析の分析精度は TIMS 法と比べると大幅に劣る（2σ の誤差範囲で数％〜数 10％）ものの，約 20〜30 μm のスポット径で，その場（in situ）測定が可能であり，1 つのジルコン結晶内に複数のマグマ活動や再結晶化を記録した累帯構造が存在した場合には，おのおのの過程が起こった年代を識別することができる（図 2）．また，SIMS を用いたジルコン U-Pb 年代測定法は個々のジルコン粒から得られる年代の誤差が大きいが，1 つの試料に含まれるジルコンが同時期にマグマから晶出したと仮定して多数のジルコンを測定し，誤差範囲を加味した年代値の加重平均をとることでその試料のマグマ活動年代とすることが多い．

　TIMS，SIMS を問わず若いジルコンの U-Pb 年代測定を行ううえでの留意点として，数 Ma 程度の若いジルコンの年代測定にはウラン系列，アクチニウム系列の初生放射非平衡の影響が無視できなくなる（Parrish and Noble, 2003）点があげられる．特に若いジルコンではマグマからジルコンが晶出する際に放射平衡に達していないマグマ中の ^{230}Th がジルコン中に取り込まれ，マグマの Th/U 比によってジルコン中の ^{230}Th 由来の ^{206}Pb が過剰ないしは欠乏することになる．この放射非平衡についてはマグマの Th/U 比を仮定することで補正を行う（Parrish and Noble, 2003）．

ジルコン U-Pb 年代測定法の海洋地殻斑れい岩への適用例：パレスベラ海盆

　海洋地殻斑れい岩にジルコン U-Pb 年代測定法を適用することによって海洋地殻（パレスベラ海盆，Parece Vela Basin）の活動時期・拡大速度が解明された例を紹介する．パレスベラ海盆は日本南方に位置するマリアナ弧（Mariana arc）の非活動的背弧海盆であり，活動停止した拡大軸沿いにゴジラメガムリオン（Godzilla Megamullion）と呼ばれる世界最大（125 km×55 km）の海洋コアコンプレックスが存在している（Ohara, 2015）．パレスベラ海盆はすでに拡大が停止しており，また磁気赤道近辺で形成したため地磁気異常が弱く，これまで活動停止に至る拡大後半の正確な活動時期や拡大速度は不明であった．ゴジラメガムリオンは海洋コアコンプレックス形成にともなって低角の正断層によって拡大軸下深部から引きずり出さ

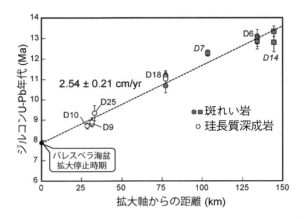

図3　パレスベラ海盆のゴジラメガムリオンで採取された斑れい岩・珪長質深成岩のジルコン U-Pb 年代と拡大軸からの距離図

拡大軸から遠ざかるにつれて年代が直線的に古くなることがわかる．直線の傾きが断層運動の速度を示す（2.54 cm/年）．また，直線の切片はパレスベラ海盆が拡大停止した時期（約790万年前）と考えられる．単位 Ma＝100万年前

れた海洋下部地殻の斑れい岩・珪長質深成岩・かんらん岩や変形岩・断層岩などから構成されている．ゴジラメガムリオンで採取された斑れい岩，珪長質深成岩の包括的なジルコン U-Pb 年代測定から，拡大軸からの距離と年代の間に線形相関が認められることが明らかになった（図3）．大規模な海洋コアコンプレックスが形成されるためには拡大軸下で形成した低角断層面に拡大軸からのマグマ供給が必要であるとの数値解析結果（Tucholke et al., 2008）を踏まえると，図3の線形相関はゴジラメガムリオンを形成した断層運動の速度が一定で拡大軸から断層面にマグマが定常的に貫入していたことを示し，その傾きから拡大速度（断層運動の速度）が2.54 cm/年と制約できる（Tani et al., 2011）．また，回帰直線を外挿すると拡大軸の位置では約7.9 Ma となり（図3），これはパレスベラ海盆が拡大停止した時期に対応する．このように海洋地殻構成岩石の放射年代値を決定することによって，従来決定することができなかった活動停止した海洋プレートの活動時期や拡大速度を復元することが可能になりつつある．

熱年代学的手法

　ジルコンの U-Pb 放射壊変系の閉鎖温度は900℃以上（Cherniak and Watson, 2001）であるのに対し，海洋地殻斑れい岩に含まれるジルコンのマグマからの平均晶出温度はジルコン-チタン温度計から約800℃前後と見積もられており（Grimes et al., 2009），ジルコン U-Pb 年代はマグマからジルコンが晶出した時期を記録していると考えられる．U-Pb 年代に加えて，より低温の閉鎖温度をもつジルコン・フィッショントラック（fission track）年代（閉鎖温度：約250℃），ジルコン（U-Th）/He 年代（閉鎖温度：約180℃）やアパタイト（U-Th）/He 年代（閉鎖温度：約70℃）などを組み合わせることで海洋地殻や海洋コアコンプレックス形成時の冷却過程も議論することが可能になる．Grimes et al. (2011a) は，大西洋中央海嶺沿いの海洋コアコンプレックスについて SIMS を用いたジルコン U-Pb 年代測定と（U-Th）/He 年代測定の二重測定を行い，低角断層の活動にともなって下部地殻斑れい岩が1,000〜2,000℃/百万年という速度で急速に冷却したことを明らかにした．SIMS を用いたジルコン U-Pb 年代測定法は分析精度に関しては TIMS に劣るものの，in situ 測定が可能であり，また分析に要する試料量も少ないため，U-Pb 年代測定後に同じスポットの微量元素濃度分析や酸素同位体比測定を行うことでジルコンを晶出したマグマの地球化学的特徴も制約できる（たとえば Grimes et al., 2011b）．今後は TIMS を用いた高精度 U-Pb 年代測定と SIMS や他の分析法を組み合わせた in situ 分析で多元的な熱年代学・地球化学的情報を得ることで，双方の利点を生かした研究の実現が期待される．

Aldiss, D. T. (1981) Plagiogranites from the ocean crust and ophiolites. *Nature*, **289**, 577-578.

Cande, S. C. & Kent, D. V. (1992) A new geomagnetic polarity time scale for the Late Cretaceous and Cenozoic. *Journal of Geophysical Research: Solid Earth*, **97**(B10), 13917-13951.

Cherniak, D. J. & Watson, E. B. (2001) Pb diffusion in zircon. *Chemical Geology*, **172**, 5-24.

Cox, A. (1969) Geomagnetic reversals. *Science*, **163**, 237-245.

Crawford, W. C. & Webb, S. C. (2002) Variations in the distribution of magma in the lower crust and at the Moho beneath the East Pacific Rise at 9°–10° N. *Earth and Planetary Science Letters*, **203**, 117-130.

Dick, H. J. B., Natland, J. H. & Ildefonse, B. (2006) Past and future impact of deep drilling in the oceanic crust and mantle. *Oceanography*, **19**, 72-80.

Geshi, N., Umino, S., Kumagai, H., Sinton, J. M., White, S. M., Kisimoto, K. & Hilde, T. W. (2007) Discrete plumbing systems and heterogeneous magma sources of a 24 km^3 off-axis lava field on the western flank of East Pacific Rise, 14° S. *Earth and Planetary Science Letters*, **258**, 61-72.

Grimes, C. B., John, B. E., Cheadle, M. J., Mazdab, F. K., Wooden, J. L., Swapp, S. & Schwartz, J. J. (2009) On the occurrence, trace element geochemistry, and crystallization history of zircon from in situ ocean lithosphere. *Contributions to Mineralogy and Petrology*, **158**, 757-783.

Grimes, C. B., Cheadle, M. J., John, B. E., Reiners, P. W. & Wooden, J. L. (2011a) Cooling rates and the depth of detachment faulting at oceanic core complexes: Evidence from zircon Pb/U and (U-Th)/He ages. *Geochemistry, Geophysics, Geosystems*, **12**, DOI: 10.1029/2010GC003391.

Grimes, C. B., Ushikubo, T., John, B. E. & Valley, J. W. (2011b) Uniformly mantle-like $\delta^{18}O$ in zircons from oceanic plagiogranites and gabbros. *Contributions to Mineralogy and Petrology*, **161**, 13-33.

Karson, J. A. & Dick, H. J. B. (1983) Tectonics of ridge-transform intersections at the Kane Fracture Zone. *Marine Geophysical Researches*, **6**, 51-98.

Koppers, A. A., Staudigel, H. & Duncan, R. A. (2003) High-resolution $^{40}Ar/^{39}Ar$ dating of the oldest oceanic basement basalts in the western Pacific basin. *Geochemistry, Geophysics, Geosystems*, **4**, DOI: 10.1029/2003GC000574.

Lissenberg, C. J., Rioux, M., Shimizu, N., Bowring, S. A. & Mével, C. (2009) Zircon dating of oceanic crustal accretion. *Science*, **323**, 1048-1050.

Ohara, Y. (2015) The Godzilla Megamullion, the largest oceanic core complex on the earth: a historical review. *Island Arc*, DOI: 10.1111/iar.12116.

Parrish, R. R. & Noble, S. R. (2003) Zircon U-Th-Pb geochronology by isotope dilution—thermal ionization mass spectrometry (ID-TIMS). *Reviews in Mineralogy and Geochemistry*, **53**, 183-213.

Tani, K., Dunkley, D. J. & Ohara, Y. (2011) Termination of backarc spreading: Zircon dating of a giant oceanic core complex. *Geology*, **39**, 47-50.

Tani, K., Dunkley, D. J., Chang, Q., Nichols, A. R. L., Shukuno, H., Hirahara, Y., Ishizuka, O., Arima, M. & Tatsumi, Y. (2015) Pliocene granodioritic knoll with continental crust affinities discovered in the intra-oceanic Izu-Bonin-Mariana Arc: Syntectonic granitic crust formation during back-arc rifting. *Earth and Platetary Science Letters*, **424**, 84-94.

Tucholke, B. E., Behn, M. D., Buck, W. R. & Lin, J. (2008) Role of melt supply in oceanic detachment faulting and formation of megamullions. *Geology*, **36**, 455-458.

Toomey, D. R., Purdy, G. M., Solomon, S. C. & Wilcock, W. S. (1990) The three-dimensional seismic velocity structure of the East Pacific Rise near latitude 9°30'N. *Nature*, **347**, 639-645.

11　孔内計測

11.1　はじめに

　掘削孔を利用してさまざまな計測を行う手法を総称して孔内計測（downhole measurement）と呼ぶ．孔内計測の手法には，孔壁を構成する地層や岩石の物性，構造，組成などを深度に対して連続的に計測する孔内検層（または物理検層：downhole logging），孔壁のある区間に対して，注水試験などを行う孔内実験（borehole experiment），掘削孔を地球内部変動の観測所として長期利用する孔内観測（borehole monitoring）がある．孔内検層は孔井掘削後にワイヤー端部に装着した計測器を孔井に挿入し，底部から引き揚げながら計測を行う，いわゆるワイヤーライン検層（wireline logging）が長く主流であった．最近では掘削中に孔内検層を行う掘削時検層（あるいは掘削中検層（logging while drilling：LWD））と呼ばれる技術が開発され，大きな成果を上げている．
　世界で初めての孔内検層は1927年にフランスの油井で行われた比抵抗検層（resistivity logging：11.7節参照）であるが，その後検層技術は石油の探鉱開発とともに進歩し，1970年代までに計測・解析手法がほぼ確立した．さらに1980年代以降のデータ伝送技術の発達にともない画像検層（borehole imaging）が開発され，孔壁を可視化することが可能となった．
　石油・ガス井の掘削では，通常はコア試料採取（coring）は行わず，検層により地下の地質情報を把握するのに対し，ODP/IODPに代表される科学掘削では全区間でのコア試料採取を基本とする．しかしながら，柱状コア試料と検層を併用することで以下にあげる多くの利点があることから，海洋科学掘削の分野では，早くから検層の手法は取り入れられ，ODP時代以降ほぼ全航海で検層を実施している．
　1）不連続な採取コア試料データの補完：固結度の低い砂層，破砕帯，硬軟互層などではコア回収率が低下することが多く，検層によって未回収部分のデータを補完することができる．
　2）原位置での計測：コア試料は採取時に擾乱を受けたり，地下深部の圧力環境から解放されることにより，膨張，変質，破損などの影響を受ける．検層は原位置で岩石物性を計測する唯一の方法として重要である．
　3）大量・多種のデータ取得：検層では短時間に大量・多種の計測結果を取得することができ，孔内の地質状況を迅速に把握するのに有効である．ほとんどの検層器で検層速度は10 m/分程度である．
　4）他手法との連携（core-log-seismic integration）：コア試料（cm以下の解像度）と地震波探査（数十～百数十m程度の解像度）の中間的な尺度（scale）を扱うため，両者の情報を統合するときの橋渡しとなる．
　これらの利点を生かし，岩石学，堆積学，古環境学，構造地質学，水理地質学，岩石物性学，地磁気学，地殻力学など多くの分野で孔内検層は欠かせない手法となっている．また，高温高圧下でも使用できるように検層器の開発は続けられており，ほとんどの検層器は1,300気圧を超える水圧と170℃を超える水温下での使用にも耐える．本稿11.2～11.8節では，ワイヤーライン検層や掘削時検層で行われる主な測定項目ごとに測定原理と測定法，データのもつ意味，解釈の仕方を簡潔に記述する．
　一方，掘削孔を短期的な実験孔として用いる孔内実験もある．掘削孔に注水を行い，掘削孔の特定区間での水理学的・力学的特性を調べる手法（トピック：原位置応力計測参照）や，孔内に音響受信器列（acoustic receiver array）を降ろし，海上からの音源により，孔井周辺の地下構造を決定するもの（11.6節参照）などがこれにあたる．また，掘削孔を観測所として長期利用する手法として孔内観測（borehole monitoring）が

ある．付加体や地震発生帯などの変動帯における，地震，傾斜，ひずみ，温度，圧力などの総合観測はIODPにおける重要な研究目標の1つである．温度計，圧力計，地震計，傾斜計などの計測器を孔内に設置し，観測データを長期間記録，または伝送・収録するシステムが開発されたり，計画されたりしている．これらの長期孔内観測機器については，それぞれの研究者・研究機関が必要に応じて開発している．実用化にいたっているものには，孔井に栓をしてその内部で温度や圧力を測るCORKと呼ばれる観測器，さらにパッカー（packer）で孔井区間を区切り，その中で温度や圧力を測定するA-CORK（advanced CORK）などがある．これらはロガーに収録したデータを，潜水艇などを使用して回収する必要がある．一方，海底ケーブルを利用して，掘削孔に設置された地震計や傾斜計のデータを陸上局で収録するシステムも運用されている．

11.2 孔径測定

孔井測径器（borehole caliper）や地層傾斜計（ディップメーター（dipmeter）：孔井測径器に電極をつけて地層の傾斜を測定する装置）は，放射状に伸びた2対（4本）あるいは3対（6本）の腕（arm）によって孔径を測定する，いわば物差しである（図11.1）．孔壁に押しつけられた腕が孔径に従って伸縮する信号を電位差計（potentiometer）で計測する．孔内計測の垂直方向（孔内深度に沿った方向）の解像度（vertical resolution）はサンプリング周波数（sampling frequency）によって決まるが，地層傾斜計の場合は1cm以下である．

掘削による摩擦や泥水の循環によって，孔径はドリルビット（drill bit）径よりも大きくなることがある．

この現象をウォッシュアウト（borehole washout）と呼ぶ．ウォッシュアウトは，固結していない軟岩や脆弱な岩石で特に顕著であるので，掘削後の孔径測定は，孔壁の安定性や岩質を評価する重要な手がかりとなる．また，通常のほとんどの検層（密度・音波・間隙率・比抵抗・ガンマ線検層など）は孔壁の拡大によって影響を受けるので，以降の検層結果を評価するうえで基礎的な情報となる．特に解像度のよい検層器（logging tool）を凸凹の多い孔壁面に適用すると不鮮明な記録が得られるので孔径の拡がりには注意が必要である．

測器の腕の方位が計測されている場合には，孔壁径データは原位置応力の見積りにも使うことができる．孔壁が側方応力（$S_H>S_h$）を受けている場合にはS_h方向にのみ孔壁が拡がるブレークアウト（borehole breakout）と呼ばれる現象が起こるので，孔壁が拡がっている方向を調べれば，最小水平主応力方位を見積もることができる．ブレークアウトを認定する基準と

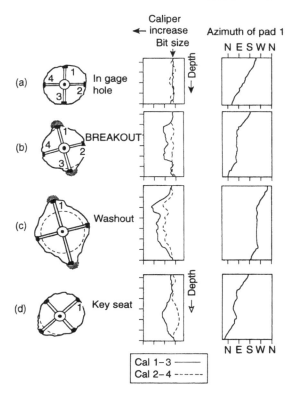

図11.2
静岩圧下の硬岩では孔壁が安定しており孔径の変化は生じにくい（a）が，孔壁が側方応力（$S_H>S_h$）を受けている場合にはS_h方向にのみ孔壁が拡がるブレークアウトと呼ばれる現象が起こる（b）．脆弱な軟岩では孔壁全体が拡がるウォッシュアウトと呼ばれる現象が生じやすい（c）．孔壁が一方向のみに拡がっている場合（d）はキーシート（key seat）と呼ばれる（Amadai & Stephenson, 1997）

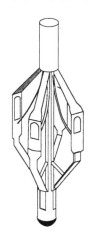

図11.1　4脚のディップメータの構造

して，測径器の長径と短径の計測値が0.6 cm以上異なっていること，短径の計測値は期待される孔壁径とほぼ同じか，期待値よりも大きい場合でも計測値の変動が少ないこと，長さが30 cm以上であること，孔井が傾いている場合には孔井の上位方向のみに連続していないこと，などがあげられる（Amadai & Stephenson, 1997）．Zoback (1992) は，ブレークアウトから応力方向を見積もるために以下のような基準を設けて信頼度を階級づけた．

A：1つの孔井から標準誤差12°以下の10カ所以上または総延長300 m以上の明瞭なブレークアウトが認定された場合，または，近接する2つ以上の孔井から平均値の標準誤差12°以下，総延長300 m以上のブレークアウトが認定された場合．

B：1つの孔井から標準誤差20°以下の最低6カ所以上または総延長100 m以上の明瞭なブレークアウトが認定された場合．

C：1つの孔井から標準誤差25°以下の最低4カ所以上または総延長30 m以上の明瞭なブレークアウトが認定された場合．

D：1つの孔井から一定方位をもった4カ所以下，または総延長30 m以下のブレークアウトが認定された場合，または1孔井でのブレークアウトの標準誤差が25°以上であった場合．

測径器の方位については，ロギングケーブル（logging cable）に必要以上に強いねじり（トルク（torque））がかかっている場合には，実際のブレークアウトの溝の方位よりずれることがあるので注意を要する．また，測径器が孔壁との密着を必要とする密度検層器（たとえば，Hostile Environment Lithology Density Sonde：HLDSなど）などに取り付けられている場合，孔径データは現実よりも小さな値を示すことがあるので注意が必要である．孔径データは比抵抗孔壁イメージングや超音波孔壁イメージングを通して得ることもできる（11.3節参照）が，孔内環境により計測結果は左右される（図11.3）．一方，これらの孔壁イメージングは孔壁のある幅，あるいは全周にわたる測定値が得られるという利点がある（口絵12参照）．

11.3 孔壁イメージング

孔井の掘削によって孔壁に地質が露出するため，この人工的な連続露頭を詳細に可視化する種々の手法が開発されている．得られる孔壁イメージ（borehole image）は，一般に解像度数 mm〜数 cm 程度の高分解能情報であるため，地質技術者が野外露頭で行うものと同種の観察・解析が可能である．孔壁イメージを用いた解析には，一般に地質構造解析と堆積学的解析があげられ，主として石油開発の分野で広く行われている．IODPに代表される最近の掘削科学においては，岩石コア試料と同区間で取得された物理検層記録の対比のために不可欠であるため，いわゆる「コア-ログ-サイスミック情報統合（core-log-seismic integration）」の鍵を握る情報である．

孔壁イメージングは，比抵抗の測定原理を利用した「比抵抗孔壁イメージング（resistivity borehole imaging）」と超音波の坑壁面での反射を利用した「超音波孔壁イメージング（ultrasonic borehole imaging）」の2種に分類される．比抵抗孔壁イメージは，さらに掘削後のワイヤーライン検層によって取得されるもの（ワイヤーライン検層比抵抗孔壁イメージ）と，掘削中検層によって取得されるもの（掘削中検層比抵抗孔壁イメージ）がある．ワイヤーライン検層比抵抗孔壁イメージは，孔内に投下した計測器から電極を密に埋め込んだパッド（pad）を孔壁に密着させ，高密度に比抵抗情報を計測することで分解能5 mmの高精度イメージ情報を取得する．イメージの分解能（resolution）を上げるために，比抵抗計測の探査深度（depth of investigation）を非常に浅く設定している（比抵抗の項参照）ため，孔壁表面近傍の比抵抗情報のみを計測しているとみなすことができる．このイメージを取得するためには，FMS*/FMI* (Formation Micro Scanner*/ Fullbore Formation Microimager*) や EMI** (Electrical Micro Imaging) として商品化されている装置を使用するが，これらの違いはパッド数が4つ／8つと6つと異なる（したがって1回の計測による孔壁カバー率が異なる）だけである．FMS*/FMI*は4本の腕（arm）をもつ検層器で，1本の腕にパッド1個がついている．FMIにはさらに回転式のflap-padがそれぞれの腕ごとにつく．それぞれのパッドには24個の電極（electrode）が埋め込まれていて，これが比抵抗値を計測する．

掘削中検層比抵抗孔壁イメージも比抵抗情報を用いているが，掘削ビットの直上に計測器を設置して，ワイヤーライン比抵抗検層種目と同様の計測を行っている（比抵抗の項参照）．計測指向性をもたせており，ビットの回転にともなってらせん状（spiral）にデータが得られるため，これを補正して孔壁イメージ情報を得る．ワイヤーライン検層比抵抗孔壁イメージのようにパッドを密着させる方法ではないため，分解能は5 cm程度である．このイメージを取得するためには，

---
*：シュルンベルジェ社の商標
**：物理計測コンサルタント社の商標

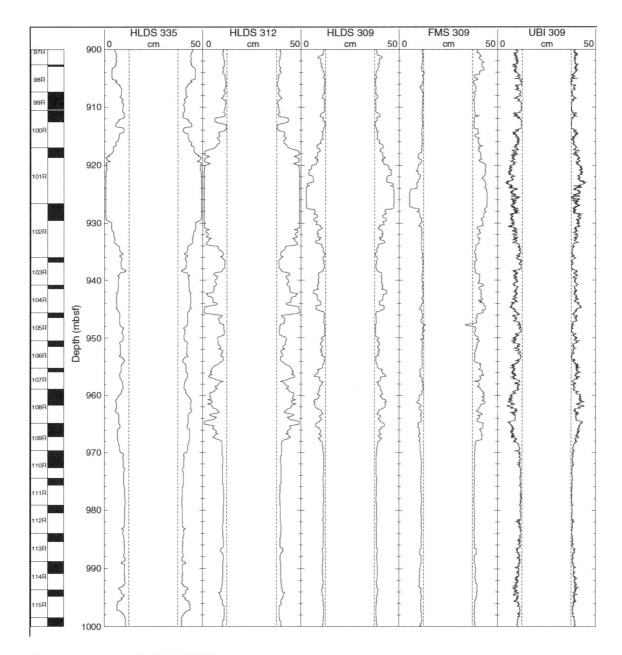

図11.3 IODP 1256D 孔での孔径測定結果

920 mbsf から 930 mbsf にかけて密度検層器に取り付けられた測径器（HLDS）の測定限界を超えるほど孔井がえぐられている．この孔井は第309航海，第312航海，第335航海で孔径測定がされており，経年変化が見て取れる．比抵抗孔壁イメージング（FMS）と超音波孔壁イメージング（UBI）による孔径測定結果をあわせて示す（Expedition 335 Scientists, 2012）

RAB*（resistivity at the bit*：LWD-RAB）などによる検層を行う必要がある．

超音波孔壁イメージング（ultrasonic borehole imager：UBI）は，計測指向性をもたせた超音波速度検層である．孔内計測器に備えられた振動子（transducer）から周波数200/500 kHzの超音波を発振し，その圧力波が孔壁で反射して計測器に戻ってくるまでの伝播時間とその反射波の振幅を用いて孔径および孔

壁の情報としている．高比抵抗岩相での断裂系計測などで使用されている．このイメージ取得技術は一般的にボアホールテレビューワー（Borehole Televiewer：BHTV）と呼ばれることもある．油封入された振動子は毎秒7.5回以下の速度で回転し，回転コイル（rotating coil）によって計測方位を計測する．反射波の到達速度から孔径を計測できるので，孔径の拡大（borehole enlargement）や偏芯（ex-centering）も読みとれる．UBIの検層速度（logging speed）は20 cm〜1 m/分程度，速度が遅いほどよい記録が得られるが，ほかの検層との兼ね合いで検層速度を決める必要がある．

比抵抗孔壁イメージと超音波孔壁イメージは，孔壁に露出する地質を直接観察しているわけではなく，比抵抗や超音波という目で見たときの孔壁の様子や孔径変化をイメージ化していることを常に留意すべきである．計測している物理情報が異なるために，同一孔井の同一区間であっても，これらのイメージが同様の傾向を示さないことがある．すなわち，比抵抗孔壁イメージを用いた場合には地層の比抵抗値に応じたイメージが得られ，速度孔壁イメージの場合には孔壁の凹凸情報と地層のインピーダンス（impedance）情報が得られる．たとえば，孔壁に断層・破断などの平面状の不連続面が存在するときには，展開した孔壁イメージ（口絵12を参照）上で正弦曲線（sine curve）を描いて認識されるが，比抵抗孔壁イメージ上では，その面が乖離しているときには掘削泥水が浸入するため低比抵抗値となり，面が癒着している場合には鉱物析出によって高比抵抗値をもつ構造として認識されることもある．一方，速度孔壁イメージの場合には，面構造が乖離した場合のみが認識され，癒着した面はイメージ上では認識することは困難である．

孔壁イメージを用いた解析例として，堆積学的解析と地質構造解析があげられる．堆積学的解析としては堆積相・堆積環境解析など，地質構造解析としては地層傾斜認定や断層・破断面解析，地殻応力解析などが行われる．対象層が堆積岩類である場合には，砂岩・泥岩などの岩相変化に対応して比抵抗あるいは弾性波速度に対する応答が変化する．これによって孔壁イメージ上にも変化が現れることから，岩相変化を認識することが可能となる．たとえば一般に固結した岩石では，砂岩は高比抵抗・低速であるが，泥岩は低比抵抗・高速の傾向を示す．この岩相変化の様子あるいは各層のイメージの特徴などから，単層の厚さや級化構造，不整合面の認定など，地表露頭における堆積学的解析と同様の解析が実施可能で，同時に層理面の傾斜方向も決定できる．このような岩相に応じた面構造のほか，孔壁イメージ上では，断層・破断に代表される構造性不連続面（上記参照）や，掘削によって形成された人工破断面も認識できる．構造性不連続面と人工破断面は3次元的な形状が異なることから識別が可能である．構造性不連続面を用いて古応力場の復元を，人工破断面を用いて現世応力場の復元を行うことが可能である．

11.4 磁気検層

磁気検層（magnetic logging）は，掘削された孔内の磁場（magnetic field）を測定し，磁場の極性や岩相の変化を検出するものである．一般に帯磁率（あるいは磁化率（magnetic susceptibility））の測定も同時に行われる．孔内で測定される磁場は，以下のように表される．

$$B_{obs} = B_a + B_r + B_{ex} \quad (11.1)$$

B_{obs}が孔内で観測される磁場，B_aが地球内部の核起源，B_rが地球表層起源（掘削孔周辺起源のもの），B_{ex}が地球外起源の磁場をそれぞれ表す．孔内周辺の岩石や堆積物の磁化によるものはB_rであるので，これが求めたい物理量となる．B_aは，地球内部起源のもので，一般的には国際標準磁場（International Geomagnetic Reference Field；IGRF）を用いる．ただし，海洋域での調査の場合，定常的な地磁気観測点が海洋域には密に存在しないので，国際標準磁場の精度に若干の問題がある．そのような場合，孔内で掘削パイプ（drill pipe）などの影響を受けず，磁化が非常に弱い堆積物中で測定される磁場や，孔内で測定された磁場の平均などをその場の平均的な地球内部起源の磁場として用いることもある．B_{ex}は，地球外起源の磁場変動である．厳密には地球外起源の磁場変動は補正されるべきであるが，磁気嵐などの大きな磁場変動や日変化の大きな地域を除いて，たいていの場合地球外起源磁場の時間変動はほとんど無視できる．さらに，B_rは以下のように表される．

$$B_r = B_{nrm} + B_s + B_{pipe} + B_i \quad (11.2)$$

B_{nrm}が孔内周辺の岩石や堆積物の自然残留磁化起源の磁場であり，これが求めたい磁場変動となる．B_sは，掘削などにより一時的に孔周辺に着磁した2次磁化などであり，ほとんど無視できるが，掘削による残留磁化成分が強く残る場合もある（たとえば，Curry et al., 1995）．また，周囲の岩石や堆積物そのものにもともと着磁している2次磁化成分もこれに含まれることになるので，注意が必要である．粘性残留磁化などの場合は，観測地点の地球磁場と同じ方向に着磁し

ていることになるので，偏向成分（bias component）として観測されることになる．B_{pipe}は，掘削パイプなどによる磁場であり，掘削パイプなどが近傍にある場合は大きく影響を受けるが，パイプなどから十分に離れれば，これらによる磁場はほとんど無視できる．B_iは，周辺の岩石に誘導される磁場であり，帯磁率計により帯磁率が測定されている場合は，これらから誘導磁場を見積もることができる．残留磁化成分が誘導磁化より非常に強いと考えられている玄武岩などでは，B_iは無視されることが多い．このように求めたB_{nrm}の孔内の連続的な磁場変動を元に，磁気層序，古地磁気強度や岩相の変化を見積もることが可能となる．また，孔内帯磁率測定は，誘導磁場の補正として使用するだけでなく，帯磁率の変化そのものから，環境変動や岩相の変化の指標としても用いられる．特に孔内堆積物中の帯磁率の変動は，氷期―間氷期周期の指標として用いられている（たとえば，Higgins, et al., 1997）．

現在，孔内の磁場測定には，全磁力または地磁気3成分を測定する磁力計が用いられている．全磁力測定にはプロトン磁力計（proton magnetometer）が，地磁気3成分測定には3軸直交のフラックスゲート磁力計（fluxgate magnetometer）が使用されている．また，これらの測定によって得られたデータを解釈するために，円筒型の孔を仮定した解析やモデル計算も行われている（たとえば，Hamano and Kinoshita, 1990；Daly and Tabbagh, 1988）．

全磁力を測定する孔内磁力計としては，GHMT（Geological High Resolution Magnetic Tool）があげられる．周囲の岩石や堆積物の磁化方向などは検出できないが，地磁気3成分測定より全磁力計測の精度が高いことや，温度依存性あるいは温度による経時変化（drift）がほとんどないことから，岩石や堆積物の磁化の極性の変化による磁場変動から孔内の連続的な磁気層序を得ることができる．GHMTの精度は0.1 nTとされており，計算などから周囲の岩石や堆積物の磁化が10^{-3}A/M以上あれば，測定可能であると考えられている．堆積物中の連続的な孔内磁気層序を求めることを目的としているので，孔内帯磁率測定を同時に行う必要がある．GHMTについて詳しくは，Williams（2006）にまとめられている．

一方，孔内地磁気3成分測定の利点は，孔内でベクトル（vector）として磁場を測定できることにある．その精度（1～2 nT）から，海洋底の地磁気異常縞模様の起源などの解明を目的に，一般的に玄武岩などの基盤岩の磁化構造を決定するために使用される．地磁気3成分を測定する孔内磁力計としては，ODPなどで一般的に用いられてきたGPIT*（General-Purpose Inclinometry tool）がある．3つのフラックスゲート磁力計を加速度計（accelerometer）やジャイロコンパス（gyro-compass）と組み合わせた構成になっており，その精度は2.5 nT程度で，計測範囲は±100,000 nTである．GPITは本来，周囲の磁化を見積もるために開発されたものではなく，観測点の地球磁場の方向から，FMSなどの孔内での方位を決定するための検層器である．このためフィルタリング（filtering）などの処理を行った地磁気3成分データとして出力されている．GPITによる孔内の地磁気3成分データは，ドイツや日本で開発された孔内地磁気3成分測定の結果と比較して，フィルタリングが行われているため短波長変動を検出できず，また絶対値に差が出ることもあるが，それらを除けばおおむね信頼のできるデータが得られる．これまでにもGPITの地磁気3成分を使用した，掘削孔周辺の岩石の磁化構造を推定する試みが行われている（図11.4）（たとえば，Kinoshita et al., 1989）．

孔内での地磁気3成分データから周囲の磁化構造を求める目的で，独自にロシア，ドイツや日本でそれぞれ孔内地磁気3成分磁力計が開発され，ODPなどで使用されてきた．この中では，ロシアの孔内地磁気3成分磁力計が，DSDP Leg78Bで最初に使用された孔内磁力計である．孔内での地磁気3成分データを正確に得るには，磁力計とは別に孔内での測器の姿勢や方位を決定する必要がある．ドイツで開発された孔内磁力計には，光ファイバージャイロ（fiber optic gyroscope）と加速度計を搭載した独自の姿勢および方位決定器が搭載されており（Tarduno et al., 2002），これらから孔内での地磁気3成分変動が決定されている．また，独自の姿勢・方位感知器がない場合でも，掘削孔の傾きなどを考慮して，孔内の水平成分と鉛直成分の磁場変動を得ることができ，これらのデータからも，周囲の磁化の極性や見かけの伏角などの情報を得ることができる（たとえば，Nogi et al., 1995）．

帯磁率計は，孔内で発信コイル（emitter coil）に交流電流を流して高周波の磁場を発生させ，それによって周囲の岩石や堆積物に磁場を誘導する．磁化率に依存する誘導磁場を受信コイル（reception coil）で測定することにより帯磁率を求めている．先に述べたGHMT-Aに使用されている帯磁率計では，200 Hzの周波数を使用しており，精度は10^{-6}SI程度である．垂直方向の解像度は20 cm程度である．孔内帯磁率測定は，堆積物中の孔内磁場測定に必須であり，残留磁化成分が誘導磁化より非常に大きいと考えられている玄武岩などでも磁場測定との同時計測が望まれる．

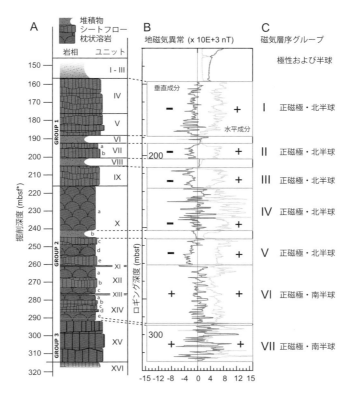

図11.4 シャツキー海膨 IODP U1347孔における岩相分布（A），GPIT による磁気検層結果（B）および磁気層序（C）
このインターバルの中で地磁気異常の水平成分は安定して正磁極（磁北が北）を示す．上位のシートフローと枕状溶岩（磁気層序Ⅰ〜Ⅴ）では地磁気異常の垂直成分が負の値を示す（磁北の伏角が下を向く，すなわち北半球にある）のに対して，下位（磁気層序ⅥおよびⅦ）の垂直成分は正の値（磁北が上向き）をとるようになり，かつて赤道付近の南半球にあったことを示唆する（Tominaga et al., 2012 による原図を改変）

11.5 密度・間隙率検層

　密度・間隙率検層とは線源から放出される放射線が地層内を伝播した結果を検出することにより間接的に密度や間隙率を測定する手法で，ガンマ線密度検層（gamma-ray density logging/sonde）と中性子間隙率検層（neutron porosity logging/sonde）がある．これらを放射線検層（nuclear loggings）とも呼ぶ．

　ガンマ線密度検層は検層器内に設置された線源（Cs 137）から放射されるエネルギーレベル662 keV のガンマ線（gamma photon）が地層中の電子により散乱されるコンプトン散乱（Compton scattering）を利用し，検出器に戻ってくるガンマ線量が地層の電子密度の関数になることを利用して，これをシンチレーション検出器（scintillation detector）で検出することにより，地層の全密度（bulk density）を測定する手法である．

　密度は，ガンマ線密度検層のほかに，非破壊計測で得られるガンマ線透過密度（gamma-ray attenuation (GRA) density：9.4.2項参照），個別計測の湿潤試料乾燥法（moisture and density：MAD, 10.5節参照）による3つの手法によって計測され，相互に比較できるため，コア・ログ統合において重要である．ガンマ線密度検層はコンプトン散乱により密度を算出するのに対し，ガンマ線透過密度はマルチセンサーコアロガー（multi-sensor core logger：MSCL）でコア試料に照射したガンマ線の透過度あるいは透過するガンマ線の減衰（attenuation）から密度を算出する．ガンマ線透過密度は通常2 cm 間隔で計測を行うのに対し，ガンマ線密度検層の計測間隔は約15 cm 間隔であるが，深度方向に連続したデータを取得することができる．ガンマ線密度検層とガンマ線透過密度の比較は，コアと検層の深度対比，回収率の低いコアの深度決定や未回収部分のデータ補完を行ううえで有用である．ただし，枕状溶岩・塊状溶岩を掘り抜いた ODP/IODP 航海（504B 孔と1256D 孔）で密度検層や間隙率検層の結果が，個別計測による値と大きく外れることもあっ

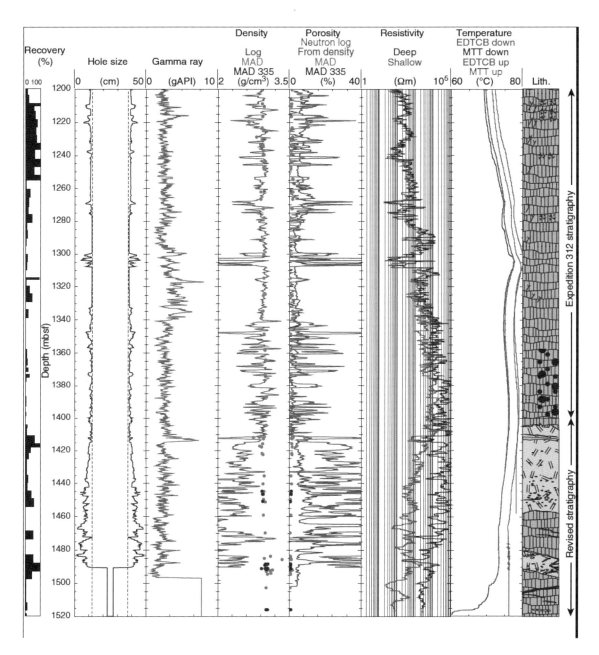

図11.5 IODP 1256D 孔のシート状岩脈—斑れい岩層準（右端に岩相を示す）から得られた密度検層・間隙率検層結果とコア試料の個別計測（MAD）で得られた密度・間隙率との比較（図中央の Density および Porosity）

同区間におけるコアの回収率と孔径，自然ガンマ線強度，比抵抗検層，温度検層の結果を合わせて示す．孔径が広がっている部分では，密度は実際よりも低く，間隙率は大きく見積もられる傾向にある（Expedition 335 Scientists, 2012）

た（図11.5）．掘削試料として残りやすい塊状溶岩などのみがコアとして回収され，個別計測に供された可能性などがあるので，注意が必要である．また，ブレークアウトなどが見られる場合，密度が低く検出されることもある．

中性子間隙率検層は，検層器内に設置された中性子源から照射された高速中性子（fast neutron：エネルギーが0.1 MeV 以上の中性子）が，地層内を通過する際に減速して検出器に戻ってくる熱中性子（thermal neutron：エネルギーが0.025 eV 程度の中性子）量か

ら地層内の間隙率を求める手法である．照射された中性子は地層を通過する際にさまざまな原子核と衝突してエネルギーを消失し，やがて原子核に捕獲される．このとき中性子の減速効果が最も大きいのは中性子と同じ質量をもつ水素原子との衝突である．したがって，堆積物に含まれる水素原子が水や炭化水素と仮定することにより，中性子間隙率を測定することが可能となる．だたし，結晶水として鉱物内に存在する水素原子も計測されるので，間隙率を過大に算出する場合があることに注意を要する．また，ブレークアウトなどが見られる場合にも，間隙率を過大に検出する場合がある．間隙に含まれる流体が水や炭化水素（石油）ではなく，気体（天然ガス）である場合には，その水素密度が非常に小さいことから間隙率の推定はできない．間隙率に換算する際に，石灰岩を較正に用いている．間隙率が50%を超える地層の場合，計測誤差が大きいことにも注意を要する．探査深度幅や垂直方向の解像度は30 cm程度である．

掘削時検層における密度・中性子検層の線源や測定原理はワイヤーライン検層とほぼ同様であるが，ワイヤーライン密度検層のように密着は必要としない．掘削時密度検層では方位ごとの密度計測値によって密度値による孔壁イメージを作成しながら孔壁との距離を計測することが可能である．

11.6 弾性波速度（音波検層）

音波検層（acoustic logging/sonic logging）は，発振部と受振部を備えた検層器を孔井内に下ろして，音波を連続的に発振・受振することにより，弾性波速度を深度方向へ連続的に測定する検層種目である．検層器の発振部（transmitter）で発生した20〜40 kHzの音波は，孔壁付近の地層内を弾性波として伝播し，一定間隔で設置された受振器（receiver）によって記録される．その配列した受振器群で得られる弾性波の到達時間の差から，P波（compressional wave）・S波（shear wave）速度が求められる．孔壁周辺を伝わる弾性波は，泥水や圧力開放などの影響により，真の岩層の弾性波速度よりも遅い速度で伝播する可能性がある．そのため，発振部と受振部の間隔を広げることにより，孔壁からある程度離れた部分を伝播する弾性波速度を求めている．これによって，垂直方向への解像度は，1 m程度となる．

音波検層は他の検層種目と同様に，掘削後に検層器を下ろして測定を行うワイヤーライン検層と，掘削時検層がある．ワイヤーライン音波検層では，掘削時検層に比べてP波・S波速度を高い精度で測定すること

が可能である．最近のODP・IODPの検層作業（logging operation）では，Dipole Shear Sonic Imager*（DSI）というワイヤーライン音波検層器が用いられることが多い．この検層器では，双極子振源（dipole vibration source）を用いて指向性をもったS波を励起させることで，弾性波速度の遅い軟弱な地層でもS波速度を測定することができる．さらに低周波数震源を用いることで，ストンレー波（Stoneley wave）とも呼ばれる孔井内を伝播する境界波（孔井にガイドされた波）を励起させることもできる．一方，掘削時検層は，ドリルビットの直上に検層装置が設置されているため，抗壁が不安定な岩層や破砕帯には非常に有用である．また掘削後，数時間以内に測定できるため，ワイヤーライン検層に比べて，より新鮮な岩層の弾性波速度を測定することができる．

音波検層は，孔内地震計と表層音源（エアガンなど）を使って実施される鉛直地震波探査（Vertical Seismic Profiling：VSP），あるいは通常の反射法地震探査に比べて，発振点と受振点の間隔（波線経路）が短く，発振周波数が高いため，空間分解能の高い区間速度を検出することが可能である．反対にコア試料に対して行われる弾性波速度測定では，試料が小さく，破断面のような大きな構造を反映させることができない．このように音波検層によって得られる弾性波速度データの分解能は，コア解析と反射法地震探査の間にあり，反射法地震探査やコア試料から得られた測定値と統合する際に重要な役割を果たす．また，音波検層・反射法地震探査によって得られる速度データは現場（地下）の条件下で測定された値であるが，コア試料の測定値は実験室での値である（図11.6）．そのためコア試料を測定する際（特に掘削深度が深い場合）には，現場の条件（有効応力など）を考慮する必要がある．

音波検層と密度検層が同時に行われている場合には，音響インピーダンス（acoustic impedance：音波速度×密度），さらには反射係数（reflectivity coefficient：音響インピーダンスの変化率）を計算することができる．密度検層が実施されていない場合には，速度と密度の関係式から密度を推測し反射係数断面（reflectivity coefficient profile）を作成する．その反射係数断面と反射法地震探査の震源波形をコンボリューション（convolution：畳み込み積分）することにより，人工的な擬似反射波形を計算することができる．この擬似反射波形を，実際の反射断面図と比較することにより，特定の地層境界からの反射面を識別することが可能となる．このように音波検層は，検層データと反射法地震探査データを統合する際に不可欠な検層種目といえる．さらに音波検層で得られた弾性波速度は，時間領

11.7 比抵抗検層

比抵抗検層（resistivity logging）は，地層の比抵抗を測定する検層手法で，歴史のもっとも古い検層手法である．地層中に誘導電流を発生させて，その流れやすさを検知するインダクション検層（induction logging），指向性をもった収束電流を地層中に流し込み，地層の比抵抗を測定するラテロ検層（latero logging），電極を孔壁に密着させて孔壁のごく近傍の比抵抗を測定するマイクロ検層（micro logging）に分類される．11.3節で紹介したように，探査深度を浅く取ったマイクロ比抵抗検層は，孔壁イメージングに適用される．この節ではインダクション検層とラテロ検層について説明する．

インダクション検層では，通常，Dual Induction Log（DIL）と呼ばれる検層器が使用される．発信用コイル（emitter coil）に電流を流すことによって地層中に磁場が形成され，孔壁に平行する同心円状の誘導電流（ground loop current）が発生する．誘導された電流は新たな磁場を形成するため，受信コイル（receiver coil）に電流が生じる．発信器の周波数は20 kHzあるいは40 kHzで，受信器で受ける電流は岩石の伝導率に比例して大きくなる．電流を直接地層に流し込まないため，非伝導性の泥水（たとえばオイルベースマッド（oil-base mud））の中でも比抵抗が測定できるという利点がある．探査深度は深いもので200 cm程度から30 cm程度で，垂直方向の解像度は30〜120 cmである．

ラテロ検層では孔壁に指向性のある一定電流を流し，遮蔽した電極（electrode）で検知する，あるいは一定の電流を流し込むのに要する電圧を測定することで比抵抗を測定する．このため，比抵抗が大きいほど地層ほど信号が大きくなり，測定精度はよくなる．一方，インダクション検層とは異なり，非伝導性の泥水では使用できない．Dual LateroLog（DDL）と呼ばれる検層器が用いられる．探査深度を150〜220 cmと深めに設定したLLD（LateroLog deep penetration）は35〜150 Hzの周波数を用いる．探査深度を60〜90 cmと浅めに設定したLLS（LateroLog shallow penetration）は250 Hz以上の周波数を用いている．垂直方向の解像度は20〜70 cm程度である（**口絵12，図11.5参照**）．DDLと原理は同じであるが電極を30°ごとに分割して指向性をもたせているARI（azimuthal resistivity imager）も使用されるが，孔壁径が増すと方位の分解能は急速に減少する．これらの手法によって得られた地層の比抵抗測定記録は，岩質や地層流体（特に炭化水素の飽和率など）の推定，孔井間の地層の対比などに

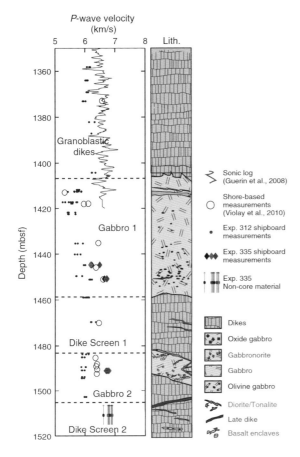

図11.6 IODP 1256D孔のグラノブラスチック岩脈―斑れい岩層準のコア試料から得られたVpの個別計測結果と音波検層との比較

音波検層は最深部まで行われていないが，両者がそろっている岩脈の部分では，個別計測によるVpは音波検層によるものより，遅くなる傾向が読みとれる（Expedition 335 Scientists, 2012）

域の反射断面図を，深度領域に変換する際にも参照される．

音波検層は速度情報を提供するだけでなく，地下物性の推定にも用いられる．たとえば①弾性波速度と間隙率の関係から地層の間隙率を推定する，②ポアソン比（Poisson ratio）から間隙率・岩層・間隙水圧などを推定する，③S波の偏向異方性から破断面の方向と密度・地下の応力状態を推定する，④ストンレー波の分散から孔井近傍の浸透率を推定する，⑤波形の減衰から岩層（たとえばメタンハイドレート（methane hydrate）濃集層）を推定する，といったことも可能である．

用いることができる.

11.8 地球化学検層

地球化学検層(geochemical logging)は,地層中に含まれる元素の量を測定することが目的である.U(ウラニウム,uranium),Th(トリウム,thorium),K(カリウム,potassium)が異なるエネルギーをもつガンマ線を照射する性質を利用して,シンチレーション検出器でこれらを計測し,地層中での含有量を推定する自然ガンマ線スペクトル検層(natural gamma-ray spectrum logging)が一般的に利用される.一般にKを多量に含む泥質岩や,KやUを多く含む花崗岩や流紋岩は高い自然ガンマ線量を示すが,石英質砂岩などではこれらの元素を含まないため,低い線量を示す.また,放射線検層でガンマ線のエネルギーが約100 keV以下のとき,照射したガンマ線は原子に減速・吸収され,そのエネルギーは自由電子を生じるために消費される.この時に生じる光電効果(photoelectric effect)は電子密度の影響をほとんど受けず,主に原子番号に依存するため,鉱物や岩相の判定にも利用される.この原理を利用した検層器にはGST検層器(gamma-ray spectroscopy tool)があり,Si(ケイ素,silicon),Fe(鉄,iron),Ca(calcium),Cl(塩素,chlorine),H(水素,hydrogen)などの含有量が得られる.また,観測情報処理を経て,S(硫黄,sul-

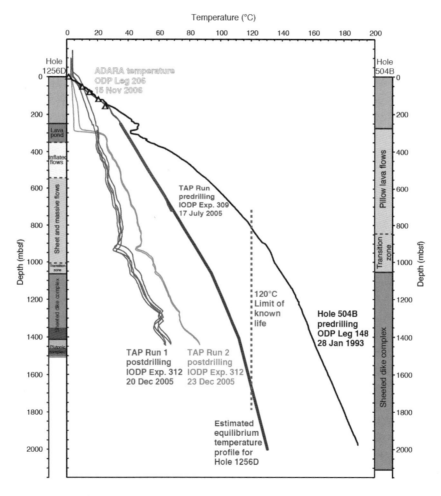

図11.7 IODP 1256D 孔の孔井内温度計測結果

IODP 第312航海で3日間おいて測定を繰り返したところ,掘削による擾乱からの回復が見られる.孔井が大きく崩れていた900 mbsf付近(**図11.3**)で孔井温度が低くなっている.ODP 第148航海では前年に掘削した504B 孔で温度検層を行い,比較的なめらかな地温勾配を得た.1256D 孔の平衡状態を推定したときの地温勾配と504B 孔の地温勾配の差は海洋地殻の年代の差による(Expedition 309/312 Scientists, 2006)

fur）Gd（ガドリニウム，gadrinium），Ti（チタニウム，titanium）の含有量を得ることもできる．探査震度はおよそ20 cm，垂直方向の解像度は50 cm程度である．AACT検層器（aluminium activation clay tool）は，中性子間隙率検層器による中性子線照射によって地層中のアルミニウムを励起し，その信号を検出することでアルミニウム含有量を得る．孔壁に検知器を密着させて行う検層である．

11.9 孔井内温度

　孔井内温度（borehole temperature）は，検層器に装着された熱電対の抵抗値を測定して温度を算出することによって得られる．掘削直後は擾乱により正しい温度分布は得られにくいが，時間が経つと孔壁の温度分布と平衡した水温分布になる．測定に際しては10分以上放置して，周囲の熱が感知器と平衡になるようにする．十分な時間をおいて平衡に達している，古い掘削孔について温度検層を行うとよい結果が得られるようである（図11.7）．このようにして得られた孔井の温度分布は，海洋地殻の地温勾配，割れ目や透水層を通る流体移動による地温勾配からのずれ（図11.7），孔内の流体分布の推定などに用いられる．孔井内温度は長期孔内計測においては，もっとも基本的な計測項目の1つである．

引用文献

Amadai & Stephenson（1997）Rock Stress and its Measurement. Chapman & Hall, 490p.

Curry, W. B, Shackleton, N. J., Richter, C. *et al*.（1995）*Proc. ODP Init. Rept*. 154, College Station, TX（Ocean Drilling Program）．

Daly, L. and Tabbagh, A.（1988）Towards the in situ measurement of the remanent magnetization of oceanic basalts. *Geophysical Journal International*, **95**, 481-489.

Expedition 309/312 Scientists（2006）Site 1256. *In* Teagle, D. A. H., Alt, J. C., Umino, S., Miyashita, S., Banerjee, N. R., Wilson, D. S. and the Expedition 309/312 Scientists. Proc. IODP, 309/312: Washington, DCIntegrated Ocean Drilling Program Management International, Inc.. doi: 10.2204/iodp.proc.309312.103.2006.

Expedition 335 Scientists（2012）Site 1256. *In* Teagle, D. A. H., Ildefonse, B., Blum, P. and the Expedition 335 Scientists, Proc. IODP, 335: TokyoIntegrated Ocean Drilling Program Management International, Inc.. doi:10.2204/iodp.proc.335.103.2012.

Hamano, Y. and Kinoshita, H.（1990）Magnetization of the oceanic crust inferred from magnetic logging in Hole 395A. *In* Detrick, R. S., Honnorez, J., Bryan, W. B., Juteau, T.（eds.）, Proc. ODP, Sci. Results, vols. 106/109. College Station, TX（Ocean Drilling Program）, 223-229.

Higgins, S. M., Kreitz, S. F. and King, T.（1997）Magnetic polarity and susceptibility measurements from the geological high-resolution magnetometer tool at Sites 984, 986, and 987. In Raymo, M. E., Jansen, E., Blum, P. and Herbert, T. D.（eds.）, *Proc. ODP, Sci. Results*, 162. College Station, TX（Ocean Drilling Program）, 265-269. doi: 10.2973/odp.proc.sr.162.031.

Kinoshita, H., Furuta, T. and Pariso, J. E.（1989）Downhole magnetic field measurements and paleomagnetism, Hole 504B Costa Rica Ridge. *In* Becker, K., Sakai, H.（eds.）, *Proc. ODP, Sci. Results*, 111. College Station, TX（Ocean Drilling Program）, 147-156.

Nogi, Y., Tarduno, J. A. and Sager W. W.（1995）Inferences on the nature and origin of basalt sequences from the Cretaceous Mid-Pacific Mountains（ODP Sites 865 and 866）as deduced from downhole magnetometer logs. *In* Winterer, E. L., Sager, W. W., Firth, J. V. *et al*., *Proc. ODP, Sci. Results*, 143. College Station TX（Ocean Drilling Program）, 381-388.

Tarduno, J. A., Duncan, R. A., Scholl, D. W. *et al*.（2002）*Proc. ODP, Init. Repts*., 197［Online］. Available from WWW: <http://www-odp.tamu.edu/publications/197_IR/197ir.htm>.

Tominaga, M., Evans, H. F. and Iturrino, G.（2012）"Equator Crossing" of Shatsky Rise?: New insights on Shatsky Rise tectonic motion from the downhole magnetic architecture of the uppermost lave sequences at Tamu Massif. *Geophys. Res. Lett*., **38**, L21301, doi:10:1029/2012GL 052967.

Williams, T.（2006）Magnetostratigraphy from downhole measurements in ODP holes. *Physics of the Earth and Planetary Interiors*, **156**, 261-273.

Zoback, M. L.（1992）First- and second-order patterns of stress in the lithosphere: the world stress map project. *J. Geophys. Res*., **97**, 11703-11728.

トピック　原位置応力計測

　地層中の応力状態にかかわる諸問題はきわめて広範な各種理工学分野に関連しており，その応力状態のことを分野によって，応力（stress），原位置応力（in-situ stress），地殻応力（crustal stress），初期応力（initial stress），初期地圧（initial earth stress），地圧（earth stress）のように，異なる用語で呼ばれている．ここでは基本的に，地球科学の分野で一般的に用いられる応力または原位置応力を使うこととする．原位置応力を知ることは，構造地質学やテクトニクス（tectonics）の分野はもとより，地殻の破壊現象（断層と地震の発生）・火山活動予測などの防災科学・防災工学，地下鉱物資源や地下エネルギー資源（石油・石炭・メタンハイドレートなど）の開発・採取，隧道設計・施工，地下大深度空間の利用，高レベル放射性廃棄物の地層処分など，地球資源工学，土木工学，地盤工学，応用地質学にわたる幅広い分野において重要である．海洋科学掘削においても，掘削孔の物理検層および掘削コア試料の計測により，応力の計測を行っている．ここでは，応力の計測方法を概説したうえで近年の海洋科学掘削において多用されている，掘削コア試料を用いた非弾性ひずみ回復法（anelastic strain recovery method：ASR法）について述べる．なお，掘削科学で多用されているもう1つの方法である，掘削孔壁に生じる破壊現象であるブレークアウト（borehole breakout）の解析に基づく応力計測については，11.2節の「孔径計測」を参照されたい．

　地層中の応力状態ならびにその計測は岩石力学・岩盤力学のもっとも古典的な分野の1つとして発展してきた．応力計測の手法については，岩石力学・岩盤力学の関連教科書において論じられているほか，いくつかの専門著書（たとえば，Zeng and Stephansson, 2010；Zoback, 2007；Amadei and Stephansson, 1997；土木学会，1992）や，学術雑誌の特集号（たとえば，Hudson and Cornet, 2003；海洋出版，2004a；2004b）などがある．これらの特集号以外に収録されたレビュー論文もいくつかある（たとえば，菅原，1998；水田，2002；Sano et al., 2005；Schmitt et al., 2012）ので参照するとよい．

　理論的に応力はテンソル（tensor）であり，6つの独立した成分を有している．完全な応力テンソルを決定するための3次元計測を行う試みも行われているが，その計測の難しさから部分的な応力情報，たとえば，水平面内の2次元的な応力，主応力の方向，ある特定方向での応力の絶対値を計測する場合もある．また，地層中の応力状態は，地殻変動に起因して，時間の経過とともに変化するものであり，応力計測は現在の応力の計測のほかに，古応力（paleostress）の計測や，応力の経時変化を計測することもなされている．本稿では基本的に，現在応力（present stress, current stress, present-day stress）の計測について述べる．

応力計測手法の分類

　地下深部の原位置応力を計測するために，一般的にその場所まで地上または海上から掘削する必要がある．したがって，測定手法としては大きく分けると，掘削孔（borehole）を利用した原位置計測手法とコア試料を利用した室内計測手法の2つに分類される．前者としては，水圧破砕法，応力解放法（オーバーコアリング（overcoring）法とも呼ばれる），掘削による孔壁周辺の応力集中で発生する孔壁破壊現象（地殻応力による圧縮性破壊であるブレークアウトと掘削により誘引された引張性破壊（drilling induced tensile fracture：DITF））を解析する方法，応力解放にともなう孔井の変形を測定する方法などがある．一方，コア法では，ASR法のほかに，AE（acoustic emission）法，DRA（deformation rate analysis）法，DSCA（differential strain curve analysis）法，コアディスキング（core disking）解析がある．これらの主な手法について，その測定原理・基本仮定，特徴および未解決の問題点をとりまとめて表1に示す．

　このように原位置応力を計測するための手法は多く提案・研究・開発されてきた．坂口（2000）が地圧計測関連の文献調査を行い，異なる手法を併用して計測結果の比較を行った研究例を集め，各手法の結果の相違を集計した．各計測手法の「相対信頼度（ほかの手法と一致する頻度，100点満点）」を取りまとめた結果，各手法の相対信頼度は約10～60点に分布し，もっとも相対信頼度が高い応力解放法でも，60点未満であった．そこからもわかるように，応力計測は，岩石の圧縮強度・変形試験のような各種力学試験と比べると，困難であり，測定精度も低く，発展の途上にあるといえる．また，さまざまな手法があるが，やれば必ず正しい結果が得られるような完璧な手法は存在しないといっても過言ではない．このことは応力計測にさまざまな手法が存在する根本的な原因であると考えられる．実際の運用上，複数の手法を相互比較して信頼性の向上を図るとともに，それぞれの長所と短所を補完することが望ましいと考えられる．

表1 主要掘削孔内で行う応力の原位置計測手法とコア試料を用いた計測手法のまとめ

分類	計測手法	原理・基本仮定	特徴	問題点
原位置手法・掘削孔	応力解放法（オーバーコアリング）	小口径の掘削孔内にひずみ計を設置したうえ，大口径のオーバーコアリングにより応力を解放し，それにともなう弾性ひずみを測定する．さらに，そのひずみ計を設置した部分のコアを採取して，圧縮試験機を用いたキャリブレーションテストを行い，得られた応力－ひずみ関係に基づき，応力値を決定する．	1測点で3次元応力が得られる．トンネルなどの土木分野で実績が多く，信頼性が比較的高い．ひずみを計測する間接的な応力測定法である．大口径オーバーコアリングによるコアの損傷などがないことが前提．	従来のオーバーコアリング法は深部計測に適用しにくいが，近年，1,000 m級掘削にも適用できる方法が開発されている．非弾性岩盤の場合，誤差が大きくなる．
	水圧破砕法・リークオフテスト	掘削孔壁に水圧をかけて，岩盤に亀裂を発生させる．亀裂内の水圧と最小主応力との平衡関係から最小主応力の絶対値を決定し，形成した亀裂の方位から主応力方向を決定する．基本仮定：掘削孔がほぼ円形である．岩盤の強度異方性がほとんどないか，亀裂の形成に影響を及ぼさない程度である．	掘削孔軸に直交する面内の2次元主応力とその方向を求める．応力（圧力）を直接測定する方法である．水平面内の最小主応力の信頼性が比較的高い．	単純なモデルであるゆえに，従来の水圧破砕法による水平最大主応力値は信頼性が低い．孔壁の崩壊などがある場合，実施不可になる．また，深度の増加につれ，実施が困難になることがある．
	孔壁の破損・亀裂解析	応力，泥水圧，岩盤の強度の相互関係により，掘削にともなって孔壁に圧縮性の破壊（ブレークアウト）や引張性の亀裂（drilling induced tensile fracture）が生じることがある．孔内検層で孔壁のイメージを取得・解析することにより，主応力方向を決定するとともに，最大主応力値を見積もることも可能である．	基本的に水平面内の2次元主応力．大深度に適用しやすい．発生する場合は多くの箇所で認められるため，応力の深度方向プロファイルを得やすいし，統計処理により信頼性の比較的高い主方向データを得ることが可能である．	孔壁破損・亀裂が発生しなければ，適用不可能．また，掘削するまで，発生するか否かを確実に予測することが不可能．異方性岩盤の場合，その影響が不明．
室内計測手法・コア試料	AE法（Acoustic Emission）	岩石試料に圧縮応力を載荷すると，その応力のレベルが先行履歴応力を超えたときに微小亀裂が成長・形成されるため，AEが発生し始める（カイザー効果）．この原理を利用して，コア試料にAEの発生し始める載荷応力を求めることによって応力を評価する．	複数の方向で作製したミニコア試料を用いて，独立にそのコア方向における応力の成分（垂直応力）を決定する．よって，3次元測定のために6方向の試料，2次元の場合は3試料が必要である．また，変形特性やAE発生特性は，異方性のないことが前提である．両者とも直接応力値を測定する手法である．近年，信頼性の向上を図るために，AEとDRAの単独実施より，両者の併用が多い．	異なる方向におけるカイザー効果の独立性は不明．地殻応力解放後の"記憶"時間は不明．現在応力か過去の最大応力かが不明（記憶時間の問題）．異なる方向で採取された複数の試料は同じようなAE発生と変形特性である保証はない（異方性の問題）．DRAは変形率の変化が小さく，高精度な差ひずみの測定に工夫が必要である．
	DRA法（Deformation Rate Analysis）	AE法と同様に，載荷応力が先行履歴応力を超えたときの微小亀裂の成長・形成の現象を利用する．計測の対象は試料の変形である．ただし，通常の変形量ではなく，繰り返し載荷の異なる回における差ひずみを用いる．その変化は履歴応力の検出にもっとも精度がよいためである．よって，差ひずみカーブの折れ曲がり点をもって載荷応力レベルを決め，応力を評価する．		
	ASR法（Anelastic Strain Recovery）	掘削により応力解放された後のコア試料の非弾性回復ひずみを計測し，応力を評価する．非弾性回復ひずみの計測のみで，地圧の主方向が決定できる．キャリブレーションテストないしある仮定に基づいて得られる応力～回復ひずみ関係により，応力の絶対値を評価することが可能．基本仮定：等方均質線形粘弾性体．	非弾性回復ひずみは比較的小さく，測定精度を要する．1個の試料で3次元応力が決定できる．大深度・非弾性回復ひずみの大きい岩種に適用しやすい．	顕著な異方性のある岩質に適さない．応力解放（コア採取）直後に行う必要があるため，実施予定は掘削スケジュールの制約を受けるし，実施場所は現場ないし現場に近い所でなければならない．
	DSCA法（Differential Strain Curve Analysis）	応力解放時に岩石内微小亀裂が発生する．静水圧－ひずみ関係から，岩石の弾性変形の成分を差し引き，クラックひずみテンソルを得る．そのクラックひずみの主方向は応力テンソルの主方向と一致し，3つの主ひずみの比は主応力の比と等しい．	主応力の方向および主応力比が決定される．鉛直方向の垂直応力成分が土被り圧と仮定すれば，主応力の絶対値も求まる．1試料で3次元応力が得られる．軟らかい岩石・堆積物に適さない．	応力解放前の既存クラックも含まれており，かつ，分離が困難である．
	コアディスキング法（Core Discing）	掘削の際，応力，ビット荷重，岩石の引張強度，泥水圧などの条件により，コアは円盤（ディスク）状に割れることがある．そのディスクの形状や寸法を測定して，3次元応力を評価することが可能である．	応力が大きいほどコアディスキングが生じやすい．そのため，大深度条件に適す．また，軟らかい岩石・堆積物より脆性材料の硬岩に適す．	コアディスキングは比較的限られたケースにしか認められない．そのため，汎用的な手法ではない．

掘削孔を利用した原位置応力計測

測定しようとする地層中の原位置応力は,岩石が地層中に賦存している状態で受けている応力状態のことであり,原位置においてのみ保持できるものである.そのため,原位置応力は基本的に原位置での計測が望ましい.ブレークアウトやDITF解析による応力評価は重要な情報をもたらすが,その現象が一定の条件のもとで掘削にともない自然に発生する現象であるので,必ず認められるとは限らない.そのため,応力計測を計画する場合は,予算や航海日程などの条件が許すかぎり,水圧破砕法(hydraulic fracturing)を実施することが望ましい.また,水圧破砕法に類似した手法として石油分野でよく行われている比較的簡易なリークオフテスト(leak-off test:LOTまたはextended leak-off test:XLOT)や,スリーブフラクチャリング(sleeve fracturing)もある.水圧破砕法を,6以上の異なる方位をもつ既存の割れ目に適用して,それぞれ水圧載荷を行い開口させることによって,3次元的な応力状態を導く方法(hydraulic test on pre-existing fractures:HTPF法)も知られている.「ちきゅう」によるIODP南海トラフ地震発生帯掘削(NanTroSEIZE)では水圧破砕法とリークオフテストが成功裏に行われた(Ito et al., 2013;Saffer et al., 2013).また,水圧破砕法のもっとも深い実施実績はドイツ大陸超深度掘削(KTB)で約9kmである(Brudy et al., 1997).孔壁に加える水圧を孔口で測定する従来の水圧破砕法では,測定される孔軸と直交する水平面内の最小主応力は信頼できるが,最大主応力値は信頼性に欠けることが指摘され(伊藤,2004),それを解決する新しい手法(baby bore hydrofracturing:BABHY)も提案されている(Ito et al., 2007).

掘削孔での原位置計測でも,オーバーコアリング法のようにひずみ測定による間接的な測定であったり,水圧破砕法のように各種仮定に基づいた解析であったりする.また,孔井内では,割れ目の存在,地層の異方性,岩盤の不均質性,孔壁形状の仕上がり精度や孔壁の局所的な破損などによる各種制約・影響要素もある.さらに,大深度の場合(たとえば,3km以深),孔壁の崩壊などにより,水圧破砕法は実施できないケースもある.このような大深度掘削は多く実施されていないがゆえに,応力計測のノウハウの蓄積も少ない.したがって,比較的信頼性の高い原位置計測手法でもまだ多くの未解決問題が残されている現状である.

掘削コア試料を用いた応力計測

一方,コア法計測は,掘削コア試料を原位置の地層から切り出すと同時に,その地殻応力から解放されることになるため,応力の残したかすかな"痕跡(記憶)"を引き出すということになる.これがコア法による原位置応力計測のもっとも困難な点である.しかし,原位置計測手法の補完(たとえば,2次元原位置計測に対する3次元情報の補完,空間的な測点間隔の補完など)を目的として,あるいは過酷な地質条件(深度,温度,圧力など)や予算の制限により孔井を用いた原位置手法を適用できない場合,コア法の活用が重要不可欠である.

表1に示したように,各種コア法が提案されているが,各手法はそれぞれ異なる原理・仮定に基づいている.したがって,それぞれの手法はそれぞれの特徴を有し,一長一短がある.また,それぞれの手法が基づく原理は必ずしもすべて明確になっていないこともある.同表中の諸手法は,水圧破砕法とブレークアウト・DITF解析法を含めて,対象の岩石・岩盤を等方均質体とみなしている.さまざまな岩石は,さまざまな要因による異方性や不均質性をもっているため,それによる影響の見極めや,各手法の適用性の拡張にかかわる基礎研究が急がれるべきである.

コア法の実施に際して,コア試料を使って評価した主応力の方向は原位置の方向に変換しなければならない.通常の掘削ではコアの方位が決まらないので,コアの方位決定が必要である.コアを原位置岩盤から切り離す前に,方位情報をコア表面に記入する,あるいはコア断面の特徴(凹凸・傾斜)と方位とを関連づける技術は開発されてきた.また,コア試料に含まれている傾斜の面状構造(亀裂など)と孔内検層による孔壁画像(BHTV,FMIなど)との関係を特定し,方位を決めることも可能である.IODPによる海洋堆積物の掘削では,古地磁気の測定によりコアの定方位を行うことが活用されている(9.5.4項参照).

水圧破砕法などの原位置計測法は,掘削作業を中断させて実施しなければできないため,航海日程を圧迫したり設備が大がかりになる場合がある.それに対して,コア法はコア試料さえあれば,ほかの作業工程などに影響を及ぼすことなく実施が可能である.特に,大型掘削船を用いた掘削の場合など,膨大な運航経費がかかるので,コア法は適用が簡便で安価であるといえる.

掘削コア試料の非弾性ひずみ回復（ASR）法

コア試料の掘削にともなう応力解放によって発生する非弾性回復ひずみの測定による応力測定法のASR法は当初，コアの軸方向を1つの主方向と仮定して，軸に直行な平面内で測定を行う2次元的な手法として，1968年に提案された（Voight，1968）．その後，松木（1992）は，同手法を完全な応力テンソルを得る3次元手法に理論的に拡張した．コア試料は掘削により応力が解放されると，瞬時に弾性ひずみ（elastic strain）が発生するが，非弾性ひずみ（anelastic strain，擬弾性ひずみとも呼ばれる）は数日～数週間の時間をかけて，少しずつ回復する．堆積物や岩石の受けていた応力が大きければ，応力解放後の非弾性ひずみの回復量も大きい．等方線形粘弾性材料では，応力テンソルの主方向は非弾性回復ひずみテンソルの主方向と一致する．また，偏差主応力値は偏差主ひずみ値に比例する．ただし，両者の関係は非線形であり，応力レベル依存性があることに注意が必要である．

ASR法はこの原理を利用して，掘削コアの応力解放後の非弾性回復ひずみを測定して応力を評価する．非弾性ひずみの回復はコアの応力解放と同時に始まり，かつ，その回復の単位時間変化量は時間の経過とともに小さくなっていくため，ASR法による応力の測定は，掘削船上で迅速に実施しなければならない（Lin et al., 2006）．一般的に非弾性ひずみの回復量は小さいため，精度よく測定することが重要である．通常，非弾性回復ひずみ量は弾性ひずみ量よりはるかに小さいが地殻応力に応じて増大するため，ASR法は平均応力の大きな大深度や非弾性回復ひずみコンプライアンス（anelastic strain compliance：ひずみ・応力比）が大きい岩種に適するといえる．大深度掘削のコア試料は得られるチャンスが少ないこともあって，ASR法を用いた3次元応力の計測例はまだ多くない．

近年，IODP海洋科学掘削において行われているASR法による応力計測の実例を以下に示す．理論的に松木（1992）の方法に基づき，掘削コア試料の円柱表面にひずみゲージ（strain gauge）を貼り付けて行っており，計9方向（そのうち，6方向が独立した方向である）でひずみの計測を数日から2週間程度行う（図1）．計測期間中に応力解放により回復する非弾性ひずみ以外のひずみが発生しないようにするため，コア試料に圧力や衝撃などを加えないことはもとより，試料の温度を±0.1℃の精度で一定に制御するとともに，試料の含水状態と含水量も変化しないように密封する．恒温制御は実験室の空調機では精度が不十分で，通常，恒温槽内の水を一定温度で制御しながら循環する方式を採用している（図2，3）．また，長期間の計測につき停電対策および電源の電圧安定を図るために，インバータ（inverter）給電方式の無停電電源装置（UPS）を用いる（Byrne et al., 2009）．

IODP南海トラフ掘削で得られたASR測定の1例として，9方向の非弾性回復ひずみ（ラベルX，Y，Z，

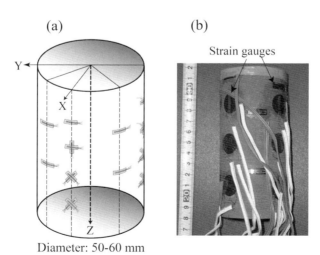

図1　(a)ASR測定用掘削コア試料に貼付するひずみゲージのレイアウトと(b)南海トラフ掘削の測定に使ったコア試料（C0002サイトの約912 mbsf）（Byrne et al., 2009）

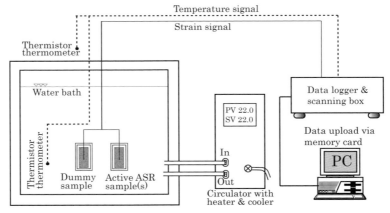

図2　ASR法応力測定システムの模式図（Lin et al., 2006より改訂）

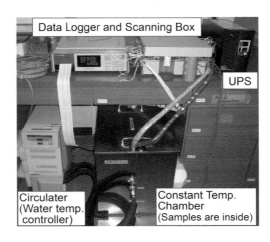

図3　掘削船「ちきゅう」のラボにある航海中に一時設置したASR法応力測定システム

XY, -XYなど）とこれらのひずみから得られた最大，中間，最小主ひずみ（maximum-, intermediate-, and minimum principal strain）と平均ひずみの時間変化曲線を図4に示す（Byrne et al., 2009）．これらのひずみはすべての方向で時間の経過とともに単調に増大し，コア試料が膨張したことを示す．約8日間の計測期間ではひずみの回復はまだ終了しておらず，その期間における最大と最小主ひずみ値は，それぞれ約340×10^{-6}と60×10^{-6}であった．これらの測定値は同測定システムの精度に対しては十分に大きなひずみ量である．この非弾性回復ひずみデータから求められた主ひずみの方向，すなわち主応力の方向は最大主応力でほぼ鉛直方向となることがわかった（図5）．また，水平面内の2次元最大主応力方向は，3次元の中間主応力方向とほぼ一致し，おおむね北東―南西方向である．別途，ブレークアウトの解析によって得られた最大水平主応力方向S_{Hmax}（BO）とよく一致した．ASR法による応力測定の結果は，当該応力状態が正断層型の応力状態であることを示し，サイスミック断面から読み取った正断層のある構造と整合する結果であった（Byrne et al., 2009）．ブレークアウトは，鉛直孔内の深度方向においてほぼ連続的に生じており，原位置計測の結果のため信頼性が高いと考えられるが，掘削孔と直交する平面内の2次元データであり，単独的に正断層型の応力状態と判断できない．それに対して，ASR法は3次元の応力状態が得られる利点がある．

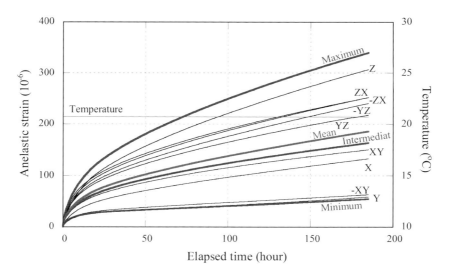

図4 南海トラフ掘削のC0002サイト海底下深度約912mから採取された試料（図1b）のASR測定ひずみ経時変化曲線

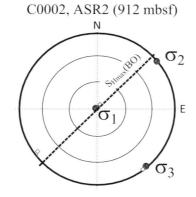

図5 南海トラフ掘削の試料（図1bおよび図4と同一試料）のASR測定による主応力の方向（σ_1, σ_2, σ_3）とブレークアウトによる水平最大主応力方向S_{Hmax}（BO）との比較

まとめと今後の展望

以上述べたように，原位置応力の計測，特に深部での応力計測は，各種方法が提案されているにもかかわらず，完全・確実な方法が存在しない現状である．応力計測の重要性から，研究が重ねられてきたにもかかわらず，画期的な手法の開発にはいたっていない．現時点では，個別の調査・研究目的や地質条件に応じて複数の応力計測手法を採用し，各種計測法の特色を生かして併用することが不可欠と考えられる．

原位置応力計測が困難であると同時に，その測定結果の解釈も難しい場合がある．地層中の応力は一定ではなく，空間変化と経時変化がある．空間変化は，さまざまな地質構造要素に左右されるが，計測により完全な空間分布を得ることは不可能であろう．それぞれの地域で得られた応力情報を統合して広域応力場を評価する研究もなされている（松木ほか，2005）．応力計測の信頼性を高めるための研究課題は山積みの状態であり，さらなる基礎研究の実施が望まれる．それと同時に，各種掘削調査・研究計画においてさまざまな応力計測を実施し，データを蓄積していくこともきわめて重要である．

引用文献

Amadei, B. and Stephansson, O. (1997) Rock stress and its measurement. Chapman & Hall, 480p.

Brudy, M., Zoback, M. D, Fuchs, F., Rummel, F. and Baumgartner, J. (1997) Estimation of the complete stress tensor to 8 km depth in the KTB scientific drill holes: Implications for crustal strength. *J. Geophys. Res.*, **102**, B8, 18453-18475.

Byrne, T., Lin, W., Tsutsumi, A., Yamamoto, Y., Lewis, J., Kanagawa, K., Kitamura, Y., Yamaguchi, A., Kimura, G. (2009) Anelastic strain recovery reveals extension across SW Japan subduction zone. *Geophys. Res. Lett*, **36**, L01305, doi: 10.1029/2009GL040749.

土木学会 (1992) 初期地圧測定法の現状と課題. 土木学会, 137p.

Hudson, J. A. and Cornet, F. H. eds. (2003) Int. Journal of Rock Mechanics and Mining Sciences, Special Issue: Rock Stress Estimation. Elsevier, **40**, 955-1276.

伊藤高敏 (2004) 水圧破砕地殻応力評価法の問題点とき裂開口圧の物理的意味. 月刊地球, **26**, 84-89.

Ito, T., Omura, K., Ito, H. (2007) BABHY — A new strategy of hydrofracturing for deep stress measurements. *Scientific Drilling, Special Issue*, **1**, 113-116.

Ito, T., Funato, A., Lin, W., Doan, M.-L., Boutt, D. F., Kano, Y., Ito, H., Saffer, D., McNeill, L. C., Byrne, T. and Moe, K. T. (2013) Determination of stress state in deep subsea formation by combination of hydraulic fracturing in situ test and core analysis: A case study in the IODP Expedition 319. *J. Geophys. Res. Solid Earth*, **118**, 1-13, doi:10.1002/jgrb.50086.

海洋出版 (2004a) 総特集：地殻応力の絶対量測定 (上) —その現状・問題点・今後の課題—. 月刊地球, **295**, 3-55.

海洋出版 (2004b) 総特集：地殻応力の絶対量測定 (下) —その現状・問題点・今後の課題—. 月刊地球, **295**, 59-122.

Lin, W., Kwasniewski, M., Imamura, T., Matsuki, K. (2006) Determination of three-dimensional in-situ stresses from anelastic strain recovery measurement of cores at great depth. *Tectonophysics*, **426**, 221-238, doi:10.1016/j.tecto.2006.02.019.

水田義明 (2002) 孔内載荷による大深度岩盤応力測定の現状と問題点. 資源と素材, **118**, 361-368.

松木浩二 (1992) 岩石の非弾性ひずみ回復を用いた三次元地圧計測法の理論的検討. 資源・素材学会誌, **108**, 41-45.

松木浩二・内藤徳人・加藤俊樹・中間茂雄・佐藤稔紀 (2005) 断層の影響を考慮した広域応力場評価法に関する研究. 資源と素材, **121**, 564-575.

坂口清敏 (2000) データベースから得られる深部地圧計測法の実績, 資源・素材2000 (秋季大会), 企画発表・一般発表 (A) 講演資料. 岩盤工学, 59-62.

Saffer, D. M., Flemings, P. B., Boutt, D., Doan, M.-L., Ito, T., McNeill, L., Byrne, T., Conin, M., Lin, W., Kano, Y., Araki, E., Eguchi, N. and Toczko, S. (2013) In situ stress and pore pressure in the Kumano Forearc Basin, offshore SW Honshu from downhole measurements during riser drilling. *Geochem. Geophys. Geosyst.*, **14**, 1454-1470, doi:10.1002/ggge.20051.

Sano, O., Ito, H., Hirata, A., Mizuta, Y. (2005) Review of methods of measuring stress and its variations. *Bull. Earthq. Res. Inst. Univ. Tokyo*, **80**, 87-103.

Schmitt, D. R., Currie, C. A. and Zhang, L. (2012) Crustal stress determination from boreholes and rock cores: Fundamental principles. *Tectonophysics*, **580**, 1-26, doi:10.1016/j.tecto.2012.08.029.

菅原勝彦 (1998) 岩盤応力測定に関する研究の動向. 資源と素材, **114**, 834-844.

Voight, B. (1968) Determination of the virgin state of stress in the vicinity of a borehole from measurements of a partial anelastic strain tensor in drill cores. *Felsmech. Ingenieurgeol.*, **6**, 201-215.

Zeng, A. and Stephansson, O. (2010) Stress field of the earth's crust. Springer, 324p.

Zoback, M. D. (2007) Reservoir Geomechanics. doi:10.1017/CBO9780511586477, Cambridge Univ. Press, 449p.

12 過去の気候変動を明らかにする

12.1 はじめに

深海掘削計画（Deep Sea Drilling Project：DSDP）は1968年に米国で開始され，1975年の第45次航海から日本，フランス，西独，イギリス，ソ連が加わり，国際共同深海掘削計画（International Phase of Ocean Drilling：IPOD）となって1983年まで行われた．その後も，この計画は1985年の第100次航海から2003年の第210次航海まで国際深海掘削計画（Ocean Drilling Program：ODP），2003年10月からは統合国際深海掘削計画（Integrated Ocean Drilling Program：IODP）として継続された（ケネス・J・シュー，1999；平ほか，2005など）．最初は主にプレートテクトニクスを中心とする地球表層部の探査・研究に焦点があてられていたのに対して，IODPからは地球深部まで掘削し，マントルまで含めた全地球システムの変動を理解することを目指すようになった．また，DSDPからODPまでは，交代はあったものの1隻の掘削船を用いて計画が行われていたが，IODPから我が国ではライザー装置をもつ地球深部探査船「ちきゅう」，米国ではライザー装置をもたない掘削船「JOIDES Resolution 号」，欧州諸国は特定任務掘削船を提供し，3船体制で進められることになった．さらに，IODPは10年間の計画を満了し，2013年から新たな計画となる国際深海科学掘削計画（International Ocean Discovery Program：IODP）へと移行した．これにともない，組織改編が行われ，3つの掘削船は各組織（日本，米国，欧州）の資金により独自に運営されるようになり，参加国は各運営機関に分担金を納めて各航海に参加することになった．

12.2 IODPの初期科学目標

IODPでは2003年の計画の遂行に際し，初期科学計画（Initial Science Plan：ISP）として，①地球環境変動，②地球内部構造，③地殻内生命探求の3つが重要テーマとして取り上げられた（Pisias and Delaney, 1999；Integrated Ocean Drilling Program, 2001）．続く2013年からISPは，①気候・海洋変動（Climate and Ocean Change），②生命圏フロンティア（Biosphere Frontiers），③地球活動の関連性（Earth Connections），④変動する地球（Earth in Motion）の4つに再編成された．大枠は2003年の計画を継承しているが，提案されている14の研究課題は，温暖化問題，海洋酸性化など，現代が直面している環境問題に密接な内容となっている．

我が国でも，2003年の科学目標にあわせて重点的に取り組むべき研究課題の検討がなされ，「IODPにおける我が国の科学計画（J-ISP, Japanese Initial Science Plan）」が策定された（IODP国内科学掘削推進委員会，2002；日本地球掘削科学コンソーシアムIODP国内科学計画委員会，2004）．それらは，①マントル活動と地球システム変動，②地殻活動と地球システム変動，③沈み込み帯のダイナミクス・物質循環と地球システム変動，④長期孔内計測，⑤地下生物圏研究の戦略の5つである．30年以上にわたる掘削計画の歴史において気候変動は常に重要な研究課題として取り上げられ，その変動が生命圏に与える影響を解明することは本計画の使命といってよい．本論では，深海掘削研究の背景を踏まえたうえで，堆積物や過去の気候変動に対する課題に焦点をあて，その動向について概説する．また，我が国の近隣，特に太平洋地域で今後どのような掘削計画が考えられるか，あわせて考察する．

12.3 海洋研究における過去の気候変動に関する研究の動向

地球のような惑星の場合，表面温度に影響を与え，

気候を駆動する主要な要因となるものには，①太陽からの放射エネルギー量，②惑星のアルベド効果，③温室効果ガスの量があげられる．このうち，太陽からの入射量の変動は約2万年，4万年，10万年の周期をもつミランコビッチサイクル（Milankovitch cycle）として知られており，歳差運動，地軸の傾き，公転軌道の離心率など軌道要素と関連している．一方，温室効果ガスの量はスーパープリューム（super plume）活動など内的要因によって大きな影響を受ける．

外的要因に関する重要な科学目標としては，氷期-間氷期で代表される周期性の気候変動を解明することがあげられる．D-O振動（Dansgaard-Oeschger oscillations），ボンドサイクル（Bond Cycle）などの数千年で変化する「急激な気候変動」は，氷期-間氷期サイクルを引き起こす外的な要因と関連していると考えられている．

また，温室効果ガスに関しては，温暖化地球の将来を予測するため「極限気候の解明」が大きな科学目標としてあげられる．白亜紀や初期始新世の温暖化地球がそのモデルケースで，地球内部から大量に放出される温室効果ガスの量により生じる環境変動を取り扱っている．本論ではこの2つの課題に焦点をあて，研究の概要と現状を記述する．

12.3.1 急激な気候変動

1990年代初頭まで，現在の地球温暖化問題に代表される人為的影響による気候の時間変化は急激で，過去に生じていた気候変動のほうがより緩やかな現象と考えられてきた．しかし，氷床コアや堆積速度の大きな湖沼・大陸縁辺の堆積物から高時間分解能の古環境記録が得られるようになると，地質時代においても人間活動と同程度の時間尺度（数十年〜百年規模）で気候が異なる状態に遷移し，地球軌道要素の変化による日射強制力（ミランコビッチ・フォーシング）よりも短い時間尺度で気候が変化していることが明らかになってきた．この新知見は，古環境・古気候研究が将来の気候変化を予測するうえで，重要な知見を与えることを改めて認識させることになった．本論では，まず地球軌道要素の変動，すなわちミランコビッチサイクルに起因する気候変動について概説し，より短周期で生じる気候変動について考えることにする．

A. 地球軌道要素の変化による気候変化

1970年代に深海堆積物の研究からミランコビッチ仮説が復活して以降，地球軌道要素の変化を積極的に利用した第四紀の古気候変動の解析は飛躍的に発展した．1980年代になると，米国のCLIMAP計画から派生したSpectral Mapping Project（SPECMAP）が，周期的な氷床量変動を逆手にとって，北半球氷床の盛衰を地球軌道要素の変化に対する気候システムの応答としてとらえることを提示した（Imbrie et al., 1984）．この計画では，第四紀の数万〜十万年周期の古気候変動は，ミランコビッチサイクルに対する気候システムの応答であると仮定し，堆積物コアから得られた古気候指標（たとえば，有孔虫殻の酸素同位体比（oxygen isotopic ratio）など）の時系列を周波数解析することによって，日射量（solar radiation）変動と古気候変動（paleoclimatic change）との相互関係を統計的に表現することに成功した．同時に，気候システムの統計的性質が大きく変わらなければ，ミランコビッチサイクルと古気候変動の相互関係を利用して，ミランコビッチサイクルを利用した年代決定，いわゆるミランコビッチ・チューニング（Milankovich tuning）が有効となることを示した点が画期的であった．これらの研究が基礎となり，ODP時代にはミランコビッチ・チューニングによる天文学的年代尺度（astronomic time scale）の拡張・改訂に精力が注がれてきた．その成果はLourens et al.（2004）などによりまとめられており，最終的にNeogeneの詳細な天文学的年代スケールが提案された（たとえばHilgen et al., 2012）．また，ODP 154次航海における物性データの時系列解析からも，この天文学的年代スケールの信頼性は支持されている（Pälike et al., 2004）．一方，古気候変動の解析という観点では，日射強制力（特にその歳差成分（precession component））が大陸・海洋間における温度分布の季節性を左右することから，モンスーン（monsoon）変動に影響を及ぼしやすいことが指摘されている．したがって，モンスーン変動を対象とした解析も精力的に行われてきた（Prell et al., 1992など）．

ミランコビッチ・フォーシングに対する年代論的な応用は著しく発展してきたが，気候変動機構（climatic mechanism）の本質的な理解という点では，未だに明らかにされていない問題は山積している．たとえば，氷床量変動に認められる更新世中期以降の10万年周期の卓越については，未だ理解は進んでいない．その転換点は0.5〜1.2 Maに生じ，The Early–Middle Pleistocene transitionまたはMiddle Pleistocene Revolution（MPR；Berger and Jansen, 1994）と呼ばれ，大きな変換点は0.9 Maに生じている（Head and Gibbard, 2005；Hönisch et al., 2009；McClymont et al., 2013；Maslin and Brierley, 2015）．日射量変動の周期解析では，10万年周期成分の寄与は地質時代を通じて非常に小さいのにもかかわらず，古気候記録ではしばしば卓越成分として現れる．つまり，10万年周期に関しては，これを非線形に増幅するようなメカニズムが存在する

か，あるいは気候システムに内在する10万年程度の変動がミランコビッチ・フォーシングによって位相固定されていることになる（Imbrie *et al.*, 1993；Tziperman *et al.*, 2006）．また MPR に関しては，現在に向けて減少する大気 CO_2 濃度の長期変動が北半球氷床の成長を促し，10万年周期を生み出したのではないかとする説もある（Raymo, 1997）．さらに，Shackleton（2000）は成長した氷床自身が生み出す変動サイクルよりも大気 CO_2 濃度，すなわち地球表層における炭素サイクル（carbon cycle）こそが10万年周期を増幅しているという見解を示しているが，これは時系列データ解析から得られた結果であり，メカニズムそのものは未だ理解されていない．数値モデリング（numerical modeling）分野とのさらなる連携が必要であろう．

B．急激な気候変動

ミランコビッチサイクルのような地球軌道要素の変化より短い時間スケールで生じる気候変動（千年～数千年スケール）は「急激な気候変動」として認識される．最終氷期には，約1,500～3,000年程度の不規則かつ著しい寒暖が急速に生じていたことがグリーンランド（Greenland）氷床コアの研究（数十年間でグリーンランドの気温が10℃以上変化）で明らかにされ，ダンスガード・オシュガー（Dansgaard-Oeschger：D-O）サイクルと呼ばれる（Dansgaard *et al.*, 1993）．一方，北大西洋高緯度海域の最終氷期堆積物（last glacial deposits）には，しばしば大量の漂氷岩滓（ice-rafted debris, IRD）で特徴づけられる堆積物が挟まる（Heinrich, 1988）．Bond *et al.*（1993）は，北大西洋高緯度海域の海底コアの高分解能解析から，D-O サイクルに相当する変動が海洋の堆積物にも記録されていることを示し，また D-O サイクルが振幅を次第に弱めながら数回続いた後，D-O サイクルの寒冷期に IRD が海底に大量に堆積する事件（ハインリッヒ事変（Heinrich event））が起きていたことを明らかにした．ハインリッヒ事変は約8,000年から1万年の周期をもち，大量の IRD が堆積した直後は急速な温暖化が生じている．さらに，過去2万年～8万年前の間には，D-O サイクルをいくつか連ねた変動サイクルがみられ，Bond サイクルと名づけられた（Broecker, 1994；藤井，1998；藤井・山本，2011）．各サイクルは急激な気温上昇と緩やかな寒冷化に至る非対称な鋸状の変動として認識され，最寒期にハインリッヒ事変が発生し，事変直後に急激な温暖化が起きている．

また，最終退氷期になると北半球氷床が崩壊し後氷期（postglacial）に向けて温暖化するが，その途中に生じた「寒の戻り」として知られるヤンガー・ドリアス事件（Younger Dryas event）も一連の D-O サイクルの一部とする考えもある．これらの変動と同程度の時間スケールをもつ IRD 変動は北大西洋高緯度の掘削試料（ODP site 984）において北半球氷床が拡大を始めた2.6 Ma 以降から報告がなされている（Bartoli *et al.*, 2006）．北大西洋高緯度域における IRD 流出のイベントの周期性については，ローレンタイド氷床（Laurentide ice sheet）と基盤岩との熱バランスが生み出す自励周期として，当初，説明が試みられた（MacAyeal, 1993）．しかし，氷期に比べて振幅は著しく小さいものの，完新世（Holocene）においても約1,500年の IRD の周期性が検出されていることから，氷床のサイズを問わずこのような周期を生み出すメカニズムが存在していることが示唆され，その周期性は外部強制力，すなわち太陽活動周期に起因するのではないかとする考えも根強い．

Bond *et al.*（2001）は，宇宙線起源（cosmic ray origin）放射性核種（炭素－14，ベリリウム－10）の過去約1万年間の生成率変化との比較を行い，上記の仮説の検証を試みている．しかし，周期的な太陽活動の変動という外部強制力のみでは，これらの急激な気候変動を引き起こすのには十分でなく，気候システム自身に1,500年周期を増幅する別のメカニズムがあるのではないかと考えられている．また，気候モデルの研究から太陽の黒点周期研究で知られている約87年および約210年の活動周期が気候システム内のフィードバック・ループによって約1,500年周期の変動を生み出す可能性もある（Braun *et al.*, 2005）．

その原因については未だに不確定であるが，D-O サイクルは日本海堆積物の明暗サイクルの研究からも確認され（Tada *et al.*, 1999など），アジアモンスーン地域においてはこの周期に対応した降水量変化が石筍（stalagmite）の酸素同位体比記録にも認められ（Wang *et al.*, 2001），北半球広域の多くの地域に影響を及ぼしている．D-O サイクルが北半球高緯度の水循環を変化させ，ひいては北大西洋深層水の形成にも影響を及ぼし，気候変動を増幅させている可能性もある．

今後，これらのメカニズムをより詳細に解明するためには，北大西洋高緯度地域のみでなくアジアモンスーン地域でも高時間分解能の古環境解析が必要とされる．このような要求に応えるため，2014年の IODP Expedition 346で U1442～U1429までの8地点が日本海において掘削された．この航海でも明暗の縞をもつ堆積物が回収され，アジアモンスーンの高解像度解析が期待されている（Tada *et al.*, 2015）．

一方，熱帯域の変動が気候システムに影響を与える代表的な例として，エルニーニョ・南方振動（El Niño-Southern Oscillation；ENSO）があげられる．

ENSOとは赤道太平洋の中部から東部の海水温が上昇する現象で，熱帯太平洋の低気圧の中心も同時に東へ移動することが知られている．ENSOに代表される海洋-大気間相互作用は，太平洋-大西洋間における降水バランスも変化させることから，急激な気候変動の引き金となりえるメカニズムとして重要視されている（Clement et al., 2001など）．気候変動パターンに関しては，ENSO以外にも，太平洋・北米（Pacific/North Atlantic；PNA）パターン，北大西洋振動（North Atlantic Oscillation；NAO），北極振動（Arctic Oscillation；AO），南極振動（Antarctic Oscillation；AAO），インド洋ダイポールモード現象（Indian Ocean dipole）などが提案されており（北海道大学大学院環境科学院，2007；Cai et al., 2013など），これらの変動パターンから将来の温暖化の予測に活用しようと研究が進んでいる．特に，ENSOの研究にはサンゴ化石のもつ気候情報が重要なデータとなっている（鈴木ほか，2004）．サンゴ礁（coral reef）地域でコアの掘削が行われ，数万～数百年前の過去のENSO変動を解明する研究も進んでいる（Tudhope et al., 2001；Watanabe et al., 2011；Felis et al., 2012）．

12.3.2 極限気候の解明

氷床コアや堆積物の研究から指摘されているように，地球表層に存在する温室効果ガスの量は当時の地球表面温度を変動させるのに大きな役割を果たしたと考えられている（Ruddiman, 2000；Berner, 2006）．温室効果ガスの代表的な気体が二酸化炭素（carbon dioxide）で，1750年頃には278 ppmしかなかったが，現在は396 ppmまで上昇した（温室効果ガス世界資料センターより）．過去5億年間の二酸化炭素濃度の推定値をみると，その値が現在と同じ，もしくは低い時期はゴンドワナ（Gondwana）氷河が発達した石炭紀から二畳紀にみられるが，先カンブリア時代まで含めると「温室状地球」の時期が圧倒的に長いことがわかる（Berner, 2006など）．第四紀から現在までのような両極に氷床が存在する「冷室状地球」は，漸新世に開始された氷室（icehouse）の一部にすぎない（図12.1）．

現在の海洋底には過去2億年（ジュラ紀以降）までの海洋プレートが存在し，深海掘削計画で得られたコア試料には，温室から冷室へと変化する地球の気候変動が記録されている．これらの試料の最も有利な点は，陸上露頭では得られない保存のよい微化石・有機物などを採取できることにある．そして，それらを用いて酸素同位体比，Mg/Ca比，バイオマーカー（biomarker），TEX$_{86}$（遠洋性アーキアがつくるテトラエーテル（tetra ether）脂質の分子内環状構造の数が生育温度によって変化することを利用した古水温指標），アルケノン（alkenone，U$^{K'}_{37}$），ボロンB同位体比などの地球化学的な手法で環境の推定を試みることができる．この実測された地球化学のデータに，微化石の群集解析，数値シミュレーションなどの結果を組み合わせ，より正確な当時の表層および深層の水温，海洋循環，二酸化炭素濃度を推定することができる（Pearson and Palmer, 2000；Bice and Norris, 2002；Seki et al., 2010；Pagani et al., 2011；Beerling and Royer, 2011）．

地球史では，温暖化による「極限気候の解明」の主たる対象となる時代が，白亜紀中期（middle cretaceous，120～90 Ma）と初期始新世（early Eocence，56～49 Ma）で，これらの時代の環境復元は温暖化する地球の未来像を提供してくれる．また，「極限気候」がどのように冷却したかも重要な問題で，その変化は中期始新世以降（50 Ma以降）の堆積物に記録されている．

A．温室期の気候変動

地球温暖化が社会的な注目を浴びるにつれて，陸上露頭から深海コアに至るまで幅広い堆積物や地層を対象に，白亜紀を中心とする温室状地球の時代に関する膨大な量の研究論文が公表されている．ODPでも白亜紀の堆積物を掘削する航海（Leg 207）がDemerara Rise（北緯9°，西経54.5°付近）で行われ，最も海水温が上昇したと考えられるセノマニアン・チューロニアン期（Cenomanian/Turonian：C/T）境界では，海水温は33～40℃，二酸化炭素濃度は600～4,000 ppm（現在の2～10倍）であったことが指摘された（Bice et al., 2006）．

これまでの研究では，白亜紀の水温変化に関しては高緯度地域の上昇が顕著であり，熱帯地域ではそれほど極端ではない（Huber et al., 2002；Bice et al., 2003；Takashima et al., 2006；図12.2）．すなわち，温室状地球の気候変動の重要な特徴は，子午線（低緯度-高緯度）間の熱エネルギー差が小さくなることである．これに対して冷室状地球は子午線間のエネルギー差を広げる傾向にあるので，冷室では「急激な気候変動」の変化として現れてくるのかもしれない．一方，海水準の変動に関しては，海嶺の拡大効果と氷床効果があるが，温室期には氷床が失われるので冷室期ほど短期間に急激に変化する海水準変動の変化はみられない（Skelton et al., 2003）．白亜紀の温暖化は，AptianからC/T境界まで（125～94 Ma）が顕著で，その後は寒冷となる傾向となり，後期白亜紀（特にMaastrichtian）では氷床が存在したとする説もあり，寒冷化へと移行する（Miller et al., 1999, 2005）．

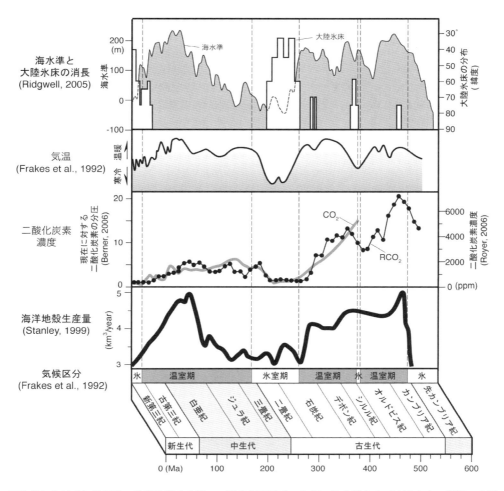

図12.1 顕生代における気候区分，海洋地殻生産量，二酸化炭素濃度，気温，海水準および大陸氷床の消長の変遷
(Takashima et al., 2006を基に編集)

　白亜紀中期の温暖化は巨大な火成活動に起因し，当時の海洋に形成された巨大火成岩体（large igneous provinces；LIPs）からの温室効果ガス噴出が引き金になったと考えられている(Larson 1991a, 1991b；Larson and Erba, 1999；Takashima et al., 2006ほか)．同時に白亜紀の温暖化のピーク時に黒色頁岩層（black shale）が堆積し，海洋中に無酸素水塊が広がったことが示唆され，海洋無酸素事変（oceanic anoxic events；OAEs）と呼ばれている．海洋無酸素事変は巨大火山活動と密接に結びついていることがオスミウム（Os）の同位体比分析結果からも支持されている(Turgeon and Creaser, 2008；Du Vivier et al., 2014, 2015)．逆に，この無酸素事変による有機物の埋没は二酸化炭素濃度を下げる負のフィードバック効果をもつので，無酸素事変後には表層温度が低下することが

示唆される (Takashima et al., 2006)．この黒色頁岩堆積のメカニズムが極端な温暖化地球を制御するサーモスタットになっているのかもしれない．

　新生代になると二酸化炭素濃度は低くなったといっても，1,000 ppmは越えていたとされる (Lowenstein and Demicco, 2006；Beerling and Royer, 2011；Pagani et al., 2011)．次の急激な温暖化は，暁新世／始新世（P/E）境界を含む約56〜50 Maに生じ，Paleocene-Eocene Thermal Maximum (PETM：以前はLPTM, Late Paleocene Thermal Maximum) と呼ばれる．この温室期と約1億年前の白亜紀中期では，堆積物の特徴が大きく異なる．白亜紀のコア試料には黒色頁岩が頻繁に挟まれるが，PETMでは黒色頁岩はみられない．多くの地域でPETMの掘削コアが得られているが，境界ではむしろ緑色から茶褐色の堆積物であるこ

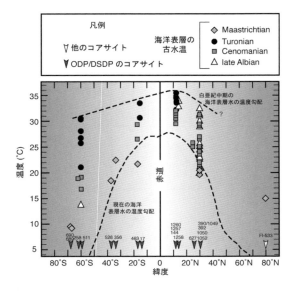

図12.2 白亜紀の各時代における緯度別の海洋表層水温
(Takashima et al., 2006を基に編集. 各水温データはHuber et al., 2002; Bice et al., 2003; Jenkyns et al., 2004に基づく)

とが多く，白亜紀中期のように無酸素になったという確証はない．また，PETMでは，多くの掘削地点でハイエタスが観察されることが多く，炭酸塩の溶解とCCD（炭酸塩補償深度, calcium carbonate compensation depth）の浅化が推定されている（Zachos et al., 2005）．炭素同位体比のスパイクも，白亜紀中期では正（重くなる）であることが多いのに対して，PETM境界では明瞭な負（軽くなる）のスパイクが観察される（図12.3）．

この負のスパイクを説明するために，提案されたのがガスハイドレート（gas hydrate）仮説である．すなわち，低い炭素同位体比をもつ大量のガスハイドレートが崩壊・噴出したため，温暖化が生じたと考えられている（松本，1995；Dickens et al., 1995）．白亜紀の海洋無酸素事変にも負のスパイクがともなうことが観察され（Jenkyns and Wilson, 1999；Takashima et al., 2011），温暖化にはハイドレートが重要な役割を果たすことも示唆されるが，いまだ明確ではない．実際にPETMの時期にハイドレートの噴出した地形が深海底に残されていると主張する研究もある（Katz et al., 1999）．しかし，ガスハイドレートを放出させるためには噴出に先行する温暖化の進行が必要で，この時期にも巨大な火山活動の存在が必要となる．すなわち，どちらが先かが議論となり火山噴火の年代が重要な鍵になる．いまだ決定的な証拠はPETMでは提出されていないが，有力な候補地としてNorth Atlantic Volcanic Province（NAVP, 55.3±0.5 Ma）の活動があげられている（Eldholm and Thomas, 1993；Sevesen et al., 2004；Storey et al., 2007）．

B. 温室期から冷室期への移行

ODPやIODPを中心とする研究の成果から新生代における温室期から冷室期への移行に関しては，かなり明確となった．新生代の深層水の酸素同位体比曲線（oxygen isotope curve）をみると，酸素同位体比が正（重い）方向に変動し，重要な変化が生じているのは50 Ma, 37 Ma, 15 Ma, 3 Maである（Zachos et al., 2001）．このうち，37 Maと15 Maは南極氷床の拡大，3 Maはパナマ地峡（Panama land bridge）の成立と関連している．しかし，50 Maから地球の気候は段階的に寒冷化し始めるが，その原因に関しては特定されていない．ヒマラヤなどの造山運動（orogeny）の活発化と関連すると考えられるが，今後の研究課題であろう．また，37 Maにおける南極氷床の最初の大規模な拡大は，タスマン（Tasman）およびドレイク海峡（Drake Passage）の成立が主要な原因としてあげられてきたが，そのタイミングが合わないことを指摘する研究もあり（Barker and Thomas, 2004），南極周極流のような海流系の形成と南極の孤立化だけで長期の寒冷化が説明できるかは再考する時期にきている．

温室効果ガスを減少させる何らかのシステムが継続的に働かなければ，中期始新世以来の長期間にわたり気候が寒冷化し続けることはない．そこで造山運動や海峡のようなテクトニクスの原因が重要とされる傾向にあるが，その長期的な効果はシミュレーションなどでさらに検証する必要がある．また，中新世以降の気候変動を駆動するメカニズムも十分に解明されたとはいえない．漸新世以降になると二酸化炭素濃度は700 ppmより低くなり南極氷床が発達したと考えられているが（DeConto et al., 2008），中新世では300〜350 ppmと現在よりも低い値となる（LaRiviere et al., 2012；Beerling and Royer, 2011）．この間も南極氷床（Antarctic ice sheet）の急激な拡大が数回生じており，中新世以降は温室効果ガスの量比のみが寒冷化を駆動したのではなく，太陽放射量や軌道要素も重要な役割を果たしていたと考えられる（Holbourn et al., 2005, 2007, 2013）．

さらに，新生代の研究で大きく取り上げられていた問題の1つがWarm Saline Deep Water（WSDW）の有無である．現在の地中海のように蒸発作用の盛んな中緯度地域で塩分濃度の高い水塊が形成され，深層水として沈み込むとされた仮説である．このような水塊は，初期始新世の頃に形成されていたと考えられてきたが，近年のシミュレーションの結果からは白亜紀の

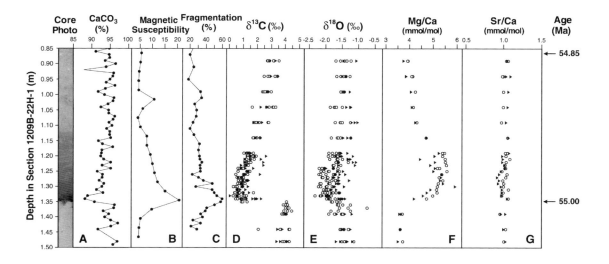

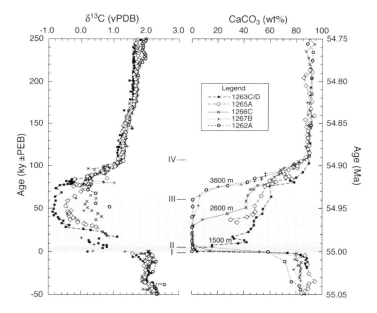

図12.3 （上）ODP leg198 Site1209（太平洋，Shatsky Rise）におけるPETM層準の各種化学分析データ（Zachos et al., 2003）．（下）ODP leg208 Site1262, 1263, 1265, 1266, 1267（大西洋，Walvis Ridge）におけるPETM層準の炭酸塩の炭素同位体比および炭酸塩含有量（Zachos et al., 2005）．古水深の違いにより，炭酸塩含有量は大きく異なる

海洋でさえ，低緯度地域で深層水を形成するほど高塩分化することは難しいとされる（Bice and Marotzke, 2001）．炭素同位体比（carbon isotopic ratio）の結果からは，PETMの時期にも極域が主要な深層水の供給源となっている（Nunes and Norris, 2006）．したがって，温室期であっても深層水は両極から形成されており，熱エネルギー差がより小さくなる温室期においては，循環の停滞および弱体化が容易に生じたと考え

たほうがよさそうである．

12.4 我が国が対象となる地域および研究課題

これまでの研究から地球の気候変動を支配する要因として，長期的なもの（数億年サイクル）には温室効果ガスの量の変動，中期的なもの（数千万年）には造

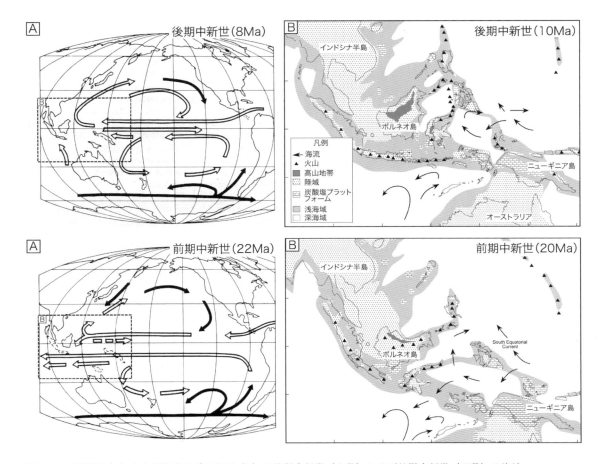

図12.4 太平洋（A）および東南アジア地域（B）の後期中新世（上段）および前期中新世（下段）の海流
（A: Kennett *et al.*, 1985; B: Hall, 1998に基づく）

山運動のようなテクトニクス，これより短期の変動（数万年から数十年）にはミランコビッチのような軌道要素，形成された氷床自身の振動，太陽活動などが考えられる．温室効果ガスの変動はマントルを含めたプリューム活動の変化であるためプリュームテクトニクス，造山運動に関してはプレートテクトニクスを視野においた研究課題となる．IODPでは，このような変動に対応するため，それぞれの研究を行うのに最適な掘削船が用意されている．米国や欧州が用意している掘削船は，従来のような短期から中期の変動の解明に適しているし，我が国の「ちきゅう」はマントルまで視野に入れた長期変動をカバーする能力を有している．IODPの最終的な目的はマントルを含めた全地球変動の解明なので，「ちきゅう」をもつ我が国としては長期から中期にわたる変動の科学目標が最もふさわしいように思われる．

IODPは，国際計画なので基本的には掘削する海域などには限定されない．しかし，我が国は太平洋に囲まれており，先行研究も多いので，研究対象の優先権はやはり太平洋である．そこで最後に，太平洋を対象とする科学計画にはどのようなものがあるか考えてみたい．将来の掘削提案としては以下のものがあげられる．

12.4.1 モンスーン変動

日本列島を含む東アジアの気候の大きな特徴の1つがモンスーンである．これに関しては，2013年にExp. 346（Asian Monsoon）で日本海における掘削計画が終了した．本航海では，U1422からU1430までの9地点で掘削を行い，中新世までの堆積物を得ることができた（Tada *et al.*, 2015）．日本海特有の明暗の縞をもつ堆積物が多数採取され，研究が進行中である．

12.4.2 黒潮変動

日本列島周辺海域を特徴づけるものに黒潮（Kuroshio）がある．黒潮は，気候だけでなく現代人の文化や生活にまで大きな影響を及ぼしていることはいうまでもない．黒潮の起源は赤道太平洋にあるので，その変動を理解するためには形成過程までさかのぼる必要がある．現在の黒潮海流系の成立に大きな影響を与える要因としてあげられるのがインドネシア海路の閉鎖であろう（Kennet et al., 1985；Hall, 1998, 2009；Kuhnt et al., 2004, 図12.4）．この海路の閉鎖は，黒潮のみならず太平洋全体の海流系を変化させた可能性も示唆されている（Kennett et al., 1985）．この研究テーマに関しても Expedition 356（Indonesian Throughflow）が2015年に実施され，5 Ma までの堆積物を掘削した（Gallagher et al., 2014）．しかし，黒潮変動を理解するためには日本近海にあたるフィリピン海プレート（Philippine Sea plate）上で黒潮海域を掘削することも必要不可欠である．

12.4.3 北太平洋の古海洋と地球寒冷化

DSDP などの深海掘削の結果に基づくと，珪質堆積物（siliceous sediment）の堆積の中心は初期中新世では大西洋にあるが，中期中新世以降になると太平洋にシフトすることが指摘されていた（Keller and Barron, 1983）．また，北太平洋では珪質堆積物が急速に増加するのは10 Ma 以降である（Barron, 1998）．珪藻（diatom）のような珪質の殻をつくる生物は，石灰質の殻をつくる生物のように殻形成時に二酸化炭素を放出せずに，有機物（遺骸）の埋没という形で，大気中から効果的に二酸化炭素を取り除くのに貢献する．したがって，珪質堆積物量の変動は，温室効果ガスの減少と

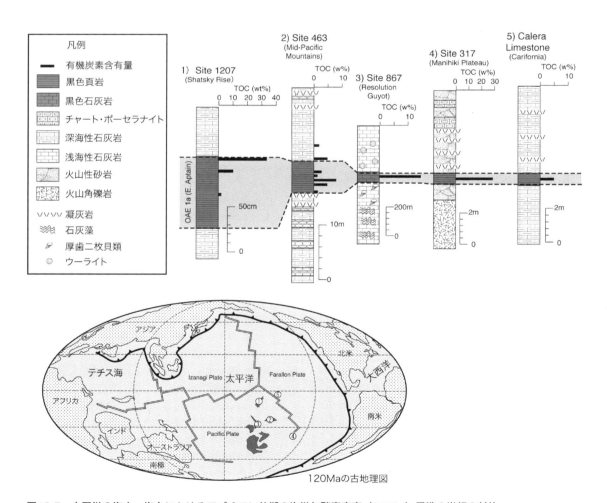

図12.5 太平洋の海山・海台におけるアプチアン前期の海洋無酸素事変（OAE1a）層準の岩相の対比

それに続く寒冷化と関連しているに違いない．この観点からも，北太平洋の珪質堆積物の変遷を理解するために深海掘削を行うのは重要である．

さらに，現在は北太平洋では西側にアリューシャン海流，東側にアラスカ海流が存在し，東側のほうがやや水温が高くなっている（Aizawa et al., 2005）．すなわち，太平洋に関しては北西太平洋も赤道太平洋も水温構造に関しては非対称性がみられる．この非対称性は，放散虫化石の群集からみると，約12 Ma 以降に成立したようにみえることが既に指摘されている（Kamikuri et al., 2007, 2009）．ENSO 変動からも明らかなように，太平洋の気候は東西方向で振動していることが知られている．これまで，北太平洋の東西方向を横切って掘削が行われたのは DSDP Leg 19（Site 183-192）と ODPLeg 145（Site 881-887）など非常に少ない．北太平洋における東西の振動が氷床の発達，ミランコビッチサイクル，D-O 振動などとどのように結びついているか明らかにすることも，今後の掘削の重要な課題であるといえる．

12.4.4 白亜紀海台・海山と温室地球

温室期である白亜紀研究の多くは大西洋でなされており，当時の巨大な海洋であった太平洋に関しては，ほとんど情報がないのが実態である．その原因は，堆積深度が深いため石灰質堆積物がほとんどなく，チャート層から形成され掘削が困難になっているためである．しかし，オントンジャワ海台（Ontong Java Platean, ODP Leg 192）やシャツキー海台（Shatsky Rise, ODP Leg 198）のような海台や海山のような所では，石灰質の堆積物が残されているので掘削が行われ，白亜紀の気候に関して議論が行われている（Sliter, 1989, **図12.5**）．ところが，このような地点の掘削の多くは，DSDPのような初期の時期に行われたのみで，コアの回収率もよくない．太平洋の温室期の環境を明らかにするためには，これらの海台や海山で新規の掘削を行うべきである．

2007年から「ちきゅう」を使用して南海トラフで掘削が行われて，すでに10年になる．IODP も2023年までの新しい段階に入り，既に3年が経過した．IODP は日本の古海洋に関する研究でも今後重要な位置を占めることは変わらないであろう．今後も海洋掘削研究に多くの若い研究者が参加してくれることを望むものである．

引用文献

Aizawa, C., Tanimoto, M., Jordan, R. W. (2005) Living diatom assemblages from North Pacific and Bering Sea surface waters during summer 1999. *Deep-Sea Research II*, **52**, 2186-2205.

Baker, P. E., Thomas, E. (2004) Origin, signature and palaeoclimatic influence of the Antarctic Circumpolar Current. *Earth-Science Reviews*, **66**, 143-162.

Barron, J. A. (1998) Late Neogene changes in diatom sedimentation in the North Pacific. *Journal of Asian Earth Science*, **16**, 85-95.

Bartoli, G., Sarnthein, M., Weinelt, M. (2006) Late Pliocene millennial-scale climate variability in the northern North Atlantic prior to and after the onset of Northern Hemisphere glaciation. *Paleoceanography*, **21**, doi:10.1029/2005PA001185.

Beerling, D. J., Royer, D. L. (2011) Convergent Cenozoic CO_2 history. *Nature Geoscience*, **4**, 418-420.

Berger, W.H., Jansen, E. (1994) Mid-Pleistocene climate shift-the Nansen connection. *In* Johannessen *et al.* eds., The polar oceans and their role in shaping the global environment. *Geophysical Monogr. Ser.*, **85**, 295-311.

Berner, R. A. (2006) GEOCARBSULF: A combined model for Phanerozoic atmospheric O_2 and CO_2. *Geochimica et Gosmochimica Acta*, **70**, 5653-5664.

Bice, K. L., Marotzke, J. (2001) Numerixal evidence against reversed thermohaline circulation in the warm Paleocene/Eocene ocean. *Journal of Geophysical Research*, **106**, 11529-11542.

Bice, K. L., Norris, R. D. (2002) Possible atmospheric CO_2 extremes of the middle Cretaceous (late Albian-Turonian). *Paleoceanography*, **17**, doi: 1029/2002PA000778.

Bice, K. L., Huber, B. T., Norris, R. D. (2003) Extreme polar warmth during the Cretaceous greenhouse?: Paradox of the Late Turonian $\delta^{18}O$ record at DSDP Site 511. *Paleoceanography*, **18**, doi:1029/2002PA000848.

Bice, K. L., Birgel, D., Meyers, P. A., Dahl, K. A., Hinrichs, K-U., Norris, R. D. (2006) A multiple proxy and model study of Cretaceous upper ocean temperatures and atmospheric CO_2 concentrations. *Paleoceanography*, **21**, doi:1029/2005PA001203.

Bond, G., Broecker, W., Johnsen, S., McManus, J., Labeyrie, L., Jouzel, J., Bonani, G. (1993) Correlations between climate records from North Atlantic sediments and Greenland ice. *Nature*, **365**, 143-147.

Bond, G., Kromer, B., Beer, J., Muscheler, R., Evans, M. N., Shower, W., Hoffmann, S., Lotti-Bond, R., Hajdas, I., Bonani, G. (2001) Persistent solar influence on North Atlantic climate during the Holocene. *Science*, **294**, 2130-2136.

Braun, H., Christl, M., Rahmstorf, S., Mangini, A., Kubatzki, C., Roth, K., Kromer, B. (2005) Possible solar origin of the 1,470-year glacial climate cycle demonstrated in a coupled model. *Nature*, **438**, 208-211.

Broecker, W. S. (1994) Massive iceberg discharges as triggers for global climate change. *Nature*, **372**, 421-424.

Cai, W., Zheng, X-T., Weller, E., Collins, M., Cowan, T., Lengaigne, M., Yu, W., Yamagata, T. (2013) Projected response of the Indian Ocean Dipole to greenhouse warming. *Nature geosciences*, **6**, 999-1007.

Clement, A.C., Cane, M. A., Seager, R. (2001) An orbitally driven tropical source for abrupt climate changes. *Journal of Climate*, **14**, 2369-2375.

Dansgaard, W., Johnson, S. J., Clausen, H. B., Dahl-Jensen, D., Gundenstrup, N. S., Hammer, C. U., Hvidberg, C. S., Steffensen, J. P., Sveinbjörnsdóttir, A. E., Jouzel, J., Bond, G. (1993) Evidence for general instability of the past climate from a 250-kyr ice-core record. *Nature*, **364**, 218-220.

DeConto, R. M., Pollard, D., Wilson, P. A., Pälike, H., Lear, C. H., Pagani, M. (2008) Thresholds for Cenozoic bipolar glaciation. *Nature*, 455, 652-657.

Dickens, G. R., O'Neil, J. R., Rea, D. K. and Owen, R. M. (1995) Dissociation of oceanic methane hydrate as a cause of the carbon isotope excursion at the end of the Paleocene. *Paleoceanography*, **10**, 965-971.

Du Vivier, A.D.C., Selby, D., Sageman, B. B., Jarvis, I., Gröcke, D. R. and Voigt, S. (2014) Marine $^{187}Os/^{188}Os$ isotope stratigraphy reveals the interaction of volcanism and ocean circulation during Oceanic Anoxic Event 2. *Earth and Planetary Science Letters*, **389**, 23-33.

Du Vivier, A.D.C., Selby, D., Condon, D. J., Takashima, R., Nishi, H. (2015) Pacific $^{187}Os/^{188}Os$ isotope chemistry and U–Pb geochronology: Synchroneity of global Os isotope change across OAE 2. *Earth and Planetary Science Letters*, **428**, 204-216.

Eldholm, O., Thomas, E. (1993) Environmental impact of volcanic margin formation. *Earth and Planetary Science Letters*, **117**, 319-329.

Felis, T., Merkel, U., Asami, R., Deschamps, P., Hathorne, Ed C., Kölling, M., Bard, E., Cabioch, G., Durand, N., Prange, M., Schulz, M., Cahyarini, S. Y. and Pfeiffer, M. (2012) Pronounced interannual variability in tropical South Pacific temperatures during Heinrich Stadial 1. *Nature communications*, **3**, 965, DOI: 10.1038/ncomms1973.

藤井理行(1998) 最終氷期における気温変動—Dansgaard-Oeschger サイクルとハインリッヒ・イベント—. 第四紀研究, **37**, 181-188.

藤井理行・本山英明編著(2011) アイスコア 地球環境のタイムカプセル. 成山堂書店, 236p.

Frakes, L. A., Francis, J. E., Syktus, J. I. (1992) Climate modes of the Phanerozoic. Cambridge University Press, 274p.

Gallagher, S.J., Fulthorpe, C.S. and Bogus, K.A. (2014) Reefs, oceans, and climate: a 5 million year history of the Indonesian Throughflow, Australian monsoon, and subsidence on the northwest shelf of Australia. *International Ocean Discovery Program Scientific Prospectus*, **356**, doi: http://dx.doi.org/10.14379/iodp.sp.356.2014.

Hall, R. (1998) The plate tectonics of Cenozoic SE Asia and the distribution of land and sea. *In* Hall, R. & Holloway, J. (eds.), Biogeography and Geological Evolution of SE Asia. 99-131.

Hall, R. (2009) Southeast Asia's changing palaeogeography. *Blumea—Biodiversity, Evolution and Biogeography of Plants*, **54**, 148–161.

Head, M. J., Gibbard, P. L. (2005) Early–Middle Pleistocene transitions: an overview and recommendation for the defining boundary. Geological Society, London, Special Publications, **247**, 1-18.

Heinrich, H. (1988) Origin and consequences of cyclic ice rafting in the Northeast Atlantic Ocean during the past 130,000 years. *Quaternary Research*, **29**, 142-152.

Hilgen, F.J., Lourens, L. J., Van Dam, J. A. (2012) The Neogene period. *In* Gradstein, F. M., Ogg, J. G., Schmitz, M. D. and Ogg, G. M. (eds.), The Geologic Time Scale 2012, Vol. 2. Elsevier, 923-978.

Holbourn, A., Kuhnt, W., Schulz, M., Erlenkeuser, H. (2005) Impacts of orbital forcing and atmospheric carbon dioxide on Miocene ice-sheet expansion. *Nature*, **438**, 483-487.

Holbourn, A., Kuhnt, W., Schulz, M., Flores, J-A., Nils, A. (2007) Orbitally-paced climate evolution during the middle Miocene "Monterey" carbon-isotope excursion. *Earth and Planetary Science Letters*, **261**, 534-550.

Holbourn, A., Kuhnt, W., Clemens, S., Prell, W., Andersen, N. (2013) Middle to late Miocene stepwise climate cooling: Evidence from a high-resolution deep water isotope curve spanning 8 million years. *Paleoceanography*, **28**, 688-699.

Hönisch, B., Hemming, N. G., Archer, D., Siddall, M., McManus, J. F. (2009) Atmospheric Carbon dioxide concentration across the Mid-Pleistocene Transition. *Science*, **324**, 1551-1554.

北海道大学大学院環境科学院編（2007）地球温暖化の科学．北海道大学出版会，248p.

Huber, B. T., Norris, R. D., MacLeod, K. G. (2002) Deep-sea paleotemperature record of extreme warmth during the Cretaceous. *Geology*, **30**, 123-126.

Imbrie, J., Hays, J., Martinson, D., McIntyre, A., Mix, A., Morley, J., Pisias, N., Prell, W., Shackleton, N. (1984) The orbital theory of Pleistocene climate: support from a revised chronology of the marine delta ^{18}O record. *In* Berger, A.L. *et al.* (eds.), Milankovitch and Climate, Part 1. 269-305. D. Reeidel Publ. Co.

Imbrie, J., Berger, A., Boyle, E. A., Clemens, S. C., Duffy, A., Howard, W. A., Kukla, G., Kutzbach, J., Martinson, D. G., McIntyre, A., Mix, A. C., Molfino, B., Morley, J. J., Peterson, L. C., Pisias, N. G., Prell, W. G., Raymo, M. E., Shackleton, N. J., Toggweiler, J. R. (1993) On the structure and origin of major glaciation cycles 2. The 100,000-year cycle. *Paleoceanography*, **8**, 699-735.

Integrated Ocean Drilling Program (2001) Earth, Oceans and Life. International Working Group Support Office, 110p.

IODP 国内科学掘削推進委員会（2002）地球システム変動の解明をめざして IODP における我が国の科学計画．海洋科学技術センター，47p.

Jenkyns, H.C., Wilson, P.A. (1999) Stratigraphy, paleoceanography and evolution of Cretaceous Pacific guyots: relics from a greenhouse earth. *American Journal of Science*, **299**, 341-392.

Jenkyns, H. C., Forster, A., Schouten, S., Sinninghe Damsté, J. S. (2004) High temperatures in the Late Cretaceous Arctic Ocean. *Nature*, **432**, 888-892.

Kamikuri, S., Nishi, H., Motoyama, I. (2007) Effects of late Neogene climatic cooling on North Pacific radiolarian assemblages and oceanographic conditions. *Palaeogeography, Palaeoclimatology, Palaeoecology*, **249,** 370-339.

Kamikuri, K., Motoyama, I., Nishi, H., Iwai, M. (2009) Evolution of Eastern Pacific Warm Pool and upwelling processes since the middle Miocene based on analysis of radiolarian assemblages: Response to Indonesian and Central Ameican Seaways. *Palaeogeography, Palaeoclimatology, Palaeoecology*, **280**, 469-479.

Katz, M. E., Pak, D. K., Dickens, G. R., Miller, K. G. (1999) The Source and Fate of Massive Carbon Input During the Latest Paleocene Thermal Maximum. *Science*, **286**, 1531-1533.

ケネス・J・シュー（1999）地球科学に革命を起こした船　グロマチャレンジャー号（高柳洋吉訳）．東海大学出版会，483p.

Keller, G., Barron, J. A. (1983) Paleocenographic implications of Miocene deep-sea hiatuses. *Geological Society of America Bulletin*, **94**, 591-613.

Kennett, J. P., Keller, G., Srinivasan, M. S. (1985) Miocene planktonic foraminiferal biostratigraaphy and paleocenography development of the Indo-Pacific region. *Geological Society of America, Memoir*, **163**, 197-236.

Kuhnt, W., Holbourn, A., Hall, R., Zuvela, M. and Käse, R. (2004) Neogene history of the Indonesian throughflow. *In* Clift, P., Wang, P., Kuhnt, W., and Hayes, D. Eds., Continent-Ocean Interactions within East Asian Marginal Seas. *Geophysical Monograph*, **149**, 299-320.

LaRiviere, J. P., Ravelo, A. C., Crimmins, A., Dekens, P. S., Ford, H. L. and Lyle, M. (2012) Late Miocene decoupling of oceanic warmth and atmospheric carbon dioxide forcing. *Nature*, **486**, 97-100.

Larson, R.L. (1991a) Latest pulse of Earth: Evidence for a mid-Cretaceous superplume. *Geology*, **19**, 547-550.

Larson, R.L. (1991b) Geological consequences of superplumes. *Geology*, **19**, 963-966.

Larson, R.L., Erba, E.（1999）Onset of the mid-Cretaceous greenhouse in the Barremian-Aptian: Igneous events and the biological, sedimentary, and geochemical responses. *Paleoceanography*, 14, 663-678, doi: 10.1029/ 1999PA900040.

Lourens, L., Hilgen, F., Shackleton, N. J., Lasker, J., Wilson, D.（2004）The Neogene period. *In* Gradstein, M. *et al.*（eds.）, A Geologic Time Scale 2004, Cambridge University Press. 409-440.

Lowenstein, T. K., Demicco, R. V.（2006）Elevated Eocene Atmospheric CO_2 and its subsequent decline. *Science*, **313**, 1928.

MacAyeal, D.R.（1993）Binge/purge oscillations of the Laurentide ice sheet as a cause of the North Atlantic's Heinrich events. *Paleoceanography*, **8**, 775-784.

松本 良（1995）炭酸塩の $δ^{13}C$ 異常の要因と新しいパラダイム「ガスハイドレート仮説」. 地質学雑誌, 101, 902-924.

Maslin, M. A., Brierley, C. M.（2015）The role of orbital forcing in the Early Middle Pleistocene Transition. *Quaternary International*, doi: 10.1016/j.quaint.2015.01.047.

McClymont, E. L., Sosdian, S. M., Rosell-Melé, A. and Rosenthal, Y.（2013）Pleistocene sea-surface temperature evolution: Early cooling, delayed glacial intensification, and implications for the mid-Pleistocene climate transition. *Earth Science Reviews*, **123,** 173-193.

Miller, K. G., Barrera, E., Olsson, R. K., Sugarman, P. J., Savin, S. M.（1999）Does ice drive early Maastrichtian eustasy? *Geology*, **27**, 783-786.

Miller, K. G., Wright, J. D., Browning, J. V.（2005）Visions of ice sheets in a greenhouse world. *Marine Geology*, **217**, 215-231.

日本地球掘削科学コンソーシアム IODP 国内科学計画委員会（2004）IODP における我が国の科学計画―掘削提案の実現に向けて（1）―．（財）地球科学技術総合推進機構, 68p.

Nunes, F., Norris, R. D.（2006）Abrupt reversal in ocean overturning during the Palaeocene/Eocene warm period. *Nature*, **439**, 60-63.

Pagani, M., Huber, M., Liu, Z., Bohaty, S. M., Henderiks, J., Sijp, W., Krishnan, S., DeConto, R. M.（2011）The role of carbon dioxide during the onset of antarctic glaciation. *Science*, **334**, 1261-1264.

Pälike, H., Lasker, J., Shackleton, N. J.（2004）Geological constraints on the chaotic diffusion of the Solar System. *Geology*, **32**, 929-932.

Pearson, P. N., Ralmer, M. R.（2000）Atmospheric carbon dioxide concentrations over the past 60 million years. *Nature*, **406**, 695-699.

Pisias, N. J., Delaney, M. L.（1999）Conference on Multiple Platform Exploration of the Ocean（COMPLEX）. Joint Oceanographic Institutions, 210p.

Prell, W.L., Murray, D. W., Clemens, S., Anderson, D. M.（1992）Evolution and variability of the Indian Ocean Summer Monsoon: evidence from the Western Arabian Sea drilling program. *In* Duncan *et al.* eds., Synthesis of Results from Scientific Drilling in the Indian Ocean, American Geophysical Union. *Geophysical Monogr. Ser.*, **70**, 447-469.

Raymo, M.（1997）The timing of major climate terminations. *Paleoceanography*, **12**, 577-585.

Ridgwell, A.（2005）A mid-Mesozoic revolution in the regulation of ocean chemistry. *Marine Geology*, **217**, 339-357.

Royer, D. L.（2006）CO_2-forced climate thresholds during the Phanerozoic. *Geochimica et Cosmochimica Acta*, **70**, 5665-5675.

Ruddiman, W. F.（2000）Earth's climate Past and future. W. H. Freeman and Company, 465p.

Seki, O. Foster, G. L., Schmidt, D. N., Mackensen, A., Kawamura, K., Pancost, R. D.（2010）Alkenone and boron-based Pliocene pCO_2 records. *Earth and Planetary Science Letters*, **292**, 201-211.

Shackleton, N.J.（2000）The 100,000-year ice age cycle identified and found to lag temperature, carbon dioxide, and orbital eccentricity. *Science*, **289**, 1897-1902.

Skelton, P. W., Spicer, R. A., Kelley, S. P., Gilmour, L.（2003）The Cretaceous World. Cambridge University Press, 360p.

Sliter, W. V.（1989）Aptian anoxia in the Pacific Basin. *Geology*, **17**, 909-912.

Stanley, S. M.（1999）Earth system history. W. H. Freeman and Company, 615p.

Storey, M., Duncan, R. A., Swisher III, C. C.（2007）Paleocene-Eocene Thermal Maximum and the Opening of the Northeast Atlantic. *Science*, **316**, 587-589.

Svensen, H., Planke, S., Malthe-Sørenssen, A., Jamtveit, B., Myklebust, R., Eidem, T. R., Rey, S. S. (2004) Release of methane from a volcanic basin as a mechanism for initial Eocene global warming. *Nature*, **429**, 542-545.

鈴木　淳，菅　浩伸，川幡穂高（2004）サンゴ骨格記録から復元される近過去のENSO変動の変遷．地球環境，**9**，171-180.

Tada, R., Irino, T., Koizumi, I. (1999) Land-ocean linkages over orbital and millennial timescales recorded in late Quaternary sediment of the Japan Sea. *Paleoceanography*, **14**, 236-247.

Tada, R., Murray, R.W., Alvarez Zarikian, C.A., the Expedition 346 Scientists (2015) Proc. IODP, 346: College Station, TX (Integrated Ocean Drilling Program). doi:10.2204/iodp.proc.346.

平　朝彦，徐　垣，末廣　潔，木下　肇（2005）地球の内部で何が起こっているか？　光文社新書，214，277p.

Takashima, R., Nishi, H., Huber, B. T., Leckie, R. M. (2006) Greenhouse world and the Mesozoic Ocean. *Oceanography*, **19**, 82-92.

Takashima, R., Nishi, H., Yamanaka, T., Tomosugi, T., Fernando, A.G., Tanabe, K., Moriya, K., Kawabe, F., Hayashi, K. (2011) Prevailing oxic environments in the Pacific Ocean during the mid-Cretaceous Oceanic Anoxic Event 2. *Nature Communications*, **2**, 234, http://dx.doi.org/10.1038/ncomms1233.

Tudhope, A. W., Chilcott, C. P., McCulloch, M. T., Cook, E. R., Chappell, J., Ellam, R. M., Lea, D. W., Lough, J. M., Shimmield, G. B. (2001) Variability in the El Nino-Southern Oscillation through a glacial-interglacial cycle. *Science*, **291**, 1511-1517.

Turgeon, S.C., Creaser, R.A. (2008) Cretaceous Anoxic Event 2 triggered by a massive magmatic episode. *Nature*, **454**, 323-326.

Tziperman, E., Raymo, M., Huybers, P., Wunsch, C. (2006) Consequences of pacing the Pleistocene 100 kyr ice ages by nonlinear phase locking to Milankovitch forcing. *Paleoceanography*, **21**, doi: 10.1029/2005PA001241.

Wang, Y. J., Cheng, H., Edwards, R. L., An, Z. S., Wu, J. Y., Shen, C. C., Dorale, J. A. (2001) A high-resolution absolute-dated late Pleistocene Monsoon record from Hulu Cave, China. *Science*, **294**, 2345-2348.

Watanabe, T., Suzuki, A., Minobe, S., Kawashima, T., Kameo, K., Minoshima, K., Aguilar, Y. M., Wani, R., Kawahata, H., Sowa, K., Nagai, T. and Kase, T. (2011) Permanent El Ninõ during the Pliocene warm period not supported by coral evidence. *Nature*, **471**, 209-211.

Zachos, J. C., Pagani, M., Sloan, L., Thomas, E., Billups, K. (2001) Trends, Rhythms, and aberrations in global climate 65 Ma to present. *Science*, **292**, 686-693.

Zachos, J. C., Wara, M. W., Bohaty, S., Delaney, M. L., Petrizzo, M. R., Brill, A., Bralower, T. J., Premoli-Silva, I. (2003) A transient rise in tropical sea surface temperature during the Paleocene-Eocene Thermal Maximum. *Science*, **302**, 1551-1554.

Zachos, J. C., Röhl, U., Schellenberg, S. A., Sluijs, A., Hodell, D. A., Kelly, D. C., Thomas, E., Nicolo, M., Raffi, I., Lourens, L. J., McCarren, H. and Kroon, D. (2005) Rapid acidification of the ocean during the Paleocene-Eocene Thermal Maximum. *Science*, **308**, 1611-1615.

トピック 古地磁気強度変動を用いた高解像度年代層序

　1970〜80年代に酸素同位体比層序が確立され，海底堆積物に数万年の分解能で年代目盛りを入れられるようになったことが，古海洋学研究に革命的進歩をもたらした．近年，D–Oとして知られる突然かつ急激な気候変動が北大西洋で発見され，ミランコビッチサイクルとして知られる地球軌道要素の変化に支配された氷期・間氷期変動よりも一桁以上短い，百年〜千年スケールの気候変動が注目されている．高い時間分解能でこのような古環境変動を解明することは，将来の地球環境変動予測のためにも重要である．古海洋・古気候研究においては，どこの何がトリガーでそれがどのように地球上を伝搬したかという因果関係の理解や，遠く離れた地域間のテレコネクション（tele conection）の理解が重要であり，そのためには汎地球的（global）な等時間面が必要である．しかし，このような時間スケールは酸素同位体比曲線の分解能を越えていて，放射性炭素による年代決定が可能な過去数万年間を除けば，千年スケールの時間軸の設定はこれまで困難であった．

　近年，海底堆積物から相対古地磁気強度変動を求める研究が進展し，高分解能年代層序の手段（Paleointensity-assisted chronostratigraphy）として注目されるようになった．これは，地磁気には短波長の

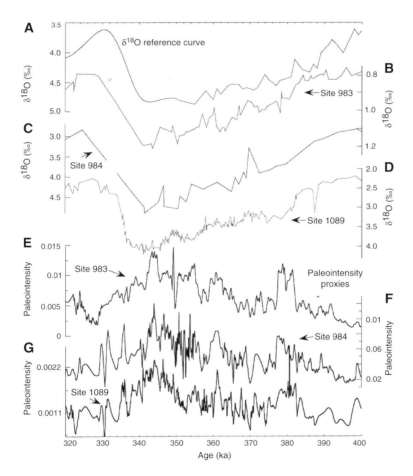

図1　ODP Site983・984(北大西洋)，Site1089(南大西洋)で得られた320〜400 kaの範囲の酸素同位体比(B：Site 983, C：Site984, D：Site1089)と相対古地磁気強度記録(E：Site983, F：Site984, G：Site1089)(Channell et al., 2004)
Aは酸素同位体比標準曲線．各コアの年代軸は，相対古地磁気強度を用いた対比に基づいて調節されている．

変動が含まれること，その変動は基本的にはグローバルと考えられることによる．従来の古地磁気層序（magnetostratigraphy）は，古地磁気方位（極性）のパターンを地磁気極性タイムスケール（geomagnetic polarity time scale, GPTS）にあてはめて年代層序を組み立てるものであるのに対し，これは古地磁気強度変動のパターンを利用するものである．図1は，ODP Site983・984（北大西洋），Site1089（南大西洋）のコアにおいて，酸素同位体比ステージ9〜11（MIS9-11）の年代範囲について，酸素同位体比に加え相対古地磁気強度を用いて年代推定を行った例である（Channell *et al*., 2004）．北大西洋と南大西洋の遠く離れたサイトから得られた相対古地磁気強度において，数千年スケールの変動パターンが類似していて互いに対比可能であり，酸素同位体比のみによる対比よりもはるかに高分解能の対比ができることがわかる．図2は，北大西洋と西部赤道太平洋のコア間で，相対古地磁気強度（relative paleomagnetic intensity）変動を用いて過去数万年間の年代対比を行った例（Stott *et al*., 2002）であり，千年オーダーの年代対比ができる可能性を示している．2004年秋および2005年春には，北大西洋において，古地磁気強度変動を年代決定手法として，後期鮮新世〜更新世の古海洋学研究を高分解能で行うことを目的としたIODPによる掘削航海が実施された（Expedi-

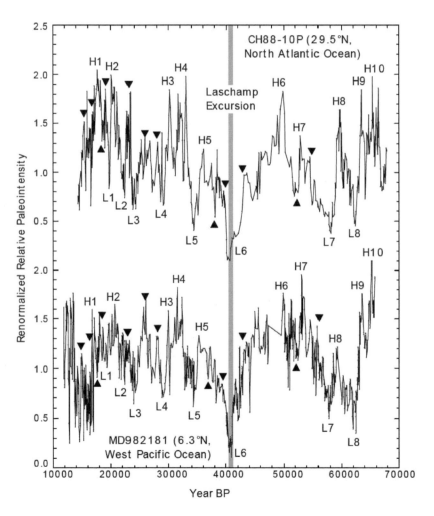

図2　相対古地磁気強度変動を用いた北大西洋と赤道太平洋の堆積物コアの過去7万年間の精密年代対比（Stott *et al*., 2002）
特徴的な極大（H1-10）と極小（L1-8）が両方の記録に見られ，さらに▼▲印の特徴も対比できる可能性がある．

tions 303 & 306, Channell et al., 2006). 今後, 他の海域において, またさらに古い時代にさかのぼってこのような目的の掘削が行われることが期待される.

堆積物の自然残留磁化 (NRM) 強度は, 当時の地球磁場強度のほか, 堆積物に含まれる強磁性鉱物の量, 種類, 粒子サイズ (磁区構造), 形態, 磁性鉱物間の相互作用などの磁気的特性に支配され, さらに粘土鉱物など強磁性鉱物以外の特性にも影響されると考えられている. これらの因子が堆積物の NRM 獲得効率 (レコーダーとしての性質) を決めている. 相対古地磁気強度推定では, NRM 獲得効率の変動の影響を除くために, NRM 強度を実験室で着磁させた人工的残留磁化 (等温残留磁化：IRM, 非履歴残留磁化：ARM) を用いて規格化し, NRM/IRM または NRM/ARM を相対的古地磁気強度としている. しかし, 堆積物の残留磁化獲得機構には未だ不明の点が多く, 人工的残留磁化は自然残留磁化獲得効率を必ず反映しないことなどから, できるだけ磁気的特性の変化が少ない堆積物を用いたうえで, 磁気的特性の変化が相対古地磁気強度記録に影響している可能性に注意が必要である. 特に, 堆積物中に含まれる陸源の磁性鉱物と生物源 (走磁性バクテリア起源) 磁鉄鉱の割合の変化が, 相対古地磁気強度記録に混入することが最近問題となっている (Yamazaki et al., 2013). また, 生物生産量が大きい海域の還元的な堆積物では, 磁鉄鉱の溶解が起きやすいことにも注意が必要である. このようなことから, 相対古地磁気強度の研究においては, 堆積物の磁気的特性の詳細な検討が欠かせない.

相対古地磁気強度を用いた高分解能年代層序の別の問題点として, 非双極子磁場の影響がある. 相対古地磁気強度変動が真にグローバルな同時間面となるには, それが双極子磁場成分の変動でなければならない. しかし, 千年スケールの変動には, 非双極子磁場成分が含まれるため, 地域的な変化が重なっていると考えられるが, どの程度の波長の変動までをグローバルに同時とみなしてよいのかまだ明らかになっていない. まず, 地磁気変動とは独立に高分解能の年代を得られる過去1万年程度について, 地磁気永年変動の地域性を正確に理解する研究が必要である.

引用文献

Channell, J.E.T., Sato, T., Kanamatsu, T., Stein, R., Malone, M.J. and the Expedition303/306Project Team (2004) North Atlantic climate. *IODP Sci. Prosp.*, 303/306.doi:10.2204/iodp.sp.303306.2004.

Channell, J.E.T., Kanamatsu, T., Sato, T., Stein, R., Alvarez Zarikian, C.A., Malone, M.J. and the Expedition 303/306 Scientists (2006) *Proc. IODP*, 303/306.doi:10.2204/iodp.proc.303306.2006.

Stott, L., Poulsen, C., Lund, S. and Thunell, R. (2002) Super ENSO and global climate oscillations at millennial time scales. *Science*, **297**, 222-226.

Yamazaki, T., Yamamoto, Y., Acton, G., Guidry, E.P. and Richter, C. (2013) Rock-magnetic artifacts on long-term relative paleointensity variations in sediments, *Geochem. Geophys. Geosyst.*, **14**, 29-43.

関連文献

特集「地磁気・古地磁気研究の最前線」, 地学雑誌, **114**, 2 (2005)

Tauxe, L. and Yamazaki, T. (2015) Paleointensites, Treatise of Geophysics, 2nd edition, Vol.5, Elsevier, 461-509.

13 地下生物圏と地殻内物質循環

13.1 地下に拡がる生物圏

　生物が分布しないと思われてきた地下の岩石圏に多種多様な生物が生息していることが明らかになってきた．地球内部の地層や岩石中に生息する生物の世界を地下生物圏（subsurface biosphere）と呼ぶ．地下生物圏のバイオマスは地表に生息する生物量に匹敵すると試算されており（Whitman et al., 1998），地下は一大生物圏である．地下空間は，暗黒・高圧・高温・低栄養・無酸素という極限的な環境条件であり，そこに分布する生物は特殊な生理・生態をもっている種類が卓越している．また，地表とは隔離された空間であるために，「生きている化石」が発見される可能性もある．地下生物圏がどのような生物群から構成され，何をやっているのか？　そして，地球表層の物質循環や環境変動にどうかかわっているのか？　どういった影響を与えているのだろうか？　地下生物圏という，人類にとって未知の生物空間の理解と評価が必要になっている．（注：なお，南極大陸の氷床中およびその下に拡がる地中湖にいる微生物の研究も行われている．これも地下生物圏の1つであるが，本章では岩石圏に拡がる生物圏に限定した解説を行う．）なお，本稿は「地学雑誌」に講演報告として提出したもの（北里，2007）を読みやすいように改訂したものである．

13.2 地下生物圏の住人

　地下深部の岩石・地層の空隙に生息している生物は，原核生物（バクテリア，アーケア）が主である．真核単細胞生物の酵母（イースト）やウイルスが分布するとの報告もある．地下は，高温，暗黒，そして酸素に欠乏した世界である．したがって，そこには好熱性，化学合成，嫌気性生物が主に生息していると考えられている．地下深部が原始地球の環境と類似していること，また万能系統樹を描くと根元の部分を構成するグループであることから，そこに生息する生物は現存生物の究極の共通祖先（LUCA = last ultimate common ancestor）に近いグループをも含んでいると考えられている．その視点から，地下に生息する微生物を通じて地球型生物の起源を探ろうとする試みがある（Takai et al., 2006）．

　地下生物圏はどこまで拡がっているのだろうか？　地下の微生物たちが固体地球のどの深さまで分布しうるのかを決める要因は，微生物の温度・圧力に対する耐性である．バクテリアの場合，121℃の高温環境に生存する超好熱細菌が知られている．真核生物の場合，60℃の温泉中に生息するイデユコゴメという紅藻（rhodophyte）の仲間がもっとも高温に生息する生物である．温度勾配が小さい深海底で，約15℃/kmで温度が上昇すると仮定すると，バクテリアはおよそ地下4 kmまで，真核単細胞生物は2 kmまで，それぞれ生存が可能である．一方，圧力は，実験室における加圧培養実験の結果，2,000気圧ぐらいまでは生存可能であると考えられている．地下の圧力増加が400気圧/kmだとすると，水深4,000 mの深海底に堆積した堆積物の場合，海底下4 kmまでは生物が生息できる範囲である．

　地下に生存する生物の栄養源は何だろうか？　地殻内には，メタン，硫化水素，二酸化炭素，水素，わずかな活性酸素などが存在する．これらの物質の酸化還元反応からエネルギーを獲得する化学合成が，地下に生息する独立栄養（auto trophic）微生物の代謝反応の基本である．たとえば，黄鉄鉱（pyrite，硫化鉄）生成時に発生する水素が地下生物圏のエネルギー源の一部になる．また，加熱によって有機物が分解してできる酢酸も地下微生物の栄養源となっている．三価の鉄を二価に還元することによってエネルギーを得ているバクテリアの存在も報告されている．このような独

立栄養微生物だけでなく，微生物を捕食する，あるいは微生物が生産した有機物を利用する従属栄養（heterotrophic）微生物もいる．このように，地下生物圏は地下の限られた，しかし，多様なエネルギーを巧みに利用する独立栄養微生物，従属栄養微生物からなる生態系から成り立っていると考えられている．

実際，何がどこまで見つかっているのだろうか．1980〜90年代に，花崗岩や堆積岩などのさまざまな岩石に掘られた陸上の深井戸（最深で4 km）からさまざまな種類の微生物（バクテリア，アーキア，酵母など）が報告されている（Pedersen, 1993）．1980年代後半からODP航海で採取されたコア試料について微生物細胞数を調べたJohn Parkesは，日本海の水深900 mの海底から518 mの深さの堆積岩中に1 cm^3 あたり100万を超えるDNA染色液に染まる粒子（微生物）がいることを報告した（Parkes et al., 1994；Parkes et al., 2000）．最近，より厳密な手法を用いた染色手法によるバクテリア細胞の計数が行われ，赤道太平洋の海底下800 mの堆積物に1 cm^{3}あたり10,000〜100,000細胞がいることが報告されている（Joergensen et al., 2006）．これらの報告は，いずれも温度・圧力実験結果から導かれる地下生物圏の分布予想範囲内にあるが，今後予想外の深度から，予想外の生物群の発見があっても不思議ではない．私たちの生命観は，地表の生物に基づいて構築されているにすぎないからである．

13.3 地下生物圏研究

地下の岩石や地層は，微生物に満ちている．では，地下生物圏に関する研究はいまどこにいるのだろうか？　また，なにが面白いのだろうか？　この研究に地球科学者はどうかかわれるのだろうか？

13.3.1 地下のどこに，何が，どれくらい，いるのか？

地下生物圏の研究は，この問いに答えるところから始まる．いわば，地下生物の戸籍調査である．そのためには，世界中の地下，海底下から採取された岩石・地層の間隙，地下を循環する水などに含まれる生物を数え，同定して群集組成を明らかにし，また，それらが生息する環境を明らかにすることを日常的に行うことが必要である．地下生物圏を理解しようとする微生物学者は場の環境を記述する役割の地球化学者とともに，さまざまな調査に精力的に参加している．海域では，ODPの最後から，IODPのあらゆるExpeditionに参加し，微生物調査が行われている．ODP Leg 201は，地下生物圏研究を主だった掘削目標にあげた初めてのODP航海であった．共同首席研究者のSteven L. d'Hondt, Bo B. Jorgensenを始めとする微生物学者と地球化学者が乗船し，同一掘削試料を用いた共同研究を行っている．その結果，堆積層には多種多様な微生物が生息していること，その微生物は地層内における有機物の分解を促進し，また堆積物の続成作用に貢献していることを明らかにした．特に，海底下堆積層深部における生元素循環（bioelemental cycle）が微生物に依存していることを明らかにしたことは特筆される（D'Hondt et al., 2004）．IODPに入ると，すべてのExpeditionに微生物学者が乗船するようになる．IODP Exp. 1はJuan de Fuca Ridgeの熱水循環（hydrothermal circulation）であり，高温環境における熱水の循環と地下微生物活動との相関が検討されている．また，Exp. 307では，北大西洋のPorcupine海盆に発達する炭酸塩マウンド（calcium carbonate mound）の微生物が関与した形成史の解明を目指した．Exp. 308では，メキシコ湾（Gulf of Mexico）の異常に間隙水圧が高い堆積帯の掘削を行っている．これらの航海にも多くの微生物学者，有機地球化学者が乗船し，地下生物圏研究が行われている．このように，どこに，何が，どれくらい，いるのか？　という，地下生物圏の基盤研究は着々と進んでいる（Inagaki et al., 2006）．一方，地下生物圏研究を推進するうえで，解決しなければならないいくつかの問題も指摘されている．もっとも重大な問題は，掘削時の他からの微生物の混入である．特に，間隙空間が大きい火成岩の掘削では掘削時の汚染（contamination）は排除できない．今後の掘削技術の発展が待たれる．堆積岩の掘削では，掘削計画に関する工夫が必要になっている．地下生物圏の研究では，地下環境を保持した採取あるいは掘削にともなう汚染を極力排除するために，プラスチックケースに入ったコア試料をケースごと輪切りにして嫌気グローブボックスに持ち込んで微生物採取を行うことが多い．このような試料採取の場合，輪切りにされたコアは他の研究に使用することが難しい．特に，層序や堆積相解析に用いることはできない．そのため，1地点から1本だけのコア試料を採取する掘削では，ほかの研究に支障が出る．たとえば，コアを記載しようとしたとき，岩相記載ができない層準が多く存在するために，完全な柱状図が書けない．このことを避けるために，地下生物圏研究を行う場合には，1つのサイトで複数のコアを採取する掘削計画を立てることが必要になっている．

13.3.2 何をしているのか？

　生物が地下で何をしているのか？　を明らかにすることが地下生物圏研究の次の段階である．地下生物圏の微生物が何をしているのかを知るためには，まず微生物群集組成を明らかにすることが近道である．微生物は，種を同定することが種の代謝過程を明らかにすることになっている場合が多い．たとえば，硫黄酸化菌，硫酸還元菌，メタン生成菌などである．また，それらの微生物が地下でどれくらいの細胞活性をもっているのかを知るためには現場あるいは実験室におけるトレーサーを用いた培養 (incubation) を行うことが重要である．たとえば，安定同位体の炭素13，窒素15を加えた有機物をどれくらい取り込み，二酸化炭素や窒素あるいは別の有機物にどれくらい変換したのかを測定することが必要である．また，実験室では放射性同位体の硫黄34を用いた培養を行うことを通じて，代謝フラックスを計測することができる．代謝活性の計測については，将来的には，掘削坑内における現場計測や現場実験を行うことが大事になる．地上の実験室は地下の現場環境ではないからである．現場実験装置や坑内計測センサーの開発が進んでいる．

13.3.3 地下における動態は？

　地下生物圏の微生物たちは，常に活発に分裂を繰り返し，また自力で移動しながら活動しているのだろうか？　地下空間は，エネルギー源が限られているために，微生物の存在量は多くても細胞分裂は盛んでないはずである．極端な例では，100万年に1回の割合で細胞分裂を行うという試算もある．細胞分裂そのものの速度がゆっくりであるということではなく，大半の時間は休眠しているのであろう．それでは，どのようなときに活発になるのだろうか？　微生物は，その多くが地下の岩石や地層中の間隙，あるいは岩相境界部に分布している (Krumholz et al., 1997)．特に，砂岩や断層岩のように空隙が多い岩石には数多くの微生物が集中している．地下空間は，生存・移動のための空隙も限られているからである．地下の空隙や割れ目は二酸化炭素，水素，硫化水素，栄養塩などを含んだ流体の通り道になっている．このことから，地下の間隙を通る流体の濃度や流量の変化が地下生物圏を構成する微生物の活性を促し，あるいは抑制していると考えることができる．それ以外の時は，地下生物圏の微生物はきわめて活動度が低い状態で休眠しているのであろう．

13.3.4 物質循環と地下生物圏

　地殻の岩石，地層の間隙や割れ目は，水を主体とした液体に満たされている．液体の流動とそれにともなった物質の循環が，さまざまな地殻活動やエネルギー資源の形成過程に重要な役割を果たしている．地下生物圏の活動は，この地殻内の液体の流動と物質循環に強い相関をもつ．それがもっとも顕著に表れる活動的大陸縁辺部 (active continental margin) について概観する (口絵13参照)．大陸縁辺部では，陸上からの栄養塩の供給にともなう活発な1次生産によって多量の有機物が海洋表層部で生産される．その有機物はマリンスノーとなって水中を沈降する．また，大陸棚から上部大陸斜面に沈降した有機物は，陸上から供給されてきた有機物とともに海底近傍で懸濁層を形成し，大陸斜面に沿って深海に流れ下る．このようにして供給された有機物は，途中で消費分解されるが，最終的には海底に堆積する．活動的大陸縁辺部では，特に，前弧海盆や海溝底に有機物を多量に含んだ砕屑物が堆積する．前弧海盆堆積物は一般に堆積速度が速く，厚い堆積層が形成される．前弧海盆堆積体の生物圏は，厚く堆積した地層の中で漸進的に変化する間隙の物理化学環境にしたがって分布する．特に，間隙水中の硫酸塩濃度が掘削深度とともに減少し，メタンに入れ替わる硫酸塩－メタン境界 (sulfate methane interface = SMI) が地下圏微生物にとって重要な反応境界になる．これよりも上位の地層では微生物によるメタン生成は起こっていないと考えられているからである．堆積層下部では圧密を受けて脱水が起こり，水がより下位の地層から上位の地層の空隙に移動する．メタンはこの流体移動とともに地下浅部に移動していくのである．一方，海溝部の堆積層は，沈み込む海洋プレートにともなって，深海底堆積物とともに海溝陸側に付加されて付加体を形成していく．付加された堆積物は，圧密を受けて脱水して水が絞り出されるとともに，地層内の微生物分解によって有機物が分解され，二酸化炭素，メタンを形成する．二酸化炭素，メタンを含んだ水が地層内の割れ目，間隙率が高い砂層などを通って付加体浅部に抜け，海底に湧く．そこには化学合成群集が形成されることがある．また，付加体深部に持ち込まれた地層は，さらに地中で温度圧力が加わるため，微生物分解とともに高温高圧条件下での物理化学分解が加わる．この結果，付加体深部から絞り出された流体は，熱分解起源と微生物分解起源の二酸化炭素，メタンを多く含んでおり，それらが堆積層浅部に集積し，水和物を作って，21世紀のエネルギー源といわれるメタンハイドレートを形成することになる．なお，この

シナリオは仮説である．実際は，南海掘削に代表される，付加体への科学掘削と坑内計測によって証明されることになる．

13.3.5 地下生物圏研究と地質学

さて，微生物学者と地球化学者による独擅場であるように見える地下生物圏研究に地質学は貢献できるのだろうか？　答えは，「Yes」である．なぜならば，地質学には，「時間成分を扱えること」，「場の評価ができること」，「大局観を持っていること」という他の分野にはない優位性があるからである．その特性を生かすことによって，たとえば，①全球物質循環に対する地下生物圏の役割に関する評価，②地層形成・続性への微生物の関与の理解，③真核生物進化への微生物の関与の解明，④古海洋研究を行う際の続成・変質過程の評価などの，第一級の研究を推進することが可能である．なにより，IODPにおける掘削申請書は，どのような地学的な背景をもった地質体であるのかということを理解している地質学者がいなければ書けないのである．

13.4　2007年以降の地下圏生物研究の進歩と今後の見通し

本章の原稿（13.1〜13.3）を提出したのは2007年である．8年前のことになる．その後，地下圏生物を標的にしたいくつかの重要な研究航海が実施され（D'Hondt et al., 2009; Takai et al., 2012; Inagaki et al., 2015など），地下圏に生息する微生物の多様性や生態系機能に関する成果が次々にあがっている．

たとえば，D'Hondtらの研究は，世界でもっとも低い基礎生産南太平洋還流海域（Southern Pacific Gyro）における海底下の堆積物の環境とそこに分布する微生物の性状を調べたものである．この海域は低い基礎生産であるために生物源粒子フラックスが少なく，地層は薄く，白亜紀後期の85 Ma以降の赤粘土が分布し，地層の間隙水は酸素に富んでいた．そういった堆積物は酸化的な環境に生息する微生物が海洋地殻の境界に至るまで分布していることを示唆した．この研究はIODP掘削航海に繋がっていった．IODP航海の結果は，D'Hondtらの研究を覆すものではなかった．

Takaiらの研究航海は，探査船「ちきゅう」によるExpedition 331航海である．沖縄トラフ（Okinawa trough）の熱水活動が盛んな伊平屋北海域における一連の掘削は，海底下，数10 m〜100 mに広範囲にわたる熱水リザーバー（hydrothermal reservoir）があり，活発な熱水循環と温度勾配にしたがってさまざまな微生物種が生息していることを明らかにした．また，活発な熱水循環が見られる海底を掘削した結果，人工的に深海底熱水噴出孔が形成され，活発な熱水が噴出した．その噴出孔において熱水と周辺海水の電気化学的な現場測定を行ったところ，熱水と海水との間に電位差があることを見つけた．この結果に基づいて，熱水と海水を燃料にできる燃料電池を人工熱水噴出孔に設置して，深海底で実際に発電することに成功している（Yamamoto et al., 2013）．

さらにInagakiらの研究は，下北沖に厚さ2,500 mを超える厚さで堆積する新生界堆積物の微生物群集を明らかにした．海底下1,500 mまでは珪藻質泥岩で多孔質であることから，微生物細胞が高密度で分布し，また，海底下1,500〜2,500 mに分布する古第三系後期〜新第三紀前期と対比される夾炭層にはメタン生成菌を主体とする微生物群集が卓越して分布することを明らかにした．この研究によって，2,500 mを超えるような大深度の海底下堆積層であっても，豊富な地下圏微生物が分布生息することを明らかにした．このサイトでは，「ちきゅう」の慣熟航海でも300 mを超える掘削をしており，微生物のみならず，精密な地球年代学的検討や真核古代遺伝子の発見などのチャレンジングな検討がなされている．

このほかにも，中央海嶺の熱水循環とからめた地下圏微生物研究を目指す航海ももたれている．これらの海底熱水環境，酸化的な堆積層，基礎生産が高く珪藻質泥岩からなる堆積層というさまざまな地質環境を調査した結果，ありとあらゆる地下環境から，微生物が報告されたのである．

まさに，この分野の知見は著しく進展している．また，地層や岩石から1つの微生物細胞を取り出し，遺伝子解析を行う手法（single cell genomics）も地下圏微生物研究に応用されるなど（Morono et al., 2013），地下圏微生物の多様性や機能を測る技術革新も目覚ましい．その結果，地下圏にはどのような微生物がおり，その分布範囲がどこまでなのかという探索的な調査レベルは越え，現在では，それぞれの微生物種が，地下圏のどこで何をしているのかということが議論されるとともに（Colwell and D'Hondt, 2013のレビュー参照），地下圏微生物の生態系機能が具体的に観測されるようになったのである（Morono et al., 2011）．

今後は，
1) 地下のどのようなところにどのような微生物群集がいるのかを引き続き探索するとともに，それらの生物群が，どういった機能をもっているかを明らかにする研究がますます盛んになることは間違

いない．さらに，地球内部への超深度掘削に挑戦し，マントルを含む地球内部空間のどこまでどのような微生物が生息しているかを明らかにするという，「ちきゅう」を進水させて以来の夢を果たすことが期待される．

2）地下圏微生物研究は生命の限界に挑戦するだけでなく，極限環境に生息する微生物の機能を理解することにつながり，それは，工学的に微生物を利用できるようになることを意味する．「科学のための科学」だけではなく「社会のための科学」が求められている現在，科学掘削が生み出す金銭的な価値に注目するときがきている．このことは，海底下掘削先進国を中心とした商業ベースでの掘削を加速させる可能性がある．そのときには，生物多様性条約でまさに議論されているABS問題に加えて，地下圏微生物におけるABS問題を議論する時がくるに違いない．

3）とはいえ，地下圏微生物研究の原点は純粋に科学的な興味から始まっていることはいうまでもない．今後のたゆまぬ基礎研究を通じて，地下圏に分布する微生物生態系が地球表層を含む物質循環の中で，どのような役割を果たしているのか？ それらが，地球史のなかで，どのように進化してきたのかが，近い将来，明らかになるに違いない．こういった，地下深部の極限環境に生息する生物の研究が，生命の起源をひも解くとともに，地球および類似の天体における生命とは何かという問いに答える日が近いことを期待している．

　地下圏微生物研究は，地球内部の岩石・地層という，まさに地質学が取り扱う対象に生息する微生物の研究である．地質学，古生物学，古海洋学などの分野の研究者が参画する余地が大いにあると考えている．たとえば，現在の地下圏の環境の計測および地層形成時の海洋あるいは陸上の古環境の理解など，地質学が貢献する領域も多くある．現在，地下圏微生物研究をリードする一人であるSteven D'Hondtは，中生代以降の古海洋研究を行っていた地質学者である．地質学の素養をもつ若手の地球科学者が，数多く加わり，地下圏微生物研究を牽引することを切望している．

引用文献

Colwell, F.S. and D'Hondt, S. (2013) Nature and extent of the deep biosphere. *Reviews in Mineralogy and Geochemistry*, **75**, 547-574.

D'Hondt, S. L. *et al.* (2004) Distributions of microbial activities in deep subseafloor sediments. *Science*, **306**, 2216-2221.

D'Hondt, S., Spivack, A. J., Pockalny, R., Ferdelman, T. G., Fischer, J.P., Kallmeyer, J., Abrams, L.J., Smith, D. C., Graham, D., Hasiuk, F., Schrum, H. and Stancin, A.M. (2009) Subseafloor sedimentary life in the South Pacific Gyre. *Proceedings of the National Academy of Sciences*, **106**, 11651-11656.

Inagaki, F., Hinrichs, K.-U., Kubo, Y., Bowles, M.W., Heuer, V.B., Hong, W. -L., Hoshino, T., Ijiri, A., Imachi, H., Ito, M., Kaneko, M., Lever, M.A., Lin, Y.-S., Methe, B.A., Morita, S., Morono, Y., Tanikawa, W., Bihan, M., Bowden, S. A., Elvert, M., Glombitza, C., Gross, D., Harrington, G.J., Hori, T., Li, K., Limmer, D., Liu, C. -H., Murayama, M., Ohkouchi, N., Ono, S., Park, Y. -S., Phillips, S.C., Priento-Mollar, X., Purkey, M., Riedinger, N., Sanada, Y., Sauvage, J., Snyder, G., Susiliwati, R., Takano, Y., Tasumi, E., Terada, T., Tomaru, H., Trembath-Reichert, E., Wang, D.T. and Yamada, Y. (2015) Exploring deep microbial life in coal-bearing sediment down to ～2.5 km below the ocean floor. *Science*, **349**, 420-424.

Inagaki, F., Nunoura, T., Nakagawa, S., Taske, A., Lever, M., Lauer, A., Suzuki, M., Takai, K., Delwiche, M., Colwell, F.S., Nealson, K.H., Horikoshi, K., D'Hondt, S. and Jorgensen, B.O. (2006) Biogeographical distribution and diversity of microbes in methane hydrate-bearing deep marine sediments on the Pacific Ocean Margin. *Proceedings of the National Academy of Sciences*, **103**, 2815-2820.

Joergensen, B. B., D'Hondt, S. L. and Miller, D. J. (2006) Leg 201 synthesis: Controls on microbial communities in deeply buried sediments. *In* Joergensen, B. B., D'Hondt, S. L. and Miller, D. J. (eds.), *Proc. ODP, Sci. Results*, 201. College Station TX（Ocean Drilling Program）, 1-45.

北里 洋 (2007) Deep Subsurface Biosphere. —地下に拡がる生物圏—. 地学雑誌, **116**, 714-720.

Krumholz, L. E. *et al*. (1997) Confined subsurface microbial communities in Cretaceous rock. *Nature*, **386**, 64-66.

Morono, Y., Terada, T., Nishizawa, M., Ito, M., Hilion, F., Takahata, N., Sano, Y. and Inagaki, F. (2011) Carbon and nitorogen assimilation in deep subseafloor microbial cells. *Proceedings of the Na-*

tional Academy of Sciences, **108**, 18295-18300.

Morono, Y., Terada, T., Kallmeyer, J. and Inagaki, F. (2013) An improved cell separation technique for marine subsurface sediments: Applications for high-throughput analysis using flow cytometry and cell sorting. *Environmental microbiology*, **15**, 2841-2849.

Parkes, R. J., Cragg, B. A., Bale, S. J., Getliff, J. M., Goodman, K., Rochelle, P. A., Fry, J. C., Weightman, A. J. and Harvey, S. M. (1994) Deep bacterial biosphere in Pacific Ocean sediments. *Nature*, **371**, 410-417.

Parkes, R. J., Cragg, B. A. and Wellsbury, P. (2000) Recent studies on bacterial populations and processes in subseafloor sediments:a review. *Hydrogeol. Rev.*, **8**, 11-28.

Pedersen, K. (1993) The deep subterranean biosphere. *Earth-Science Review*, **34**, 243-260.

Takai, K., Motti, M.J., Nielsen, S. H. and the IODP Expedition 331 Scientists (2012) IODP Expedition 331 : Strong and expertise subseafloor, Hydrothermal Activities in the Okinawa Trough. *Scientific Drilling*, **13**, 19-27.

Takai, K., Nakamura, K., Suzuki, K., Inagaki, F., Nealson, K. H. and Kumagai, H. (2006) Ultramafics — Hydrothermalism — Hydrogenesis — HyperSLiME (UltraH^3) linkage: a key insight into early microbial ecosystem in the Archaean deep-sea hydrothermal systems. *Paleontological Research*, **10**, 269-282.

Whitman, W. B., Coleman, D. C. and Wiebe, W. J. (1998) Prokaryotes: the unseen majority. *Proceedings of the National Academy of Sciences*, **95**, 6578-6583.

Yamamoto, M., Nakamura, R., Oguri, K., Kawagucci, S., Suzuki, K., Hashimoto, K., Takai, K. (2013) Electricity generation and illumination via an environmental fuel cell in deep-sea hydrothermal vents. *Angewandte Chemie International Edition*, Doi: 10.1002/anie.201302704.

14 付加体と地震発生帯掘削

14.1 はじめに

　日本の地質学は，明治8年（1875）ドイツから若干20歳のナウマンがお雇い技師・外人教授としてやってきて，日本列島の地質を俯瞰したことにはじまる．それから，ほぼ100年の後，人類がはじめて獲得したといっていい地球観，プレートテクトニクス理論が成立した．この理論成立を促した主舞台は海であった．そして，プレートの境界こそ，地球内部と地球表面の大気海洋圏や生命圏を結ぶ入口，出口であることが明確となった．そして，日本列島およびその周辺の地域という地球上の研究対象はただ日本のものという地域性を超えて，地球を理解するうえできわめて重要なものとなった．

　1970〜80年代初頭，プレートテクトニクス理論を受け入れるかどうかをめぐって日本の地質学界では大きな議論となった．もはや新たな地質の記述はいらない，ただ解釈をそれまでの「地向斜造山論」から，プレートテクトニクスに基づくものへと改築できるかどうかが重要である，という機械的読み替えの時期が少しはあった．しかし，その後，単にプレートテクトニクスを日本列島へ当てはめるだけではなく，この理論が新しい事実を発掘し，それが一般性をもつものとして理論へのフィードバックがかかり，科学へ貢献できるかどうかをめぐって激しい論争が展開されたのである．

　その論争の1つが「地向斜（geosyncline）」とみなされていた地質体を付加体として位置づけできるかどうかの論争であった．この相対立する2つの仮説をめぐって検証の方法が必要であったが，その方法が微化石，特に放散虫による年代の決定であった．そして付加体仮説が提示する予想が検証された．この仮説の提案における検証・反証の方法の提示，それに対する反証と検証という科学のプロセスが実施されたので，反対する人の多かった日本の地質学界の人たちの多くも付加体（accretionary complex）を受け入れることとなった．ポパーの反証過程，ラカトシュのいう科学プログラムの過程（都城，1998）が実行されたのである．これ以降，日本においても地質体の記載用語を含めて，地質学の体系は根本的に変化した．

　この論争が決着した後に振り返ると，日本列島のように詳細に年代の解明された付加体は地球上に他にどこにもないこととなったので，日本の付加体研究は一躍世界へ躍り出た．すなわち，付加体地質学は丸山（1993）の指摘するように日本からの「輸出品」となったのである．

　この付加体は海の産物であるので，海をどう理解するかが鍵となった．地質学界がプレートテクトニクスを受け入れるかどうかの大激論が続き，付加体か地向斜が争われる直前の1975年，日本は深海掘削計画に本格的に参加することとなった．これは，日本のコミュニティーが本格的に海底の研究を開始するはじまりであった．

　それらから四半世紀の時が流れた．そして，今，海底下の地下世界研究は新たな段階に入りつつある．それはあのゴーギャンの絵の題名に似て，「私たち生命はどこから来たのか知りたい．この地球の環境を支配するシステムを知りたい．この地球で進行するダイナミクスをもっと知りたい．そして何よりもこの地球と私たちの未来を知りたい」という科学の根本的問いかけへの答えを知りたいのである．この問いかけに対する日本の地球科学・地質学の位置はかつてのものではない．IODPの主柱を担うところまで来たのである．本書「海洋底調査の基本」はそれを担うために記された．

　先に記した付加体研究や沈み込み帯研究も新たに注目されている．本章では，そのことについて簡単に記そう．詳細は「付加体と巨大地震発生帯」（木村　学，木下正高編，東大出版会）を参照していただきたい．

14.2 付加体・沈み込み帯をめぐる基本的未解決問題

付加体を対象とした研究において，地球理解の一般問題として重要な課題が3つある．1つはプレート沈み込み帯における地震発生を含むダイナミクスの理解にかかわる課題であり，2つめは地球表層部と地球深部を結ぶ物質・エネルギーのフラックスの理解にかかわる課題である．もちろんこれら2つは密接に関係している．そして3つめは付加体に記録・保存された海洋と地球環境の歴史の解明にかかわる課題である．付加体研究はこれらに関し重要な拘束を与えるのである．

これらの課題を研究するにあたり19世紀前半，地質学の隆盛時にライエルの強調したハットン（Hutton）の主張「斉一主義（uniformitarianism）」，その中でも「現在主義（actualism）」の視点は特に大事である．この視点は「現在は過去を解く鍵である」として知られる．この視点は，逆説として「過去は現在を解く鍵である」として相補的なものでもあると理解するとき，大きな威力を発揮する．

14.2.1 沈み込み帯のダイナミクスと付加体研究

地球物理学的観測は，リモートセンシングとして沈み込み帯における現在の枠組みを提供する．21世紀に入ってこの分野できわめて重要な発見が相次いでいる．地震発生帯の下限域における，低周波微動，低周波地震という現象の発見である．これは測地学的な観測と同期しており，ゆっくり滑りであると考えられている（Obara, 2002；Ide et al., 2007）．この現象はちょうど上盤プレート内の地殻下底のモホ面付近で生じているので，原因としては沈み込むスラブからの脱水によって異常間隙水圧が発生し，それに誘発されて水圧破砕が起こるとか（Obara, 2002），あるいはその水を吸収したマントルウエッジが蛇紋岩化することにともなう体積膨張が関係しているとか，プレート境界そのものの滑りであるとか，さまざまな原因が仮説として提示された．しかし，最近，Ide et al. (2007) は，南海トラフでのこの低周波地震の機構を調べて，それがプレート境界に一致する低角逆断層であることを明らかにし，プレート境界そのものの滑りであることを強く示唆した．熱流量の観測によるとこの領域の温度は350℃から400℃程度である（Hyndmann et al., 1997）．変成岩の緑色片岩相に相当するこの温度領域が，地震発生帯の下限境界域を特徴づけている．この領域には海洋地殻とともに大量の陸源性堆積物も沈み込んでいる．上記の温度領域がそれらの堆積物の主要構成鉱物である石英の脆性―延性遷移域と一致していることは興味深い．海洋地殻の断片である緑色岩と陸源性の泥質片岩や砂質片岩が混合したような岩石は，現在，たとえば三波川帯などとして，陸上部に広く露出している．このような岩石に記録された変形に沈み込みプレート境界のゆっくり滑り，さらには巨大地震発生時の変形が記録されていることは確実である．また，流体の移動にともなう変形はクラックシール（crack seal）鉱物脈として残されている（笠原ほか編，2003）．

このような過去の岩石の変形から，現在の巨大地震間のゆっくり滑りと巨大地震時の滑りをひもとくことは，まさに「現在は過去の鍵」であり「過去は現在の鍵」であることを手がかりとして研究すべき絶好の対象の1つである．地震学と地質学を結ぶポイントは変成岩・変形岩を変形反応速度論的に解明することであろう．

いまや，生きている変成岩の姿を，リモートセンシングとはいえ地震学的，測地学的観測がとらえたのである．そこに地質学的な魂を入れる時となったといえそうである．真に「現在主義」を貫徹する時代となった．

このような状況は，より浅い沈み込み帯でも同じである．深い領域での低周波地震に続いて，2003年，南海トラフの数kmの浅い領域で低周波地震が世界ではじめて発見された（Ito and Obara, 2006）．この地震のメカニズムも逆断層であり，かつ付加体の内部で起こっていることが示唆された．これは地震反射断面などで古くから知られていた褶曲衝上断層の構造の生きている姿をとらえた世界で最初の発見であった．ただし，どの断層がどのように動いたのかまでは描ききれてはいない．この現場は海底下であり，このような低周波地震が，どのような速度で動いたのかも不明である．

1944年の東南海地震が，紀伊半島沖で付加体を切る巨大順序外断層（out-of-sequence thrust, OOST），あるいは分岐断層に沿う滑りによって起こったと推定された（Park et al., 2002）．これは1964年アラスカ大地震（Plafker et al., 1972）や2004年に発生したスマトラ大地震でも同じである．このような巨大順序外断層は，10kmを超える累積変位をもっていることが，上盤に位置する前弧海盆の変形から推定される．このような大変位をもつ付加体内の断層は，陸上部において地質体を区分する構造線に相当している．そのような視点から，筆者らは四万十帯を南北に二分する九州の延岡衝上断層を研究してきたが，大規模に発達する断層帯に大量の伸張裂かを充填する鉱物脈の発達することや，そこに摩擦溶融の結果であるシュードタキライトを発見している（Kondo et al., 2005；Okamoto et al., 2006）．これらは，付加体の10km程度の深度で

のものであり，そこでの地震発生断層は大量の流体の関与のあることを示唆している．また，断層上下の速度構造や密度変化は，この断層でインピーダンスが逆転しており，現在の地震反射が示す特徴と定性的には一致している (Tsuji et al., 2006). ただ，この陸上の例は過去の断層の「化石」であり，現在生きている地震発生断層深部を妄想させるに十分ではあるが，その生きた姿を理解するにはまさに掘るしかない．その「化石」から妄想される断層動的弱化の複合的メカニズム，たとえば流体熱圧による弱化，摩擦溶融による弱化，粉砕された断層帯の流動化による弱化などがどのように機能しているのか，それは繰り返す地震発生の中でどのように進化するのかはまさに掘削によって確認するしかない（口絵14参照）．掘削によって「過去を現在の鍵」に，そして観測によって「現在を過去の鍵」とする現在主義としての地球の理解が完成するのである．なぜ，掘削せねばならないかの必然性がそこにある．

14.2.2 沈み込み帯における物質エネルギーフラックスと付加体研究

いま，地球温暖化問題が大きくとりざたされている．この原稿を書いている時点は，IPCC (Intergovernmental Panel on Climate Change) レポートが出され，2008年度にG8サミットが日本で開催される時に合わせて，京都議定書の実行問題をどうするかが問われている．同時に地球科学のコミュニティーには地球環境問題があまりにも対処療法的であり，その基礎科学的位置づけが全体としてきわめて不十分であるという批判的意見が圧倒している．目標値を定めるIPCCの提言は極端にいえば，たとえば温室効果ガスの排出を抑えるとか，エネルギー使用を節約するとか，具体的対処によって地球温暖化が解決するかのような幻想をまいているともいえる．しかし，地質学を知るものは地球の過去において地球全体が凍りついた全球凍結の時代があったことや，逆に地球上に氷河や氷床がまったく存在せず，地球全体が温室であった時期の存在を知っている．このような現象は地球システムにおける物質やエネルギーの流れや，地球外との物質やエネルギーの流れを把握しなければ，理解できないことを知っている．そのような理解を通して，地球温暖化や地球環境の問題へ対応することが，事態に一喜一憂しないために重要である．

しかし，たとえば地球内部と地球表層の物質やエネルギーの流れをきちんと把握することさえ，未だに未解明のことがらである．プレートの沈み込み帯は，先に記したように表層の物質を地球内部へ持ち込むほど唯一の場である．しかし，ここにおけるフラックスはわかっていない．たとえば，沈み込み帯において表層の堆積物は海洋プレートや水とともに地球深部へ持ち込まれる．当然，水にはさまざまな元素が溶け込んでいる．それらは沈み込み帯から持ち込まれた後に，還流して再び地表へ戻ってくる．この定量化が大きな課題である．過去の地質体や付加体の研究を通じて，過去の積分された結果を研究するとともにフラックスの微分的描像を観測から描くことはやはり「現在主義」の車の両輪である．

14.2.3 海に記録されたグローバルイベント

第3の研究例で，最も成功した例は，古生代—中生代境界における生物大量絶滅時に何が起きたのか，に関するジュラ紀付加体のチャートに記録された超海洋パンサラッサ海での無酸素事件の復元 (Isozaki, 2001) であろう．付加体に取り込まれた遠洋性堆積物は，太平洋もしくは古太平洋の億年スケールの事件を記録しているのである．太平洋の東側の南北アメリカの縁辺部と異なり，日本列島の位置する太平洋西側の縁辺は，数億年前より一貫して沈み込み帯が存在し，そこには間欠的とはいえ，付加体が形成され続けてきた．そこの付加体に取り込まれた遠洋性堆積物を徹底して記載し全地球的事件を解明することは日本列島の付加体にしかできない研究なのである．また，そこに取り込まれた海洋地殻の破片から，超海洋における過去の大規模火成活動を復元することも重要である．そのような視点の研究も90年代に一部取りかかられたが，最近はやや低調であろうか．

14.3 おわりに—歴史を踏み越えて

日本の大学における研究と教育の体系は，あえて極論すれば1980年代に入っても，多くは19世紀後半の明治期に輸入したものと本質的には変わらず，地質学の研究は「過去現象」に偏重したものであり，「現在現象」への切り込みはきわめて弱いものであった．また，20世紀に飛躍的に発展した地球物理学においては，地球の過去や地球を構成する岩石，地質学的実態に対する理解が不足していた．そのような齟齬が先に記した「付加体」論争の背景としてあったといわねばならない．プレートテクトニクスの成立はこの両者の融合なくして地球の理解は一歩も前へ進まないことを明確にしたのである．しかし，「放散虫革命」を抜けて，日本の地質学界が本格的にそれを理解し，それを受けて，大学の教育と研究体制の本格的再編が進行したのは1990年代であった．そしてほぼ10年の歳月が過ぎた．

今，プレートテクトニクス革命期に翻弄された「団塊の世代」が去ろうとしている．しかし，地球環境，資源エネルギー枯渇，グローバルスケール自然災害など，地球科学に求められている社会的要求がこれほど大きい時代はかつてあったであろうか．17世紀の科学の成立とともに「知りたい」という思いにドライブされて発展してきた科学，18世紀産業革命に端を発し，「役に立ちたい」という思いにドライブされて飛躍的に発展してきた科学，これらは再び，三たび，発展させざるをえない，発展しなければならない時代に突入しているのである．「過去，現在，そして未来」を見据えて地質学はもっともっと変貌しなければならない．そこには人類の生存もかかっているのである．本書に示された，「海洋底調査の基本」とは現在の科学の水準を示すものである．次世代はこれを徹底した踏み台として，さらに科学を前進させることを期待したい．

引用文献

Hyndmann, R. D., Yamano, M. and Olskevich, D. A. (1997) The seismogenic zone of subducton thrust faults. *Island Arc*, **6**, 244-260.

Ide, S., Beroza, G. C., Shelly, D. R. and Uchide, T. (2007) A scaling law for slow earthquakes. *Nature*, **477**, doi: 10, 1038.

Isozaki, Y. (2001) An extraterrestial impact at the Permian-Triassic boundary? *Science*, **293**, p.2343.

Ito, Y. and Obara, K. (2006) Very low frequency earthquakes within accretionary prisms are very low stress drop earthquake. *Geophys. Res. Lett*, **33**, doi: 10, 1029.

笠原順三，鳥海光弘，河村雄行編（2003）地震発生と水－地球と水のダイナミクス．東京大学出版会，392p.

Kondo, H., Kimura, G., Masago, H., Ikehara-Ohmori, K., Kitamura, Y., Ikesawa, E., Sakaguchi, A., Yamaguchi, A. and Okamoto, S. (2005) Deformation and fluid flow of a major out-of-sequence thrust located at seismogenic depth of in an accretionary complex: Nobeoka Thrust in the Shimanto Belt, Kyushu, Japan. *Tectonics*, **24**, 6, TC6008, 10.1029/2004TC001655.

丸山茂徳（1993）46億年，地球は何をしてきたか？ 岩波書店，138p.

都城秋穂（1998）科学革命とは何か．岩波書店，331p.

Obara, K. (2002) Non volcanic deep tremor associated with subduction in southwest Japan, *Science*, **296**, 1679-1681.

Okamoto, S., Kimura, G., Takizawa, S. and Yamaguchi, H. (2006) Earthquake fault rock indicating a coupled lubrication mechanism. *e-Earth*, **1**, 23-28.

Park, J-O., Tsuru, T., Kodaira, S., Cummins, P. R. and Kaneda, Y. (2002) Splay Fault Branching along the Nankai subduction zone. *Science*, **297**, 1157-1160.

Plafker, G. (1972) Alaskan Earthquake of 1964 and Chilean earthquake of 1960: implication for arc tectonics. *Journal Geophys. Res.*, **77**, 901-925.

Tsuji, T., Kimura, G., Okamoto, S., Kono, F., Mochinaga, H., Saeki, T. and Tokuyama, H. (2006) Modern and ancient seismogenic out-of-sequence thrusts in the Nankai accretionary prism: Comparison of laboratory-derived physical properties and seismic reflection data. *Geophys. Res. Lett.*, **33**, L18309, doi: 10.1029/2006GL027025.

（注：本文の脱稿は2007年，南海掘削開始以前であった．その後，浅部低周波地震の発見があった．さらに，南海トラフ浅部，日本海溝におけるプレート境界掘削，津波断層の回収と研究によって，地球上海溝ではどこでも津波地震の起こりうる可能性が明らかとなり，地球科学における海溝観が根底から変わるという大きな進展があった．2015.7月記）

― トピック　地震発生帯掘削の成果 ―

はじめに

　地球深部探査船「ちきゅう」が科学掘削のための運用を開始して10年あまりが経過した．科学掘削の主要な目的の1つは，南海トラフ地震発生帯掘削計画（Nankai Trough Seismogenic Zone Experiment：NanTroSEIZE）のもとでの沈み込み帯巨大地震発生機構の解明である．この計画は現在も継続中で，最終的には海底下5 km付近に存在するプレート境界断層（plate boundary fault）を掘削し，コア試料回収と長期孔内計測実施を目指している．

　一方，2011年3月11日に東北地方太平洋沖地震（M_w9.0，以下東北沖地震）が発生した．地殻変動・地震観測データや地震前後での海底地形の差分から，この地震では日本海溝沈み込み帯においてプレート境界断層浅部が最大で約50 mも大きくすべり，その結果海底地形が急激に隆起し海水を持ち上げたことで巨大津波が発生したことが明らかとなった．このプレート境界断層浅部は，「ちきゅう」による深海掘削で到達可能な深さに存在する．そこで急遽，東北沖地震震源域を掘削することとなった．これが，東北地方太平洋沖地震調査掘削（Japan Trench Fast Drilling Project：JFAST）である．

　このトピックでは，これまでにNanTroSEIZEとJFASTで得られた成果のうち，主要なものについて紹介する．航海の詳細な報告については，国際深海科学掘削計画（IODP）のホームページ（http://www.iodp.org/scientific-publications）を参照されたい．

NanTroSEIZEの成果

　NanTroSEIZEでは2013年までに計10回の航海が実施された．掘削地域は紀伊半島沖（熊野灘）南海トラフで，1944年東南海地震（M_w8.1）震源域に相当する．この地域には，プレート境界断層とそこから派生して海底付近まで延びる巨大分岐断層（mega-splay fault）が発達している．NanTroSEIZEでは，プレート境界断層浅部および巨大分岐断層浅部掘削が終了し，以下に述べる成果が得られている．

　プレート境界断層と巨大分岐断層を特徴づける断層帯の幅は，それぞれ約50 mと約60 mであった．いずれの断層帯も剪断割れ目が密に発達し，角礫化した半遠洋性泥岩と火山灰層，および暗色断層ガウジ（dark fault gouge）の発達で特徴づけられる（Ujiie and Kimura, 2014）．個々の剪断割れ目や角礫に沿った変位量は小さく，しばしば半遠洋性泥岩と火山灰層の互層状構造が保持されて分散化した変形を示す．一方，暗色断層ガウジの幅は，プレート境界断層で2 mmと巨大分岐断層で10 mmと狭く，局所化した変形を示す（図1）．断層ガウジの一部は破片化しており，断層角礫中に含有されることがある．これらの特徴は，断層ガウジに沿った局所化した変形と，剪断割れ目や角礫に沿った分散化した変形が交互に起こったことを示す．肉眼では断層ガウジ中に破砕岩片を見いだすことはできない．断層ガウジの微細構造は，粘土鉱物がガウジ境界と平行に定向配列することで特徴づけられ，これによりガウジ内部の密度が周囲より増加している．

　ところで断層における摩擦発熱量は，すべり速度に比例し，断層の幅に反比例する．したがって，地震時の高速すべりが幅2～10 mmと狭い断層ガウジに局所化して起これば，摩擦熱が発生する可能性がある．そこで，断層ガウジを横断するかたちでビトリナイト反射率を測定した．ビトリナイト反射率（vitrinite reflectance）は炭質物の熟成度を反映しており，最高到達温度上昇にともなって熟成度が進行すると反射率は増加する．測定の結果，断層ガウジとその近傍ではビトリナイト反射率が明瞭に増加していた（Sakaguchi et al., 2011）．また，XRFコアイメージスキャナー（XRF core image scanner）を用いて断層ガウジとその周囲の元素分布を調べたところ，断層ガウジは周囲と比較してKとAlに富む一方，Caに枯渇していた（Yamaguchi et al., 2011）．併せて実施した粉末X線回折では，断層ガウジにおいてスメクタイト／イライト混合層（smectite/illite mixed-layer）の回折ピークがほぼ消失し，イライトの回折ピークが増加していた．以上の特徴は，断層ガウジにおける局所的な温度上昇により，炭質物の熟成度が増加し，スメクタイトからイライトへの変化が進行したことを表している．つまり，地震破壊伝播が断層浅部（プレート境界断層では海底下438 m，巨大分岐断層では海底下271 m）にまで及び，地震性高速すべりによる摩擦熱が断層ガウジに沿って発生していたと考えられる．

　地震性高速すべりが断層浅部に伝播しやすいことは，プレート境界断層と巨大分岐断層から採取した試料（粘土質断層ガウジ）を用いた高速摩擦実験によって確かめられた（Ujiie and Tsutsumi, 2010）．粘土質断層

図1 摩擦発熱の証拠が見いだされた断層ガウジ

図2 鱗片状ファブリックが発達したプレート境界断層

ガウジを含水状態で高速（1.3 m/秒）ですべらせると，すべり弱化（slip weakening）して剪断応力は急減する．この時のすべり弱化距離（slip weakening distance）は短く，破壊エネルギーは小さい．つまり，粘土質断層ガウジは地震破壊伝播させやすい摩擦特性をもつ．さらに，高速すべり時の剪断応力は垂直応力依存性をほとんどもたないことも明らかとなった．つまり，断層ガウジは高速すべり時に流体のように振る舞っていたのである．興味深いことに，高速摩擦実験後試料を回収して微細構造を調べると，摩擦発熱が記録されたプレート境界断層や巨大分解断層の断層ガウジと同様の微細構造，つまりガウジ境界と平行に定向配列した粘土鉱物が見いだされた（Ujiie and Kimura, 2014）．このことと，高速すべり時の剪断応力は垂直応力依存性をほとんどもたないことを考慮すると，断層ガウジに沿った粘土鉱物の定向配列は，地震時に断層ガウジが流体のように振る舞った際に層流条件下で形成されたことを反映しているのかもしれない．

NanTroSEIZE開始前のプレート境界断層浅部および巨大分岐断層浅部掘削の目的は，非地震性すべりを決定づける条件の決定であった．しかし実際に掘削してみると，地震性すべりが断層浅部にまで及んでいた証拠が見いだされ，断層物質も地震破壊伝播させやすい摩擦特性をもつことが明らかとなった．これらの成果により，南海トラフにおける想定震源域が断層浅部にまで拡張されることとなった．

JFASTの成果

JFASTの掘削地点は，東北沖地震で最も大きくすべった宮城県沖日本海溝である．JFASTではまず掘削時検層を実施して断層の候補を絞り込んだうえで，コアリングおよび孔内温度計測システムの設置を行った．JFASTの科学目標は，①孔内温度計測により東北沖地震の残留摩擦熱（residual frictional heat）をとらえ，それを基に地震時の摩擦強度を求める，②プレート境界断層物質を採取して，地震性すべり機構・摩擦特性を検討することで，地震時になぜプレート境界断層浅部が大きなすべりを引き起こしたのか明らかにすることである．これらの科学目標は達成され，以下にあげる大きな成果が得られた．

プレート境界断層は，遠洋性粘土層に局所化して発達していた（Chester et al., 2013）．遠洋性粘土層上下のコア未回収部分が同じ物質で構成されていたとしても，断層帯の幅は最大で約5mと狭く，これは南海トラフプレート境界や巨大分岐断層を特徴づける断層帯の幅の10分の1以下である．遠洋性粘土層の約60〜80％は低摩擦粘土鉱物であるスメクタイトで構成されるのに対し，上下の泥岩ではスメクタイト量が20〜

40％に急減していることから（Kameda et al., 2015），これがプレート境界断層の局所化した発達に貢献していると考えられる．プレート境界断層の変形の特徴は，密に発達した鱗片状ファブリック（8.4.6項を参照）で特徴づけられる（図2）．

　このスメクタイトに富む遠洋性粘土を用いて，東北沖地震時のプレート境界断層浅部地震性すべりを再現する高速摩擦実験を含水非透水条件下で行った．その結果，非常に低い摩擦係数（0.1）が得られ，プレート境界断層浅部は地震時に非常にすべりやすかったことが実証された（Ujiie et al., 2013）．先述のように断層が高速ですべると摩擦熱が発生する．このとき，含水非透水条件下では，水が膨張し間隙水圧を増加させ，断層における有効垂直応力を減少させることで断層はすべりやすくなる．このような摩擦熱による間隙水圧上昇による断層強度低下機構のことをthermal pressurization（TP）と呼ぶ（Sibson, 1973）．一方，南海トラフから採取したプレート境界断層物質を用いて，同じく含水非透水条件下で高速摩擦実験を行ったところ，TPが機能していたと考えられるにもかかわらず摩擦抵抗は日本海溝プレート境界断層の約2倍大きかった．これはプレート境界断層を構成する物質の違いに起因していると考えられる．実際，スメクタイトの含有量は南海トラフで約30％であるのに対して，日本海溝では約60〜80％と非常に多い．これらのことから，東北沖地震時に日本海溝プレート境界断層浅部が大きくすべった原因は，TP効果に加え，プレート境界断層がスメクタイトを大量に含むためであると考えられる（Ujiie et al., 2013）．

　東北沖地震時に断層浅部が非常にすべりやすかったことは，孔内温度計測からも明らかとなった（Fulton et al., 2013）．掘削孔内に設置した55個のセンサーを用いて9カ月間に渡る温度計測を行ったところ，海底下約820 mにあるプレート境界断層から周囲よりも0.31℃高い温度異常が検出された．確かに東北沖地震時にプレート境界断層がすべったのである．しかし，温度異常の値は，地震後1年半以上経過していることを考慮しても小さい．これは地震時の摩擦係数が非常に低かったことを示唆する．実際に計測された温度異常の値，地震後の経過時間，測定した岩石の熱物性を考慮して熱モデル計算を行うと，地震時の摩擦係数を0.08とした場合，孔内温度計測結果と最も合うことが示された（Fulton et al., 2013）．この結果は，先述のプレート境界断層から採取した試料を用いて行った高速摩擦実験結果ときわめてよく一致する．さらにLin et al.（2013）は，JFAST掘削で発生したボアホールブレイクアウト（borehole breakout）を基に，東北沖地震後水平応力が減少し，地震前の水平圧縮応力場から地震後の等方的応力場に変化したことを報告しており，東北沖地震時に断層強度が低下したことを指摘している．つまり，高速摩擦実験，孔内温度計測，応力計測という3つの異なる手法で，東北沖地震時にプレート境界断層は非常にすべりやすかったという同じ結論が得られたのである．

　JFASTにより，東北沖地震時にプレート境界断層浅部が大きくすべり，その結果巨大津波が発生したのは，地震時の断層における摩擦抵抗が非常に低いためであることが明らかとなった．また，地震時の断層強度低下機構を解明したことで，成果を他のプレート沈み込み帯における浅部巨大地震性すべりや巨大津波発生ポテンシャル評価に適用することが可能となった．

まとめ

　これまでのNanTroSEIZEとJFASTの掘削成果をまとめると，以下のとおりである．
(1) 東北沖地震および南海トラフにおいて，断層浅部にまで地震破壊が伝播した際の痕跡（摩擦熱の発生）をとらえることに成功した．
(2) プレート境界断層浅部で地震性すべりが起こる成因を明らかにし，津波発生機構の理解や震源域再考に貢献した．

　今後，NanTroSEIZEでは超深度ライザー掘削による南海トラフ巨大地震固着域掘削が，日本海溝ではJTRACK（Tracking Tsunamigenic Slips Across and Along the Japan Trench）による津波地震発生域掘削が計画されている．海溝型地震の包括的理解に向け，これらの掘削実現が強く望まれるところである．

引用文献

Chester, F. M. et al. (2013) Structure and composition of the plate-boundary slip-zone for the 2011 Tohoku-Oki earthquake. *Science*, **342**, 1208-1211, doi:10.1126/science.1243719.

Fulton, P. M. *et al.* (2013) Low coseismic friction on the Tohoku-Oki fault determined from temperature measurements. *Science*, **342,** 1214-1217, doi:10.1126/Science.1243641.

Kameda, J. *et al.* (2015) Pelagic smectite as an important factor in tsunamigenic slip along the Japan Trench. *Geology*, **43**, 155-158, doi:10.1130/G35948.1.

Lin, W. *et al*. (2013) Stress state in the largest displacement area of the 2011 Tohoku-Oki earthquake. *Science*, **339**, 687-690, doi:10.1126/Science.1229379.

Sakaguchi, A. *et al.* (2011) Seismic slip propagation to the updip end of plate boundary subduction interface faults: Vitrinite reflectance geothermometry on Integrated Ocean Drilling Program NanTro SEIZE cores. *Geology*, **39**, 395-398, doi:10.1130/G31642.1.

Sibson, R. H. (1973) Interactions between temperature and pore-fluid pressure during earthquake faulting and a mechanism for partial or total stress relief. *Nat. Phys. Sci.*, **243**, 66-68.

Ujiie, K. and Tsutsumi, A. (2010) High-velocity frictional properties of clay-rich fault gouge in a megasplay fault zone, Nankai subduction zone. *Geophys. Res. Lett.*, **37**, L24310, doi:10.1029/2010GL046002.

Ujiie, K. and Kimura, G. (2014) Earthquake faulting in subduction zones: insights from fault rocks in accretionary prisms. *Prog. Earth Planet. Sci.* **1**, 1-30, doi:10.1186/2197-4284-1-7.

Ujiie, K. *et al.* (2013) Low coseismic shear stress on the Tohoku-Oki megathrust determined from laboratory experiments. *Science*, **342**, 1211-1214, doi:10.1126/science.1243485.

Yamaguchi, A. *et al.* (2011) Progressive illitization in fault gouge caused by seismic slip propagation along a megasplay fault in the Nankai Trough. *Geology*, **39**, 995-998, doi:10.1130/G32038.1.

15 海嶺と大洋底

15.1 はじめに

　大西洋中央海嶺（Mid-Atlantic Ridge；MAR）に代表される海底拡大系（seafloor spreading system）は，海洋底の大構造を形成しており，過去半世紀以上にわたって科学的な研究の対象となってきた．海底拡大系は，海洋プレート（oceanic plate）の生産の場として，地球全体の火成活動の大部分を担っており，また，地球内部からの熱発散の場として固体地球の発達史の中で重要な役割を占めてきた．海底拡大系における噴火・熱水活動や熱交換は，海洋・大気の大循環や地球システム全体の物質循環，さらには，生物の進化に対しても重要な影響を与えてきたと考えられている．海底拡大系の理解は，地球システムの理解への重要なステップの1つである．

15.2 海嶺のさまざまな特徴の拡大速度依存性

　地形・地殻構造・組成などの海底拡大系の諸性質が，海底拡大速度に依存している，ということは海嶺研究者の一般的な認識である．最も基本となる地形について見てみると，海底拡大系は拡大軸のずれの大きさや連続性に基づいて1次から4次までの地形的セグメント（segment）に分類されている（Macdonald et al., 1991）．これらの地形的セグメンテーションに対応して，重力異常・地殻構造・リソスフェア物質（lithospheric material）の組成などが密接に対応している．ここではMacdonald et al.（1991）の定義に従って，両側拡大速度（full spreading rate）6 cm/年を基準として，それより速い海嶺を高速拡大海嶺（fast spreading ridge），それより遅い海嶺を低速拡大海嶺（slow spreading ridge）として，具体的な特徴を概観する（表15.1）．

15.2.1 高速拡大海嶺

　高速拡大海嶺の1次の地形的セグメントは長さが300〜900 kmでトランスフォーム断層（transform fault）や伝播性拡大軸（propagating rift）で境され，2次のセグメントは長さが50〜230 kmで重複性拡大軸（overlapping spreading center；OSC）で境される．3次と4次のセグメントは，より規模の小さな重複性拡大軸などで境される．1980年代初頭までは，主にオフィオライト（ophiolite）の研究にもとづき，拡大軸下の地殻構造に巨大なマグマ溜まり（magma chamberまたはmagma reservoir）の存在を想定したモデルが支配的であった（Pallister and Hopson, 1981など）．しかし，1980年代後半になって，マルチチャンネル反射法地震探査（multi-channel reflection seismic survey）にもとづいて，拡大軸下の新しい地殻構造モデルが提案された（Sinton and Detrick, 1992）．それによれば，巨大なマグマ溜まりは拡大軸下には存在せず，高速拡大海嶺の拡大軸下のマグマ溜まりは海底下1〜2 kmに，幅1〜2 km，厚さ数10〜数100 mの薄いメルトレンズ（melt lens）と，結晶とメルトの混合体（いわゆる結晶粥（crystal mush））であるマッシュ帯（mush zone）で構成されているとされた（図15.1）．1996年から1997年にかけて実施されたMELT（Mantle ELectromagnetic and Tomography）実験では，海嶺下のメルトの分布を明らかにすることを目的として，東太平洋海膨（East Pacific Rise；EPR）において，大規模な屈折法地震探査（refraction seismic survey）と電磁気探査（electromagnetic survey）が実施された（Forsyth and Chave, 1994）．その結果，EPRの拡大軸を境として東西で地球物理学的特徴に強い非対称性が見いだされた（Conder et al., 2002）．たとえば，メルトの分布を示すと解釈される高い電気伝導度領域が拡大軸の西方に広がっているのに対し，東方では低い電気伝導度

表15.1 海嶺のセグメンテーション（Macdonald et al., 1991；Sinton and Detrick, 1992；Lin et al., 1990；Canales et al., 2012；Singh et al., 2006に基づく）

	高速拡大海嶺	低速拡大海嶺
典型例	東太平洋海膨	大西洋中央海嶺
両側拡大速度	6 cm/年以上	2～6 cm/年
セグメントの長さ(km)		
1次セグメント	600±300	400±200
2次セグメント	140±90	50±30
3次セグメント	50±30	15±10(？)
4次セグメント	14±8	7±5(？)
セグメント境界		
1次セグメント	トランスフォーム断層，大型伝播性拡大軸	トランスフォーム断層，大型伝播性拡大軸
2次セグメント	重複性拡大軸	非トランスフォーム不連続
3次セグメント	重複性拡大軸	火山間のギャップ
4次セグメント	デバル*，拡大軸の小規模なズレ	火山内のギャップ
マグマ溜まりの存在	定常的に存在（拡大軸翼部にも存在）	非定常的
Bull's Eye Anomaly	存在しない	2次セグメントに存在

*Deval = DEViations from Axial Liniarity

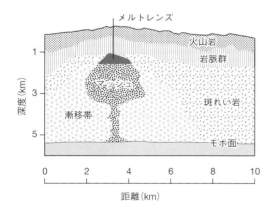
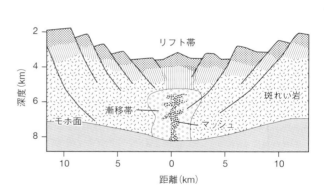

図15.1 海嶺下のマグマ溜まりのモデル（Sinton and Detrick, 1992）
左：高速拡大海嶺の模式モデル．拡大軸直下に定常的なメルトレンズが存在する．右：低速拡大海嶺の模式モデル．海嶺軸直下にはメルトレンズは定常的には存在せず，小規模なマッシュ帯（mush zone）が点在する

領域となっている（Evans et al., 1999）．この非対称性の原因として，太平洋スーパースウェル（Pacific superswell）からの高温物質の流入が示唆されている（Conder et al., 2002）．その後，RIDGE2000計画の下，2008年にEPRにおいて3次元マルチチャンネル反射法地震探査が実施された．同計画では，EPRの拡大軸下のメルトレンズの存在が確認されたとともに，拡大軸翼部（off-axis）下にもメルトレンズが存在することが確認された（Canales et al., 2012）．EPRでは，拡大軸翼部で噴出した溶岩（および溶岩地形）の存在

が古くから知られていたが（Perfit et al., 1994など），最新の3次元マルチチャンネル反射法地震探査によって，それらが拡大軸翼部メルトレンズ（off-axis melt lens）から供給されていることが確からしいこととなった．

15.2.2 低速拡大海嶺

低速拡大海嶺の1次の地形的セグメントは長さが200〜600 kmでトランスフォーム断層で境され，2次のセグメントは長さが20〜80 kmで非トランスフォーム境界（non-transform discontinuity）で境される．3次と4次のセグメント境界は，火山地形の小規模な間隙（gap）などである．Sinton and Detrick (1992) の地殻構造モデルでは，MARで代表される低速拡大海嶺では，拡大軸下に定常的なマグマ溜まりは存在せず，小規模なマッシュ帯が点在するとされた（**図15.1**）．低速拡大海嶺では，断裂帯や拡大軸の一部（後述する海洋コアコンプレックスを参照）にマントル物質である蛇紋岩化したかんらん岩（serpentinized peridotite）が露出していることが知られていた（たとえば，Dick, 1989）．この事実は，低速拡大海嶺では，マグマ溜まりが非定常的で小規模なために，プレート拡大による地殻の伸長を補うだけの十分な量のマグマを供給できず，地表にマントルが露出することになったと理解できる（Cannat, 1993）．フリーエア異常（free-air anomaly）から地形の影響を補正し，地殻の厚さを一定と仮定して（一般的には6 kmと仮定する）計算したマントルブーゲー重力異常（mantle Bouguer anomaly）は，モホ面深度の分布を表すものである．MARでは2次セグメントの中央でマントルブーゲー異常が特徴的に低くなることが観測され（すなわちモホ面深度が深い），2次セグメントの端を合わせ全体として「牛の目（Bull's Eye）」状のマントルブーゲー異常の分布を示すことが報告された（Bull's Eye anomaly ; Lin et al., 1990）．これは，2次セグメントの中央では熱いマントルがダイアピル（diapir）状に上昇しているためであるとされた．大規模な海底熱水系が存在しているMARのLucky Strike segmentでは，2005年にマルチチャンネル反射法地震探査が実施され，拡大軸下にマグマ溜まりが存在すると解釈された（Singh et al., 2006）．Sinton and Detrick (1992) の地殻構造モデルでは，低速拡大海嶺では，定常的なマグマ溜まりは存在しないとされていたが，2次セグメントの中央に位置する海底熱水系の下では，マグマ溜まりが存在するようである．

15.2.3 超低速拡大海嶺

海洋リソスフェアの理解は，主に低速拡大海嶺であるMARと，高速拡大海嶺であるEPRの両者をエンドメンバー（end member）とする研究によって進展してきた．しかし，近年の重点研究分野の1つは，マグマ生産率が低く，部分溶融を受けていない海洋最上部マントルの特徴が知りえると期待される超低速拡大海嶺（ultra-slow spreading ridge）である．

Dick et al. (2003) は，南西インド洋海嶺（Southwest Indian Ridge）と北極海のガッケル海嶺（Gakkel Ridge）の調査結果にもとづいて，両側拡大速度が1.2 cm/年以下のものを狭義の超低速拡大海嶺と定義した．地形的にはトランスフォーム断層が存在せず，マグマ性セグメント（magmatic segment）と非マグマ性セグメント（amagmatic segment）が隣り合う形態を取っている．トランスフォーム断層が存在しないため，Dick et al. (2003) はそれらのセグメントを「スーパーセグメント（super-segment）」と名づけた．マグマ性セグメントは，通常の低速拡大海嶺と同様に，マグマの噴出によって海洋地殻が形成されるセグメントである．非マグマ性セグメントは，超低速拡大海嶺を特徴づけるものであり，ここでは海洋地殻第3層が存在せず，マントルかんらん岩が直接露出している．

15.3 海嶺における火成活動

中央海嶺玄武岩（mid-oceanic ridge basalt；MORB）は上部マントルで生成した初生マグマ（primary magma）であり，比較的均一な化学組成をもっており大部分が比較的未分化で，液相濃集元素（incompatible element）に枯渇したソレアイト質玄武岩（tholeiitic basalt）である．Klein and Langmuir (1987) は，MORBの主成分組成が海嶺の水深と正の相関があることを示した．彼女たちは低圧での結晶分化の影響を取り除くため，MgO含有量＝8 wt%で規格化したMORBの組成（Na_8，Fe_8などと表現する）を地域ごとに平均したうえで海嶺軸の水深に対してプロットし，海嶺の水深値や地殻の厚さと相関があることを示した（**図15.2**）．たとえば，水深の浅い海嶺のMORBは，Na_8に乏しく，Fe_8に富む．Na_2O含有量は液相濃集元素であるため融解度に反比例し，FeOは融解時の圧力が高いほどメルトに濃集する（Klein and Langmuir, 1989）．すなわち，メルトの生成量が多く厚い地殻を作る場合は，海嶺の水深とメルト中のNa_2Oが少なくFeOが多くなることを示しており，融解度が大きい場合は融解圧力が高いという定性的な関係を示してい

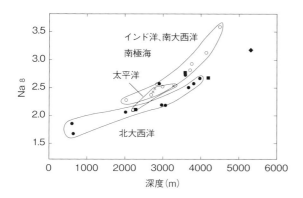

図15.2 MORBの主要成分（Na_8）と海嶺の水深との正の相関（Klein and Langumir, 1987）

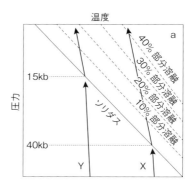

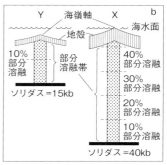

図15.3 中央海嶺下のメルト発生のメカニズム（Klein and Langumir, 1989）

マントルポテンシャル温度の高い海嶺（X）は，より深い部分でソリダスを通過するため，アセノスフェリックマントルの融解柱が長くなる．その結果，マントルポテンシャル温度の低い海嶺（Y）に比べ，より多くのメルトが発生し，海嶺の水深は浅く，地殻は厚くなる

る．このような地域ごとのMORBの組成は，第一義的には拡大速度の相違ではなく，マントルポテンシャル温度（mantle potential temperature）の相違によって説明されるとされた（McKenzie and Bickle, 1988）．これは，マントルポテンシャル温度の大きな海嶺では，より深い部分からアセノスフェリックマントル（asthenospheric mantle）が融解し，より幅広い圧力下でより多くのマグマが発生するため（言い換えると，部分融解領域，すなわちアセノスフェリックマントルの融解柱が長いため），地殻が厚く，海嶺の水深は浅く，メルトのNa_8含有量は低くなると説明された（図15.3；Klein and Langmuir, 1989）．

一方，Niu and Hekinian（1997）は，低速拡大海嶺と高速拡大海嶺の海洋底かんらん岩（後述）とMORBの組成をコンパイル（compile）し，上部マントルの枯渇度（degree of depletion）と海嶺の拡大速度に明瞭な正の相関関係があることを示した．これにより，マントルポテンシャル温度の相違による海嶺下のメルト発生の議論に異を唱えた．彼らは，Klein and Langmuir（1987, 1989）をはじめとする液相濃集元素であるNa_8を用いた議論が危険であることを指摘し，むしろMORBのAl_8やCa_8/Al_8が拡大速度に依存していることを示した．彼らは，拡大速度が大きくなるほどマントル上昇速度が速くなるため，熱伝導による冷却効果がより効きにくくなり，アセノスフェリックマントルの融解柱がより浅所まで広がり，その結果，部分融解度が高くなると主張した．海嶺下のメルトレンズの存在する深度についても，拡大速度依存性が指摘されており，拡大速度が増大するにつれメルトレンズの深度が浅くなるとされた（Purdy et al., 1992；Phipps Morgan and Chen, 1993）．

厚さ4〜5kmに達する海洋地殻第3層は，斑れい岩（gabbro）で構成されているが，その形成メカニズムについては未だ共通した見解が出されていない．これまでに2つのエンドメンバーモデルが提案されている（Maclennan et al., 2004によるまとめを参照）．1つは，マントルから分離したメルトが地殻浅部のメルトレンズに直接供給され，メルトレンズ中で斑れい岩の晶出が発生するが，同時にその晶出が下方および側方へ移動することで下部地殻を形成するというGabbro Glacierモデルである．もう1つは，メルトが上昇中に複数のシル（岩床：sill）として貫入・固結し，斑れい岩からなる下部地殻を形成するというMany Sillsモデルである．

15.4 海洋底かんらん岩と海洋コアコンプレックス

低速拡大海嶺の多くの断裂帯と高速拡大海嶺の一部の断裂帯などから，蛇紋岩化したかんらん岩の産出が知られており，「海洋底かんらん岩（abyssal peridotite)」と呼ばれている（Dick and Bullen, 1984；Michael and Bonatti, 1984；Dick, 1989；Francheteau et al., 1990）．背弧海盆拡大軸では，フィリピン海のパレスベラ海盆（Parece Vela Basin）とマリアナトラフ（Mariana Trough）からも海洋底かんらん岩の産出が知られている（Bogdanov, 1977；Ohara et al., 2002, 2003）．海洋底かんらん岩のほとんどは，MORBマグマが始源マントルから抜けた後の融け残りかんらん岩（残留岩（restite））であると考えられている．海洋底かんらん岩の組成とテクトニックセッティング（tectonic setting）に相関があることは古くから知られていた（Dick and Bullen, 1984；Michael and Bonatti, 1984；Bonatti and Michael, 1989）．EPRの下部地殻・上部マントルが露出していると考えられているヘスディープ（Hess Deep）の海洋底かんらん岩が取得されると，MARの海洋底かんらん岩が比較的Alに富む肥沃な組成（enriched composition）を示すのに対し，ヘスディープではAlに乏しくCrに富む枯渇した組成（depleted composition）を示し（Niu and Hekinian, 1997），海洋底かんらん岩の組成の拡大速度依存性が示唆されている（Hellebrand et al., 2001）．

1990年代後半から海底拡大系の調査が進展するにつれて（すなわち，地形マッピングのカバー率がほぼ100％に近い箇所が増えるにつれて），「海洋コアコンプレックス（oceanic core complex）」と呼ばれる構造の報告が低速拡大海嶺を中心に，世界の海洋底からなされてきている（Cann et al., 1997；Tucholke et al., 1998；Ohara et al., 2001；Blackman et al., 2009, Escartín and Canales, 2011）．海洋コアコンプレックスは，テクトニックな伸張場にある海底拡大系において，低角正断層（デタッチメント断層（detachment fault））が発達し，断層下盤に下部地殻や上部マントルが海底面に露出している構造である．海洋コアコンプレックスは，拡大方向に平行な畝（コルゲーション（corrugation））地形をともなうドーム状の形態をなし（口絵15），地形的な特徴を強調してメガムリオン（megamullion）と呼称される場合もある．一方，超低速拡大海嶺の非マグマ性セグメントは，Cannat et al. (2006) によって「スムーズ海底（smooth seafloor）」と命名された，コルゲーションをもたない平坦な海底により，かなりの部分が構成されていることが明らかになってきた．スムーズ海底では，主にかんらん岩が露出している．海洋コアコンプレックスやスムーズ海底の存在は，海底拡大系の拡大プロセスが，マグマによる海洋地殻の生成のみではなく，断層運動によっても担われていることを示している．Escartin et al. (2008) は，MARの北緯12度30分から北緯35度の範囲の約半分においてデタッチメント断層の活動が見られる，としている．

海洋コアコンプレックスの構造・形成過程を明らかにすることによって，海洋リソスフェアの理解を深めようとする研究の動きが活発であり，2004年から2005年にかけて，IODP Expedition 304/305において，MARの中で最も調査の進んでいる海洋コアコンプレックスであるアトランティスマシッフ（Atlantis Massif）の掘削が実施された（Blackman et al., 2011）．その後，2012年にはIODP Expedition 340Tにおいてアトランティスマシッフの検層が実施された（Blackman et al., 2013）．地震波探査の結果にもとづく予想では，アトランティスマシッフは蛇紋岩（serpentinite）で構成されており，岩体内部内の「蛇紋岩化フロント（serpentinization front）」を掘進し，新鮮なかんらん岩を採取することが掘削の目標であった．しかし，U1309D孔における約1,415mにわたる掘削の結果，蛇紋岩は極わずかに採取されたのみであり，アトランティスマシッフは大部分が斑れい岩で構成されていることが明らかとなった．これらの結果にもとづき，「通常はマグマに乏しい海底において，マグマ活動が活発な時期に貫入した斑れい岩が核を形成し，その核の周辺を蛇紋岩の鞘が取り囲んでいる構造をしている」という海洋コアコンプレックスの形成モデルが提唱された（Ildefonse et al., 2007）．超低速拡大海嶺である南西インド洋海嶺の海洋コアコンプレックスであるアトランティスバンク（Atlantis Bank）は1987年のODP Leg 118と1997年のODP Leg 176，1999年のODP Leg 179で掘削され，特にLeg 118とLeg 176では735B孔を1,508m掘削し，斑れい岩の長大なセクションが取得された（Dick et al., 2000）．なお，ODPの掘削が実施された当時は，アトランティスバンクは，海洋コアコンプレックスであるとは認識されていなかった．2015年から2016年にかけて，アトランティスバンク下のモホ面貫通を目的として，IODP Expedition 360においてアトランティスバンクが掘削されたが，モホ面の貫通はならなかった．

15.5 海底熱水系

19世紀末から紅海において，20℃程度の塩分に非常に富んだ海水の存在が知られていた（Miller et al., 1966）．1965年には，紅海リフト（Red Sea Rift）の中軸部から，55℃に達する塩分に非常に富んだ海水と，Fe・重金属に富んだ堆積物が採取され，海底熱水活動（submarine hydrothermal activity）の可能性が示唆されていた（Miller et al., 1996）．その後，1977年にガ

ラパゴスリフト (Galapagos Rift) において，世界初の海底熱水系が発見された (Corliss et al., 1979). それ以来，約30年の間に，世界の中央海嶺系のみならず，背弧海盆拡大系 (back-arc spreading system) や島弧域 (island arc system) でも海底熱水系が発見され，海底熱水活動の地球規模での分布やその成因についての理解が進んできている．2000年には，これまで海底熱水系の存在が知られていなかったインド洋のロドリゲス三重会合点 (Rodrigues Triple Junction) において，インド洋では初めての海底熱水系となるかいれいフィールド (Kairei Field) が日本チームによって発見された (Gamo et al., 2001). 熱水は海水と海洋地殻が反応することによって生じ，その組成は海水の組成，反応した岩石の組成と構造（亀裂の有無など），熱源の深度や大きさに依存する．また，熱水と海水が反応することによって，ブラックスモーカーチムニー (black-smoker chimney) などの硫化物の沈殿物を形成する．また，熱水系に生存する生物群集は，太陽光（光合成；photosynthesis) に依存せず，地球内部から湧出するエネルギー源に基づいた化学合成 (chemsynthesis) に依存している．これらの生物群集を理解するための新しい学際的分野として geobiology が最近大きな注目を集めている．

2000年までに知られていた海底熱水系は，マグマを熱源とするものであった．しかし，アトランティスマシッフの南側斜面に，蛇紋岩にホストされたメタン (methane) と水素 (hydrogen) に富んだ低温 (40〜75℃) のアルカリ性の海底熱水系が発見され，ロストシティフィールド (Lost City Field) と命名された (Kelley et al., 2001). アルカリ性熱水系 (alkaline hydrothermal system) の理解は，海洋の化学バジェット (chemical budget) の見積もりや，生物圏の進化過程の解明にも重要なものである．

15.6 海洋地殻深度掘削とモホール計画

海洋地殻の構成に関する研究の初期には，海洋底を構成する岩石の直接的な採取が困難であったため，地震学的手法とオフィオライトから推定する方法が取られた．海洋地殻の構成は，オフィオライト層序であるとみなされ，上位から玄武岩溶岩層，シート状岩脈群，塊状斑れい岩・層状斑れい岩，モホ遷移帯，上部マントル，という成層構造をなしていると考えられた．このモデルの実体を確認できる唯一の方法は海洋地殻深度掘削のみである．

1961年にモホール計画 (Project Mohole) によって，メキシコ・ガダルーペ沖 (off Guadalupe) の太平洋の海洋地殻基盤である玄武岩が採取された．モホール計画は，資金難などのため1966年に中止されたが，その後の深海掘削計画 (DSDP, IPOD, ODP, IODP) へと引き継がれることとなった．DSDP以降，2005年のIODPまで海洋底に掘削された孔のうち，1,000 m以上の掘削が達成されたものは，コスタリカリフト (Costa Rica Rift) の504B孔 (2,111 m), アトランティスバンクの735B孔 (1,508 m), アトランティスマシッフのU1309D孔 (1,415 m), ココスプレート (Cocos Plate) の1256D孔 (1,507 m) である (Dick et al., 2006). このうち，「21世紀モホール」を目指して掘削された1256D孔について紹介する．

1256D孔は，超高速拡大海嶺であるEPR（両側拡大速度22 cm/年）で生産された15 Maのココスプレートにおいて，2002年にODP Leg 206として着手され，2005年のIODP Expedition 309および312の計3回の航海により掘削された．IODP Expedition 309および312では，人類初の快挙として最上部の溶岩層からシート状岩脈群 (sheeted dike complex) を貫通し，海底下1,407 mにおいて斑れい岩層との遷移層まで到達し，1,507 mまで掘進された (Wilson et al., 2006). なお，地震学的なデータでは，この遷移層はまだ海洋地殻第2層中にあり，海洋地殻第3層には達していないようである．この海底下1,407 mという浅い斑れい岩層の出現深度は，地震学的に示された拡大速度と地震波低速度領域深度の負の相関，すなわち拡大速度が速いほど海嶺下のメルトレンズの深度が浅くなるという予測 (Purdy et al., 1992; Phipps Morgan and Chen, 1993) に調和的である．その後，より深部の集積岩としての斑れい岩層に到達することを目的として，2011年に IODP Expedition 335が実施され，1256D孔がさらに掘進された (Teagle et al., 2012). すなわち，1256D孔では計4回の掘削航海が達成されたこととなった．しかし，IODP Expedition 335では掘削が難航し，わずか約15 mしか掘進できなかった．

IODPでは，海洋地殻の形成と進化を明らかにするため，海洋地殻を貫通し上部マントルに達する「21世紀モホール」を科学計画における目標の1つに掲げている．日本がリードして2012年にIODPへ提案したM2M (Mohole to Mantle) プロポーザルでは，現有のテクノロジーで実現可能な「21世紀モホールサイト」の候補地は次の点を満たすべきとしている：①地殻が薄いこと（高速拡大海嶺が有利），②掘削可能な温度（冷却の進んだ15 Maよりも古い海底），③水深4,000 m以浅の海底である，④比較的単純なテクトニックセッティングであること，⑤海底地形の起伏がおだやかであること，⑥緯度が15度以上に位置すること，

⑦天候と輸送の面から便利な地点であること．現段階では，⑥を除いて，これらの要求条件のほんどの面を1256D孔は満たしており，1256D孔が「21世紀モホール」の有力候補としているが，ハワイ北方沖とメキシコ・ガダルーペ沖も冷却が進んだ海底であり，掘削候補となっている．

引用文献

Blackman, D. K., Canales J. P. and Harding, A. (2009) Geophysical signatures of oceanic core complexes. *Geophysical Journal International*, **178**, 593-613.

Blackman, D. K., Ildefonse, B. John, B. E. Ohara, Y. Miller, D. J. and 48 others (2011) Drilling constraints on lithospheric accretion and evolution at Atlantis Massif, Mid-Atlantic Ridge 30°N. *Journal of Geophysical Research*, **116**, B07103, doi: 10.1029/2010JB007931.

Blackman, D. K., Slagle, A. Harding, A. Guerin, G. and McCaig, A. (2013) IODP Expedition 340T: borehole logging at Atlantis Massif Oceanic Core Complex. *Scientific Drilling*, **15**, 31-35.

Bogdanov, N. (ed.) (Shipboard Party) (1977), Initial report of the geological study of the oceanic crust of the Philippine Sea floor: investigations by the international working group on the IGCP project "Ophiolites" (R/V Dmitry Mendeleev cruise 17, June-August 1976), Ofioliti, 2, 137-168, 1977.

Bonatti, E. and Michael, P. J. (1989) Mantle peridotites from continental rifts to ocean basins to subduction zones. *Earth and Planetary Science Letters*, **91**, 297-311.

Cannales, J. P., Tucholke, B. E. and Collings, J. A. (2004) Seismic reflection imaging of an oceanic detachment fault: Atlantis megamullion (Mid-Atlantic Ridge, 30°10'N). *Earth and Planetary Science Letters*, **222**, 543-560, 2004.

Canales, J. P., Carton, H. Carbotte, S. M. Mutter, J. C. Nedimovic, M. R. Xu, M. Aghaei, O. Marjanovic, M. and Newman, K. (2012) Network of off-axis melt bodies at the East Pacific Rise. *Nature Geoscience*, **5**, 279-283.

Cann, J. R., Blackman, D. K. Smith, D. K. McAllister, E. Janssen, B. Mello, S. Avgerinos, E. Pascoe, A. R. and Escartín, J. (1997) Corrugated slip surfaces formed at ridge-transform intersections on the Mid-Atlantic Ridge. *Nature*, **385**, 329-332.

Cannat, M. (1993) Emplacement of mantle rocks in the seafloor at mid-ocean ridges. *Journal of Geophysical Research*, **98**, 4163-4172.

Cannat, M. Sauter, D. Mendel, V. Ruellan, E. Okino, K. Escartín, J. Combier, V. and Baala, (2006) M. Modes of seafloor generation at a melt-poor ultraslow-spreading ridge. *Geology*, **34**, 605-608.

Conder, J. A., Forsyth, D. W. and Parmentier, E. M. (2002) Asthenospheric flow and asymmetry of the East Pacific Rise, MELT area. *Journal of Geophysical Research*, **107**, B12, 2344, doi:10.1029/2001JB000807.

Corliss, J. B. et al. (1979) Submarine thermal springs on the Galapagos Rift. *Science*, **203**, 1073-1083.

Dick, H. J. B. (1989) Abyssal peridotites, very slow spreading ridges and ocean ridge magmatism. *In Magmatism in the ocean basins*, edited by Saunders, A. D. and Norry, M. J. 71-105, *Geological Society Special Publication*, 42.

Dick, H. J. B and Bullen, T. (1984) Chromian spinel as a petrogenetic indicatior in abyssal and alpine-type peridotites and spatiannly associated lavas. *Contributions to Mineralogy and Petrology*, **86**, 54-76.

Dick, H. J. B., Natland, J. H. Alt, J. C. et al. (2000) A long in situ section of the lower ocean crust: results of ODP Leg 176 drilling at the Southwest Indian Ridge. *Earth and Planetary Science Letters*, **179**, 31-51.

Dick, H. J. B., Lin, J. and Schouten, H. (2003) An ultraslow-spreading class of ocean ridge, *Nature*, 426, 405-412.

Dick, H. J. B., Natland, J. H. and Ildefonse, B. (2006) Deep drilling in the oceanic crust and mantle. *Oceanography*, **19**, 72-80.

Escartín, J. and Canales, J. P. (2011) Chapman conference on detachments in oceanic lithosphere: deformation, magmatism, fluid flow and ecosystems (conference report). *EOS Transactions, AGU*, **92**, doi:10.1029/2011EO040003.

Escartín, J. Smith, D. K. Cann, J. Schouten, H. Langmuir, C. H. and Escrig, S. (2008) Central role of detachment faults in accretion of slow-spreading oceanic lithosphere. *Nature*, **455**, 790-795.

Evans, R. L. et al. (1999) Asymmetric electrical structure in the mantle beneath the East Pacific Rise at 17°S. *Science*, **286**, 752-756.

Forsyth, D. W. and Chave, A. D. (1994) Experiment investigates magma in the mantle beneath mid-ocean ridges. *EOS Transactions, AGU*, **75**, 537-544.

Gamo, T., Chiba, H. Yamanaka, T. et al. (2001) Chemical characteristics of newly discovered black smoker fluids and associated hydrothermal plumes at the Rodriguez Triple Junction, Central Indian Ridge. *Earth and Planetary Science Letters*, **193**, 371-379.

Francheteau, J., Armijo, R. Cheminee, J. L. Hekinian, R. Lonsdale, P. and Blum, N. (1990) 1 Ma East Pacific Rise oceanic crust and uppermost mantle exposed by rifting in Hess Deep (equatorial Pacific Ocean). *Earth and Planetary Science Letters*, **101**, 281-295.

Hellebrand, E., Snow, J. E. Dick, H. J. B. and Hofman, A. W. (2001) Coupled major and trace elements as indicators of the extent of melting in mid-ocean-ridge peridotites. *Nature*, **410**, 677-681.

Ildefonse, B., Blackman, D. K. John, B. E. Ohara, Y. Miller, D. J. MacLeod, C. J. and Integrated Ocean Drilling Program Expeditions 304/305 Science Party (2007) Oceanic core complexes and crustal accretion at slow-spreading ridges. *Geology*, **35**, 623-626.

Kelley, D. S. et al. (2001) An off-axis hydrothermal vent field near the Mid-Atlantic Ridge at 30°N. *Nature*, **412**, 145-149.

Klein, E. M. and Langmuir, C. H. (1987) Global correlations of ocean ridge basalt chemistry with axial depth and crustal thickness. *Journal of Geophysical Research*, **92**, 8089-8115.

Klein, E. M. and Langmuir, C. H. (1989) Local versus global variations in ocean ridge basalt composition: a reply. *Journal of Geophysical Research*, **94**, 4241-4252.

Lin, J., Purdy, G. M. Schouten, H. Sempere, J.-C. and Zervas, C. (1990) Evidence from gravity data for focused magmatic accretion along the Mid-Atlantic Ridge. *Nature*, **344**, 627–623.

Macdonald, K. C., Scheirer, D. S. and Carbotte, S. M. (1991) Mid-ocean ridges: discontinuities, segments and giant cracks. *Science*, **253**, 986-994.

Maclennan, J., Hulme, T. and Singh, S. C. (2004) Thermal models of ocenic crustal accretion: linking geophysical, geological and petrological observations. *Geochemistry, Geophysics, Geosystems*, **5**, Q02F25, doi:10.1029/2003G3C000605.

McKenzie, D. and Bickle, M. J. (1988) The volume and composition of melt generated by extension of the lithosphere. *Journal of Petrology*, **29**, 625-679.

Michael, P. J. and Bonatti, E. (1984) Peridotite composition from the North Atlantic: regional and tectonic variations and implications for partial melting. *Earth and Planetary Science Letters*, **73**, 91-104.

Miller, A. R., Densmore, C. D., Degens, E.T., Hathaway, J. C., Manheim, F. T., McFarlin, P. F., Pocklington, R. and Jokela, A. (1966) Hot brines and recent iron deposits in deeps of the Red Sea. *Geochimica et Cosmochimica Acta*, **30**, 341-359.

Niu, Y. and Hekinian, R. (1997) Spreading-rate dependence of the extent of mantle melting beneath ocean ridges. *Nature*, **385**, 326-329.

Ohara, Y., Yoshida, T. Kato, Y. and Kasuga, S. (2001) Giant megamullion in the Parece Vela backarc basin. *Marine Geophysical Researches*, **22**, 47-61.

Ohara, Y., Stern, R. J. Ishii, T. Yurimoto, H. and Yamazaki, T. (2002) Peridotites from the Mariana Trough: first look at the mantle beneath an active backarc basin. *Contributions to Mineralogy and Petrology*, **143**, 1-18.

Ohara, Y., Fujioka, K. Ishii, T. and Yurimoto, H. (2003) Peridotites and gabbros from the Parece Vela backarc basin: unique tectonic window in an extinct backarc spreading ridge. *Geochemistry, Geophysics, Geosystems*, **4**, 8611, 10.1029/2002GC000469.

Pallister, J. S. and Hopson, C. A. (1981) Samail ophiolite plutonic suite: field relations, phase variation and layering and a model of a spreading ridge magma chamber. *Journal of Geophysical Research*, **86**, 2593-2644.

Perfit, M. R., Fornari, D. J. Smith, M. C. Bender, J. F. Langmuir, C. H. and Haymon, R. M. (1994) Small-scall spatial and temporal variations in mid-ocean ridge crest magmatic processes. *Geology*, **22**, 375-379.

Phipps Morgan J. and Chen, Y. J. (1993) Dependence of ridge-axis morphology on magma supply and spreading rate. *Nature*, **364**, 706-708.

Purdy, G. M., Kong, L. S. L. Christeson, G. L. and Solomon, S. C. (1992) Relationship between spreading rate and the seismic structure of mid-ocean ridges. *Nature*, **355**, 815-817.

Singh, S. C., Crawford, W. C. Carton, H. *et al.* (2006) Discovery of a magma chamber and faults beneath a Mid-Atlantic Ridge hydrothermal field. *Nature*, **442**, 1029-1032.

Sinton, J. and Detrick, R. S. (1992) Mid-ocean ridge magma chambers. *Journal of Geophysical Research*, **97**, 197-216.

Teagle, D. A. H., Ildefonse, B. Blum, P. and the IODP Expedition 335 Scientists (2012) IODP Expedition 335: deep sampling in ODP Hole 1256D, *Scientific Drilling*, **13**, 28-34.

Tucholke, B., Lin, J. and Kleinrock, M. (1998) Megamullions and mullion structure defining oceanic metamorphic core complexes on the Mid-Atlantic Ridge. *Journal of Geophysical Research*, **103**, 9857-9866.

Wilson, D. S. *et al.* (2006) Drilling to gabbro in intact ocean crust. *Science*, **312**, 1016-1020.

16 固体地球のサイクルと表層との相互作用

16.1 マグマ活動の地球進化における役割

固体地球を構成する物質が何らかの要因で融解するとマグマが発生する．現在の地球においても，プレート発散境界（海嶺など），プレート収束境界（沈み込み帯など），プレート内部（ホットスポット（hot spot）など）で活発なマグマ活動が認められること，また，誕生間もない地球では，大規模な融解が起こりマグマの海が広がっていたことを考えると，マグマ活動が地球の進化に大きく貢献してきたことは想像に難くない．ここでは，地球史における大事件である「大陸誕生」と「地球システム変動」における，マグマ活動の役割を理解するための研究目標を解説する．

16.2 海洋島弧における大陸地殻の形成

16.2.1 大陸地殻の特徴

大陸地殻は固体地球のわずか0.4%の体積を占めるにすぎないが，それがマントルおよび海洋地殻と異なる化学組成を有し（**表16.1**），さらには軽元素の貯蔵庫であるがゆえに，大陸地殻の成因を明らかにすることは，固体地球の進化・分化過程を理解するうえで必要不可欠である．

大陸地殻（continental crust）は平均すると，SiO_2含有量60 wt%程度であり，「中間組成」を有している（**表16.1**）．火山岩では安山岩（カルクアルカリ（calc-alkari）安山岩），深成岩では閃緑岩～トーナル岩と分類されるものである．この合意は，①大陸地殻の地震波速度構造とさまざまな岩石に対する地震波速度測定

表16.1 地殻マントルの化学組成

	大陸地殻						海洋地殻	マントル
	A	B	C	D	E	F	G	H
SiO_2 wt%	63.92	57.14	64.51	62.74	62.38	60.05	48.36	44.72
TiO_2	0.61	0.90	0.71	0.69	0.91	0.71	0.88	0.16
Al_2O_3	16.28	15.86	15.11	15.40	14.86	16.06	16.97	3.61
FeO*	4.96	9.07	5.72	5.78	6.89	6.71	9.41	8.14
MnO	0.08	0.18	0.09	0.10	0.10	0.11	0.18	0.12
MgO	2.83	5.29	3.22	3.77	3.13	4.47	10.47	39.43
CaO	4.75	7.38	4.76	5.61	5.76	6.50	11.11	3.46
Na_2O	4.25	3.09	3.36	3.26	3.64	3.25	2.49	0.30
K_2O	2.12	1.10	2.39	2.45	2.12	1.93	0.07	0.02
P_2O_5	0.19	0.00	0.14	0.18	0.20	0.20	0.06	0.03

A: Weaver and Tarney, 1984, B: Taylor and Mclennan, 1985, C: Saw et al., 1986, D: Wedepol, 1995, E: Christensen and Mooney, 1995, F: Rudnick and Fountain, 1995, G: Sun et al., 1979. H: Takahashi et al., 1986.
FeO*はFeOに換算した全鉄を表す（FeO* = FeO + $0.9 \times Fe_2O_3$）．

実験データとの比較，②プレート衝突帯に露出する大陸地殻断面の解析，③陸源堆積物の解析，などから導かれたものである．

16.2.2 大陸地殻成因論におけるジレンマ

中間組成の火成岩は，現在の地球では沈み込み帯マグマ活動において特徴的に生産されるものであり，この事実に基づいて，大陸地殻は過去の沈み込み帯で形成された，と考えられている．しかし，ここで大陸地殻成因論は大きなジレンマを抱えることとなる．なぜならば，現在の沈み込み帯において，上部マントル（upper mantle）で生産される初生マグマの大部分は玄武岩質であるために，①玄武岩質マグマから中間組成の地殻を導くメカニズムが必要であり，さらに，②余分なマフィック成分を地殻から取り去るメカニズムが必要である．一方，沈み込むプレートの融解が起こるような特異な熱的条件下では，安山岩質の初生マグマ（高Mg安山岩マグマ）がマントルで生成される場合もあり，この過程が大陸地殻形成の主要なメカニズムであると考えると，上記のジレンマは大部分解消する．しかし，大陸地殻を構成する岩石の中に，現在の沈み込み帯に比べて特に高Mg安山岩質岩石が多量に存在するわけではない．この理由から，初生安山岩説は分が悪い．

16.2.3 大陸は海で誕生した？

大陸地殻の主要形成の場である沈み込み帯は，大陸弧と海洋島弧に区分される．両者はその分布域のみならず，火山岩の化学組成にも系統的な違いが認められる．前者では，カルクアルカリ質の中間組成〜珪長質火山岩が多量に認められるのに対して，後者ではソレアイト質のマフィックな火山活動が特徴的である．すなわち，現在の地球では，全大陸地殻に類似した組成の火山活動は，大陸地殻の存在する場所で認められる．ここでもまた，大陸地殻形成論はジレンマに陥る．どのようなメカニズムで，既存の大陸地殻は作られたのであろうか？

このジレンマを解決する糸口を与えたのは，伊豆弧で実施された，稠密構造探査（Suyehiro et al., 1996）である．この探査は，安山岩質の火山が稀にしか存在しない海洋島弧において，中間組成を有する全大陸地殻と同一のP波速度（約6km/秒）を示す中部地殻が，島弧地殻の約25%を占めることを明らかにした．海洋島弧では，安山岩の火山は稀であるが，地殻内で多量のトーナル岩が生産・蓄積されている可能性が高いのである．禅問答のようであるが，大陸は海で形成された可能性がある．その後，この特徴的な島弧中部地殻の存在は，伊豆－小笠原－マリアナ（IBM）弧全域で確認された（Takahashi et al., 2007；Kodaira et al., 2007）．これらの研究に刺激されて，他の海洋島弧でも同様の大規模探査が実施されつつある（たとえば，Holbrook et al., 1999）．

16.2.4 大陸地殻形成過程の解明に向けて

現時点で最も地震学的地殻マントル構造が詳細かつ包括的に明らかにされているIBM弧を，海洋島弧の典型的な例と仮定して以降の議論を進める．図16.1に，IBM火山弧直下の地殻マントルP波速度構造の特徴を模式的に示す．それらは以下の4点である：
1）6.0〜6.5km/秒中部地殻の存在
2）下部地殻最上部の稍低速度層（Vp＝6.5〜6.8 km/秒）の存在
3）高速度下部地殻（Vp＝6.8〜7.2 km/秒）の存在
4）低速度最上部マントル（Vp＝7.2〜7.6 km/秒）とマントル内反射面の存在

各層の境界，特に地殻マントル境界（モホ面）には反射面が観察される．モホ面直下のP波速度が一般的な定義（＞8km/秒）と異なるが，この境界は，背弧域の典型的モホ面と連続する地震学的境界として認識することができる．

上記の地震学的特徴は，IBM弧に産する火山岩およびIBM弧北端の島弧－島弧衝突帯に露出する地殻深部相当岩石の化学組成，最上部マントル〜地殻条件

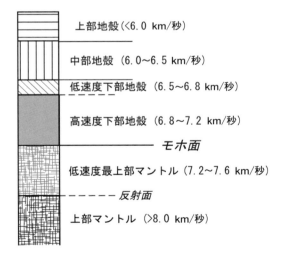

図16.1 IBM弧の地殻マントルのP波速度構造
（Suyehiro et al. (1996), Takahashi et al. (2007), Kodaira et al. (2007)）

下における部分融解・結晶分化過程，と整合的かつ定量的に理解する必要がある．このようなモデリングに基づいて推定される，上記の4つの特徴的な層構造の構成要素は：

1) 玄武岩質初期島弧地殻の部分融解で形成されたトーナル岩
2) トーナル岩質中部地殻の再融解残査
3) 残存初期島弧地殻
4) 初期島弧地殻の融解残査（中部地殻形成の残査）およびマグマ分化にともなう集積岩

である（Tatsumi *et al.*, 2008）．既存の実験データおよびその定式化に基づけば，これらの岩石が有するであろうP波速度は観測データと一致する．このモデリング結果が正しいとすれば，マフィックな地殻成分（玄武岩質地殻の融解残査）は，モホ面を通して地殻からマントルへと変移していることになる．この地殻からマントルへの物質移動は，16.2.2項で述べたジレンマを解消し，玄武岩質島弧地殻が中間組成の大陸地殻へ進化することを示している．さらに，島弧下モホ面の特性およびその成因に関して，従来の概念を再考する必要があろう．

以上述べたように，IBM弧は大陸誕生の謎を解くうえで，最適の研究対象域の1つであろう．その最大の理由は，海洋島弧で大陸地殻相当の中部地殻が形成されつつあるらしい点である．しかしながら，6km/秒というP波速度を有する岩石は，中間組成の火成岩に限られるわけではない．あくまで1つの可能性を示すにすぎない．このことを実証するには，IBM弧中部地殻の岩石を採集し検討することがほぼ唯一の方法であり，それは海底下7kmの掘削能力を有する「ちきゅう」にとって十分可能な任務である．さらにここで紹介したIBM弧の地殻マントル構造の特徴，モホ面の特性などが普遍的に海洋島弧で認められるのか否か，高精度構造探査を世界規模で展開する必要があろう．

16.3 巨大マントル上昇流と地球システム変動

16.3.1 白亜紀パルス

今から約1億年前に起こった地球システムの大変動は，白亜紀パルス（Cretaceous puls）とも呼ばれ，同時性をもったさまざまなグローバルイベント（global event）が確認されている（**図16.2**）．たとえば，海水面と気温の上昇・海水無酸素事変などの地球表層流体圏の変動，プレート収束域・拡大域・内部の火成活

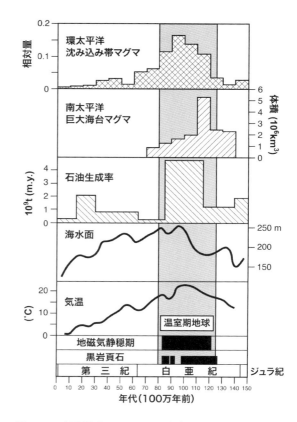

図16.2 白亜紀パルスにおける地球システム変動

動を引き起こすマントル活動の活性化，地磁気静穏期を引き起こす外核ダイナモ（outer core dynamo）の異常，などをあげることができる．白亜紀パルスにおいて，

・何がパルス発生のトリガーとなったか？
・どのように，イベントが伝搬したか？
・何がパルス終了のトリガーとなったか？

を解明することは，地球システムを理解し，その変動の将来予測を行ううえで必要不可欠であろう．

16.3.2 巨大火成岩岩石区

白亜紀パルスのトリガーとして，巨大マントル上昇流の発生を考える研究者は多い（たとえば，Larson, 1991）．巨大マントル上昇流は，1,000 km^{3}を超えるような，通常のホットスポットマグマ活動に比べて圧倒的に多量のマグマを短期間に生産し，その結果，巨大火成岩岩石区（large igneous provinces；LIPs）を形成する（**図16.3**）．海域で形成されたLIPsは，巨大海台と呼ばれる．現在の西太平洋に分布する巨大海台群（**図16.3**のオントンジャワ（Ontong Java）海台・

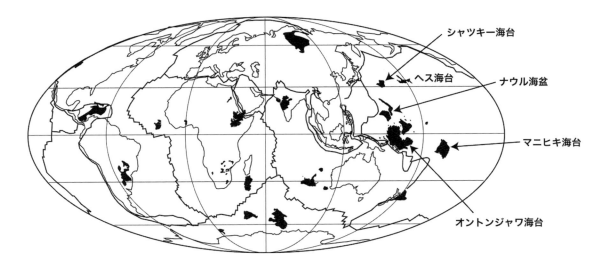

図16.3　巨大火成岩岩石区（LIPs）の分布
現在西太平洋に分布するオントンジャワ海台などのLIPsは，白亜紀パルス期に南太平洋下で起こった巨大マントルプルームの活動によって形成されたと考えられている．太線はプレート境界を示す

マニヒキ（Manihiki）海台・シャツキー海台など）は，白亜紀に南太平洋域で形成されたものであり，その活動時期が他のグローバルイベントに先行するものがあることから，白亜紀パルスの引き金であると考えられている．LIPs活動が他のイベントに先行することは，3〜3.5億年前の石炭紀パルスでも認められる（Tatsumi et al., 2000）．ただし，LIPsの活動時期の推定が，十分な信頼度をもって行われているとはいいがたい．海台そのものの火成岩に対するスポット的な年代測定のみならず，その周辺に分布する火山砕屑物を用いたマグマ活動時期の包括的推定が必要である．

一般的には，巨大マントル上昇流は，上部下部マントル境界付近に滞留するプレート物質の崩落によって引き起こされる可能性がある（たとえば，Stein and Hofmann, 1994）．しかし，白亜紀パルスにおいても同様のメカニズムが働いたかどうかは不明である．なぜならば，プレート下降流の活性化がプレート物質の崩落と連動して起こるとするならば，白亜紀の場合は，明らかに沈み込み帯の火成活動がLIPsの形成に比べてピークが遅れている（図16.3）．

巨大マントル上昇流の発生場所・上昇メカニズムについても，未解決の問題が多い．一般には核・マントル境界直上，D″層が巨大上昇流の発生域と考えられているが，LIPsマグマからそのような発生場所を示唆する化学的特徴が見いだされた例はない．さらに，D″層には落下した玄武岩質プレート物質が蓄積していると考えられるが，高密度の物質を熱膨張や融解現象を駆動力として上昇流を発生させることは困難であり，たとえば核からの軽元素の付加が必要であるが，そのような化学的証拠も見つかっていない．

16.3.3　グローバルイベントの伝搬

白亜紀パルスの最大の特徴の1つは温室期地球の存在である．この原因となる現象は，LIPsからの温室ガスの放出であると考える場合が多い．しかし，この比較的単純な因果関係を実証するためには，LIPsマグマに含まれる揮発性成分量を定量的に求め，LIPsから大気への元素移動を時間スケールも含めて定量化する必要がある．

白亜紀パルスには，黒色頁岩の広範囲な形成をともなう海洋無酸素事変（oceanic anoxic events；OAEs）が明瞭に認められる．これらの試料に対する高分解能解析によって，OAEsの特徴づけが進みつつある（Ohkouchi et al., 2006）が，LIPsの形成が認められる太平洋域の試料の解析が十分でないこと，LIPs活動とOAEs発生の因果関係を特定する方法が未熟であることなど，解決すべき課題は多い．

反転頻度の著しい低下が認められる白亜紀地磁気静穏期については，その期間はほぼ確立されたと考えられるが，その発生メカニズムを考察するうえで必要不可欠な地場強度の変動に関しては，未だ合意は得られていない．また，仮に静穏期が外核の対流の活性化に

起因するという考えを受け入れたとしても，対流活性化の原因については定量的な説明はなされていない．

引用文献

Holbrook, W. S. et al. (1999) Structure and composition of the Aleutian island arc and implications for continental crustal growth. *Geology*, **27**, 31-34.

Kodaira, S. et al. (2007) Seismological evidence for variable growth along the Izu intraoceanic arc. *J. Geophys. Res.*, **112**. doi:10.1029/2006JB004593.

Larson, R. L. (1991) Latest pulse of Earth: evidence for a Mid-Cretaceous super plume. *Geology*, **19**, 547-550.

Ohkouchi, N. et al. (2006) The importance of diazotrophic cyanobacteria as primary producers during Cretaceous Oceanic Anoxic Event 2. *Biogeosci.*, **3**, 467-478.

Stein, M. and Hofmann, A. W. (1994) Mantle plumes and episodic crustal growth. *Nature*, **372**, 63-68.

Suyehiro, K. et al. (1996) Continental crust, crustal underplating, and low-Q upper mantle beneath an oceanic island arc. *Science*, **272**, 390-392.

Takahashi, N. et al. (2007) Structure and evolution of Izu-Ogasawara (Bonin)-Mariana oceanic island arc crust. *Geology*, **35**, 203-206.

Tatsumi, Y. et al. (2000) Activation of Pacific mantle plumes during the Carboniferous: evidence from accretionary complexes in Southwest Japan. *Geology*, **28**, 580-582.

Tatsumi, Y. et al. (2008) Structure and growth of the Izu-Bonin-Mariana arc crust: II. Arc evolution, continental crust formation, and crust-mantle transformation. *J. Geophys. Res.*, **113**. doi:10.1029/2007JB005121.

トピック　プチスポット

地球上の火山の形成場として今まで知られていたものとして，以下の3つがあげられる．

1）プレートに沈み込まれる場所：日本の火山やピナツボ（Pinatubo）火山などの島弧火山（island arc），陸弧火山（continental arc）
2）プレートが形成される場所：東太平洋中央海膨，大西洋中央海嶺などの中央海嶺（mid-oceancic ridge）
3）ホットスポット：ハワイ島，イエローストーンなど

このうち1）と2）は，数や体積で地球の現在の火山の大部分を占め，プレート境界に大きくかかわっている．それら以外では，マントル深部からのマントルプルーム（mantle plume）が上昇する3）のホットスポットでしか火山は形成されないだろうと考えられていた．

ところがHirano et al.（2006）は上記どれにも当てはまらない成因で生じた新型の火山を報告した．この火山はプチスポット（petit spot）火山と命名された．火山は中央海嶺から遙か遠い1億3500万年前の三陸沖太平洋プレート海底に位置し，5～103万年前に活動している．プチスポット火山体は，長径1～2 km，比高数100 mであり，ホットスポット火山に比べて桁外れに小さい．第2章で述べたように，ほとんどの海底地形は，重力異常に基づいて「推定」されたものしかわかっておらず，このような小さなプチスポット火山を探しだすには，船舶を利用して得られる精密な海底地形図が必要である．また，最近のマルチビーム音響探査では，水深データと同時に底質も地図上にプロットできる．つまり，固い物質（たとえば，溶岩）が露出する海底が判別できる（図1）．プチスポット火山の研究グループは，まず2003年にマルチビーム音響探査を主とする航海を行い，さらに2004～2005年にはそのデータに基づいてドレッジおよび「しんかい6500」による潜航調査を行った．こうしてプチスポット火山は発見された．以降，火山の成因や周辺海域およびマントルの観測を行うため，引き続き複数の航海が実施されている．

プチスポット火山の形成時期と活動範囲や周囲のテクトニクス，および得られた溶岩試料の化学組成に基づくと，海溝でのプレートの沈み込みにより発生するプレートの屈曲が原因となってリソスフェア（lithosphere）が破壊し，それがマグマの通り道となり，海底にマグマが染み出したことが考えられる．また，マグマはリソスフェア直下のアセノスフェア（asthenosphere）から上昇してくると考えられる（Hirano et al., 2006）．アセノスフェアは，三陸沖太平洋プレートでは，海底から100 kmほど地下にあり，溶けやすい，または常に部分溶融が生じている場所と考えられている．

ホットスポット火山とプチスポット火山は，プレート境界とは無関係な要因で火山が形成されるが，これ

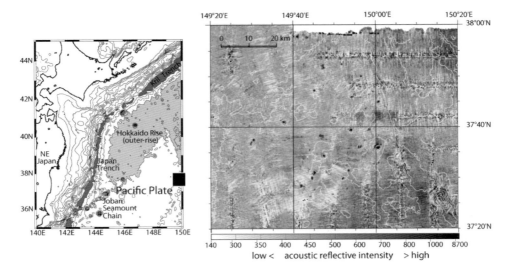

図1 マルチナロービーム探査で得られたプチスポット火山周辺の海底反射強度分布（Hirano et al., 2006）
左図の黒四角で示したエリアの反射強度分布を右図に示した．右図中の黒い部分がプチスポット火山が海底に露出する固い海底を示している

ら以外にもオフリッジ火山（off-ridge volcano または near-ridge seamounts）というものも存在していることがわかっている．このオフリッジ火山は，海洋プレートを作り出す中央海嶺の軸部の火山列とは別に，その近傍に分布する（たとえば，Batiza, 1980）．これらについては，中央海嶺軸部で噴出しなかった残存マグマに起因するという考え（Batiza & Vanko, 1984）や，プレートの引張場に沿った火山という考え（Sandwell et al., 1995）などがあるが解明されていない．また，White et al.（2006）は，プチスポットの研究と同様マルチナロービーム探査によって溶岩の分布を解析し，リソスフェアの応力に沿った火山の形成を示唆している．いずれにしてもこれらオフリッジ火山は，プレート境界には分布していないという意味で中央海嶺の火山とは区別されるものの，年代と火山の分布から活動場は中央海嶺近傍に限られるため，中央海嶺マグマやその近傍の地下の熱条件に強く依存していることは明らかであり，プチスポット火山の成因とはまったく異なる．

ところで，ホットスポット火山がマントルプルームの上昇によって形成されるという考えは80年代以降主流になっているが，マントルプルームは存在せずリソスフェアの割れ目に起因すると考える研究者がいる（http://www.mantleplumes.org/）．プチスポット火山の形成モデルは反マントルプルーム一派にとって都合が良かったため，McNutt（2006）はプチスポットのモデルをホットスポットに当てはめ拡大解釈を行った．これに対し Hofmann & Hart や Hirano & Koppers および McNutt は，激しい議論を交わした（Hofmann et al., 2007）．以上のように，プチスポット火山の発見は，地球内部構造に関する議論にまで発展している．

さらに，プチスポット火山形成モデルに基づくと，プチスポット火山と巨大地震の発生が密接なかかわりをもっている可能性を秘めている．巨大地震はこれまで，プレート境界でのみ発生していると考えられていたが，プチスポット火山形成時には，今まで知られていなかった地震のメカニズムが存在している可能性がある．

また，アセノスフェアは地震波の低速度層としてプレートの直下に存在していることが観測されていたが，この原因は溶けているからなのか，マントル鉱物の物性の変化によるものなのかわかっていなかった．プチスポット火山の存在は，このアセノスフェアに関する疑問にも1つの答えを示しているのかもしれない．

以上のように，プチスポット火山の発見により，今後マントル深部構造やアセノスフェア，さらに巨大地震のメカニズムについて新しい研究が進展するだろう．

引用文献

Batiza, R. (1980) Origin and petrology of young oceanic central volcanoes; are most tholeiitic rather than alkalic? *Geology*, **8**, 477-482.

Batiza, R. and Vanko, D. (1984) Petrology of young Pacific seamounts. *J. Geophys. Res.*, **89**, 11235-11260.

Hirano, N., Takahashi, E., Yamamoto, J., Abe, N., Ingle, S. P., Kaneoka, I., Kimura, J., Hirata, T., Ishii, T., Ogawa, Y., Machida, S. and Suyehiro, K. (2006) Volcanism in response to plate flexure. *Science*, **313**, 1426-1428.

Hofmann, A. W., Hart, S. R., Hirano, N., Koppers, A. A. P. and Mcnutt, M. (2007) Another nail in which coffin ? *Science*, **315**, 39-40.

McNutt, M. (2006) Another nail in the plume coffin? *Science*, **313**, 1394-1395.

Sandwell, D. T., Winterer, E. L., Mammerickx, J., Duncan, R. A., Lynch, M. A., Levitt, D. A. and Johnson, C. L. (1995) Evidence for diffuse extension of the Pacific plate from Pukapuka ridges and cross-grain gravity lineations. *J. Geophys. Res.*, **100**, 15087-15099.

White, S. M., Umino, S. and Kumagai, H. (2006) Transition from seamount chain to intraplate volcanic ridge at the East Pacific Rise. *Geology*, **34**, 293-296.

さくいん

あ

IRM 獲得実験　260
IODP 南海トラフ地震発生帯掘削　312
IODP 標準計測　73
アイソクロン　268, 270
アイソスタシー　34
アウターコアバレル　67
アウターバレル　57
アーカイブハーフ　8, 53, 70
アクチノ閃石　148
アジアモンスーン　319
亜硝酸　234, 240
足助剪断帯　191
アスファルトサンド　104
アセノスフェア　146, 293, 361
圧縮強度　310
圧縮指数　273
圧密　79, 271
圧密曲線　273
圧密作用　102
圧密試験装置　272
圧密リング　272
圧力　179, 271
圧力コアリングツール　117
圧力媒体　277
圧力溶解　79, 191
圧力溶解劈開　185
アトランティスバンク　352
アトランティスマッシフ　352
アノーソサイト質　136
アパタイト　296
アメーバ状　171
アラスカ海流　326
アラスカ大地震　341
あられ石　102, 154
亜粒界　145
アリューシャン海流　326
アルカリ角閃石　151
アルカリ輝石　150
アルカリ性熱水系　353
アルケノン　229, 320
RGB 値　199
アルバイト　131
Alvin 号　43
アルビン号　4
アルベド効果　318
アルシメード号　4
アレナイト　84
アンカーチェーン　53
安山岩　127
安山岩質　125
暗色断層ガウジ　344
暗色葉理　183
安全計測　73
アンチゴライト　179, 192
杏仁孔　147
杏仁状組織　147
杏仁状組織　190
アンモニア　234, 237

い

IAPSO 標準海水　235, 236, 237
イエローストーン　361
硫黄酸化菌　336
イオンクロマトグラフ　236, 240
イオン交換樹脂　263
イオンレンズ　262
異時性　253
異質岩片　90
伊豆−小笠原−マリアナ弧　154, 358
IBM 弧　154, 358
1次構造　70
1次鉱物　147
1次堆積場　90
異地性　56, 102, 107
異地性火砕物　90
逸泥防止剤　64
イデユコゴメ　334
緯度　19
イナーチナイト　278
イナーチニット　278
イベント層　108
異方性度　260
イライト　189
イライト混合層　344
色　80
色指数　129, 135
色指数チャート　130
インヴァージョン　30
インコンピテント層　186
インダクション検層　307
インターグラニュラー　132
インターサータル　132
インターバル　69
インターフェロメトリ法　13
インドネシア海路　325
インド洋ダイポールモード現象　320
インナーコア　69
インナーコアバレル　67
インナーチューブ　51
インナーバレル　57
隠微晶質　105

う

ヴァイン　3
ウーイド　82, 97
ウィルソン　4
ウェゲナー　3
ウェーブリップル　87
ウェールライト　144
ウォーターガン　23
ウォーターベースマッド　62
ウォッシュアウト　299
ウォルシュ, ドン　4
宇宙塵　96
宇宙線起源　319
ウッドラーク海盆　155
ウミユリ　2
U-Pb 放射壊変系　294
ウルトラカタクレーサイト　189
ウルトラマイロナイト　179, 188
雲仙火道掘削　65
運用組織　254

え

エアガン　23, 29
ArF エキシマレーザー　264
AACT 検層器　309
ASR 法　310
衛星高度計　33
永続平衡　202
液相濃集元素　294, 350
エクスカーション　40
エクマンバージ採泥器　47
エクロジャイト　142
エクロジャイト相　154
エジル輝石　150
S/N 比　22
S 字状　169
S 波　208
XRF コアイメージスキャナー　344
X 線 CT 画像　70
X 線 CT スキャナー　119
X 線 CT スキャン　119
X 線 CT 装置　196, 199
X 線回折装置　260, 263
X 線吸収係数　200
X 線透過像　119
エトベス効果　33
エトベス補正　33
エネルギー分散型蛍光 X 線分析装置　263
エポキシ樹脂クエトール651　122
エメリー管法　245
エルニーニョ・南方振動　319
縁海拡大軸　146
遠隔操作式無人探査機　43
塩化物イオン　234
エンコード　217
延性剪断帯　188
延性変形　169
延性変形領域　149
塩素　236
塩素濃度　118
鉛直ジャイロスコープ　32
鉛直プロファイル　199, 213
塩分　14
塩分濃度　2
円磨度　80
遠洋性生物源粒子　92
遠洋性石灰岩　95
遠洋性堆積物　75, 82
遠洋性粒子　82

お

オイコクリスト　136
オイルシェール　104
オイルベースマッド　62, 307
横臥褶曲　182
黄鉄鉱　107
黄鉄鉱ノジュール　104

応力　310
大町海山　155
オキサイドガブロ　134
沖縄トラフ　337
オケアングラブ採泥器　47
オーシャノグラファー断裂帯　36
汚染　96, 252, 335
オートクレーブ　119
オーバーコアリング　310
オフィオライト　146, 155, 172, 348, 353
オフィティック　129, 132
オフリッジ火山　362
オブレート　166, 174
オマーンオフィオライト　178, 294
音響インピーダンス　22, 116, 306
音響測位装置　44
音響測深機　2, 11
音響測深技術　3
音響トランスポンダー　30
音響ビームパターン　11
温室期地球　360
温室状地球　320
音速度　10
音速度補正　14
温度　179
温度勾配　209
温度指標　279
オントンジャワ海台　326, 359
音波検層　306
オンラップ　27

か

外核ダイナモ　359
貝殻　80
開口割れ目　169
回収率　69
塊状　96, 105, 106, 118
塊状構造　87
海上保安庁海洋情報課　21
塊状溶岩　76, 125, 126, 162
海水準　102
崖錐堆積物　125
階段状　170
海底拡大　3
海底拡大系　348
海底擬似反射面　27, 116
海底掘削　56
海底ケーブル　1
海底地震計　30
海底地すべり　1
海底地すべり堆積物　7
海底堆積作用　79
海底地形　10
海底地形調査　293
海底表層堆積物　46
海底面　5
回転コイル　302
回転楕円体状　163
開放ニコル　92, 108
海洋科学技術センター　4
海洋拡大説　5
海洋掘削　5
海洋研究開発機構　4, 5
海洋研究開発機構データベース　21
海洋コアコンプレックス　293, 352

海洋縞状地磁気異常　293
海洋情報研究センター　18
海洋性地殻　32
海洋性島弧　149
海洋地殻　125, 293
海洋地殻第2層　353
海洋地殻第3層　351
海洋底拡大説　3, 38
海洋底変質作用　266
海洋底変成作用　143, 146
海洋プレート　161, 348
海洋無酸素事変　321, 360
外来砕屑岩　92
外来砕屑物　90
海里　3
海緑石　85, 107
海嶺変成作用　146
海嶺翼部　147
ガウス係数　37
カオリナイト　85, 189
科学研究提案　7
化学合成　353
科学諮問組織　7
鍵層　89
可逆的弾性変形　271
核形成　171
拡散　164
角閃岩相　154
角閃石類　151
拡張式コアリングシステム　79
確定性　253
確度　253
角礫化　169
角礫岩記録シート　172
火砕岩　89, 125
火砕堆積物　89, 91
火砕物　89
火砕流　89
火砕流堆積物　89
火山角礫岩　91, 126, 127
火山ガス　89
火山ガラス　82
火山岩　125, 128, 130
火山岩塊　90
火山砕屑性粒子　82
火山砕屑岩　89
火山砕屑性　85
火山砕屑性堆積物　82
火山砕屑性粒子　89
火山砕屑物　89
火山弾　90, 126
火山泥流　89
火山灰　80
火山噴出物　89
火山放出物　89
火山豆石　90
火山礫　90
火山礫凝灰岩　91
可視光　214
可視光反射率　213
荷重　79
荷重痕　88
加重剤　64
過剰アルゴン　270
カス　5
加水軟化　191

ガスクロマトグラフ−水素炎イオン化検出器　229
ガスハイドレート　104, 116, 322
ガスハイドレート安定領域　116
ガスハイドレート層　118
ガスフレア　116
カスペートーロベート褶曲　182
火成角礫岩　164, 171
火成構造　134
火成剪断帯　168
火成組織　168
火成脈　170
化石帯　251
化石年代尺度　293
仮像　103, 131, 150
画像検層　298
加速度計　52
カタクラスチック変形　168
カタクレーサイト　171, 187, 189
堅さ　100
形　166
ガダループ島　5
褐炭　104
カッティングシュー　58
カッティングス　63, 65, 248, 252
下底面　162
火道角礫岩　89
火道堆積物　89
カバーガラス　108
下部地殻　294
カーペンター，ウィリアム　2
カーボンクーロメーター　226
カラーイメージング　197
ガラス　164
ガラス質火山灰　81
ガラス質凝灰岩　91
ガラス質破片　90
ガラスビード　265
カラーチャート　198
ガラパゴスリフト　352
カリウム　236
カリウム−アルゴン（K-Ar）法　267
K-Ar放射年代　293
カリ岩塩　105
カリーチ　103
カリフラワー状構造　166
軽石　90, 126
軽石質　92
カルクアルカリ　357
カルクリート　103
カルシウム　236
Ca-Al珪酸塩鉱物　153
Ca角閃石　151
カルスト地形　103
カルセドニー　84
カルセドニー質石英　105
カレントリップル　87
岩塩　81, 105
環境岩石磁気学　255
環境岩石磁気指標　261
間隙水　72, 230, 233
間隙水分析　121
間隙率　76, 204, 206, 241
雁行状配列　170
岩滓　90
岩滓集塊岩　126

観察視野　214
岩質　108
岩質境界　79
完晶質　133
完新世　319
含水堆積物　122
含水比　241
慣性航法　15
岩石磁気　255
岩石組織　166, 187
岩石組織強度　166
岩石名　79
完全拡散反射面　215
岩相層序ユニット　72, 80
貫入　162
貫入岩　125, 127
貫入境界　162
貫入単元　166
岩片　80, 82, 90
ガンマ線吸収密度　70
ガンマ線透過密度　204, 304
ガンマ線バルク密度測定　242
ガンマ線密度検層　304
岩脈　127, 128, 164
包有物　266
かんらん岩　142, 174, 177, 191
かんらん石　129, 130, 131, 144, 146, 174
乾裂　89

き

希塩酸　107
輝岩　142
気候・海洋変動　317
気候変動機構　318
擬似単磁区　261
基質　84, 188
基質支持　85
キーシート　299
擬似反射波形　306
基準点　248
基準面　19, 248
輝石　144, 174
輝石類　150
キセノンランプ　290
偽像　200
北大西洋振動　320
擬弾性ひずみ　313
亀甲金網　105
軌道要素　248
軌道要素年代尺度　251
揮発成分　278
気泡　128, 130
基本名　82
逆級化　87
逆キンクバンド　185
逆剪断センス　170
逆断層　182
キャットウォーク　68
キャメロン, ジェームズ　4
キャリアガス　262
級化　87, 163
級化構造　92
級化層状構造　138
球形度　86
急激気候変動　319

急冷縁　164
急冷ガラス　266, 270
急冷周縁相　126
急冷組織　164
キュリー温度　37, 260
キュレーター　68, 101, 252
境界角礫岩　164
凝縮性　107
共通祖先　334
共通反射点　25
共通反射点重合法　22
強度　271
共同首席研究者　335
強度定数　274
共役破断　170
巨視的構造　161
巨大火成岩岩石区　359
巨大火成岩体　321
巨大地震　362
巨大順序外断層　341
巨大分岐断層　344
巨大マントル上昇流　359
魚卵石　82, 97
魚卵石グレインストーン　81
巨礫　83
キンク構造　177
キンク褶曲　182, 185
キンクバンド　145, 185
均質　96
均質性　108
金蒸着　264

く

グアノ　107
苦灰岩　97
苦灰石　104
苦灰石ノジュール　104
クッキー状　252
掘削間隙　74
掘削抗　5
掘削孔深度　67
掘削残留磁化　255, 259
掘削時検層　6, 298, 306, 345
掘削情報科学　77
掘削擾乱　118
掘削地点　70
掘削データ利用手法　77
掘削ビット　77
掘削フロア　68
掘削分析データ統合　77
掘削流体　61
掘削櫓　5
屈折法・広角反射法地震波探査　28
屈折法探査　28
苦鉄質鉱物　142
くもの巣状構造　184
クライミングリップル斜交葉理　88
クラスレート　116
グラニュライト相　154
グラノブラスティック組織　150
グラブ採泥器　46
クリストバル石　105
クリソタイル　179, 192
グリッドデータ　16
クリープ　179
クリンカー　162

グレイガイト　261
グレインストーン　99
黒雲母　129
黒潮　6
グローバルDGPS　20
グローマー・チャレンジャー号　5
クロミタイト　144
クロムスピネル　131, 145

け

蛍光X線　262
蛍光X線分析　262
蛍光分析顕微鏡　279
珪酸　238
珪酸塩岩　105
珪質　95
珪質砕屑性堆積物　82
珪質砕屑性粒子　82
珪質堆積物　325
傾斜　160
傾斜計　52
傾斜方位　160
形状指標　260
珪藻　82, 95, 325
珪藻土　95
形態定向配列　166
形態ファブリック　191
経度　19
ゲスト分子　116
結晶化前線　166
結晶粥　166
結晶凝灰岩　91
結晶質　105
結晶質苦灰岩　106
結晶質珪酸塩岩　104
結晶質石灰岩　106
結晶質石灰質苦灰岩　106
結晶質炭酸塩岩　98, 104, 105
結晶質ドロマイト質石灰岩　106
結晶すべり系　175, 179
結晶塑性変形　168
結晶塑性流動　174, 188
結晶内すべり　168
結晶方位定向配列　177, 192
結晶粒子　90
結晶粒成長　188
ケロジェン　227
原位置応力　299, 310
現在応力　310
現在主義　341
現地性　56
原地性　102
玄武岩　126, 127, 129
玄武岩質　85, 125
絹布石　144

こ

コア　69, 127, 150
コアキャッチャー　69, 230, 248
コア測定用超伝導磁力計　257
コアディスキング　310
コアバレル　57
コアハンドリング　68
コアビット　57
コアライナー　69, 208, 230, 233, 252
コアラック　70

コア-ログ-サイスミック情報統合　300
広域地形グリッドデータ　18
高温蛇紋石　179
高温剪断帯　169
紅海リフト　352
降下火砕物　89
降下火山灰　89
光学顕微鏡　124
光学的異方性　279
広角反射波解析　31
高角平板状斜交層理　88
孔隙充填型ガスハイドレート　118
孔隙率　120, 271
膠結作用　79, 102
膠結物質　84, 102
光源　214
高時間分解能　318
交指状　139
格子選択配向　177
格子定向配列　168, 177
孔井　70
合成記録　74
合成コアセクション　74
構成鉱物種　134
較正試験　208
較正試料　208
孔井測径器　299
孔井内温度　309
硬石膏　81, 105
紅藻　334
構造　161
構造記載　160
構造要素　163
高速液体クロマトグラフ　229, 240
高速拡大海嶺　348
高知コアセンター　257
高知大学海洋コア総合研究センター　8
膠着作用　245, 274
光電効果　308
孔内圧　6
孔内温度計測　346
孔内観測　298
孔内傾斜計　299
孔内計測　76, 298
孔内検層　298
孔内実験　298
孔内磁力計　303
孔内帯磁率測定　303
坑内物理検層　77
後背地　85
交番磁場消磁　207
交番磁場消磁装置装置　258
降伏強度　167
鉱物成長　171
鉱物線構造　149
鉱物脈　189
鉱物モード組成　143
孔壁イメージング　300
孔壁画像　312
高変成度　154
高保磁力成分　259
古応力　310
古応力場　170
氷漂流運搬堆積物　96
古環境記録　318
古気候変動　318

国際共同深海掘削計画　5, 317
国際照明委員会　214
国際植物命名規約　252
国際深海科学掘削計画　56, 317
国際深海掘削計画　5, 57, 107, 317
国際測地学協会　33
国際地球基準座標系　20
国際地球電磁気学・超高層物理学協会　37
国際動物命名規約　252
国際標準磁場　37, 302
黒色頁岩層　321
黒色葉理　182
極低変成度　154
国土地理院　20
極微量試料　268
固結　79, 91, 187
固結度　80
ココリス　95
ゴジラメガムリオン　295
コスタリカ海嶺　147
古生物　71
互層　80
固体地球　5, 334
古地磁気　255
古地磁気強度変動　331
古地磁気極性　255
古地磁気層序　248, 255, 332
固着　271
骨針　95
骨針岩　95
古土壌　103
後氷期　319
個別計測　223
個別試料　256
古流向　261
コルゲーション　163, 352
コロイド状浮遊物　81
混合堆積物　82
混濁流　1
混濁流堆積物　76
コンタミネーションテスト　232
コンデンサー　251
ゴンドワナ　320
コンピテント層　185
コンボルート層理　89

さ

差圧計　275
載荷速度　274
再活動　190
サイクル層序　248
サイクロンセパレータ　63
再結晶化作用　102
再結晶作用　79
歳差成分　318
採水器　2
砕屑性シル　182
砕屑粒子　84
最大水平主応力　314
再堆積　253
最大分散角　259
最低限計測　73
彩度　215
サイトサマリー　72
サイドスキャンソナー　3, 16, 40, 44

細胞分裂　336
細粒化　168
細粒砂　83
細礫　84
細礫葉理　87
削剥　264
ざくろ石　145, 151, 174
サージ堆積物　89
砂質葉理　87
差動GPS　20
差動排気アパーチャー　262
サードパーティツール　73
サーブ　3
サブオフィティック　132
サブバンド　184
サブボトムプロファイラー　23, 46
サプロペル　104
サポナイト　131
サーモビュアー　117
皿状構造　88, 180
サルス，ミカエル　2
産業技術総合研究所　21
サンゴ骨格　80
散在型ガスハイドレート　118
残差重力異常　35
三軸試験装置　272
3次元重合前深度マイグレーション　27
3次元反射法地震波探査　7
産出図　252
産出表　254
酸素同位体比　318
酸素同位体比曲線　322
酸素同位体比測定　296
残存鉱物　150
残存組織　150
散点状　138
三波川帯　341
散乱　87
散乱状構造　87
残留磁化　255
残留磁化強度　256
残留摩擦熱　345

し

GIガン　23
シアナ号　4
GST検層　309
シェルシェーカー　63
シェルター孔隙　103
ジオイド　33
ジオイド高　21
紫外可視吸光検出器　240
紫外線ボックス　108
視覚の推量法　113
視覚の組成推量用標準図　113
磁化ベクトル　207
時間差　65
磁気検層　302
磁気顕微鏡　259
磁気コンパス　24
色彩値　216
色相　215
色帯構造　87
色調　103
シークエンス　80
磁区構造　333

磁区状態　257
自形　107
時系列解析　318
刺激値 X, Y, Z　215, 217
始原的かんらん岩　144
自己保存性　116
示準化石　248, 251
地震波構造探査　294
地震波速度　3
地震波探査　298
地震発生機構　77
地震波伝播速度　31
自生鉱物　84
磁性鉱物　255
自生作用　102
自生堆積物　81
磁赤鉄鉱　260
自然ガンマ線　76
自然ガンマ線強度　70, 202
自然ガンマ線スペクトル検層　308
自然残留磁化　256, 259, 302, 333
自然放射線　201
湿潤全岩密度　204, 206
実体顕微鏡　127
質量減弱係数　205
質量分析計　262
C/T 境界　320
CT 値　200
磁鉄鉱　260, 333
シデライト　104
シデライトノジュール　104
シート　164
シート状岩脈　161
シート状岩脈群　125, 164, 294, 353
シート状溶岩　125, 126
シートフロー　162
磁場強度　255
GPS 測量　20
シービーム　44
絞り　199
縞状　106
ジャイロ・コンパス　76
灼熱減量　267
斜交性　163
斜交層理　87
斜交葉理　87, 92
斜長石　129, 130, 131, 132, 144, 174, 177, 191
斜長（石）花崗岩　134
斜長石結晶　166
シャツキー海台　326
斜方輝石　129, 144, 146, 192
シャモサイト　107
蛇紋岩　143, 192
蛇紋岩化　143
蛇紋岩化作用　174, 177
蛇紋岩マイロナイト　192
蛇紋石　143, 177
斜ゆうれん石　153
周縁急冷相　190
周縁部　150
褶曲　182
重金属堆積物　104, 107
集合体　168
収縮割れ目　163
重晶石　81

集積岩　134, 145
集積岩層　294
集積構造　138
臭素　237, 240
従属栄養微生物　335
重複性拡大軸　348
重力異常　5, 33
重力結合　33
重力式ピストンコアラー　117
受信コイル　307
主成分解析　259
首席研究者　8
シュードタキライト　170, 187, 189, 341
受波アレイ　12
主ひずみ　314
主要岩質　108
主要岩相　72
主要修飾語　83
シュリーレン　166
潤滑剤　64
瞬間位相記録　27
準拠楕円体　20
準等方状　135
準板状　166
準片岩　149
ジョイデス・レゾリューション号　5, 57, 233
上玄武岩質ガラス　190
消光角　145
上載荷重　271
硝酸　234, 240
上昇　162
衝上断層　27, 182
乗船研究者　8
焦点　199
蒸発岩　81, 105
上部マントル　145
上方細粒化　87
上方粗粒化　87
擾乱　71, 103
初期応力　310
初期地圧　310
植物根跡　103
植物プランクトン　248
初生　107
初生鉱物　147
初生残留磁化成分　259
初生値　270
初生的構造　162
初生的堆積構造　87
シリイット組織　129, 132, 136, 137
シリカ　234
シリカ鉱物　105
シリコンフォトダイオード　289
自律型深海探査機　14
自律型無人潜水機　36
自律型無人探査機　43
磁硫鉄鉱　260
シル　127, 164
ジルコン・ウラン鉛年代測定法　294
シルト　162
シルト質砂　84
シルト質葉理　87
シルバイト　105
シロウリガイ　45
しんかい2000　4

しんかい6500　4, 43
深海掘削計画　5, 80, 317
シングルチャンネルシステム　24
震源断層掘削　6
人工的残留磁化　333
人工破断面　302
侵食面　80
親生元素　227
新生作用　102
シンセティックベースマッド　62
伸張　171
伸長状　135
伸長線構造　149
伸張割れ目　163
シンチレータ　202
針鉄鉱　107, 260
振動子　277, 301
浸透率　271, 275

す

水圧　5
水圧式ピストンコアリング　67
水圧式ピストンコアリングシステム　79
水圧破砕法　312
水蒸気爆発　91
垂直応力　271
垂直有効応力　271
水頭差　275
水平有効応力　271
スイベル　54
水路掛　1
スウェール　88
数値モデリング　319
スクリップス研究所　3
スクリーン　63
スクーリング　254
スケッチ　103
スコリア　90, 126
スコリア質　92
筋状片麻岩　188
スタイロライト　102
スチルカメラ　43
ステップ　170
ステップ発熱　209
ステレオ投影　160
ステンレス製サンプリングツール　256
ステンレスメッシュ　234
ストリーマーケーブル　24
ストロンチウム　237
ストンレー波　306, 307
砂　83
スネルの法則　22
スパイク　322
スパイクトレーサー　295
スパーカー　23
スパッター　126
スーパープリューム　318
スピナー磁力計　257
スピネル　174, 177, 192
スフェリリティック　132
スプレーチャンバー　262
スペクトル干渉　262
スペーサー　69
スペースト面構造　185
すべり弱化　345
すべり弱化距離　345

さくいん　369

スマトラ大地震 *341*
スミア *107*
スミアスライド *72, 95, 96, 102, 103, 108, 245, 252*
スミス-マッキンタイヤ式グラブ採泥器 *47*
スムーズ海底 *352*
スメクタイト *131, 189, 344*
スライドグラス *108*
スラウェシ島 *155*
スラスター *7, 45*
スラスト *27*
スラープガン *43*
スランピング *182, 260*
スリーブフラクチャリング *312*
スロースリップ *32*
スワス測深 *12*
スワス幅 *12*

せ

斉一主義 *341*
斉一説 *2*
正規重力式 *33*
生元素循環 *335*
生砕性 *99*
正磁極期 *259*
静止土圧係数 *271*
青色角閃石 *151*
青色片岩相 *154*
静水圧状態 *277*
脆性変形 *169, 190*
脆性変形構造 *169*
正剪断センス *170*
生層準 *248*
生層序 *248*
生層序単元 *253*
正断層 *182*
精度 *253*
正反射光込み *214*
正反射光除去 *214*
生物起源 *80*
生物骨格 *81*
生物擾乱 *80*
生命圏フロンティア *317*
青緑色角閃石 *151*
世界測地系 *19*
石英 *85, 105, 129, 130*
石英砂岩 *81*
石英粒 *80*
石化 *100*
赤外線熱画像装置 *196*
石質凝灰岩 *91*
石筍 *319*
石炭 *81*
赤鉄鉱 *260*
セクション *101*
セグメント *39, 348*
石灰岩 *97, 191*
石灰質 *85, 95*
石基 *128, 129, 130, 131*
石膏 *81, 105*
石膏質 *85*
接写写真 *197*
接触変成作用 *146*
切断関係 *164*
節理 *169, 190*

セノマニアン・チューロニアン期 *320*
セラドナイト *267*
セリサイト *191*
繊維状 *171*
漸移層 *80*
漸移的 *80*
浅海性堆積物 *75, 82, 96*
浅海性粒子 *82*
線構造 *149, 174, 188*
線構造方位 *160*
潜航調査 *43*
船上コアフロー *68*
船上3成分磁力計 *37*
船上重力計 *32*
染色 *107*
染色法 *154*
潜水球 *4*
剪断応力 *271*
剪断センス *170*
全炭素量 *227*
剪断帯 *187*
剪断歪 *188*
剪断方向指標 *170*
剪断脈 *170*
漸虫状 *144*
セントリフュージ *63*
千枚岩 *189*
全密度 *304*
栓流 *168*

そ

総アルカリ度 *234*
層厚 *80*
走向 *160*
走向移動断層 *182*
造構応力 *6*
造構性角礫岩 *171*
走査型SQUID顕微鏡 *259*
造山運動 *322*
走時曲線 *30*
走磁性バクテリア *333*
桑実状黄鉄鉱 *97*
双晶 *131*
層状 *106, 118*
層状珪酸塩鉱物 *151*
層状構造 *138, 162*
造礁サンゴ *97*
層状斑れい岩 *166*
相対古地磁気強度 *332*
相対磁場強度 *259*
相対測位 *20*
曹長石 *144*
層理面 *79, 87*
測径子 *76*
測深鉛 *1*
測深技術 *10*
測深索 *1*
続成過程 *233, 241*
続成作用 *79, 102*
測地基準系 *33*
測地系 *19*
速中性子照射 *267*
測定誤差 *210*
組織 *161, 183*
組織縞状構造 *166*
ソーシュライト *144, 153*

組成 *109*
組成縞 *149*
組成縞状構造 *166*
塑性変形 *168, 188, 190, 271*
組成累帯 *150*
ソナー *10, 43*
ソリッドコントロール *63*
粗粒シルト *83*

た

代謝フラックス *336*
帯磁率 *70*
帯磁率異方性 *121, 164, 260*
帯磁率計 *303*
帯磁率測定 *257*
帯磁率プロファイル *196*
大西洋中央海嶺 *3, 295, 348*
体積圧縮係数 *273*
堆積間隙 *248*
堆積岩片質 *85*
堆積構造 *80, 87, 103*
堆積盆 *75*
大東海嶺 *155*
対比 *213*
タイムスライス断面 *27*
ダイヤモンドカッター *256*
ダイヤモンドビット *60*
ダイヤモンドブレードカッター *70*
大洋底 *75*
大陸移動説 *3*
大陸縁辺部 *336*
大陸斜面 *75*
大陸棚 *75*
大陸地殻 *357*
大陸地殻成因論 *358*
大陸と海洋の起源 *3*
大礫 *83*
タクサ名辞書 *252*
卓状 *135*
他形 *107*
多孔性 *92*
多重検出器 *262*
多種データ統合 *77*
タスマン *322*
脱塩 *266*
脱蛇紋岩化かんらん岩 *145*
縦波 *208*
ダナイト *143, 144, 178*
タファイト *92*
タールサンド *104*
ダルシーの法則 *275*
段階加熱法 *268*
段階交番磁場消磁 *255*
段階消磁 *161*
段階熱消磁 *255, 259*
炭化作用 *104*
炭酸塩含有量 *226*
炭酸塩鉱物 *154*
炭酸塩水酸燐灰石 *107*
炭酸塩続成作用 *102*
炭酸塩ノジュール *104, 118*
炭酸塩フッ素燐灰石 *107*
炭酸塩補償深度 *95, 322*
炭酸塩マウンド *335*
単磁区 *261*
単斜輝石 *129, 130, **131**, 144, 192*

ダンスガード・オシュガーサイクル 319
弾性波 22
弾性波速度 276
弾性ひずみ 313
単層 72, 79
断層 27, 169, 182
断層ガウジ 122, 171, 187, 189
断層角礫 189
断層角礫岩 171
断層岩類 186
断層内物質 187
断層破砕帯 187
断層脈 190
炭素サイクル 319
炭素質堆積物 104
炭素同位体比 323
単独測位 20
タンブラー 258
断裂帯 4, 10, 146, 351

ち

地圧 310
チェッカーボード・テスト 31
遅延時間 65
地殻応力 310
地殻強度 77
地下圏微生物生態系機能 337
地下生物圏 5, 334
地下生物圏研究 335
置換・交代作用 102
ちきゅう 5, 57, 67, 77, 80, 255, 276, 312, 317, 324, 326, 337, 344, 359
地球化学検層 308
地球環境変遷 5
地球環境変動 5
地球軌道要素 318
地球深部探査船 5
地球楕円体 33
チキンワイヤ 105
チクソトロピック流体 63
地形グリッドデータセット 18
地向斜 340
地磁気異常 37
地磁気異常縞模様 303
地磁気永年変動 333
地磁気逆転標準年代スケール 255
地磁気極性タイムスケール 332
地磁気極性年代尺度 248
地磁気縞 3
地磁気縞状異常 38
地心双極子 39, 161
地層群名 80
地層単元 72
地層名 80
チタン磁鉄鉱 130, 132
チタン鉄鉱 131, 132
チーム・ティーチング 255
着磁 258
チャダクリスト 136
チャート 95, 105
チャート層 326
チャールズ・ダーウィン 2
チャレンジャー号 2
中央海嶺 3, 10, 146, 266, 361
中央海嶺玄武岩 294, 350

中軸谷 146
抽出器 233
抽出性有機物 227
柱状採泥器 46
柱状図 183
中性子間隙率検層 304
注入脈 190
中礫 84
超塩基性岩 142
超音波孔壁イメージング 300, 301
超苦鉄質岩 142
超苦鉄質岩類 125
調査航海 7
調査船 7
超深度大陸地殻掘削 66
長石 85
超長基線電波干渉法 20
調泥剤 63
超低速拡大海嶺 350
超伝導磁力計 257
頂部 88
張力計 51
チョーク 95
直交ニコル 92, 108
ちりめんじわ褶曲 182, 185
ちりめんじわ劈開 185
沈下角 187
沈下量 272
沈降径 246

つ

通常海洋地殻 5
津波発生帯 7
爪楊枝試料 252

て

低圧型変成作用 146
D-O 振動 318, 326
低温蛇紋石 179
低灰紋石 98
低角平板状斜交層理 88
泥火山 5
デイサイト 126, 127
デイサイト質 125
泥支持 85
定常法 209
泥水 62
泥水検層 65, 77
泥水循環 57
泥水循環掘削方式 57
泥水循環システム 61
ディスキング 72
ディスタル・タービダイト 76
低速拡大海嶺 348
泥炭 104
定置 162
ディーツ 3
ディップメーター 299
ティーピー構造 103
ディープシーチャレンジャー 4
ディフューザー 198
泥壁 63
低変成度 154
低保磁力成分 259
底面成長型 105
テイル 191

D'Entrecasteaux 諸島 155
デカッセイト組織 150
テクトナイト 192
テクトニックメランジュ 182
デコルマ帯 183
デコンボリューション 25
デジタルイメージング 67
デジタルストリーマーケーブル 25
デジタルバレルシート 71
テストカード 199
デタッチメント断層 352
データプロセッシング 16
データベースシステム 71
データポータルサイト 18
鉄質ノジュール 104
テトラエーテル 320
テフラ 89, 266
テープレコーダー・モデル 3
デュープレックス構造 183
デューン 87
テレコネクション 331
転位クリープ 179
電位差計 299
電気伝導度 14, 211
電気比抵抗 211
電極 300, 307
電子顕微鏡 124
電子線プローブマイクロ分析装置 263
テンションメータ 56
転倒式水温計 3
伝播性拡大軸 348
天文学的年代尺度 318

と

土圧 6
ドイツ大陸超深度掘削 312
同位体希釈法 294
同位体層序 248
等温残留磁化 258, 259, 333
透過 X 線 70
透角閃石片岩 149
陶器岩 105
統合国際深海掘削計画 5, 317
島弧－海溝系 149
島弧内リフト 146
等時性 253
透水係数 275
透石膏 105
淘汰度 80, 86
同調配列構成 23
同定 108
動的再結晶 188
動物プランクトン 248
等方圧密 271
等方状 135
東北沖地震 344
東北地方太平洋沖地震 344
東北地方太平洋沖地震調査掘削 344
透明フィルム 216
等粒状 107
等粒状組織 137
特性 X 線 262, 263
特大砕屑物 97
特定任務掘削船 5
独立栄養素生物群集 5
独立栄養微生物 334

融け残りかんらん岩　144
土石流　89
トーチボックス　262
トーナライト　134
トムソン，ワイヴィル　2
ドメイン　154
トラフ型斜交葉理　88
トランスフォーム断層　4, 40, 348
トランスポンダー　55
トリエステ号　4
取り込み　163
Tris-pH 標準溶液　234
Tris-pH 標準溶液　235
鳥の目構造　103
ドリフト　210
ドリルストリングス　67
ドリルパイプ　5, 6, 61, 67
ドレイク海峡　322
トレーサー　65, 267
トレースアトリビュート　27
ドレッジ　1, 46, 53, 67
トレモライト　144
ドレライト　129, 132
泥　84
トロクトライト　143
泥ダイアピル　182
泥注入　182
トロニエマイト　134
ドロマイト　97
ドロマイト化作用　99, 103
ドロマイト質石灰岩　97

な

内部構造　162
内部摩擦角　274
ナトリウム　236
Na-Ca 角閃石　151
NMO 補正　25, 26
縄状しわ　163
南海トラフ　341
南海トラフ巨大地震固着域掘削　346
南海トラフ地震発生帯掘削計画　344
南海トラフ震源断層掘削計画　7
南極振動　320
南極氷床　322
南西インド洋海嶺　350
ナンセン，フリッチョフ　3
軟泥　95
ナンノ化石　95
ナンノ・プランクトン　82

に

肉眼記載　79, 174
肉眼コア記載　67, 70
肉眼的記載　71
二酸化炭素　320
2 次イオン質量分析計　264, 295
2 次鉱物　148
2 次磁化　161, 255, 302
西貞享海山　155
2 次的構造　162
2 次的堆積構造　87
21 世紀モホール　353
24 ビットカラー　199, 217
日射強制力　318
日射量変動　251

ニードルプローブ法　209
日本海洋データセンター　18, 21
日本測地系　19, 20
日本地球掘削科学コンソーシアム IODP
　国内科学計画委員会　317
日本地球掘削コンソーシアム　8
ニュートン流体　63, 167

ね

Nd-YAG レーザー　264
ネオブラスト　150
熱イオン化現象　263
熱イオン化質量分析計　263
熱エネルギー　209
熱可塑性　278
熱残留磁化　3, 38
熱消磁装置　259
熱水鉱物脈　170
熱水循環　335
熱水性角礫岩　171
熱水生物群集　5
熱水変質　92
熱水リザーバー　337
熱伝導度検出器　227
熱伝導度　70
熱伝導率　209
ネットワーク　170
熱年代学　294
熱流量　209
熱流量計　52
根なし褶曲　182
ネブライザー　262
ネマトブラスティック組織　150
粘性残留磁化　259, 302
粘性流動　167
年代既知試料　268
年代−深度図　253
年代スペクトル　268, 270
年代層序単元　253
^{40}Ar−^{39}Ar 年代測定　267
^{40}Ar−^{39}Ar 年代測定法　294
粘土　83

の

ノジュール　104
ノジュール状　105, 106, 118
ノースポール　146
Nautile 号　43
ノット　32, 45
ノルデンショルド，アドルフ　3
ノントロナイト　267

は

ハイアロクラスタイト　89, 125, 126,
　127, 163
バイオマーカー　320
バイオマーカー分析　229
廃棄物　267
背弧海盆　293
背弧リフト　146
パイシーズⅡ〜Ⅴ号　4
排水状態　274
ハイドレート分解スープ化　118
HTPF 法　312
ハイドロホン　24
パイプ気孔　126

バイブロコアラー　47
培養　336
パイロットコアラー　50
バインドストーン　98
ハインリッヒ事変　319
バウンドストーン　98
破壊基準　274
白亜紀スーパークロン　41
白亜紀パルス　359
白色雲母類　151
ハクスリー，トーマス　2
薄層　96
VCD 紙　127
薄片　103
薄片化　122
薄片記載　174
薄片作成法　122
剥離性　163
破砕　189
破砕-塑性遷移領域　191
破砕帯　182
刃先　58
波状平行層理　88
バスタイト　144
畑川断層　191
破断　169
破断記録シート　172
破断面　182
波長　214
パックストーン　99
発光スペクトル　263
発震機構　4
発信用コイル　307
パッチ状　166
バッフルストーン　98
発泡　163
波動消光　168, 177
パナマ地峡　322
バブル震動振幅比　23
破片　190
葉巻型　163
ハライト　105
バラストタンク　45
パラダイム　4
パラメータ　209
バリウム　237
バリオリティック　132
バリテクスチャード　138
パルス着磁装置　258
パルス透過法　208, 277
パルス発熱　209
ハルツバーガイト　144, 178
パレスベラ海盆　155, 295, 352
破裂擾乱　118
バレルシート　71
ハワイ　361
半遠洋性堆積物　75
斑化　96
半割　70
パン皮状　90
パンケーキ型　260
半固結　79
半自形　107
反射係数　306
反射顕微鏡　133
反射顕微鏡観察　260

反射法地震探査　22, 76, 306
反射率スペクトル　214, 216
斑晶　128, 129, 130
斑状　128
板状　135, 166, 169
斑状構造　96
斑状組織　137
半石化　100
汎地球測位システム　19
汎地球的　331
バンド　166
反応縁　150
反応速度モデル　280
反応帯　149
反応軟化　191
パンペリー石　144, 148
半無限プローブ法　209
ハンモック状斜交層理　88
斑れい岩　5, 125, 161

ひ

柊の葉状　144
非円筒状褶曲　182
東太平洋海膨　294, 348
微化石　248
微化石年代　248
光硬化型接着剤　108
光ファイバージャイロ　303
ピカール，ジャック　4
ピクセルサイズ　217
ビーグル号　2
微古生物標本・資料センター　251, 287
微細エアロゾル化　262
微細構造　161
比重　5
微晶質　105
非晶質シリカ　105
微小断層　170
ピジョン輝石　129, 130, 132, 139
Bis-pH 標準溶液　235
ひすい輝石　150
ビスケット　73
ピストンコアラー　46
ピストンコアリング　67
ピース番号　69
Bis-pH 標準溶液　235
非スペクトル干渉　262
ひずみ・応力比　313
ひずみゲージ　313
歪速度　179
微生物研究法　229
非接触式熱伝導率測定法　209
ヒーゼン，ブルース　3
非双極子磁場成分　333
左ずれ　170
非弾性ひずみ　313
非弾性歪回復測定法　7
非弾性ひずみ回復法　310, 313
非弾性ひずみコンプライアンス　313
ビチューメン　227
非調和褶曲　182
ピッチ　186
比抵抗検層　307
比抵抗孔壁イメージング　300
非定常法　209
ビデオカメラ　43

非等粒状組織　137
非トランスフォーム境界　350
ビトリナイト　278
ビトリナイト反射率　278, 344
ビトリナイト反射率測定装置　289
非ニュートン流体　63
P波　208
非排水状態　274
非破壊蛍光X線コアスキャナー　219
非破壊計測　70, 196
P波速度　76, 119, 276
P波伝搬速度　70
ビービ，ウィリアム　4
P/B比　23
ヒマラヤ　322
ビームトロール　2
氷室　320
ヒューズワイヤー　54
標準計測　73
標準試料　265
標準白板　215
表色系　214, 217
漂氷岩滓　319
表面電離型質量分析計　294
表面波　208
ピラー　89
ピラー構造　180
非履歴残留磁化　259
非履歴残留磁化　258, 333
ピルバラ　146
ピローブレッチャ　89, 125, 163
ビンガー　47
ビンガム流体　167
品質　253
品質管理　248
品質保証　248
ヒンジ部　185
ビンニング処理　26

ふ

Feigl 氏液　154
ファブリック　80, 85
ファラデー・カップ　263
部位　154
フィシィリティ　185
フィーダー岩脈　166
フィッショントラック　296
フィードバック・ループ　319
フィリピン海プレート　325
フィロナイト　189
風成塵　96
封入剤　108
フェイズ・レイヤリング　138
フェネストラ　103
フェムト秒レーザー　264
フォーブス，エドワード　2
フォワードモデリング　30
付加体　6, 27, 185, 340
不規則境界　164
不規則破断面　170
不均質性　166
覆瓦構造　76, 85
覆瓦状構造　182
複合化石層序　248
複合流リップル斜交葉理　88
副次修飾語　83

副次的岩質　108
副次的岩相　72
ブーゲー重力異常　34
不整合面　27
プチスポット　361
普通角閃石　129
伏角　161, 259
物質循環　233, 241
プッシュコア　43
沸石　148
沸石質　85
フッ素　237
フッ素燐灰石　107
フットプリント　12
物理探査―掘削データ統合　77
腐泥　105
腐泥質　85
腐泥炭　105
ブーディナージ　186
ブーディン　186
不透明鉱物　141, 146
不等粒状　107
不溶性有機物　227
フラウンホーファ光回折原理　246
フラグメント　189
プラスチックシリンジ　233
ブラストマイロナイト　188
フラックスゲート磁力計　303
ブラックスモーカー　5, 146
ブラックスモーカーチムニー　353
フラックスモニタ　268
プラットフォーム　7
プラトー年代　270
フラム号　3
フラム号探検　3
フランクリン，ベンジャミン　1
プランジ　160
フリーエア重力異常　34
プルーム　116
ブレークアウト　299, 310
フレーザー状層理　88
プレッシャーシャドー　185, 191
プレート境界　10
プレート境界断層　27, 344, 345
プレートテクトニクス　3, 38, 317, 340
プレーナイト　148
フレーム構造　88
フレームストーン　98
プレーンストレイン　174
フロアー衝上断層　182
フローイン　72, 252
プロキシマル・タービダイト　76
ブロック状　171
プロトカタクレーサイト　189
プロトグラニュラー　145
プロトマイロナイト　188
プロトン磁力計　3, 36, 303
プロピレンオキシド　122
プロレート　166, 174
分化　162
分解能　213
分割棒法　209
分岐　164
分岐断層　27
分局　251

分結　*162*
分光測色計　*214*
吻合破断面　*170*, *182*
分光反射率　*213*, *214*, *217*
分光反射率スペクトル　*215*
粉砕型シュードタキライト　*190*
粉砕帯　*189*
分散解こう剤　*64*
噴出　*162*
文象構造　*140*

へ

平行層理　*87*
平行葉理　*87*, *92*
閉鎖温度　*296*
閉鎖系　*271*
平面状境界　*164*
平面状組織　*167*
ペイロード　*43*
ヘス　*3*
ヘスディープ　*352*
ヘッケル，エルンスト　*2*
ヘッドスペース　*69*
ベッドフォーム　*87*
ペロイド　*82*, *97*
変位　*169*
偏円　*260*
偏角　*256*
片岩　*149*
変形機構　*187*
変形試験　*310*
変形双晶　*191*
変形バンド　*183*
偏光顕微鏡　*108*, *130*
偏光顕微鏡観察　*92*
変質　*267*
変質作用　*174*
変質帯　*170*
変質パッチ　*171*
変成岩片質　*85*
偏長　*260*
片麻岩　*188*
片麻岩質　*85*
片麻状組織　*149*
片理　*149*

ほ

ポアソン比　*271*, *307*
ボアホールテレビューワー　*302*
ボアホールブレイクアウト　*346*
ポイキリティック組織　*137*
ポイキロトピック　*107*
ポイントカウンティング法　*113*
方解石　*104*, *131*, *154*, *191*
方解石アラゴナイト　*97*
方解石ノジュール　*104*
放散虫　*82*, *95*
放散虫革命　*342*
放散虫岩　*95*
放射線検層　*304*
膨縮構造　*186*
紡錘形　*260*
包摂水和物　*116*
方沸石　*148*
防噴装置　*6*, *57*
包埋法　*122*

包有物　*150*, *166*
飽和残留磁化　*261*
捕獲岩　*166*
母岩　*166*
Porcupine 海盆　*335*
ポーキュパイン号　*2*
保磁力　*258*
保磁力スペクトル　*258*
ポーセラナイト　*105*
補足計測　*73*
北極振動　*320*
ボックスコアラー　*48*
ボックマーク　*117*
ホットスポット　*4*, *10*, *361*
ホットプレート　*108*
ポーフィロクラスティック　*145*
ポーフィロクラスト　*150*, *188*
ポーフィロクラスト状組織　*177*
ポーフィロクラスト組織　*188*
ポーフィロトピック　*107*
ホライゾン　*26*
掘屑　*65*, *72*
ポリゴナル状　*177*
ホールラウンドコア　*69*
ホルンブレンド　*148*
ホワイトスモーカー　*5*, *146*
ホワイトタイル　*199*
本質岩片　*90*
Bond サイクル　*319*
ボンドサイクル　*318*

ま

マイグレーション　*26*
マイクロ　*136*
マイクロ検層　*307*
マイクロ波レーダー高度計　*33*
マイクロメーター　*114*
マイクロライト　*132*, *190*
マイクロリソン　*150*
埋没谷　*27*
埋没変成作用　*146*
マイロナイト　*149*, *169*, *179*, *187*, *188*
マイロナイト状組織　*177*
マイロナイト片麻岩　*188*
マウンド　*117*
マーカーホライゾン　*26*
マグネシウム　*236*
マグマ　*357*
マグマ水蒸気性噴火　*91*
マグマ―水蒸気爆発　*89*
マグマ溜まり　*162*, *166*, *294*, *348*
枕状　*163*
枕状構造　*76*
枕状溶岩　*89*, *125*, *126*, *127*, *163*, *266*, *269*
摩擦　*271*
摩擦発熱　*189*
摩擦発熱量　*280*
マシューズ　*3*
マセラル　*278*
マッシュ帯　*348*
マッドガス　*65*
マッドクリーナー　*63*
マッドケーキ　*63*
マッドロギング　*62*, *65*
マトリックス効果　*262*
マニヒキ海台　*360*

マニピュレータ　*43*, *119*
マリアナ海溝　*155*
マリアナ前弧　*153*
マリアナトラフ　*155*, *352*
マリンスノー　*336*
マルチセンサーコアロガー　*70*, *198*, *208*
マルチチャンネルシステム　*24*
マルチチャンネル反射法地震探査　*22*
マルチデータブラウジングシステム　*71*
マルチナロービーム　*11*, *23*
マルチビーム音響測深機　*3*, *11*, *35*, *46*
マルチビーム音響探査　*293*, *361*
マルチプルコアラー　*46*
マレー，ジョン　*3*
マンガン鉱物　*107*
マンガン団塊　*97*
マンガンノジュール　*81*, *104*
マンセルカラーチャート　*72*, *80*, *130*, *136*
マンセル表色系　*215*
マントル　*125*, *150*
マントルかんらん岩　*294*
マントル対流　*174*
マントルブーゲー重力異常　*35*, *350*
マントルプルーム　*361*
マントルポテンシャル温度　*351*
マンハイム型抽出器　*233*

み

右ずれ　*170*
ミクライト　*82*
未固結　*79*, *91*, *187*
未固結堆積物　*122*
未石化　*100*
密着性境界面　*163*
密着性断層岩　*72*
密度　*76*, *241*
南太平洋還流海域　*337*
脈　*169*
脈状ガスハイドレート　*118*
脈状構造　*184*
ミラー指数　*179*
ミランコビッチサイクル　*318*, *326*
ミランコビッチ・チューニング　*318*
ミランコビッチ・フォーシング　*318*
ミールⅠ・Ⅱ号　*4*
Mir 号　*43*
ミルズ・クロス法　*12*
ミルメカイト　*140*

む

無煙炭　*104*
無機物起源　*80*
無菌採泥器　*43*
無構造　*87*
虫食い状　*171*
無人探査機　*40*
無水鉱物　*177*
ムース状組織　*118*
ムンク　*5*

め

明度　*215*
明瞭境界　*164*
メキシコ湾　*335*
メソスコピック覆瓦状構造　*183*

メタン生成菌　*336*
メタンハイドレート　*5, 27,* **116***, 336*
メテオール号探検　*3*
メルトレンズ　*348*
面構造　*149, 174, 188*

も

モザイク状　*107*
モーダル・レイヤリング　*138*
モード　*135*
モード組成　*143*
モホ面　*3, 5*
モホール計画　*5,* **353**
モホロヴィチッチ　*3*
モホロビチッチ不連続面　*3*
モラトリアム期間　*8*
モーリー，マシュー　*1*
モール円　*271*
モーレイ　*3*
モンスーン　*318*

や

焼きなまし　*168*
ヤップ海溝　*155*
ヤップ島　*155*
ヤンガー・ドリアス事件　*319*

ゆ

油圧プレス　*233*
有機地球化学分析　*223*
有機物起源　*80*
有孔虫　*82, 95*
有孔虫殻　*80*
有孔虫軟泥　*81*
優黒質　*136*
有人潜水調査船　*43*
誘導化石　*253*
誘導結合プラズマ質量分析計　*262*
誘導結合プラズマ発光分光分析計　*263*
誘導磁化　*39*
誘導電流　*307*
優白質　*136*
ゆうれん石　*153*
癒合層　*80*
油徴　*69*
ユニット境界　*127*
油母頁岩　*104*

よ

溶解作用　*102*
溶岩　*89*
溶岩流　*125*
溶岩ロープ　*166*
溶結　*92*
溶食縁　*150*
溶脱　*256*
葉理　*79, 87*
葉理構造　*87*
葉理状　*105*
翼部　*185*
よこすか　*43*
横波　*208*

ら

ライエル，チャールズ　*2*
ライザー掘削　*5, 6, 65, 248, 252*

ライザー装置　*317*
ライザーパイプ　*6*
ライザーレス掘削　*65*
ライトニング号　*2*
ラインスキャンカメラ　*198*
落射反射顕微鏡　*279, 289*
ラテロ検層　*307*
ラドストーン　*99*
ラピリストーン　*91*
藍晶石　*155*

り

力学的海面高度　*33*
リークオフテスト　*312*
陸源性　*97*
陸源性砕屑岩　*278*
陸上コア貯蔵施設　*70*
リザーダイト　*179, 192*
リソスフェア　*174,* **361**
リチウム　*237*
リーデル配列　*170*
リファレンスフレーム　*160*
リプティナイト　*278*
リボン　*168*
リム　*150*
粒界拡散　*188*
硫化鉱物　*131, 133*
硫化水素　*239*
粒間充填状　*135*
粒間割れ目　*189*
粒径　*101*
粒径区分　*82, 101*
粒径分布　*128*
硫酸　*234, 236*
硫酸塩－メタン境界　*336*
硫酸還元菌　*336*
粒子形状　*86*
粒子支持　*85*
粒子組成　*80, 84*
粒子内孔隙　*103*
粒状組織　*177*
粒状堆積物　*80*
流体脱出痕　*89*
粒度　*75, 128*
流動　*162*
流動線構造　*163*
流動面構造　*163*
粒度組成　*80*
流紋岩　*126*
流理構造　*162*
流路　*168*
緑色片岩相　*154*
緑泥石　*131, 144, 189*
緑れん石　*144*
燐灰石　*107, 130, 132*
燐灰土　*81, 104, 107*
リン酸　*234, 239*
リン酸塩堆積物　*107*
リン酸塩ノジュール　*104*
鱗片状ファブリック　*183, 346*

る

類質岩片　*90*
累進後退作用　*174*
累帯構造　*140, 295*

ルーチン測定　*211, 213*
ルーフ衝上断層　*182*

れ

冷却　*162*
冷室状地球　*320*
冷湧水　*5*
礫　*83*
瀝青化作用　*104*
瀝青炭　*104*
レークサイドセメント　*122*
レーザーアブレーション誘導結合プラズマ質量分析計　*264*
レーザー回折法　*245*
レーザー共焦点顕微鏡　*279*
レス　*96*
裂か　*182*
レピドブラスティック組織　*150*
レールゾライト　*144*
レンズ　*251*
レンズ状　*166*
レンズ状層理　*87*
連続柱状試料　*5*

ろ

ロギングケーブル　*300*
ロス，ジョン　*2*
ロストシティフィールド　*353*
ロータリーコアバレル　*67, 160*
ロータリーコアリング　*60*
ロータリー式コアリングシステム　*79*
ロックエバル分析　*226*
ロックカラーチャート　*103*
ロープ　*163*
ローモンタイト　*148*
ローレンタイド氷床　*319*

わ

ワイヤー技術　*1*
ワイヤーライン検層　*298, 306*
ワイヤーライン方式　*57*
ワーキングハーフ　*53, 70*
ワッケ　*84*
ワッケストーン　*99*
ワイヤー長　*56*
湾曲境界　*164*
湾曲破断面　*169*
湾入組織　*190*

欧文

accessory　*90*
accidental　*90*
accretionary complex　*340*
accretionary lapilli　*90*
accretionary prism　*6*
accuracy　*253*
acoustic bothymeter　*2*
acoustic emission　*310*
acoustic impedance　*22, 116, 306*
acoustic logging　*306*
acoustic transponder　*30*
actinolite　*148*
active continental margin　*336*
actualism　*341*
ADCB　*60*
Adobe RGB　*217*

advanced diamond core barrel 60
advanced piston corer 57, 67
AE 310
aegirine 150
age-depth profile 253
age spectrum 268
agglutinate 126
aggregate 168
air fall 89
albite 131
alkaline hydrothermal system 353
alkenone 229, 320
allochthonous 107
alloclast 90
alteration 174
alteration halo 170
alteration patch 171
alternating beds 80
alternating field demagnetization 207
aluminium activation clay tool 309
amalgamation 80
amoeboid 171
amorphous silica 105
amphibolite facies 154
AMS 164, 260
amygdaloidal texture 147
amygdule 147, 190
anaisotropy of magnetic susceptibility 260
analcime 148
anastomose 182
anastomosing 170
anelastic strain 313
anelastic strain compliance 313
anelastic strain recovery measurement 7
anelastic strain recovery method 310
anhedral 107
anhydrite 81, 105
anhysteretic remanent magnetization 258
anisotropy of magnetic susceptibility 164
annealing 168
Anorthositic 136
Antarctic Oscillation 320
anthracite coal 104
antigorite 179, 192
apatite 107
APC 57, 58, 67
aperture 199
Aptian 320
aragonite 102, 154
Archimede 4
archive half 70
Arctic Oscillation 320
arenite 84
ARI 307
ARM 258, 259
artifact 200
ascent 162
Asian Monsoon 324
asphalt sand 104
ASR 311, 313
asthenosphere 361
astronomically tuned time scale 251

astronomictime scale 318
Atlantis Bank 352
Atlantis Massif 352
Au coating 264
authigenic minerals 84
authigenic sediment 81
auto trophic 334
autoclave 119
autonomous underwater vehicle 14, 43
AUV 14, 36, 40, 43
axial rift valley 146
azimuth 160
azimuthal resistivity imager 307
BABHY 312
baby bore hydrofracturing 312
bafflestone 98
ballast tank 45
band 166
Bantimala Complex 155
barite 81
barrel sheet 71
basal boundary 162
basaltic 85
base of gas hydrate stability zone 116
bastite 144
Bathyscaphe Trieste 4
bathysphere 4
beam trawl 2
bed 72, 79
bedded 106
bedding plane 79, 87
bedform 87
Beebe, William 4
BGHSZ 116
BHTV 302, 312
bindstone 98
Bingham fluid 167
biochronology 248
bioclastic 99
biogenic 80
biohorizon 248
biomarker 320
biomarker analysis 229
biophile elements 227
biostratigraphic unit 253
biostratigraphy 248
bioturbated 80
biozone 251
bird-eye structure 103
biscuit 72
bitumen 227
bituminous coal 104
black seam 182
black shale 321
black smoker 5, 146
black-smoker chimney 353
blastomylonite 188
blocks 90
blocky 171
blowout preventer 6
blueschist facies 154
Bond Cycle 318
BOP 6, 57
borehole 5
borehole breakout 299, 310, 346
borehole caliper 299

borehole experiments 298
borehole image 300
borehole imaging 298
Borehole informatics 77
borehole monitoring 298, 299
Borehole Televiewer 302
borehole temperature 309
borehole washout 299
bottom-growth 105
Bottom Simulating Reflector 27, 116
boudin 186
boudinage 186
Bouguer gravity anomaly 34
boulder 83
boundstone 98
branched 164
bread-crust surface 90
breccia log 172
brecciation 169
brittle deformation 169, 190
brittle structure 169
brown coal 104
BSR 27, 116
bulk density 304
burial metamorphism 146
buried valley 27
butuminization 104
C/T 320
CA 295
calc-alkari 357
calcareous 84
calcedony 85
calcic amphiboles 151
calcite 154, 191
calcite nodule 104
calcite-aragonaite 97
calcium carbonate compensation depth 322
calcium carbonate mound 335
calcrete 103
calibration piece 208
calibration test 208
caliche 103
caliper 76
Cameron, James 4
carbon coulometer 226
carbon cycle 319
carbon dioxide 320
carbon isotopic ratio 323
carbonaceous sediments 104
carbonate compensation depth 95
carbonate fluorapatite 107
carbonate hydroxyl apatite 107
carbonate nodule 104, 118
carbonization 104
Carpenter, William 2
carrier gas 262
cat walk 68
cataclasis 189
cataclasite 171, 187
cataclastic deformation 168
cataclastic-plastic transition zone 191
cauliflower structure 166
CC 69
CCD 95, 322
CDEX 8, 254

CDP 25
celadonite 267
cement 84, 102
cementation 79, 245, 274
Cenomanian/Turonian 320
chadacryst 136
chalcednic quartz 105
chalk 95
chamosite 107
channel 168
checker board test 31
chemical abrasion 295
chemsynthesis 353
chert 95, 105
chicken-wire 105
chilled margin 126, 164, 190
chlorite 131, 144, 189
chlysotile 192
Chroma 215
chromitite 144
CHRONOS 254
chronostratigraphic unit 253
chrysotile 179
CIE 214
clast 84
clastic sill 182
clathrate 116
clathrate hydrate 116
clay 83
Climate and Ocean Change 317
climatic mechanism 318
climbing ripple cross-lamination 88
clinker 162
clinopyroxene 192
clinozoisite 153
close-up photograph 197
coal 81
coarse silt 83
coarsening upward 87
cobble 83
coefficient of earth pressure at rest 271
coefficient of volume compressibility 273
coercivity 258
coercivity spectrum 258
coherent 72
cohesion 271
cohesive 163, 187
colloidal suspension 81
color 80
color banding 87
color chart 198
color imaging 197
color index 129
combined-flow ripple cross-lamination 88
Commission Internationale de l'Eclairage 214
common depth point 25
common depth point stacking 22
compaction 79, 271
competent layer 185
component 80
composite core section 74
composite record 74
composition 80, 109

compositional banding 149, 166
compositional layering 166
compositional zoning 150
compression index 273
concretion 104
condensed 107
condenser 251
conjugate fracture 170
consolidated 79, 91
consolidation 80
consolidation curve 273
consolidation ring 272
consolidation testing apparatus 272
contact metamorphism 146
contamination 96, 252, 335
contamination test 232
continental crust 357
continental shelf 75
continental slope 75
contraction crack 162
control point 248
convolute bedding 89
cookie-like 252
cooling 162
coral skeletons 80
core 150
core catcher 69, 230, 248
core flow 68
core handling 68
core liner 69, 208, 230, 252
core-log-seismic integration 300
core rack 70
core repository 70
corer 46
coring gap 74
corrosion rim 150
corrugation 352
cosmic dust 96
cosmic ray origin 319
cover glass 108
creep 179
crenulation cleavage 185
crenulation folds 182, 185
crest 88
Cretaceous puls 359
Cretaceous superchron 41
crinoid 2
cristobalite 105
cross cutting relationship 164
cross lamination 87, 92
cross stratification 87
crush-origin pseudotachylite 190
crustal stress 310
cryptocrystalline 105
crystal grain 90
crystal growth 171
crystal mush 166
crystal plastic deformation 168
crystal plastic flow 174
crystal-preferred orientation 177
crystal-slip system 175
crystal tuff 91
crystalline 105
crystalline calcareous dolostone 106
crystalline carbonate 98
crystalline carbonates 104

crystalline dolomitic limestone 106
crystalline dolostone 106
crystalline limestone 106
crystalline silicates 104
crystallization front 166
crystallo-plastic flow 188
crystallographic preferred orientation 192
cumulate 134
cumulus texture 138
curator 69, 252
Curie temperature 37, 260
current ripple 87
current stress 310
currugation 163
curved 164, 170
cuspate-lobate fold 182
CUSS 5
cuttings 72, 248
Cyana 4
cycle stratigraphy 248
dacitic 125
dahllite 107
Dansgaard-Oeschger 319
Dansgaard-Oeschger oscillations 318
Darcy's law 275
dark fault gouge 344
Darwin, Charles 2
database system 71
datum 19, 248
DDL 307
debris flow 89
declination 256
decollement zone 183
deconvolution 257
decussate texture 150
Deep Sea Drilling Project 5, 317
deep subterranean biosphere 5
Deepsea Challenger 4
deformation bands 183
deformation mechanism 187
deformation rate analysis 310
deformation twin 191
degree of anisotropy 260
dehydrated 146
Demerara Rise 320
density 5, 76, 241
derived fossil 253
derrick 5
deserpentinized peridotite 146
detachment fault 352
dextral 170
DGPS 14, 20
diamond blade cutter 70
diamond cutter 256
diatom 82, 95, 325
diatomite 95
Dietz, Robert Sinclair 3
differencial global positioning system 14
differential GPS 20
differential hydraulic head 275
differential pressure gauge 275
differential pumping aperture 262
differential strain curve analysis 310
differentiation 162
diffuse 164

diffuser 198
digital imaging 67
dike 127, 164
dike margin breccias 164
DIL 307
dip 160
dip direction 160
dipmeter 299
dish structure 88, 180
disharmonic fold 182
disking 72
displacement 169
disseminate 138
disseminated gas hydrate 118
distal turbidite 76
disturbed by puncturing 118
DITF 310
divided-bar method 209
D-O 319
dolomite 97, 191
dolomite nodule 104
dolomitic limestone 97
dolomitization 99
dolostone 97
domain 154
domain state 257
downhole logging 298
downhole measurement 298
DRA 310
drained 274
Drake Passage 322
dredge 1, 46, 67
drift 210
drill pipe 67
drill strings 61, 67
drilling bit 77
drilling disturbance 71, 118
drilling floor 68
drilling fluid 61
drilling-induced remanent magnetization 255, 259
drilling induced tensile fracture 310
drilling mud 61
drilling pipe 5
drop stone 96
DSCA 310
DSDP 5, 107, 317
DSDP/ODP 287
DSV Alvin 4
Dual Induction Log 307
Dual LateroLog 307
ductile deformation 169
ductile shear zone 188
dune 87
dunite 143
duplex structure 183
dyke 164
dynamic recrystallization 188
Earth ellipsoid 33
earth pressure 6
earth stress 310
echo sounder 11
eclogite 142
eclogite facies 154
EDS 263
El Niño-Southern Oscillation 319

elastic deformation 271
elastic strain 313
elastic wave 22
elastic wave velocity 276
electrical conductivity 211
electrical insulating pressure medium 277
Electrical Micro Imaging 300
electrical resistivity 211
electrode 300, 307
Electron Probe Micro Analysis 263
electronic conductivity 14
elongate 170
eluviation 256
embayment 190
Emery tube 245
EMI 300
emission spectrum 263
emitter coil 307
emplacement 162
en-echelon 170
encode 217
Energy Dispersive X-ray Spectroscopy 263
ENSO 319, 326
entrainment 163
environmental rock magnetic parameter 261
environmental rock magnetics 255
eolian dust 96
Eötvös effect 33
epi-reflection microscope 279
epiclastic rock 92
epiclasts 90
epidote 144
EPMA 263
equi-distance mode 16
equigranular 107
equigranular texture 137
erosional 80
ESCS 57, 79
ESO 254
essential 90
ETOPO 1 18
euhedral 107
evaporate 81
evaporites 104
excess argon 270
expedition 7
eXpendable BathyThermograph 14
eXpendable Conductivity Temperature Depth meter 14
extended core barrel 58, 79
extended leak-off test 312
extended shoe coring system 58, 79
extrusion 162
fabric 80, 85, 161, 166, 183, 187
fabric element 163
fallout ash 89
Faraday cup 263
fast neutron irradiation 267
fast spreading ridge 348
fault 27, 169, 182
fault breccia 171, 189
fault gouge 171, 187
fault reactivation 190

fault rocks 186
fault vein 190
feeder dike 166
Feigl's solution 154
feldspar 85
fenestral 103
ferruginous concretion 104
fiber optic gyroscope 303
fibrous 170
fine aerosolization 262
fine sand 83
fining upward 87
firmness 100
fissility 185
fission track 296
fissure 182
flame ionization detector 229
flame structure 88
flaser bedding 88
floatstone 99
floor thrust 182
flourapatite 107
flow 162
flow foliation 163
flow in 72, 252
flow lineation 163
flow structure 162
fluid escape structure 89
fluorescence analysis microscope 279
flux monitor 268
fluxgate magnetometer 303
FMI 300, 312
FMS 76, 101, 300
focal mechanism 4
focus 199
fold 182
foliation 149, 174, 188
foot print 12
foraminifer 95
foraminiferal ooze 81
foraminiferal tests 80
Forbes, Edward 2
formation 80
Formation Micro Scanner 76, 101, 300
forward modeling 30
fracture 182
fracture criterion 274
fracture log 172
fracture zone 4, 10, 146, 182, 187
fracturing 169
fragment 189, 190
Fram 3
framboidal pyrite 97
framestone 98
francolite 107
Franklin, Benjamin 1
free-air gravity anomaly 34
friction 271
frictional heating 189, 280
fs-Laser 264
Fullbore Formation Microimager 300
gabbro 5, 125, 161
GAD 161
Gal 33
Galapagos Rift 353
gamma-ray absorption density 70

gamma-ray density logging *304*
gamma-ray spectroscopy tool *309*
garnet *145*, *151*, *174*
gas flare *116*
gas hydrate *104*, *116*, *322*
gas hydrate layer *118*
Gas Hydrate Stability Zone *116*
Gauss coefficient *37*
GC–FID *229*
GEBCO bathymetry grid *18*
General-Purpose Inclinometry tool *303*
geocentrc axial dipole *161*
geocentric dipole *39*
geochemical logging *308*
geodetic reference system *33*
geoid *33*
Geological High Resolution Magnetic Tool *303*
geomagnetic anomaly *37*
geomagnetic excursion *40*
geomagnetic field intensity *255*
geomagnetic polarity *255*
geomagnetic polarity time scale *248*, *332*
geosyncline *340*
GHMT *303*
GHSZ *116*
GIS *20*
glass *164*
glass beads *265*
glass shards *90*
glauconite *85*, *107*
global *331*
global positioning system *14*, *19*
Glomar Challenger *5*
GMT *16*
gneiss *188*
gneissic *85*
gneissic/gneissose texture *149*
Godzilla Megamullion *295*
goethite *107*, *260*
Gondwana *320*
GPIT *303*
GPS *14*, *19*, *30*, *33*
GPTS *248*, *332*
grab bottom sampler *46*
gradation *80*
graded layering *138*
grading *92*, *163*
gradual *80*
grain boundary diffusion *188*
grain component *85*
grain growth *188*
grain shape *86*
grain size *75*
grain size distribution *80*
grain size reduction *168*
grain size variation *128*
grain-supported *85*
grainstone *99*
granoblastic texture *150*
granular sediment *80*
granular texture *177*
granule *84*
granule lamina *87*
granule lamination *87*

granulite facies *154*
graphic representation *71*
graphic texture *140*
gravel *82*
gravity anomaly *33*
gravity piston corer *117*
gravity tie *33*
greenschist facies *154*
greigite *261*
ground loop current *307*
groundmass *128*
group *80*
Guadalupe *5*
guano *107*
guest molecule *116*
Gulf of Mexico *335*
gypsiferous *85*
gypsum *81*, *105*
Haeckel, Ernst *2*
halite *81*, *105*
harzburgite *144*
head space *69*
heat flow *209*
Heezen, Bruce *3*
Heinrich event *319*
hematite *260*
hemipelagic deposit *75*
hermatypic coral *97*
Hess Deep *352*
Hess, Harry Hammond *3*
heterochrony *253*
heterogeneity *166*
hiatus *248*
high-angle tabular cross-stratification *88*
high coersivity component *259*
high–grade *154*
high–performance liquid chromatograph *229*
high temperature shear zone *169*
hinge *185*
HMS Beagle *2*
HMS Challenger *2*
HMS Lightning *2*
HMS Porcupine *2*
hole *70*
holly leaf *144*
Holocene *319*
holocrystalline *133*
homegenous *96*
homogeneity *108*
horizon *26*
horizontal effective stress *271*
hornblende *148*
hot plate *108*
hot spot *4*, *10*
HPCS *57*, *67*, *79*, *256*
HPLC *229*
Hue *215*
hummocky cross-stratification *88*
Huxley, Thomas *2*
hyaloclastite *89*, *126*, *163*
hydrothermal reservoir *337*
hydraulic conductivity *275*
hydraulic fracturing *312*
hydraulic piston core system *57*, *67*, *79*, *256*

hydraulic press *233*
hydraulic pressure *5*
hydraulic test on pre-existing fractures *312*
Hydrographer *1*
hydrolytic weakening *191*
hydrostatic condition *277*
Hydrosweep *14*
hydrothermal alteration *92*
hydrothermal breccia *172*
hydrothermal circulation *335*
hydrothermal vein *170*
hypidiotopic *107*
IAG *33*
IAGA *37*
ice-rafted debris *96*, *319*
icehouse *320*
ICP-AES *263*
ICP-MS *262*
ID-TIMS *295*
identification *109*
idiotopic *107*
igneous contact *162*
IGRF *37*, *302*
illite *189*
IMAGES *49*
imbricate structure *76*, *182*
imbricated *85*
implementation organization *254*
in–situ stress *310*
inclination *161*, *259*
inclusion *166*
incohesive *163*, *187*
incompetent layer *186*
incubation *336*
index fossil *248*
Indian Ocean dipole *320*
Indonesian Throughflow *325*
induced magnetization *39*
induction logging *307*
Inductively Coupled Plasma Atomic Emission Spectrometry *263*
Inductively Coupled Plasma Mass Spectrometry *262*
inequigranular *107*
inequigranular texture *137*
inertial navigation *15*
inertinite *278*
infrared thermal imaging *196*
initial earth stress *310*
initial remanent magnetization *259*
initial stress *310*
injection vein *190*
inner core *69*
inner core barrel *67*
inorganic *80*
instantaneous phase *27*
intact oceanic crust *5*
integrated biostratigraphy *248*
Integrated Core Description *67*
Integrated Ocean Drilling Program *5*, *56*, *317*
intensity *166*
intensity of remanent magnetization *256*
interferometry method *13*
interfingering texture *139*

さくいん *379*

Intergovernmental Panel on Climate Change　*342*
intergranular　*132*
internal friction angle　*274*
internal structure　*162*
International Association of Geodesy　*33*
International Association of Geomagnetism and Aeronomy　*37*
International Code of Botanical Nomenclature　*252*
International Code of Zoological Nomenclature　*252*
International Geomagnetic Reference Field　*37*, *302*
International Ocean Discovery Program　*7*, *317*
International Phase of Ocean Drilling　*5*, *317*
interstitial　*135*
interstitial water　*71*, *230*, *233*
interval　*69*
intra-fault material　*187*
intracrystalline gliding　*168*
intrusion　*162*
intrusive rock　*125*
intrusive unit　*166*
inverse grading　*87*
inversion　*30*
IO　*254*
IODP　*5*, *57*, *98*, *101*, *107*, *254*, *317*
ion-exchange resin　*263*
ion lens　*262*
IPCC　*342*
IPOD　*5*, *317*
IRD　*96*, *319*
IRM　*258*, *259*, *333*
irregular　*164*, *170*
isochron　*268*
isochrony　*253*
isostacy　*34*
isothermal remanent magnetization　*258*
Isotope dilution-thermal ionization mass spectrometry　*294*
isotope stratigraphy　*248*
ITRF　*20*
IW　*71*
Izu-Bonin-Mariana arc　*154*
J-CORES　*67*
J-CORES-VCD　*71*
J-DESC　*8*
J-EGG500　*18*
J-ISP　*317*
jadeite　*150*
JAMSTEC　*5*
JAMSTEC 航海・潜航データ検索システム　*21*
JAMSTEC 地球深部探査センター　*8*
Japan Agency for Marine-Earth Science and Technology　*5*
Japan Drilling Earth Science Consortium　*8*
Japan Trench Fast Drilling Project　*7*, *344*
Japanese Initial Science Plan　*317*
JCPDS　*263*
JFAST　*7*, *344*, *345*

JOIDES Resolution　*6*
joint　*169*, *190*
Joint Committee for Powder Diffraction Standard　*263*
JTOPO 1　*18*
JTOPO30　*18*
JTRACK　*346*
Juan de Fuca Ridge　*335*
kaolinite　*85*, *189*
Kappabridge　*257*
karstic topography　*103*
KCl 泥水　*64*
kerogen　*227*
key bed　*89*
key seat　*299*
kinematic indicator　*170*
kink　*177*
kink bands　*185*
kink folds　*182*, *185*
knot　*45*
KTB　*66*, *312*
Kuroshio　*6*
kyanite　*155*
LA-ICP-MS　*264*
L*a*b*　*217*
L*a*b*表色系　*215*
lag time　*65*
lahar　*89*
Lakeside cement　*122*
lamina　*79*, *87*
laminated　*105*
lamination　*87*
lapilli　*90*
lapilli tuff　*91*
lapillistone　*91*
large igneous provinces　*10*, *321*, *359*
Laser Ablation Inductively Coupled Plasma Mass Spectrometry　*264*
laser confocal microscope　*279*
laser diffractometry　*245*
last ultimate common ancestor　*334*
Late Paleocene Thermal Maximum　*321*
latero logging　*307*
LateroLog deep penetration　*307*
LateroLog shallow penetration　*307*
lattice preferred orientation　*168*, *177*
laumontite　*148*
Laurentide ice sheet　*319*
lava　*89*
lava flow　*125*
lava lobe　*166*
layer　*96*
layered　*118*
layered gabbro　*166*
L*C*H°表色系　*215*
LCM　*64*
leaching　*256*
Leak-off Test　*312*
left-lateral　*170*
lens　*251*
lenticular　*166*
lenticular bedding　*88*
lepidoblastic texture　*150*
Leucocratic-　*136*
lherzolite　*144*
limestone　*97*, *191*

lineation　*149*, *174*, *188*
LIPs　*10*, *321*, *359*
liptinite　*278*
lithic fragment　*90*
lithic tuff　*91*
lithified　*100*
lithologic boundary　*79*
lithologic name　*79*
lithology　*79*, *108*
lithosphere　*174*, *361*
lithostratigraphic unit　*72*, *80*
lizardite　*179*, *192*
LLD　*307*
LLS　*307*
load structure　*88*
loading　*79*
lobe　*163*
loess　*96*
logging　*76*
logging cable　*300*
logging while drilling　*6*, *62*, *298*
LOI　*267*
longitudinal wave　*208*
loss on ignition　*267*
lost circulation materials　*64*
Lost City Field　*353*
LOT　*312*
low-angle tabular cross-stratification　*88*
low coersivity component　*259*
low-grade　*154*
low-pressure metamorphism　*146*
LPO　*168*
LPTM　*321*
LUCA　*334*
LWD　*6*, *62*, *298*
Lyell, Charles　*2*
Maastrichtian　*320*
maceral　*278*
macroscopic structure　*161*
MAD　*259*
mafic minerals　*142*
maganese nodule　*104*
maghemite　*260*
magma chamber　*162*, *348*
magmatic breccia　*164*, *171*
magmatic fabric　*168*
magmatic flow structure　*162*
magmatic layering　*162*
magmatic shear zone　*169*
magmatic structure　*134*
magmatic vein　*170*
magnetic logging　*302*
magnetic minerals　*255*
magnetic susceptibility　*70*
magnetic susceptibility profile　*196*
magnetite　*260*
magnetization vector　*207*
magnetize　*258*
magnetostratigraphy　*255*, *332*
major lithology　*72*, *108*
major modifier　*83*
manganese concretion　*104*
manganese nodule　*81*, *97*
Manheim-type extractor　*233*
Manihiki　*360*
manipulator　*43*, *119*

manned submersible *43*
mantle *150*
mantle Bouguer anomaly *35*, *350*
mantle plume *361*
MAR *348*
Mariana Trough *352*
Marion Defresne *49*
marker horizon *26*
marl *98*
massive *96*, *106*, *118*
massive flow *125*
massive lava *162*
massive structure *87*
matrix *84*, *188*
matrix effects *262*
matrix-supported *85*
Matthews, Drummond *3*
Maury, Matthew *1*
maximum angular dispersion *259*
mbsf *67*
MC *262*
mcd *74*
MDCB *59*
measuring while drilling *62*
mega-splay fault *344*
Mela– *136*
melt lens *348*
mesoscopic imbricate *183*
meta-lithic *85*
metalliferous sediments *104*, *107*
Meteor Expedition *3*
meter below sea floor *67*
meter composite depth *74*
methane hydrate *5*, *27*, *116*
micrite *82*
Micro– *136*
micro logging *307*
microcrystalline *105*
microfault *170*
microfossil *248*
microfossil biochronology *248*
microlite *132*, *190*
microlithon *150*
micrometer *114*
Micropaleontology Reference Center *251*, *287*
microscopic structure *161*
microstructure *161*
microwave radar altimeter *33*
Mid-Atlantic Ridge *348*
mid-oceancic ridge *361*
mid-oceanic ridge basalt *350*
Middle Pleistocene Revolution *318*
mid-ocean ridge *3*
Milankovich tuning *318*
Milankovitch cycle *318*
Mills closs method *12*
mineral assemblage *134*
mineral inclusion *150*
mineral lineation *149*
mineral vein *189*
minimum measurement *73*
minor lithology *72*, *108*
minor modifier *83*
Mir *4*
Mission Specific Platform *5*, *57*

mixed sediment *82*
MNB *23*
modal layering *138*
MOHO discontinuity *3*
Mohole *5*, *353*
Mohorovičić, Andrija *3*
Mohr's circle *271*
moisture content *241*
mollusc shells *80*
MORB *294*, *350*
Morley, Lawrence *3*
motor driven core barrel *59*
mottled *96*
mottling *96*
mound *117*
mousse–like texture *118*
mozaic *107*
MPR *318*
MRC *251*
MSCL *70*, *198*, *208*
MSP *5*, *57*
mud *83*
mud circulation system *61*
mud cracks *89*
mud diapir *182*
mud injection *182*
mud-supported *85*
multi-beam echo sounder *3*
multi beam echo sounder *46*
multi-collector *262*
multi-data browsing system *71*
multi-narrow beam *23*
multi-sensor core logger *70*
multibeam echo sounder *11*
Munk, Walter Heinrich *5*
Munsell color chart *72*, *80*, *130*
Munsell color system *215*
Murray, John *3*
mush zone *348*
MWD *62*
mylonite *149*, *169*, *187*
mylonite gneiss *189*
mylonitic texture *177*
myrmekite *140*
Nankai Trough Seismogenic Zone Experiment *344*
nanno-plankton *82*
nannofossil *95*
Nansen, Fridtjof *3*
NanTroSEIZE *7*, *312*, *344*
National Institute of Standards and Technology *264*
natural gamma ray *76*
natural gamma-ray intensity *70*
natural gamma-ray spectrum logging *308*
natural remanent magnetization *256*
nautical mile *3*, *45*
NAVP *322*
near-ridge seamounts *362*
nebulizer *262*
needle-probe method *209*
negative kink bands *185*
nematoblastic texture *150*
neoblast *150*
neomorphism *102*

neritic grain *82*
neritic sediment *82*
network *170*
neutron porosity logging *304*
Newtonian fluid *167*
NGR *76*
NIST *264*
nodular *105*, *106*, *118*
nodule *104*
nominally anhydrous mineral *177*
non-cylindrical fold *182*
non-destructive measurement *70*
non-destructive XRF scanner *219*
non-steady-state method *209*
non-transform discontinuity *35*, *350*
nontronite *267*
Nordenskiold, Adorf *3*
normal *170*
normal fault *182*
normal grading *87*
normal gravity formula *33*
normal move out correction *25*
normal polarity chron *259*
normal stress *271*
North Atlantic Oscillation *320*
North Atlantic Volcanic Province *322*
NRM *256*, *259*, *333*
nT *37*
nuclear loggings *304*
nucleation *171*
numerical modeling *319*
OAE *321*
OAEs *360*
oblate *163*, *166*, *174*, *260*
obliquity *163*
OBM *62*
OBS *30*
occurrence chart *252*, *254*
Ocean Bottom Seismometer *30*
Ocean Drilling Program *5*, *57*, *80*, *317*
ocean floor *75*
ocean–floor metamorphism *146*
oceanic anoxic events *321*, *360*
oceanic core complex *293*, *352*
oceanic crust *32*
oceanic plate *161*, *348*
ODP *5*, *57*, *80*, *98*, *101*, *107*, *317*
off–axis *147*
off-ridge volcano *362*
oikocryst *136*
oil-base mud *307*
oil shale *104*
oil show *69*
Okinawa trough *337*
olivine *174*
onlap *27*
Ontong Java *359*
Ontong Java Platean *326*
ooid *82*, *97*
oolitic grainstone *81*
OOST *27*, *341*
ooze *95*
opaque mineral *141*
open fracture *169*
ophiolite *146*, *174*, *348*
optical anisotropy *279*

optical scanning thermal conductivity instrument *209*
organic *80*
orthopyroxene *144*, *192*
OST *27*
out-of-sequence thrust *27*, *341*
outer core barrel *67*
outer core dynamo *359*
outsized clast *97*
overburden pressure *79*, *271*
overcoring *310*
oxide gabbro *134*
oxygen isotope curve *322*
oxygen isotopic ratio *318*
P-wave velocity *70*
packstone *99*
PAL *71*
Paleocene-Eocene Thermal Maximum *321*
paleoclimatic change *318*
paleontology *71*
paleosol *103*
paleostress *310*
paleostress field *170*
Panama land bridge *322*
paradigm *4*
parallel lamination *92*
parameter *209*
Parece Vela Basin *295*, *352*
partially lithified *100*
patchy *166*
payload *43*
PCATS *119*
PCS *60*
PCTB *119*
peak-bubble ratio *23*
peat *104*
pebble *84*
pegmatitic *166*
pelagic deposit *75*
pelagic grain *82*
pelagic limestone *95*
pelagic sediment *82*
peloid *82*, *97*
peridotite *174*, *191*
permeability *271*, *275*
permeability coefficient *275*
personal protective equipment *117*
petit spot *361*
PETM *321*
pH *234*
phase layering *138*
phenocryst *128*
Philippine Sea plate *325*
phosphate nodule *104*
phosphorite *81*, *104*, *107*
photoelectric effect *309*
phreatic eruption *91*
phreato-magmatic eruption *91*
phreato-magmatic explosion *89*
phyllite *189*
phyllonite *189*
phytoplankton *248*
Piccard, Jacques *4*
piece number *69*
pillar structure *89*, *180*

pillow *163*
pillow breccia *89*, *125*, *163*
pillow lava *89*, *125*
pinch-and-swell structures *186*
Pisces *4*
piston coring *67*
pitch *186*
plagioclase *144*, *174*, *191*
plagioclase lath *166*
plagiogranite *134*
planar *164*, *166*, *170*
planar bedding *87*
planar lamination *87*
plane *167*
plane strain *174*
plastic deformation *188*, *190*, *271*
plastic wrap *216*
plate boundary *10*
plate boundary fault *27*, *344*
plate tectonics *3*
plateau age *270*
platform *7*
plug flow *168*
plume *116*
plunge *160*
pockmark *117*
poikilitic texture *137*
poikilotopic *107*
point-counting method *113*
Poisson ratio *271*, *307*
polygonal *177*
porcellanite *105*
pore filling gas hydrate *118*
porosity *76*, *206*, *241*, *271*
porphyritic texture *137*
porphyroclast *150*, *188*
porphyroclastic *145*
porphyroclastic texture *177*, *188*
porphyrotopic *107*
postglacial *319*
potentiometer *299*
PPE *117*
precession component *318*
precision *253*
prehnite *148*
present-day stress *310*
present stress *310*
Pressure–Core Analyses and Transfer System *119*
pressure core sampler *60*
pressure core tool with ball value *119*
pressure coring tool *117*
pressure shadow *185*, *191*
pressure solution *79*, *191*
pressure solution cleavage *185*
pressure solution seam *183*
primary deposit *90*
primary mineral *147*
primary sedimentary structure *87*
primary structure *70*, *162*
primary wave *208*
primitive peridotite *144*
principal component analysis *259*
principal name *82*
principal strain *314*
pristine *107*

progressive retrogression *174*
prolate *163*, *166*, *174*, *260*
propagating rift *348*
propagation velocity of seismic wave *31*
propylene oxide *122*
protocataclasite *189*
protogranular *145*
protomylonite *188*
proton magnetometer *3*, *303*
proton precession magnetometer *36*
provenance *85*
proximal turbidite *76*
pseudo–single domain *261*
pseudomorph *103*, *150*
pseudotachylyte *170*, *187*
psi *23*
pulse heating *209*
pulse magnetizing apparatus *258*
pulse transmission method *208*, *277*
pulverization zone *189*
pumice *90*, *126*
pumiceous *92*
pumpellyite *144*
push corer *43*
pyrite *107*
pyrite nodule *104*
pyroclast *89*
pyroclastic breccia *91*, *126*
pyroclastic deposit *88*, *91*
pyroclastic flow *89*
pyroclastic flow deposit *89*
pyroclastic material *89*
pyroclastic rock *89*, *125*
pyroxene *144*, *174*
pyroxenite *142*
pyrrhotite *260*
QA/QC *248*
quality assurance & quality control *248*
quartz *85*
quartz grains *80*
quartz sandstone *81*
quenched glass *270*
quenched texture *164*
RAB *301*
radiolarian *82*, *95*
radiolarite *95*
RCB *58*, *67*, *79*, *160*
reaction rate model *280*
reaction rim *150*
reaction softening *191*
reaction zone *149*
receive array *12*
receiver coil *307*
recovery *69*
recrystallization *79*
recumbent fold *182*
Red Sea Rift *352*
reef-building coral *97*
reference frame *160*
reflection seismic exploration *22*, *28*
relative paleomagnetic intensity *332*
relict mineral *150*
relict texture *150*
remanent magnetization *255*
remotely operated vehicle *43*
research cruise *7*

research proposal 7
research vessel 7
resedimentation 253
residual frictional heat 345
residual gravity anomaly 35
residual peridotite 144
resistivity at the bit 301
resistivity borehole imaging 300
resistivity logging 307
reverse 170
reverse fault 182
reversing thermometer 3
reworking 253
rheomorphism 162
rhizocretion 103
rhodophyte 334
rhythmic layering 138
ribbon 168
ribbon method 113
ridge metamorphism 146
Riedel array 170
right-lateral 170
rim 150
riser pipe 6
RMS 26
rock color chart 103
rock fragment 80, 82, 90
rock salt 105
Rock-Eval analysis 226
roof thrust 182
root mean square 26
rootless fold 182
ropy wrinkle 162
Ross, John 2
rotary core barrel 58, 67, 79, 160
rotating coil 302
roundness 80
routine 211
ROV 40, 43
rudstone 98
R/V 7
safety measurement 73
salinity 14
sand 82
sand lamina 87
sandy lamination 87
sapropel 104
sapropelic 85
saproperic coal 105
Sars, Michael 2
SAS 7
satellite altimeter 33
satellite center 251
saturate isothermal remanent magnetization 261
saussurite 144, 153
SBM 62
scaly fabric 183
scattered 87
scattering 87
SCE 214
schist 149
schistosity 149
schlieren 166
schooling 254
SCI 214

Science Advisory Structure 7
scintillator 202
scoria 90, 126
scoriaceous 92
Scripps Institute 3
sea surface dynamic topography 33
SEABAT 14
SeaBeam 14, 44
Sea-floor spreading 3
seafloor spreading system 348
Secondary Ion-microprobe Mass Spectrometry 264
secondary magnetization 255
secondary mineral 148
secondary sedimentary structure 87
secondary structure 162
secondary wave 208
secondry magnetization 161
sed-lithic 85
sediment-filled veins 184
sedimentary basin 75
sedimentary structure 80, 87
sedimentation diameter 246
segment 39, 348
segregation 162
seismic velocity 3
seismogenic fault drilling 6
selenite 105
self preservation 116
semi-consolidated 79
semi-infinite-probe method 209
semi-schist 149
sequence 80
seriate texture 136
sericite 191
serpentine 143, 177
serpentinite 143, 192
serpentinization 143, 174
shallow marine deposit 75
shape 166
shape fabric 191
shape parameter 260
shape preferred orientation 166
sharp 164
Shatsky Rise 326
shear sense 170
shear-sense indicator 170
shear strain 188
shear stress 271
shear test 272
shear vein 171
shear zone 187
sheet 164
sheet flow 125, 162
sheeted dike complex 125, 164, 353
sheeted dikes 161
shipboard gravity meter 32
shipboard three-components magnetometer 37
shore-based research 254
side-scan sonar 3, 16, 44
siderite nodule 104
sigmoidal 170
signal/noise ratio 22
siliceous sediment 325
siliciclastic grain 82

siliciclastic sediment 82
sill 127, 164
silt 82
silt lamina 87
silty lamination 87
silty sand 84
SIMS 264, 295
single domain 261
sinistral 170
SIRM 261
site 70
site summary 72
sleeve fracturing 312
slide glass 108
slip weakening 345
slip weakening distance 345
slow slip 32
slow spreading ridge 348
slumping 182, 260
slurp gun 43
smear 107
smear slide 71, 80, 108, 245, 252
smectite 189
smectite/illite mixed-layer 344
SMI 336
smooth seafloor 352
Snell's law 22
sodic amphiboles 151
sodic-calcic amphiboles 151
sodic pyroxene 150
solids control 63
sonar 10, 43
sonic beam pattern 11
sonic logging 306
sonic velocity 10
sonic velocity correction 14
sorting 80, 86
sounding bit 1
sounding lead 1
soupy by gas-hydrate decomposition 118
Southern Pacific Gyro 337
Southwest Indian Ridge 350
spaced foliation 185
spacer 69
spatter 126
SPECMAP 318
spectral interference 262
Spectral Mapping Project 318
specular component excluded 214
specular component included 214
sphericity 86
spherulitic 132
spicules 95
spiculite 95
spinel 174, 192
spinner magnetometer 257
splay fault 27
splitting 70
SPO 166
spray chamber 262
sputtering 264
SQUID 259
SS 71
staining method 154
stainless sampling tool 256

さくいん 383

stalagmite *319*
standard geomagnetic polarity time scale *255*
standard measurement *73*
Standard Visual Composition Chart *113*
steady-state method *209*
step *170*
step heating *209*
step heating method *268*
stepped *170*
stepwise alternating field demagnetization *255*
stepwise thermal demagnetization *255*
stereoprojection *160*
still camera *43*
Stoneley wave *306*
strain gauge *313*
strain rate *274*
stratum *79*
strength *271*
strength parameter *274*
stress *271*, *310*
stretching lineation *149*
strike *160*
strike-slip fault *182*
striped gneiss *188*
structure *161*
structureless *87*
stylorite *102*
sub-bottom profiler *23*, *46*
sub-planar *166*
subbands *184*
subhedral *107*
submarine cable *1*
submarine landslide deposits *7*
subsidence *272*
subsurface biosphere *334*
sulfate methane interface *336*
super plume *318*
super short base line *15*
superconducting magnetometer *257*
superconducting quantum interference device *259*
supplementary measurement *73*
surface wave *208*
surge deposit *89*
swale *88*
swath width *12*
sylvite *105*
tail *191*
talus deposit *125*
tar sand *104*
Tasman *322*
taxa name dictionary *252*
TC *227*
TCD *227*
team teaching *255*
tectonic breccia *171*
tectonic melange *182*
tectonic stress *6*
tectonite *192*
teepee structure *103*
tele conection *331*
tension crack *163*
tephra *89*, *266*
terrigenous *97*

terrigenous clastic rocks *278*
test card *199*
tetra ether *320*
textural banding *166*
textural component *80*
texture *161*
Tharp, Mary *3*
thermal conductivity *70*, *209*
thermal conductivity detector *227*
thermal energy *209*
thermal gradient *209*
thermal ionization *263*
Thermal Ionization Mass Spectrometry *263*
thermal pressurization *346*
thermoplasticity *278*
thermoremanent magnetization *38*
thermoviewer *117*
thickness *80*
Thomson, Wyville *2*
thrust *27*, *182*
thruster *7*, *45*
time slice section *27*
TIMS *263*
TNL *252*
TokyoDatum *20*
tonalite *134*
tooth pick sample *252*
torch box *262*
total carbon *227*
total error *210*
TP *346*
trace attribute *27*
tracer *267*
Tracking Tsunamigenic Slips Across and Along the Japan Trench *346*
transducer *277*, *301*
transform fault *4*, *348*
transgranular cracks *189*
transmission X-ray *70*
transversal wave *208*
tremolite *144*
tremolite schist *149*
trend *160*
triaxial testing appratus *272*
tridymite *105*
tristimulus *215*
TRM *38*
troctolite *143*
trondhjemite *134*
trough cross-lamination *88*
tuffites *92*
tumbler *258*
tuned array *23*
turbidite deposit *76*
twinning *131*
u-channel *257*
UBI *76*, *301*
Udden-Wentworth *82*, *101*
ultrabasic rock *142*
ultracataclasite *189*
ultramafic rocks *125*
ultramylonite *188*
ultrasonic borehole imager *76*, *301*
unambiguity *253*
unconformity *27*

unconsolidated *79*, *91*
undrained *274*
undulatory extinction *168*
undulose extinction *177*
uniformitarianism *2*, *341*
unit *72*
unlithified *100*
USIO *254*
Value *215*
variolitic *132*
varitextured gabbro *138*
varved *106*
VCD *70*
vein *118*, *169*
vein structure *184*
Vema Fracture Zone *295*
vent breccia *89*
vent deposit *89*
vermicular *144*, *171*
vertical effective stress *271*
vertical profile *199*, *213*
very long baseline interferometry *20*
very low-grade *154*
vesicles *163*
vesicularity *92*
Vine, Frederick *3*
viscous flow *167*
viscous remanent magnetization *259*
visible light reflectance *213*
visual core description *67*, *70*, *79*
visual estimation method *113*
vitric ash *81*
vitric tuff *91*
vitrinite *278*
vitrinite reflectance *278*, *344*
VLBI *20*
volatile component *278*
volcanic ash *80*
volcanic bomb *90*, *126*
volcanic breccia *126*
volcanic ejecta *89*
volcanic gas *89*
volcanic glass *82*
volcanic products *89*
volcaniclastic *85*
volcaniclastic grain *82*, *89*
volcaniclastic sediment *82*
Vp *76*
VRM *259*
wacke *84*
wackestone *99*
wall rock *166*
Walsh, Don *4*
Warm Saline Deep Water *322*
water sampler *2*
wave ripple *87*
wavy parallel bedding *88*
WBM *62*
web structure *184*
Wegener, Alfred *3*
wehrlite *144*
welded *92*
white mica *151*
white smoker *5*, *146*
white tile *199*
whole round sampling *71*

whole-rounded core *69*
Wilson, Tuzo *4*
wings *185*
wireline logging *298*
working half *70*
World Geodetic System *19*
WR *71*
WSDW *322*
X-ray computer tomography *70*, **196**
X–ray CT scan *119*
X–ray Diffractmeter *263*
X–ray Fluorescence Analysis *262*
XBT *14*

XCB *57*, *79*
XCTD *14*
xenolith *166*
xenon lamp *214*, *290*
xenotopic *107*
XLOT *312*
XRD *102*, *103*, *260*, **263**
XRF *262*
XRF core image scanner *344*
yield strength *167*
Younger Dryas event *319*
zeolite *148*
zeolitic *84*

zoisite *153*
zone *251*
zoning or zonal texture *140*
zooplankton *248*

数字

24 bit color *199*
3D PSDM *28*
3-dimensional seismic reflection survey *7*
3rd party tools *74*

さくいん 385

執筆者一覧 (執筆順)

安間　了	筑波大学生命環境系	(1章, 4.1節, 5章, 6.1～6.4節, 6.6節, 7.1節, 8.1, 8.2節, 10.1節, 11.2節, 11.7～11.9節)
坂本竜彦	三重大学大学院生物資源学研究科	(1章, 5章, 6.1～6.4節, 6.9, 6.10節, 9.10節)
沖野郷子	東京大学大気海洋研究所	(2章)
木戸ゆかり	海洋研究開発機構地球深部探査センター科学支援部	(2章トピック：位置測定)
朴　進午	東京大学大気海洋研究所	(3.1節)
小平秀一	海洋研究開発機構地震津波海域観測研究開発センター	(3.2節)
富士原敏也	海洋研究開発機構地震津波海域観測研究開発センター	(3.3, 3.4節)
池原　研	産業技術総合研究所地質情報研究部門	(4.2節, 9.1節, 9.3節)
石塚　治	産業技術総合研究所活断層・火山研究部門火山活動研究グループ	(4.3節, 10.10節)
黒木一志	神奈川県鎌倉市在住	(4.4節)
和田一育	海洋研究開発機構地球深部探査センター	(4.4節)
佐藤　暢	専修大学経営学部	(4章トピック：泥水検層)
山田泰広	海洋研究開発機構海洋掘削科学研究開発センター	(5章トピック：掘削情報科学, 11.3節)
成瀬　元	京都大学大学院理学研究科	(6.5節)
横川美和	大阪工業大学情報科学部	(6.5節)
飯島耕一	海洋研究開発機構海底資源研究開発センター	(6.7節, 6.9, 6.10節)
松田博貴	熊本大学大学院先端科学研究部	(6.8節)
町山栄章	海洋研究開発機構海底資源研究開発センター	(6.8節)
坂井三郎	海洋研究開発機構生物地球化学研究分野	(6.8節)
鈴木清史	石油天然ガス・金属鉱物資源機構	(6章トピック：ガスハイドレート, 10.11節)
滝沢　茂	筑波大学生命環境系	(6章トピック：軟堆積物試料の調整)
佐野貴司	国立科学博物館地学研究部	(7.1, 7.2節)
山崎　徹	産業技術総合研究所地質情報研究部門	(7.3節)
阿部なつ江	海洋研究開発機構海洋掘削科学研究開発センター	(7.4節)
寺林　優	香川大学工学部	(7.5節)
植田勇人	新潟大学理学部	(7.6節)
道林克禎	静岡大学学術院理学領域	(8.3節)
氏家恒太郎	筑波大学生命環境系	(8.4節, 14章トピック：地震発生帯掘削)
高木秀雄	早稲田大学教育・総合科学学術院	(8.5節)
池原　実	高知大学海洋コア総合研究センター	(9.2節, 10.2節)
木戸芳樹	㈱マリン・ワーク・ジャパン海洋地球科学部	(9.4節)
倉本敏克	㈱マリン・ワーク・ジャパン営業推進室	(9.4節)
杉山和弘	㈱マリン・ワーク・ジャパン海洋地球科学部	(9.4節)
金松敏也	海洋研究開発機構地震津波海域観測研究開発センター	(9.5節)

岡田　誠	茨城大学理学部	（9.5節）
林　為人	京都大学大学院工学研究科	（9.6節，9.8節，10.6節，11章トピック：原位置応力計測）
増田幸治	産業技術総合研究所活断層・火山研究部門	（9.6節，10.12節）
松林　修	産業技術総合研究所地圏資源環境研究部門	（9.7節）
斎藤実篤	海洋研究開発機構海洋掘削科学研究開発センター	（9.8節，11.1節，11.5節）
芦　寿一郎	東京大学大気海洋研究所	（9.8節）
山下　太	防災科学技術研究所地震津波防災研究部門	（9.8節）
入野智久	北海道大学大学院地球環境科学研究院	（9.9節）
長尾誠也	金沢大学環日本海域環境研究センター	（9.9節）
木村浩之	静岡大学グリーン科学技術研究所	（10.3節）
布浦拓郎	海洋研究開発機構海洋生命理工学研究開発センター	（10.3節）
砂村倫成	東京大学理学部	（10.3節）
角皆　潤	名古屋大学大学院環境学研究科	（10.4節）
蒲生俊敬	東京大学大気海洋研究所	（10.4節）
山本由弦	海洋研究開発機構数理科学・先端技術研究分野	（10.5，10.6節）
岩井雅夫	高知大学理学部	（10.7節，10章トピック：微古生物標本・試料センター）
小田啓邦	産業技術総合研究所地質情報研究部門	（10.8節）
町田嗣樹	海洋研究開発機構次世代海洋資源調査技術研究開発プロジェクトチーム	（10.9節）
折橋裕二	東京大学地震研究所	（10.9節）
坂口有人	山口大学大学院創成科学研究科	（10.13節，10章トピック：ビトリナイト）
谷　健一郎	国立科学博物館地学研究部	（10章トピック：斑れい岩の年代測定）
野木義史	国立極地研究所	（11.4節）
辻　健	九州大学カーボンニュートラル・エネルギー国際研究所	（11.6節）
西　弘嗣	東北大学 総合学術博物館	（12章）
高嶋礼詩	東北大学 総合学術博物館	（12章）
山崎俊嗣	東京大学大気海洋研究所	（12章トピック：高解像度年代層序）
北里　洋	海洋研究開発機構および東京海洋大学	（13章）
木村　学	東京大学大学院理学系研究科（現・東京海洋大学）	（14章）
小原泰彦	海上保安庁海洋情報部および海洋研究開発機構	（15章）
巽　好幸	神戸大学海洋底探査センター	（16章）
平野直人	東北大学東北アジア研究センター	（第16章トピック：プチスポット火山）
上栗伸一	茨城大学教育学部	（前見返し：放散虫年代表）
本山　功	山形大学理学部	（前見返し：放散虫年代表）
冨永雅子	テキサスA&M大学	（口絵12）

あとがき

　「プレートテクトニクス」の濫觴は20世紀初頭のウェーゲナーの「大陸移動説」に求められるが，より具体的に理解され始めたのは1950年代に入って海域調査が本格的に行われ，海洋地殻の形成と水平移動の機構が明らかにされてからである．地球に存在するプレート境界のほとんどは海洋底にある．海洋底で進行しているテクトニクス過程の理解は，そのまま地球科学の進歩と重なっていると言っても過言でない．このような流れの中で，海洋底掘削科学も地球テクトニクスの描像に大きな役割を果たしてきたが，これまでまとまった手引書はなかった．また，海洋底掘削を行う意義についても，ようやく広く認められてきたところである．

　本書は国際統合海洋掘削計画（IODP）の枠組みの中で，2007年に日本が主導して運用する地球深部探査船「ちきゅう」の研究掘削が開始されるにあたり，掘削船上で研究を行うときに参考書として利用でき，若い研究者や学生諸氏を乗船研究ができる人材に育てることを目的に日本地質学会地質基準委員会で企画され，日本地球掘削科学コンソーシアム（J-DESC）に全面的な協力を頂き実現に至った．海洋科学掘削を縦糸に，そこから派生するさまざまな科学的手法を横糸にして，研究航海の策定から，事前調査・乗船研究・陸上研究に参加し，割り振られた任務を遂行するために必要な知識，そして海洋底科学が目指す方向について，海洋底科学の現場で必要とされる知識を一冊で網羅できるように，それぞれの方面の第一線で活躍する若手・中堅の研究者により執筆された．

　海洋底科学の最前線では，プレート境界で生じる地震の発生機構の解明，未踏のマントルへの到達を目指した挑戦，過去の気候・環境変動の解明や，未知の地球生命の探求が試みられている．それらは科学的な挑戦であるとともに，技術的な挑戦でもある．本書では，海洋底で生じている諸現象の解明のために用いられている科学技術の原理や基礎，そして船上，あるいは陸上の研究室で，どのような計測や解析が行われているかを具体的に解説した．

　海洋科学技術の発展や掘削科学最前線での科学的成果の積み重ねは，まさに日進月歩である．はじめに本書が企画されてから，ほぼ10年の歳月が経過した．このため，すでに内容的に古く感じられる部分もあるかと思われる．しかしながら，この間の科学技術の進歩の多くは，手法の革新的な変更よりも，むしろ既存の技術の高精度化や洗練化に向かった．この進歩のある部分は，測定の原理や手法を問題にしないブラックボックス

化をもたらしたともいえる．したがって，記載の仕方や測定の原理を丁寧に解説した本書は，「海洋底科学の基礎」として，十分な役割を果たしてくれるであろう．海洋底科学に興味をもつ研究者や学生のみならず，地球掘削科学に携わる研究者や技術者，そしてテレビなどを通じて海洋底科学の最前線で何が行われているかに興味をもつ一般の読者にも広く役立つことを期待している．

　本書で使用される専門用語は，原則として地質学用語集（日本地質学会編）に従った．専門用語の中には外国から輸入された用語が数多くある．本書では，国際色豊かな掘削船や調査船船上での利用を想定して，不正確な発音の温床となるカタカナ表記をなるべく避ける方針で編集した．また，カタカナ語や船上で使用頻度が高いと思われる専門用語については，初出時には必ず原語を付記し索引に入れて用語集としても使用できるよう配慮した．

　本書の作成にかかわった「海洋底科学の基礎」編集委員会の中で，主執筆者はリストに掲載した．原稿全体の編集は，世話人の安間と新妻信明（元地質基準委員長：静岡大学名誉教授）が行った．専門分野が多岐にわたるため，以下の方々には事前から専門的なご意見を頂いたり原稿を読んで改善案を示して頂いた．保柳康一（信州大学）：海野進（金沢大学）：山本正伸（北海道大学）：鈴木紀毅（東北大学）：佐藤幹夫・星住英夫・鈴木　淳（産業技術総合研究所）：八木勇二・中村　顕（筑波大学）：中村恭之・Moe Kyaw Thu・許　正憲・宮崎英剛・井上朝哉・久光敏夫・真砂英樹・荒木英一郎（海洋開発研究機構）：宮下純夫・片岡香子（新潟大学）：中嶋　悟・廣野哲朗（大阪大学）：林田　明（同志社大学）：奈良岡浩（岡山大学）：川村喜一郎（山口大学）：石橋純一郎（九州大学）：鹿野和彦（鹿児島大学）：冨永雅子（テキサスA&M大学）：近藤朋美（元マリンワーク・ジャパン）：遠藤立樹・西村直樹（シュルンベルジェ）：秋葉文雄（珪藻ミニラボ）：安間　恵（元川崎地質：故人）（以上敬称略）．これらの方々に厚くお礼を申し上げます．国立研究開発法人海洋研究開発機構およびIODP-USIOからは多くの図版を提供して頂いた．また，本書の執筆のために日本地球掘削科学コンソーシアム会員提案型活動経費から補助を頂いた．これらの関係者のみなさまにお礼申し上げます．

　企画から刊行に至るまで10年の月日が流れ，早い時期に原稿を書き上げてくださった執筆者のみなさまには多大なご迷惑をおかけした．内容の正確，専門用語の統一などについては，複数名で何度か読み返して修正を繰り返したが，不正確なところや校正での不備などがまだ残っていると思われる．それらはすべて世話人の責任である．出版社あるいは直接にご教示頂ければ幸いである．共立出版株式会社の横田穂波氏の忍耐と激励がなければ本書は成立しなかった．ここに記して感謝申し上げる．

2016年8月

「海洋底科学の基礎」編集委員会　世話人
安間　了

海洋底科学の基礎
Foundation of Ocean Floor Science

2016 年 9 月 15 日　初版 1 刷発行

編　者	日本地質学会「海洋底科学の基礎」編集委員会　©2016
発行所	**共立出版株式会社**　南條光章

（検印廃止）

東京都文京区小日向 4 丁目 6 番 19 号
電話 東京(03)3947-2511 番（代表）
〒112-0006/振替口座 00110-2-57035 番
URL　http://www.kyoritsu-pub.co.jp/

一般社団法人 自然科学書協会 会員

NDC 450, 452.15, 558.3
ISBN 978-4-320-04729-7
Printed in Japan

印刷：加藤文明社　製本：協栄製本

JCOPY <出版者著作権管理機構委託出版物>

本書の無断複製は著作権法上での例外を除き禁じられています．複製される場合は，そのつど事前に，出版者著作権管理機構（ＴＥＬ：03-3513-6969，ＦＡＸ：03-3513-6979，e-mail：info@jcopy.or.jp）の許諾を得てください．